石油教材出版基金资助项目

石油高等院校特色规划教材

测井地质学

国景星　杨少春　闫建平　主编

石油工业出版社

内 容 提 要

本书以测井方法及其地质响应为切入点和基础，以测井信息与地质信息紧密结合、测井资料综合分析为着力点，以测井资料在油气地质研究中的应用为主线，重点从测井信息在层序地层分析、沉积学研究、构造地质精细分析、储层定量刻画及评价、有效烃源岩识别及盖层评价等五个方面展开，包括基于不同研究主题所涉及的测井方法、理论基础、研究方法及研究思路、成果及表征、应用案例以及可能存在的问题。

本书可作为油气地质与勘探、油气藏开发地质、地质学、地质工程、测井方法与技术等专业的研究生，以及资源勘查工程、地质学、勘查技术与工程专业测井方向本科生的教科书，还可作为从事油气田勘探和开发的地质、测井解释人员的参考用书。

图书在版编目（CIP）数据

测井地质学 / 国景星，杨少春，闫建平主编. —北京：石油工业出版社，2021.9（2023.3重印）

石油高等院校特色规划教材

ISBN 978-7-5183-4803-9

Ⅰ.①测… Ⅱ.①国… ②杨… ③闫… Ⅲ.①测井–地质学–高等学校–教材 Ⅳ.①TE14

中国版本图书馆CIP数据核字（2021）第160909号

出版发行：石油工业出版社
（北京市朝阳区安华里2区1号楼 100011）
网　　址：www.petropub.com
编辑部：(010) 64523693　图书营销中心：(010) 64523633
经　　销：全国新华书店
排　　版：北京麦莫瑞文化传播有限公司
印　　刷：北京中石油彩色印刷有限责任公司

2021年9月第1版　2023年3月第2次印刷
787毫米×1092毫米　开本：1/16　印张：20.5
字　数：516千字

定　价：49.00元
（如发现印装质量问题，我社图书营销中心负责调换）
版权所有，翻印必究

前 言

测井地质学是地质与测井两大学科相互交叉、渗透而产生和发展起来的一门边缘学科，是以地质学和岩石物理学的基本理论为指导，综合运用多种测井信息，以期解决地层学、构造地质学、沉积学、石油地质学以及油田开发地质学中各种地质问题的一门学科。

测井地质学伴随石油勘探开发事业和石油科技快速发展应运而生，是油气勘探开发生产实践活动的产物，并在研究油气田地下地质、解决地质与工程问题的实践活动中不断得以完善，特别是近些年来勘探开发难度不断加大，研究及开发对象向深层油气、致密油气、非常规油气等方向拓展，所面临的地质问题越来越复杂。在测井技术本身不断发展、计算机技术对测井信息处理能力不断增强等新形势、新需求背景下，测井资料作为油气田地下地质研究的三大信息来源之一，需要深入挖掘测井信息潜力，强化地质、测井、物探紧密结合，采取多学科综合研究，探索并满足诸如岩石组分与结构特征研究、高分辨率层序地层格架建立、沉积微相分析、储层定量刻画、裂缝性储层分析与评价、储层成岩相研究、油气田地下构造精细分析、有效烃源岩识别及盖层评价等研究及生产需要，并通过研究与实践活动进一步推动测井地质学不断向前发展。

本书是各位编者在总结多年来科研与教学实践的基础上，并充分吸纳《测井地层分析与油气评价》《油气测井地质学》《测井地质学》《测井资料地层分析》等教材的精髓编写而成。全书共分为六章，包括测井方法及其地质响应、测井层序地层分析、测井沉积学研究、测井构造地质精细分析、测井储层评价、测井烃源岩盖层评价等。其中，第一章由西南石油大学闫建平教授编写，第二章至第四章由中国石油大学（华东）国景星教授编写，第五章由中国石油大学（华东）杨少春教授编写，第六章由中国石油大学（华东）宋璠副教授编写。

由于编者水平有限，书中不足及错误之处在所难免，敬请各位专家和读者批评指正。

编 者
2021年3月

目 录

第一章 测井方法及其地质响应 1
第一节 常规测井方法及其地质响应 1
第二节 地层倾角测井及其地质响应 37
第三节 测井新方法及其地质响应 44

第二章 测井层序地层分析 65
第一节 概述 65
第二节 层序地层单元及其测井特征 68
第三节 层序地层界面特征及识别 82
第四节 测井层序地层分析方法 89

第三章 测井沉积学研究 108
第一节 概述 108
第二节 岩石组合及层序的测井解释 113
第三节 沉积体内部结构及充填特征测井解释 133
第四节 古水流研究 145
第五节 测井沉积微相研究流程 158

第四章 测井构造地质精细分析 168
第一节 测井构造解释一般方法及解释原理 168
第二节 褶皱构造倾角测井解释方法 170
第三节 断层测井解释方法 185
第四节 不整合面的测井解释 202
第五节 井旁复杂地质构造的精细解释 211

第五章 测井储层评价 216
第一节 储层参数计算 216
第二节 裂缝识别与分析 246
第三节 测井成岩相分析 269
第四节 储层综合评价 278

第六章 烃源岩与盖层测井评价 284
第一节 烃源岩的定义及地质分类 284
第二节 烃源岩的测井分析方法 285
第三节 盖层的测井分析与评价 303

参考文献 317

第一章 测井方法及其地质响应

地球物理测井简称测井,是地球物理学的重要分支。它以物理学、数学、地质学为理论基础,采用先进的电子及传感器、计算机信息论、层析成像和数据处理等技术,借助专门的探测仪器设备,沿钻井剖面观测岩石物理性质,以研究和解决地质问题,进而发现油气、煤、金属与非金属、放射性、地热、地下水等矿产资源。

第一节 常规测井方法及其地质响应

常规测井方法主要指目前在油气勘探开发中主要使用的测井方法,可获取九条测井曲线,包括自然伽马、自然电位、井径、三条岩性测井曲线,浅、中、深三条电阻率测井曲线,声波、中子、密度三条孔隙度测井曲线。本节将简述各种测井方法的基本原理、测井曲线响应特征及其影响因素,重点是测井—地质响应特征。

一、自然电位测井及其地质应用

地层岩石之间存在电化学差别时,地层岩石中会自发地产生电动势而形成自然电场。由于钻井液的电化学性质不同于地层水,所以井内也有自然电场分布。自然电位(spontaneous potential,SP)测井是以钻井液与钻穿岩层孔隙流体间存在的扩散—吸附现象为基础的测井方法(楚泽涵等,2007)。自然电位测井过程如图1-1所示。

1. 自然电位成因

石油井内自然电位由扩散电动势(E_d)、扩散—吸附电动势(E_{da})和过滤电动势(E_f)三部分构成(洪有密,2008)。扩散电动势起因于井中钻井液和地层水的浓度差引起的离子扩散作用,以及正、负离子扩散速度的差异。扩散—吸附电动势的起因是井内两种不同浓度的溶液(钻井液和地层水)相接触引起的离子扩散作用,以及泥(页)岩半渗透膜对溶液中正负离子的选择性渗透作用。离子扩散和泥页岩选择性通

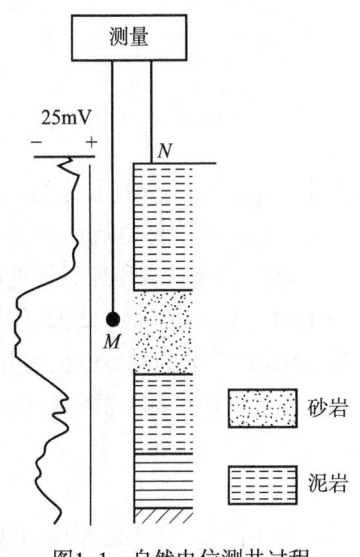

图1-1 自然电位测井过程

过的结果是在高浓度溶液一方将富集负电荷,低浓度溶液一方富集正电荷,从而在两种不同浓度的溶液间产生电动势。

钻井液柱和地层溶液之间存在压力差时,溶液中离子有序运动而激化排列。如果孔道周围固体颗粒吸附正、负离子的性质不同,就会产生动电电势,称为过滤电动势。通常,由于钻井过程中压差很小,并且非渗透性滤饼一旦形成也将阻止压力继续渗透,因此井内的过滤电动势对

自然电位测量值的贡献常常可以忽略不计。

2. 自然电位测井曲线特征

自然电位在井周围的分布特征直接决定自然电位曲线的形状,它和自然电流在井周的分布有关,而自然电流分布是由介质的电阻率和几何大小所决定的。自然电动势通过钻井液、岩层和围岩等导电介质形成自然电流回路。如图1-2所示,用等效电路估计自然电位和自然电流的大小。图中r_m、r_{sh}、r_{sd}分别为砂泥岩剖面的钻井液、围岩(泥岩)、岩层(砂岩)的等效电阻。

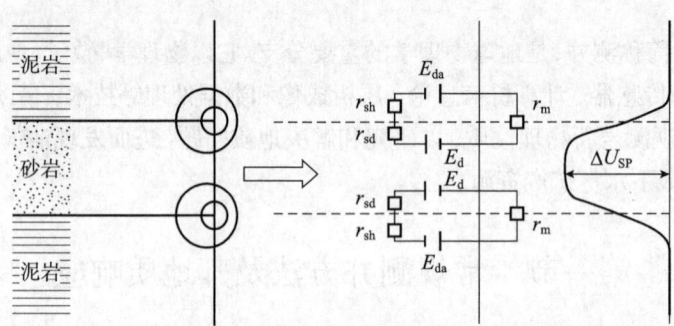

图1-2 砂泥岩剖面$C_w > C_{mf}$条件下自然电位测井的自然电流分布图

因为闭合线路中总电位降等于总电动势(E_s),所以得

$$E_s = E_d + E_{da} + E_f = (r_m + r_{sh} + r_{sd}) I_{SP} \tag{1-1a}$$

因钻井时正压差通常很小,所以忽略过滤电位E_f的影响,可以得到

$$E_s = E_d + E_{da} = (K_d + K_{da}) \lg \frac{R_{mf}}{R_w} = K_{SP} \lg \frac{R_{mf}}{R_w} \tag{1-1b}$$

$$I_{SP} = \frac{E_s}{r_m + r_{sh} + r_{sd}} \tag{1-1c}$$

式中 K_{SP}——自然电位系数,$K_{SP} = K_d + K_{da}$;

I_{SP}——自然电流。

对应于纯砂岩和纯泥岩地层交界面,当地层水和钻井液滤液所含盐类均为NaCl且温度为25℃时,$K_{SP} = 70.7$mV。E_s称为静自然电位,常用SSP表示。$I_{SP} r_m$为自然电流在井筒钻井液中产生的电压降,即为自然电位测井的测量值,记为ΔU_{SP}。

对自然电位测井的测量值ΔU_{SP}和静自然电位SSP比较得

$$\frac{\Delta U_{SP}}{SSP} = \frac{r_m}{r_m + r_{sh} + r_{sd}} \tag{1-2}$$

对于厚层,砂岩和泥岩的截面积比井的截面积大得多,所以,$r_m \gg r_{sh}$,$r_m \gg r_{sd}$。因此,在实测自然电位曲线上,以泥岩为基线,对于厚层砂岩,有$\Delta U_{SP} \approx SSP$,即巨厚含水纯砂岩对应的自然电位幅度将等于静自然电位SSP;而对于薄层或含油地层,ΔU_{SP}将比SSP小得多。

综上所述,在砂泥岩剖面,自然电位曲线具有如下特点:①当地层、钻井液是均匀的,且上下围岩岩性也相同时,则自然电位曲线形态以地层中点为轴上下对称,并在地层中点取得自然电位最大值。②随着地层厚度增大,自然电位幅度ΔU_{SP}会增大并趋近于静自然电位SSP;随着地层厚度变小,ΔU_{SP}也随之变小,且曲线顶部变尖而根部变宽。③随着地层中含油气饱和度增加,地层电阻率增高，自然电位曲线异常幅度逐渐下降。④随着井径扩大和钻井液侵入严重，自然电位异常幅度也逐渐下降。⑤渗透性砂岩的自然电位，对泥岩基线而言，可向负或向正偏转，它主要取决于地层水和钻井液滤液的相对矿化度。

此外，理论和应用研究也表明，当地层厚度h与井径d之比大于4时，自然电位异常的半幅点处对应地层界面，如图1-3和图1-4所示。

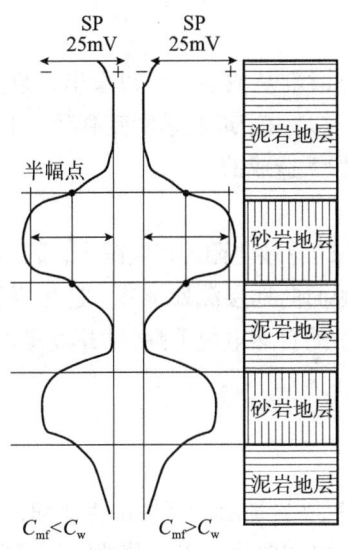

图1-3　利用自然电位异常的半幅点确定地层界面

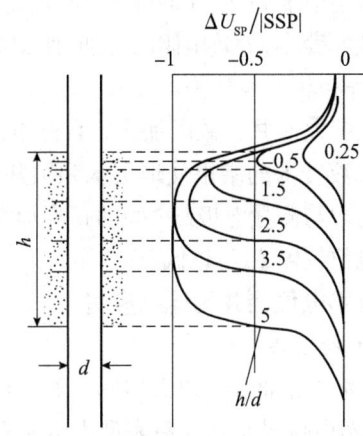

图1-4　自然电位测井理论曲线

3. 自然电位测井曲线的影响因素

1）地层水和钻井液滤液矿化度比值

以泥岩为基线，当C_w（地层水矿化度）$>C_{mf}$（钻井液滤液矿化度）时，砂岩层段则出现自然电位负异常；当$C_w<C_{mf}$时，则砂岩层段出现自然电位的正异常；当$C_w=C_{mf}$时，则不会产生自然电场的电动势，就没有自然电位异常现象出现。C_w与C_{mf}的差别越大，造成自然电场的电动势越大，即自然电位的异常幅度增大。

2）岩性

在砂泥岩剖面井中，SP异常幅度是以大段泥岩处的SP曲线为基线，在自然电位曲线上出现异常变化的多为砂岩层。当目的层为含水纯砂岩时，SP异常幅度达到最大值SSP_{max}。SP曲线异常幅度随目的层泥质含量的增加而减小。

3）地层温度

相同岩性地层随埋藏深度不同，其温度也不同，所以K_d和K_{da}均有差别。这就导致埋藏深度不同的同样岩性地层的自然电位异常幅度有差异。

4）地层水和钻井液滤液含盐性质

如果在纯砂岩中，地层水所含盐类发生变化时，扩散电动势系数K_d也随之改变，见表1-1。

表1-1　在18℃下几种盐溶液的K_d

溶质	NaCl	NaHCO$_3$	CaCl$_2$	MgCl$_2$	Na$_2$SO$_4$	KCl
K_d，mV	-11.6	+2.2	-19.7	-22.5	+5	-0.4

5）地层电阻率

自然电场产生后，在地层界面附近有自然电流I_{SP}在介质中流动，由式（1-2）可知，当地层较厚并且各部分介质的电阻率差别不大时，由于地层的截面比井的截面大得多，则砂岩和泥岩对自然电流的等效电阻r_{sd}和r_{sh}与钻井液柱的等效电阻r_m相比小得多，此时对于纯砂岩来说ΔU_{SP}=SSP。当地层电阻率增高时，r_{sd}、r_{sh}与r_m相比较，则不能忽略，因此，ΔU_{SP}<SSP，地层电阻率越高，ΔU_{SP}越小，根据这个特点可以分辨油、水层。

6）地层厚度

图1-4是对含水砂岩计算出的一组自然电位理论曲线。从曲线上可以看出，自然电位幅度ΔU_{SP}随地层厚度h的变薄而降低，而且曲线变得平缓。这是由于地层厚度变薄后，自然电流经过地层的截面变小，等效电阻r_{sd}增加，使ΔU_{SP}与SSP差异加大造成的。

7）井径扩大和钻井液侵入

井径扩大使井的截面加大，自然电流I_{SP}流经井孔的等效电阻r_m相应减小，因此ΔU_{SP}降低。由于钻井液侵入的结果使地层水和钻井液滤液的接触面向地层深处推移，这相当于产生自然电场的场源与测量电极M之间的距离加大，从而使测量的自然电位下降，钻井液侵入越深，所测的自然电位幅度ΔU_{SP}越低。

4. 自然电位测井的地质应用

1）判断岩性

在砂泥岩剖面中，以泥岩的自然电位为基线，如果砂岩地层的岩性由粗变细，泥质含量增加，则自然电位异常幅度值表现为由大变小。根据自然电位曲线可以清楚地区分泥岩、砂岩、泥质砂岩。在含水纯砂岩井段会出现最大的自然电位异常幅度值，含泥砂岩层具有较低的异常幅度值，随泥质含量增加，SP曲线异常幅度将会变小。在同一井中，含水砂岩的自然电位异常幅度比含油砂岩的自然电位异常幅度大。碳酸盐岩剖面的渗透层与砂泥岩剖面具有完全不同的电性特征，自然电位曲线在致密碳酸盐岩地层和裂缝性渗透层处，没有明显的差异，难以应用自然电位曲线将碳酸盐岩剖面中的渗透层划分出来。但是对碳酸盐岩地层而言，自然电位的异常幅度主要反映地层中的泥质含量。在膏岩地层剖面，由于盐岩、石膏、硬石膏等非常致密，基本上不含地层水，因此不产生扩散吸附电位，这些地层处的自然电位曲线与围岩相同，所以在膏岩地层剖面就没有必要测自然电位测井曲线。

2）估计渗透层厚度

渗透性地层在自然电位测井曲线上具有明显的异常响应特征。为此，通常利用自然电位曲线半幅点法划分渗透层的界面位置，如图1-3所示。地层越厚，精度越高。薄的渗透层若用半幅点法估计岩层厚度，则会得到比实际地层厚度偏大的结果。

3）计算地层泥质含量

在砂泥岩剖面中，最多可采用五种常规测井方法计算泥质含量，即自然伽马（GR）、自然电位（SP）、补偿中子（CNL）、地层电阻率（RT）、中子寿命（NLL）。各种测井方法统一按以下经验公式计算泥质含量，然后选取其中最小值作为地层泥质含量值：

$$\begin{cases} C_{SHi} = \dfrac{C_{SHLGi} - C_{GMINi}}{C_{GMAXi} - C_{GMINi}} \\ V_{shi} = \dfrac{2^{GCUR \times C_{SHi}} - 1}{2^{GCUR} - 1} \end{cases} \quad i=1,2,\cdots,5 \qquad (1-3)$$

式中　V_{shi}——由第i种测井方法求出的泥质含量；

　　　C_{SHLGi}——解释层第i种测井曲线读数；

　　　C_{GMINi}——纯砂岩层第i种测井曲线读数；

　　　C_{GMAXi}——纯泥岩层第i种测井曲线数值；

　　　C_{SHi}——解释层第i种测井曲线相对值；

　　　GCUR——地区经验系数，对新地层（古近系、新近系）取3.7，对老地层取2.0。

4）判断水淹层

油层被水淹后，被水淹部位就常会发生SP曲线幅度的变化和基线偏移。基线偏移的主要原因是：油层被水淹时，原始地层水与注入水矿化度不同，从而引起SP曲线幅度发生变化。基线偏移主要有三种情况：第一种是上基线偏移（主要为反韵律油层）；第二种是下基线偏移（主要为正韵律油层）；第三种是阶梯状或复杂形状基线偏移（主要为复合韵律油层）。

5）确定地层水电阻率

利用自然电位曲线确定地层水电阻率时，假定自然电位只是由扩散吸附作用产生的。根据已知的岩层电阻率、地层厚度、钻井液电阻率、围岩电阻率和侵入带电阻率等资料，将自然电位异常幅度ΔU_{SP}校正到自然电流回路的总电动势E_s（即静自然电位SSP），然后利用式（1–1b）和已知的钻井液滤液电阻率R_{mf}和自然电位系数K_{SP}，便可求出地层水电阻率。

6）沉积相研究

SP曲线的单层曲线形态可以反映粒度分布和沉积能量变化的速率。如柱形表示粒度稳定，砂岩与泥岩突变接触；钟形表示粒度由粗到细，是水进的结果，顶部渐变接触，底部突变接触；漏斗形表示粒度由细到粗，是水退的结果，底部渐变接触，顶部突变接触；曲线光滑或齿化的程度是沉积能量稳定或变化频繁程度的表示。这些都与一定沉积环境形成的沉积物相联系（楚泽涵等，2007）。

二、自然伽马和自然伽马能谱测井

自然界岩石的放射性主要是由于含有铀（$^{238}_{92}U$）、钍（$^{232}_{90}Th$）、锕（$^{227}_{80}Ac$）及其衰变物和钾的放射性同位素$^{40}_{19}K$产生的，这些核素的原子核在衰变过程中能释放出大量的α、β、γ射线。岩石的放射性强度决定于放射性核素的种类及含量。按放射性强度可将沉积岩划分为以下几类：①高放射性岩石：黏土岩、海绿石砂岩、独居石砂岩、钾钡矿砂岩、含铀钒矿灰岩及钾岩等。②中等放射性岩石：泥质砂岩、泥质碳酸盐岩等。③低放射性岩石：石膏、硬石膏、盐岩，以及纯的石灰岩、白云岩和石英砂岩等。

根据实验和统计可知，沉积岩的自然放射性强度一般有以下变化规律：①随泥质含量的增加而增加；②随有机物含量的增加而增加，如沥青质泥岩的放射性很高；③随着钾盐和某些放射性矿物的增加而增加。

1. 自然伽马测井及其地质响应

将自然伽马测井仪下到井中，测量地层放射性随深度变化的曲线，称为自然伽马（gamma ray，GR）曲线。GR测井与SP测井配合应用，能很好地划分岩性和确定渗透性地层，GR测井的另一优点是可在套管井中测量。

1）自然伽马测井原理

自然伽马测井的测量装置由下井仪器和地面仪器组成。下井仪器有探测器（闪烁计数管）、放大器和高压电源等几部分。自然伽马射线由岩层穿过钻井液、仪器外壳进入探测器,探测器将γ射线转化为电脉冲信号,经放大器把电脉冲放大后由电缆送到地面仪器进行记录。

由于地层和钻井液对伽马射线的吸收,地层中放射性元素发射的伽马射线是不能全部到达探测器并为探测器所测出的。所以,在无限均匀地层中,自然伽马测井的探测半径是以探测器中点为球心的球体,球体半径就是探测半径,在探测半径范围内的地层产生总自然伽马强度的90%。因为地层非均质性以及井的存在和探测器有一定体积等,探测范围并不是严格的球形。所以,探测半径的大小与地层均质性、地层伽马射线能量、地层和钻井液密度等有关。若地层伽马射线能量降低或密度增加,则探测半径减小。

2)自然伽马测井曲线特点

对于地层厚度为h的高放射性地层,上下围岩为半无限厚的低放射性地层,井孔半径为r_0,地层吸收系数$\mu=0.1cm^{-1}$,且在测井速度为0、点状计数管条件下,根据理论计算可获得自然伽马测井的理论曲线,如图1-5所示。其特点为:①上下围岩的放射性相同时,GR曲线对称于地层中点。②在地层中点处有极大值,极大值随地层厚度h增加而增大。当$h \geq 6r_0$时,极大值为一常数,与地层厚度无关,与岩石的自然放射性强度成正比。③当$h \geq 6r_0$时,由曲线半幅点确定的厚度等于地层的真实厚度;当$h < 6r_0$时,由曲线半幅点确定的地层厚度大于地层的真实厚度,而且地层越薄,大得越多。但实际测井中,计数管不是点状的,测速也不为零,所以实测曲线和理论曲线是有差异的,但基本形状仍然相似。

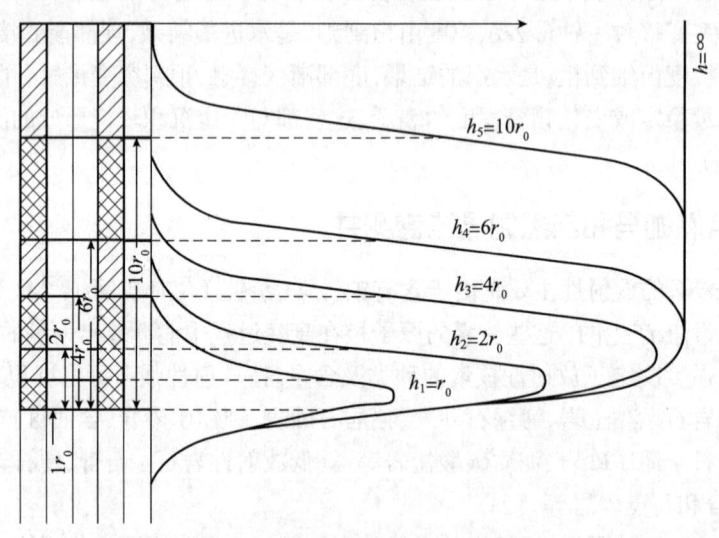

图1-5 自然伽马理论曲线

3)自然伽马测井曲线的影响因素

(1)层厚

地层变薄会使泥岩层的自然伽马测井曲线值下降,砂岩层的自然伽马测井曲线值上升,并且地层越薄,这种下降和上升就越多。因此,对$h < 6r_0$的地层,应用自然伽马测井曲线时,应考虑层厚的影响。

(2)井参数

钻井液、套管、水泥环所具有的放射性通常比地层低,同时又能吸收来自地层的伽马射线,所以这些井内介质一般来说会使自然伽马测井读数降低。

井径的扩大意味着下套管井水泥环增厚和裸眼井钻井液层增厚。若水泥环和钻井液不含放射性元素，则水泥环和钻井液层增厚会使GR值降低。虽然钻井液含有一些放射性，但钻井液影响很小。套管的钢铁对伽马射线的吸收能力很强，有一层套管井的GR值大约是没有套管井的GR值的75%，所以，套管井的GR值会下降很多。

（3）放射性涨落

在放射性源强度和测量条件不变的情况下，在相等的时间间隔内，对放射性的强度进行重复多次测量，每次记录的数值是不相同的，但总是在某一数值附近上下变化，这种现象叫放射性涨落。这种现象与测量条件无关，是微观世界的一种客观现象，且有一定的规律性。由于放射性涨落的存在，GR曲线不像电测井那样光滑。放射性测井曲线读数的变化，一方面是由地层性质变化引起的，另一方面是由放射性涨落引起的。所以要对放射性测井曲线进行正确地质解释，必须正确区分这两种原因造成的曲线变化。

（4）$v\tau$因子

进行放射性测井时，当仪器在井中的测速v很小时，在均匀放射性地层中测得的自然伽马曲线形状与理论曲线形状相似；而当测井速度v增大时，实际测得的放射性地层的自然伽马曲线不再对称，与理论曲线相比，自然伽马曲线沿仪器移动方向发生了偏移。测井速度v和积分电路时间常数τ的乘积对记录的自然伽马测井曲线发生影响的原因是仪器中的积分电路有惯性，而这种惯性当下井仪器以一定速度连续移动时会表现出来。$v\tau$越大，这种影响就越显著。为将这一影响减至最小，通常应在τ足以保证测量精度的条件下使$v\tau$为低值。只要$v\tau$选择合适，通常可不考虑这一影响。

4）自然伽马测井的地质应用

（1）划分岩性和储层

不同的岩石具有不同的自然伽马射线强度，据此可以划分岩性。在岩性划分基础上，参考其他曲线可以划分储层。

在砂泥岩剖面中，纯砂岩的GR值最低，黏土岩和泥岩的GR值最高，泥质砂岩的GR值较低，泥质粉砂岩和砂质泥岩的GR值较高，即GR值随泥质含量的增加而升高。一般纯砂岩层和泥质砂岩层是储层。利用GR曲线的半幅点可以确定储层界面。

在碳酸盐岩剖面中，纯白云岩、石灰岩的GR值最低，黏土岩、泥岩和页岩的GR值最高，泥灰岩的GR值较高，泥质石灰岩、泥质白云岩的GR值介于它们之间，GR值也是随泥质含量的增加而升高。一般裂缝发育的纯白云岩、石灰岩层是储层。

在膏岩剖面中，盐岩、石膏层的GR值最低，泥岩的GR值最高。

（2）地层对比

以单井划分岩性为基础，可在构造面上用几口井的GR曲线进行地层对比。自然伽马曲线进行地层对比具有以下优点：①GR曲线幅值大小与地层中所含流体性质（油、水或气）无关，储层含油、含水或含气对GR曲线影响不大。②GR曲线幅值大小与地层水和钻井液矿化度无关，其幅度主要决定于地层中的放射性物质，通常对于不同岩性其幅度较为稳定。③很容易识别对比标准层，通常选用厚度较大的泥岩作标准层，进行油田范围或区域范围内的地层对比。④对于膏岩剖面，由于自然电位和电阻率曲线显示不好，此时显示利用自然伽马曲线进行对比的优越性。⑤可以在套管井中进行地层对比。

（3）确定地层泥质含量

首先用自然伽马相对幅度的变化计算泥质含量指数I_{GR}：

$$I_{GR} = \frac{GR - GR_{min}}{GR_{max} - GR_{min}} \tag{1-4}$$

式中　GR——目的层自然伽马测井值；

　　　GR_{max}、GR_{min}——纯泥岩、纯砂岩的自然伽马测井值。

通常I_{GR}的变化范围为0~1，用下式将I_{GR}转化成泥质含量V_{sh}：

$$V_{sh} = \frac{2^{GCUR \cdot I_{GR}} - 1}{2^{GCUR} - 1} \tag{1-5}$$

式中　GCUR——Hilchie指数，可根据实验室取心分析资料确定，它随地层的地质年代而改变，对于古近系、新近系取3.7，对于老地层取2.0。

还应指出，由自然伽马测井求出的泥质含量是这一参数的上限。因为使用该方法时把地层中的放射性物质几乎都当成泥质来处理，当地层和岩石骨架中也含有放射性物质时，应该使用其他测井方法计算泥质含量，否则处理结果就会夸大泥质所占的体积。例如，图1-6是楼1014井测井曲线图，图中26号和27号层的GR测井曲线接近最低值，SP测井曲线为显著的负异常，显示为典型的岩性较纯的砂岩储层，GR与SP两条测井曲线对岩性的响应特征完全一致，很好地反映了砂岩储层。

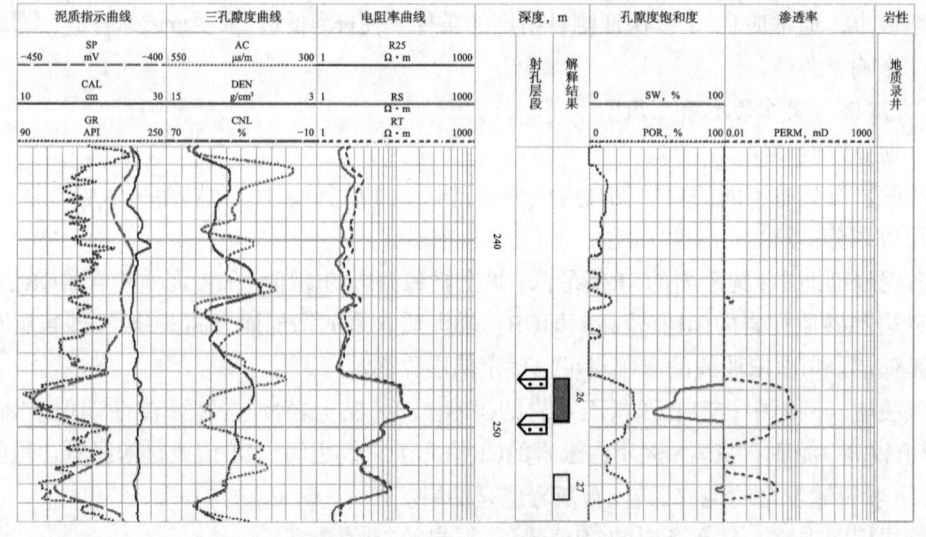

图1-6　楼1014井GR测井曲线响应特征

2. 自然伽马能谱测井及其地质响应

自然伽马测井记录的是能量大于100keV的所有伽马光子造成的计数率或标准化读数。它只能反映地层中放射性核素的总含量，无法分辨地层中含有放射性核素的种类。地层所能提供的信息没有得到充分的利用，为此研制了自然伽马能谱测井（natural gamma ray spectrometry log，NGS)，它是利用铀、钍、钾释放不同能量伽马射线能量的特性，在钻井中测量地层钾、钍、铀含量的方法（赵军龙，2008）。

1）自然伽马能谱测井的原理

不同岩石含有的化学成分不同，其放射性物质的成分也不一样，泥岩地层主要成分为黏土矿物，黏土矿物所含的放射性元素如表1-2所示。

表1-2 黏土矿物中铀（U）、钍（Th）和钾（K）的含量

矿物名称	K, %	U, 10^{-6}	Th, 10^{-6}
膨润土	<0.5	1~20	6~50
蒙脱石	0.16	2~5	14~24
高岭石	0.42	1.5~3	6~19
伊利石	4.50	1.5	
铝土矿		3~30	10~130
黑云母	6.70~8.30		<0.01
白云母	7.90~9.80		<0.01
海绿石	5.08~5.30		

纯砂岩和碳酸盐岩的放射性元素含量都低，表1-3给出其大致的变化范围。但对于某些渗透性砂岩和碳酸盐岩地层，由于水中含有易溶的铀元素，并随水运移，在某些适宜条件下沉淀，形成具有高放射性的渗透层，此时可用自然伽马能谱测井曲线中U含量极高特征来划分这样的地层。

表1-3 砂岩和碳酸盐岩中铀（U）、钍（Th）和钾（K）的含量

岩石名称	K, %	U, 10^{-6}	Th, 10^{-6}
砂岩	0.7 ~ 3.8	0.2 ~ 0.6	0.7 ~ 2.0
碳酸盐岩	0.0 ~ 2.0	0.1 ~ 9.0	0.1 ~ 7.0

自然伽马能谱测井方法的实质是根据测量得到的 ^{238}U、^{232}Th、^{40}K 伽马放射性的混合谱来确定它们在地层中的含量。根据实验室对铀、钍、钾放射的伽马射线能量的测定，发现铀、钍、钾放射的伽马射线谱都存在各自易鉴别的特征谱峰。铀系、钍系、^{40}K伽马能谱如图1-7所示，图中能有效识别铀系、钍系、^{40}K三者的特征谱。从混合源的伽马仪器谱中可看到相应于 ^{40}K、^{238}U、^{232}Th 的能量分别为1.46MeV、1.76MeV、2.62MeV的三个光电峰，且最容易识别，因而选用它们作为识别铀、钍、钾的特征峰。

自然伽马能谱测井的探测器与自然伽马测井基本相同，所不同的是其增加了多道脉冲幅度分析器，能分别测量不同幅度的脉冲数，从而得出不同能量的伽马射线能谱，用以测定不同的放射

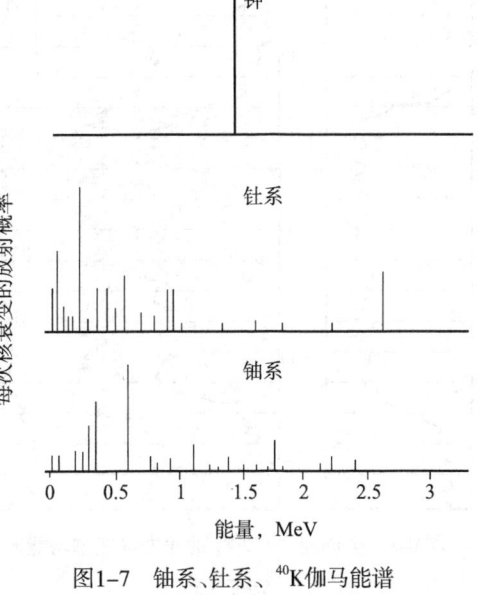

图1-7 铀系、钍系、^{40}K伽马能谱

性核素。自然伽马能谱测井根据测出的伽马射线特征峰值，经谱分析处理可输出反映铀（U）、钍（Th）、钾（K）含量的三条曲线及总自然伽马曲线（SGR）和无铀自然伽马曲线（CGR）等五条测井曲线。

2）自然伽马能谱测井的影响因素

自然伽马能谱测井仪器的标准谱和解谱用的响应矩阵是在标准刻度井中获得的。因为实际测井时遇到的井条件不可能与标准刻度井完全相同，所以测量和解谱结果就会受到环境影响而产生误差。环境影响及其校正方法，可通过理论计算或实验方法进行研究。

井中介质包括钻井液、套管和水泥环。若钻井液为低放射性钻井液，则井的影响主要是对来自地层的伽马射线的散射和吸收。为了降低对泥岩的冲蚀作用，通常在钻井液中加入3%~5%的氯化钾（KCl），但钾的放射性可使自然伽马测井受到干扰，表现为：①总计数率增高；②钾特征峰道区计数率明显增高；③能量低于1.46MeV的道区计数率增高；④解谱结果钾含量异常高，铀含量偏低，钍含量偏高，各种比值不正常。因此，若钻井液中含有KCl，则钻井液柱相当于一个附加的放射源，钾的特征峰道区计数率就会增高；当钻井液中含有重晶石时，钻井液的光电吸收效应增强，使低能道区计数率明显降低，将使自然伽马谱严重变形。氯化钾和重晶石钻井液对测量结果的影响均可用蒙特卡罗方法进行研究。

3）自然伽马能谱测井的地质应用

（1）研究生油层

岩石中的有机物对铀的富集起着重要作用，所以铀含量可以评价生油层的生油能力。生油岩中的铀含量与有机碳含量之间具有很好的正比关系。生油泥岩与普通泥岩相比，在自然伽马能谱曲线上的特征是钾和钍含量与普通黏土岩一样高，而铀含量比普通黏土岩更高，即U或U/K越高，说明含有机碳越多，则泥岩为生油岩且生油能力越强。图1-8给出泥岩生油层与非生油层的典型特征。图中上部泥岩为生油层，铀含量很高，钾、钍含量较低；下部泥岩为非生油层，铀含量较低，钾、钍含量较高。

（2）识别页岩储层

富含有机物的高放射性黑色页岩，在局部地段由于具有裂缝、粉砂、燧石或碳酸盐岩夹层，可成为产油层。这种地层在自然伽马能谱曲线上的特征是钾和钍含量低，而铀含量很高。图1-9给出了美国科罗拉多州高放射性裂缝储层实例。该图显示井段皆为泥岩，铀、钍、钾含量皆为高值，但

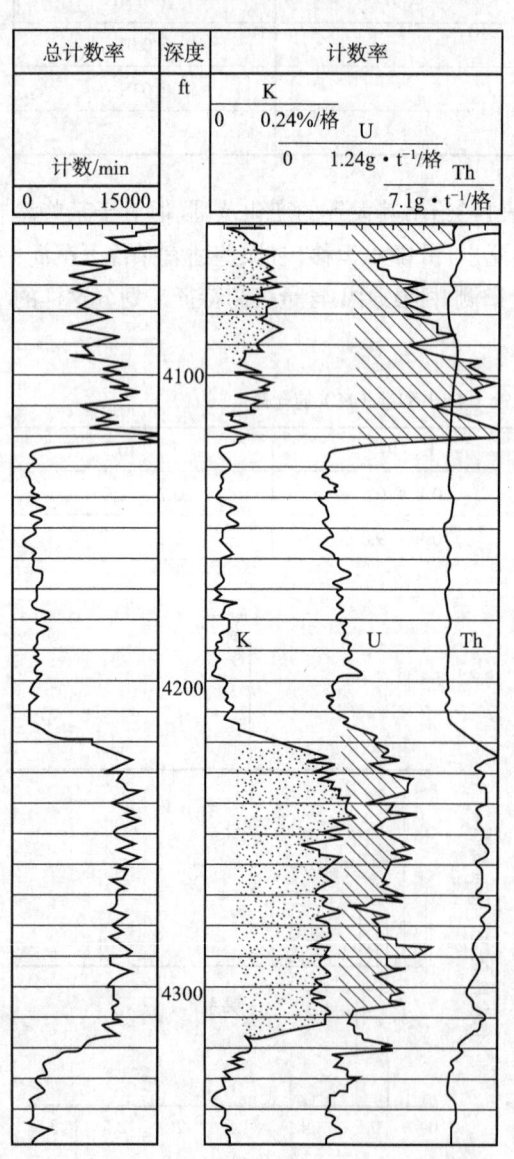

图1-8 生油泥岩与非生油泥岩自然伽马能谱特征比较

其中部泥岩显示铀含量和放射性总计数率异常高、低钾和低钍特征,已证明中部泥岩为裂缝储层,有工业性油流产出,为产油层。

(3)确定高放射性碎屑岩和碳酸盐岩储层

纯的碎屑岩储层铀、钍、钾含量均为低值,但当这些岩石中含有高放射性矿物时,铀、钍、钾含量将明显偏高,取决于高放射性矿物含有的放射性核素种类和含量。当岩石中含有锆石等高含钍的矿物时,钍含量明显偏高。对于碳酸盐岩储层,当岩石中含有钾盐或长石等矿物时,钾含量明显增高。另外,在还原条件下,地层水中的铀也会在渗透带沉积,从而使地层的铀含量增高。因此,在碳酸盐岩剖面中,应用自然伽马能谱测井能可靠地计算泥质含量、寻找裂缝带,并有助于区分岩性。图1-10给出了套管井高放射性砂岩地层测井曲线,上部层段显示为低含钾、高含铀和钍,这是由膨润土和凝灰岩薄层造成的,特点是钍含量很高;而下部层段显示高含铀、钍和钾含量均不高的地层为砂岩层。

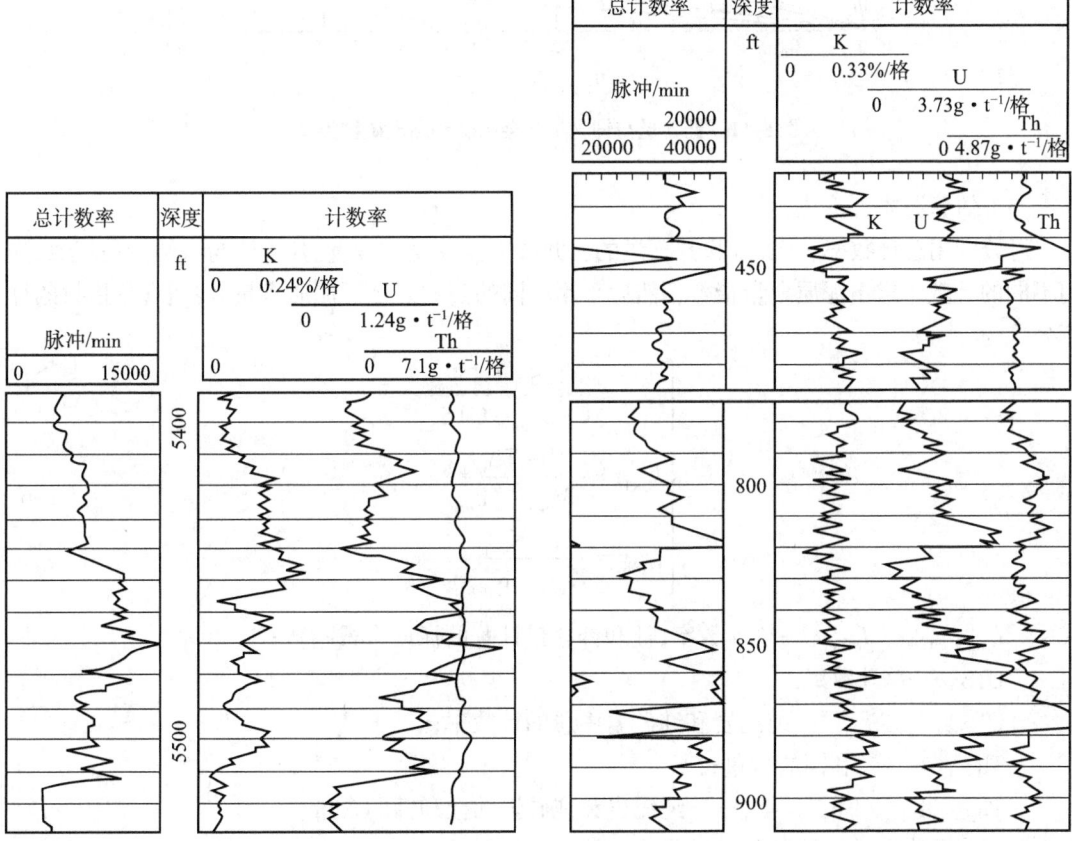

图1-9 页岩储层自然伽马能谱测井曲线特征　　图1-10 高放射性砂岩地层自然伽马能谱测井曲线特征

(4)研究沉积环境和确定黏土矿物类型

据统计研究,陆相沉积、氧化环境、风化层的Th/U>7;海相沉积、灰色或绿色页岩的Th/U<7;而海相黑色页岩、磷酸盐岩的Th/U<2。应用Th/U、U/K和Th/K还可以研究许多其他地质问题,如从化学沉积物到碎屑沉积物,Th/U比增大;随沉积物成熟度的增加,Th/K比增大等。根据铀、钍和钾含量可区分黏土矿物,从而确定黏土岩的类型,图1-11示出利用钍含量与钾含量交会图确定黏土矿物类型的一个例子。

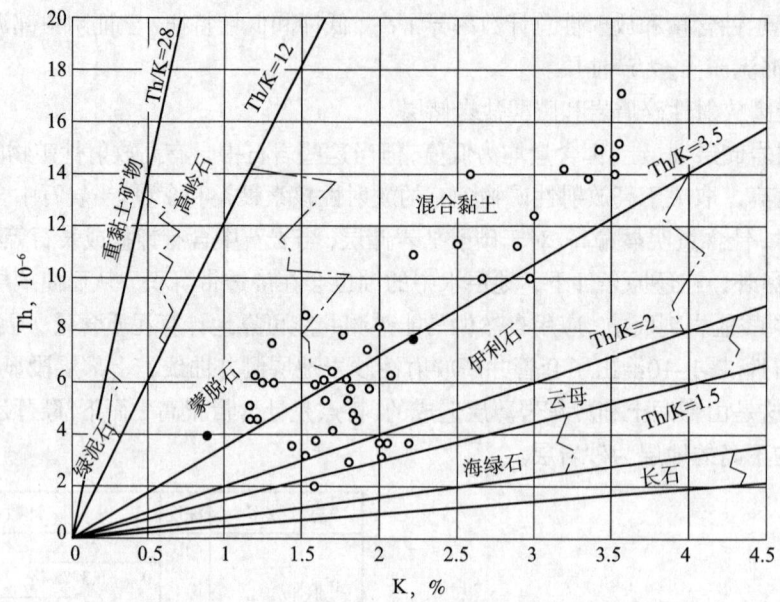

图1-11 钍含量与钾含量交会图确定黏土矿物类型

(5) 估算泥质含量

可分别用总计数率、钍含量和钾含量的测井值来计算泥质含量。其方法与自然伽马相似,先用不同的计数率求出泥质含量指数,然后采用相同的公式来计算泥质含量。泥质含量指数的计算公式为

$$\begin{cases} I_{\text{GRS}} = \dfrac{\text{CTS} - \text{CTS}_{\min}}{\text{CTS}_{\max} - \text{CTS}_{\min}} \\ I_{\text{GRTh}} = \dfrac{\text{Th} - \text{Th}_{\min}}{\text{Th}_{\max} - \text{Th}_{\min}} \\ I_{\text{GRK}} = \dfrac{\text{K} - \text{K}_{\min}}{\text{K}_{\max} - \text{K}_{\min}} \end{cases} \quad (1-6)$$

式中 I_{GRS}、I_{GRTh}、I_{GRK}——总计数率、钍和钾含量计算的泥质含量指数;

CTS——总计数率;

$\text{CTS}_{\max}$、$\text{CTS}_{\min}$——纯泥岩和纯砂岩中总的计数率;

Th、K——钍和钾的含量;

$\text{Th}_{\max}$、$\text{K}_{\max}$、$\text{Th}_{\min}$、$\text{K}_{\min}$——纯泥岩和纯砂岩的钍和钾的含量。

用下式可将泥质含量指数I_{GR}转化成泥质含量V_{sh}:

$$V_{\text{sh}} = \dfrac{2^{\text{GCUR} \cdot I_{\text{GR}}} - 1}{2^{\text{GCUR}} - 1} \quad (1-7)$$

通常钍和钾的含量与泥质含量的关系比较稳定。如果铀的含量与泥质含量关系稳定,也可用铀来计算。究竟选择哪条曲线作为最好的泥质含量计算曲线,要根据具体地质条件来定。此外,自然伽马能谱测井还可研究管外窜槽、估计油水推进界面和识别放射性积垢等。自然伽马能谱测井虽然有很多优点,但与普通自然伽马测井相比,它的计数率(铀、钍、钾计数率)低、测速慢、仪器复杂、成本高,所以只用来解决复杂岩性测井解释,即在常规测井方法不能解决地质

问题时建议采用NGS测井方法。

三、声波测井及其地质应用

声波测井主要分为声速测井和声幅测井两大类。声速测井也称声波时差测井，是测量声波在地层中传播速度的测井方法。声波在岩石中的传播速度与岩石的性质、孔隙度以及孔隙中所充填的流体性质等因素有关，因此，研究声波在岩石中的传播速度或传播时间，就可以确定岩石的孔隙度，判断岩性和孔隙流体性质。声幅测井是研究声波在地层或套管内传播过程中幅度的变化，从而认识地层及固井水泥胶结情况的一种声波测井方法。

1. 岩石的声学参数

1）岩石的声波速度

弹性波在岩石中的传播是质点振动的传播。质点振动方向与声波的传播方向一致时，称为纵波（压缩波）；质点振动方向与声波的传播方向垂直时，称为横波（剪切波）。

岩石声波传播速度与固体的弹性模量及密度有关。纵波速度和横波速度由下式表示：

$$v_\mathrm{P}=\sqrt{\frac{\lambda+2\mu}{\rho}}=\sqrt{\frac{E}{\rho}\frac{1-\sigma}{(1+\sigma)(1-2\sigma)}} \tag{1-8}$$

$$v_\mathrm{S}=\sqrt{\frac{\mu}{\rho}}=\sqrt{\frac{E}{\rho}\frac{1}{2(1+\sigma)}} \tag{1-9}$$

式中　v_P、v_S——纵波和横波速度；

　　　E——杨氏模量；

　　　μ——切变模量；

　　　σ——泊松比；

　　　ρ——岩石密度。

纵横波速度之比为

$$\frac{v_\mathrm{P}}{v_\mathrm{S}}=\sqrt{\frac{2(1-\sigma)}{1-2\sigma}} \tag{1-10}$$

2）声波时差 Δt

声速的倒数在声学中称为慢度，在声波测井中称作声波时差，按照声波传播的性质可分为纵横波时差，即

$$\Delta t_\mathrm{P}=\frac{1}{v_\mathrm{P}};\ \Delta t_\mathrm{S}=\frac{1}{v_\mathrm{S}} \tag{1-11}$$

式中　Δt_P——纵波时差；

　　　Δt_S——横波时差。

表1-4给出了某些岩石和物质中纵波速度及纵波时差。

表1-4　某些岩石和物质中纵波速度及纵波时差

介质	纵波速度 v_P, m/s	纵波时差 Δt_P, μs/m
空气（0℃）	330	3000
甲烷（1atm）	442	2260

续表

介质	纵波速度v_P, m/s	纵波时差Δt_P, μs/m
石油	1070~1320	985~757
普通钻井液	1530~1620	655~622
铁	5340	187
无水石膏	6100~6250	164~163
泥岩	1830~3962	548~252
致密砂岩	5500	182
致密灰岩	6400~7000	156~143
白云岩	7900	125
岩盐	4600~5200	217~193
泥灰岩	3050~6400	330~156

3）声阻抗

声阻抗Z是某一面积上声压与通过该面积的声通量（体积速度）的复数比。岩石的声阻抗定义为声速v与密度ρ的乘积，即

$$Z=\rho v \tag{1-12}$$

两种介质的声阻抗之比称为声耦合率。介质Ⅰ和介质Ⅱ的声阻抗相差越大，则二者的声耦合越差，声波能量就越不容易从介质Ⅰ中透射到介质Ⅱ中去，反之亦然。

表1-5 几种岩石和物质的波阻抗

介质	淡水	盐水	木材	石油	铁	岩盐	砂岩	石灰岩	泥岩
波阻抗，g/cm³·m/s	14.6	15.3	5~40	13.2	390	100	63~95	99~108	25~50

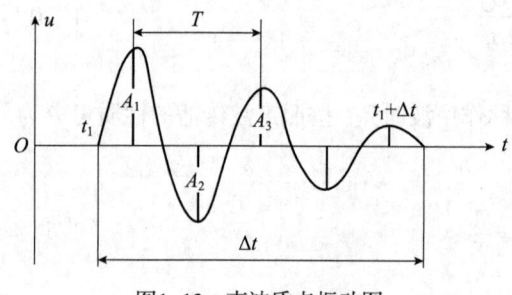

图1-12 声波质点振动图

4）声衰减

声波在岩石中传播时，存在内摩擦，因此声波能量逐渐衰减（图1-12）。因为波的能量与振幅的平方成正比，所以声波幅度也将逐渐减小。声波幅度随传播距离增加，能量逐渐损失，声波幅度逐渐减小，声波幅度衰减量可表示为

$$A=A_0 e^{-\alpha L} \tag{1-13}$$

式中 A——距离强度为A_0的声源L处的声波幅度；

α——地层岩石对声波的吸收系数（表1-6），与岩性和声波频率有关。

表1-6 几种岩石对频率为50Hz的声波吸收系数

岩石	花岗岩	玄武岩	闪绿岩	石灰岩	砂岩	页岩
吸收系数，$10^5 m^{-1}$	0.20~0.384	0.414	0.21	0.04~0.366	1.77~0.71	2.32~0.68

2. 井中声波信息及测量

1）发射器和接收器

最简单的声波测井仪由发射器T和接收器R组成声系，配上适当的电路，即可完成声波测量。

发射器是电声换能装置，用压电陶瓷或压电石英制成。在脉冲电流作用下，发射器把电能转换成机械能，并以声波的形式发射出去。声波测井发射器可看作点声源，发射辐射状声波，其中一部分满足临界条件，即以临界角[$\arcsin(v_m/v_t)$]入射到井壁上，形成在井壁岩石中滑行的滑行波（图1-13）。滑行波与地层岩石性质有关，是声波测井的研究对象。接收器的材料和发射器一样。因为压电陶瓷、压电石英等的压电效应是可逆的，当受到机械应力作用时，接收器中压电材料定点间所产生的电场强度正比于所施加的声压，有电压输出。产生的电信号相位与声信号的相位一致，电信号幅度与声波幅度成正比。

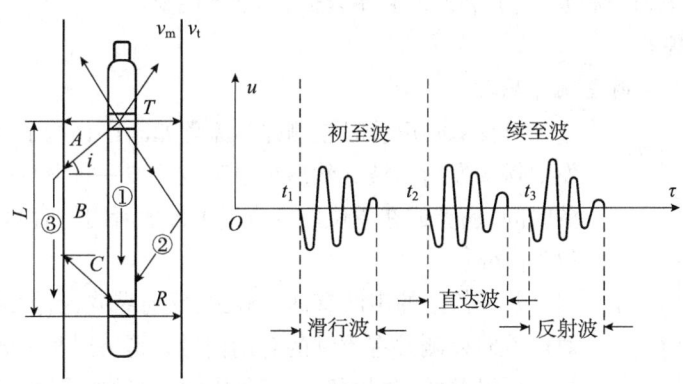

图1-13 井中声波示意
①—直达波；②—反射波；③—滑行波

2）滑行波

声波测井接收器接收到的声波包括直达波、反射波、滑行波和沿仪器外壳传播的声波。其中直达波以钻井液声速传播；反射波在钻井液中传播，传播速度与直达波相同。反射波路径比直达波长，比直达波晚到接收器。滑行波沿井壁滑行，路径上的每一点都是一个新波源，向外发射声波，其中同时必有一部分声波经过钻井液到达接收器。根据费马原理，折回到接收器的滑行波也为临界角时所需时间最小，即这种波最早达到接收器。由图1-13可见，滑行波路径为T—A—B—C—R，声波传播的总长度大于直达波。其中一段沿井壁岩石传播，而岩石的声速比钻井液声速大得多，适当选择发送器到接收器的距离（源距），就能保证滑行波比直达波优先到达探测器。满足这一条件的最小源距为

$$L = (d - d_n)\sqrt{\frac{v_m + v_t}{v_t - v_m}} \qquad (1-14)$$

式中 L——源距；

d、d_n——井径和仪器外径；

v_m、v_t——钻井液和地层中的纵波速度。

3）声波全波列

井中声波全波列波形由体波和面波组成。体波主要是纵波与横波；面波主要是假瑞利波和

斯通利波。

（1）纵波与横波

声波全波列波形上的这两种波就是前面说过的折射纵波和折射横波。折射纵波的传播路径为钻井液—地层—钻井液；折射横波的传播路径是钻井液—地层—钻井液，但二者的折射角不同，它们都是在介质内部传播的体波。如图1-13所示，滑行纵波是声波测井测量到的首波，而滑行横波是声波测井测量到的次波。

（2）假瑞利波

假瑞利波在横波的后面，是一段较长的环状波列，幅度大于横波，但衰减严重。假瑞利波是由不同介质内部的体波在界面上相互作用而形成的面波。

（3）斯通利波

在地层岩石中传播的横波和钻井液中传播的纵波在其界面上互相作用，使岩石中的质点产生椭圆形运动，形成斯通利波。斯通利波的频率较低，频散不明显。

3. 声波时差测井

1）单发双收声波时差测井原理

单发双收声波时差测井的原理如图1-14所示。声波测井过程中，发射探头发射声波，然后记录声波首波——滑行纵波到达接收探头的时间，换算成在单位厚度岩层中传播所用的时间作为声波时差，单位为μs/m。

井下传播的声波有钻井液波、反射纵波、折射纵波、折射横波，但对声波时差测井有贡献的有用信号只是折射角为90℃的折射波，即折射后沿井壁"滑行"的折射纵波。通过选择恰当的源距，可以使滑行纵波成为首波，第一个到达接收探头。

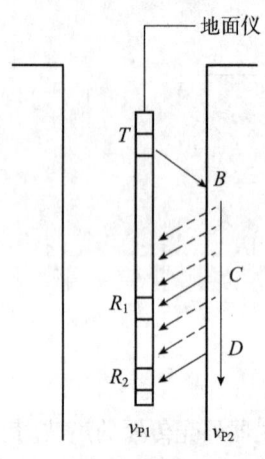

图1-14 声波测井原理图

如图1-14所示，设仪器的发射探头T在t_0时刻发射声波，接收探头R_1在t_1时刻收到的滑行纵波走过的路径为$TBCR_1$；接收探头R_2在t_2时刻收到的滑行纵波走过的路径为$TBDR_2$。令声波纵波在井筒流体中的传播速度为v_{P1}，在地层中的传播速度为v_{P2}，则滑行纵波到达两接收探头的时差可以表示为

$$\Delta t = t_2 - t_1 = \left(\frac{TB}{v_{P1}} + \frac{BD}{v_{P2}} + \frac{DR_2}{v_{P1}}\right) - \left(\frac{TB}{v_{P1}} + \frac{BC}{v_{P2}} + \frac{CR_1}{v_{P1}}\right) \quad (1-15)$$

假设井径不变，仪器始终居中，则$TB=CR_1=DR_2$，此时，式（1-15）变为

$$\Delta t = \frac{BD - BC}{v_{P2}} = \frac{CD}{v_{P2}} \quad (1-16)$$

显然，CD正好是仪器的间距，对于每一种仪器是固定不变的，因此，声波时差（Δt）与地层声速（v_{P2}）成反比。

2）双发双收声波时差测井原理

为了消除井径不规则和地层厚度等对声波时差测井值的影响，目前广泛使用具有双发双收声系的井眼补偿声波测井仪（borehole compensated sonic tool，BHC）和长源距声波测井仪（long spaced sonic tool，LSS）。

井眼补偿声波测井仪是双发双收声系（图1-15）。两个发射器轮流发射声波，两个接收器依次接收声波信号。当上发射器T_1发射声波时，声波从T_1到接收器R_1的传播路径是A—B—C—D，声波传播时间是

$$t_1 = \frac{AB}{v_m} + \frac{BC}{v_t} + \frac{CD}{v_m} \qquad (1-17)$$

从T_1到R_2的路径是A—B—C—E—F，所需传播时间是

$$t_2 = \frac{AB}{v_m} + \frac{BC+CE}{v_t} + \frac{EF}{v_m} \qquad (1-18)$$

接收器R_1、R_2接收到T_1发射的声波时差为

$$\Delta t_{\text{上}} = t_2 - t_1 = \frac{EF-CD}{v_m} + \frac{CE}{v_t} \qquad (1-19)$$

同理，R_2、R_1接收到T_2发射的声波时差为

$$\Delta t_{\text{下}} = t_2 - t_1 = \frac{E'F'-C'D'}{v_m} + \frac{C'E'}{v_t} \qquad (1-20)$$

取二者的平均值作为测量值，即：

$$\Delta t = \frac{\Delta t_{\text{上}} + \Delta t_{\text{下}}}{2} = \frac{1}{2}\left(\frac{EF-CD}{v_m} + \frac{CE}{v_t} + \frac{E'F'-C'D'}{v_m} + \frac{C'E'}{v_t}\right) \qquad (1-21)$$

由于$CD=E'F'$，$EF=C'D'$，$CE=C'E'=l$，所以

$$\Delta t = \frac{1}{2}\frac{C'E'+CE}{v_t} = \frac{1}{2} \times \frac{2l}{v_t} = \frac{l}{v_t} \qquad (1-22)$$

于是岩层的纵波声速为

$$v_c = \frac{l}{\Delta t} \qquad (1-23)$$

式中　　l——两个接收器之间的距离，称间距；

v_m、v_t——钻井液、岩石声速。

式（1-23）表明，两个接收器接收到的声波时间差与地层岩石声速有关。因间距l固定，所以可直接用时差Δt倒数表示地层岩石的声速。因此，井眼补偿声波测井有效地克服了井径变化和仪器在井中倾斜所造成的影响，提高了测量精度。

4. 影响声波速度测井的因素

1）周波跳跃

在正常情况下，第一接收器R_1和第二接收器R_2应该被弹性振动的同一个首波波峰（一般为头一个周期的负峰）的前沿所触发。由于某种原因造成声波的首波严重衰减，使两个接收器不是被同一个峰触发所造成的曲线跳动，称为周波跳跃。由于每差一个峰，在时间上造成的误差恰好是一个周期，所以叫周波跳跃（图1-16、图1-17）。在这种影响条件下所测时差将不反映岩层的真实声速，且时差增大，在声波时差曲线上，以急剧地偏转或特别大的时差反映出来。产生周波跳跃的原因有两方面：一是发射功率较小或间距较大时，容易产生周波跳跃记录；二是仪器周围介质对声波能量的衰减较大时，也容易产生周波跳跃。

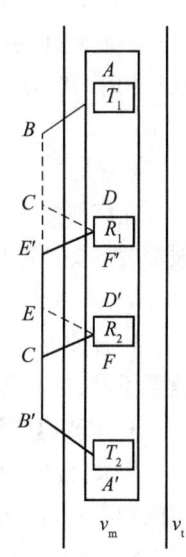

图1-15　BHC仪器双发双收声系

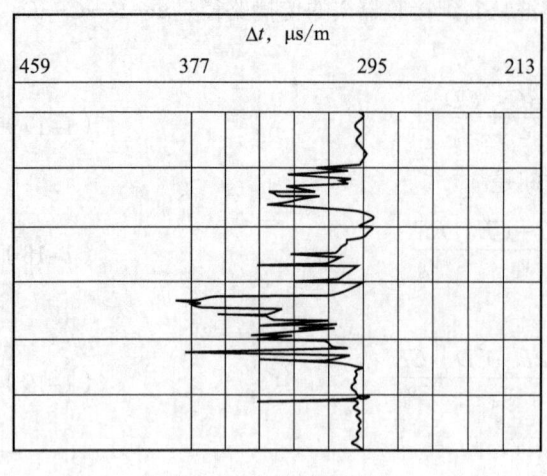
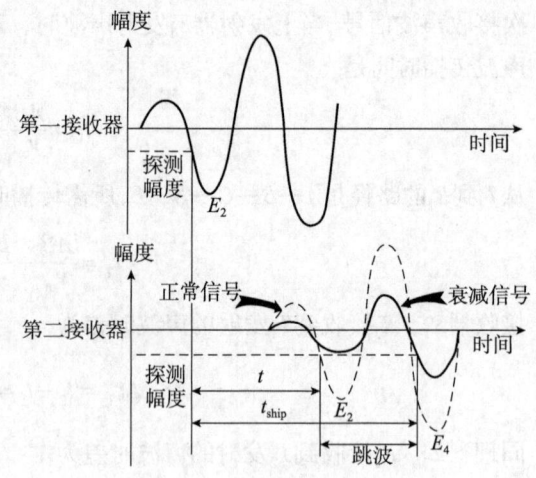

图1-16 声波周波跳跃　　　　图1-17 声波周波跳跃解释

E_2、E_4—声波信号幅度；t—正常地层条件下仪器测量记录到的声波时差值；t_{ship}—产生周波跳跃后仪器测量记录到的声波时差值

2）源距和间距的影响

选择源距，要考虑使折射波最先到达接收器。据此，1m的源距足够满足要求。

根据生产实践发现，声波测井求得的总旅行时常大于地震测量结果；另外，当源距增大时，测得的声速值也增大。这说明，声速测井记录的地层速度与真实速度有某些差别。特别是后一种现象说明，井壁附近存在声速较低的过渡带。由于过渡带声速低于地层速度，为了得到从没有遭到破坏的地层返回的折射波，要有足够大的源距。过渡带大约在15~125cm范围。有人曾计算，源距要在2.5m左右可以满足这个要求。

间距大小影响分层能力。间距小分层能力强，间距大分层能力差。

3）探测范围

声波测井的探测范围一般指井壁滑行波的影响范围，它和声波的波长λ有关。大家知道，波长λ、频率f和声波速度v之间有下列关系：

$$\lambda = \frac{v}{f} \tag{1-24}$$

在声波频率为20kHz，岩层中声波速度为1500m/s到7600m/s时，波长为8~38cm。根据实验，声波测井的探测范围大约等于3倍波长。在上述条件下，研究深度为25~115cm。

4）岩石物性变化影响曲线形态

岩石种类不同，沉积环境不同，其孔隙度和渗透率等物性可能不同，体现为不同物性的岩石速度不同，进而影响到它所对应的声波时差测井曲线。

5. 声波速度测井应用

声波速度测井最主要的用途是确定岩层的孔隙度。此外，有一些岩层的声波曲线或具有一定的形状特征，或具有一定的Δt值，这些往往可以用来判断岩性和作为地层对比的标志。

1）确定岩层孔隙度

根据实验室对岩样的研究，对于固结的（压实的）纯岩石，声波传播速度、孔隙度和孔隙中液体性质之间存在下列关系：

$$\frac{1}{v} = \frac{\phi}{v_f} + \frac{1-\phi}{v_{ma}} \tag{1-25}$$

或者写成

$$\Delta t = \phi \Delta t_f + (1-\phi) \Delta t_{ma} \tag{1-26}$$

式中 v、v_f、v_{ma}——岩石、孔隙流体和"岩石骨架"的声波速度;

ϕ——孔隙度;

Δt、Δt_f、Δt_{ma}——相应物质中声波每传播1m所需要的时间（声波传播时间或时差），分别为 $\frac{1}{v}$、$\frac{1}{v_f}$ 和 $\frac{1}{v_{ma}}$。

式（1-26）还可改写成

$$\Delta t = (\Delta t_f - \Delta t_{ma})\phi + \Delta t_{ma} \tag{1-27}$$

或

$$\phi = \frac{\Delta t - \Delta t_{ma}}{\Delta t_f - \Delta t_{ma}} \tag{1-28}$$

对胶结或压实不够的疏松地层，孔隙直径较大，骨架颗粒接触不紧密，声波传播时要在颗粒之间多次反射，使声波时差大于孔隙度相同的地层，从而计算的孔隙度偏大。为此，要进行压实校正：

$$\phi = \frac{1}{C_p} \frac{\Delta t - \Delta t_{ma}}{\Delta t_f - \Delta t_{ma}} \tag{1-29}$$

式中 C_p——压实校正系数，可用以下方法之一确定其大小。

①地层岩石的压实程度与其深度有一定关系。因此，可寻找 C_p 与地层岩石埋深的关系。例如，我国某油田有

$$C_p = 1.68 - 0.0002H \tag{1-30}$$

式中 H——地层岩石的深度，m。

②中子孔隙度、密度孔隙度与地层岩石压实与否无关。因此，把声波孔隙度与中子或密度孔隙度对比，也可确定压实校正系数。例如，当 $\phi_S > \phi_D$（或 ϕ_N）时，有

$$C_p = \frac{\phi_S}{\phi_D} \text{（或} \frac{\phi_S}{\phi_N}\text{）} \tag{1-31}$$

式中 ϕ_D、ϕ_N、ϕ_S——密度、中子和声速测井孔隙度。

③把解释地层岩石附近泥岩的时差与已知压实好的泥岩时差进行对比，而压实好的泥岩时差一般可取300μs/m，因此：

$$C_p = \frac{\Delta t_{sh}}{300} \tag{1-32}$$

式中 Δt_{sh}——解释地层附近的泥岩时差，μs/m。

2）识别岩性

声速测井资料可以用于识别岩性，特别是纵波与横波互相配合，用其比值 $\Delta t_S / \Delta t_P$ 识别岩性的效果尤佳（表1-7）。

表1-7 典型岩石纵横波时差比值

岩性	砂岩	白云岩	石灰岩
$\Delta t_S/\Delta t_P$	1.58~1.78	1.8	1.9

图1-18是几种岩性的统计资料，当孔隙度为0~20%时，石灰岩和白云岩的$\Delta t_S/\Delta t_P$与孔隙度无关；当孔隙度为15%~25%时，孔隙中充满液体的砂岩，$\Delta t_S/\Delta t_P$为1.6~1.8，并随孔隙增加而增加。实测资料表明，当砂岩中含有泥质或粉砂时，$\Delta t_S/\Delta t_P$也会增加。

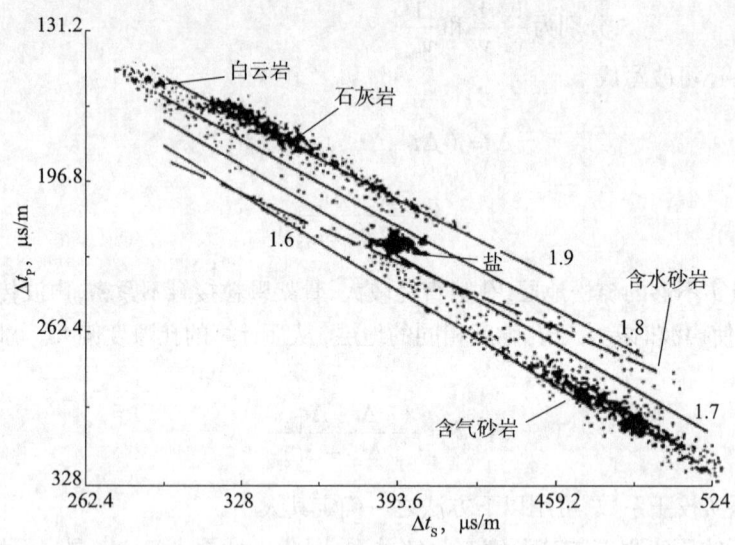

图1-18 声波测井资料识别岩性

3）判断气层

天然气与油、水的声波速度差别很大。当岩层孔隙中含气时，时差将显著增大。此外，由于声波在气层中能量衰减显著，有可能出现周波跳跃现象。气层的典型声波时差曲线如图1-19所示。

4）合成地震记录

地震与测井间的联系，表现为由声速测井制作合成地震记录和由地震资料制作合成声速测井曲线。

对于一个平面界面，设入射介质的密度为ρ_1、声速为v_1，另一介质的密度为ρ_2、声速为v_2，则地震反射系数γ为

$$\gamma = \frac{\rho_2 v_2 - \rho_1 v_1}{\rho_2 v_2 + \rho_1 v_1} \tag{1-33}$$

对于多界面层状介质，第i层界面的反射系数γ_i为

$$\gamma_i = \frac{\rho_{i+1} v_{i+1} - \rho_i v_i}{\rho_{i+1} v_{i+1} + \rho_i v_i} \tag{1-34}$$

如果已知地震子波b_t，则它与这些反射系数构成的反射系数序列γ_i进行褶积，便得到合成地震记录x_t，即

$$x_t = b_t * \gamma_i \tag{1-35}$$

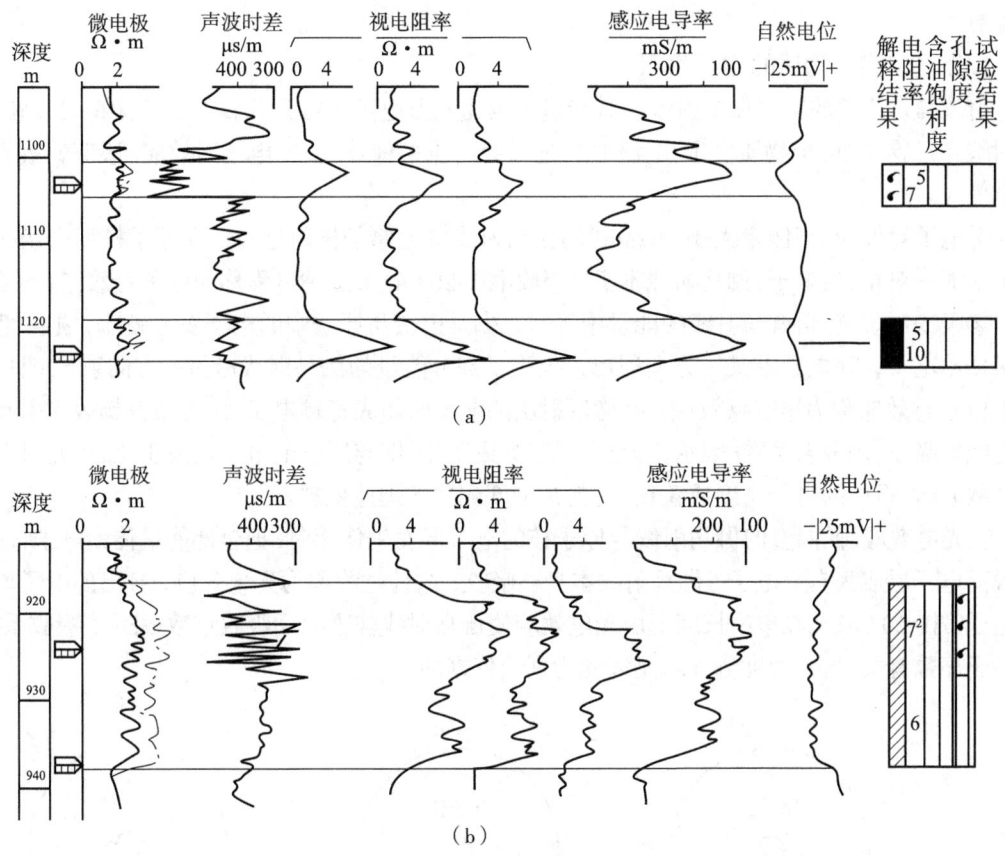

图1-19 气层在声波测井曲线上的显示

地震资料与测井资料的主要差别是两者纵向分辨率的不同。地震划分的最小厚度为20~30m，而声速测井划分的最小厚度约为0.5m。因此，制作合成地震记录时，应注意去掉声速曲线没有多大意义的小层变化，对非井眼补偿声速应去掉井眼扩大引起的假异常；将合成声速曲线与实测曲线对比时，只能对比大趋势，不能过分注意细节。

5）检测压力异常

一般情况下，地层孔隙内的流体压力等于地层静水柱压力，称为正常地层压力，其大小随地层埋藏深度增加而增加。在正常地层压力作用下，地层孔隙度和声波时差均按指数减小。因此，正常地层压力地区的声波时差与深度的关系，在半对数坐标图上为一条直线，称为正常趋势线。当实际声波时差明显偏离正常趋势线时，可能是超压层或断层的显示。

当上覆压力增加而孔隙流体不能适当排出时，孔隙流体将承受一部分骨架压力，使地层压力明显大于相同深度的静水压力。该地层即为超压地层，其特点是孔隙度相对较大，声波时差相对增大，明显偏离正常趋势线。两者分离处即为超压层顶界。此时地层的压力等于该地层的静水压力加上流体额外承受的覆盖层压力。

四、密度测井及其地质应用

岩石体积密度是单位体积岩石的质量，单位为g/cm^3。岩石体积密度是表征岩石性质的一个重要参数，它不仅与岩石矿物成分及其含量有关，还与岩石孔隙度和孔隙中流体类别、性质及含量有关。

1. 伽马射线与物质的相互作用

由伽马射线源放出的伽马射线，其能量范围为几万电子伏特到几百万电子伏特。当高能伽马射线穿过物质时，与物质发生相互作用，通常会产生三种效应，即电子对效应、康普顿效应和光电效应。

①电子对效应。当能量大于1.02MeV的伽马射线穿过原子核附近时，在原子核库仑场的作用下形成一对正、负电子，伽马射线本身被吸收[图1-20（a）]，这种过程称为电子对效应。

②康普顿效应。当伽马射线的能量中等时，伽马射线与原子中的电子发生碰撞，把一部分能量传给电子，使电子沿某一方向射出，损失了部分能量的伽马射线沿另一方向射出[图1-20（b）]，这种效应称为康普顿效应，碰撞后射出的电子叫作康普顿电子。由于康普顿效应引起伽马射线的吸收，用散射系数σ表示，σ与原子序数成正比，即与原子的电子数成正比，由此得出散射系数σ与岩石中的电子密度成正比，这就是密度测井的理论依据。

③光电效应。低能量的伽马射线与原子核的电子层发生作用时，把全部能量传给电子，使电子脱离电子层成为自由电子，伽马射线本身被吸收，这种过程称为光电效应，打出的电子称为光电子[图1-20（c）]。在单位长度上由光电效应使伽马射线被吸收用吸收系数τ表示，吸收系数τ与原子序数有关，岩性密度测井就是以此为理论依据的。

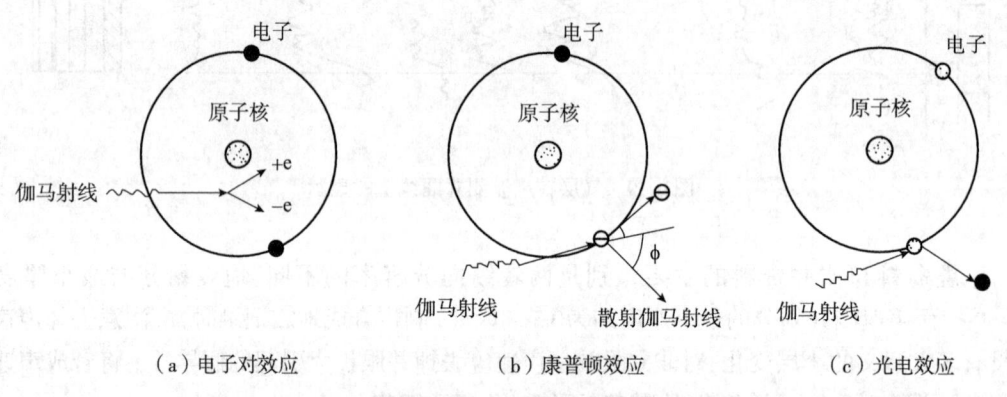

（a）电子对效应　　　　　（b）康普顿效应　　　　　（c）光电效应

图1-20　伽马射线与物质的相互作用

2. 补偿地层密度测井原理简介

利用伽马射线与物质作用的康普顿效应，研制出补偿地层密度测井仪。利用固定活度的伽马射线源照射地层，伽马射线穿过地层时，由于产生康普顿效应，伽马射线会被吸收，地层对伽马射线吸收的强弱决定于岩石中单位体积内所含的电子数，即电子密度，而电子密度又与地层的密度有关，由此通过测定伽马射线的强度就可测定岩性的密度。

现在采用的补偿地层密度测井仪（FDC），通常用铯作为伽马射线源，它放出能量为0.661MeV的单色伽马射线，装有长、短源距两个探测器。源和探测器装在同一滑板上，利用推靠器把滑板压向井壁。滑板上部有犁形结构，测井时滑板可切入滤饼，以减弱滤饼的影响。长源距探测器反映地层的变化，短源距探测器主要反映滤饼的影响。利用长、短两个探测器可以对滤饼影响进行校正。补偿地层密度测井可直接给出地层密度ρ_b的值。

3. 岩性密度测井原理简介

岩性密度测井通过选择适当的伽马射线源（一般选用铯源，发射能量为0.661MeV的单色伽马射线），使其发射的伽马射线能量小于1.02MeV，这样，伽马射线射入地层后，就只产生康普顿效应和光电效应。利用康普顿效应可以测量地层密度ρ_b，而利用光电效应则可以测量光电吸收截面指数P_e。

地层密度测量：康普顿效应主要取决于单位体积岩石中的电子数，地层体积密度ρ_b（单位为g/cm³）与光电子密度指数ρ_e的关系为

$$\rho_b = 1.0704\rho_e - 0.1883 \qquad (1-36)$$

式中 ρ_b——地层体积密度；

ρ_e——光电子密度指数。

光电吸收截面指数测量：光电效应使伽马射线被原子吸收，释放出光电子，此时原子对伽马射线的吸收截面称光电吸收截面（τ）。τ与原子序数Z的关系为

$$\tau = kZ^{4.6} \qquad (1-37)$$

式中 τ——光电吸收截面；

Z——原子序数；

k——与入射伽马射线能量有关的系数。

对于岩性密度测井来讲，发射伽马射线能量范围一定，取$k=10^{-3.6}$，对岩性密度测井进行刻度。定义τ/Z为有效光电吸收截面指数，并用P_e（单位为b/e）表示，因此有

$$P_e = \left(\frac{Z}{10}\right)^{3.6} \qquad (1-38)$$

为了便于对多矿物组分进行分析，在实际应用中，和定义地层体积密度一样，定义体积光电吸收截面指数U（单位为b/cm³）：

$$U = \rho_b P_e \qquad (1-39)$$

根据伽马射线能谱分析，伽马光子能量大于0.15 MeV时，主要发生康普顿效应，在该能区设计一个探测器就可以测量地层密度ρ_b；伽马光子能量小于0.15 MeV时，主要发生光电效应，同时也发生康普顿效应，该能区设计一个探测器就可以测量光电吸收截面指数P_e。岩性密度测井就可以同时测到地层密度ρ_b和有效光电吸收截面指数P_e曲线。

4. 密度、岩性密度测井地质应用

1）确定岩性

不同岩石的有效光电吸收截面指数值具有明显的差别，而且孔隙中流体对P_e（或U）值的影响非常小。表1-8是几种常见岩石和矿物的体积密度ρ_b、有效光电吸收截面指数P_e和体积光电吸收截面指数U。

表1-8 几种常见岩石和矿物的ρ_b、P_e、U值

岩石、矿物	ρ_b, g/cm³	P_e, b/e	U, b/cm³	岩石、矿物	ρ_b, g/cm³	P_e, b/e	U, b/cm³
砂岩	2.65	1.81	4.78	菱铁矿	3.89	14.70	55.90
石灰岩	2.71	5.08	13.8	伊利石	2.52	3.65	8.73
白云岩	2.87	3.14	9.01	蒙脱石	2.12	2.40	4.32

续表

硬石膏	2.98	5.05	14.93	高岭石	2.41	1.83	4.41
盐岩	2.04	4.65	9.45	一般泥岩	2.65	3.42	9.05
重晶石	4.09	267	1070	淡水	1.00	0.358	0.398
黄铁矿	4.99	16.97	84.68	原油	0.85	0.119	0.11

由表1-8中数据分析可知：各矿物岩石之间的P_e（或U）值具有明显区别，并且油、气、水的P_e（或U）值与矿物岩石之间一般都差一个数量级以上。因此，用P_e（或U）曲线能有效地区分地层岩性。图1-21是用P_e（或U）识别岩性的现场实例。图1-21（a）是ZX井三叠系嘉四—嘉三段，在1580m以上P_e值近似3，应为白云岩，在1580m以上P_e值近似5，应为石灰岩；图1-21（b）是XX井二叠系栖一段，在3800~3810m发育有燧石，所以P_e值接近2。

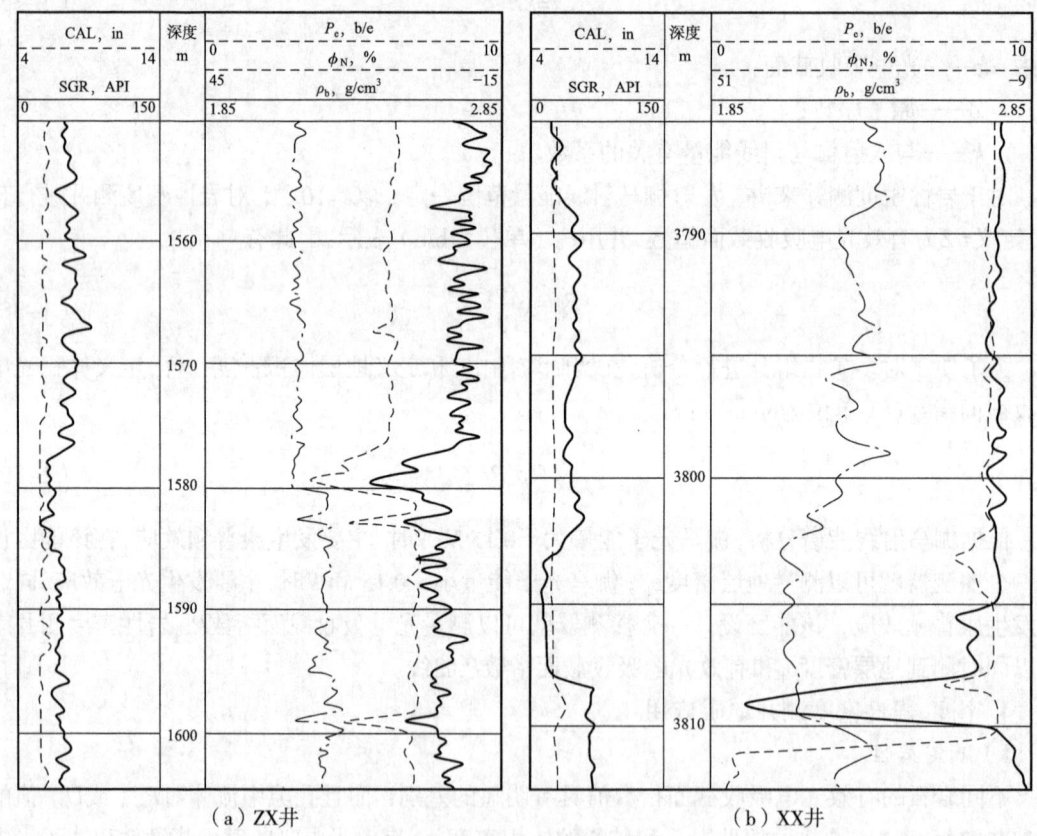

图1-21 岩性测井曲线识别岩性

2）计算孔隙度

根据实测的地层体积密度值ρ_b，可利用体积模型求取地层孔隙度，即

$$\begin{cases} \rho_b = \phi \rho_f + (1-\phi)\rho_{ma} \\ \phi_D = \dfrac{\rho_{ma} - \rho_b}{\rho_{ma} - \rho_f} \end{cases} \quad (1-40)$$

式中　ϕ_D——密度测井计算的孔隙度；

ρ_f——地层孔隙中所含流体密度；

ρ_{ma}——地层岩石骨架密度。

对于单矿物地层，地层岩石骨架密度有确定值，如石灰岩ρ_{ma}=2.71g/cm³，白云岩ρ_{ma}=2.87g/cm³，砂岩ρ_{ma}=2.65g/cm³，因此用式（1-40）可以很方便地计算地层孔隙度。

3）密度曲线与中子曲线重叠可用于识别天然气层

天然气相对于地层水和石油而言密度很低，密度测井时，其密度测井值也较低，故用式（1-40）计算的孔隙度比实际孔隙度偏大，而中子测井曲线上气层表现为低孔隙度，因此二者曲线重叠即可识别天然气层。

4）划分煤层

密度测井曲线为划分、识别煤层的"王牌"曲线。

5）用U或P_e计算泥质含量

泥质含量可以用式（1-41）近似求得

$$\begin{cases} V_{sh} = \dfrac{U-(1-\phi)U_{ma}}{U_{sh}-U_{ma}} \\ V_{sh} = \dfrac{P_e - P_{ep}}{P_{esh}-P_{ep}} \end{cases} \quad (1-41)$$

式中　P_{ep}——纯岩石的P_e值；

P_{esh}——纯泥岩的P_e值。

由于不同岩性的P_e或U值差别较大，故本方法不宜用于岩性太混杂的井段，应尽可能按岩性划分解释井段，并选用相应的参数。比较而言，本方法对石灰岩效果最好，因为石灰岩P_e值与泥岩P_e值差别较大。

五、中子测井及其地质应用

中子测井包括井壁中子测井和补偿中子测井。井壁中子测井受井眼条件影响较大，而补偿中子测井受井眼条件影响较小。

1. 补偿中子测井的基本原理

中子由中子源向地层发射，在源的周围，形成超热中子。超热中子在地层中进一步减速，使其能量减小，最后变为热中子。在离源较近的范围内为超热中子减速区，稍远处为热中子扩散区。热中子在扩散过程中，主要受地层的含氢指数影响。含氢指数越高，热中子的扩散长度就越小，热中子的密度也就越小。也就是说，当地层孔隙度大时，地层含氢量就高，热中子的密度就小，中子探测器的计数率就低；而当地层孔隙度小时，地层含氢量就低，热中子的密度就大，中子探测器的计数率就高。根据这一原理，经过一定的方法刻度、转换，就可以通过中子测井测量地层的孔隙度。

补偿中子测井是利用长、短源距两个中子探测器（图1-22）。一般长源距在50~60cm之间选择，短源距在30~40cm之间选择。由于两个探测器所受干扰基本相同，因此，利用长、短源距探测器计数率的比值可以使井眼环境的影响降到最小。补偿中子测井测量的是长、短源距探测器所探测的热中子的计数率。实验证明，地层的孔隙度与长、短源距探测器计数率的比值呈一定的函数关系，因此，还需将补偿中子测井所测的长、短源距探测器计数率的比值经过一定方法转换成补偿中子孔隙度。

根据实验模型井的测量结果绘制了补偿中子两个探测器计数率比值与岩石孔隙度的关系曲线（图1-23）。由图中可看出，随着孔隙度的增大，比值也增大。同时，对于不同岩性而言，岩石骨架成分不同，其减速能力和俘获截面也不同，因此当不同岩石的孔隙度相同时，所对应的两个探测器的比值不同。对于同一比值，不同岩性的孔隙度不同，如比值为2时，砂岩的孔隙度为19.5%，石灰石的孔隙度为15%，而白云岩的孔隙度为8%。

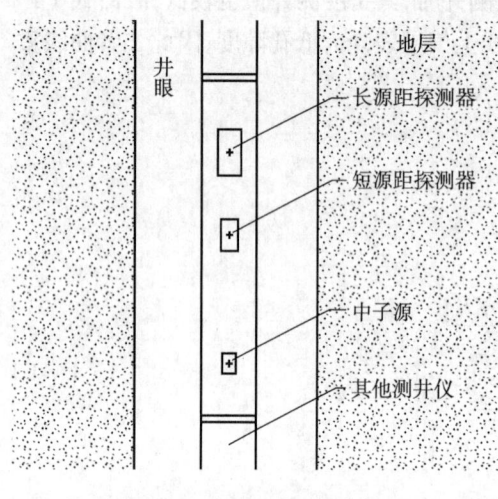

图1-22　补偿中子测井示意图

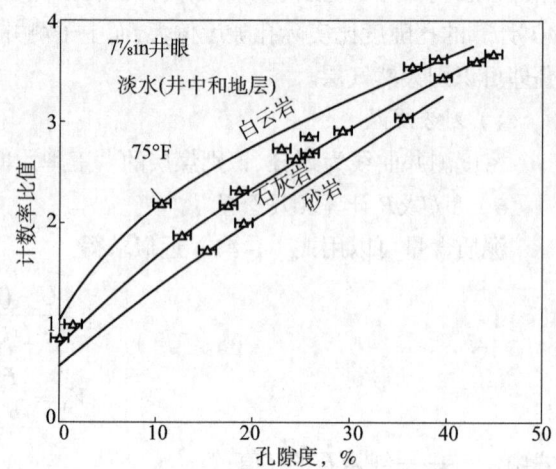

图1-23　补偿中子两个探测器计数率比值与不同岩性孔隙度的响应曲线

2. 补偿中子测井的地质应用

1）确定地层孔隙度

补偿中子测井仪是用石灰岩刻度的。对石灰岩地层，补偿中子测井测得的孔隙度为地层真孔隙度；而在其他地层，补偿中子测井测得的孔隙度则为地层的视孔隙度。在砂岩地层，测得的视孔隙度比真孔隙度小；在白云岩地层，测得的视孔隙度比真孔隙度大。因此，用补偿中子测井确定孔隙度时，必须进行岩性校正。图1-24是补偿中子测井确定孔隙度的岩性校正图版。

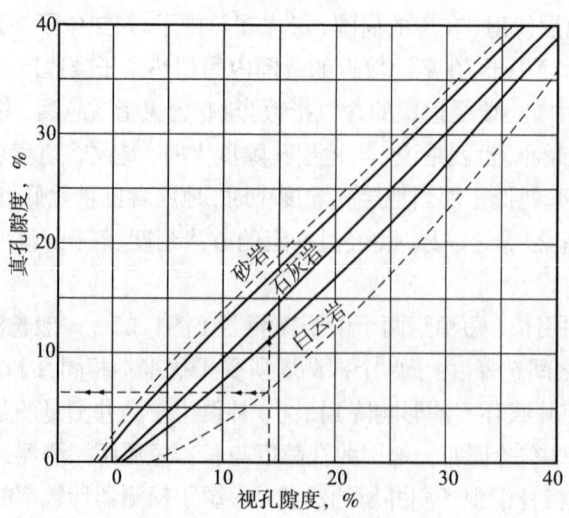

图1-24　补偿中子测井确定孔隙度的岩性校正图版

2）中子—密度、中子—声波交会确定地层孔隙度和判断岩性

图1-25、图1-26分别是中子—密度、中子—声波交会图。通过补偿中子测井、岩性密度（或补偿密度）测井、长源距声波（或补偿声波）测井的测井值，可分别在图1-25和图1-26中找到交会点，由交会点的位置就可以计算出地层的岩性和孔隙度。例如，假定中子测井值为10%，密度测井值为2.74g/cm³，由图1-25可查，交会点落在石灰岩骨架线和白云岩骨架线之间，因此，地层的骨架岩性应为石灰岩和白云岩，并查出地层真孔隙度为5.4%。

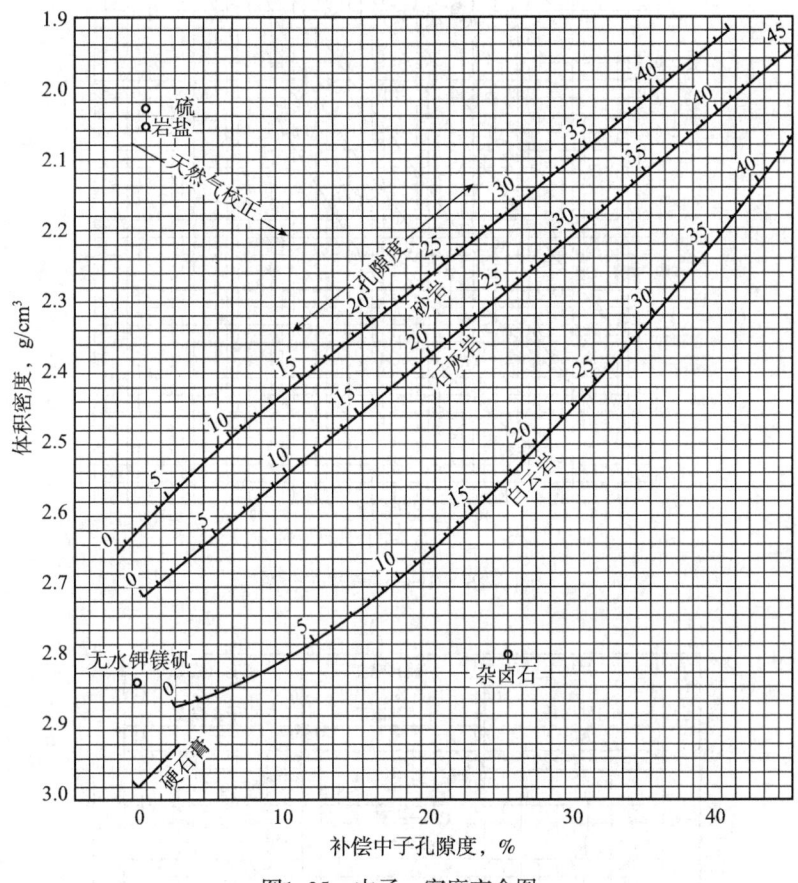

图1-25 中子—密度交会图

3）识别气层

地层含气时，天然气对中子、密度、声波三孔隙度测井都有影响。实例表明：天然气对声波测井孔隙度影响最小，其声波孔隙度基本与地层孔隙度接近；天然气对密度测井的影响是使密度孔隙度有一定增加；天然气对中子测井的影响最大，其影响不是使中子孔隙度增加，而是使中子孔隙度减小，这是因为地层含气时，补偿中子测井会产生挖掘效应。因此，只需要将中子孔隙度与密度孔隙度或声波孔隙度叠加就可以快速直观地识别气层。图1-27是川东某井石炭系储层用补偿中子与密度、声波叠加识别气层的一个实例，显然，在上部2574~2609m井段，由于气的影响，中子孔隙度明显小于声波孔隙度和密度孔隙度；而下部2611~2635m井段三孔隙度基本接近，为水层。测井解释结果与测试结果一致。

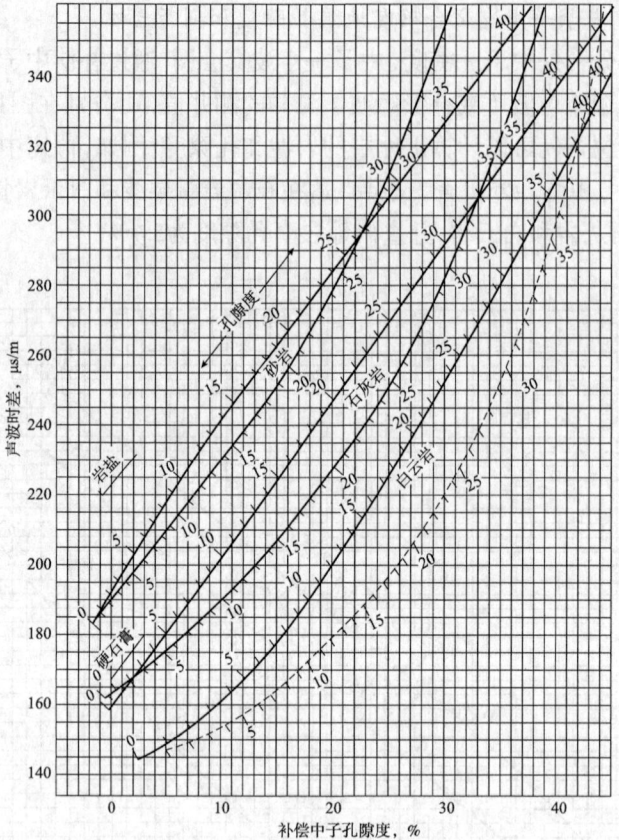

图1-26 中子—声波交会图

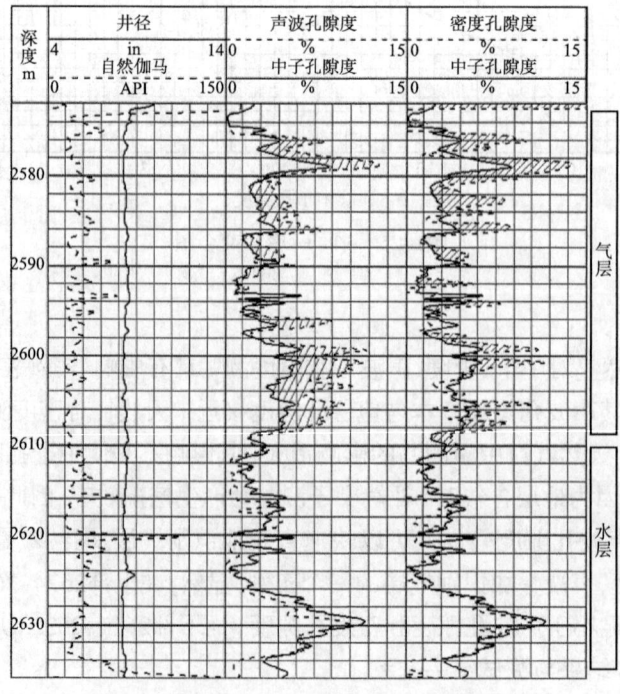

图1-27 补偿中子与密度、声波叠加识别气层

六、电法测井及其地质应用

电阻率或电导率是表示岩石导电能力的基本参数,自然界中不同性质的岩石导电能力不同。

1. 电阻率测井的基础

电阻率测井是指通过岩石导电能力差异来研究和分析地下岩层及其孔隙流体性质的一类测井方法。其中,普通电阻率测井是最早的电阻率测井方法之一。

1)电阻率测井的地质基础

钻井过程中钻遇的岩石主要有沉积岩、岩浆岩和变质岩三大类。这些岩石的形成原因及成岩环境的差异,导致其组成、孔隙结构、饱和流体性质都有明显差异,反映在岩石的电阻率测量值上也明显不同,见表1–9。

表1–9 常见岩石、矿物及流体的电阻率

岩石名称	电阻率,$\Omega \cdot m$	矿物名称	电阻率,$\Omega \cdot m$
黏土	1~200	白云母	4×10^{11}
泥岩	5~60	长石	4×10^{11}
页岩	10~100	石油	$10^9 \sim 10^{16}$
疏松砂岩	2~50	方解石	$5 \times 10^3 \sim 5 \times 10^{12}$
致密砂岩	20~1000	石墨	$10^{-6} \sim 3 \times 10^{-4}$
含油气砂岩	2~1000	磁铁矿	$10^{-4} \sim 6 \times 10^{-3}$
贝壳石灰岩	20~2000	黄铁矿	10^{-4}
石灰岩	50~10000	黄铜矿	10^{-3}
白云岩	50~10000		
玄武岩	600~10^5		
花岗岩	600~10^5		
硬石膏	$10^4 \sim 10^6$		
石英	$10^{12} \sim 10^{14}$		

2)岩石电阻率与孔隙度及饱和流体性质的关系

G. E. Archie(阿尔奇)是最早提出岩石电阻率与孔隙度及饱和流体性质间关系的先驱者。Archie通过大量实验得出了纯岩石含水饱和度、孔隙度、电阻率以及地层水电阻率之间的两个基本关系式,即著名的"阿尔奇公式"。

Archie的实验研究表明,骨架不导电(地层不含黏土矿物或导电金属矿物)的孔隙性纯砂岩、碳酸盐岩等100%被水饱和后的电阻率(R_o)与其中地层水的电阻率(R_w)成正比。地层的电阻率R_o、地层水的电阻率R_w,以及岩石的孔隙度ϕ之间存在如下关系:

$$F = \frac{R_o}{R_w} = \frac{a}{\phi^m} \tag{1-42}$$

式中 F——地层因素;

m——地层胶结指数;

a——岩性系数。

m取决于岩石颗粒的胶结类型和胶结程度。对孔隙性砂岩地层，m的变化范围通常为1.5～3；a的变化范围通常为0.6～1.5。

阿尔奇通过实验还得出：含油气纯岩石的电阻率（R_t）决定于其含油（气）饱和度（S_o）、所含地层水的电阻率（R_w）和孔隙度（ϕ）。对纯地层，地层水电阻率和孔隙度都一定时，含油（气）饱和度越高，电阻率越高，反之，含油（气）饱和度越低，电阻率越低。在大量实验数据的基础上，Archie建立了含油（气）纯岩石电阻率R_t与该岩石100%含水时电阻率R_o及其地层含水饱和度S_w之间的关系式：

$$I = \frac{R_t}{R_o} = \frac{b}{S_w^n} = \frac{b}{(1-S_o)^n} \tag{1-43}$$

式中　I——地层电阻率增大系数；
　　　b——与岩性有关的系数；
　　　n——饱和度指数，与油（气）、水在孔隙中的分布状况有关。

对孔隙性砂岩地层，n的变化范围为1.0～4.3，以1.5～2.2居多；b一般接近于1。

不同岩石的a、b、m、n是不同的，一般需通过岩电实验得到。对于常规孔隙性地层，通常取$a=b=1$，$m=n=2$。

将式（1-42）和式（1-43）合并，可以得到以含水饱和度表示的Archie公式：

$$S_w = \sqrt[n]{abR_w/\phi^m R_t} \tag{1-44}$$

Archie公式是电阻率测井解释饱和度的基础公式。它将电阻率测井和孔隙度测井有机地连接起来，实现了储层饱和度的定量评价，并由此在测井领域中逐渐形成了以电阻率测井和岩性—孔隙度测井为主体的基本测井系列，发展了在各种地质条件下以准确测量孔隙度和电阻率为主的相应测井技术，以及准确计算孔隙度、含油（气）饱和度等参数的定量解释方法。

3）电阻率测井环境及视电阻率

现有的钻井过程通常采用正压差钻进，即井内钻井液液柱压力大于地层孔隙压力。在孔隙性、渗透性地层中，在正压差作用下，钻井液中的一部分固相颗粒和钻井液滤液将进入地层。由于钻井液滤液电阻率与地层水电阻率不同，钻井液侵入将改变渗透性地层电阻率的径向分布特性，从井壁向原状地层依次形成冲洗带、过渡带和原状地层。图1-28为孔隙性地层理想侵入剖面。

钻井液滤液侵入可分为高侵和低侵两种类型。当地层孔隙中原来含有的流体电阻率较低时，电阻率较高的钻井液滤液侵入后，侵入带岩石电阻率升高，这种钻井液滤液侵入称为钻井液高侵，多出现在水层。当地层孔隙中原来含有的流体电阻率比渗入地层的钻井液滤液电阻率高时，钻井液滤液侵入后，侵入带岩石电阻率降低，这种钻井液滤液侵入称为钻井液低侵，一般多出现在地层水矿化度不很高的油气层。

2. 普通电阻率测井

1）均匀介质中的电阻率测井

电阻率测井就是沿井身测量井周围地层电阻率的变化。为此，需要向井中供应电流，在地层中形成电场，研究地层中电场的变化，求得地层电阻率，其测量原理如图1-29所示。

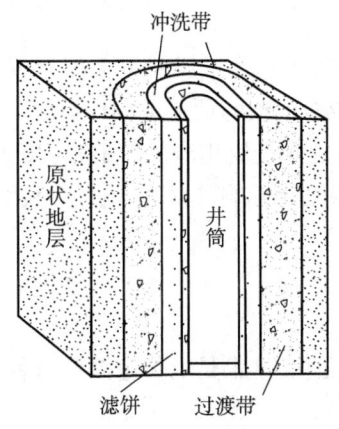 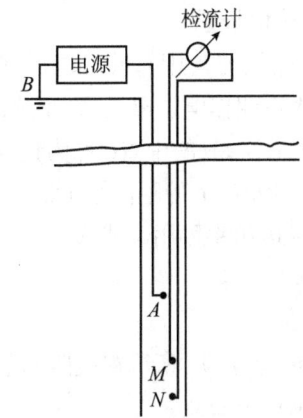

图1-28 孔隙性地层理想侵入剖面　　　　图1-29 普通电阻率测井原理

把供电电极A和测量电极M、N组成的电极系放到井下,供电电极的回路电极B(或N)放在井口。当电极系由井底向上提升时,由A电极供应电流I,M、N电极测量电位差ΔU_{MN},它的变化反映了周围地层电阻率的变化。通过变换,即可测出地层的视电阻率。这样就能给出一条随深度变化的视电阻率曲线,可用下式表示:

$$R_a = K \frac{\Delta U_{MN}}{I} \tag{1-45}$$

式中　R_a——视电阻率,Ω·m;
　　　ΔU_{MN}——MN电极间的电位差,mV;
　　　I——供电电流,测量时电流恒定,mA;
　　　K——电极系系数。

在实际测井时,由于地层厚度有限,上、下有围岩,对于渗透性地层又会形成侵入带,各部分介质的电阻率不同,实际上是非均匀介质。因此,用式(1-45)得出的电阻率不等于地层的真电阻率,称为视电阻率R_a。R_a在一定程度上反映了地层电阻率的变化。通常,地层真电阻率越大,视电阻率越高。

2)电极系

通常把井下接在同一线路中的电极叫作成对电极,把地面电极与井下电极接在同一线路中的电极叫作不成对电极。根据成对电极与不成对电极间的距离,把电极系分为两类。

(1)梯度电极系

不成对电极与其相邻成对电极间的距离($\overline{AM}$或$\overline{MA}$)远大于成对电极间的距离($\overline{MN}$或$\overline{AB}$)的电极系称为梯度电极系。成对电极的中点为O,叫作记录点,梯度电极系测量值相当于O点对应深度处的视电阻率。不成对电极到记录点的距离($\overline{AO}$或$\overline{MO}$),称为梯度电极系的电极距,用$\overline{AO}$或L表示。电极距和记录点是电极系的重要参数。

如果M、N电极(或A、B)间的距离接近于零,$\overline{AM} \approx \overline{AN} \approx \overline{AO}$,这样的电极系叫作理想梯度电极系。理想梯度电极系的视电阻率为

$$R_a = \frac{4\pi \overline{AM} \cdot \overline{AN}}{I} \cdot \frac{\Delta U_{MN}}{\overline{MN}} = \frac{4\pi \overline{AO}^2}{I} \cdot E \tag{1-46}$$

式(1-46)表明,视电阻率R_a与记录点处的电位梯度成正比,这是梯度电极系命名的依据。

(2) 电位电极系

不成对电极与其相邻成对电极间的距离 ($\overline{AM}$ 或 $\overline{MA}$) 远小于成对电极间的距离 ($\overline{MN}$ 或 $\overline{AB}$) 的电极系叫作电位电极系。不成对电极到其相邻成对电极的距离 ($\overline{AM}$ 或 $\overline{MA}$) 叫电极距，用 $\overline{AM}$ 或 L 表示，$\overline{AM}$ 的中点 O 称为记录点，电位电极系的测量值相当 O 点所在深度处的视电阻率。当成对电极 M、N 的距离很大时，N 电极对测量结果已无影响。这样的电极系称为理想电位电极系，其视电阻率可用下式表示：

$$R_a = 4\pi \overline{AM} \frac{U_M}{I} \tag{1-47}$$

式（1-47）表明，所测视电阻率与 M 电极的电位成正比，这也是电位电极系命名的依据。

3）视电阻率曲线

(1) 梯度电极系视电阻率曲线

图1-30是在三层介质无井存在时理想梯度电极系（$\overline{AMN}$ 电极系，$\overline{MN} \to 0$）的视电阻率曲线。对于高电阻率地层，上、下围岩电阻率相等时，曲线形状不对称，在地层顶面显示极小值，地层底面显示极大值，甚至于对地层厚度小于电极距的薄层（$h<L$，$L=\overline{AO}$），仍然保持这一特点。当有井存在时，实际梯度电极系的视电阻率曲线基本类似，只是曲线的突变点及直线部分都变得比较光滑，但对高电阻率地层仍显示出极大值和极小值。按照这种原理，用底部梯度电极系来划分地层界面。梯度电极系的探测范围约为电极距的1倍。

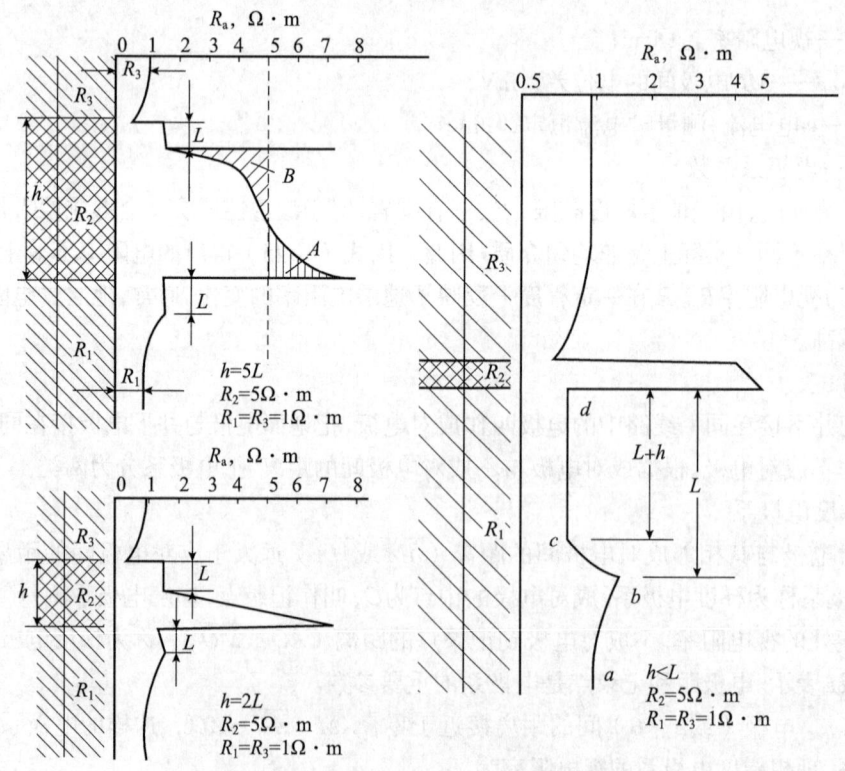

图1-30 理想梯度电极系的视电阻率曲线

(2) 电位电极系的视电阻率曲线

图1-31是理想电位电极系（$\overline{AMN}$ 电极系，$N \to \infty$）的视电阻率曲线。对于高电阻率厚地层，

上、下围岩电阻率相同时，曲线对地层中点呈对称形状，对着地层中点显示极大值。当地层厚度大于5倍电极距（$h \geqslant 5\overline{AM}$）时，其极大值近似等于地层电阻率。对高电阻率薄地层（$h < \overline{AM}$），视电阻率曲线对地层中点显示极小值。在距地层上、下界面$\frac{1}{2}\overline{AM}$显示假极值。因此，在薄地层中，电位电极系不能反映地层的电阻率变化。我国用$\overline{AM}$=0.5m的电位电极系进行标准电测井，基本上能够反映厚度大于0.5m地层的电阻率变化。当有井存在时，曲线的突变点及直线部分变得更为光滑，仍保留曲线的基本特征。电位电极系的探测范围约为电极距的2倍。

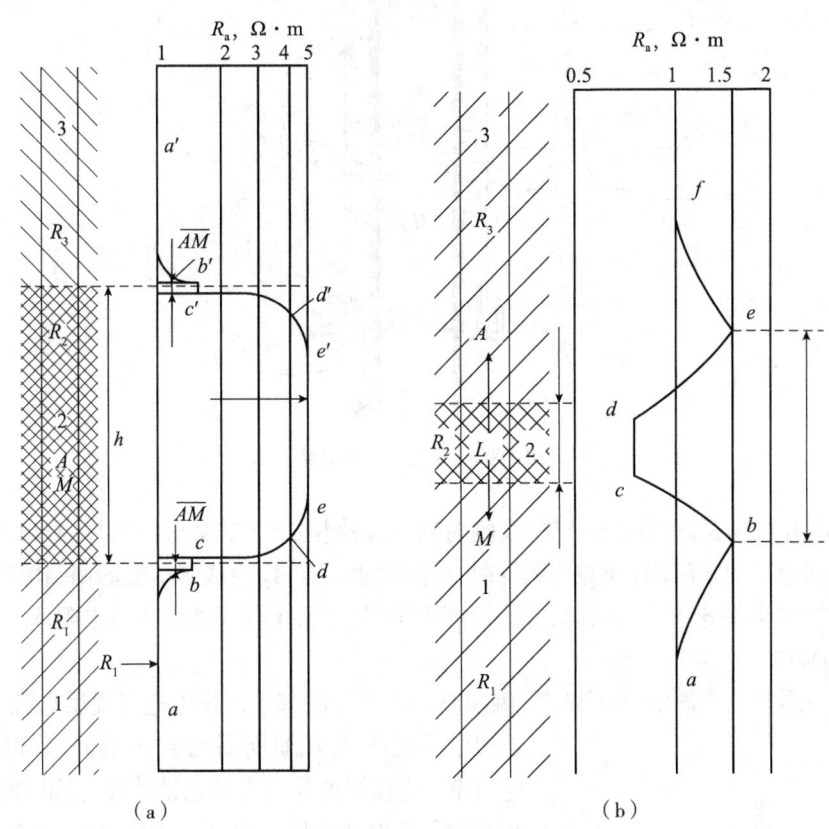

图1-31　理想电位电极系的视电阻率曲线
（a）$h \geqslant 5\overline{AM}$；（b）$h < 5\overline{AM}$

3. 双侧向测井

双侧向测井在致密、地层电阻率较高的油气田中是应用最广泛的一种电阻率测井方法。它是在三侧向、七侧向的基础上发展起来的。其电极系与七侧向很类似，所不同的是在七侧向电极系的外面加上了两个屏蔽电极A_1'及A_2'（图1-32）。为了增加探测深度，屏蔽电极A_1'及A_2'不是环状而是柱状电极，与三侧向的屏蔽电极相同。

测井时，主电极A_0发出恒定电流I_0，并通过两对屏蔽电极A_1、A_1'和A_2、A_2'发出与I_0极性相同的屏蔽电流I_1和I_1'。通过自动调节使得屏蔽电极A_1与A_1'（或A_2与A_2'）的电位比值为一常数，即$U_{A_1'}/U_{A_1}=\alpha$（α为常数，测井时给定）；监督电极M_1与M_1'（或M_2与M_2'）之间的电位差为零。然后，测量任一监督电极（如M_1）和无穷远电极N之间的电位差（即U_{M_1}）。在主电流I_0恒定不变的条件下，测得的电位差和地层的视电阻率成正比，即

$$R_a = k \frac{U_{M_1}}{I_0} \tag{1-48}$$

式中 k——双侧向测井电极系数;
U_{M_1}——监督电极M_1的电位。

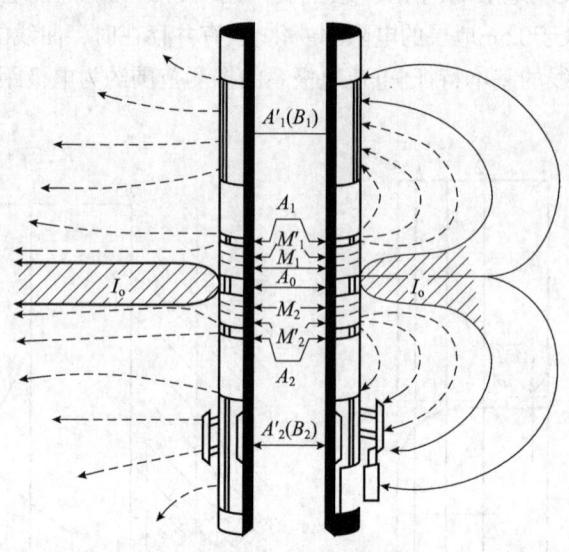

图1-32 双侧向电极系和电流分布

双侧向测井根据探测深度又分深、浅侧向测井。深侧向由于屏蔽电极加长,测出的视电阻率主要反映原状地层的电阻率;浅侧向测井时,屏蔽电极A_1'、A_2'改成了电流的回路电极(电场分布如图1-32的右半部分所示),因此,探测深度小于深侧向,主要反映侵入带电阻率。

4. 感应测井

直流电法测井(普通电阻率测井、侧向测井等)方法都是由供电电极提供电流,在井周围地层中形成电场,测量周围地层中电场的分布,得出地层电阻率,这就要求井内有导电钻井液,提供电流通道。但有时为了获取地层原始含油饱和度资料,需用油基钻井液钻井,有时还采用空气钻井,井内没有导电介质,不能使用直流电法测井。

1)感应测井基本原理

以双线圈系为例(图1-33)。在感应测井仪器的绝缘芯棒上,相隔一定距离绕有发射线圈T和接收线圈R,发射线圈通以20kHz的等幅交变电流I [$I=I_0\sin(\omega t)$]。

根据电磁感应理论,发射电流将在仪器周围的介质中激发一次交变电磁场Φ。把导电介质看成围绕仪器的一个导电环,那么在一次交变电磁场Φ所穿过的这个环里将产生交变的感应电动势e。按闭合电路欧姆定律,在该电动势e的推动下,导电环中将产生交变的电流I'。I'称为涡流,与地层电导率σ成正比,是以仪器轴为中心的

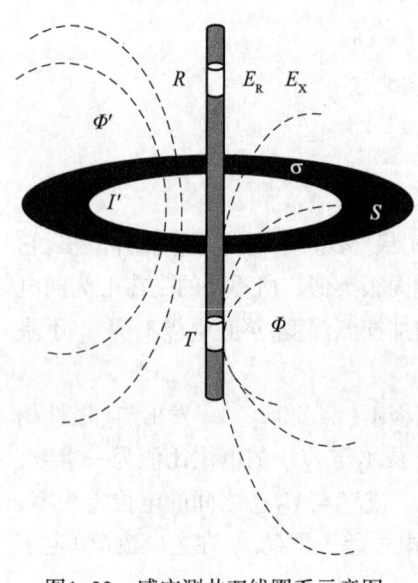

图1-33 感应测井双线圈系示意图

环流。涡流I'又将在介质中激起二次交变电磁场Φ'。在二次交变电磁场Φ'作用下，接收线圈R中产生的感应电动势，称为二次感应电动势。一次交变电磁场Φ和二次交变电磁场Φ'的一部分都将穿过接收线圈R，并在接收线圈中感应出相应的电动势E_X和E_R。一次交变电磁场Φ中直接在接收线圈里产生的感应电动势E_X，由测井时通入的交变电流在接收线圈中直耦产生，与介质的电导率无关，为无用信号；二次交变电磁场Φ'产生的电动势E_R与介质电导率有关，通过它可以获得地层的导电特性，因此为有用信号。

在电导率为σ的无限均匀介质中，有用信号与介质电导率成正比，即

$$E_R = K\sigma \qquad (1-49)$$

式中　K——感应测井线圈系数。

感应测井输出的电导率是仪器探测范围内钻井液、侵入带、地层和围岩的电导率及几何分布的综合反映，不等于地层的真实电导率，必须进行相应校正后，才能求得地层的真电导率σ_t。

2）感应测井输出信息及特征

（1）感应测井曲线特征

① 低电导率地层对应低的视电导率，高电导率地层对应高的视电导率。

② 当目的层上下围岩相同时，测得的电阻率曲线于目的地层中部对称。

③ 地层厚度大于2m时，曲线半幅点对应地层界面；地层厚层小于2m时，界面位置向曲线峰值方向移动。

井眼、围岩、钻井液侵入、地层倾斜及趋肤效应等都可能影响感应测井输出结果的真实性，因此，在实际应用过程中，应对测井值进行相应的校正。不同公司提供的仪器有不同的理论校正图板。

（2）感应测井输出信息

以斯伦贝谢双感应测井仪为例。双感应测井仪一次下井通常同时测量两条径向探测深度不同的电导率测井曲线，一条记为R_{ILD}或ILD，径向探测深度1.2~1.6m，主要用于求取原状地层电阻率，故称为深感应；另一条记为R_{ILM}或ILM，径向探测深度0.65~0.8m，主要反映侵入带地层电阻率，故称为中感应。深、中感应测井曲线一般也以相同纵横向比例重叠绘制，深、中感应重叠使用可以确定渗透性地层、划分油（气）水层。图1-34以重叠的方式给出了某井段的深、中感应测井曲线和球形聚焦电阻率曲线（SFL）。其中，球形聚焦电阻率曲线主要反映冲洗带地层电阻率。图中给出了一个典型的渗透性地层，在该渗透性地层中，钻井液侵入的结果是使冲洗带地层的电阻率、侵入带地层的电阻率都高于原状地层

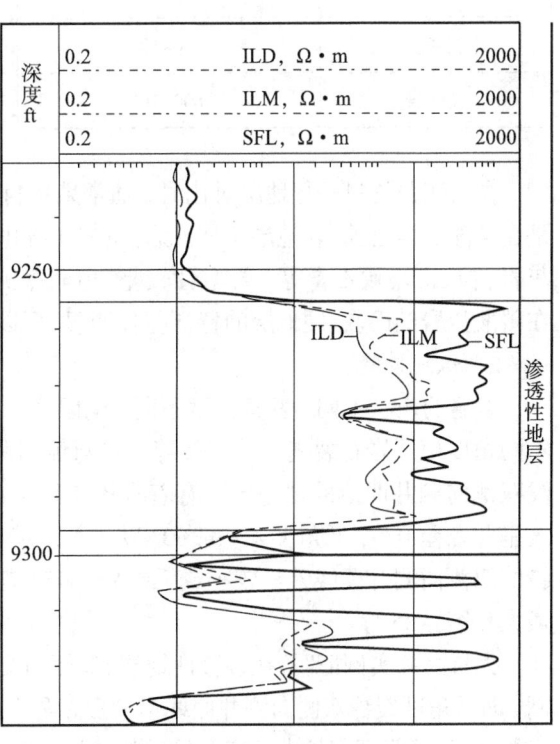

图1-34　感应测井曲线重叠

的电阻率,即电阻率呈现出明显的高侵（SFL＞ILM＞ILD）特征。

5. 电阻率测井的地质应用

1）地层对比

电阻率测井测量的是地层岩石的电阻率。不同岩石的电阻率各不相同（表1-10），岩石电阻率的大小主要取决于以下几个因素：一是岩石的组织结构，二是岩石的孔隙度（ϕ）大小，三是岩石的含水饱和度的高低，四是岩石孔隙中地层水的性质（矿化度、温度等）。由于不同岩石、地层电阻率的差异，因此，可以根据电阻率测井曲线进行地层对比。

表1-10 主要岩石、矿物的电阻率

岩石名称	电阻率,Ω·m	矿物名称	电阻率,Ω·m
黏土	100~200	石英	10^{12}~10^{14}
页岩	10~100	白云母	4×10^{11}
疏松砂岩	2~50	长石	4×10^{11}
致密砂岩	20~1000	方解石	5×10^{8}~5×10^{12}
石灰岩	600~6000	无水石膏	10^{9}
白云岩	50~6000	石墨	10^{-6}~3×10^{-4}
硬石膏	10^{4}~10^{6}	磁铁矿	10^{-4}~6×10^{-3}
无烟煤	10^{-4}~1	黄铁矿	10^{-4}
烟煤	10~10^{4}	黄铜矿	10^{-3}
玄武岩	600~10^{5}	石油	10^{9}~10^{16}
花岗岩	600~10^{5}		

在用测井资料进行地层对比时,通常采用自然伽马曲线与电阻率（R_{LLD}、R_{LLS}）曲线。特别是在碳酸盐岩剖面,软地层（如泥岩、页岩）导电性好,电阻率测井值都较低;而碳酸盐岩（石灰岩、白云岩、硬石膏等）导电性较差,电阻率测井值都较高。因此,电阻率（R_{LLD}、R_{LLS}）曲线在碳酸盐岩剖面软、硬地层的特征差异明显,可以较好地区分典型地层界面。

2）识别裂缝

裂缝的产状不同、发育程度不同,电阻率（双侧向）测井的响应也不同。用水槽模型模拟不同角度地层岩石裂缝（单组裂缝）对双侧向测井的响应实验,结果表明：裂缝的产状与深、浅双侧向测井曲线的"差异"有着直接关系：高角度（一般75°以上）裂缝的双侧向测井曲线呈"正差异"；低角度（一般60°以下）裂缝的双侧向测井曲线呈"负差异"；60°~75°裂缝的双侧向测井曲线差异较小或无差异；45°裂缝的双侧向测井曲线"负差异",且差异幅度最大（图1-35）。

大量测井实例证明,在裂缝性地层,双侧向测井曲线的差异主要受裂缝的产状、发育程度控制,即低角度裂缝双侧向测井曲线呈"负差异"；高角度裂缝双侧向测井曲线呈"正差异",角度越高,裂缝张开度越大,"正差异"的差异幅度也越大（图1-36）。

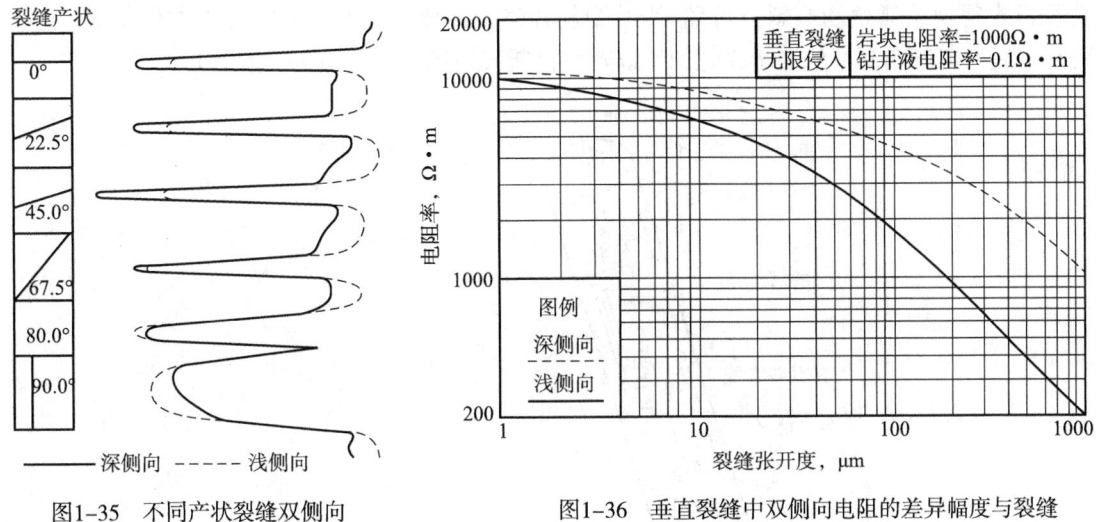

图1-35 不同产状裂缝双侧向电阻率示意图

图1-36 垂直裂缝中双侧向电阻的差异幅度与裂缝张开度的关系

3）油、气、水层识别

油、气基本不导电。地层水由于常常含有NaCl、KCl或Na_2SO_4等盐分，这些盐分溶于地层水中形成正负离子，离子是导电的，且地层水含盐量越高，即矿化度越高，其导电性越好。显然，与油、气相比，地层水的导电性是相当好的。因此，当物性条件相同，地层含油、气时的电阻率与含水时的电阻率会有很大差异，即地层含油、气时，电阻率较高；地层含水时，电阻率相对较低。

另外，在钻井过程中，钻井液滤液会侵入渗透层，在井壁附近由近及远形成冲洗带、侵入带和原状地层。如果是油、气层，侵入带孔隙空间中的油、气部分被钻井液滤液取代，导致侵入带地层电阻率降低，在双侧向曲线上表现为"正差异"，即$R_{LLD} > R_{LLS}$；在水层，若钻井液滤液电阻率大于地层水电阻率，深浅双侧向呈"负差异"，若钻井液滤液电阻率小于地层水电阻率，深浅双侧向可能呈"正差异"或无差异。因此，可以根据双侧向测井曲线的差异判别地层含流体性质。

4）计算地层含水饱和度

目前，测井计算含水饱和度的方程基本分两类，一是建立在均匀孔隙单一介质基础上的饱和度方程，如最初的阿尔奇公式及后来考虑泥质影响的各种改进方程；二是建立在孔隙、裂缝双重介质基础上的饱和度方程。无论是哪一类方程，都利用电阻率测井信息。利用深侧向测井曲线可以计算原状地层的含水饱和度，利用浅侧向测井曲线可以计算侵入带地层的含水饱和度。

第二节 地层倾角测井及其地质响应

一、地层倾角测井的基本原理

地层倾角测井测量的是地层的倾角和倾斜方位角，即地层层面在空间的位置。要确定地层层面在空间的位置，至少要有三个以上空间点的坐标[采用柱状坐标系（r、φ、z）]，通过计算就可以求得地层倾角和倾斜方位角。当井为斜井时，还要进行井斜角和井斜方位角的校正。图1-37是四臂倾角测井仪测量原理图（以阿特拉斯公司1013地层倾角仪为例）。

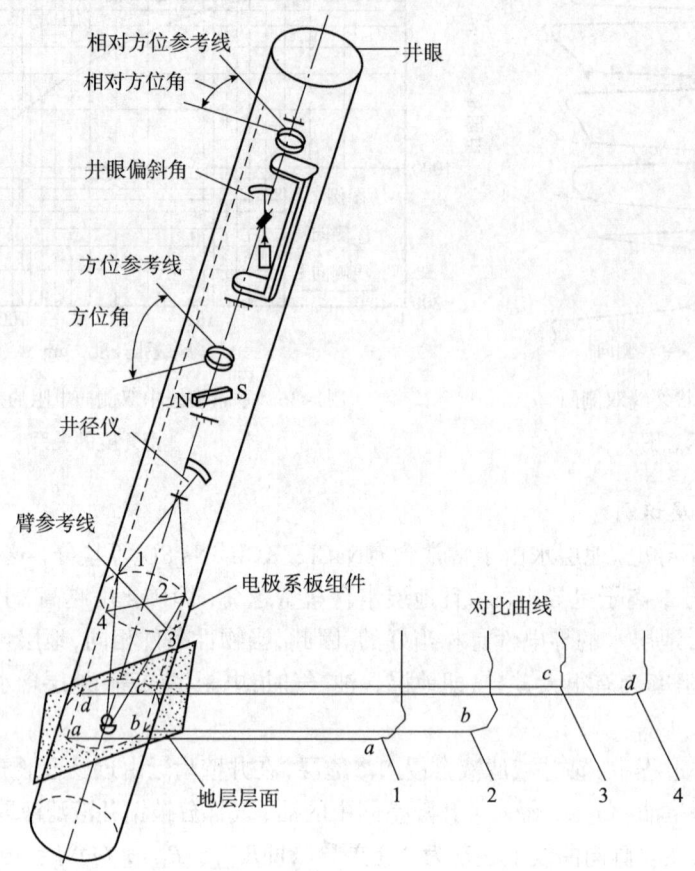

图1-37　四臂倾角测井仪测量原理图

四臂倾角测井仪的测量信息有：

①四条微电导率曲线：四臂倾角测井仪有四个贴井壁的极板，每个极板上都嵌有一个微电极，因此可测出四条微电导率曲线DIP1、DIP2、DIP3和DIP4。

②两条井径曲线：四臂倾角测井仪的四个臂（极板）加压后贴井壁，在测量四条微电导率曲线的同时，可起到测量井径的作用，即分别由1号、3号极板和2号、4号极板组成两套井径测量装置，测得井径曲线CAL1（d_{13}）和CAL2（d_{24}）。

③1号极板方位角曲线：用磁针罗盘测量1号极板相对磁北极的方位角AZ（μ）。

④井斜角：即井轴与铅垂线之间的夹角DEV（δ）。

⑤井斜方位角：1号极板开始逆时针方向到井斜方向的角度RB（β），简称相对方位角。

图1-38为四臂倾角测井曲线图。六臂倾角的测量原理与四臂倾角类似，只是增加了两个臂，每个臂上嵌有两个电极，共12个电极。

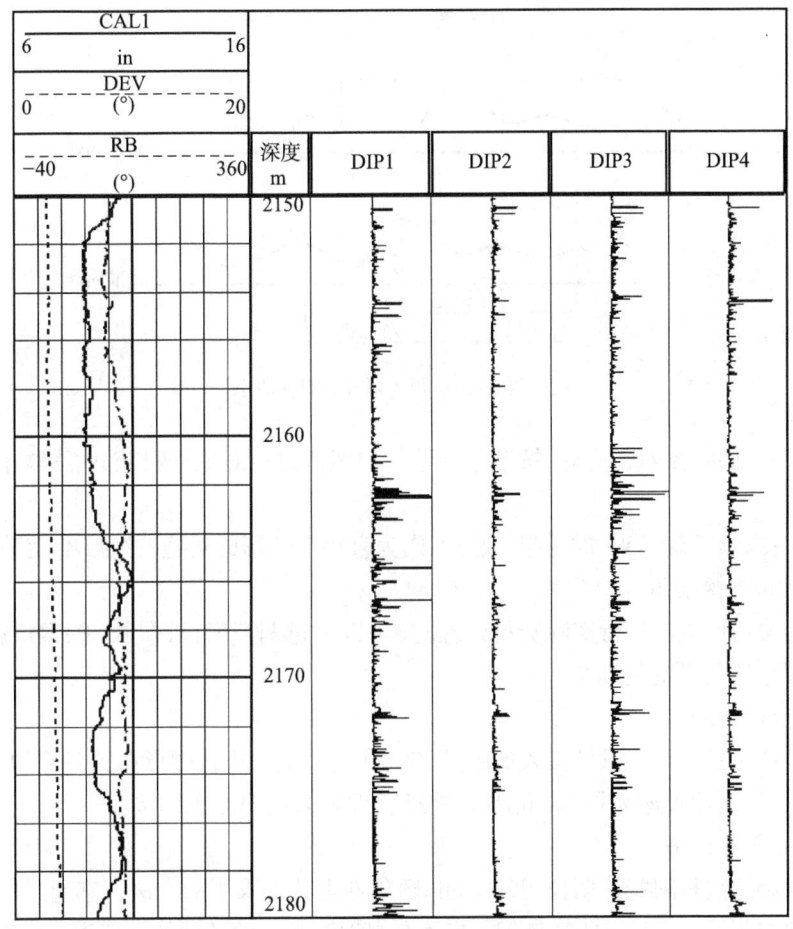

图1-38 四臂倾角（HDT）测井曲线图

二、地层倾角测井资料处理及成果显示

地层倾角测井，并不能直接测出地层的倾角和倾向。它只是提供了能够求出地层倾角和倾向的足够信息，然后通过计算机处理和计算，才能得到地层倾角和倾向。

1. 地层倾角测井资料处理简介

传统的地层倾角测井资料处理方法有三种：①相关对比法；②图形识别法；③点对点对比法。

1）相关对比法

相关对比法是通过对四条电导率曲线（四臂倾角）进行对比，确定属于同一层面四条电导率曲线的位置，以便求出正确的高程差。对比时，以1号极板所记录的电导率曲线作为基本曲线，其他三条曲线作为对比曲线。1号极板所记录的曲线质量不好时，也可以用其他极板记录的曲线作为基本曲线。将基本曲线的一端固定，依次选择2号、3号、4号极板所测的电导率曲线相同长度与基本曲线对比，并求出各曲线与基本曲线之间的相关系数，找到相关系数最大的位置，即属于同一地层层面的位置，算出任意两条曲线的高程差。

相关对比方法中，有三个十分关键的参数：窗长、步长、探索角（图1-39）。

窗长：就是用来对比的曲线段的长度，也叫对比长度。

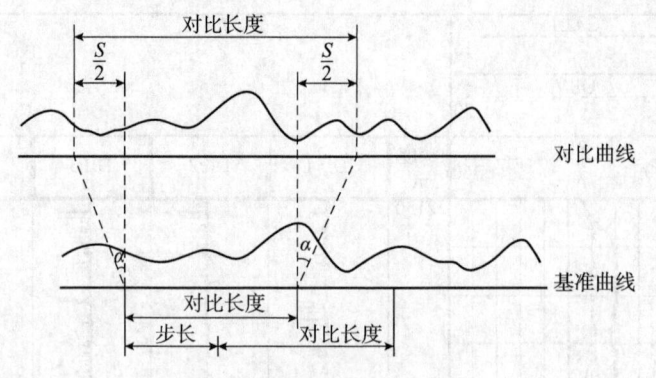

图1-39 相关对比方法原理图

步长:一个曲线段对比完后,按顺序取下一曲线段进行对比,两相邻曲线段中心点的距离称步长。

探索角:探索长度(S)的一半($S/2$)作为直角三角形的对边,井径D作为直角三角形的底边,对应的角α为探索角。

在用相关对比方法进行实际资料处理时,可以通过调节窗长、步长、探索角这三个参数,得到解决不同地质问题的处理结果。

2)图形识别法

图形识别法是让计算机模拟人的眼睛按测井曲线形状进行图形相关对比的方法,是一种模式识别方法。如斯伦贝谢公司Geodip倾角处理软件就采用图形识别法。

3)点对点对比法

点对点对比法是阿特拉斯公司Stratadip倾角处理软件采用的方法,它通过用曲线活度来确定和描述地层界面,点对点曲线搭配,按动态规划法找出两条曲线上点对点的位置,最终计算出地层倾角。

2. 地层倾角测井资料成果显示

地层倾角原始测井曲线,经计算机相关对比和处理后,计算出地层倾角和倾向,并以各种直观形式展示出来。显示方法主要有:列表、倾角矢量图、方位频率图(施密特图)、杆状图、圆柱面坐标图、线性极坐标图。下面主要介绍几种图像显示。

①列表。倾角计算结果一般都用列表的形式打印出来,常用的一种列表格式为:左边第一列表示深度;第二到第四列表示地层倾斜,包括倾角、地层倾斜方位角、地层倾斜方向;第五到第七列表示井眼倾斜,包括井斜角、井斜方位角、井斜方向。表的最右边一列是点的等级(即置信度),见表1-11。

表1-11 地层倾角测井解释成果实例

深度,m		地层倾斜			井眼倾斜			等级 %
顶界	底界	倾角(°)	地层倾斜方位角,(°)	地层倾斜方向	井斜角,(°)	井斜方位角,(°)	井斜方向	
4711	4719	2	151	S29°E	0.8	58	N58°E	100
4713	4721	2	148	S2°E	0.4	62	N62°E	100
4715	4723	2	147	S33°E	0.4	59	N59°E	100

续表

深度，m		地层倾斜			井眼倾斜			等级 %
顶界	底界	倾角 (°)	地层倾斜方位角,(°)	地层倾斜方向	井斜角 (°)	井斜方位角,(°)	井斜方向	
4717	4725	1.9	121	S59°E	0.4	50	N50°E	100
4719	4727	1.9	116	S64°E	0.4	50	N50°E	100
4721	4739	1.9	60	S60°E	0.4	49	N49°E	100

②倾角矢量图。倾角矢量图又叫蝌蚪图，图1-40就是其中的一个例子。纵坐标表示深度，横坐标表示倾角大小，倾角大小格式比例一般是非线性的，例如从0°～30°为一个线性比例，从30°～70°为一个线性比例，从70°～90°为一个线性比例。蝌蚪的方向表示地层在这一点倾斜的方向，在图上总是上北下南、左西右东。

③方位频率图。方位频率图如图1-41所示，用0°、90°、180°、270°分别表示北、东、南、西方位，用同心圆表示角度大小，两个同心圆之间的距离为10°。把倾向φ和倾角θ看成极坐标，点在图上，叫作施密特图。在施密特图的基础上，将图中大圆每15°或10°为一间隔分为若干扇形区，对落在其中的点子进行个数统计，然后绘出方位频率折线，叫作方位频率图。在研究构造地质时，应用方位频率图可确定构造倾向和倾角。在研究沉积相中，应用它可确定古水流方向。

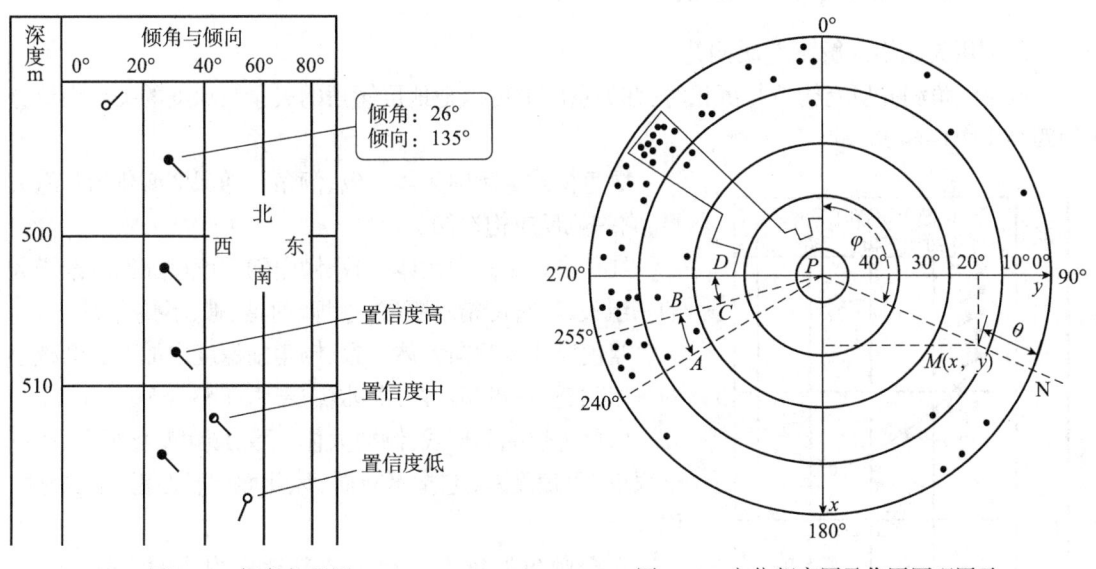

图1-40 倾角矢量图　　图1-41 方位频率图及作图原理图示

④杆状图。在一个垂直剖面上，把地层倾斜显示出来的一种图叫作杆状图，又叫视倾角图。实际上，一个垂直剖面和地层面的交线为一条直线，在这个垂直剖面上，把它们的交线显示出来就是杆状图（图1-42）。

⑤圆柱面坐标图。圆柱面坐标图是在一个重要圆柱面上，把地层倾斜表示出来的一种直观图，如图1-43所示，一个竖直的圆柱面和地层面的交线为椭圆形曲线a，把圆柱面剪开并把交线a展现在上面即为圆柱面坐标图。如果把圆柱面坐标图绘在透明纸上，并且把图纸卷在一个透明的塑料筒上，便可直观地看到地层的倾斜情况。

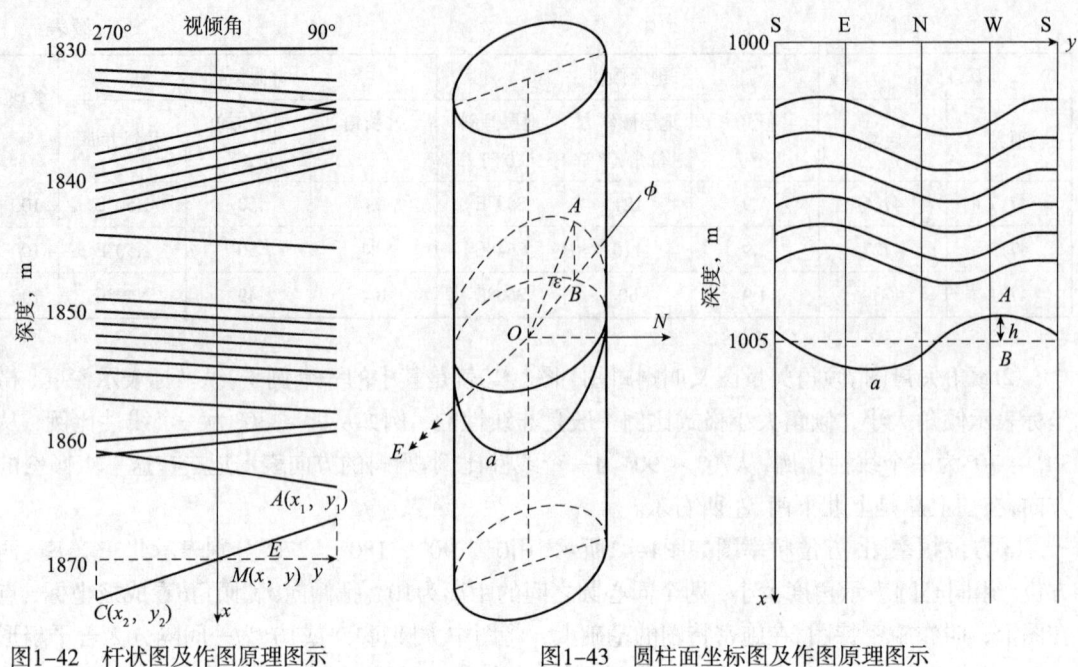

图1-42 杆状图及作图原理图示　　　　图1-43 圆柱面坐标图及作图原理图示

三、地层倾角测井的地质应用

1. 利用矢量模式解释地质构造

地层倾角测井研究构造与沉积时,在矢量图上可以把地层倾角的矢量与深度的关系大致分为四类（图1-44）。

绿色模式：倾向大体一致、倾角不随深度变化的一组矢量,它一般反应构造倾斜。

红色模式：倾向大体一致、倾角随深度增加而逐渐增大的一组矢量,它可指示断层、沙坝、河道、礁、不整合等。

蓝色模式：倾向大体一致、倾角随深度增加而逐渐减小的一组矢量,它可指示断层、水流层理、不整合等。

白色（杂乱）模式：倾向大体一致,倾角变化很大,或点子很少、可信度差,它指示断面、风化面或岩性粗、缺少好的层理等。

根据倾角矢量模式组合解释地质构造的实例,如图1-45、图1-46所示。

2. 利用矢量模式解释沉积构造

地层倾角测井资料在通过沉积分析模式的处理后,其处理结果即矢量图可以用来分析地层的沉积旋回、沉积间断面、层理构造,进而根据层理构造分析古水流方向,还可以分析碳酸盐岩礁、滩的分布规律。

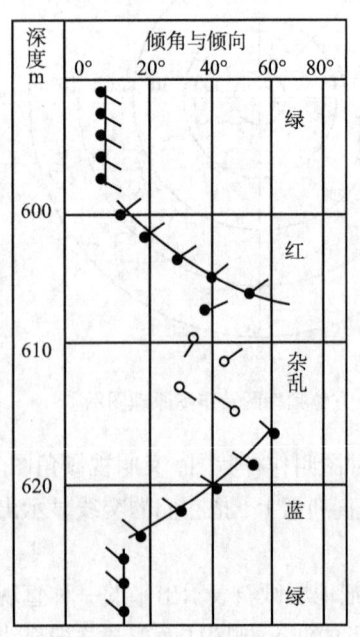

图1-44 常见的四种倾角测井模式

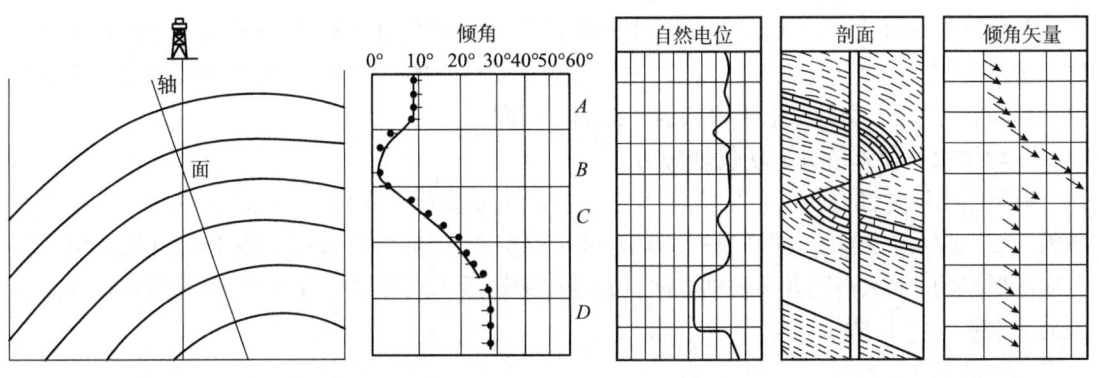

图1-45 不对称背斜的矢量模式　　　　图1-46 地层角度不整合矢量模式

3. 利用倾角测井曲线识别裂缝

地层倾角测井资料经过电导率异常检测（DCA）处理,结合其他测井资料,可以识别裂缝,特别是致密地层的高角度裂缝。通常,高角度裂缝在对称（相差180°）的极板上出现连续的电导率异常；水平裂缝在四个（六臂倾角为六个）极板上同时出现电导率异常；斜交度裂缝则在四个（六臂倾角为六个）极板上不规则地出现电导率异常。图1-47是地层倾角测井电导率异常检测（DCA）处理成果图。从图上（最右边四条曲线）可以大致看出裂缝发育层段及裂缝产状。

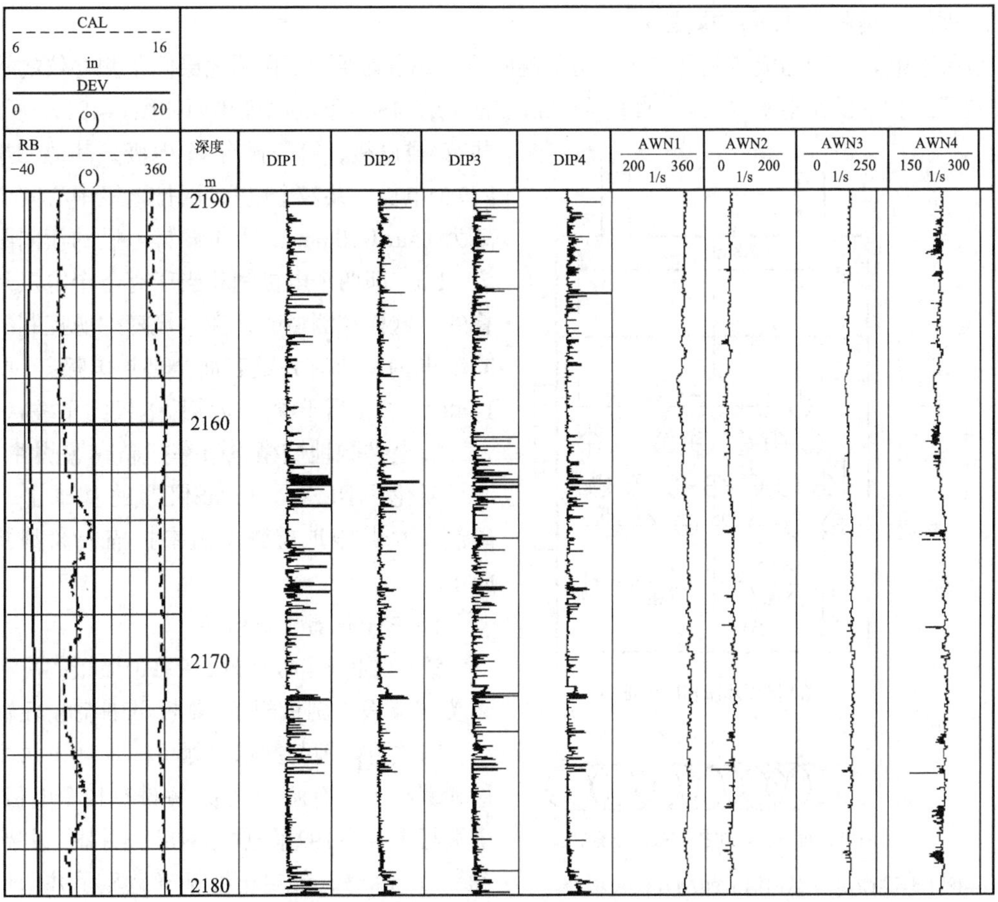

图1-47 地层倾角测井（HDT）电导率异常检测（DCA）处理成果图

在数控测井时代,由于地层倾角测井分辨率高、测取的信息丰富,因此在油气勘探开发中发挥了重要的作用。20世纪90年代以来,由于成像测井技术的飞速发展,地层倾角测井逐渐被分辨率更高、信息更丰富的微电阻率扫描成像测井所取代。

4. 利用双井径差值分析现代地应力

地层倾角测井都有两条井径曲线,反映了井眼形状变化。国内外研究表明,椭圆井眼形成的原因很多,包括溶蚀崩落、冲刷崩落、键槽变形、弹塑变形、应力崩落等。如果椭圆井眼是由于应力崩落形成的,那么椭圆井眼长轴方向就是现代构造最小水平主应力方向,而井眼短轴方向就是最大水平主应力方向。

第三节 测井新方法及其地质响应

一、电成像测井及其地质应用

地层微电阻率扫描成像测井是由高分辨率地层倾角仪(SHDT)发展而成的,它利用多极板上的多排纽扣状的小电极向井壁地层发射电流,由于电极接触的岩石成分、结构及所含流体的不同,由此引起电流的变化,电流的变化反映了井壁各处岩石电阻率的变化,据此可以显示电阻率的井壁成像(王贵文等,2000)。

1. 地层微电阻率扫描成像测井

地层微电阻率扫描成像测井FMS采用了侧向测井的屏蔽原理,在原地层倾角测井仪的极板上安装了纽扣形的小电极,电极的直径为0.2in(5mm),FMS-A型的电极排列如图1-48(a)所示,共有4排电极,第一排有6个电极,其他三排皆有7个电极,共27个电极。两排电极中心间的距离为0.4in(10mm),上下两排电极的横向距离为0.1in,即两个电极间相当于有半个电极是重叠的,这样在测量时,在电极阵列所控制的横向范围内,所有井壁表面全部被电极扫过。图1-48(b)相当于深度位移后电极的重叠状况。

2. 全井眼地层微电阻率扫描成像测井

斯伦贝谢公司在FMS仪器的基础上,又研制了全井眼地层微电阻率扫描成像测井仪FMI。

1)FMI仪器极板结构

该仪器除4个极板外,在每个极板的左下侧又装有翼板(副极板),翼板可围绕极板轴转动,以便更好地与井壁接触(图1-49)。每个极板和翼板上装有两排电极,每排有12个电极,8个极板上共有192个电极。对8½in井眼,井壁覆盖率可达80%,能更全面精确地显示井壁地层的变化,极板下部两个大的圆电极用于测量地

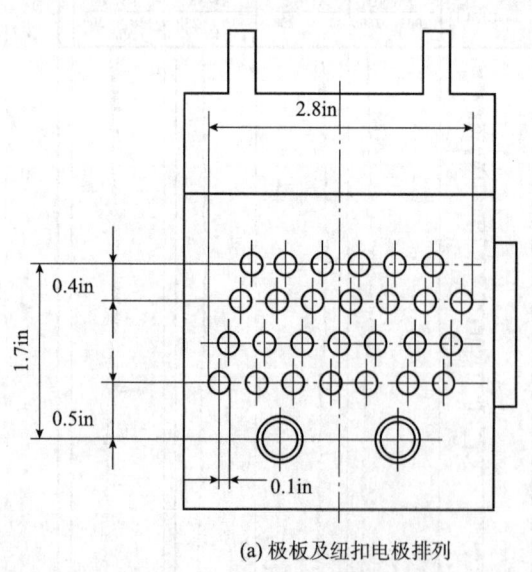

(a) 极板及纽扣电极排列

(b) 深度移位后纽扣电极的重叠状况

图1-48 地层微电阻率扫描成像测井仪极板及纽扣电极排列

层倾角。

2）FMI适用条件

为了达到0.2in的纵向分辨率，就需要在0.2in的深度范围内有2个采样点，即0.1in范围内采一个样，因此就要求测井的最高限速为1800ft/h（548.6m/h），地层数据、控制和辅助信号经电缆传输到地面。该仪器可用于水基钻井液测井，此时钻井液电阻率$R_m < 50\Omega \cdot m$，$R_t/R_m < 20000$。当油基钻井液的含水量大于30%时，也可用FMI，但测井质量难以保证。另外，FMI可与其他仪器进行组合测量，如方位侧向测井和阵列感应测井等。

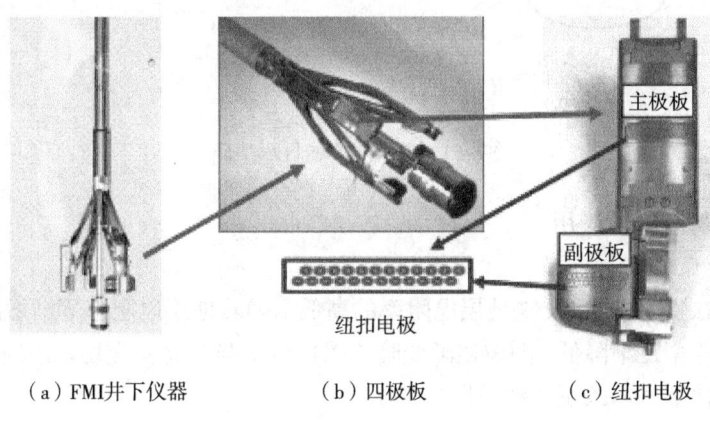

(a) FMI井下仪器　　(b) 四极板　　(c) 纽扣电极

图1-49　FMI仪器极板结构

3. 地层微电阻率扫描成像测井数据处理和成像

微电阻率扫描成像测井测量的是阵列电极电流和仪器姿态的几何信息。从这些测量信息中提取地层地质特征信息需要经过两个过程：第一个过程是将测量信息映射为井壁微电阻率图像的成像过程；第二个过程是从新得到的井壁微电阻率图像中提取地层地质特征。由测量信息映射为井壁微电阻率图像需经过下列处理步骤：①数据预处理；②图像重构，即把数字图像信息集重构为井壁图像。

为了把每个纽扣电极的电流转换为变强度的图像，在输出的图像中用16种级别的灰度显示，在解释工作站上可用256种色标来显示图像，图像中的每一个"像素"点对应于某一特定范围的电流电平。通常可用两种方案来选择灰度和色彩级别，即所谓"静态"归一化[图1-50(a)]和"动态"归一化[图1-50(b)]。当一平面与井身圆柱体垂直相切时，井壁在0°~360°的展开图上呈一条直线。当平面与井身圆柱斜交时，井壁与斜交平面切出一椭圆，在0°~360°的展开图上呈正弦曲线状（图1-51），平面与井轴相交的角度越大，则正弦曲线的幅度也越大，并能从展开图上确定出平面的倾角与走向。根据这种成像显示，就可以确定地层的层理或裂缝的产状等，从而能利用井壁成像研究井壁地层的有关地质特征。

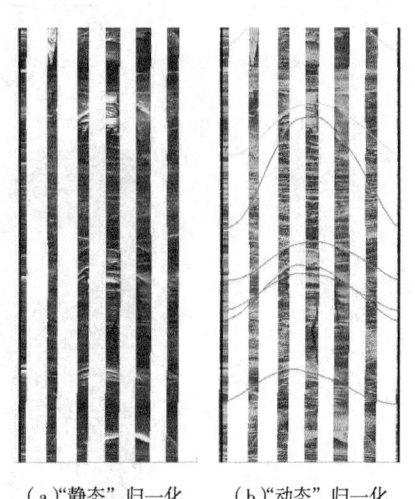

(a) "静态"归一化成像图　　(b) "动态"归一化成像图

图1-50　全井眼地层微电阻率扫描成像图

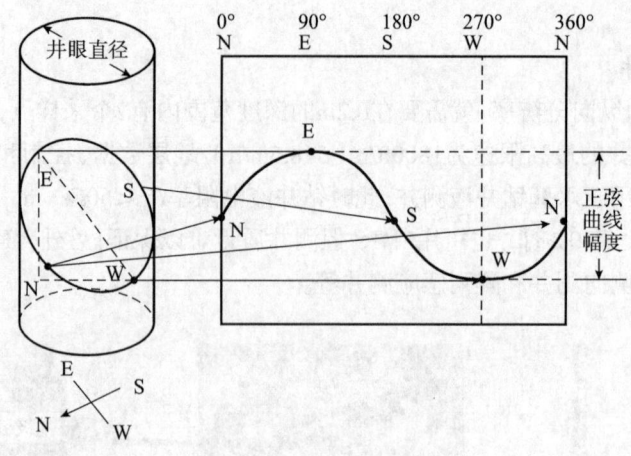

图1-51 井壁成像的显示特征

4. 电成像资料解释及应用

1）图像解释原理

FMI图像以颜色的变化来反映地层电阻率的高低：随着地层电阻率逐渐增高，图像逐渐变亮；随着地层电阻率逐渐降低，图像逐渐变暗（图1-52）。与井筒斜交切割的地层面、裂缝面在成像测井展开图像上呈一条正弦线（图1-53）。

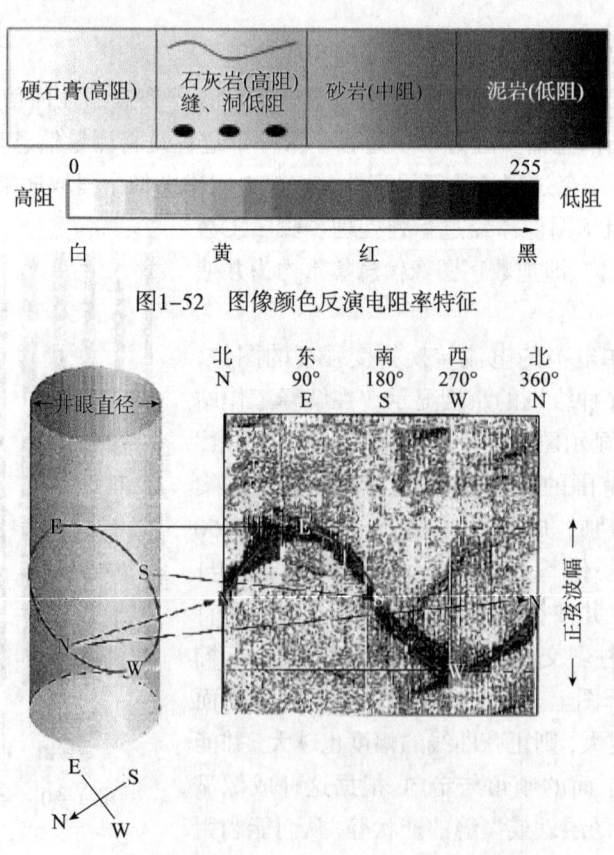

图1-52 图像颜色反演电阻率特征

图1-53 倾斜裂缝在图像上显示为正弦线

2）电成像测井地质应用

FMI图像的地质应用比较广泛，可用于评价岩性、裂缝、孔洞、井旁构造、地应力、沉积与地层及古水流等。FMI图像分辨率高、直观方便，从宏观方面可进一步用于高分辨率地层学、高分辨率沉积学研究，能够更有效地分析地层垂向演化规律及地层的横向对比；从微观角度，可用于岩石结构、孔隙结构方面的评价（图1-54）。

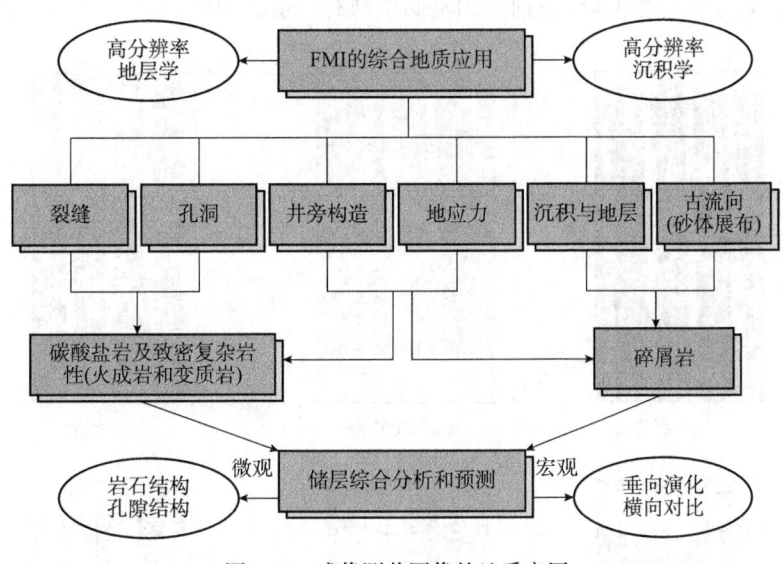

图1-54　成像测井图像的地质应用

（1）岩心刻度成像测井图像

在进行成像测井图像的地质分析前，有必要进行岩心特征刻度成像，观测岩心的典型特征在成像图像上的表现，如裂缝、层理、泥质薄层等在图像上具体是什么样的特征（图1-55）。细致的岩心刻度图像，是成像测井应用于地质分析的必要工作。

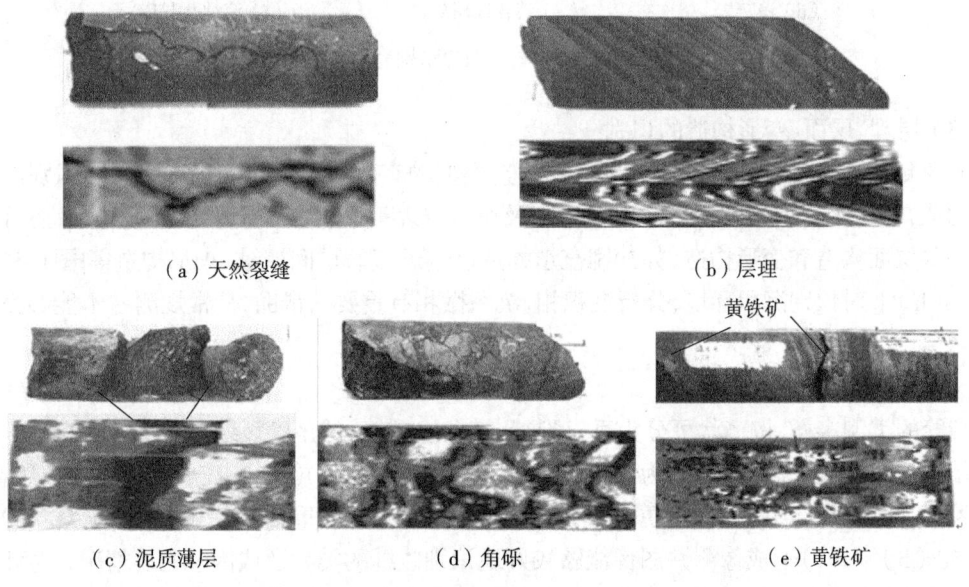

图1-55　岩心特征刻度成像测井图像

（2）岩石类型的识别

利用成像测井识别岩石类型，首先要明确识别的地层是什么大的岩性类型，如是碎屑岩、碳酸盐岩、火成岩，还是变质岩等，在确定了大的岩性类型后，根据图像表现出的组构特征，就可以定性地识别相应具体的岩石类型，如在碎屑岩中可识别出泥岩、粉砂岩、砾岩等[图1-56（a）（b）（c）]，在碳酸盐岩中可识别出藻灰岩、缝合线藻灰岩、溶蚀孔洞灰岩等[图1-56（d）（e）（f）]。识别岩石类型，对分析岩相组合、识别微相及储层都有一定的帮助。

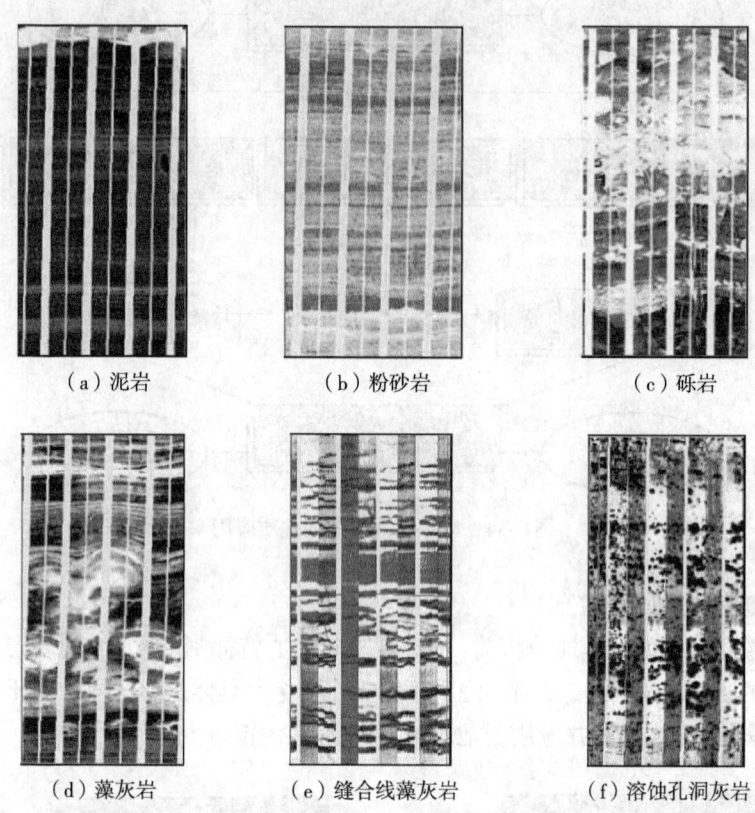

（a）泥岩　　　　　（b）粉砂岩　　　　　（c）砾岩

（d）藻灰岩　　　（e）缝合线藻灰岩　　（f）溶蚀孔洞灰岩

图1-56　成像测井图像识别岩石类型

（3）层理、层面、变形构造的识别

成像测井图像是在井筒剖面识别岩石构造类型的有效手段，在沉积岩中能够识别出一些层理构造，如水平层理、平行层理、交错层理及块状层理等[图1-57（a）（b）（c）（d）]，还可以识别出一些层面构造和变形构造，如冲刷充填构造、包卷层理、层间褶皱、火焰构造等[图1-57（e）（f）（g）（h）]，对识别沉积环境、分析沉积相、沉积微相有重要的帮助，是常规测井不能够完成的工作。

（4）裂缝类型识别

裂缝的类型多样，按产状可分为垂直裂缝、高角度裂缝、低角度裂缝[图1-58（a）（b）（c）]，按充填物质或电阻率高低，可分为高阻缝和高导缝[图1-58（d）（e）]，按成因可分为天然裂缝、诱导裂缝[图1-58（f）（g）]，按诱导原因可分为机械破碎缝、重钻井液压裂缝、应力释放缝等[图1-58（h）（i）（j）]。成像测井图像能够较好地识别裂缝的类型及成因、充填情况，对评价裂缝有效性、地应力方向及发育程度等方面有较好的适应性。

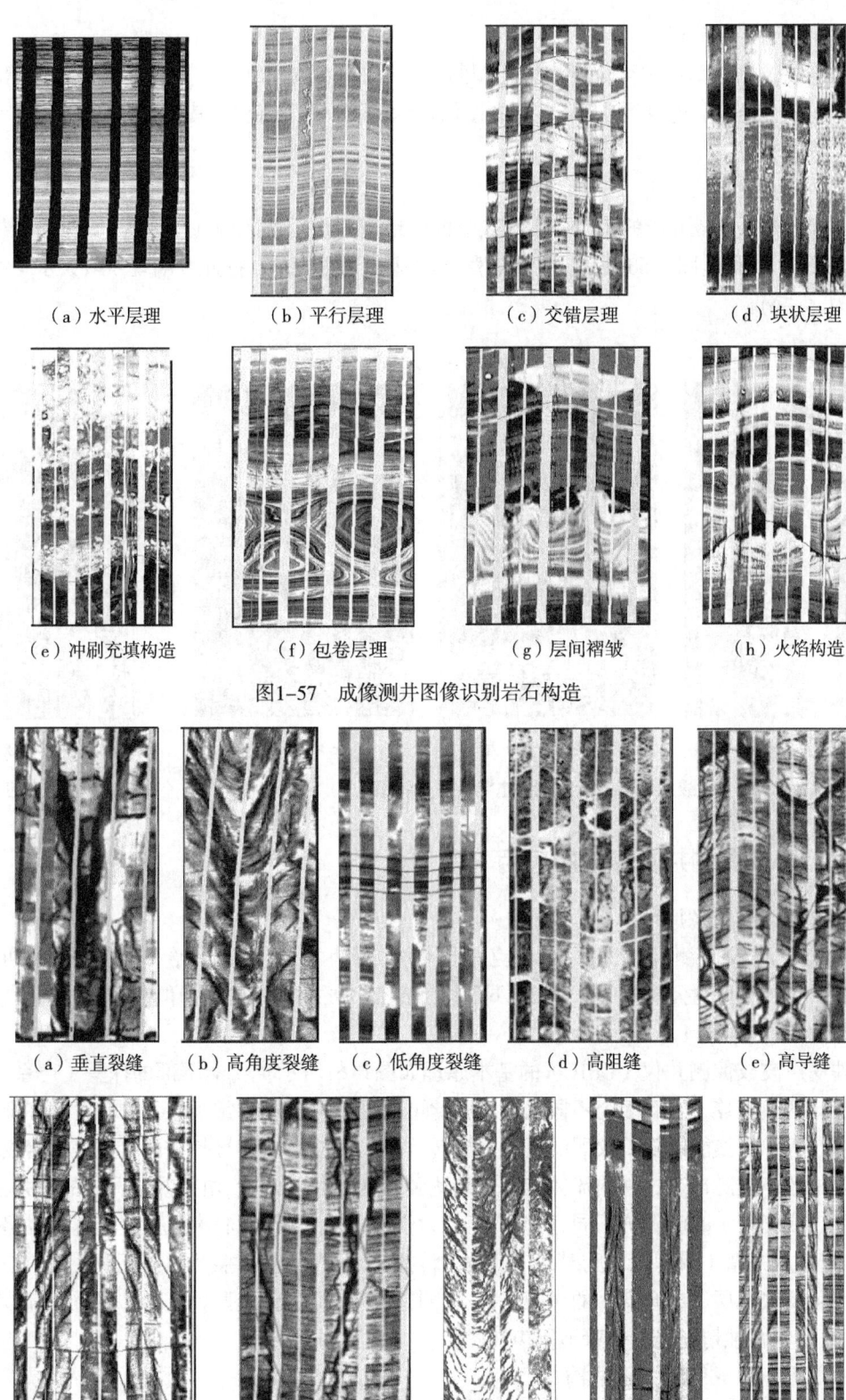

(a) 水平层理　　(b) 平行层理　　(c) 交错层理　　(d) 块状层理

(e) 冲刷充填构造　　(f) 包卷层理　　(g) 层间褶皱　　(h) 火焰构造

图1-57　成像测井图像识别岩石构造

(a) 垂直裂缝　(b) 高角度裂缝　(c) 低角度裂缝　(d) 高阻缝　(e) 高导缝

(f) 天然裂缝　(g) 诱导裂缝　(h) 机械破碎缝　(i) 重钻井液压裂缝　(j) 应力释放缝

图1-58　成像测井图像识别裂缝类型

（5）孔洞特征分析

从电成像测井图像中可分析溶蚀孔洞的特征，如孔洞尺寸大小、发育程度及连通情况，从图1-59（a）(b)(c)能够看出，从左到右图像显示的孔洞尺度变大，其中图1-59（c）显示的孔洞发育程度较好。

（6）地应力方向分析

图像上两条间隔180°的暗色条带为典型的由地应力作用造成的井壁崩落，其应力分析结果较双井径更为可靠。图1-60显示，井壁崩落方向基本为西—东，据此判断现今最大水平主应力方向为北—南。

孔洞尺寸逐渐增大

  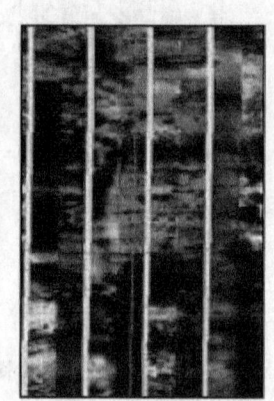 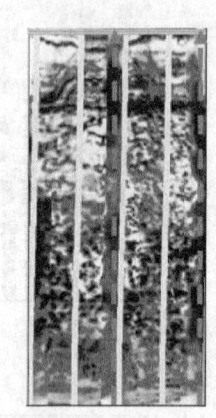

（a）裂缝型　　　　　　（b）裂缝—溶孔型　　　　　（c）孔洞型　　　　　图1-60　井眼崩落识别
图1-59　碳酸盐岩储层储集空间电测井图像特征　　　　　　　　　　　　　地应力方向

二、声成像测井及其地质应用

1. 井周声波成像原理

井周声波成像测井仪主要有贝克—阿特拉斯公司的 CBIL，哈里伯顿公司的CAST、CAST-V 和斯伦贝谢公司的USI、UBI。下面以广泛使用的 CBIL 仪器为例，介绍井周反射声波成像测井的原理。

井周声波成像测井仪（CBIL）的基本原理如图1-61所示，仪器下部的探头（声系）包括一个旋转的换能器，它有多个不同尺寸，因此可以用于测量所有常规尺寸的套管井和裸眼井。在测井过程中，换能器随着仪器的提升而旋转，所以声波脉冲信号扫描的轨迹是螺旋纹。换能器发射的超声波脉冲通过井内流体传播，到达套管或者井的内壁。由于井壁两侧的钻井液与地层剖面（或套管）的声阻抗不同，声波产生折射损失的能量就不同，声阻抗差别越大，能量损失越小。记录从井壁（或套管）反射回来的波的传播时间及幅度，传播时间则反映井径大小，而声波幅度就反映地层（或套管）的声阻抗大小。对这些资料进行处理，可获得高分辨率的水泥胶结评价、套管腐蚀情况以及井壁地层声波图像。

2. 井周声波成像测井仪结构

CBIL包括声波探头、声波电子线路、扶正器和导向器等（图1-62）。仪器的声波发射器的发射频率为280kHz，由两个直径分别为1.5in和2.0in的半球组成，在不同的井径或钻井液状态下采用不同的发射器工作，以适应复杂的测井环境；仪器直径为92.2mm，仪器长度为4.55m，不论是油基钻井液还是水基钻井液,CBIL仪器都可以在其中正常工作;耐温204℃,耐压138MPa;采样率为6r/s,每周采集250组回波幅度和传播时间。最大测井速度为3.0m/min。

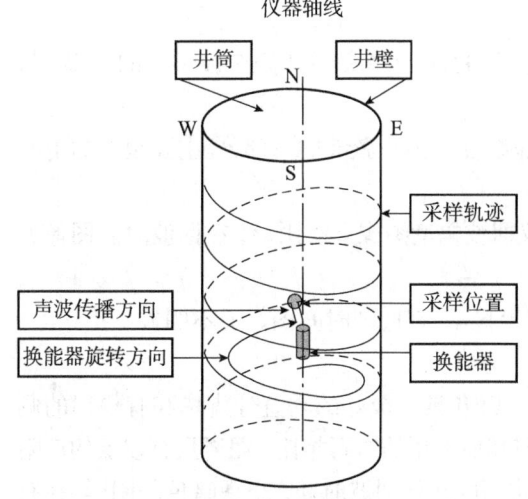

图1-61 井周声波成像测井原理图

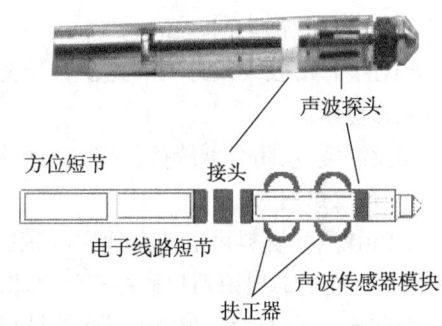

图1-62 CBIL井周声波成像测井仪器及结构图

3. 井周声波成像测井质量的影响因素

声波成像测量结果受多种因素影响,这是由它本身的测量物理特性所决定的,在各种影响因素中,换能器的频率和直径、地层的岩性、井壁的表面结构、发射点到井壁的距离、钻井液密度及入射角都是重要的影响因素。

影响CBIL测井质量的因素主要有:①换能器性能的影响。直径相同的换能器,发射频率越高,仪器的聚焦能力越强,分辨率越高。但是,随着超声频率的提高,声波的衰减幅度增大,造成超声探测距离越小。

②仪器偏心的影响。当测井仪器在圆形井眼中处于偏心状态时,换能器向井周每一个点发射的声波不能垂直入射,入射声束与反射声束存在夹角,接收器不能接收到全部的反射波,造成回波能量的损失,而且,仪器与井周每一点的距离也不等,距离的差异也可以造成回波能量损失的差异。

③椭圆形井眼的影响。在圆形井眼中,如果测井仪器居中,换能器向井周每一个点发射的声波与接收的声波在同一条直线上,仪器能最大限度地接收到反射波的能量,测量效果最佳。但是,在椭圆形井眼中,换能器向井周每一个点发射的声波与接收的声波不总在同一条直线上,仪器不能最大限度地接收到反射波的能量,测量效果较差。如果在椭圆形井眼中测量仪器处于偏心状态,则能量损失情况会更复杂。

4. 井周声波成像测井的地质应用

1)判断井剖面地层岩性及地层产状

成像测井主要运用图像灰度的变化,直观、清晰地反映了岩性的变化。图像在不同岩性及其界面上有明显的区别。反映声阻抗差异的回波幅度图像,可指示地层的岩性:回波幅度高,指示岩性致密、坚硬;回波幅度低,指示岩性含孔隙且岩性松软。对于硬地层,如白云岩、石灰岩及致密硬砂岩,声阻抗大,反射波幅度高,图像明亮。对于泥岩层和煤层,声阻抗小,反射波幅度低,图像暗。总之可将图像与岩心对比,找出地区岩性的特点。

2)识别和探测裂缝

裂缝带通常显示为暗的条纹,可根据条纹的变化确定裂缝的产状。通常,裂缝在井周声波成像测井图上有以下特征:

①与井壁垂直的天然裂缝显示水平阴影,与井壁斜交的天然裂缝为正弦波形状的阴影,与井眼相交的垂直裂缝显示两条垂直阴影。

②天然裂缝通常为不规则、不连续图像。斜交裂缝往往为正弦波的一部分。主要裂缝的走向往往与主要断层的走向一致。

③对于开度较大或充填不完全的开裂缝,不仅回波幅度图像上有阴影,在回波时间图像上也有阴影显示。

④微细裂缝、闭合裂缝往往仅在回波幅度图像上显示,在回波时间图像上不明显。

3)层理识别

用CBIL测井资料可以考察地层沉积层理特性。CBIL具有极好的垂直分辨率和有规律的侧面采样,因而对薄层识别和解释有效可靠。通常,与其他类型的岩石相比,泥岩具有较低的声阻抗和电阻率,所以泥岩的CBIL图像总是显示低回波幅度和长回波时间,呈现暗色的阴影。在有利的条件下,即井壁光滑,且出现明显的岩性变化,超声成像能包含很好的层理信息。影响层理分析的因素有:井眼粗糙度、钻井液密度、换能器频率、测井速度、图像处理质量等。

4)套管井质量评价

①检查射孔部位及质量。在声波幅度图像中,射孔孔眼显示成黑点,黑点的分布反映孔眼的分布。如果孔眼显示不清楚,则是套管没有射透;如果黑点间有黑色条纹相连,表明射孔时套管破裂。

②确定套管破损的部位及破损情况。在声波幅度图像中,套管损坏的地方则呈暗色,如果黑色部位为水平,而且上下套管错开,则是套管断裂。

三、核磁共振测井及其地质应用

1. 核磁共振测井物理基础

1)原子核的核磁共振性质

实验表明,原子核除了具有质量与电荷两个基本特性之外,许多原子核如同陀螺一样围绕着某个轴做自身旋转运动。进行自旋运动的原子核都具有一定的自旋角动量p。它是一个矢量,方向与旋转轴重合。根据量子力学,自旋角动量的绝对值可以用下式表达:

$$|p| = \frac{h}{2\pi}\sqrt{I(I+1)} \tag{1-50}$$

式中 h——普朗克常数,$h=6.626 \times 10^{-34}$J·s;

I——自旋量子数,只能取零、半整数以及整数,而不能取其他值。

具有自旋角动量的带电原子核如同一个磁化的"小陀螺",具有磁矩μ。当原子核处于磁场强度为H_0的未定磁场中时,磁矩μ将受到一个转矩使之按H_0定向,但由于自旋角动量p与磁矩μ是共轴的,将受到自旋角动量的反抗,于是产生绕H_0的进动。

进动的角速度为

$$\omega = \gamma H_0 \qquad (1-51)$$

进动的频率（称为拉莫尔频率）为

$$f = \frac{\gamma H_0}{2\pi} \qquad (1-52)$$

式中　γ——磁旋比，是表征原子核核磁共振性质的重要参数。

2）原子核系统的磁化强度

核磁共振测井（NMR）并不是研究单个原子核的核磁共振性质，而是研究井周围岩石的核磁共振性质，包含着大量的原子核，因此应该研究磁性原子核系统在磁场中的运动规律，也就是研究介质的宏观核磁共振性质。布洛赫提出用一个称为"原子核磁化强度矢量"的量来描述原子核系统的宏观特性，通常用符号 **M** 来表示，它等于单位样品体积中核磁矩的矢量和，即

$$\boldsymbol{M} = \sum \boldsymbol{\mu} \qquad (1-53)$$

一般情况下，系统中各原子核磁矩的方向是杂乱无章的，因此矢量和等于零。如果把原子核系统放入磁场中，原子核磁矩就要围绕磁场方向产生进动。这时核磁矩的方向不再杂乱无章，而是有一定规律的。因此，**M** 不再等于零，也就是原子核系统被磁化。在加静磁场 H_0 的情况下，矢量 **M** 与 H_0 方向一致。H_0 只是确定了每个原子核磁矩的进动圆锥的轴的方向和进动频率，但不能确定进动的相位，也就是说，原子核系统进动相位分布是杂乱无章的，从整体上看，相位分布是均匀的。

3）磁化强度的弛豫过程

在核磁共振现象中，弛豫指原子核发生共振且处在高能状态时，当射频脉冲停止后，将迅速恢复到原来低能状态的现象。恢复的过程即称为弛豫过程。T_1 是描述核磁化强度的纵向分量恢复过程的时间常数，因此也称为纵向弛豫时间（图1-63）。T_2 是描述核磁化强度的横向分量恢复过程的时间常数，因此也称为横向弛豫时间（图1-64）。

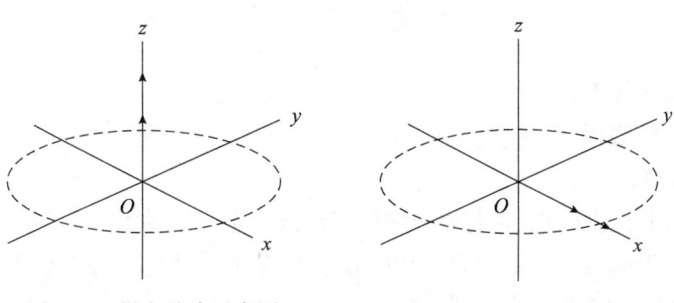

图1-63　纵向弛豫示意图　　　图1-64　横向弛豫示意图

4）物质的弛豫特性

存在三种影响弛豫时间 T_1 或 T_2 的核磁共振弛豫机理，即表面弛豫、扩散弛豫（梯度场中分子扩散引起的弛豫）和体积弛豫（体积流体进动引起的弛豫）。

（1）表面弛豫

流体分子在孔隙空间内不停地运动和扩散，在NMR测量期间，扩散使分子有充分机会与颗粒表面碰撞。每次碰撞都提供了自旋弛豫的机会。当分子碰到颗粒表面时，可能发生两种现象。

首先，氢质子将核自旋能源传递给颗粒表面，使之与静磁场B_0重新线性排列（这对纵向弛豫T_1有贡献）。其次，氢质子可能产生不可逆的反相自旋，而对横向弛豫T_2有贡献。这些现象不是每次碰撞都发生，仅有发生的一种可能性。如图1-65（a）示出在孔隙中两个分子的运动路径。研究人员指出，在大部分岩石中，颗粒表面弛豫对T_1的影响最大。

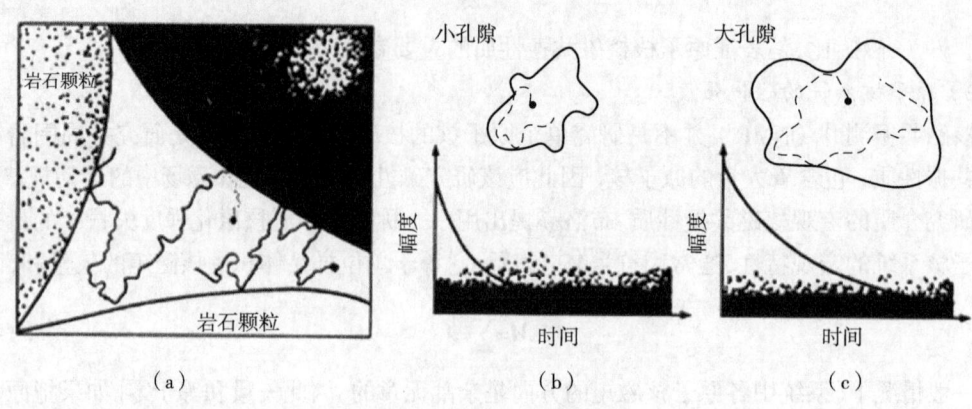

图1-65　颗粒表面弛豫

（a）进动质子在孔隙空间来回运动与其他质子颗粒表面发射碰撞，线表示未弛豫自旋，点线代表弛豫自旋；（b）当与颗粒表面碰撞的概率高时（小孔隙中），弛豫较快；（c）当与颗粒表面碰撞的概率低（大孔隙）时，弛豫较慢

在表面弛豫中，孔隙大小也起了重要作用。弛豫速度与质子碰撞表面的频率有关，也就与比表面积（S/V）有关，见图1-65（b）(c)。在大孔隙中，碰撞发生次数少，其S/V小，因此弛豫时间相对长。同样，小孔隙的S/V大，弛豫时间短。因此，由颗粒表面对纵向和横向弛豫速率的附加影响可以分别表示为

$$\frac{1}{T_{1S}} = \rho_1 \frac{S}{V} \qquad (1-54)$$

$$\frac{1}{T_{2S}} = \rho_2 \frac{S}{V} \qquad (1-55)$$

式中　ρ——表面弛豫强度；

　　　S——岩石孔隙表面积；

　　　V——岩石体积；

　　　S/V——岩石的比表面积，它与岩石颗粒粗细或孔隙直径的大小有关。

实验研究表明，表面弛豫机制与温度和压力无关。岩石中流体弛豫主要为颗粒表面弛豫，弛豫时间比（T_1/T_2）在1~2.5之间，通常为1.6。

（2）扩散弛豫

在梯度场中分子扩散造成的弛豫为扩散弛豫。当静磁场中存在梯度时，分子运动能造成失相，导致T_2弛豫，T_1弛豫不受影响。当不存在梯度场时，分子扩散不会造成NMR弛豫。图1-66中，开始CPMG脉冲序列，在90°脉冲期间一个分子位于A点。被扳倒到横向平面上之后，自旋开始以频率$\omega_0(A)$进动，$\omega_0(A)$为局域进动频率。但是，当它扩散时遇到缓慢变化的B_0，其进动频率慢慢改变。在回波间隔T_E时它到达C点，此时发生自旋回波。如果点A和B间其进动快于点B和C，在T_E时其相位不能完全恢复。同时，其他分子沿其他方向运动，每个分子都有自己的进动过程。

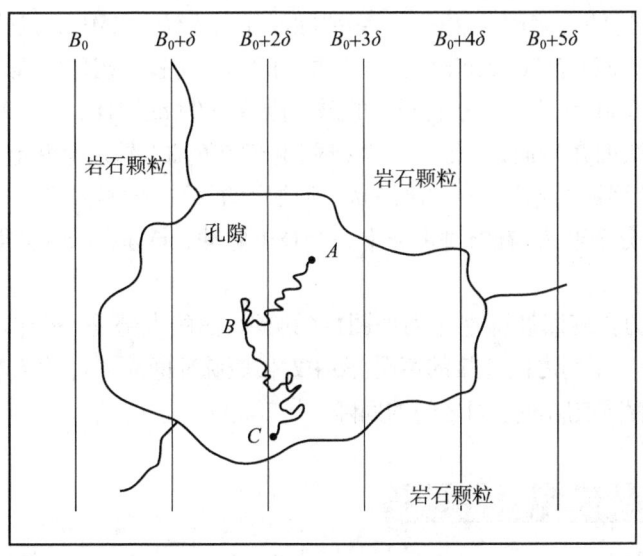

图1-66 在梯度磁场中的分子扩散

因此，T_E时的自旋重聚不完全。因为分子运动是随机的，失相不可改变，故构成真T_2。由此扩散产生的T_2表示如下：

$$\frac{1}{T_{2D}} = \frac{(\gamma G T_E)^2 D}{12} \tag{1-56}$$

CMPG法是已知的减小梯度场扩散影响的最好脉冲序列。CPMG回波间隔达到极小可减小扩散对T_2弛豫的影响，使之到可忽略程度。对于间隔较近的脉冲，T_2主要为表面弛豫或体积弛豫。如果采用大回波间隔，或者扩散系数很高如气体或高温下的水和轻烃，扩散影响十分显著。

（3）体积弛豫

通常，体积弛豫可以忽略，并且其仅是一种流体特征，不受它所驻留地层的特性（如矿物或微观或几何形状）的影响。通常它受温度影响较大。在水湿润岩石中的油、孔洞中的水和溶液中存在大量顺磁离子如铁、铬或锰的情况下，这一点十分重要。

根据上面的讨论，储层条件下流体的弛豫时间，或含流体岩石的弛豫时间，可以写成如下表达式：

$$\frac{1}{T_2} = \frac{1}{T_{2B}} + \frac{1}{T_{2D}} + \frac{1}{T_{2S}} \tag{1-57}$$

$$\frac{1}{T_1} = \frac{1}{T_{1B}} + \frac{1}{T_{1S}} \tag{1-58}$$

2. 核磁共振测井原理

岩石中各种元素原子核的核磁共振特性是不同的，它取决于原子核的磁旋比、同位素的天然丰度、相同磁场条件下进动信号的相对幅度和包含该元素的物质赋存状态。石油和金属矿钻孔中常遇到的主要元素中，氢具有最高的共振频率和最大的磁旋比，是在钻孔条件下最容易研究的元素。因此，包含在岩石孔隙流体中的氢原子是核磁共振测井的研究对象。由于核磁共振测井的信号与孔隙流体中氢的含量有关，并且利用弛豫时间可以了解含有氢元素的流体的性质和赋存状态，因而可以研究孔隙度、残余水饱和度和渗透率等参数。

以下主要介绍改进的自旋回波法——CMPG脉冲序列方法。CMPG方法的工作原理如下：交变磁场加到x'轴上，使M转90°到y'轴上。由于磁场的非均匀性，相位将逐步分散开来，在时刻τ，在y'轴上加一个180°脉冲，使分散开来的磁矩围绕$+y'$轴旋转180°，这时核磁矩仍向原来的方向旋转，但旋转快的在后面，因此在时刻2τ时，它们在y'轴上重新聚集起来，形成一个自旋回波（图1-67）。这个回波的幅度是由2τ时的M_y所决定的。第一个回波之后，核磁矩在非均匀磁场作用下，又重新分散开来。在3τ时再加上一个180°脉冲，同理在4τ时又得到一个自旋回波信号。

由CMPG法得到的自旋回波脉冲序列如图1-68所示。图的上部是一个自旋回波脉冲序列，下部表示自旋回波脉冲序列之间连接的情况。图中T_E代表脉冲间隔；T_W称为等待时间，也称为恢复时间，是两个自旋回波脉冲序列之间的间隔。

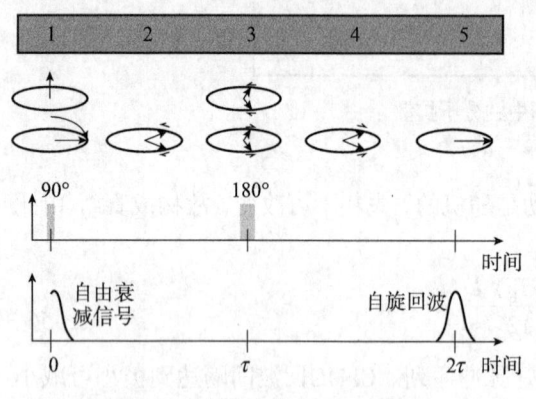

图1-67 自旋回波法原理示意图

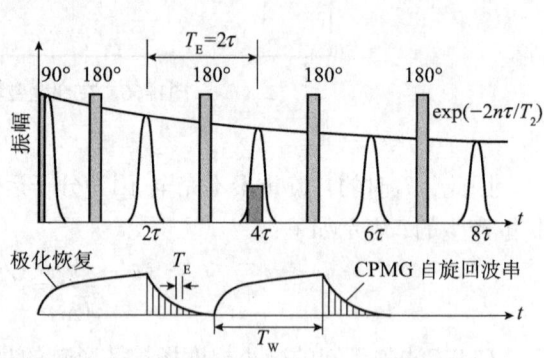

图1-68 CMPG自旋回波脉冲序列

3. 核磁共振测井的地质应用

1）储层参数解释模型

（1）确定储层孔隙度

核磁共振测井主要通过测量地层孔隙介质中氢核的核磁共振弛豫信号的幅度和弛豫速率，来探测岩石孔隙结构、流体信息。它的测量结果不受岩性的影响，在解释孔隙度、渗透率等储层参数时，具有其他测井方法无法比拟的优势。与其他测井方法在孔隙度解释中的不同之处就是核磁共振测井能解释束缚水流体和可动流体孔隙度，解释模型如图1-69所示。

已知介质在外磁场中极化的强度与介质的氢含量成正比，因此，核磁共振测井的弛豫信号初始幅度与充满含氢流体的岩石孔隙度成正比。弛豫信号幅度是各个弛豫分量P_i贡献的结果，因此$\sum P_i$与岩石孔隙度成正比。如果仪器经过刻度，则有

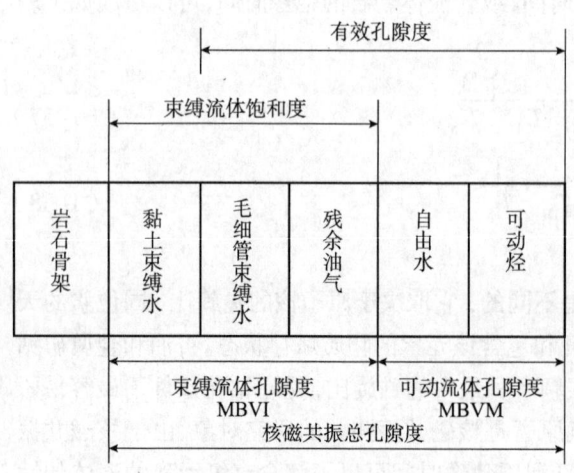

图1-69 核磁共振测井孔隙度解释地层模型

$$\phi_{\text{MPHI}} = \sum P_i \qquad (1-59)$$

式中 ϕ_{MPHI}——核磁共振测井得到的岩石孔隙度。

通过与岩心分析数据对比，在T_2谱上，可以确定一个毛细管束缚水的截止值T_{2c}，从而把可动流体孔隙度与束缚流体孔隙度分开。T_2谱上大于T_{2c}部分包围的面积代表可动流体孔隙度，而小于T_{2c}部分包围的面积则代表束缚流体孔隙度。于是，总孔隙度、自由流体孔隙度和束缚水孔隙度可分别由下式积分求得：

$$\begin{cases} \phi_{\text{总}} = \int_{T_{2\min}}^{T_{2\max}} P(T_2) \mathrm{d}T_2 \\ \phi_{\text{可动}} = \int_{T_{2c}}^{T_{2\max}} P(T_2) \mathrm{d}T_2 \\ \phi_{\text{束缚}} = \int_{T_{2\min}}^{T_{2c}} P(T_2) \mathrm{d}T_2 \end{cases} \qquad (1-60)$$

（2）估计储层渗透率

核磁共振信号与渗透率之间的关系不像与孔隙关系那样直接。目前，常用的有以下两类模型：

①由T_2和ϕ_e建立渗透率模型：

$$K = C \phi_e^{a_1} T_{2\lg}^{a_2} \qquad (1-61)$$

式中 $T_{2\lg}$——T_2的对数平均值；

C——与岩性有关的系数；

a_1、a_2——经验指数，对于砂岩地层，通常取$a_1=4$，$a_2=2$。

②由NMR测得的束缚水和可动流体参数组合ϕ_e、ϕ_{FFI}、ϕ_{BVI}与渗透率K建立的关系模式（Coates模型）：

$$K = C' \phi_e^{b_1} \left(\frac{\phi_{\text{FFI}}}{\phi_{\text{BVI}}} \right)^{b_2} \qquad (1-62)$$

对砂岩地层，通常取$b_1=4$，$b_2=2$。

式（1-61）中，C受岩石表面弛豫强度ρ等因素的影响，对于不同地区和不同层段，C不一样，需要做岩心实验分析以确定C。以上两类公式的区别在于第一类对烃响应敏感，含烃地区不适用；第二类受烃影响小。

2）判断油气水层

在识别油气方面主要应用它的差谱和移谱技术。

（1）差谱法

差谱是利用水和油、气的横向弛豫时间（表1-12）相差较大这一特性来识别流体性质。水的纵向弛豫时间远小于油、气的纵向弛豫时间，也就是说，水的恢复速率远快于油和天然气的恢复速率。根据这一特性，用长、短两种等待时间的CPMG脉冲序列进行两次测量。在长等待时间T_{WL}情况下，水和烃都得到了恢复；在短等待时间T_{WS}情况下，水得到完全恢复，油和气只有部分得到恢复。求得长、短等待时间两个回波波列的差，差值中消除了水的信号，而油、气信号仍很大。只要T_{WL}和T_{WS}选择合适，根据T_2谱的差值才有可能把油气信号和水的信号区别开。图1-70为差谱法原理示意图。

表1-12 典型储层条件下水、天然气和原油的特征参数范围

	自由水	束缚水	天然气	原油
扩散系数（D）	中等	非常低	非常高	低
纵向弛豫时间	中等	快	慢	慢
横向弛豫时间	中等	快	快	慢
含氢指数	≈1	≈1	<1	≤1

（2）移谱法

移谱法是利用静梯度磁场中流体扩散特性对横向弛豫的影响来探测天然气、凝析油气及中等黏度的油。由表1-12可见，不同流体的扩散系数不同，在两个CPMG脉冲序列中使用长、短两个不同的回波间隔T_{EL}、T_{ES}和一个长T_W（一般取$T_W > 3T_{1max}$，即在观测每一组回波串时，介质已经充分极化）进行测量。这时，在短回波间隔得到的T_2分布上，气、水和稠油的信号都能被观测到，然而在长回波间隔得到的T_2分布上，气的信号却消失了，这是由于气扩散得太快，还没有观测到就已经衰减了。水以及稠油的T_2谱均发生不同程度的变化，即两者都减小，但是水的T_2将比稠油以更快的速度减小。移谱法示意图如图1-71所示。

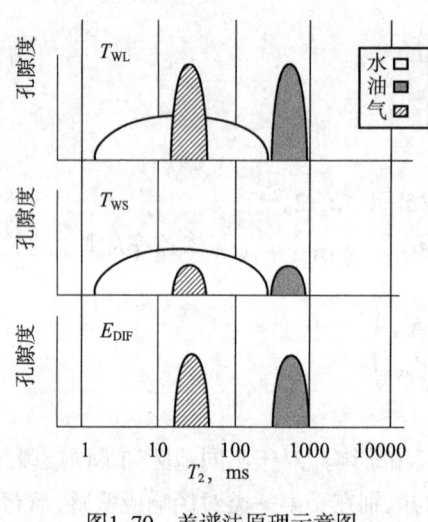

图1-70 差谱法原理示意图

E_{DIF}—双T_W差值信号

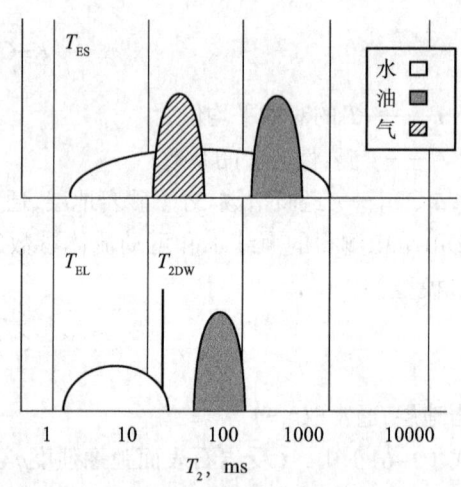

图1-71 移谱法原理示意图

T_{2DW}—岩石孔隙水的最大T_2值

3）评价孔隙结构

（1）理论基础

通过前面讲解可知，横向弛豫时间T_2为

$$\frac{1}{T_2} = \frac{1}{T_{2B}} + \rho_2 \frac{S}{V} + \frac{D(\gamma G T_E)^2}{12} \tag{1-63}$$

式中 T_{2B}——流体的体积（自由）弛豫时间，ms；

D——扩散系数，$\mu m^2/ms$；

G——磁场梯度，A/m；

T_E——回波间隔，ms；

S——孔隙表面积，cm^2；
V——孔隙体积，cm^3；
ρ_2——岩石的横向表面弛豫强度，$\mu m/ms$。

在实际运用中，由于 T_{2B} 比 T_2 大得多，G（磁场均匀时）、T_E 足够小，因此可省略第一项和第三项，于是 T_2 为

$$\frac{1}{T_2} = \rho_2 \frac{S}{V} = F_S \frac{\rho_2}{r_c} \tag{1-64}$$

式中 F_S——形状几何因子。

由式（1-64）可知，T_2 与孔隙大小及其孔径分布成正比关系。

（2）T_2 谱与孔喉分布对比分析

通常岩石孔隙表面为亲水性，含有一层束缚水。压汞法是在真空下对洗净烘干的岩样用非润湿相汞驱替气，毛细管压力曲线反映的是去掉薄膜束缚水部分的孔隙，也就是自由水部分对应的孔隙。而核磁共振 T_2 分布则能反映出其自由流体孔隙、束缚孔隙。何雨丹等（2005）认为与毛细管压力曲线具有较好对应关系的是自由流体 T_2 谱，其具体获得方法为将离心 T_2 谱信号从饱和 T_2 谱信号中减去，剩下自由流体部分信号即为自由流体 T_2 谱。采用自由流体谱并在合适转换系数的基础上，可以得到较好的伪毛细管压力曲线，从而为核磁共振 T_2 分布研究孔隙结构提供了可靠的方法（图1-72）。

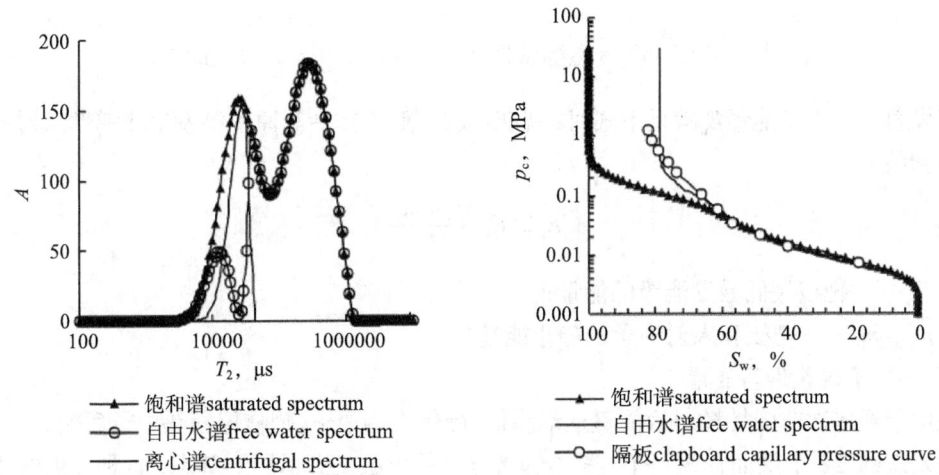

图1-72　T_2 分布构造的毛细管压力曲线与实测毛细管压力曲线的对比（据何雨丹等，2005）

4）求取核磁共振分形维数

分形理论由法国数学家Mandelbrot在1975年首次提出。分形被定义为部分与整体的自相似性，而这种自相似的特征可以用分形维数来描述（Mandelbrot，1975；Kulesza et al.，2014）。

核磁共振分形维数的计算公式（张超谟等，2007）为

$$\lg S_v = (3-D)\lg T_2 + (D-3)\lg T_{2max} \tag{1-65}$$

式中 T_2——横向弛豫时间，ms；
S_v——小于对应的 T_2 值的孔隙体积占总孔隙体积的比例；

D——分形维数；

T_{2max}——最大横向弛豫时间，ms。

根据式（1-65），通过绘制 T_2 与 S_v 的双对数坐标图，根据拟合出的线性相关关系的斜率便可以求得岩石的分形维数。分形维数的值一般在2~3之间，且受表面几何不规则性和粗糙度的影响较大（Jaroniec，1995）。当分形维数为3时，对应于一个完全不规则或粗糙的表面；当分形维数为2时，则对应一个完全光滑的表面。

四、元素测井及其地质应用

确定地层岩性类别是测井地层评价的最主要任务，对油气储层的识别至关重要。实验证实，地层中的元素有一百多种，但各元素不是平均分布的，其中氧、硅、铝、铁、钙、钠、钾、镁等占九成以上。元素俘获能谱测井技术可以定量测量储层的硅、铁、硫、钾、钛、钆、铝、镁等元素的份额。本书以斯伦贝谢公司在20世纪末推出的ESC测井仪为例来说明元素俘获能谱测井的原理及其地质应用。

1. 元素测井的核物理基础

1）快中子非弹性散射伽马谱

元素俘获能谱测井时，中子源向地层发射高能快中子。这些能量较高的快中子轰击储层元素原子核时，将发生非弹性散射，产生非弹性 γ 射线。例如，发射的中子打到碳原子核上，就会发生非弹性散射：

$$_0^1n + {}_6^{12}C \rightarrow {}_6^{13}C^* \text{（激发态的碳原子核）} \rightarrow {}_0^1n + {}_6^{12}C + \gamma \text{（4.43MeV）}$$

当发射中的中子能量 E_n 满足下式时，就能与碳、氧、硅、钙等原子核发生非弹性散射产生非弹性 γ 射线：

$$E_n \geq E_\gamma \frac{m_A + m_B}{m_A}$$

式中 E_γ——靶核最低激发能级的能量；

m_A、m_B——靶核和入射中子的静止能量。

2）热中子俘获伽马能谱

快中子经多次非弹性散射后能量逐渐降低，慢化成热中子。靶核俘获热中子后变为激发态的复核，继而释放一个或多个 γ 光子，并由激发态退回到基态，这种 γ 射线叫作热中子俘获 γ 射线。元素种类不同，其原子核能级也不同，故各种原子核释放的 γ 射线主要由氢、硅、钙、铁、硫、钛、钾等元素的原子核与热中子发生的俘获反应而生成。

2. 元素俘获能谱测井的地质基础

自然界中已经发现的元素据统计约有一百种，矿物的类型有上千种，我们按克拉克值将元素按一定的顺序排列后发现，排在前面8位的元素占了地壳中元素总量的95%以上。故地层中的主要造岩矿物就是由这些地层中的主要元素组成，对于化学成分稳定的矿物而言，其元素的百分含量会稳定不变，这是元素俘获能谱测井得以应用的前提。 在元素含量向矿物含量的转换过程中，可选择一些能够表征矿物的代表性元素。例如，将硅元素选为石英 SiO_2 的表征元素；将钙元素作为方解石 $CaCO_3$ 的表征元素；将钙元素和镁元素作为白云石 $CaMg(CO_3)_2$ 的表征元素；将铁元素作为菱铁矿 $FeCO_3$ 和黄铁矿 FeS_2 的表征元素。值得指出，铝元素同黏土这种矿物的相关性非常好,故将铝元素作为黏土的表征元素。

3. 元素俘获能谱测井原理

元素俘获谱测井仪(ECS)既可在裸眼井中测量,又可在套管井中测量,结构见图1-73。仪器采用单谱计,处理简单、组合性强、测速高,可在淡水钻井液、饱和盐水钻井液或油基钻井液、氯化钾钻井液、含气钻井液等条件下使用,不受井眼条件的影响,即使在井眼条件差、高温井眼(保温瓶保护)的情况下也能取得较好的ECS测井资料。在测井过程中,它通过AmBe中子源向地层发射4MeV的快中子,诱发地层发生非弹性散射反应,同时释放出伽马射线,经过多次散射,中子减速形成热中子,热中子被俘获产生元素的特征俘获伽马射线,元素通过释放伽马射线回到初始状态,用BGO晶体探测器探测并记录这些非弹性散射伽马能谱和俘获伽马能谱。BGO晶体原子序数高,密度较大,可以大大增强对伽马射线的探测效率。利用探测器探测到的非弹性伽马谱(图1-74),经过解谱处理可以得到C、O、Si、Ca等元素的含量;而对其中主要的俘获伽马谱经过解谱处理可以得到Si、Ca、S、Fe、Ti和Cd等元素含量,应用特定的氧化物闭合模型技术,从而可以得到地层中矿物的百分含量。

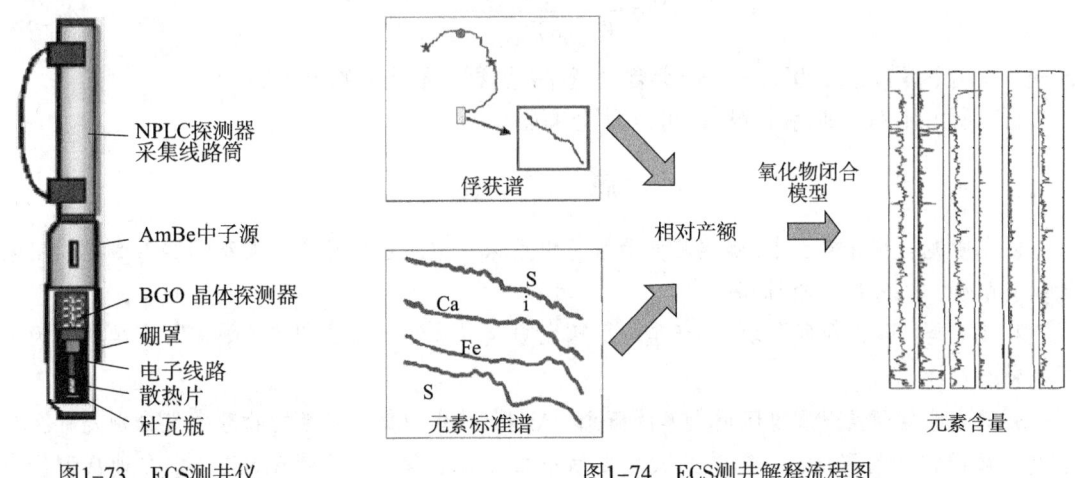

图1-73　ECS测井仪　　　　图1-74　ECS测井解释流程图

4. 元素俘获测井的地质应用

1)矿物含量计算

元素俘获能谱测井可以测量指示元素钙的含量来计算碳酸盐含量;通过计算指示元素S、Ca含量求QFM(石英+长石+云母)含量;通过计算Si、Al、Fe含量来计算黏土含量,用100%减去三者就是最后黄铁矿的含量,这样就得到了黏土、碳酸盐、QFM、黄铁矿的含量。图1-75为某井ECS矿物含量计算实例。

2)分析沉积环境

元素测井能够确定黏土矿物类型,分析沉积环境。陆相沉积一般高岭石、蒙脱石等含量较高;海相沉积伊利石含量较高。同时,元素测井可以确定黄铁矿的含量,而黄铁矿是还原环境的产物,如果测量井段中普遍含有黄铁矿,可以指示该地层的沉积环境为较深水体的还原环境。

3)计算脆性指数

元素俘获能谱测井可以测定页岩地层的非黏土矿物,此外还包括石英、长石、方解石和白云石等脆性矿物,且一般是几种矿物的混合。脆性储层岩石组分和其脆性矿物含量决定了油气开发的压裂改造效果,与油气产量息息相关。页岩中SiO_2、长石、碳酸盐等脆性物质的份额较大,黏

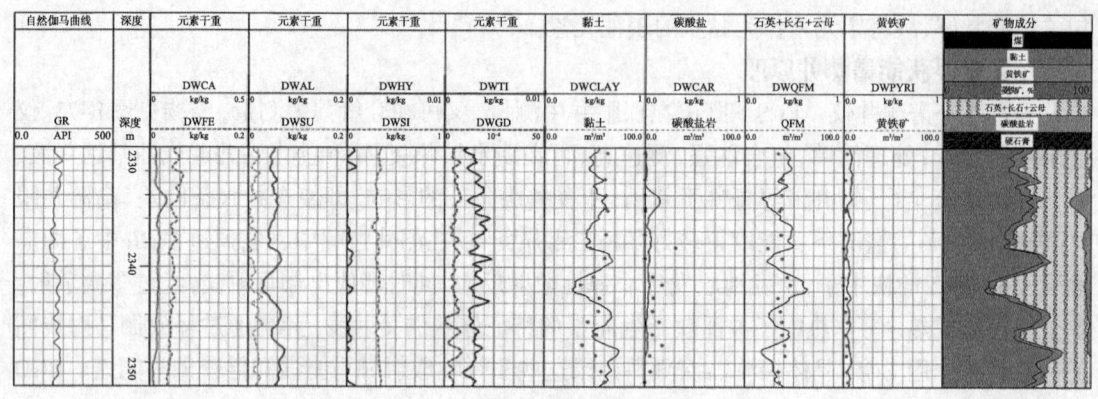

图1-75 某井矿物含量计算

土矿物含量越低,岩石脆性越高。在页岩中通常用脆性矿物含量占总矿物的百分比来表示脆性指数,其表达式为

$$BI = \frac{W_{石英}}{W_{石英} + W_{碳酸盐} + W_{黏土}} \tag{1-66}$$

式中 $W_{石英}$、$W_{碳酸盐岩}$、$W_{黏土}$——石英含量、碳酸盐含量、黏土矿物含量。

石英所占比例越高,脆性越好,可压裂性越强。

思 考 题

1. 在砂泥岩测井剖面中,哪些测井曲线可以用来求取地层的泥质含量?哪些曲线可以用来计算孔隙度?试分别写出计算公式。

2. 什么是"周波跳跃"现象,产生的原因主要是什么?什么是"挖掘效应",产生的原因主要是什么?

3. 阐述地层因素以及电阻增大率的概念。Archie公式中每个参数的物理意义分别是什么?岩电参数通常如何取值?目前该公式主要用来求取什么参数?思考Archie公式在地层评价中的价值及存在的不足之处。

4. 给出双侧向测井、感应测井的纵、横向分辨率,并分析各自的适应条件。

5. GR、自然伽马能谱(U、Th、K)对分析沉积环境有哪些应用?试考虑一下GR及能谱曲线对恢复沉积盆地古环境及古气候有哪些帮助。

6. 根据如图1-76所示的地层剖面形态,标出井剖面的倾角矢量示意图及其颜色模式。

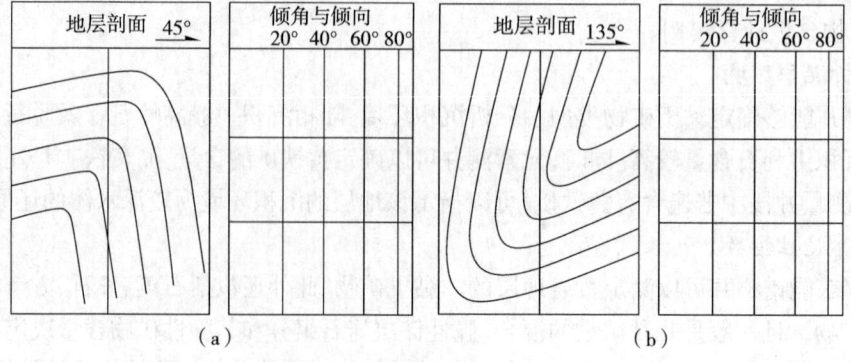

图1-76

7. 试思考核磁共振测井判识流体类型方法中差谱法和移谱法的适用条件,理解差谱法和移谱法识别流体类型的原理,并绘制示意图。

8. 简述电成像测井(FMI)的目的、特点及相对于常规测井的优势和缺点。成像测井系统有哪些?

9. 为什么电成像测井可以用来分析地层裂缝特征?分析图1-77中三张FMI图像中是否存在裂缝。如果有,分别是什么裂缝?给出解释依据。

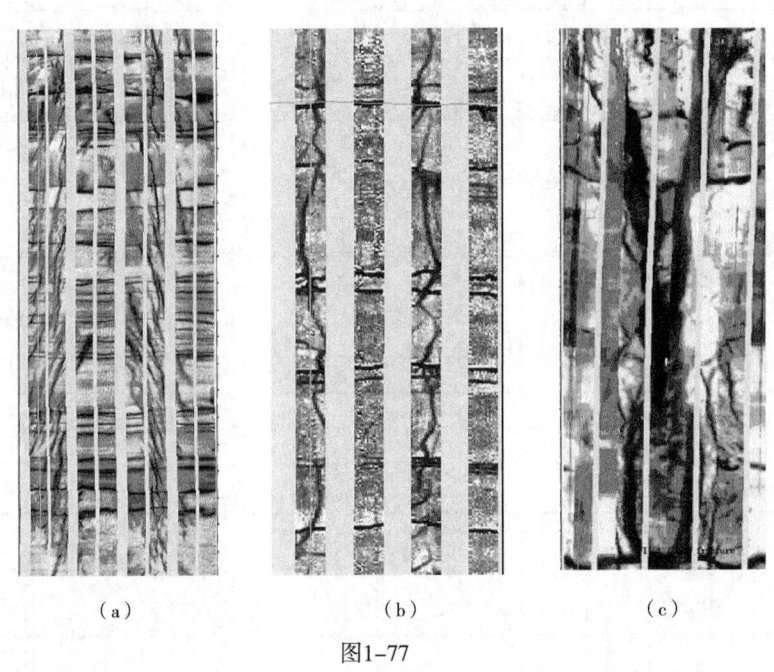

图1-77

10. 分别解释图1-78中3张FMI图像的地质现象,并给出解释依据。

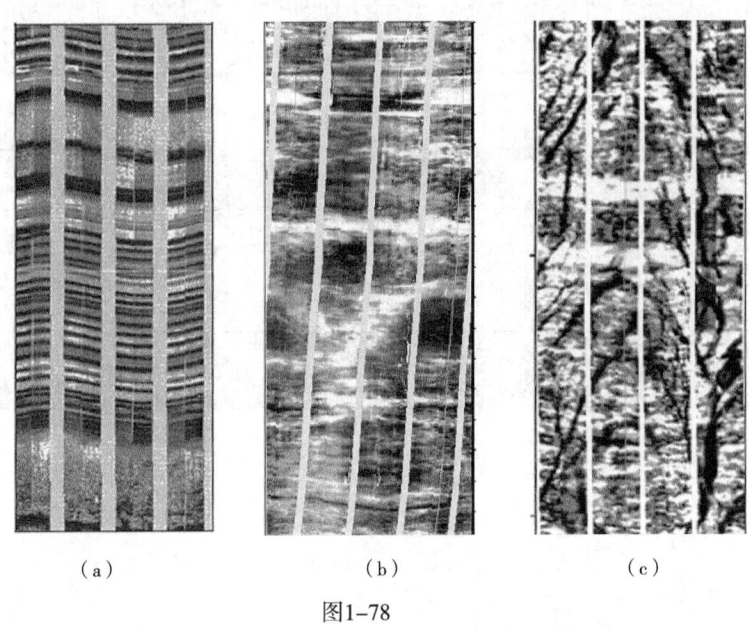

图1-78

11. 已知图1-79中2、3、4、6、10、11层段的岩性分别为白云岩、石灰岩、膏质白云岩、云质石膏、泥质白云岩和泥岩，试解释1、5、7、8、9的岩性并说明依据。

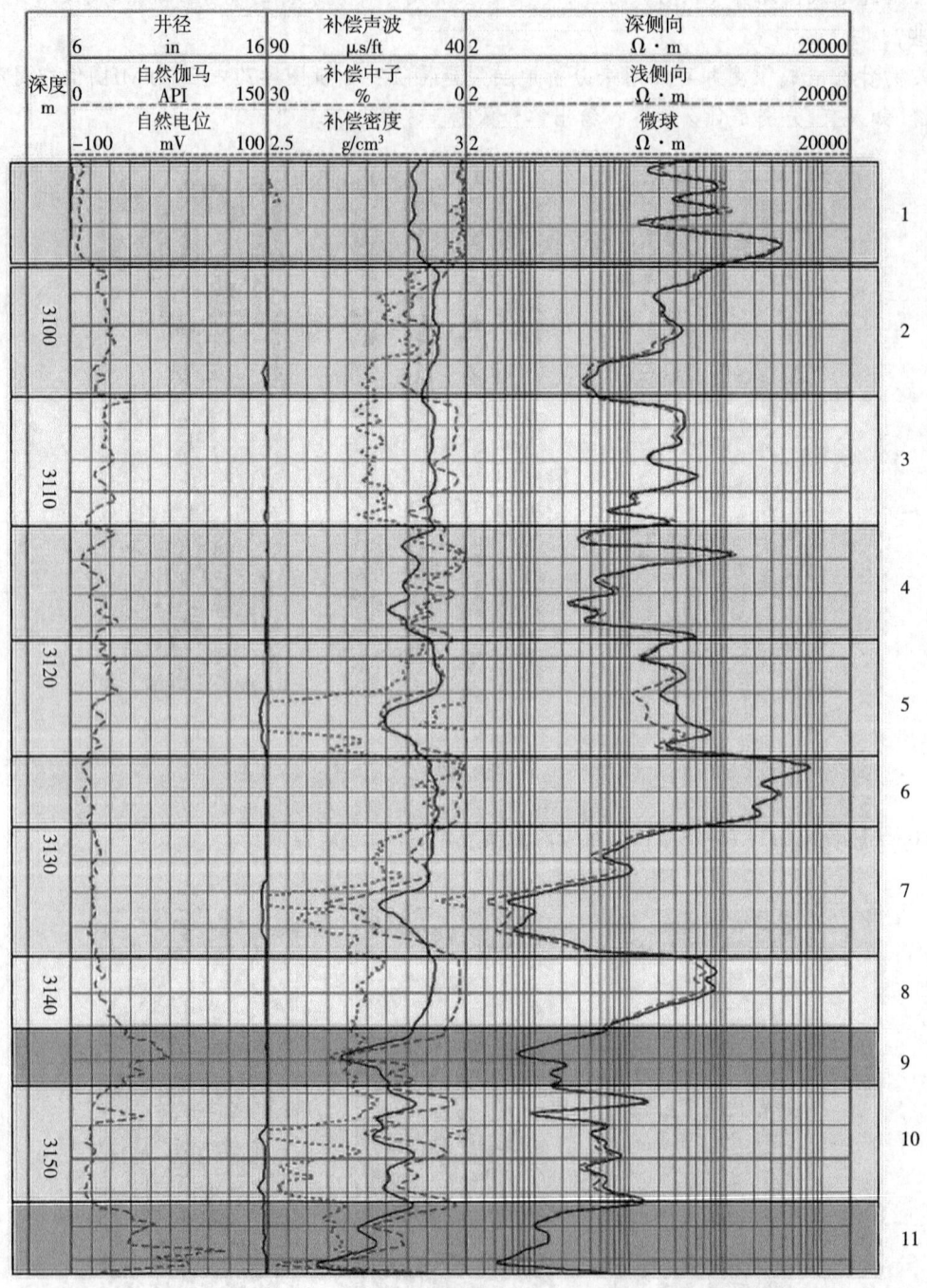

图1-79

第二章　测井层序地层分析

随着人们对盆地认识的深化以及地球物理技术的长足进展，知识的量变必然导致科学的革命（质变），层序地层学以其强大的生命力在全世界得到迅速发展就是最好的印证（顾家裕，1995）。作为一种成功的全球性理论，自20世纪80年代末期诞生以来，层序地层学取得了突飞猛进的发展，并且广泛应用于油气田勘探与开发的工作中。层序地层学以全球海平面的变化为基础，综合利用露头、岩心、测井和地震资料，结合沉积学解释，提供了一种更为精确的以不整合面或与之可对比的整合面为界的地质时代对比、岩相古地理再造和钻前预测生储盖层的方法，特别是从四维时空关系上认识地层记录，增强了世界上不同区域、不同年代地层间的对比性，为地层对比提供了新的手段。

第一节　概　述

一、层序地层学的形成和发展

层序地层学作为地层学的一门新兴分支学科，是在20世纪70年代地震地层学的基础上发展起来的，其发展历史大体可划分为三个阶段：概念萌芽阶段、孕育阶段和理论系统化阶段。

①概念萌芽阶段（1948—1977），即层序概念建立阶段。该阶段主要建立了层序地层学赖以发展的地质基础，包括以生物地层学、岩石地层学、年代地层学及动力地貌学为依据建立的一些层序。Chamberlin于1909年发表文章，论述了地壳运动控制了世界范围内的海平面变化，被认为是当代层序地层学的先驱。L.L.Sloss、Krumbein和Dapples于1948年在同一次学术会议上提出了地层层序的概念，即"层序是以主要区域不整合为边界的地层集合体"，开始了以层序作为地层单元来研究地层特征的新阶段。L.L.Sloss等将层序定义为"比群、大群或超群更高一级的单元，在一个大陆的大部分地区可以追踪，并且以区域的不整合面为界"。

②孕育阶段（1977—1988），即地震地层学的形成和发展阶段。该阶段以P.R.Vail等提出地震地层学概念体系及《地震地层学》的出版为标志。它是随着高分辨率地震勘探和处理技术的发展而诞生的。地震地层学提出了全球海平面变化具有相对一致性、海平面变化控制层序发育的观点，是利用地震资料对地下地层和沉积现象进行解释的学科，认为由于岩层中产生地震反射的物性界面主要是具有速度—密度差异层面和不整合面，所以可将这类界面作为划分年代地层单位的主要依据。该阶段，人们已能在盆地规模上应用地震资料及钻井、测井资料预测和确定盆地地层结构、沉积相类型和区域分布，其影响已波及全世界，但尚不能适应油气藏规模上的分析预测工作。

③理论系统化阶段（1988年至今），即层序地层学综合发展阶段。该阶段以C.K.Wilgus等编著的《海平面变化综合分析》（1993年中译本更名为《层序地层学原理》）、J.B.Sangree和

P.R.Vail编著的《应用层序地层学》(1989年出版)等文献发表为标志。Vail等在吸取其他地质学家建议的同时,进行了大量露头、测井、海洋地质和地震资料的综合研究,利用层序地层、磁性地层、年代地层以及生物地层中所反映的海平面变化和同位素年龄等大量资料,编制了中生代以来的年代地层和海平面旋回曲线图,厘定了不整合面、海平面变化的概念,并强调地震剖面、测井和地面露头的综合研究是识别海平面变化的重要手段。《层序地层学原理》和《应用层序地层学》以全球性海平面变化为主导因素,系统、全面地阐明了层序地层学的基本理论、关键性术语的定义、解释程序和工作步骤,建立了一套层序地层概念体系以及在等时地层格架下不同沉积背景下的层序地层和地层叠置样式。这个时期已可直接运用测井、岩心、露头资料单独或综合进行层序分析,既可服务于勘探,也可在油藏规模上进行分析和预测工作。

20世纪90年代以来,层序地层学进入了理论研究和生产应用全面发展时期。在理论上出现了诸如高分辨率层序地层学(以T.A.Cross为代表)、成因地层学(以W.E.Galloway为代表)、旋回地层学(以Johnson为代表)等学派。在实践中,层序地层学不但研究海相沉积,也大步迈向非海相沉积,同时开始深入到油气勘探开发的各个阶段和层次,成为油气勘探开发各个阶段不可缺少的内容。

二、层序地层学的特点

层序地层学的诞生和发展之所以获得如此高的评价,主要在于其科学性、先进性、预测性和定量性,具体包括如下五个方面的原因(顾家裕,1995):

① 层序地层学把地球作为一个整体,研究其演化历史,进一步完善层序的成因机制,强调地层层序的形成受控于全球海平面升降、构造沉降、气候和沉积物供给等因素,并表现出不同的级别、规模和不同的时间间隔,因而受到了地学工作者的重视和支持。

② 首次提出了全球统一的成因地层划分方案(成因地层年表)。层序地层学通过对控制地层形态的构造沉降、全球海平面升降、气候和沉积物供应的综合分析,提出了海平面(或基准面)变化控制层序形成与发育的概念,确定了层序内部和层序之间的成因联系,将地层学推向了具有完整系统的理性阶段。

③ 层序地层单元的界面具有物理性界面和生物界面的双重意义,清除了地层学中长期存在的年代地层、岩石地层和生物地层单位三重命名的混乱现象,为地层划分与对比提供一个全球统一的地层学概念,不仅避免了单一方法的局限性和片面性,而且使层序划分和层序内部特征的描述更为精细、准确。

④ 建立了地层分布模式,提高了地学工作者的预测能力。层序是以不整合面或与之相对应的整合面为边界的、成因上有联系的一套地层。这套地层是在一个海平面变化周期中形成的,常包括低水位体系域、海进体系域、高水位体系域,每个体系域在每个层序中都有一定的几何形态和展布方式,具备三维空间的立体概念,从而提高了地层工作者的预测能力,包括对尚未钻探地层的年代、体系域的展布方向和范围、可能的岩相及其分布的理论预测,也包括对有利生储盖分布、钻前油藏类型和油层质量等实际预测,以期提高油气采收率等。

⑤ 将偏定性的地球科学研究推向定量化。层序地层学研究成果使人们能够更充分地了解地层的时空分布,进而可依据地震勘探技术和计算机技术来定量化模拟层序地层的充填过程,使人们能够较定量化地了解完整的油气勘探开发过程,包括地层划分、相带分布、古地理恢复、构造发育史、成藏史、油藏开发效果监测等。

层序地层学的诞生和发展受益于地震地层学、生物地层学、年代地层学和沉积学的发展，但是岩性地层学无益于层序地层学的发展——岩性地层学常是相似岩性进行地层对比，因而常是穿时的、不具等时意义（图2-1）。

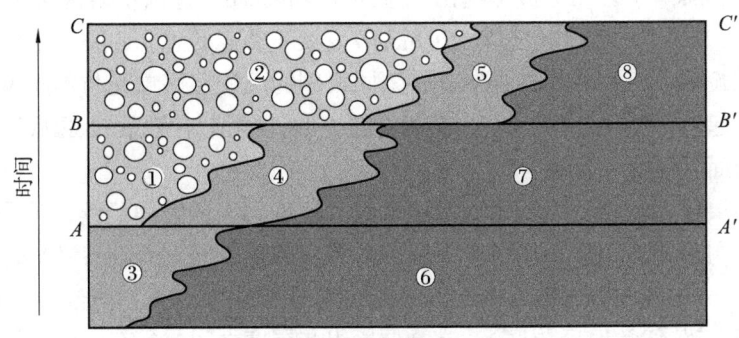

图2-1　层序地层学与岩性地层学地层对比的差异

具有地质年代意义的对比线 AA'、BB'、CC'，岩性对比将会把相同岩性的砾岩①②、砂岩③④⑤、泥岩⑥⑦⑧对比起来

层序地层学与传统地层学的区别主要体现在三个方面：其一，传统的地层划分仅仅应用地质类信息，而层序地层学充分应用地质、地球物理、地球化学等资料；其二，传统的地层划分中没有考虑地层的沉积成因，因此很难将一个地层单位与油气藏的形成、有利成藏区带预测相联系，而层序地层学不仅考虑了地层的成因，而且考虑了各环境沉积地层之间的关系，有利于油气藏的形成、有利成藏区带的预测；第三，传统的地层划分中，无论是生物地层还是岩石地层常常是穿时的，而层序地层学依据界面划分的层序基本是等时的。

三、测井资料在层序地层研究中的作用基础

目前对层序地层学的研究一方面依赖于地震资料，运用地震方法识别层序界面被认为具有等时性意义；另一方面，层序地层学正朝着高分辨率方向发展。地震资料的分辨率低，难以满足实际需要。测井信息的分辨率远高于地震资料的分辨率，因此运用测井资料进行高分辨率层序地层研究已经成为必然。具体而言，测井资料在层序地层学研究中的优点主要表现在如下几个方面：

① 测井资料在纵向上有极高的分辨率。如微电极、双侧向—微球形聚焦等测井资料可划分薄层。特别是高分辨率地层倾角资料可用于研究地层产状和宏观沉积特征、构造特征，分析不整合等。成像测井有更高的分辨率，可分析沉积属性，如方位电阻率成像测井垂向分辨率至20cm；全井眼地层微电阻率扫描成像在研究岩层层理、岩石结构等方面有较大优势，纵向分辨率可达0.2in（5mm）。

② 测井资料的引入使得地层纵向划分和横向对比定量化。在纵向上，使用测井资料可以连续、高精度、定量地开展全井段地层分析，反映不同尺度下垂向地层的叠置型式；在横向上，根据测井曲线的定量化信息，有利于开展横向地层追踪与对比，分析地层侧积过程、剖面形态等。

③ 通过岩心刻度测井、测井标定地震剖面，分析地质体形态特征，建立二维、三维地质体模型，提取地质体三维数字信息。

④ 选择具有不同探测深度、不同岩石组分敏感性的测井曲线或曲线组合，建立相应的曲线形态知识库，有助于分析沉积环境和沉积层序。

第二节 层序地层单元及其测井特征

前已述及，Sloss等（1948）最早提出"层序（sequence）是以主要区域不整合为边界的地层集合体"。1977年，P.R.Vail、R.M.Mitchum等发展了Sloss的思想，强调全球海平面升降变化对海相盆地的旋回和沉积作用的控制，将不同级别的沉积层序单元与不同级别的全球海平面升降旋回联系起来，将层序定义为"一套相对整一的、成因上有联系的、顶底以不整合面或与之相对应的整合面为界的一套地层"。

关于层序地层单元的划分以及不同级别层序（或旋回）的时间延续，不同学者提出的分级方案不同。表2-1可以看出，不同学者划分出的级次数量不同，而且各级次时间延续存在明显分歧。综合对比分析各划分方案可以看出，层序地层单元由小到大一般包括：准层序、准层序组、层序、超层序、超层序组、巨层序等，在准层序组与层序之间，还有体系域。层序地层学的关键思路之一，就是根据沉积空间增长速度与沉积物供给速度的关系分析层序的基本特征。这一思路适合于分析研究中等级别的地层单元，主要包括层序、准层序组和准层序级别的异旋回单元。更大级别的层序地层单元，如超层序、超层序组、巨层序，根据地球动力学条件变化解释比较合理，属于构造地质学的研究任务。更小级别的单元，诸如鲍马序列、河流沉积韵律层、决口扇沉积序列等自旋回单元以及各种层理等，主要根据环境能量变化即可给出合理解释，属于沉积学的研究对象。

表2-1 层序级别划分方案对比

作者	Van Wagoner（1990）	Mitchum等（1991）	Vail等（1991）	Brett等（1990）	王鸿祯等（1998）	旋回级别
层序名称及时限 Ma	巨层序 200				巨层序 500~600	超级
	超层序组 29~30	大层序 200	大层序 >50	大层序 50~60	大层序 60~120	一级
	超层序 9~10	超层序组 29~30	超层序组 27~40	层序 10~30	中层序 30~40	二级
	层序	超层序 9~10	超层序 9~10			
	准层序组	层序 1~2	层序 0.5~5	层序 2~3 亚层序 1~1.5	（正）层序 2~5	三级
	准层序	高频层序 0.1~0.2	准层序 0.05~0.5	准层序组 0.45 准层序 0.1	亚层序 0.1~0.4	四级
	岩层组	五级层序 0.01~0.02	简单层序 0.01~0.05	韵律层 0.02	小层序 0.02~0.04	五级

一、准层序

1. 准层序的概念

准层序是指以海（湖）泛面或与之相对应的界面为边界、一系列相对均一、成因上有联系的岩层或层组组成的地层单元。准层序在层序中有特定的位置，在层序的底部或最顶部，其界面与层序界面重合。

准层序由层组、层、纹层组和纹层组成。陆相沉积的准层序是以沉积间断或小的湖侵面为界的一套地层组。

准层序一般厚约几米至几十米，横向上分布范围一般为数千至数十千米，持续时间范围一般在数百年至数万年，甚至数十万年。

2. 准层序的类型及特征

根据准层序边界的定义可知，所有的准层序应该是一个向上沉积水体不断变浅的序列，因此大多数准层序都是向上粒度变粗的序列（CU型准层序），如三角洲环境、海岸环境、浅滩环境等。而潮坪（潮汐浅滩至潮下）环境、河流环境等，多形成向上粒度变细的序列（FU型准层序）。

1）CU型准层序特征

大部分硅质碎屑岩沉积准层序属于CU型准层序，是一个向上粒度变粗、沉积水体变浅、单砂层厚度加大的沉积序列，即形成于较浅水环境下的较粗粒沉积物不断叠覆于先期较深水环境的较细粒沉积之上。例如形成于砂质、波浪或河流控制海岸的浅滩环境的准层序，自下而上依次发育陆架（SH）的泥岩夹薄层砂岩；下临滨（LSF）至上临滨（USF）的砂泥比增高、砂岩层逐渐增厚的沉积；前滨（FS）的厚层块状砂岩叠置在上临滨和下临滨较薄层粉砂岩之上[图2-2（a）]。再比如形成于砂质的、波浪或河流控制海岸的三角洲环境准层序，自下而上依次发育陆架—前三角洲（PROD）的泥岩夹薄层砂岩；三角洲前缘（DF）的砂泥比增高、砂岩层

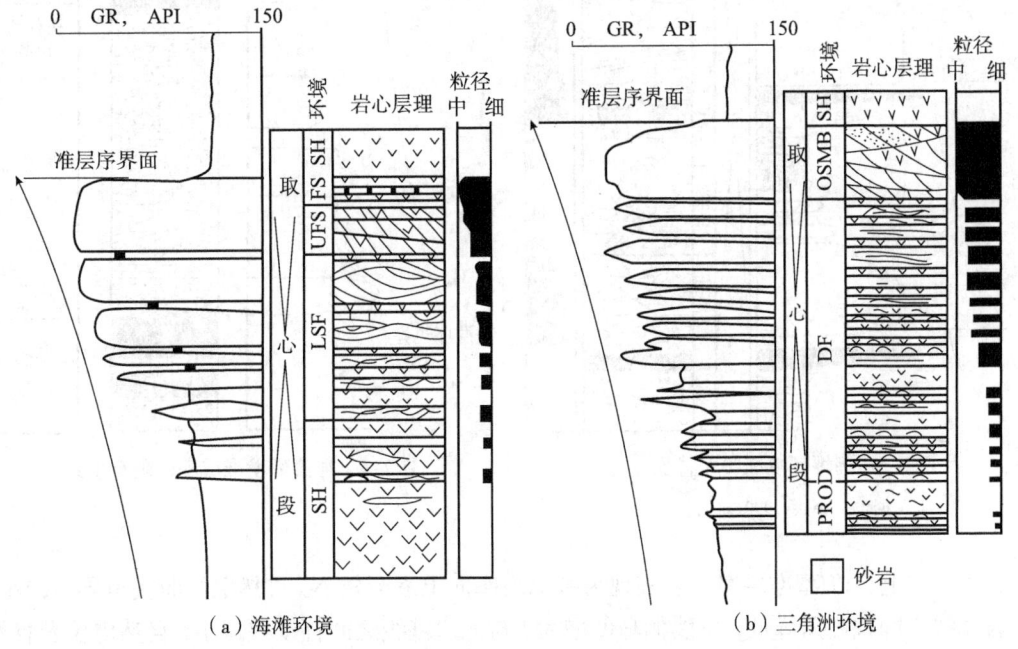

（a）海滩环境　　　　　　　　　（b）三角洲环境

图2-2 CU型准层序特征（据Wagoner等，1990，简化）

逐渐增厚的远沙坝和席状砂沉积;外河口沙坝(OSMB)的厚层块状砂岩叠置在三角洲前缘远沙坝和席状砂薄层粉(细)砂岩之上[图2-2(b)]。

测井响应上,CU型准层序一般表现为视电阻率向上逐渐增大,自然电位曲线负异常增大、与泥岩基线幅度差增大,自然伽马值减小、与泥岩基线幅度差增大,自然电位及自然伽马曲线呈漏斗形轮廓等特征。

2) FU型准层序特征

每一个准层序是一个向上粒度变细、沉积水体变浅、单砂层厚度及砂泥比降低的沉积序列。例如形成于砂质、潮控海岸的潮汐浅滩到潮下环境的准层序,每一个完整的准层序自下而上发育潮下带厚层块状砂岩、潮间带砂泥岩沉积、潮上带的泥坪沉积(泥岩和煤),具体特征见图2-3。河流环境也具有类似特征,随河流平衡剖面(基准面)提升,使得河床底部与河流平衡剖面之间存在较大的可容空间,河流以垂向加积作用为主,使得粗粒物质卸载沉积,以发育有大型槽状交错层理、板状交错层理的含砾砂岩、粗砂岩为主。随着河床底界面向河流平衡剖面靠近时,河流水动力条件减弱,发生横向摆动,以侧向加积沉积为主,使得沉积物粒度变细,以河漫亚相泥质粉砂岩沉积为主(图2-4),其中发育有波状层理。最后,当河床底界面与河流平衡剖面接近时,主要发育沼泽相沉积,以粉砂质泥岩、碳质页岩沉积为主,其中含有较为丰富的植物根化石和炭屑。

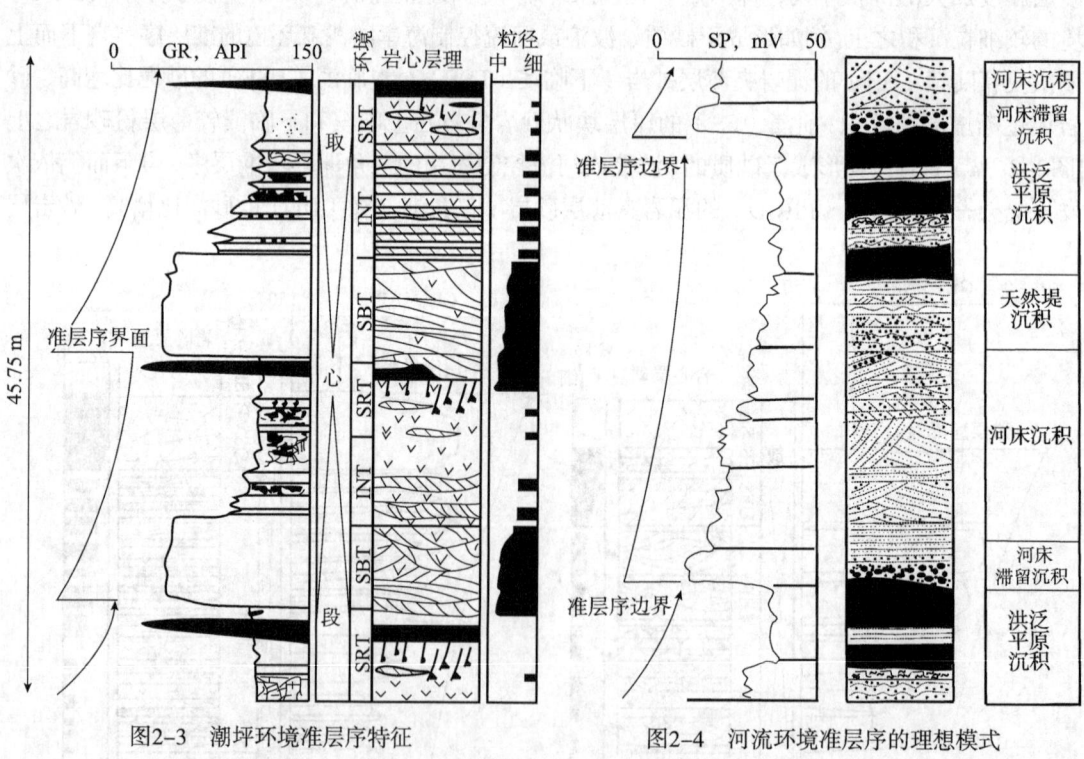

图2-3 潮坪环境准层序特征　　　　图2-4 河流环境准层序的理想模式
(据Wagoner等,1990,简化)

测井响应上,FU型准层序一般表现为视电阻率向上逐渐减小,自然电位曲线负异常减小、与泥岩基线之间幅度差降低,自然伽马值增大、与泥岩基线之间幅度差减小,自然电位及自然伽马曲线呈钟形轮廓等特征。

根据以上分析可以看出，在露头、岩心和测井曲线上均能较容易地划分准层序，并可显示出准层序内的岩性与厚度变化。每一个准层序相当于一个次级水进或水退旋回。通常，向上变粗的序列中，洪泛面之上多为较深水的岩性（如陆架泥质岩），洪泛面之下为较浅水的岩性（如滨面砂岩或海滩砂岩），表明发生过极其短暂的沉积间断；向上变细的序列中，准层序界面的情况与向上变粗的序列恰恰相反，且有时可以见到水进滞留沉积物，但一般小于0.61m，具有在水进期于滨面上发生的对下伏地层侵蚀作用而形成的介壳、介屑、泥岩屑、钙质结核及角砾或砾石。除此之外，地球化学测井和成像测井能够识别海绿石和生物扰动的存在。

二、准层序组

1. 准层序组的概念

准层序组是具有清晰叠加模式的一组有成因联系的准层序序列（Van Wagoner等，1990）。多数情况下，它们以初始海（湖）泛面、最大海（湖）泛面以及可与之对比的面为界。准层序组沉积厚度多为几十米至几百米，平面分布范围可达几千平方千米，持续地质时间为几万至几十万年。在沉积速率和沉降速率较高的地区，一个体系域中常包含几个准层序组。

2. 准层序组的类型及特征

考虑沉积物沉积速率和可容空间变化速率之间的关系，根据准层序垂向堆砌结构特征，可以将准层序组划分成三个典型类型，即退积式、加积式和进积式，具体取决于沉积空间增长速度与沉积物供给速度的比值。

1）退积式准层序组

退积式准层序组是在沉积物沉积速率小于可容空间增长速率的情况下形成；年轻的准层序依次向陆地方向退却。在退积式准层序组中，每个准层序都是进积作用的产物（即颗粒向上逐渐变粗），自下而上，砂岩单层厚度减薄，泥岩厚度加大，砂泥比降低。

在SP曲线上，每个准层序的曲线形态均为漏斗形或漏斗形—箱形，但总体上向上泥岩基线所占比重越来越大。退积式准层序组常是海侵体系域的沉积响应[图2-5、图2-6（a）]。

2）进积式准层序组

沉积物沉积速率大于可容空间增长速率时，形成进积式准层序组。其特点是年轻的准层序向盆地中央方向推进，其中每一个准层序都是一个向上粒度变粗、水体变浅的沉积序列。对于整个进积式准层序组来说，自下而上，时代越新的准层序中所发育的砂岩层厚度越大，泥岩厚度逐渐减薄，砂泥比加大，砂岩层孔隙度越高、电阻率越大，总体上构成一个向上水体变浅的准层序堆砌样式。

在SP曲线的形态上，进积式准层序组常呈现厚层高幅箱形组合、漏斗形特征（图2-5）。每个层序的低位和高位前积楔状体通常是由进积式准层序组构成。

3）加积式准层序组

加积式准层序组是在沉积物沉积速率与可容空间变化速率相同或基本相当的条件下形成的。加积式准层序组中每个准层序均为进积作用的产物，且相邻的准层序之间没有明显的沉积岩相侧向移动。

在整个加积式准层序组垂向序列中，砂、泥岩的沉积厚度和砂泥比没有明显变化，整体构成每个准层序沉积水深基本不变的地层堆砌样式[图2-5、图2-6（b）]，故每个准层序的SP曲线形态具有较好的相似性，通常为高水位体系域早期沉积和陆棚边缘体系域沉积。

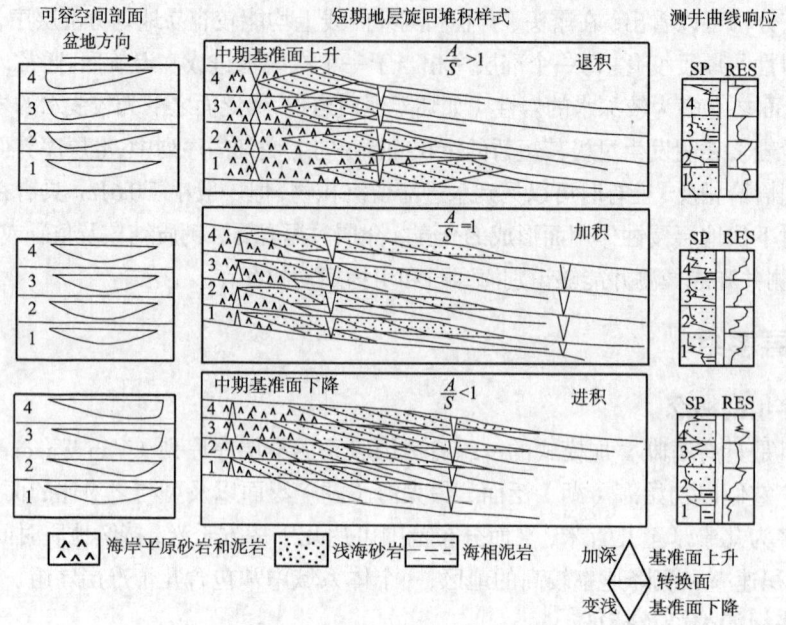

图2-5 准层序组中准层序叠加样式及测井响应
（据Wagoner等，1990）

A—可容空间增长速率；S—沉积物沉积速率

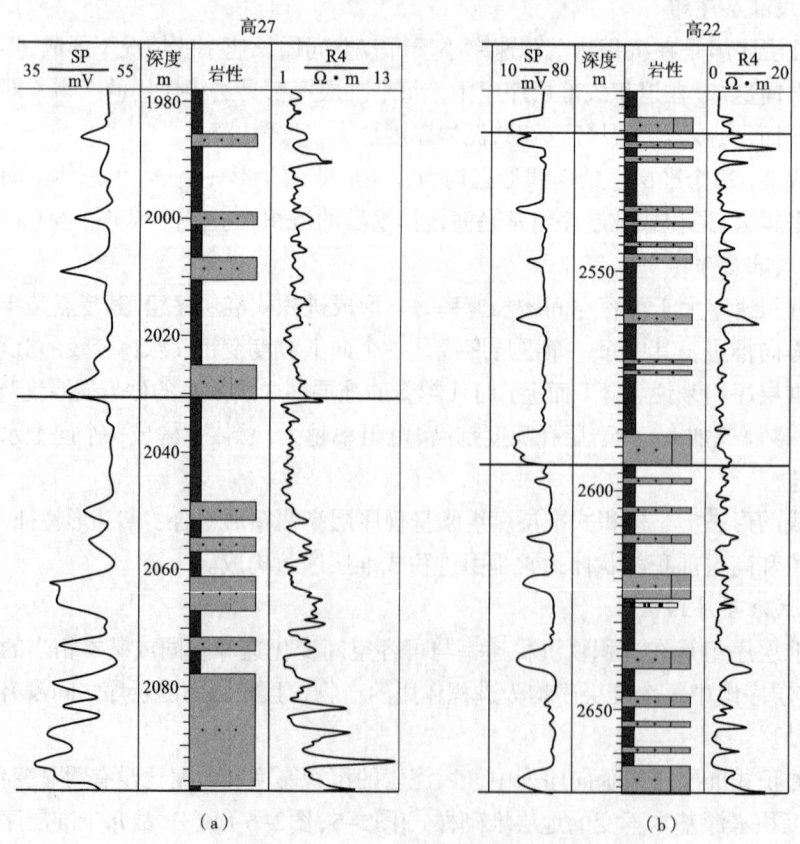

图2-6 不同类型准层序组测井响应特征

三种类型准层序组主要特征见表2-2。

表2-2 准层序组类型及特征

准层序组类型	进积式	退积式	加积式
岩性、岩相 变化特征	自下而上表现出： ①粒度变粗 ②砂泥比增大 ③准层序厚度增大 ④水体深度总体变浅	自下而上表现出： ①粒度变细 ②砂泥比减小 ③准层序厚度变薄 ④水体深度总体变深	自下而上表现出： ①粒度无大变化 ②砂泥比变化不大 ③准层序厚度不变 ④水体深度总体不变
测井曲线特征	自然电位异常幅度及视电阻率值向上逐渐增大	自然电位异常幅度及视电阻率值向上逐渐减小	自然电位异常幅度及视电阻率值变化不大
$\dfrac{沉积物沉积速率}{可容空间增长速率}$	>1	<1	=1

三、层序和体系域

1. 层序

如图2-7所示，层序是一套相对整一、成因上存在联系、顶底以不整合面或与之相对应的整合面为界的地层单元（Mitchum，1977），是层序地层学研究中的基本单元。一个层序可包含若干个不同类型的体系域以及准层序组。

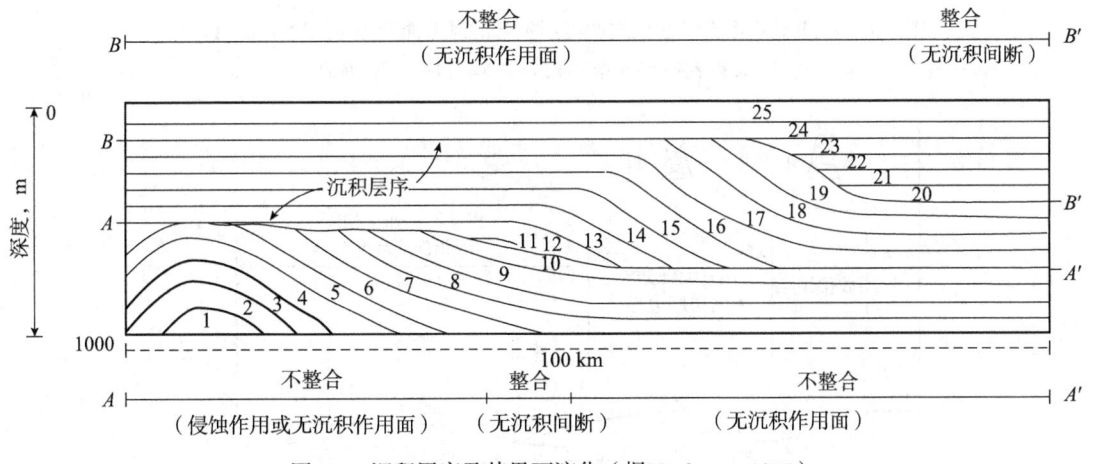

图2-7 沉积层序及其界面演化（据Mitchum，1977）

1）依据层序边界的不整合类型及体系域分类

在地层记录中，依据层序边界不整合类型和层序界面之间地层所组成的体系域，可将层序分为Ⅰ型层序和Ⅱ型层序。Ⅰ型层序底界为Ⅰ型不整合及其与之对应的整合边界为界，顶部为Ⅰ型或Ⅱ型不整合。Ⅱ型层序底界以Ⅱ型不整合及其与之对应的整合边界为界，顶部为Ⅰ型或Ⅱ型不整合。

Ⅰ型层序界面是相对海平面低于陆架边缘、陆架出露水面遭受剥蚀而形成的（图2-8），即Ⅰ型层序界面是在沉积滨线坡折带处由海平面相对下降产生的。Ⅰ型层序界面的主要特征有：河流回春作用、沉积相向盆地方向迁移、海岸上超点向下迁移以及陆上长时间的地表风化及侵蚀作用等。Ⅰ型层序内部的体系域构成主要有低水位、水进、高水位体系域。Ⅰ型层序边界造成非海相辫状河或浅海河口湾等沉积物直接覆盖在较深水下临滨、陆棚沉积物之上，界面之间缺少中等水深的沉积地层（图2-9）。

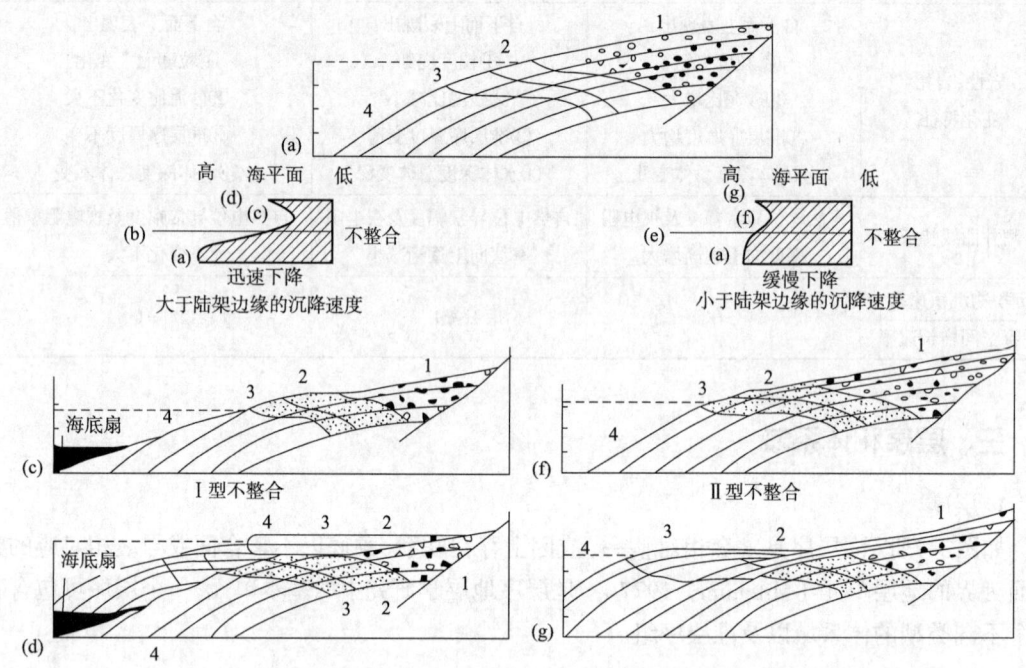

图2-8　Ⅰ、Ⅱ型不整合及造成这两类不整合的海平面升降（据Wilson，1991）
1—冲积平原；2—海岸平原；3—近滨的；4—细粒海相的

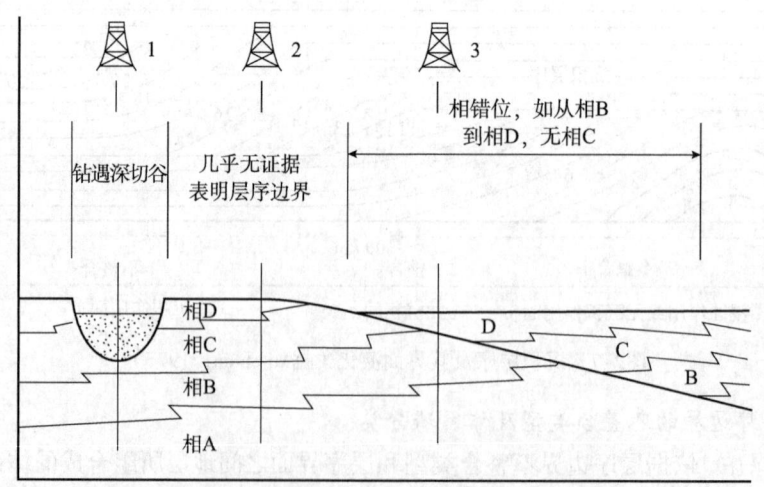

图2-9　型层序边界的相序错位和深切谷（据朱筱敏，2000）

Ⅱ型层序界面是全球海平面下降速度小于沉积滨线坡折带处盆地沉降速度时产生的（图2-8）。因此，该位置没有海平面的相对下降和伴随河流回春作用的陆上侵蚀，也没有沉积相明显向盆地方向的迁移。由此可见，代表Ⅱ型层序界面的Ⅱ型不整合分布范围较小，识别比较困难。Ⅱ型层序内部的体系域构成主要有陆架边缘、水进和高水位体系域。

2）陆相断陷湖盆层序的成因分类

依据层序形成机制,可将陆相断陷湖盆层序分为两大类:构造层序和气候层序(纪友亮等,1998)。

构造层序是指在一期构造活动从开始到结束所控制沉积的一大套有成因联系的地层,其顶、底界面为构造抬升形成的侵蚀面或盆地基底停止沉降所产生的沉积间断面。陆相断坳湖盆中,构造层序主要指的就是由边界断层控制发育的层序。按断裂活动方式的不同,构造层序又可进一步细分为:同生断坳层序、简单断坳层序和多期断坳层序。

同生断坳层序是受同生断裂活动控制发育的一套地层,完整的同生断坳层序具备:低水位体系域LLST、湖泊扩张体系域LEST、湖泊收缩体系域LCST及非湖泊体系域NLST(图2-10),其中,低水位体系域和非湖泊体系域可以不出现。岩性上,底部以粗砂岩、含砾砂岩为主,向上过渡为

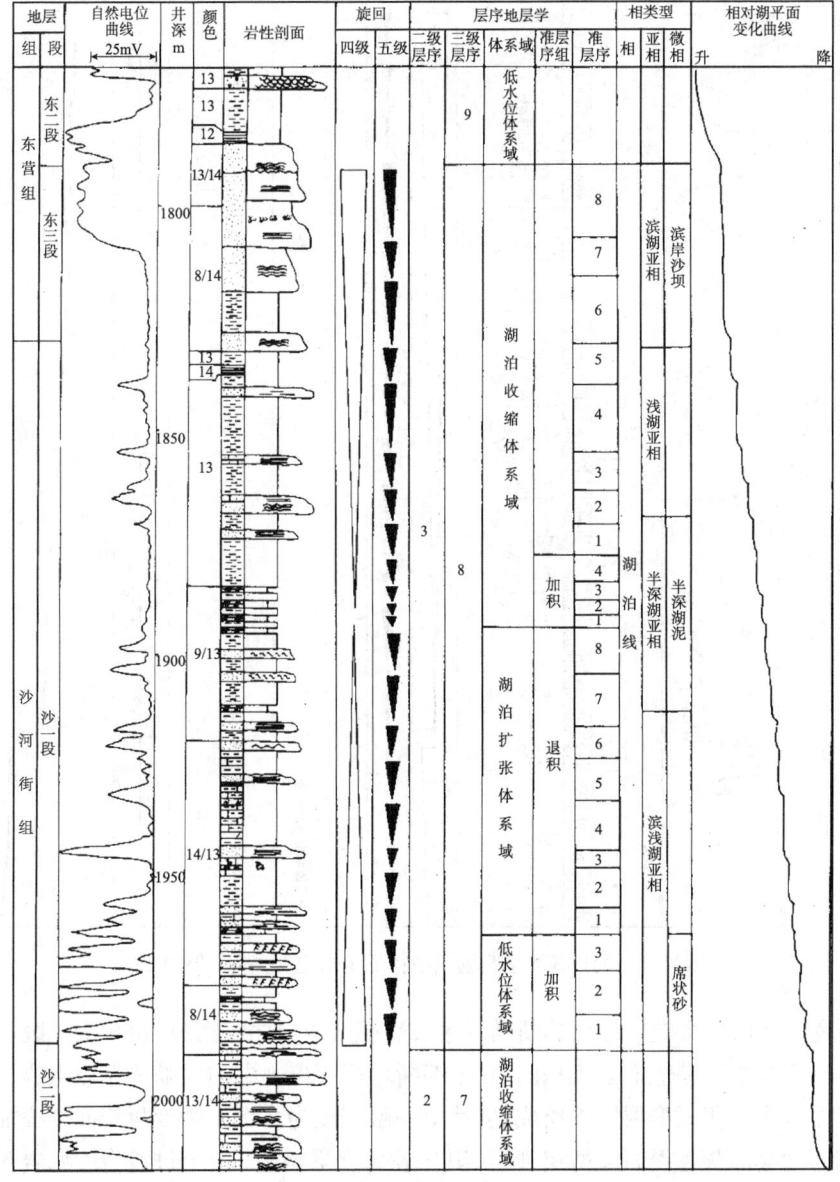

图2-10 通28井同生断坳层序特征(据纪友亮等,1998)

大套泥岩、泥灰岩,夹薄层细砂岩、油页岩,顶部为粗砂岩等粗粒沉积。SP曲线特征为:下部为(齿化)钟形、箱形,中部近于平直,上部为漏斗形或漏斗形—箱形。

简单断坳层序为一次性断层活动所控制的层序,仅发育巨厚的湖泊收缩体系域。岩性上下细上粗,下部以泥灰岩、暗色泥岩为主,夹薄层细砂岩、粉砂岩,具反映安静环境的水平层理;中部为砂泥岩互层,发育波状层理;上部为粗砂岩、中砂岩夹薄层泥岩。SP曲线总体呈漏斗形轮廓(图2-11)。

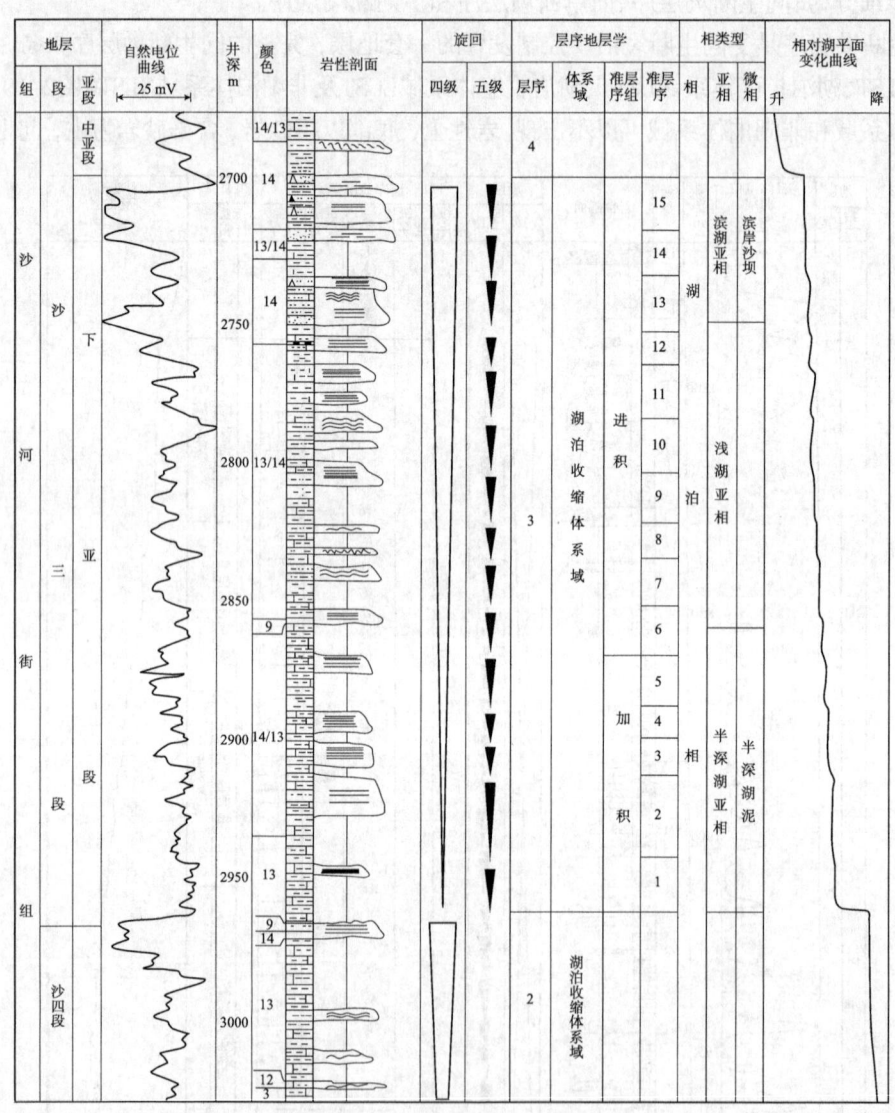

图2-11 樊13井简单断坳层序特征(据纪友亮等,1998)

多期断坳层序由多个次一级简单断坳层序或进积式准层序组组成,每个次一级层序间呈整合接触,或只存在小范围短期的沉积间断。多期断坳层序仅由湖泊收缩体系域组成,湖泊收缩体系域可以由多个进积式准层序组组成。岩性上一般表现为多个由细变粗旋回的叠加,每个岩性旋回下部为大套深灰色泥岩夹薄层砂岩,其中发育变形构造,向上过渡为砂泥岩互层和粗砂岩夹薄层泥岩。SP曲线为多个小漏斗形或齿化漏斗形叠加。

气候层序是在构造层序内部受气候变化影响所形成的层序。它与海相层序很相似,受湖平面周期性变化控制,体系域类型包括:低水位体系域、扩张体系域、高水位体系域、收缩体系域。由于气候层序较薄,在地震剖面上不易识别,其识别主要依靠井资料完成。

气候层序的底部、顶部皆为粗砂岩、含砾砂岩,具反映强水动力条件的大型槽状交错层理、板状交错层理;中部细粒组分增多,以灰色泥岩、碳质泥岩夹薄层粉砂岩、细砂岩为主。SP曲线齿化严重,下部呈钟形轮廓,上部漏斗形轮廓(图2-12)。

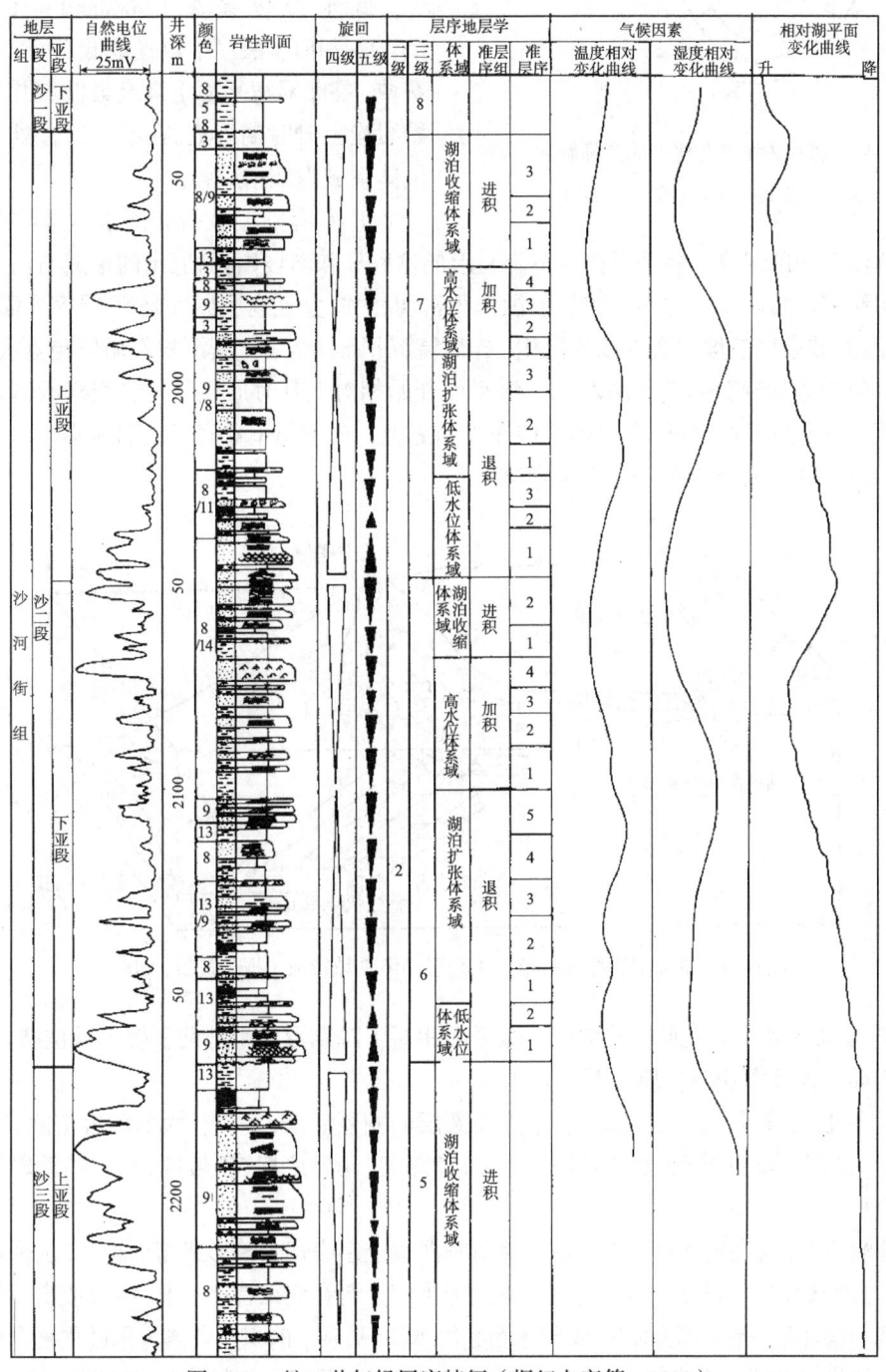

图2-12　坨21井气候层序特征(据纪友亮等,1998)

2. 体系域

沉积体系域是指具有成因联系的、一系列同期沉积体系的三维沉积单元或集合体。在一个海平面升降旋回中，在旋回的不同阶段发育了不同的体系域（图2-13）。

1）低水位体系域

低水位体系域（lowstand systems tract, LST），是指I型层序中位置最低、沉积最老的体系域，在相对海平面下降至最低点并且随后开始缓慢上升时期形成。在不同的背景下，低水位体系域内部构成各异。

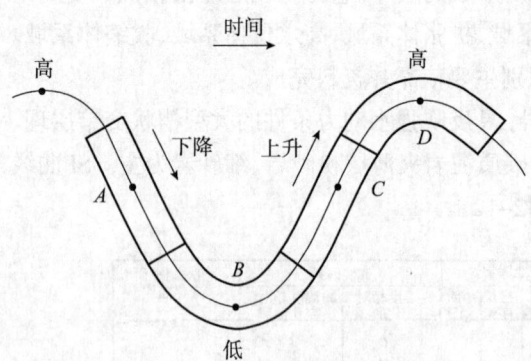

图2-13 沉积体系域与海平面升降旋回的关系（据Posamentier等，1988）

① 具有陆棚坡折和深水盆地的沉积背景中低水位体系域的组成：海平面相对下降时形成盆底扇和斜坡扇。盆底扇的形成与河谷进入陆架的下切作用和海底峡谷进入陆坡的侵蚀作用密切相关，盆底扇底界面是I型层序界面，其顶面是下超面。斜坡扇以陆坡中底部浊流沉积、碎屑流沉积等为特征，其沉积作用可与盆底扇同期，或与低水位楔早期部分同期（图2-14）。海平面开始相对上升时形成低位前积楔状体及河流深切谷充填物。低位前积楔状体常上超于层序界面之上，或下超于盆底扇或陆坡扇之上，其顶界面是低水位体系域的顶界面——初次海泛面。

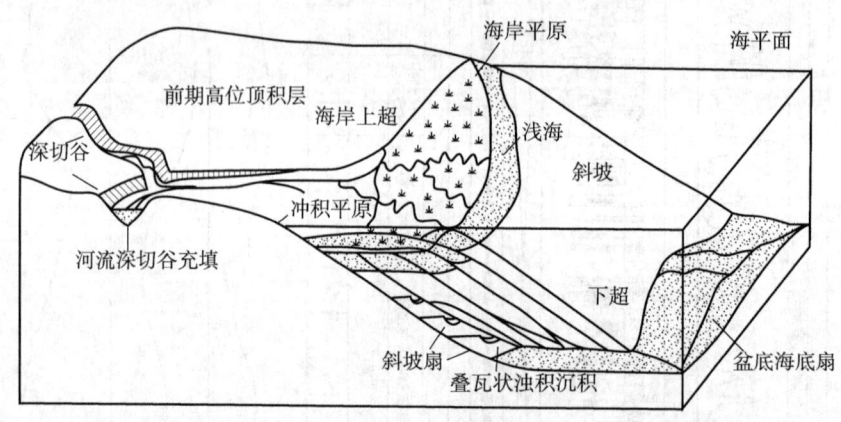

图2-14 具陆架边缘坡折带的I型层序体系域特征（据朱筱敏，2000）

② 斜坡构造背景下低水位域构成：海平面相对下降期形成下部前积楔（低位楔），上升期形成上部前积楔及深切谷充填（图2-15）。

③ 生长断层背景下的低位域：由于生长断层的剧烈活动，提供较大的可容空间，在快速充填作用下，断层下降盘沉积厚度明显大于上升盘厚度，由盆底扇、斜坡扇、互层砂泥岩加厚层和深切谷组成。

电性响应上，盆底扇在自然电位或自然伽马曲线上多表现为箱形或箱形轮廓，反映粗碎屑的快速、厚层块状堆积；斜坡扇整体呈现自下而上由细变粗在变细特征，自然电位或自然伽马曲线上多表现为漏斗形—钟形轮廓，中部单层厚度大，幅度明显；前积复合体（称进积复合体）自然电位或自然伽马曲线上多表现漏斗形—箱形组合。三类主要沉积体测井响应见图2-16。

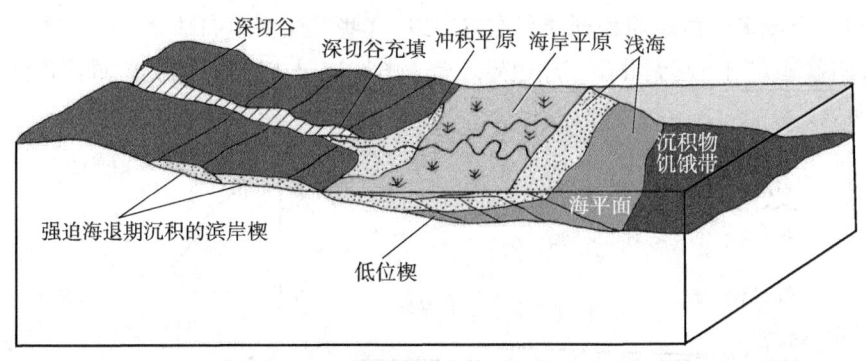

图2-15 具缓坡边缘的Ⅰ型层序低位体系域特征（据朱筱敏，2000）

2）海侵体系域

海侵体系域（transgressive systems tract，TST）是Ⅰ型和Ⅱ型层序中部的体系域。是在全球海平面迅速上升和构造沉降共同产生的海平面相对上升时期形成的。该时期海水不断向陆地浸侵，可容空间体积的增加超过沉积物的供给速率，以一个或多个退积式准层序组为特征。活跃的沉积作用主要发生在河流、滨海平原和宽广的陆棚沉积体系中。在此体系域中，沉积物供给不足，因此各类越岸沉积、潟湖、沼泽和湖泊广布，沉积物中一般含煤。该体系域顶部沉积物以沉积速率慢、分布广、沉积物颗粒细、富含有机质为特征，特别是在远离陆地区域向海一侧，逐渐过渡为凝缩段。

3）高水位体系域

高水位体系域（highstand systems tract，HST）是Ⅰ型和Ⅱ型层序上部的体系域，在最大海进期之后至海平面再次下降到陆架坡折之下期间（海平面由相对上升转为相对下降时期）形成。此时沉积物供给速率常大于可容空间增加的速率，因而形成了一个或多个向盆内进积的准层序组。HST的主要沉积体系类型和TST相似，主要发育向上变细的三角洲体系，但河流作用更明显，晚期近陆部位出现曲流河体系，河道砂发育，潮汐影响变小，潟湖和煤系地层不太发育。

高水位体系域顶部以Ⅰ型或Ⅱ型层序界面为界，底部以下超面为界。测井响应见图2-17。

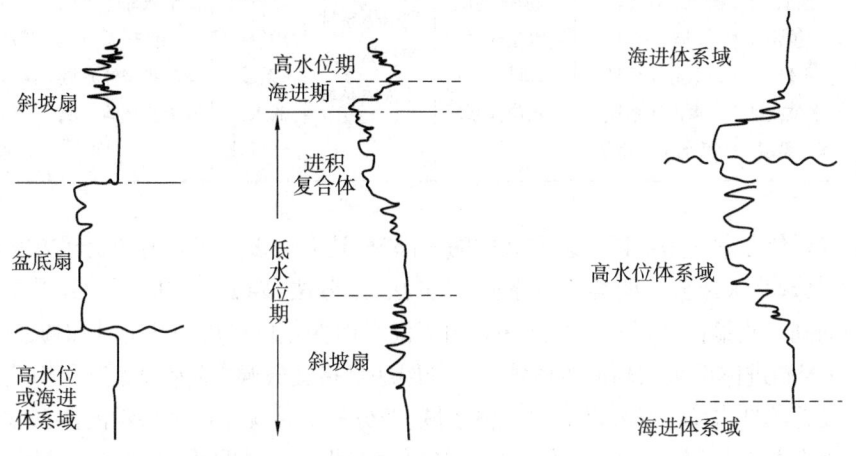

图2-16 低水位体系域三类沉积体测井响应　　图2-17 高水位体系域测井响应

4）陆架边缘体系域

陆架边缘体系域（shelf margin systems tract，SMST）是与Ⅱ型层序伴生的下部体系域，其特征为存在一个或多个微弱前积到加积准层序组。这些准层序组向陆地方向上超到Ⅱ型层序边界之上,向盆地方向下超到Ⅱ型层序边界之上(图2-18)。SMST顶界是构成海进体系域底界面的海进面。

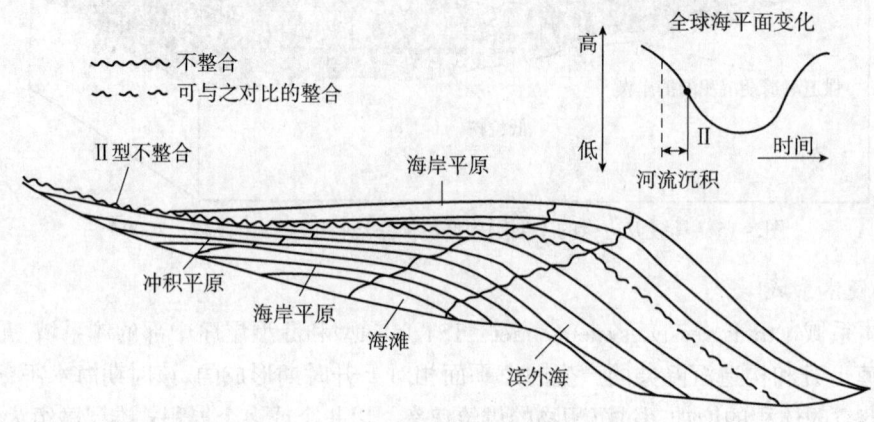

图2-18　Ⅱ型不整合(据Posamentier等,1988)

由以上分析可知,体系域的边界可以是层序边界、最大海泛面和首次海泛面。体系域类型可以通过地震反射终止关系,以及沉积相的组合关系序列、体系域内部几何形态来识别。同时,体系域是进行有利地层预测的基本作图单元。

我国陆相湖盆分布广泛,且油气资源绝大部分产于陆相盆地,因而自层序地层学理论引进后就被广泛应用于陆相含油气盆地的研究,并且取得了一系列重要的研究成果。其中,对于陆相盆地内层序的体系域构成,不同学者提出了不同的观点(表2-3)。

表2-3　陆相层序体系域划分

纪有亮等	李思田	池英柳等	王存志	程日辉等	李文厚	郭少斌等	郑荣才
湖泊收缩体系域 高水位体系域 湖泊扩张体系域 低水位体系域	湖泊收缩体系域 湖泊扩张体系域 低水位或冲积体系域	河流泛滥平原沉积体系域(河流体系域) 水退体系域 水进体系域 低水位体系域	水退体系域 高水位体系域 水进体系域 低水位体系域	湖退体系域 湖泛体系域 湖进体系域	高水位体系域 湖侵体系域 低水位体系域	湖泊收缩体系域 湖泛体系域 湖泊扩张体系域 湖泊充填体系域	高水位体系域 湖泛体系域 湖进体系域 低水位体系域

上述体系域划分方案只是我国众多方案中的一部分,还有许多学者持有与上述方案相似或相异的见解,概括起来大致分为四类:一分法、二分法、三分法、四分法。其中,一分层序为一次性断层所控制的湖泊收缩体系域;二分层序是由于湖平面变化仅经历快速上升和快速/持续下降两个阶段,发育湖进体系域和湖退体系域;三分层序是指受气候、海平面上升及构造运动多重因素控制下发育的低水位、湖侵和高水位体系域。四分法与传统层序地层学内体系域三分法不一致,占主导地位,包括是完整或近似完整的湖平面变化(正弦曲线,图2-19)过程中形成的四个体系域:湖平面低位且相对稳定的低水位体系域、湖平面快速上升阶段形成的湖侵体系域、湖平面高位且相对稳定背景下发育的高水位体系域、湖平面快速下降阶段形成的湖退体系域(图2-20)。

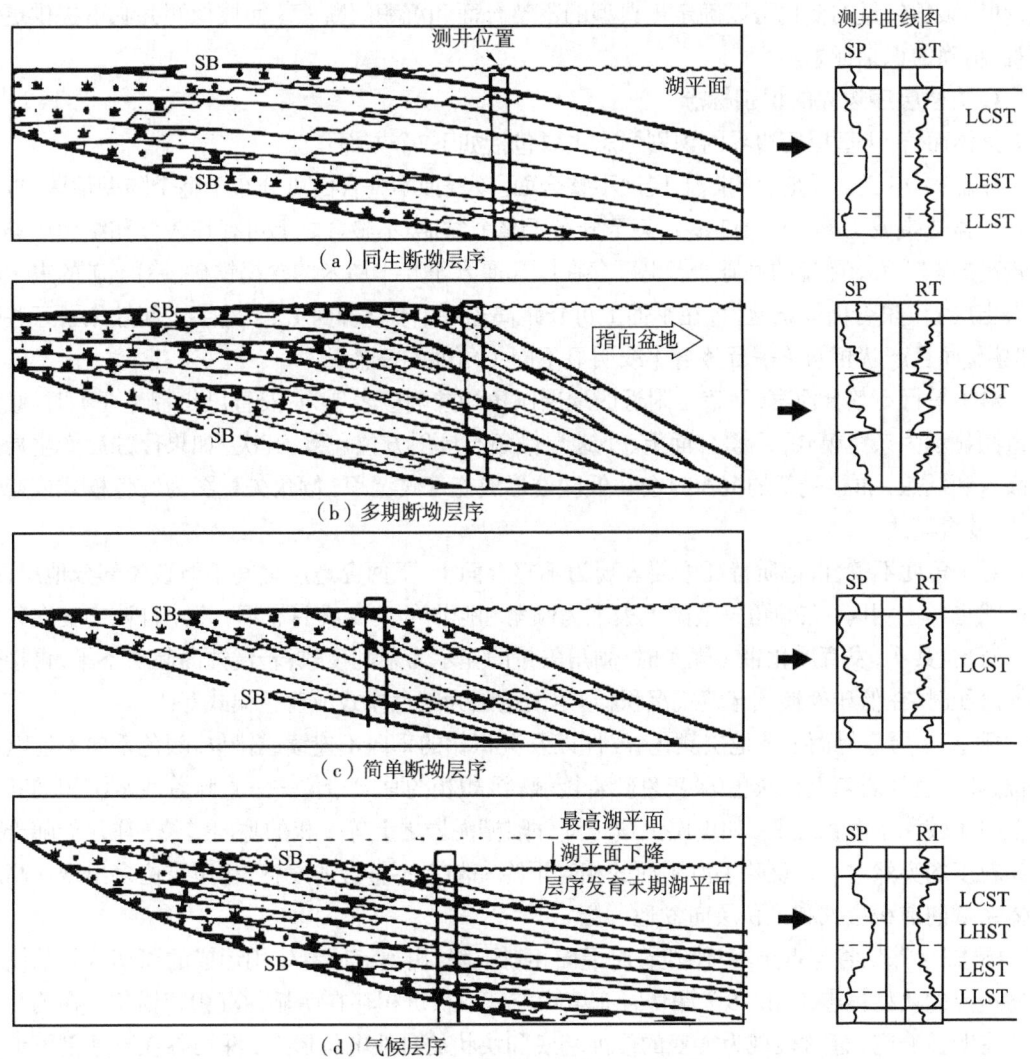

图2-19 湖平面变化与体系域类型关系图

图2-20 不同类型层序的准层序特征及电性响应（据纪有亮，1998，有修改）

LLST—湖泊低水位体系域；LEST—湖泊扩张体系域；LHST—湖泊高水位体系域；LCST—湖泊收缩体系域

第三节 层序地层界面特征及识别

层序地层分析的关键在于识别不同级别层序界面。测井资料作为层序地层学研究的重要基础资料之一，在层序地层界面识别中具有非常重要的作用。利用测井信息能够识别具有等时地层格架特征的不整合面、海泛面与侵蚀面。

一、三级层序边界及其识别

首先，层序界面类型十分复杂，在海、陆相盆地中，层序界面特征存在较大差异，对应不同的测井响应。以海相盆地为例，层序边界主要是大面积暴露的陆棚、深切谷、侵蚀作用面，海岸上超点向下迁移，相带向盆地方向大幅度迁移。其中，在单井中识别层序边界的标志主要有侵蚀面、土壤层（根土层）、深切谷、补给水道和深水浊积等海底侵蚀；在长相关对比的倾角矢量图上，利用倾角矢量的变化可以确定出典型的不整合面和沉积间断面；而成像测井则可提供更为直观、精确的识别标志。

1. Ⅰ型层序边界的识别标志

具体而言，Ⅰ型层序边界的识别标志主要包括如下7个方面：

标志1：广泛出露地表的陆上侵蚀不整合面。该侵蚀不整合面可分布于整个陆棚地区，也可分布于盆地缓坡（图2-8、图2-9），甚至分布于整个盆地。不整合之上可存在成分和结构成熟度均较高的、厚几十厘米的底砾岩，也可存在厚几厘米至几十厘米的含褐铁矿、铝土矿的古土壤和根土层；不整合面波状起伏，在平面上可长距离追踪；不整合面上、下地层之间缺失了某些时代地层，而且产状相同（平行整合）或明显不同（角度不整合）。

对于平行不整合而言，不整合附近的地层倾角测井响应表现为：发育风化带（壳）时，倾角矢量图显示为杂乱模式，不整合面上、下地层倾角与倾斜方位一致。其次，如果侵蚀后产生局部的高点和低点，再接受新的沉积时会在低洼处形成充填式沉积，倾角矢量图为红色模式或蓝色模式、复合模式。

对于角度不整合，地质特征主要表现为不整合面上、下两套地层之间不但缺失部分地层，而且产状也各不相同，在倾角矢量图上表现为倾角和倾向的突变或明显不一致，且该突变在区域上可对比。其次，发育风化带（壳）时，倾角矢量图显示为杂乱模式；若侵蚀面起伏不平，再接受新的沉积时，在低洼处形成充填式沉积，倾角矢量图为红色模式或蓝色模式等。

标志2：层序界面上下地层颜色、岩性以及沉积相的垂向不连续或错位。颜色垂向不连续或错位，如杂色泥岩与上覆灰色/深灰色砂岩接触；沉积相的垂向错位——意味着浅水沉积间断性地上覆于较深水沉积之上，如煤层上覆于滨外陆棚泥岩之上等；相的垂向错位，往往伴随着沉积物粒度的突然增大，反映了海平面的相对下降和陆上不整合的发育。相序错位多出现在高水位体系域的前积层处和顶积层向盆地一侧。

标志3：深切谷与古土壤。伴随着海平面相对下降，由河流回春作用形成的深切谷是陆棚区层序边界的典型标志（图2-9）。深切谷充填物与其下伏沉积存在明显的沉积相错位，在测井曲线上有明显响应，通常表现为突变的侵蚀基底和块状的自然电位形态，深切谷在连井剖面上可以更容易且准确地进行识别。若侵蚀到陆棚区的河流规模小或河流数量少，则深切谷充填物砂岩不太发育，而河间古土壤层较发育。若侵蚀到陆棚区的河流规模大或河流数量多，则深切谷充填物砂岩分布广泛,河间古土壤或根土层不太发育。这里需要特别注意深切谷与三角洲分支河道在河道分布及规模、截切厚度与水深关系、陆上暴露标志以及沉积相组合等方面表现出的差异,准确识别深切谷并确定I型层序边界。

标志4:相对海(湖)平面明显下降,造成层序界面处的古生物化石断带或绝灭。

标志5:在岩性和地层产状突变的层序界面处,测井曲线有良好的层序界面响应。如RT、GR和SP曲线、地层倾角矢量图以及成像测井特征都会发生曲线形态、异常幅度、测量值等方面的明显变化(图2-21)。

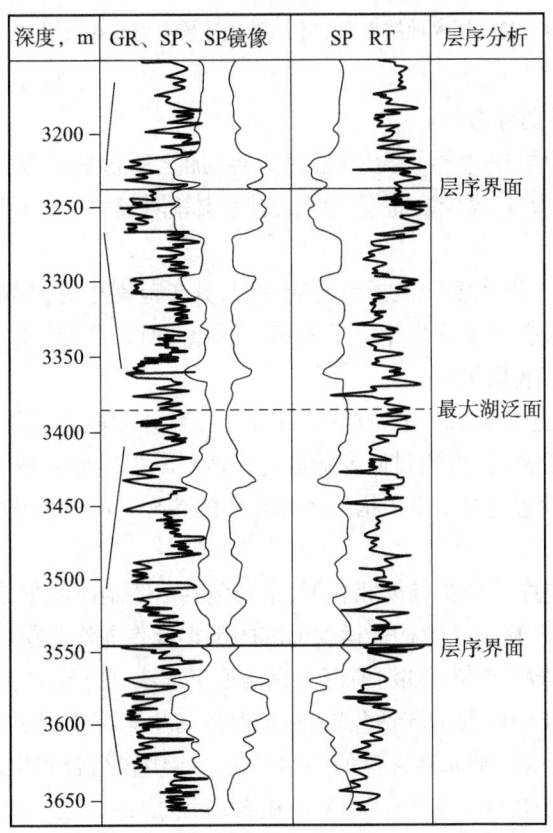

图2-21 准噶尔盆地石西4井利用自然电位和自然电位曲线镜像识别层序边界(据于均民等,2006)

标志6:界面上下体系域类型或准层序组类型突变。如界面之下为高水位体系域,之上为海侵体系域,或下为进积准层序组,上为退积准层序组。而体系域的垂向突变势必导致沉积相类型、垂向相序、岩性或岩性组合上的系列变化,由此在测井曲线组合上也有良好的响应。

标志7:地震反射标志。伴随着沉积相向盆地方向或向陆的迁移,在层序顶部界面上,表现出海岸上超的向下迁移;层序下部界面上,海岸上超向陆迁移现象等。除此之外,还可能表现出削蚀、顶超、下超等地震反射终止关系。这些上超、下超、削蚀、顶超共同构成了层序边界的地震识别标志(图2-22)。

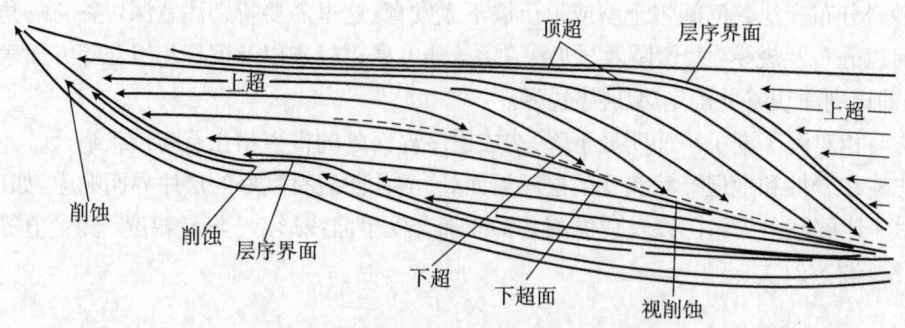

图2-22 层序地层界面上不同类型地震反射终止关系

2. Ⅱ型层序边界的识别标志

大多数硅质碎屑岩的层序边界均为Ⅰ型层序边界。加之所形成的Ⅱ型层序界面难以保存以及现今对Ⅱ型层序边界研究较少，Ⅱ型层序识别标志相对较少一些，主要表现在如下两个方面。

标志1：层序上倾方向，沉积滨线坡折带向陆一侧，分布范围相对较小的陆上暴露及其不整合。但是，由于沉积滨线坡折带处未发生海平面相对下降，所以Ⅱ型层序边界之上未发生河流回春侵蚀作用，也不发育海底扇沉积。

标志2：海岸上超向下迁移至沉积滨线坡折带向陆一侧，并形成由进积到加积准层序构成的陆棚边缘体系域。当井网较密时，可通过研究陆棚边缘体系域来确定Ⅱ型层序边界。

需要注意的是，在一个盆地中，由于构造沉降作用的差异，Ⅱ型层序边界可横向变为Ⅰ型层序边界。

对于陆相盆地，划分层序的依据与海相相似，主要包括：①地震反射终止关系，用来识别分布面积较大的地层不整合，特别是由构造运动形成的不整合界面作为层序界面；②岩相标志，主要包括河床滞留沉积、岩相突变（如河流沉积直接覆于滨浅湖沉积之上）、沉积旋回、古土壤层、大型干裂或角砾岩化作用面等；③钻孔岩心、测井及古生物标志，层序界面上、下由于沉积环境等差别导致地层中微量化学元素含量的突然变化，古生物组合和生态样式也有可能发生变化，而且测井曲线基值发生明显改变；④重矿物组合；⑤地震剖面上上超点向盆地内迁移等。

二、准层序边界及其识别

依据层序地层学的观点，在准层序发育初期，可容空间增长速率远远大于沉积物的堆积速率，可容空间突然增加，使湖相泥岩分布范围向源快速迁移越过三角洲相前期分布范围，在近源部分直接覆盖在河流相之上，形成沉积间断（图2-23）。简而言之，准层序的边界即海泛面及与之相关的界面。

在实际应用中，单纯依据界面上下相类型或岩性判断接触关系来识别沉积间断是很有限的，以小的沉积间断进行全井段准层序划分几乎不可能。因此，通常根据相序组合关系划分准层序，把纵向上沉积相演变趋势相同的多个砂岩和泥岩层的组合（即相似环境下的岩石组合）作为一套准层序，顶底边界是岩性、岩相的突变面，这种岩性（岩相）非协调转换面横向分布相对稳定（多数井呈类似突变特征）。

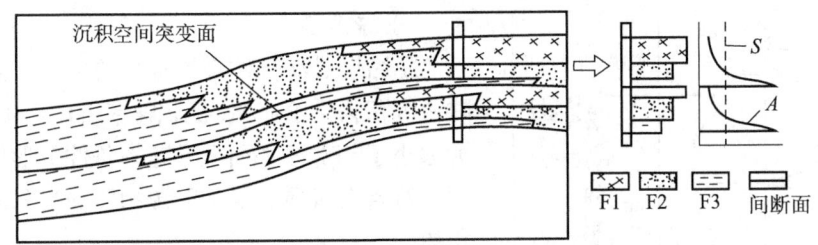

图2-23 沉积相快速迁移与沉积空间突变面
F1—河流相；F2—三角洲相；F3—湖相泥岩；S—沉积物沉积速率；A—可容空间增长速率

1. 准层序边界（海泛面）特征

海泛面作为准层序边界的特征有：①通常是平整的，仅有米级的地形起伏；②穿过该界面有证据表明水深突然增加，伴随微弱的海底侵蚀或无沉积作用；③界面上下岩性突变，厚度突然增大或减小；④可能的冲刷、侵蚀及海泛（河道）滞留沉积；⑤层面附近出现丰富的海绿石、磷灰石、黄铁矿等自生矿物；⑥生物扰动现象向下突然增多或减少；⑦强烈的生物扰动、钻孔的滞留沉积；⑧颗粒碳酸盐岩、钙质结核等。因此，准层序边界（海泛面）需要综合以上多种因素加以分析确定。

2. 与海泛面相关的几个基本概念

1）海泛面

海泛面（洪泛面）（marine flooding surface）是一个区分新老地层的分界面，是一个平坦或只有较小地势起伏（米级地形起伏）界面，穿过该界面有水体骤然变深的证据。这种水深突然增加常伴随小规模或微弱的水下侵蚀作用和无沉积作用，表明存在小规模的沉积间断；除非海泛面与层序边界重合，否则不会发生大规模的陆上侵蚀作用，也没有海岸上超的向下迁移或向盆地方向的移动。

2）初次海泛面

初次海泛面（first flooding surface）是Ⅰ型层序内部初次跨越陆架坡折的海泛面，即响应于首次越过陆棚坡折带的第一个海岸上超对应的界面，也是低水位体系域与海侵体系域的物理界面。

3）最大海泛面

最大海泛面（maximum flooding surface）是一个层序中最大海侵时形成的界面。在地震反射剖面上，最大海泛面对应于最远滨岸上超点所对应的反射同相轴（图2-24）。最大海泛面是海侵体系域顶界面并被上覆的高水位体系域下超，以从退积式准层序组变为进积式准层序组为特征，常与凝缩层伴生。在电性响应上，最大海泛面一般表现为高GR值、低SP特征（图2-25）。

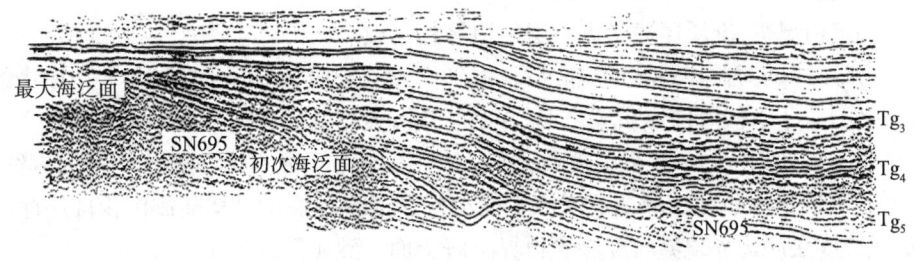

图2-24 塔里木盆地志留系—泥盆系初次海泛面和最大海泛面的地震响应（SN695测线）

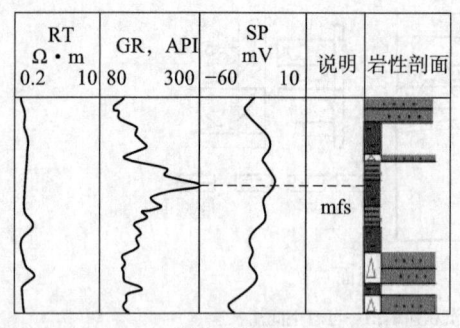

图2-25 最大海（湖）泛面测井响应示意图

4）凝缩层

凝缩层是海侵体系域顶界的标志，是在极低的陆源沉积物供给速率、沉积速率（1~10mm/1000a）远远小于相对海平面上升速率条件下形成的厚度很薄、富含有机质、缺乏陆源物质的半深海和深海沉积物。

陆源沉积物的缺乏导致凝缩层中形成了一些特殊岩石类型，如薄层泥灰岩层组、薄层石灰岩层组、海绿石层组、磷酸盐岩、薄层粉砂质泥岩、富含有机质泥岩等。由于凝缩层很薄，往往仅有数十厘米，因此常依靠高分辨率地球化学测井识别。

凝缩层在常规测井上也有显著响应，主要表现为低自然电位、高自然伽马和高的铀含量特征。同时，不同岩性的测井响应存在一定的差异，薄层钙质泥页岩或石灰岩呈低自然电位、高电阻率、高密度和高声速层，常呈尖峰状；较纯的海相泥岩、湖相泥岩一般表现为低自然电位、低电阻率层。由测井曲线形态分析表明，凝缩层位于由向上变细的测井响应到向上变粗的测井响应的转折点处。

3. 准层序界面滞留沉积

准层序界面上常见的滞留型沉积有河道滞留沉积、强烈生物扰动及钻孔的滞留沉积、堆积在海泛面之上的颗粒碳酸盐岩、钙质结核等。

① 河道滞留沉积：一种最为常见的滞留沉积物，位于与层序边界相联系的下切谷底部，在海平面下降期间形成。

② 强烈生物扰动、钻孔的滞留沉积：在海泛作用之前，生物的潜穴作用及生物黏液的黏结作用等，使得潜穴周边的沉积物较为粗大。当陆棚地区海水突然增加时，相对细粒的组分被冲走，而粗粒沉积物集中起来。

③ 堆积在海泛面之上的颗粒碳酸盐岩：在海平面快速上升之后、大量硅质碎屑进入陆棚之前，海平面之上可形成由陆棚生物群构成的分布广泛的厚1~2m的板状介壳层。沉积于密集段之上的混合有介屑、鲕粒或豆粒碳酸盐沉积物的细粒硅质岩屑。

④ 钙质结核滞留沉积：当海平面较大幅度下降时，陆棚大面积出露地表，遭受风化剥蚀。在干旱气候条件下，在土壤层形成结核层或分散状的钙质结核。在海泛过程中，易受侵蚀搬运的黏土级细粒沉积物发生侵蚀迁移，而直径在2~3cm、形态不规则的钙质结核残留于海泛面上。

4. 特殊情况下的准层序界面特征

某些特定情况下，准层序边界可与层序边界相一致。

① 在某层序的海侵体系域形成之后，海平面发生较明显下降，使较年轻层序中的低水位体系域直接覆盖于下伏海侵体系域之上，并截断该海侵体系域中的准层序（图2-26）。

② 早期层序高水位体系域形成之后，海平面发生快速下降，使得陆棚表面遭受剥蚀，并形成较年轻层序中的低水位体系域；后来海平面上升形成了覆盖于早期陆棚沉积准层序之上的海泛面，从而造成层序边界顶界与准层序顶界及海泛面一致（图2-27）。

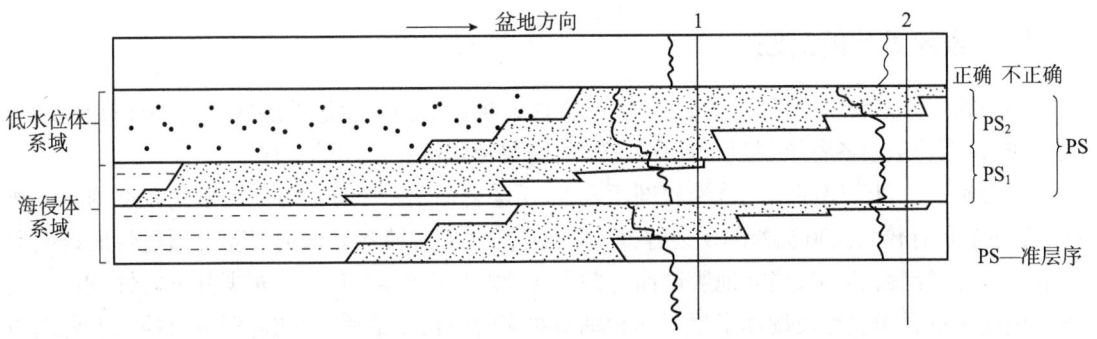

图2-26 准层序边界与层序边界一致剖面(据Wagoner等,1990)

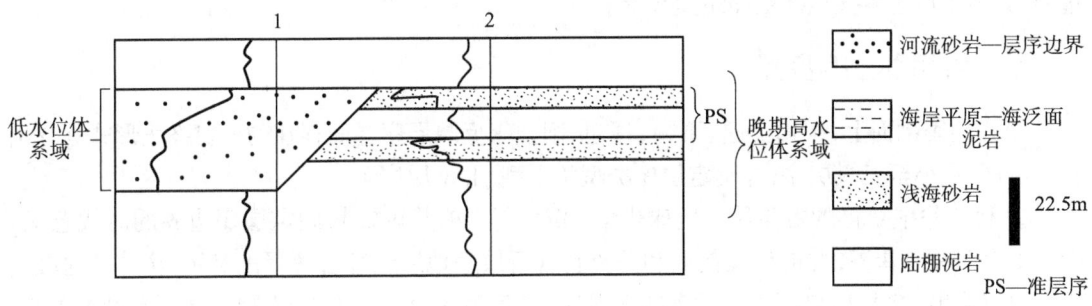

图2-27 准层序边界与层序边界一致剖面(据Wagoner等,1990)

综合以上分析,准层序边界是由海泛面所限定的,在没有水深突然变化证据的沉积环境中无法识别准层序,也就是准层序主要在浅水地区被识别。

三、准层序组边界及其识别

准层序组以主要海泛面(或主要洪泛面)及与之对应的界面为边界,可以通过露头、钻井、测井和岩心资料加以识别。

基于准层序组类型及形成机制,准层序组边界主要依据不同的准层序叠置样式来识别。在一定沉积条件下,准层序组边界可与层序边界一致,也可以是体系域边界或上覆地层的下超界面;其次,与准层序相比,准层序组边界的规模明显大于准层序边界的规模,可在数十甚至数百千米进行连续追踪和对比(图2-28)。

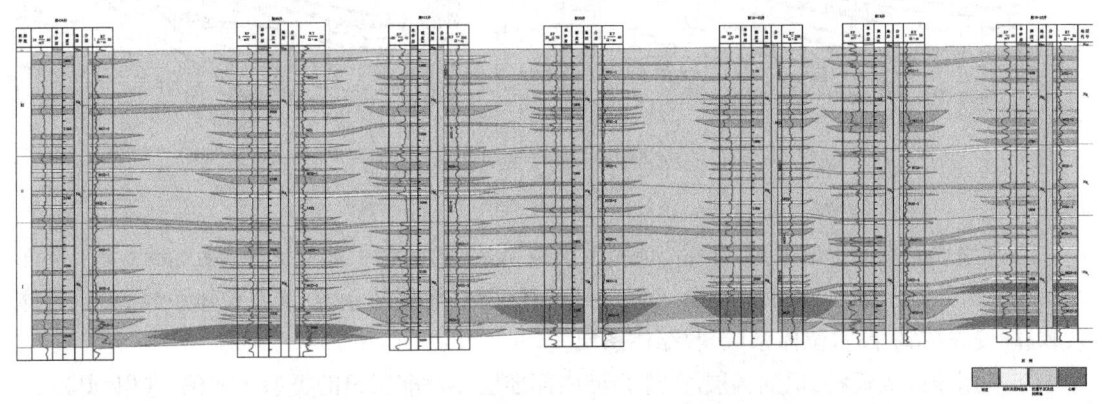

图2-28 饶阳凹陷liu434井—liu18-25井馆陶组准层序组对比剖面图

四、层序划分的方法

层序的划分方法主要是层序边界的划分方法,根据前面讨论过的层序边界7类识别标志开展工作。在综合运用各种资料进行层序划分时,需要特别注意使用的顺序。

一般而言,划分层序率先从地震剖面入手。不整合面上、下地层存在着不同程度的沉积间断,是一个具有较大波阻抗差的反射界面,在地震剖面上比较容易识别。其次,通过合成地震记录或垂直地震剖面(VSP)建立地震剖面与井下各地层层面的对应关系,根据井下岩性、古生物、测井曲线等资料确定地震剖面上反射同相轴所对应的时代;最后,对比井资料与地震上识别的层序边界,修正从地震上得到的大级别层序边界的位置,并根据井资料进一步划分小级别层序边界,如体系域边界甚至准层序组边界等。

五、层序划分的步骤

① 在地震剖面上,根据上超、下超、顶超、削蚀等反映层序界面存在的反射终止形式划分出各级层序,最小至三级层序,并确定层序类型(Ⅰ型、Ⅱ型层序)。

② 利用井中获得的古生物、地球化学、沉积学、测井等资料确定层序边界的时代意义。图2-29是利用过禹参2井的地震剖面和井资料进行层序地层学综合解释的实例。从井旁地震剖面上可以看出,T_4反射界面之下发育削截现象,T_3反射界面之上见上超现象,之下有削蚀现象,为两个不整合面。经垂直地震剖面(VSP)层位标定,发现T_4对应于$Es_3^{上}$底部油页岩与$Es_3^{中}$顶部砂岩间的界面反射;T_3对应于Es_2底部粗砂岩与Es_3顶部细砂岩的界面反射。这些不整合界面在井中岩性、电性及古生物等方面也有明显的反映。

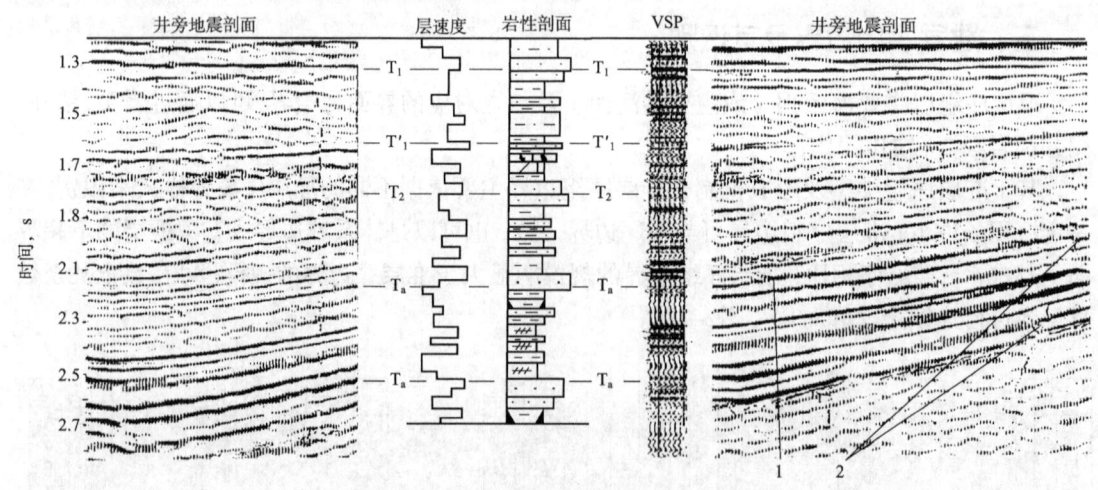

图2-29 禹参2井层序地层学综合解释

1—上超;2—削截

③ 利用地震剖面上的上超、下超、顶超及削截,以及初次海(湖)泛面、最大海(湖)泛面等,识别、划分体系域,如低水位体系域/陆架边缘体系域、海侵体系域、高水位体系域;低水位体系域、湖侵体系域、高水位体系域、收缩体系域。

④ 利用测井等资料,识别各层序、体系域内部准层序及准层序组的类型(加积、进积、退积)。

⑤ 利用层位标定方法对比地震层序和钻井层序,互相补充、互相印证,使层序划分更趋合理。

第四节　测井层序地层分析方法

层序地层分析可以分为四大方法体系（顾家裕，1995）：①地震层序地层学分析——在钻井资料较少的地区，可应用地震资料研究层序地层，以层序地层学为主线，划分地震层序、识别地震相、恢复沉积体系，进而预测砂体和油气；②露头层序地层学分析——露头层序地层学的最大优点在于它的客观性和真实性，局限性主要表现在：无论是天然露头还是钻孔（岩心），见到的多是该层序的一小部分，需要研究者将有限的直接资料与测井、地震资料相结合进行解释和判断；③测井层序地层学分析——20世纪80年代以来，随着地震技术和计算机技术的发展，测井技术与沉积学的联系更加密切，渗透到了沉积学研究的各个方面，为层序地层学理论体系的形成和发展作出了巨大的贡献，其基本原理是运用测井曲线的五个结构要素（即幅度、形态、接触关系、组合特征及变化类型）对沉积层序或体系域特征进行分析；④层序地层学模拟分析——由于高分辨率层序地层学的发展及可容空间概念的建立，层序地层模拟技术应运而生，实现层序地层学由定性研究向定量研究的质的飞跃，通过模拟可以加深对层序发育和构成特征的认识，揭示层序形成演化的控制因素，定量分析和预测沉积体系和沉积相的空间组合和分布样式，快速检验前沿盆地的勘探测方案。

在实际研究过程中，往往是根据研究对象及具体需要，以某一种方法为主，结合其他方法综合运用。

一、测井层序地层分析一般工作流程

测井层序地层分析主要是在地震地层、生物地层所建立的等时地层格架内，通过单井层序分析、界面特征提取和层序界面识别，在过井地震剖面上利用经岩心刻度的测井资料进一步识别准层序、准层序组和体系域。

测井层序地层学分析流程一般包括如下六个步骤：

1. 测井—地震—生物等时地层格架的建立

等时地层格架是层序地层分析的基础。首先，地震地层分析可以识别出具有等时界面意义的三级层序（沉积层序）边界，主要包括不整合（上超、下超、顶超、削截等反射终止现象）的识别以及与不整合可对比的整合界面的识别，根据海岸上超点向盆地方向的迁移可以准确地识别层序边界；其次，根据初次海泛面、最大海泛面还可进行体系域划分；再次，根据古生物资料和其他测年方法，确定层序地层格架（三级层序界面、初次海泛面、最大海泛面）的年代，将岩石地层单元转换为年代地层单元，由此建立等时地层格架；最后，高分辨率测井资料可以在三级层序地层框架内进行准层序、准层序组（进积、加积、退积）的划分与体系域的识别。

2. 关键层序界面的识别

除了初次海泛面、最大海泛面之外，一般海泛面、准层序组转换面等关键界面，在测井曲线上也有明显响应，表现为突变性界面，因此利用测井曲线可以有效识别各级关键边界。界面识别一般包括两个环节，首先是单井分析初步认定岩性突变界面；在此基础上，开展连井剖面分析，识别稳定界面或相对稳定界面（在盆地或较大区域内可对比）。识别过程中，集中关注岩性突变界面处的测井响应，包括常规测井曲线响应，如自然电位曲线、自然伽马曲线、电阻率曲线等，同时关注高分辨率地层倾角测井、井下电视与微电阻率扫描成像响应，综合识别分析不同级次界面。

研究区域较大时,还应注意同一等时界面在不同构造位置上、下岩石组合不同,由此导致测井响应上的差异,应具体统计分析和应用。以济阳坳陷新近系底界面为例,馆陶组与下伏地层在不同位置(构造背景)的岩石组合不同,测井响应各异(图2-30)。

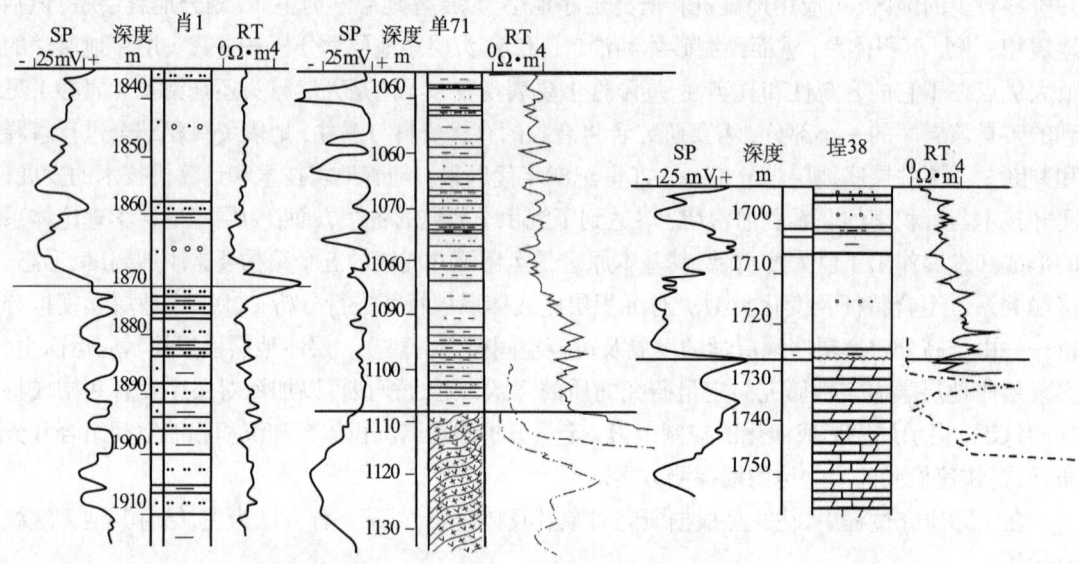

图2-30 济阳坳陷新近系馆陶组与下伏地层在不同位置的岩石组合及测井响应

3. 研究区测井—地质岩相知识库的建立

岩石类型与测井曲线特征间的关系是正确进行层序地层分析的基础。

众所周知,即使同一个研究区内、同一研究单元,岩石类型也多种多样。要想利用测井资料进行层序地层分析,必须建立完整的测井—地质岩相资料库,提供利用测井曲线识别岩石类型的基本准则,即建立完整的测井—地质岩相资料库,实现测井资料与地质资料的相互沟通。由此可以通过测井曲线有效识别岩性及岩石组合。

除此之外还应注意,即使同一岩性,因所含流体性质的不同,其测井响应也存在一定差异,在具体应用时应充分考虑,建立多种测井响应解释模板,尽可能减少多解性或不确定性。

4. 关键井的岩相识别、重建岩相序列

首先,关键井一般选择取心井或研究区有代表性的井,利用岩心资料对测井解释岩相进行标定,或通过测井曲线与标准岩性库的对比分析有效地识别代表井的岩性。在此基础上,通过单井系统分析建立自下而上的垂向岩相序列,每一个岩性上的由细变粗(或由粗变细)在测井曲线上的响应可以初步作为准层序的识别标志。

5. 建立多井关键性剖面及精细地层格架

研究区域比较大时,首先根据物源区及沉积方向,建立沉积倾向剖面;之后,沿各条倾向剖面中部,建立沉积走向剖面。走向剖面的选择应尽量避开冲积扇、河流相和大陆坡、盆地平原相,以砂泥比适中的三角洲前缘相和陆棚相为宜。研究区比较小时,一般以取心井为中心,建立十字剖面作为基干对比剖面。

在多井对比及建立全区层序地层格架过程中,以关键井层序地层划分为依据和参考,通过横向追踪对比,进一步落实准层序(组)的数量、边界等,建立精细地层格架。

6. 预测油气分布

层序地层不同单元的平面分布对盆地分析具有重要意义,可根据各三级层序中体系域的分布特征,预测油气的垂向组合。具体预测应从油气的生成条件、储集条件、圈闭条件等多个方面开展。

以湖相盆地为例,确定与各个最大洪水面相伴随的湖相泥岩的分布区域及其各项生油指标,具有十分重要的意义。另一方面,构造背景不同,体系域发育特征不同,储集体发育程度不同,可根据构造背景、体系域类型及分布,预测油气有利储集相带(聚集带);最后,根据解释的沉积体系,结合构造背景、构造特征预测有利目标及油气圈闭类型。

二、单井测井层序地层分析方法

1. 测井资料预处理

测井资料的预处理包括以下5个方面:

① 环境校正。环境校正是指对井眼条件、钻井液侵入及仪器偏心等非地质因素的校正。

② 曲线标准化。任一油田内各井测量数据间存在由仪器性能和刻度不一致引起的误差。在环境校正后,需进行标准化,使信息具有同一刻度,增强可比性。

③ 深度校正,目的是保证每次下井所得到的资料深度取齐,使各曲线反映的地层边界位置一致。校正方法为选择一条特征明显的曲线,确定其他曲线的深度错动,并用深度校正程序完成校正。

④ 滤波,目的是尽量消除曲线上的毛刺、噪声干扰及其他原因造成的曲线抖动和跳动,可用小波变换方法来完成。

⑤ 归一化,目的是使各测井量的量纲统一起来。对某一区块而言,各井测井时间、测井仪器不同,可能使得相同地层的测井响应幅度存在及较大差异,为此,应进行归一化处理。归一化过程中,一般选择待归一化井段曲线最大值,然后用每点的测井数据除以最大值,归一化后测井数据[0,1]。

2. 沉积旋回分析

沉积旋回分析包括旋回性及旋回级次,是沉积岩层的重要及固有属性,主要受海平面变化、构造沉降、气候变化、物源条件、天文因素等周期性变化控制。地层中包含多级次的旋回,从局部冲刷面到盆地范围内的不整合,均为规模大小不同的沉积间断点。因此,正确分析和认识地层中不同级次的旋回,对层序的划分和分析至关重要。

沉积旋回分析最直接的方法是开展岩性垂向变化分析。图2-31中,可明显地划分出5个由粗变细的短期沉积旋回、3个中期旋回。总体上看,由下而上呈现出粗碎屑成分逐渐减少、细粒的泥质成分逐渐增多的趋势,属于一个大的沉积旋回。分析中除了关注粒度特征之外,还需要特别注意岩石颜色变化、层厚变化,由此延伸出岩性统计分析法,通过对不同颜色、岩性的厚度统计,计算不同岩性厚度占总厚度的比值,分析纵向变化趋势,判断沉积旋回性质、规模及数量。

鉴于岩性直接资料的有限性以及测井资料的连续性和普遍性,测井资料成为沉积旋回分析的基础和关键。应用测井资料开展沉积旋回分析过程中,一是常规的测井旋回分析,主要通过对测井曲线形态、形状、幅度等要素变化趋势观察,定性分析旋回级次及嵌套;二是采用小波分析、地层垒积等数学方法开展沉积旋回分析。

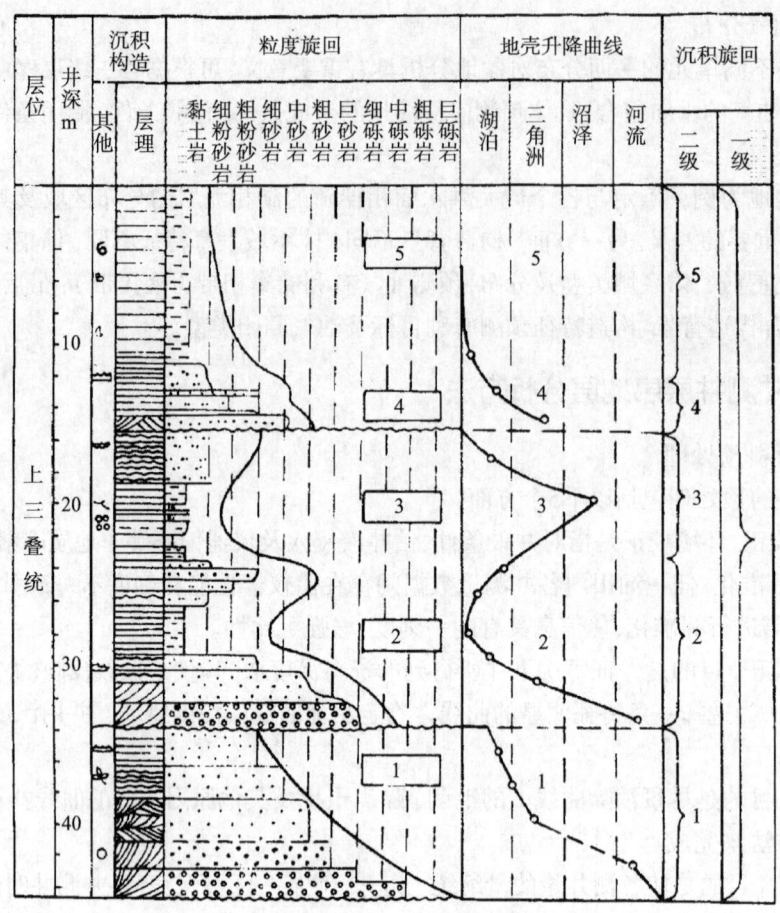

图2-31 碎屑岩沉积多级次旋回示意图

1) 旋回分析常用测井曲线

在油气勘探开发中,最常用也是最有效的测井方法包括视电阻率测井、自然电位测井、自然伽马测井。

(1) 自然电位曲线

自然电位曲线相对幅度、形态特征反映了沉积岩粒度、分选和泥质含量的变化,是沉积旋回划分(层序地层划分的)重要依据。一般而言,对于泥质岩层,电位差呈正值,曲线向右偏移,称为正偏态;对于渗透性砂岩,电位差为负值,曲线向左偏,称为负偏态。在正常成岩作用下,砂岩越干净、粒度越粗、孔隙度越高,则负偏态越明显;反之,泥质含量越高、粒度越细、孔隙度越低,则负偏态越不明显。对于强烈遭受成岩作用改造孔隙度低的砂岩,自然电位曲线通常效果不好。由此可见,自然电位曲线幅度、形态特征反映了沉积岩粒度、分选和泥质含量的变化,是中低频地层旋回划分的重要标志。但SP曲线形态比较简单,不利于高频地层旋回研究。如图2-32所示,根据SP曲线形态及幅度特征,可将馆陶组三段划分为2个四级旋回、4个五级旋回。

(2) 自然伽马曲线

伽马射线的强度主要取决于地层中放射性物质质量的含量。在沉积岩中,自然伽马射线强度主要取决于泥质含量的多少,原因在于黏土颗粒吸附放射性元素的能力比其他骨架颗粒要强。泥质含量越高、粒级越细,说明原始沉积环境低能、安静,GR值偏高;反之,泥质含量越低、粒级越粗，原始沉积环境高能、水体动荡，GR值越低。因此可以利用自然伽马曲线分析旋回性特征。由此可见，自然伽马曲线能敏感地反映地层泥质含量的变化，进而反映水体的变化，用它进行高频地层旋回性研究比较有效。

需要注意的是，在利用自然伽马曲线进行沉积旋回或成因地层分析时，不需要精确计算放射性绝对值的大小，主要是根据曲线形态特征确定旋回分析；其次，自然伽马曲线高频分量多，地层周期被大量的短周期噪声所淹没，曲线形态以高频锯齿形出现，不利于中低频地层旋回的分析。

（3）视电阻率曲线

尽管影响岩层视电阻率值的因素很多，但是在一定条件下，视电阻率的变化可以反映岩层的成分和结构特征。对于成岩胶结作用较强的碎屑岩系而言，粒度粗、分选较好，则视电阻率值越高；相反，粒度越细、黏土含量越高，则视电阻率值越低。因此，视电阻率值由小变大反映了粒度逐渐变粗和能量不断加强的沉积过程。作为结构成熟度较低的杂砂岩或泥基—混合基支撑的砾岩，视电阻率值一般要比胶结

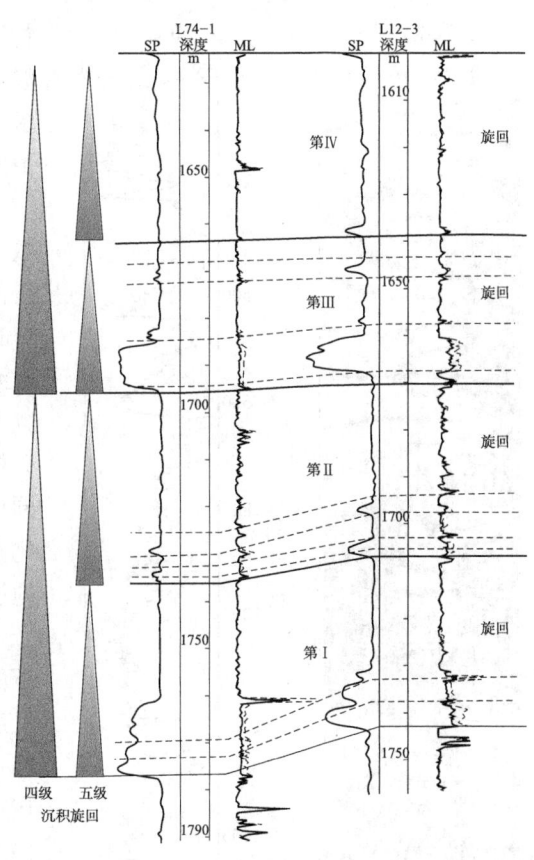

图2-32 馆三段沉积级旋回划分对比图

致密的砂砾岩低。基于此，我们可用视电阻率曲线解释沉积环境和沉积过程，确定成因地层单位的界面，开展沉积旋回分析。

除此之外，密度测井、声波测井等，也在一定程度上反映岩石的矿物组成或岩石结构，有助于岩性及沉积旋回分析。但是它们还受到岩石所含流体等因素的影响，实际运用较少。

综合不同测井方法所包含的沉积旋回信息及不利因素，以及油气勘探开发实际运用，自然电位曲线、自然伽马曲线、视电阻率曲线在沉积旋回及层序地层分析中应用最为广泛。鉴于自然伽马曲线在分析中低频地层旋回中的不足和自然电位曲线在分析高频地层旋回中的不足，多采用自然伽马曲线和自然电位曲线相结合的方式作为沉积旋回或层序地层划分对比的主要依据。

2）测井曲线变化趋势的数学分析

测井曲线是某一物理参数随着地层深度变化的反映。在没有断层或地层倒转的层系中，测井曲线的深度轴不仅是地质时代的单调函数，也多为地质变化时间序列的自然表示。近几十年来，在研究利用测井曲线自动分层、井间对比及沉积周期的分析方面的数学方法很多，如时间序列分析、傅里叶分析、频谱分析、小波分析、活度函数法、方差分析法、聚类分析以及人工智能法等等，这些方法都各有优缺点。下面以小波分析为例加以简要说明。

小波分析是近年来迅速发展的一种信号处理方法，是在傅里叶变换的基础上发展起来的，其实质是引入伸缩、平移思想，对不同频率成分自动地选取时域和取样步长，从而能够聚焦到

物体的任意微小细节（刘文业，2006）。基于此，小波分析被誉为"数学显微镜"，具有多分辨率分析或多尺度分析功能，是一种在各行业都有重要应用价值的数学理论和方法技术。

与傅里叶变换不同，小波分析的基（小波函数）不是唯一的。满足小波条件的函数均可作为小波函数。常用的小波函数包括Harr、Morlet、Gauss、Symlets、Meyer、Demy等等。应用不同的小波函数对测井曲线进行小波变换，实现对信号进行时间和频率的局域性转换，对函数或信号进行多尺度细化分析，从而将测井信号分解到不同尺度域中，研究不同尺度下小波系数曲线的周期性振荡特征及频谱变化，以识别各级层序界面，分析不同级次旋回（层序地层单元）及旋回性质——进积、退积、加积。

通过小波系数的时频色谱图可看出不同尺度下的沉积旋回，大尺度沉积旋回内部嵌套着许多小尺度的沉积旋回。由图2-33可以看出，尺度因子在35～60范围内主要表现大尺度沉积旋回；尺度因子在15～35之间，对应小尺度沉积旋回；尺度因子在15以下时，对应更小尺度旋回。鉴于此，分析不同级次旋回，选取合适的尺度因子非常重要。

以饶阳凹陷G104井为例，自然伽马曲线经过小波变换多尺度分解（图2-34），在不同的尺度上显示出不同的周期性。其中，在尺度因子36～54上存在一个高亮的突变面，视为较大尺度旋回界面；在尺度

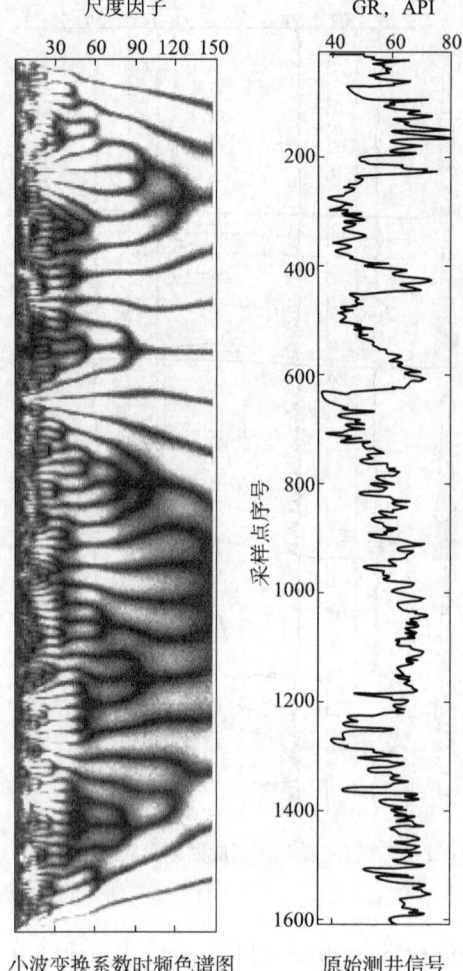

图2-33 GR曲线及小波时频分析示意图

因子15～26之间还存在着几个小的高亮的突变界面，可以视为较小尺度的旋回界面，尺度因子在15之下还存在若干高亮位置，可以视为高频地层旋回岩层组和岩层对应的界面。为了定量选取尺度因子，进一步对该井的自然伽马和自然电位两条曲线进行了小波频谱分析，获得80、48、20、15、9五个特征尺度因子，其中尺度因子48与大尺度旋回对应，尺度因子20与小尺度旋回对应。

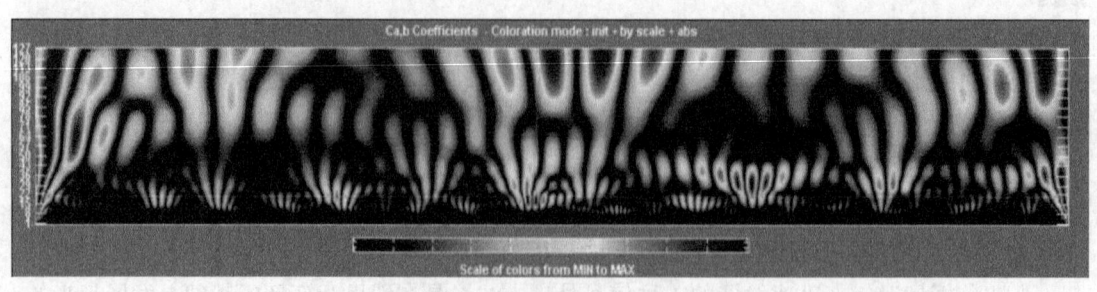

图2-34 自然伽马曲线时频色谱图

选择48和20两个特征尺度因子对G104井自然伽马曲线进行多尺度小波变换，结果如图2-35所示。由图可以看出，尺度因子 a 为48时，存在一个明显的小波系数突变界面，将井段分为两个准层序组；在尺度因子 a 为20时，存在4个比较明显的小波系数变化面，将上、下两个准层序组分别划分出3个准层序和2个准层序。

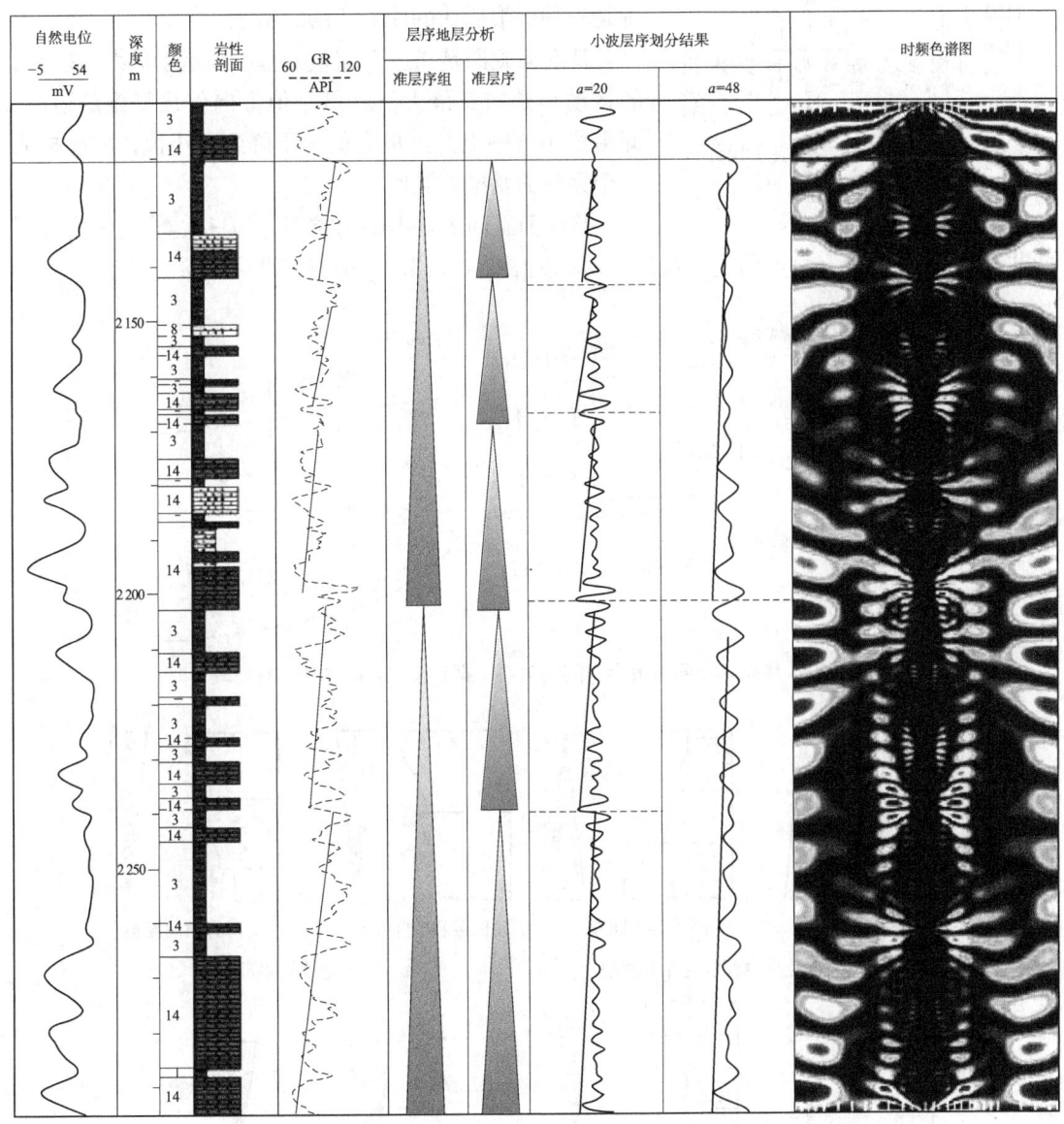

图2-35　饶阳凹陷G104井层序地层划分（2110.4～2294.6m）

地层垒积分析把不同岩性地层编号且考虑地层厚度，以垒积的地层层数为变量计算各岩性百分比、重心及重心两侧分布范围，以此分析沉积旋回。图2-36为达28井腾格尔组地层垒积分析结果。从图中可以看出，在腾格尔组整个地层层段内，岩性以泥岩和粉砂岩组合为主，底部出现砂砾岩、砂岩和页岩分布，岩性呈现下粗上细的特点。砂岩重心偏下，地层上部无砂砾岩和砂岩分布，整体呈现水进的情况。

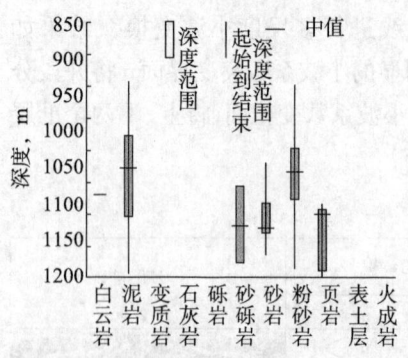

图2-36 达28井腾格尔组地层叠积分析图（据徐红，2010）

3. 基准面旋回及级次

基准面是一个相对于地球表面波状升降的、连续的、略向盆地方向下倾的抽象面（潜在势能面），其位置、运动方向及升降幅度不断随时间变化（T.A.Cross，1994）。海洋范围内的基准面基本上平行于风暴浪基面，朝陆方向则是一种波浪起伏的曲面（图2-37）。

基准面旋回是指一个完整的基准面运动周期。基准面的运动总是向其最大值和最小值方向作往复振荡运动，即由最小值→上升至最大值→下降到最小值，才能构成一个完整的基准面旋回。

基准面旋回的基本结构类型分为三大类：向上变"深"的非对称型[图2-38（a）]、向上变浅的非对称型[图2-38（b）]和对称型[图2-38（c）]。

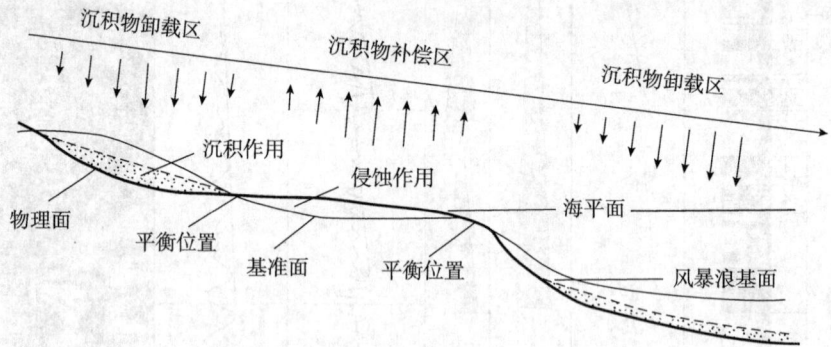

图2-37 基准面旋回与可容空间的关系（据T.A.Cross，1994，有修改）

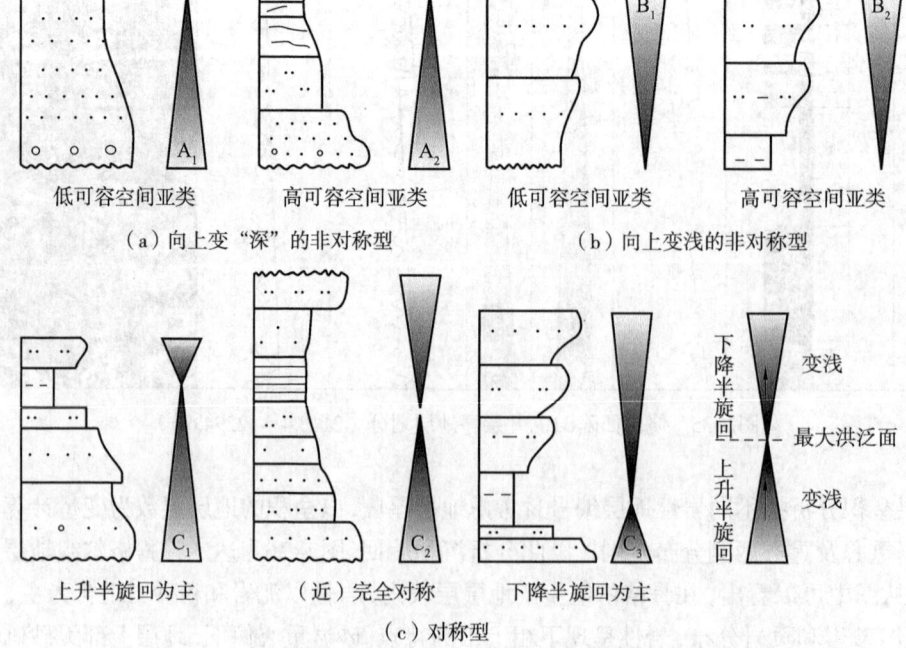

图2-38 基准面旋回的基本结构类型

相同沉积环境可发育不同岩石类型、相序与相组合，如图2-39所示，上下三角洲平原主要为基准面上升时期形成的分流河道及道间组成的非对称旋回；三角洲前缘为上升时形成的分流河道及下降期形成的滨湖和河口坝组成的对称旋回；浅水湖泊为上升时形成的碳酸盐滩坝和下降期形成的泥坪组成的对称旋回；浅水开阔湖主要为下降期形成的浅水湖泊组成的非对称旋回。

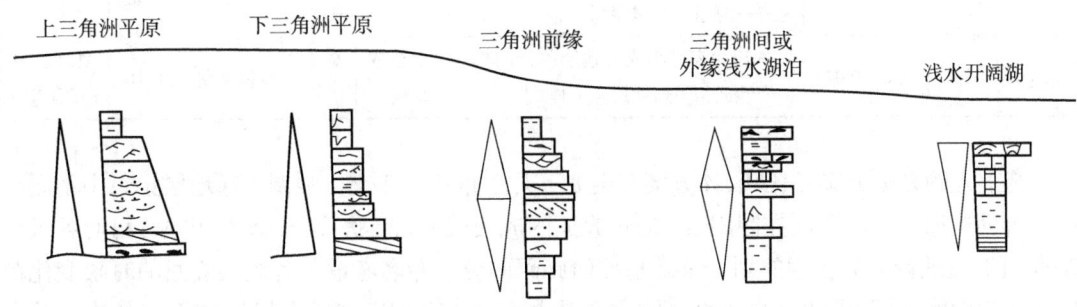

图2-39 美国尤英塔盆地南部始新世河流三角洲—湖泊相域划分与旋回对比

关于基准面旋回的级次，Cross（1994）将其分为三级：长期、中期和短期基准面旋回。该方案极易导致人们在进行基准面旋回划分时，因对同一基准面旋回周期长短的理解不同而产生不同结果，不利于实际应用。郑荣才等（2010）根据多年来对多个陆相盆地层序分析及同行研究成果，结合Cross提出的基准面旋回概念范畴、级次划分和等时对比原则，提出了基准面旋回六级划分方案（表2-4）。

表2-4 基准面旋回的级次划分及主要特征（据郑荣才等，2010）

旋回级次	界面类型	时限范围Ma	层序定义	层序发育规模	主要控制因素		与Vail相当的层序地层单元对比
巨旋回	I类	>30~100（视盆地延时而定）	包括盆地演化各阶段原型盆地完整的沉积充填序列	千余米至数千米级	区域构造运动	构造因素	相当Ⅱ级层序
超长期	Ⅱ类	10~50	以盆地演化各阶段为单位的构造充填序列（或构造层序、构架层序）	数百米至千余米级	构造演化阶段的应力场转换		不能完全对比
长期	Ⅲ类	1.0~5.0	一套具较大水深变化幅度的、彼此间具成因联系的地层所组成的区域性湖进—湖退（或海进—海退）沉积序列	百余米至数百米级	各构造演化阶段中的构造幕式性强弱变化		相当Ⅲ级层序
中期	Ⅳ类	0.2~1	一套水深变化幅度不大的、彼此间成因联系密切的地层叠加所组成的湖进—湖退（或海进—海退）沉积序列	数十米至百余米级	偏心率长周期	天文因素	可基本对比	Ⅳ级层序（准层序组或体系域）

续表

旋回级次	界面类型	时限范围Ma	层序定义	层序发育规模	主要控制因素		与Vail相当的层序地层单元对比
短期	V类	0.04~0.16	一套具低幅水深变化的、彼此间成因联系极为密切，或由相似岩性、岩相地层叠加组成的潮进—潮退（或海进—海退）沉积序列	数米至十数米级	偏心率短周期	天文因素	V级层序（准层序）
超短期	VI类	0.02~0.04	一套代表最小成因地层单元的单一岩性或相关岩性的叠加样式	分米至数米级	岁差周期		VI级层序（韵律层）

（可基本对比）

与前人的划分方案相比较，该方案突出如下几个重点：①充分强调引起地层记录中不同级次基准面旋回变化的不同控制因素，通过界面的成因类型、产状特征、发育规模等可对各级次基准面旋回进行更为合理的划分；②基准面旋回的分级命名考虑了各级次旋回的时限变化范围和主控因素，并赋予特定的含意，规范了级次划分标准；③相对3级次划分方案，6级次划分方案更能满足油气田勘探开发工程各阶段要求，在统一划分标准的基础上，降低了各级次旋回划分的随意性，并增强了可操作性；④6级次划分方案与经典的"Vail层序"划分方案具有一定的可对比性。

4. 沉积间断点的识别

除了上面提及的旋回分析外，利用累积倾角交会图法、累积水平位移交会图法、倾角矢量图法以及自然电位和视电阻率组合法、测井相态分维等方法，可以识别小的不整合面和沉积间断点。

1）累积倾角交会图法

利用测井深度（或测井样品号）与累积倾角（将倾角测井测得的倾角累加）二维交会图折线拐点[图2-40（a）]的位置来确定潜在层序界面位置的方法。该方法的优点是可突出细微倾角变化；缺点是未考虑倾向差异或变化，容易产生假象，而且累积倾角—样品号交会图上不能直接读出深度。

2）累积水平位移交会图法

测井深度（或样品号）与累积水平位移（用某点与其上面一点的深度差乘以该点处地层倾角的正弦值得到该点水平位移）交会图上折线拐点的位置来确定层序界面[图2-40（b）]。该方法的缺点是只适用于地层倾角不大的情况，不能识别倾角相等倾向不同的层序界面。

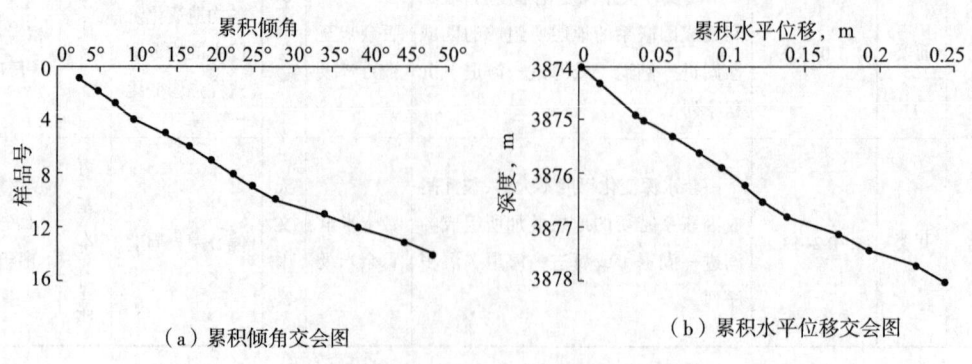

图2-40 地层倾角测井法识别沉积间断（据曹颖辉等，2001）

3）自然电位和视电阻率组合法

沉积环境的明显改变，必然造成沉积物组合形式和层序垂向与横向特征的变化。如自然电位曲线基线强烈偏移，视电阻率突然增高或明显降低等。利用这些曲线在垂向上不同的组合特点以及横向上的追踪对比，能较为准确地识别沉积间断。图2-41中层序界面以上为退积准层序组合，以下为进积准层序组合，层序界面上、下岩性的颜色变化很明显。

4）倾角矢量图法

倾角矢量图法即利用长相关对比倾角矢量图上倾角矢量的变化来识别层序界面（不整合和沉积间断面）的方法，如杂乱模式等（图2-42）。

5）声波时差响应法

Magara提出在理想条件或正常埋藏压实条件下，泥页岩的声波时差对数与埋深呈线性关系。发生沉积间断时，可造成泥岩声波时差随深度变化曲线发生错断（图2-43），故可用声波时差曲线来判断层序界面的存在。

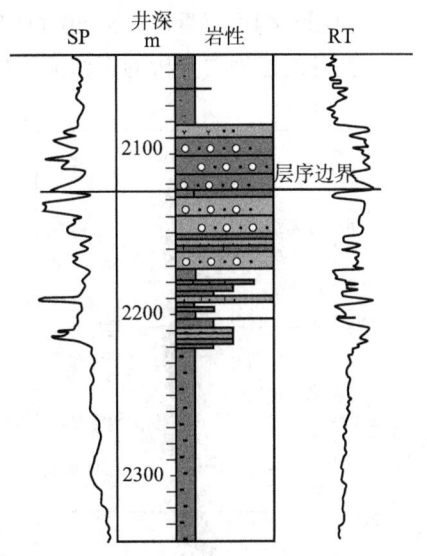

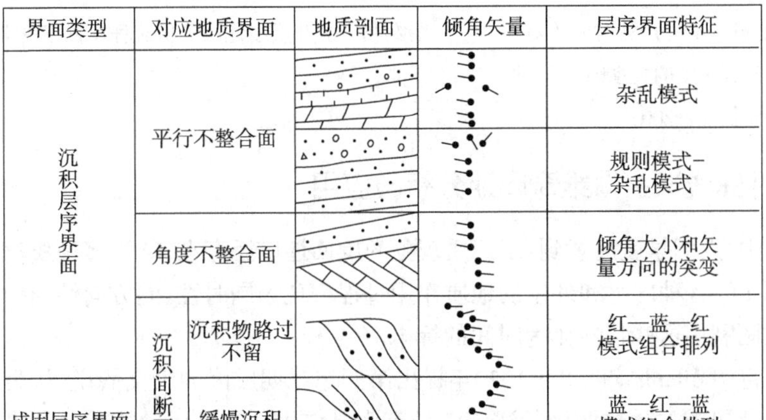

图2-41 辽河油田东部凹陷南段开2井利用自然电位和视电阻率曲线组合识别层序边界（据于均民等，2006）

界面类型	对应地质界面	地质剖面	倾角矢量	层序界面特征
沉积层序界面	平行不整合面			杂乱模式
沉积层序界面	平行不整合面			规则模式-杂乱模式
沉积层序界面	角度不整合面			倾角大小和矢量方向的突变
成因层序界面	沉积间断面 沉积物路过不留			红—蓝—红模式组合排列
成因层序界面	缓慢沉积			蓝—红—蓝模式组合排列

图2-42 层序界面在标准倾角矢量图上的特征（据曹颖辉等，2001，补充）

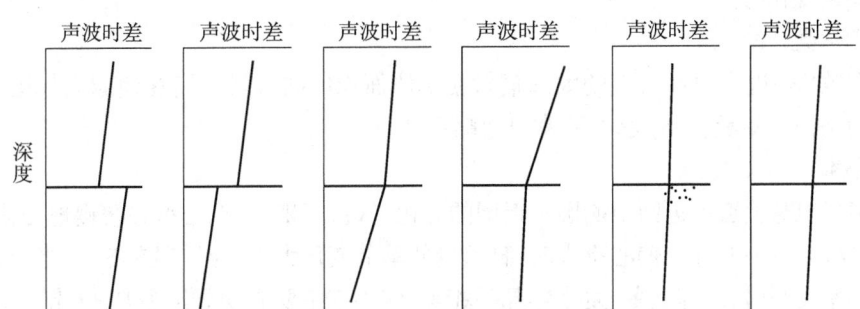

图2-43 不整合面上下在声波时差对数与其深度的回归线基本的响应类型（据操应长等，2003）

由图2-44可以看出，luo60井中发育四个明显的沉积间断面。

测井层序地层分析的工作流程如图2-45所示。

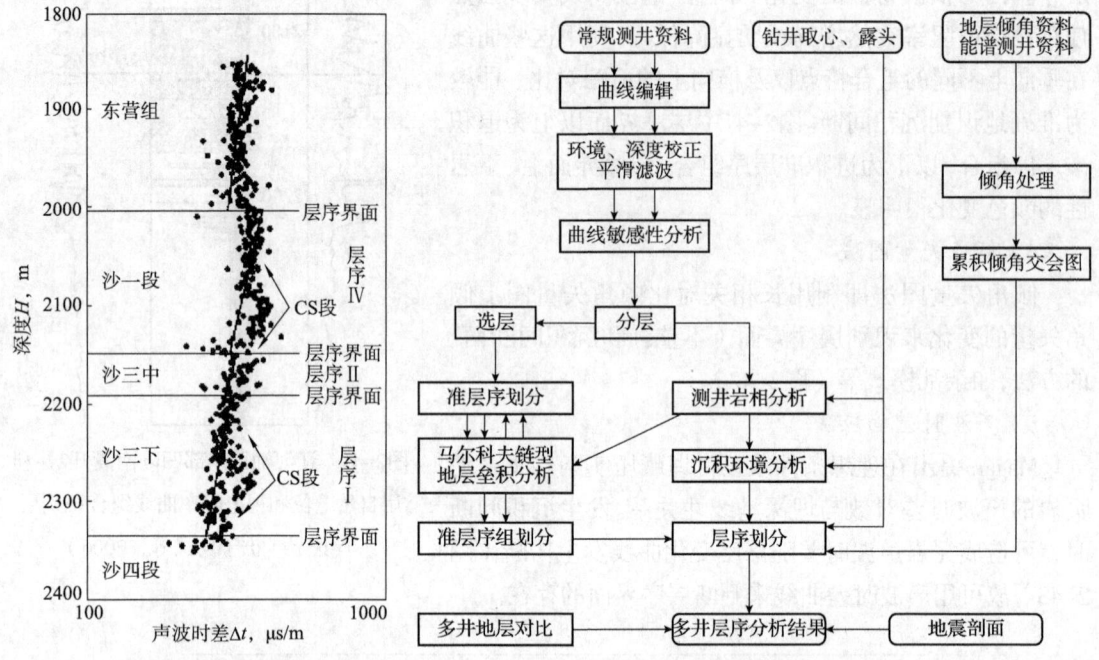

图2-44 济阳坳陷luo60井声波时差（对数刻度）与其深度的关系图（据操应长等，2003）

图2-45 测井层序地层分析流程（据王贵文等，2000）

三、测井曲线米兰柯维奇周期分析与应用

在地质学中，人们早就注意到：①地质现象的旋回性广泛存在；②许多地质过程具有各种不同长度的旋回；③各种内生和外生的地质作用过程表现为同时性、同方向性，有时有同步性。很多地质学家试图利用这些特性作为时间的标志。

米兰柯维奇（Milankovich）于1920年提出第四纪冰期成因的天文假说。认为夏半年的日照量的小幅度变化可能对地球两极的冰盖消长有明显作用——日照量的减少是冰期形成的主要因素。

地球上任一纬度日照量变化与太阳常数S_0、偏心率e、地轴倾斜率（黄赤交角ε）、岁差p等地球轨道要素变化有关。

1. 太阳常数

太阳常数S_0是进入地球大气的太阳辐射在单位面积内的总量（需在地球大气层之外垂直于入射光的平面上测量）。S_0变化小，常可忽略不计。

2. 偏心率

偏心率指地球轨道由近圆→椭圆→近圆的变化。从长期来看，偏心率在缓慢地变化，其变化范围在-0.075~0.075之间。偏心率大时，日照量的季节变化大，使得气温在冬、夏半年有大幅度变化；偏心率变小时，地球上冬、夏半年几乎相等。偏心率主要周期分别为41.3万年、12.5万年、9.5万年（图2-46）。

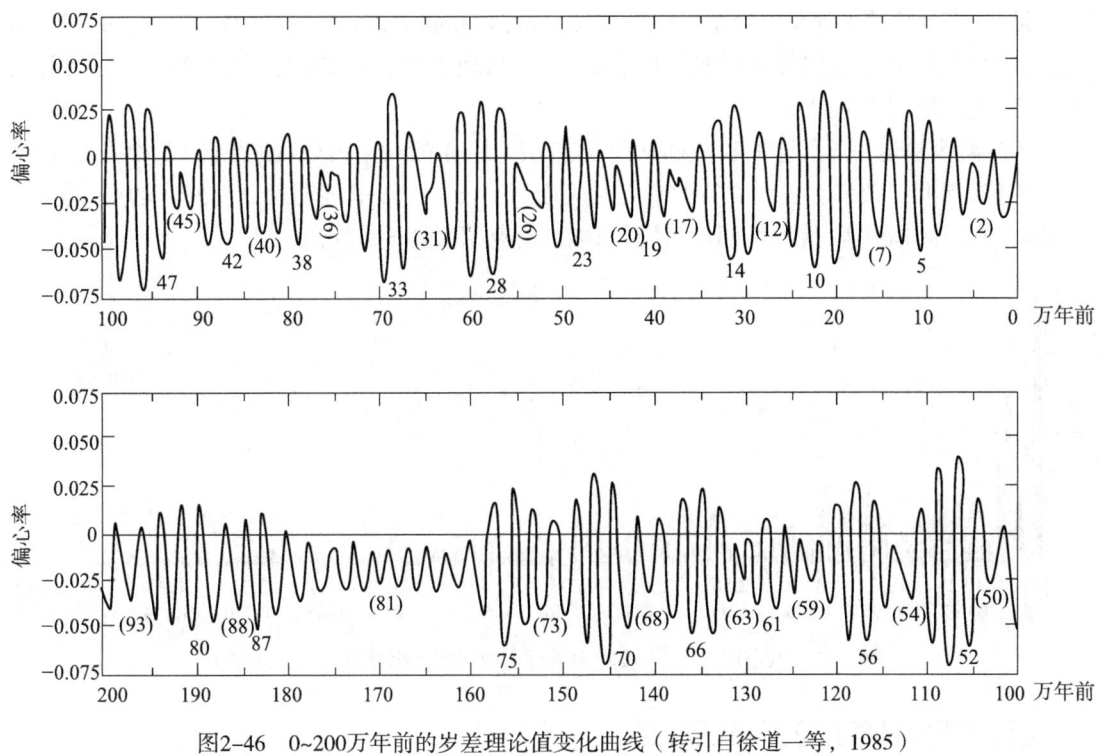

图2-46 0~200万年前的岁差理论值变化曲线（转引自徐道一等，1985）

数字表示幅度极大和极小的岁差周期

3. 地轴倾斜率

地轴倾斜率即地球自转的赤道平面和公转的黄道平面交角，又称黄赤交角。由于地球运行轨道平面在空间上有变化，地轴对地球轨道平面的倾斜度也在变动，北回归线和北极圈的位置随之发生变化：黄赤交角扩大，则太阳直射区域扩大、热带范围扩大、极圈扩大、温带缩小。

黄赤交角的大小影响地球上不同纬度和不同季节的气候差异程度的大小。地轴倾斜度增加1°，极地年辐射量增加4.02%，赤道减小0.35%。倾斜度越大，冬、夏接收的太阳辐射量相差越大。地轴倾斜率（黄赤交角）每年平均变化约0.00013°，变化周期约为4万年；几百万年期间，黄赤交角在22°02′~24°30′的范围内变化，现在的黄赤交角为23°27′。

4. 岁差

太阳和月亮对地球所施加的引力使地轴[以黄道面法线（黄轴）作周期性的圆锥运动（即地轴的进动），该运动在天文学里称为岁差。岁差使地球近日点所处的季节发生变化。例如，现在北半球，在近日点时是冬天（12月21日），1万年前，近日点在夏天（6月21日）。岁差现象引起四季开始时间及季节的长短发生变化，进而导致气候的变化。

岁差的变化对极区影响小，对赤道地区影响大。岁差的周期约2万年。

上述地球轨道要素的周期性变化影响气候，进而影响沉积物供应、沉积水体的大小（可容空间，P. R. Vail，1987），并以岩性、岩相、单层厚度、物性等变化记录在地层中，这些周期变化规律会相应地体现在地球物理测井中。

由此可以说，米兰柯维奇周期是一类记录在地层中的"时钟"，是一种地层剖面中的不变量。野外露头或岩心中观测到的旋回是由多种不同时间规模周期及对应沉积旋回叠加的结果。基于此，设计一定的数据处理系统可以提取这种周期信号，求出一些重要周期的旋回。

目前,广泛应用快速傅里叶变换FFT(Fast Fourier transform)方法进行频谱分析,获得功率谱或最大熵谱,由此获得优势周期及其厚度,不仅可用于分析天文周期,而且还可用于计算沉积速率,编制沉积速率曲线。

图2-47为徐道一等所作的新疆郝家沟八道湾组中、上段功率谱分析成果图,图中主要有4个旋回峰值。周期(频率)极大峰值的高度和尖度(突出)程度是表明旋回性好坏的重要标志。上述4个旋回的幅度大,旋回性明显,是旋回地层研究感兴趣的旋回。

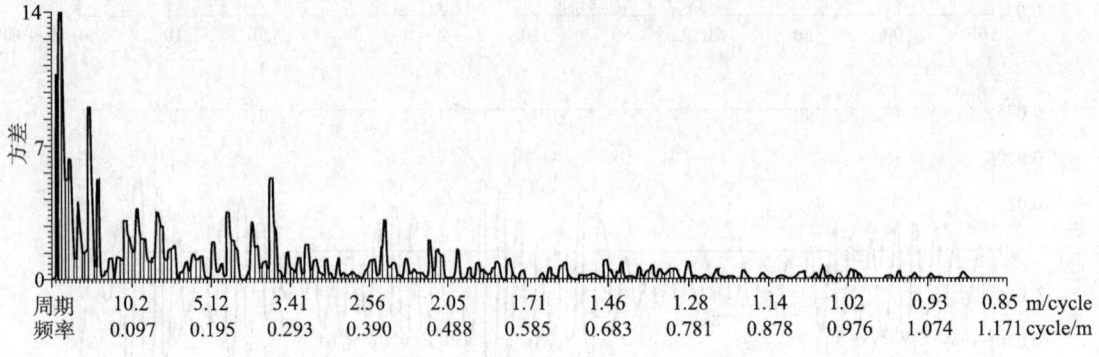

图2-47 八道湾组中、上段功率谱分析成果图(据徐道一等,2005)

四、沉积层序的分形特征研究

1. 分形的概念及特点

分形(fractal)是1973年由曼德布罗特(B.B.Mandelbrot)首次提出的。他的专著《分形——形、机遇和维数》于1975年出版,标志着分形理论的正式诞生。

曼德布罗特(1986)将分形定义为局部和整体以某种方式相似的集合,也有人翻译为"其组成部分与整体以某种方式相似的形"。许多学者认为,分形是"看"出来的,而无法严格证明"什么"是"分形"。

分形的特点众多,如分形具有精细的结构,即有任意小比例的细节;极不规则,以至整体和局部不能用传统的几何语言描述;通常有某种自相似的形式,可能是近似的或统计的,等等。简单地说,分形的特点是无特征尺度(即存在标度不变性),但有自相似性。

2. 地质学运用分形理论需要考虑的问题

中国地质大学的毕先梅教授就地质学领域分形研究提出了一些自己的认识,她认为地质学运用分形理论需要考虑如下六个方面的问题。

1)地质学所研究的对象是开放的复杂系统

地质学所研究的对象——地球及地球上的各类地质体,本质上是一个开放系统,它与外界环境存在着物质和能量的交换,是一个不断变化着的系统。因此,各种地质作用及这些作用所形成的地质体,大多数都处于复杂的非线性状态,即不规则的分形状态。对地质学所研究的对象来说,开放性、不平衡性、无序性、非线性是绝对的、长期的;而封闭系统、平衡状态、有序性、线性则是相对的、局部的、暂时的。

2)正确圈定无标度区

所谓无标度区(scaling range),就是事物自相似性存在的尺度变换范围。例如,空中的云团因受地心引力、地球曲率半径、大气层特征等条件的控制,其自相似性在1~1000km范围内才能找到;离开该范围,云团就不具自相似性。该1～1000km的区域为天空中云彩的无标度区。

正确圈定无标度区需要注意以下两个方面:首先,无标度区的圈定,与研究的目的、着眼点和精度要求有密切的关系;其次,对于任何具有分形特点的客观事物,都存在着不同层次的无标度区。对一个地质体进行详细解剖时,常常需要将该地质体中有比较显著差异的部分划成不同的无标度区,分别求出它们的分数维。故可根据研究目的、着眼点和精度要求差异,划出不同层次的无标度区。

3)注意特征尺度的应用

我国物理学家郝柏林1986年在《分形和分维》一文中曾指出:"试图定量地描述自然现象时,抓住特征尺度更是关键环节……由特征尺度决定基本层次……看准了特征尺度,问题就比较容易解决""若没有特征尺度,就必须同时考虑从小到大的许许多多尺度(或者叫标度),这显然是极为困难的事情。"简言之,定量地描述一个事物,总要有一个尺度,而且尺度要与所度量的物体相匹配。

以构造地质学为例,从宏观到微观至少可分为以下6个尺度:①在航卫照片上观测地质构造,以经、纬度为尺度;②站在山顶上观测地质构造,以千米为尺度;③在野外实测剖面或作露头观察,以米为尺度;④在手标本上观测构造特征,以厘米至毫米为尺度;⑤在光学显微镜下观测构造现象,以毫米为尺度;⑥在电子显微镜下(包括扫描电镜等)观测更微细的构造现象,以微米(μm)至纳米(nm)为尺度。

4)正确求解地质分形的维数,合理解释其含义

曼德布罗特对某些海岸线的计算结果表明,不同地区海岸线的分数维D有一定的差别。英国西部海岸线、澳大利亚海岸线、南部非洲海岸线的分数维分别为1.25、1.13、1.02,其中英国西部海岸线分数维较高,说明其复杂程度较高;南部非洲海岸线的分数维较低,说明其形状相对简单。为什么如此?曼德布罗特没有给出解释。

研究表明,造成海岸线形状复杂程度差异或维数变化的根本原因是地质因素,主要是该地区地壳的升降情况;其次是沿海的岩性、断裂发育程度与方向;气候条件、海水性质及风化剥蚀程度等对海岸线的形状也有一定的影响。由此可见,反映海岸线复杂程度的分形维数实质是该地区的地质结构与内外地质营力的综合体现。

5)不要忽视在微观层次容易遗漏的信息

应用分形理论研究地学问题时,特别是进入微观层次时,很容易漏掉一些重要信息。即使在研究宏观地质现象时,也会遇到一些我们尚未掌握的因素影响着研究结果的精确性。在应用分形研究地质体时,首先要把这个地质体的形成机理搞清楚,尽可能地弄清影响该地质体成因的各种因素;其次,把这些因素考虑到分形计算中去,由此涉及多重分形问题。

6)多重分形是地质分形的主旋律

多重分形是地质体自组织的结果,可以被看作是大量具有不同无标度区的集合。在地质现象中,平衡与非平衡、线性与非线性并存。因此,在描述地质现象时应该是线性与非线性结合、整数维和分数维结合、单一的自相似分形与多重分形相结合,偏废任何一面都是不合适的。

3. 沉积地层的分形结构

前已述及,一个沉积序列中包含着许多不同层次(级别)的沉积旋回,在大的旋回中又包含若干小的旋回,在一些小旋回中又包含若干沉积韵律,大的沉积韵律中包含小的沉积韵律,从而构成了一个多层次的自相似嵌套结构。例如,一个完整的湖成三角洲沉积序列,粒度自下

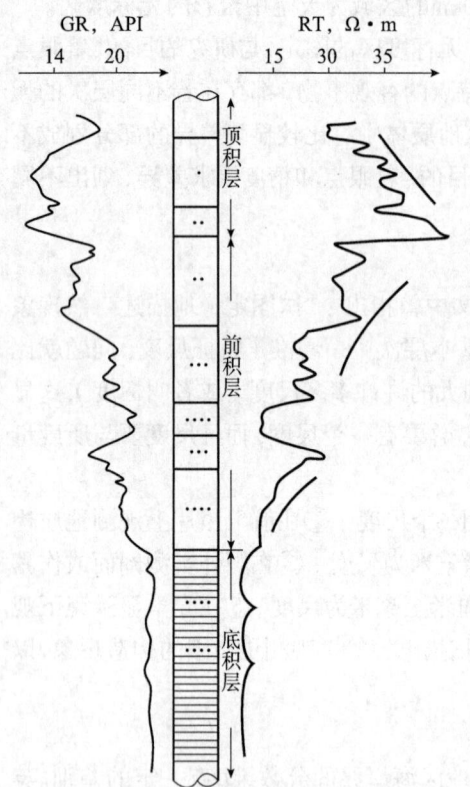

图2-48 湖成三角洲沉积旋回及其测井响应

而上由细→粗→细发生规律性变化。底积层（前三角洲亚相）为厚层浅湖沉积，岩性以粉砂岩和泥岩为主，偶夹细砂岩，粒度总体向上变粗；前积层（三角洲前缘亚相）主要为砂岩，间夹粉砂岩，粒度总体向上变粗；顶积层（三角洲平原亚相）由粗至粉砂岩组成，粒度总体向上变细。粒度在总的变化背景下，又有许多与总体变化结构相似的次一级变化，这些变化在测井曲线上均有较为明显的响应（图2-48）。因此可利用测井资料这种时间序列数据（实为深度序列数据）建立描述沉积特征的相空间，进而用测井资料计算出的分数维来研究沉积过程和沉积特点。

4. 分数维的计算

分数维是具有自相似结构的几何对象的重要参量，可以定量地描述事物内部结构的复杂性。用测井资料计算分数维的方法包括两类：测度关系计算法、时间序列关联维计算法。

1) 测度关系计算法

以某些测井量为坐标，改变观测的范围（一维尺度 r，r 可以是球体半径，也可以是立方体的边长），测得某个量（如 N）随 r 变化的关系 $N(r)$。很明显，在一定范围（标度区）内，球内的某个量 $N(r)$（密度或点数）随 r 增大而增大。此时 r 和 $N(r)$ 的关系若满足 $N(r) \propto r^D$，则认为 N 分布的维数是 D。该方法适合于多条测井曲线求取分数维。

2) 时间序列关联度计算法

时间序列包含着较为丰富的信息，例如声波测井获得的是一个反映岩石声波传播速度随深度变化的序列。该序列实际上反映了盆地沉降速度、水动力强弱以及成岩作用等随时间的变化，即蕴藏着参与动态的全部变量的痕迹。因此可以从某一给定时间序列求出测井曲线的分数维。

潘葆芝等（1992）针对同一井段的声波、自然伽马、电阻率和中子测井数据研究后认为，单一测井曲线包含了足够多的信息，能够反映盆地系统的特征。但是由于测井方法所记录的物理量不同，计算结果会出现一些差别，此时必须对 D 值的含义作出合理解释。因此，在实际应用中应视所要解决的问题的不同，选择不同的测井数据序列作为计算 D 值的依据。

5. 分数维的应用

分形在地质科学中的应用广泛，如开展沉积过程和沉积层序分析（李炎等，2000）、旋回地层研究（姚益民等，2003）、古环境和古海平面的变化（李春峰，2005）、岩石孔隙空间及孔隙结构研究（王域辉，1993）、裂缝储层研究（张吉昌等，2005）、储层非均质性的定量表征（郑红军等，2005）、储层油气预测（王春梅等，1995）、选择油气田的勘探井位（段虞荣等，1997）等。

1) 确定岩性

不同的岩石和岩石组合的成因不同，后期变化也存在差别，从而导致岩层内部结构及复杂程度不同，表现出不同的分数维值，可以根据分数维值的分布范围定性判定岩石类型。一般而言，厚层砂岩D值为1.5～1.8，砂岩、泥质砂岩层的D值在2～3之间，石灰岩地层的分维值范围是1.3～2.2，若含有泥质D值还会偏高一些。表2-5为TZ401井关联分维计算结果、岩性判定与取心对照表。表中关联维用GR计算，D表示分维，A表示无标度区直线段在标度函数轴的截距。应用中发现，对厚度较大的纯地层应用效果好，对有夹层和含泥质地层可能出现误判。实际上对很薄的地层不能用这种方法计算分维。

表2-5 TZ401井分维岩性判断（据王贵文等，2000）

井段		关联分维		分维	ANN	取心
起始深度，m	终止深度，m	D	A	岩性	岩性	岩性
3367.0	3372.5	1.741	3.556	砂岩	15	15
3372.5	3380.0	1.515	3.268	砂岩	15	7+15
3399.0	3415.0	2.662	5.632	泥岩	7	7
3427.0	3432.0	1.495	2.843	砂岩	15	15
3432.0	3442.0	2.101	3.655	泥质砂岩	14	1+14+15
3442.0	3449.0	1.243	3.587	砂岩	20	20
3590.0	3502.0	2.507	4.874	泥岩	7	7
3502.0	3518.0	1.018	3.802	砂岩	1	1

注：岩性代码如下：1—石灰岩；7—泥岩；14—粉砂岩；15—砂岩；20—砂砾岩。

2）分析沉积过程和沉积层序分析

李炎等（2000）根据1982—1995年在浙江沿岸椒江口、杭州湾、象山县大目涂取得的沉积柱样层序数据系列和重复沉积界面测量序列，利用分形理论进行沉积过程及冲淤幅度的分析，认为沉积过程和沉积地层层序存在自相似结构，两者之间在无特征尺度区存在着初始值以及分数维的传递。

基本原理：如果沉积界面高程的时间序列$Z(t)$具有分形性质，在序列的任一片段，时间间隔长度（时间滞后量）$\Delta t=\tau$时的高程变幅$\Delta Z|_{\Delta t=\tau}$与时间滞后量$\Delta t=\lambda\tau$的高程变幅$\Delta Z|_{\Delta t=\lambda\tau}$（$\lambda$为大于1的正整数）之间，具有由分数维$D$连接的关系式（图2-49），其关系式为

$$\Delta Z|_{\Delta t=\lambda k}=\lambda^{2-D}\Delta Z|_{\Delta t=\tau}$$

同理，如果沉积层序的累积厚度序列$Z(n)$具有分形性质，在序列的任一片段，层数间隔数（层数滞后量）$\Delta n=k$时的厚度变幅$\Delta Z|_{\Delta n=k}$与层数滞后量为$\Delta n=\lambda k$的厚度变幅$\Delta Z|_{\Delta n=\lambda k}$（$\lambda$为大于1的正整数）之间，也具有由分数维$D$连接的关系式，具体关系式为

$$\Delta Z|_{\Delta n=\lambda k}=\lambda^{2-D}\Delta Z|_{\Delta n=k}$$

显然，具有自相似结构的沉积序列可由序列的两个参数（即分数维D和初始值$\Delta Z|_{\Delta t=\tau}$或$\Delta Z|_{\Delta n=k}$）共同表征。其中，初始值表示初始时间尺度下的沉积界面活动性，分数维展现沉积界面活动性随时间尺度的变化特征。当沉积过程为随机过程时，$D=1.5$；当沉积过程复杂性加

强时，$D>1.5$；当沉积过程趋向简单时，$D<1.50$。分数维$D<1.5$是地球物理过程的普遍规律（Mandelbrot等，1995）。

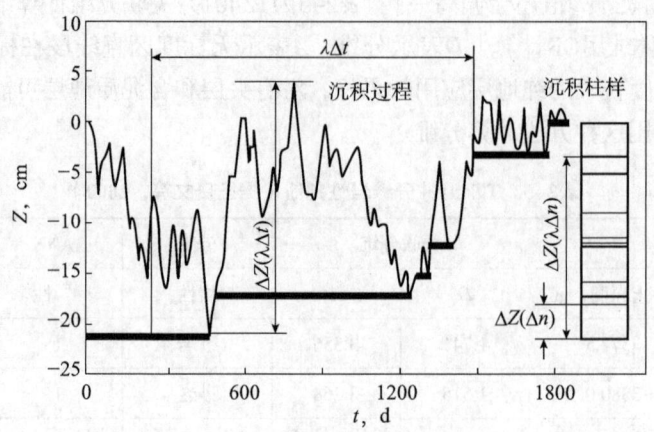

图2-49 沉积过程与沉积层序示意图

（据Feder，1988；Shabolova等，1995）

基于上述原理，李炎等通过对样本的系统分析，认为分数维反映了不同滞后层数的均方变幅的变化率：当$1.0<D<1.5$时，泥层序列变化趋于简单，如椒江沉积柱样泥层厚度序列的D值介于$1.33\sim1.43$；当$D=1.5$时，泥层厚度序列符合随机独立变量分布，如位于杭州湾南侧潮汐通道边坡的沉积柱样分数维D值在1.5附近（大于椒江口），有着比河口沉积物较大的沉积柱样序列复杂程度和较小的初始变幅，这与潮汐通道海洋动力过程影响较大而泥沙沉积通量相对较小的沉积动力学特征有关；当$1.5<D<2.0$时，泥层厚度序列变化趋向复杂。

需要注意的是，从理论上讲，测度分维反映的是地层沉积时水动力条件、沉积环境等及其变化的急剧程度，以及构造背景及后期成岩作用因素的影响，同时也包含所选曲线对沉积环境的敏感程度的影响。因此，应用测井资料计算测度分维来分析沉积序列时，首先需要对测井资料作敏感性分析，选择对沉积序列敏感的几条测井曲线。然后，采用滑动窗口（选择某一大小的窗长）的方法，计算窗口内的测度分维。

一般而言，对沉积环境变化小和相对深水稳定水动力条件，沉积地层相对均匀，相应的测井量相对集中，计算所得测度分维值较小。反之，当沉积环境变化大及水深相对变浅时，相应的测井量相对分散，计算出的测度分维相对较大。根据准层序的概念，在海泛面（湖泛面或湖侵面、洪泛面）所界定的一套地层组内，进积型准层序序列由下向上沉积环境变浅，可与测度分维向上变大周期对比。退积式准层序序列与进积式准层序序列相反。两种不同分维变化趋势转换处或相同分维变化趋势的分维值突变处，可视为可能的沉积间断面、准层序界面。

李新虎（2006）在对白音查干凹陷达28井腾格尔组SP测井曲线的层序地层分析中，采用了三种计算方法，一种是利用给定窗长和步长逐点进行计算的方法，窗长和步长分别为5m和2m；另外两种是在最优特征点限定范围内与网格的交点数和覆盖网格的个数的计算，从而获得分形维数道。在此基础上，再根据分形维数进行分形特征区间划分，最终将达28井腾格尔组共划分为20个特征段。

思 考 题

1. 简述测井资料在层序地层分析中的优点及不足。
2. 图示说明准层序的类型及其自然电位、自然伽马曲线特征。
3. 试述准层序组类型及其自然电位、视电阻率曲线响应特征,并图示说明。
4. 以陆相断陷湖盆为例,简述其构造层序类型及其测井(SP、RT)响应特征。
5. 以低水位体系域为例,简述其沉积体系类型及其测井响应特征。
6. 图示或举例说明完整或近乎完整的湖平面变化曲线、体系与构成,以及各体系域的岩性变化与测井响应特征。
7. 试述Ⅰ型层序边界的特征及其测井识别标志,并图示说明。
8. 图示说明海泛面、最大海泛面、凝缩层的测井响应特征。
9. 简述测井层序地层分析的一般工作流程。
10. 以自然电位、自然伽马曲线为例,简述测井资料在沉积旋回分析中的作用。
11. 试述如何利用测井资料识别沉积间断,并图示说明。
12. 试分析气候变化对陆相湖盆层序发育的影响及其测井响应特征。
13. 简述基准面旋回的基本结构类型,并举例或图示说明其岩性纵向组合及测井响应特征。
14. 举例说明测井曲线变化趋势数学分析方法及其在层序地层分析中的应用。

第三章 测井沉积学研究

第一节 概　述

一、测井沉积学的基本含义

测井信息是地层岩石物理性质的反映，岩石物理性质影响甚至控制着其中的流体性质，而流体性质又依赖于沉积物沉积后的成岩和沉积相特征，因此可以说测井资料中蕴藏着大量的沉积学信息。测井和沉积学之间存在着密切关系，为应用测井资料开展沉积学研究提供可能。

自20世纪60年代以来，随着沉积学的迅速发展以及测井技术的进步，地下沉积学研究也取得突破性进展。其中，最早系统整理测井资料地质应用的是S.J.Pirson（1978）的《测井资料地质分析》，其核心是把测井资料用于油区沉积学研究，进而描述油气储层。用测井曲线的模式来解释沉积环境，奠定了用测井曲线进行沉积学分析的基础。就油气田勘探与开发而言，测井资料已是地下沉积学研究特别是解释古环境不可缺少的一种地质信息。在钻井数较少以及取心不连续等条件下，测井资料显示了较强的优势。

测井沉积学概念的提出可追溯到陆凤根1988年发表的两篇文章，即《测井沉积学基础》和《测井沉积学方法和应用概述》。1999年尹寿鹏、王贵文系统总结了测井沉积学的概念、研究方法及内容，以及计算机技术和数学方法在测井沉积学解释中的应用等问题，认为测井沉积学是新近发展起来的一门新的边缘学科，是以测井资料为主，在油区沉积学研究覆盖下，与其他学科和技术紧密结合的一种专门的多井测井评价技术。

编者认为，测井沉积学是指以测井资料及解释技术为主，结合其他学科和技术，开展油区或地下沉积学研究，进而描述油气储层的一门学科。

测井沉积学早期研究侧重于常规测井资料，如自然电位、电阻率、感应、密度、中子等测井信息。20世纪80年代以来，倾角测井及成像测井（主要是裸井眼微电阻率成像测井FMI和井下声波电视CBIL）资料在沉积学研究领域得到广泛使用，提高了地质目标的分析精度和分辨能力。特别是成像测井技术的不断改进，不仅可以提供更多的地层信息，如地层产状、沉积层理、古水流方向、岩相渗透屏障及孔隙类型等，在地球物理测井中具有最高的分辨率，而且更为直观，可以更加准确地进行沉积特征的识别和沉积环境的解释。

除了上述经常使用的常规测井、倾角测井和主要的成像测井技术之外，对于测井沉积学研究而言，一些新的测井技术正在得到逐步的推广和应用。如阵列感应成像测井可提供多种纵向分辨率及探测深度的感应曲线，反映地层层理和侵入特性等信息；伽马能谱测井可用于泥质含量、黏土矿物和氧化还原环境分析等；地球化学测井技术已成功地用于大洋钻探计划（ocean drilling program，ODP）中，分析火成岩和变质岩的演化及分布规律。此外，核测井可测量大量矿物和地球化学信息，根据元素分析结果可计算推定矿物类型、开展成岩作用研究。尽管目前核测井应用范围还较小,但通过实验室分析等手段进行标定后,核测井的应用前景广阔。

由此可见,综合利用测井信息进行沉积学研究不仅成为测井资料地质应用的一个新领域,在沉积学领域又开创了一个新的方向,丰富了沉积学的研究手段;随着测井技术的不断更新与发展以及测井资料解释方法的完善,综合不同来源、不同性质及不同尺度的定性和定量信息,尤其是新一代成像测井技术的应用,从测井资料中所获取的沉积学信息越来越丰富,大大补充了钻井取心的不足,不仅使得基于测井资料的沉积学研究增添了活力,而且在油藏开发地质研究领域不断得到新的突破。

同时,从测井沉积学研究的背景来看,单纯利用测井资料进行沉积学分析是不够的,必须建立在扎实的沉积知识的基础之上,充分了解沉积特征与测井参数(测井响应)之间的关系,同时参考野外露头测量、岩心测井和地震分析的结果,选取适应地质特点的数学方法,利用先进的计算机技术,测井沉积学才能在油气勘探和开发过程中发挥应有的作用。不仅如此,用测井资料开展沉积学研究,不仅需要尤其关注方法的优选和模型的建立,还必须根据研究地区和研究目的的差异,对方法和模型不断改进和完善。

二、测井相的定义及相标志

1. 测井相的定义

测井相分析源于20世纪50年代,由美国Shell-Pecten公司的工程师在研究密西西比三角洲时提出,主要利用自然电位曲线进行相分析。从此,自然电位测井曲线在沉积环境和相分析中得到逐步推广,并由自然电位测井扩展到其他测井。测井分析家O.Serra于1979年正式提出电相(electrofacies)的概念,认为电相是"描述一个层的特征,并使它能与其他层相区别的一套测井响应"。

我们可以将电相(即测井相)理解为表征地层特征并可以使该地层与其他地层区别开来的一组测井响应特征集。该测井响应特征集实际上是一个n维数据向量空间,每一个向量代表一个深度采样点上的几种测井方法的测量值,如自然电位(SP)、自然伽马(GR)、井径(CAL)、声波时差(AC)、密度(DEN)、补偿中子(CNL)、微球形聚焦电阻率(R_{xo})、中感应电阻率(R_{IM})、深感应电阻率(R_{ID})构成的一个9维向量,即为一个常用的测井测量向量。例如,厚度2m的某地层,有16个采样点,则有16×9的测井数据集可以表征该地层。除此之外,为了更清楚地表征地层特征,还可以使用测井资料处理结果,如孔隙度(ϕ)、渗透率(K)、含水饱和度(S_w)、骨架参数(V_{ma1}、V_{ma2}、V_{ma3})以及泥质含量(V_{sh})、粉砂指数(SI)等来表征。

测井相分析就是利用上述测井响应的定性特征以及定量参数值来描述地层的沉积相。除此之外,在实际应用中还有赖于自然伽马能谱测井、地层倾角测井、成像测井等多方面的资料。由此可以说,测井系统及测井技术越完善,测井质量越好,测井相反映实际地层沉积相的客观、可靠程度也就越好。同时,鉴于测井资料的间接性,测井相分析难免存在多解性和不确定性,有赖于地质资料的数量以及所建立的精细地质模型的约束。

我国利用测井曲线分析沉积环境和沉积相也是由自然电位测井开始的,并很快发展到其他测井方法。1984年中国地质学会召开的测井技术座谈会上,有多篇文章介绍了测井相分析的成果。1989年中国石油学会测井分会以测井地质应用为专题,报告了各油田、各石油地质部门有关测井地质应用的动向、经验、成绩,其中测井相分析方面的论文比重最大,涉及的内容包括测井相分析的原理、分析技术、应用效果,表明我国石油行业测井相分析不仅开展普遍,而且进展很快、成效喜人。

2. 测井相分析的基本原理

形成于不同沉积环境的地层，因其岩石成分、沉积体内部结构、沉积构造等差异而导致测井响应的不同。测井相分析的基本原理就是从一组能反映地层特征的测井响应中，提取测井曲线、图像的变化特征，包括幅度特征、形态特征等，以及其他测井解释结论，如沉积构造、古水流方向等，将地层剖面划分为有限个测井相。鉴于地层的非均一性、测井相与沉积相之间的非一一对应关系等，由测井相到地质相的转换，不仅要以区域地质背景特别是区域沉积环境及沉积过程为指导，更要充分利用研究区岩心等直接地质资料相分析结果对各个测井相进行刻度，应用数学方法及知识推理确定各测井相到地质相的映射转换关系，并以该"映射转换关系"为依据，最终实现利用测井资料描述、研究地层沉积相的目标。

3. 测井相标志

众所周知，地质学家研究沉积相的依据是相标志，包括岩性特征（岩石的颜色、成分、结构、构造、岩石类型及其组合）、古生物特征（生物的种属和形态）以及地球化学特征。其中，岩石的颜色、化石等特征不会明显地改变岩石的物理性质，地球物理测井对它们没有响应；而岩石的成分及岩石类型、结构和构造、岩石组合及界面特征，乃至一些特殊的局部地质事件，在测井资料上有不同程度的响应。

实践表明，包含岩石的成分及岩石类型、岩石结构和构造、岩石组合及界面特征等信息，有助于提取相标志的测井方法或测井资料很多，如自然电位、电阻率、自然伽马、自然伽马能谱、补偿中子、补偿密度、岩性密度、井眼补偿声波、中子伽马能谱、地球化学测井、井径、地层倾角（HDT、SHDT）、地层微电阻率扫描（FMS、FMI）、井下声波电视（CBIL）等，而且各类测井曲线所反映沉积相标志的作用有所不同。因此，开展具体测井相分析之前，需要考虑三个方面的问题：①根据常规测井曲线及处理成果、地层倾角测井曲线及其处理成果、成像测井图像等，可以解释出哪些基本的相标志；②根据研究区地质特别是沉积特征，选择有效的测井组合；③搜集岩心、岩屑资料，总结不同岩性测井响应（特征值）。下面重点从第一个方面作一简要分析。

常用的基本相标志主要包括四大类：

1）确定岩石组分的测井相标志

岩性及其矿物组分可以由自然伽马能谱测井、岩性密度测井、地球化学测井确定，也可以通过岩性密度与补偿中子双孔隙度法，或声波时差、中子及密度组成的三孔隙度测井的 M-N 交会图和岩石骨架识别图（MID图）来分析获得，还可以由反映矿物组成的一些测井响应值建立多元线性方程组，选用适当的程序获得构成岩石的几种主要矿物及其含量的解释剖面。这不仅有助于开展沉积相研究，而且也有利于储层的认识与评价。

2）判断岩石结构的测井相标志

岩石结构是指岩石各组成部分的形态特点及相互关系，如颗粒的外形大小、表面性质，它可以反映岩石的类型、成因、变化等。以碎屑岩为例，碎屑结构包括三个方面的内容，即碎屑颗粒本身的特点（粒度、球度、圆度、形状、分选性及表面特征）、胶结物的特点（结晶程度和晶粒大小）以及碎屑与胶结物之间的关系（胶结类型或支撑类型）等。岩石的结构参数可以通过相应的测井方法及组合加以识别（表3–1）。自然伽马、自然电位、电阻率曲线均可在一定程度上反映粒序变化和韵律特征。颗粒的分选可以由自然电位及孔隙度测井来判断。颗粒的定向性可以用地层倾角测井资料所作的方位频率图来确定。地层微电阻率扫描成像测井图像可以清晰显示砾岩层性质,如颗粒支撑砾岩表现为高阻层,对比不连续;基质支撑砾岩表现为泥质部分低阻,砾石造成孤立的高阻,曲线对比性差。为了定量刻画岩石粒度的变化,可采用统计方法,建立岩石粒度中值与测井响应之间的关系（模板）。基于岩石颗粒大小、分选程度与水体深度存在相关性,且随黏土含量增加,岩石颗粒变细;岩石孔隙度增大,颗粒的分选程度相应变好,J.F.Goetz等进一步建立了孔隙度、泥质含量与颗粒大小和分选性（分选程度）之间的关系,并由此可以推理,建立孔隙度、黏土含量与沉积能量的关系,分析沉积环境。

表3-1 岩石结构参数的测井方法（据周远田,1992）

岩石结构参数		所用测井方法
颗粒	大小	深、浅侧向,中、深感应,微电极,微侧向,球形聚焦,微球形聚焦
	分选（磨圆度、球度）	补偿密度、岩性密度、补偿中子、井壁中子、补偿声波、电磁波传播、自然伽马能谱、中子寿命
	分选、堆积	深、浅侧向,中、深感应,微电极,微侧向,球形聚焦,微球形聚焦,补偿声波,电磁波传播
基质	含量性质	深、浅侧向,中、深感应,微电波,微侧向,球形聚集,微球形聚焦,自然电位
胶结物	含量性质	深、浅侧向,中、深感应,微侧向,微球形聚焦

3）判断沉积构造（古水流）的测井相标志

沉积构造中,最重要的相标志是层理和层面特征,可通过地层倾角测井、地层微电阻率扫描成像（FMS、FMI）、井下声波电视（CBIL）等识别。无论是地层层面还是层理面,在物理性质上,如导电性,只可能以差异表现出来,故测井方法既能识别层面,也能识别层理。同时,鉴于地层层面和层理面在成因、物质基础（组成）、外表形态的差异性,其中地层层面两侧的物性差异较大,而层理面两侧的物性差异则不一定很明显,因此层理的识别较为困难。除了利用测井值的差异判别层理外,还需要结合地层倾角矢量图,在分析各种层理的倾角、倾向规律的基础上,予以区分和识别（图3-1）。在地层倾角测井中,SHDT测井资料可以更好地显示层面的连续性、成层性、平整性及上下层面的平行性等,因此可以更为准确地识别沉积构造类型。

地层微电阻率扫描成像测井是一种分辨率极高的测井方法,可以把岩石导电性的差异处理成16种级别的灰度图像或256种颜色图像,对了解岩石的微细结构是非常有利的。FMS及FMI图像可识别双向交错层理、递变层理、虫孔、生物扰动构造等。

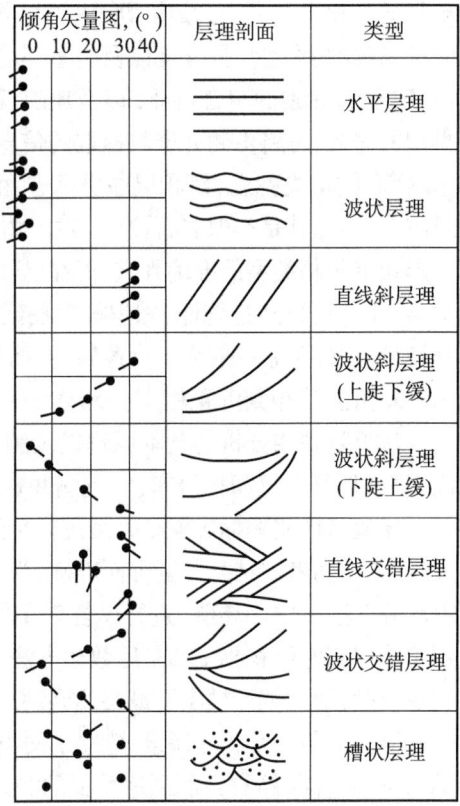

图3-1 常见层理的地层倾角模式
（据何登春等,1984）

4）识别沉积层序的测井相标志

测井资料能提供全井段有关层序的多方面信息，既可通过自然电位、自然伽马测井的曲线形态、幅度及其在纵向上的组合变化，也可利用测井多变量参数，以研究沉积旋回性质、规模、数量等变化，还可利用成像测井识别和分析层序。

除了上述相标志外，还有一些局部地质现象，如团块、结核、虫孔、黄铁矿等，对沉积相鉴别具有特殊意义。这些地质现象规模较小，往往与背景物质的物理性质存在较明显差异。运用地层倾角测井、地层微电阻率扫描成像、井下声波电视等高分辨率测井方法，有时可辨识其存在。例如钙质结核多表现为急剧增加的电阻率，但范围很小，在地层倾角测井的微电阻率曲线上，仅在一条或两条曲线上有高阻异常。虫孔在测井曲线上较难辨认，仅当其范围较大、较密集或数量较多时，对原有沉积构造、层（理）面产生破坏，并有类似于裂缝的响应。黄铁矿对测井的影响既取决于测井方法，又与它在岩石中的分布形式有关。对分散状的黄铁矿，随其含量增加和测量电流频率的升高，测得的视电阻率下降。若黄铁矿个体比较大，在地层微电阻率扫描、井下声波电视等成像测井中的显示就更加明显。

4. 测井相标志与沉积相标志的关系

前已述及，不同的沉积相，因其岩石成分、结构、构造等差异而导致测井响应的不同，测井相中数据向量的每一维均可称作一个测井相标志。沉积相标志一般是指最能反映沉积相类型的一些特有的标志，包括地质方面的标志，地球物理方面的测井曲线和地震反射结构、外部形态等标志。此处的沉积相标志主要是指地质方面的标志，包括岩性标志（包括沉积岩的颜色、矿物成分和岩石类型、结构、沉积构造、沉积序列、岩体形态等）、古生物标志（包括古生物化石的种属类型、数量、分异度以及生态环境特点）、地球化学标志（包括特殊的沉积矿物、稳定同位素、微量元素的组合特征，以及反映沉积环境特征的多种地球化学指标）。考虑到识别沉积相类型的需要，可将由测井资料提取的信息合并为4大类相标志：岩石组分类标志、岩石结构类标志、沉积构造类标志、沉积层序类标志。由此可以看出，测井相标志与沉积相标志之间并非一一对应关系。尤其是类似岩石颜色、古生物、地球化学指标等标志，在测井资料中不可能确定，势必影响沉积相类型的准确判定。但在已知油气田地质背景特别是大的沉积背景（包括相组和相类型）时，可以经过统计、知识推理找到判断亚相、微相的组合对应关系，这种关系就是所谓解释模型。这种关系一般表现为逻辑的，而非数量的。

5. 由测井相到沉积相

基于测井相分析的基本原理以及测井相标志与沉积相标志的关系，为了利用测井资料准确、高效地开展沉积相研究，实现测井资料的沉积亚相、微相判别，需要对已建立的各种测井相标志模型与地质相标志模型关系进行精细刻画，包括各沉积亚相、微相"地质—测井"的刻度及反演，使两者"结合"紧密而准确，为此需要特别关注两个问题：一是必须紧紧抓住"岩心刻度测井"这一中心环节，进行反复刻度和反演，总结出针对不同沉积亚相、微相的测井相标志，用于确定测井沉积相；二是用数学方法及知识统计、推理确定各个测井相到地质相的映射对应关系，即所谓"解释模型"，最终达到利用测井资料来描述、研究地层的沉积相。

根据长期的实践与探索，建立了两类若干种测井解释模型，以有效开展测井沉积学研究。一类为反映岩性特征、沉积层序特征的测井解释模型，该类模型主要应用常规组合测井的曲线特征及计算机处理结果来建立；另一类模型为反映沉积体内部结构、沉积构造及古水流系统的测井解释模型，该类模型应用地层倾角的微电导率曲线精细处理成果和成像测井图像来完成。

图3-2给出了由测井数据经资料处理生成测井相（标志）再过渡到具有明显地质含义的沉积相的映射关系，目前的测井沉积学解释系统大多按此模型集成。

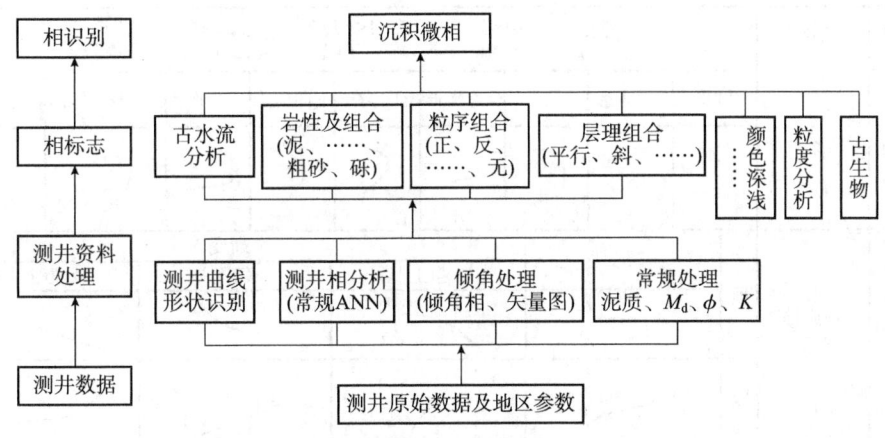

图3-2　由测井相到沉积相的逻辑模型

第二节　岩石组合及层序的测井解释

一、测井曲线的一般特征

1. 常规测井曲线

20世纪60年代，S.J.Pirson首先应用自然电位曲线解释沉积环境，总结出几种主要成因类型砂体的典型曲线形态，开辟了测井资料用于岩相研究的新领域。1976—1980年，马正等对黄骅地区大量测井曲线（主要是自然电位曲线）进行了分析综合，总结出了一系列典型特征，并应用于该区古近纪沉积的岩相及环境解释，取得了很好的效果。目前，利用测井曲线进行油气储层沉积相研究已成为一种重要手段。

1）测井曲线幅度特征

影响测井曲线幅度的因素很多，包括地层的岩性、厚度、流体性质，等等。一般而言，较强能量沉积背景下形成的颗粒粗、渗透性好的砂岩，具有高SP负异常和低GR特征；反之，细粒沉积物，如泥岩、泥质粉砂岩等，具有低SP幅度、高GR特征。在砂岩厚度大于2m、相同比例尺下，可以按幅度与厚度的比值分为低幅（$x/h<1$）、中幅（$2>x/h>1$）和高幅（$x/h>2$）三类。幅度越大，岩石颗粒越粗，反映沉积时水流能量越强。在实际应用中，应针对不同地区的地质、地下流体性质等情况，在岩心观察基础上建立适应本地区的岩性与测井信息之间的联系。

2）测井曲线形态特征

物源供应、水动力等条件的不同或变化，势必造成沉积物组合形式和层序特征（正旋回、反旋回、块状）的不同，反映在测井曲线上就是不同的测井曲线形态。因此，通过曲线形态分析有助于了解粒度和分选性垂向变化。

单层形态有单一型和复合型两类。单一型主要包括箱形、钟形、漏斗形、指形和齿形。复合型常见的有漏斗形—箱形、箱形—钟形和漏斗形—箱形—钟形（自下而上）等。单层较厚时，常呈单一的箱形、钟形、漏斗形或复合型；地层厚度较小时，常表现为齿形或指形。

图3-3是被广泛采用的测井曲线形态特征与沉积物层序特征和沉积环境之间的关系图。在实际应用过程中,应根据地区情况建立本地区图版。

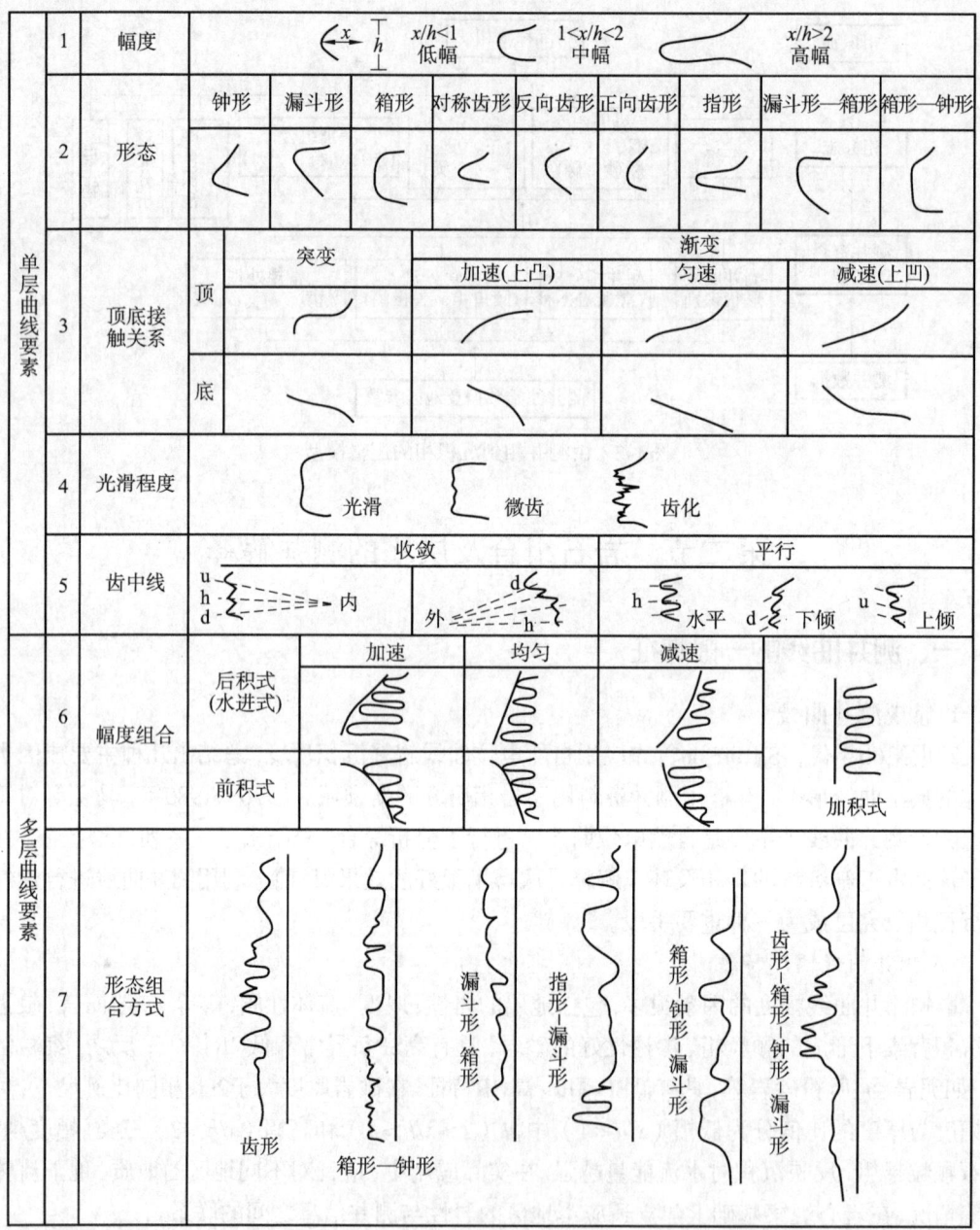

图3-3 自然电位曲线要素图(据马正,1982)

① 箱形,或称柱形、圆柱形,测井曲线上下幅度一致(图3-4),反映沉积过程中物源供应丰富、水动力条件稳定下的快速堆积。

② 钟形,测井曲线下部幅度最大,向上逐渐减小(图3-4),是水流能量逐渐减弱或物源供应越来越少的表现,反映正粒序结构或水进层序,常见于曲流河点沙坝沉积体。

③ 漏斗形,测井曲线形态与钟形相反(图3-4),属水动力能量逐渐增强和物源区物质供应

增多背景下的表现,垂向上呈水退的反粒序,常见于三角洲前缘砂体、岸外沙坝沉积。

④ 齿形,反映沉积过程中能量的快速变化,可细分为对称和不对称型,后者再分为正向齿形和反向齿形两类,在冲积扇、辫状河及浊积扇沉积中常见。正向齿形一般反映水下冲刷充填沉积,具正粒序特征;反向齿形反映水道末梢前积式席状砂沉积,具反粒序特征;对称齿形代表急流作用下的席状沉积,具对称粒序特征。

⑤ 指形,是一种特殊的齿形,曲线幅度明显高于齿形,反映强能量作用下的均匀粗粒沉积,如滩砂沉积。

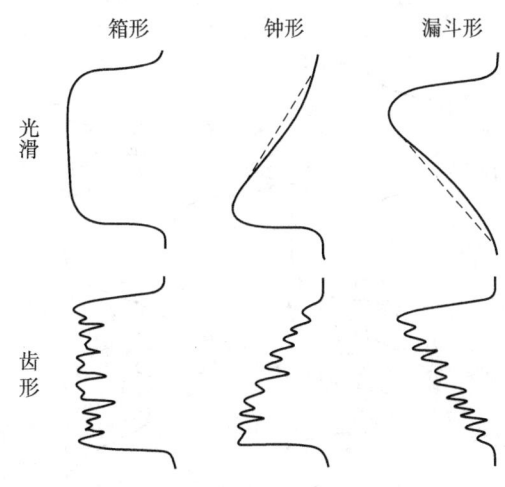

图3-4 自然电位及自然伽马曲线形态

⑥ 复合型,表示由两种或两种以上的曲线形态组合,反映由一种水动力环境向另一种环境的转变。如下部为箱形、上部为钟形组合而成的箱形—钟形复合,表示水动力由相对稳定向水动力逐渐减弱环境的变化。

3)顶底接触关系

顶底接触关系反映砂体沉积初期、末期水动力能量及物源供应的变化速度,有渐变和突变两种。渐变又分为加速渐变、匀速(或线性)渐变和减速渐变三种,在曲线形态上表现为凸形、直线和凹形。

底部突变反映上、下层之间的冲刷面,上层沉积物源供应急剧增多。底部渐变分加速渐变、匀速渐变和减速渐变三种,水下河道底部常表现为加速渐变;底部匀速渐变常见于季节性河道沉积或天然堤、漫滩沉积;岸外沙坝底部常表现出减速渐变特征,反映物源供应不足。

顶部突变代表物源供应的突然中断。顶部加速渐变代表沉积后期水流急剧减弱或物源供给迅速减少,如废弃河道砂;顶部匀速渐变代表匀速能量减退过程,如曲流河的点沙坝顶部沉积;顶部减速渐变代表能量和物源供应的缓慢减退,如水下河道砂的顶部。

4)曲线光滑程度

曲线光滑程度属曲线形态的次一级变化,取决于水动力条件对沉积物改造持续时间的长短,既反映了物源的丰富程度,也反映水动力能量的强度。曲线光滑程度可分为齿化、微齿、光滑三级。齿化多代表间歇性、韵律性沉积的叠置,或各种物理化学量较大且频繁变化下的沉积;光滑代表物源供应、水动力作用长期而且稳定下的沉积,淘洗较为彻底,如滩砂;微齿介于齿化和光滑之间,代表物源充分但改造不彻底,如河道沉积,也可代表河流季节流量不同引起的粗细变化。

前述的箱形、钟形、漏斗形等曲线形态,均可进一步细分为光滑、微齿和齿化。

5)齿中线

齿中线指齿形或其他形态曲线上次一级齿的中线。根据齿中线的相互关系,可以分为平行和收敛(相交)两大类。齿中线及其相互关系(或组合)可反映沉积物特征。

当齿的形态一致时,齿中线相互平行,反映能量变化的周期性,可进一步划分为下倾平行、水平平行和上倾平行三类(图3-5)。其中,齿中线水平平行反映薄层滩砂、堤岸砂、扇和席状砂加积式堆积特点;齿中线下倾平行代表正粒序的韵律层沉积,而齿中线上倾平行代表水道末梢

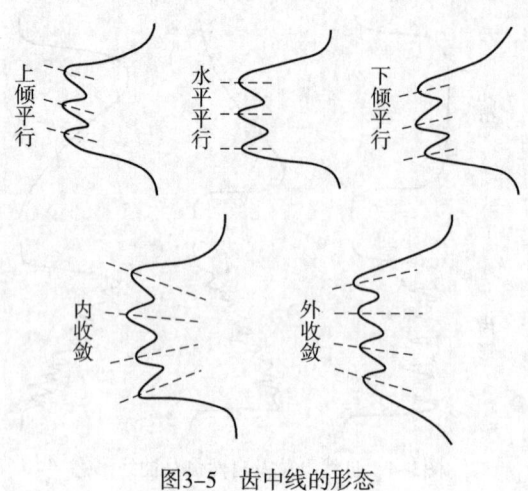

图3-5 齿中线的形态

前积式沉积组合。

当齿形不一致时，齿中线将收敛（相交），分为内收敛和外收敛两类，各反映不同的沉积特征。齿化的箱形（或钟形）曲线，其齿中线具有内收敛的特点，底部齿中线上倾，中部齿中线水平，上部齿中线下倾，齿中线相交于曲线右侧，反映河道沙坝由初期冲刷滞留沉积、中期较均质的河道砂堆积及末期出露水面前充填式堆积三个阶段组成。齿化—微齿的漏斗形曲线，齿中线具有外收敛特点，其底部齿中线近于水平，往上齿中线下倾，且逐渐变陡，齿中线相交于曲线左侧，为水下坝体（河口坝）向上建设时层面产状逐渐变陡所致。

6）多层的幅度组合

幅度组合指多层曲线的包络线类型，显示较大层段内连续沉积的垂向层序特征，反映多层砂岩在沉积过程中的能量、物源供应量变化及其变化速率。包络线可分为加积式、后积式和前积式三种。后积式与前积式又可分为加速、匀速和减速三个亚类（图3-6）。利用多层的幅度组合特征不仅有利于应用各种已建立的标准相模式开展相分析，较依据单层更为可靠，而且更利于开展井间对比。

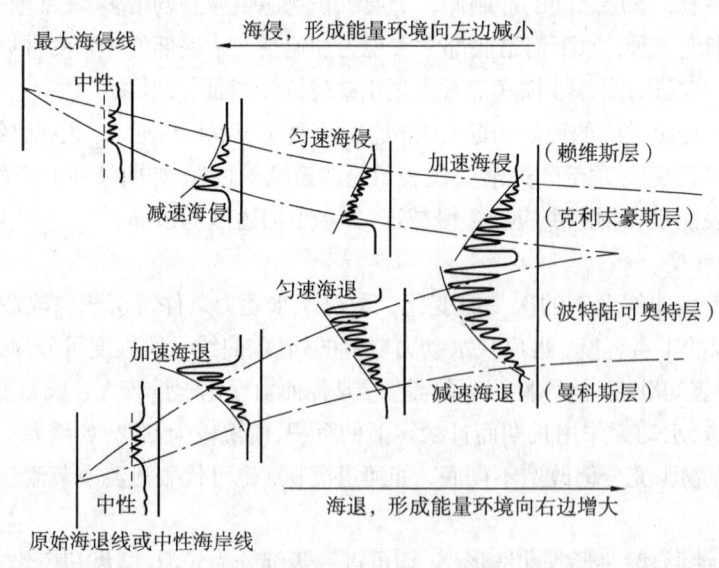

图3-6 多层的幅度组合（据S.J.Pirson，1984）

2. 地层的倾角测井微电导率曲线特征

与常规曲线相比，地层倾角测井采样间隔更加细密，可以反映地层的岩性成分、含流体性质及砂岩的细微特征。在含流体性质一定的情况下，微电导率曲线基线的突变往往代表不同岩性转换面（图3-7），微电导率曲线的包络线可以反映粒序变化微旋回特征（图3-7、图3-8），为我们在岩心观察描述、常规测井曲线约束下研究岩石内部结构变化和成分变化提供了更精细的方法手段。具体而言,将四条微电导率曲线与自然电位、自然伽马曲线等常规曲线配合,并比对岩心观察描述,可以开展如下分析和研究:

① 根据曲线形态和曲线的相似性可以粗略判断岩性、划分微细旋回。

② 向上变细或向上变粗的层序,直接使用微电导率曲线或其合成的电阻率曲线进行精细研究(图3-7)。

③ 根据四条微电导率曲线的相关性分析砂体内部结构:无明显层理的均质砂体或具有细纹层、大型层理的砂岩,一般而言,四条微电导率曲线相关性性检验很差。

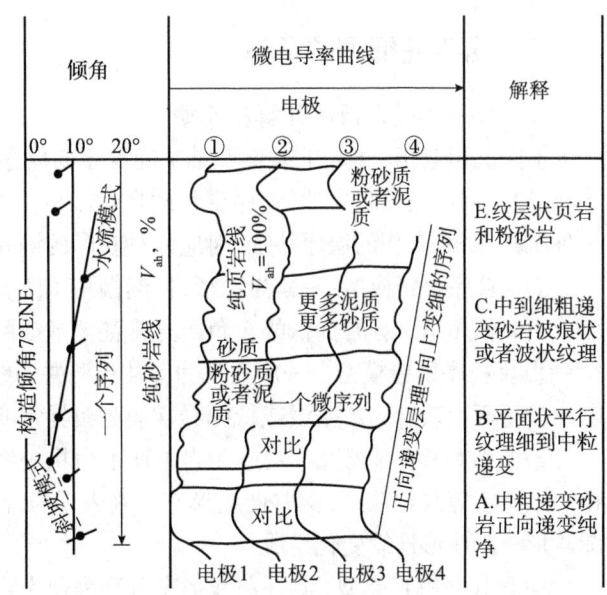

图3-7 倾角测井微电导率曲线反映的沉积韵律
(据王贵文等,2000)

④ 可以利用四条微电导率曲线特征值的平行度判别平行以及非平行层理。

⑤ 特殊结构与构造的分析。根据四条微电导率曲线异常或电阻率异常相似性(如异常值的平行度、完整性、所涉及的极板数等),进行层理、纹层精细对比及合理解释,判断是否属于卵石、透镜体、裂缝及其他特殊结构或构造。

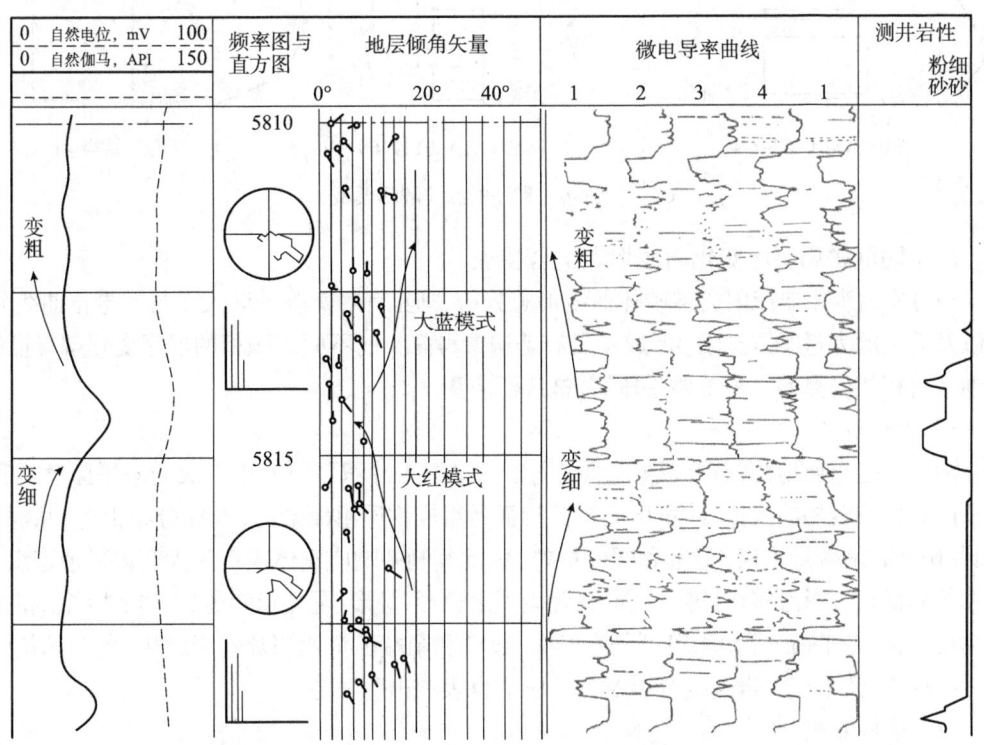

图3-8 河东1井中正、反旋回的实际地层倾角响应(据欧阳健等,1999)

二、层序特征测井解释

1. 层序基本模型及测井解释模型

不同沉积亚相、微相的岩性及其垂向粒序变化存在差异,导致其测井曲线形态及变化上的差异。通常用可用反映岩性、粒序变化的自然伽马(GR)、自然电位(SP)的形态组合来反映每一种沉积亚相、微相的层序特征。对应四种粒序的测井解释模型分别为:

①正粒序解释模型:一般为钟形,自然伽马(值)向上逐渐增大,自然电位一般表现为自下而上由高幅(负)异常向低幅(负)异常甚至基线附近变化(图3-9)。

②反粒序解释模型:一般表现为漏斗形测井曲线,即自然伽马(值)向上逐渐减小,自然电位自下而上表现为由基线或低幅异常向高幅异常变化(图3-9)。

③复合粒序解释模型:对应于自下而上由粗→细→粗、细→粗→细、粗→细→粗→细、细→粗→细→粗→细、粗→细→粗等复合粒序,测井曲线形态分别表现为钟形→漏斗形、漏斗形→钟形、钟形→钟形、漏斗形→漏斗形连续变化组成。

④无粒序解释模型:测井曲线形态分别表现为箱形(柱形)或平直测井曲线,自然电位及自然伽马曲线形状自下而上幅度不变或只是细微齿化(图3-9)。

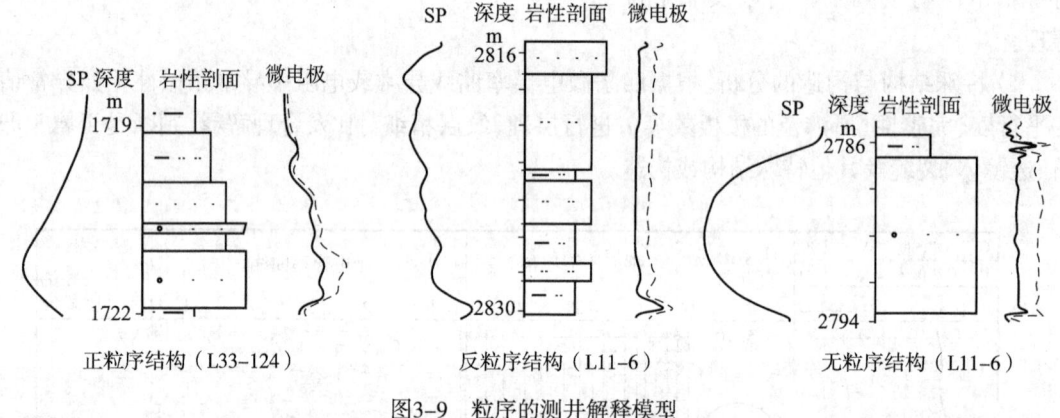

图3-9 粒序的测井解释模型

2. 不同沉积相层序变化曲线形态组合特征

经过皮尔森主要成因类型砂体曲线形态分析、马正等对黄骅地区大量自然电位曲线分析总结以及后人的大量实践探索,形成了具有普遍参考意义的不同沉积相的层序变化解释模型,成为油区沉积相研究的一种重要手段,并被广泛应用。

1)冲积扇

冲积扇是指山地河流或间歇性洪流涌出山口进入冲积平原处所形成的向平原倾斜和延伸较长的扇体或较短的锥体。冲积扇的岩性特征是组成物质粗而杂乱,粒级分布很宽,从泥、砂到巨砾。砾和砂的含量很高,分选和圆度均差,因此其测井响应整体表现为大套齿形形态组合,幅度中等到低幅;形态多样,多个齿形叠置呈现出箱形、钟形、漏斗形等轮廓;齿中线以相互平行为主要特征。在平面上,冲积扇可分为扇根、扇中和扇端三个亚相及若干微相,各个部位由于水动力强弱不同,形成的岩层组合以及测井响应也表现出明显差异。

(1)扇根亚相

扇根可分为河道部位与非河道部位。其中非河道部位以泥石流堆积为主要特点,由于泥砂混杂，渗透性极差，到末期转化为紊流性泥石流甚至洪水流时，沉积物的渗透性相对变好。因此每一期泥石流堆积的曲线呈低幅度、反向齿形，多期泥石流沉积的幅度组合为前积式包络线（图3-10）。扇根主河道沉积发育在早期的泥石流沉积之上，因水流的冲刷搬运力强，沉积有滞留的碎屑支撑砾岩，底部常有残留的泥石流层。每期的主河道沉积厚度不大，曲线表现为中幅、正向或对称齿形，齿中线下倾或水平。

（2）扇中亚相

扇中亚相的辫状水道发育，水浅流急，河道堆积快，造成河道迁移速度也快。堆积物以砾、砂为主，有时多河道沉积相互叠置形成厚层甚至巨厚粗碎屑沉积。扇中亚相具有齿化的箱形、钟形及齿化的箱形或钟形叠加曲线特征（图3-10），齿中线水平或下倾并相互平行。

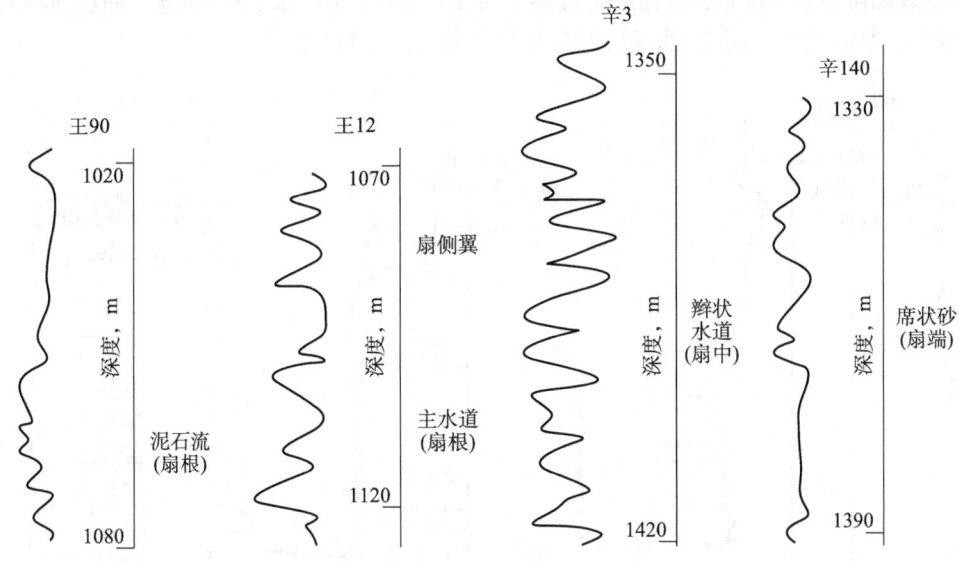

图3-10 冲积扇沉积典型曲线（济阳坳陷新近系）

（3）扇端亚相

扇端亚相为席状泛滥的砂质沉积夹透镜状砾石层。测井曲线表现为接近于泥岩基线的平直段、低幅弹簧状夹中—低幅的反向齿形曲线，齿中线上倾。扇端前缘可以过渡为盐湖、河流或滨海（湖滨）沉积。

除了以上三个亚相之外，在扇体外侧，主要是扇中外侧，发育有漫堤侧翼沉积，类似于河流相的漫滩沉积，沉积时能量较低，颗粒偏细，偶有沼泽相的碳质层。测井曲线表现为低幅齿形曲线组合，齿中线以水平为主，且互相平行。

从剖面上看，冲积扇在发育过程中，由于沉积速率、盆地沉降速率的变化，因此冲积扇体发生进积、退积或侧向移动。冲积扇相的纵向层序有向上变细的正旋回序列、向上变粗的反旋回序列以及旋回性不明的混合序列三种类型。以较为常见的向上变细的正旋回序列为例，物源供应的减少、构造运动的减弱造成向上变细的层序，即从扇根泥石流到扇端席状砂的层序为主要形式出现。

2）河流相

河流相是指由河流或其他径流作用形成的一套沉积物或沉积岩特征的综合。根据弯度指数（河道长度与河谷长度的比值），可以将河流分为顺直河、曲流河、辫状河和网状河4种类型。一一般而言,河流可以分为上游的辫状河及中、下游的曲流河两部分。

（1）辫状河

辫状河是指宽度与深度比值大于40、弯度指数小于1.5的河流,以心滩发育、河道频繁交叉、合并为特征。辫状河多发育在山区或河流的上游地段的冲积扇上,河床坡度大、水流急,河道浅而窄,沉积物粒度较粗,砂砾岩发育,沉积构造有块状层理、大型槽状交错层理、单组大型板状交错层理等。

上游辫状河道与冲积扇扇中辫状河道特点一致,河道宽而浅且迁移速度快,主要形成分布广泛、层层叠置的河道沙坝沉积,天然堤不甚发育。辫状河相表现为砂多泥少（俗称"砂包泥"）的层序组合。河道沙坝的测井相应以箱形曲线为主（图3-11）,由上游、中游向下游方向,曲线齿化程度逐渐降低,曲线形态由箱形叠置逐渐向孤立箱形、宽指形、钟形过渡,而泥质增多,泥岩厚度增大,基线逐渐变明显,曲线形态由齿化向微齿、光滑过渡。

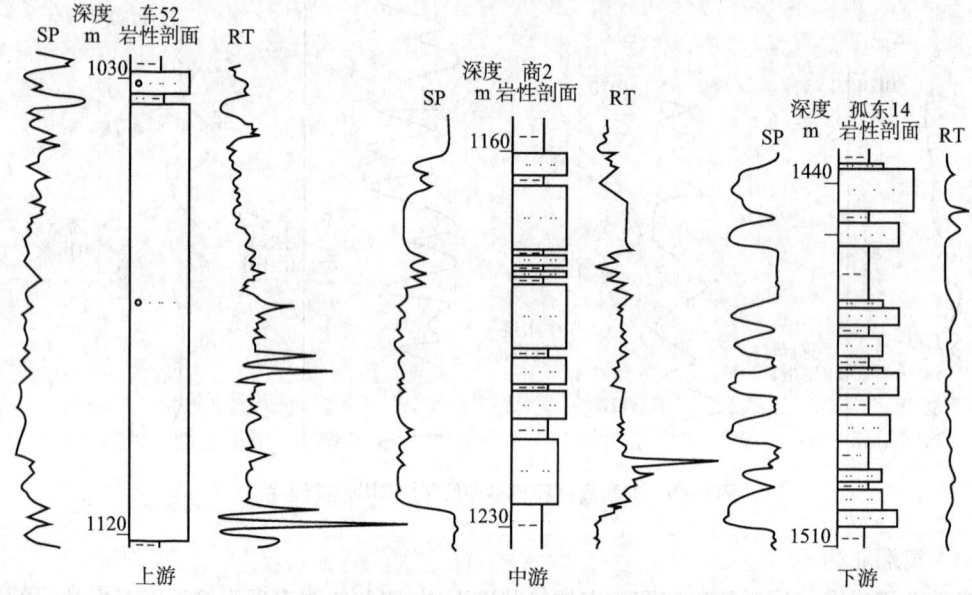

图3-11　辫状河沉积典型曲线（济阳坳陷新近系）

（2）曲流河

曲流河是指弯度系数大于1.5的河流,单河道且较稳定,宽深比小于40,发育在河流中、下游地区。曲流河仅占有同期冲积平原的极小部分,由活跃河道、废弃河道和近河道亚环境组成。相对于辫状河,曲流河沉积物粒度较细,以砂、泥为主。测井曲线总体为平直段背景上中等幅度的钟形和箱形曲线组合,不同的亚相、微相及其组合表现出不同的测井响应（图3-12）。

① 河床亚相：

河床亚相可进一步细分为河床滞留沉积和点沙坝两个微相。河床底界多发育冲刷面,与下伏地层呈突变式接触关系,向上发育有河床滞留沉积（包括底砾岩及未被带走的其他粗碎屑等沉积）、点沙坝。其中,点沙坝发育在活跃河道凸岸一侧,由河道侧向迁移（侧积）形成,向上渐变为堤岸砂和漫滩泥,整体上表现为一套下粗上细的正韵律沉积（图3-12）,在测井曲线上表现为特征的钟形或钟形轮廓,齿化到微齿,齿中线内收敛。河床滞留沉积一般厚度不大,向上渐变为点沙坝,总体呈钟形或钟形轮廓,或表现为上下较为均匀的河道砂（即河床充填沉积）,测井曲线上呈指形、宽指形、小的箱形等。

② 废弃河道亚相：

河道在演变过程中，或整条河道、或某一段河道丧失了作为地表水通行路径的功能时，原来的河道就变为废弃河道，是在洪水期河水冲破河弯颈取直前行，原来的河道被淤泥充填，成为废弃河道（牛轭湖）。河道废弃分为突弃型和渐弃型两种，河道后期的充填物质有突然中断和逐渐终止两种，测井曲线形态各异。突弃型河道砂一般呈顶底变化较快甚至突变的（宽）指形、箱形，渐弃型河道砂多呈微齿甚至齿化的钟形、宽指形—钟形叠加（图3-13），齿中线内收敛。

③ 堤岸亚相：

曲流河堤岸亚相进一步细分为天然堤和决口扇2个微相，其中决口扇一般发育在陡岸（侵蚀）一侧。天然堤的测井曲线一般表现为低幅对称齿形；决口扇层序为下粗上细的正韵律，测井曲线为正向到对称齿形，齿中线下倾水平。

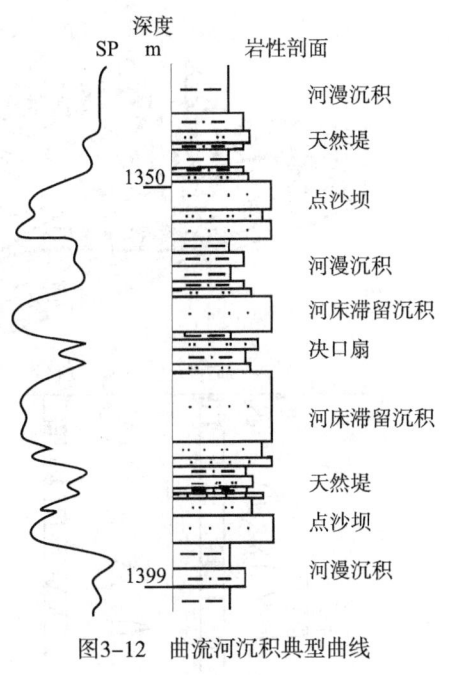

图3-12 曲流河沉积典型曲线
（孤东14井）

图3-13 废弃河道砂典型测井曲线特征

除了以上沉积，曲流河沉积相模式中还发育有河漫亚相，可进一步细分为河漫滩地、河漫湖泊及河漫沼泽3个微相，均以低能环境下的细粒沉积为主。其中，河漫滩地微相发育粉砂、泥质粉砂沉积，测井曲线上多表现为低幅齿形。

3）三角洲相

三角洲位于海（湖）、陆之间的过渡地带，属于河口沉积环境。三角洲物源丰富，且受到河流、滨海或滨湖波浪双重的水动力作用，在河口附近可形成规模不等、顶尖向陆的三角形中—细粒碎屑堆积。三角洲沉积可分为海成（河控、浪控和潮控三类）和陆成两种类型。三角洲相一般可以划分为3个亚相：三角洲平原亚相、三角洲前缘亚相和前三角洲亚相，每个亚相又可分为若干微相。各亚相、微相的岩性、岩性组合不同，测井曲线特征各异。

河控三角洲（陆相盆地中主要是河控三角洲）在其形成和发育过程中，沉积物不断由陆地向湖盆方向推进，形成一个特征的垂向序列。一般而言，自下而上底部为前三角洲泥，然后向上依次出现三角洲前缘的砂和粉砂沉积，最上部为三角洲平原的较粗粒陆上分流河道沉积和细粒的沼泽沉积，表现为一个下细上粗的反旋回沉积序列。

（1）三角洲平原亚相

三角洲平原亚相一般由分流河道、废弃河道、天然堤、决口扇、沼泽和分流间湾等微相组成。岩层组合为砂岩、粉砂岩、泥岩、泥炭、褐煤交互层。主要骨架砂岩为分流河道微相，具有河道沉积的正韵律特点，底部可有轻度的侵蚀及泥砾，有渐变和突变两种；中部为砂或细砂，顶部为粉砂和泥岩层交互。测井曲线表现为箱形、钟形、（宽）指形等，上部细齿增多，齿中线内收敛（图3-14）。

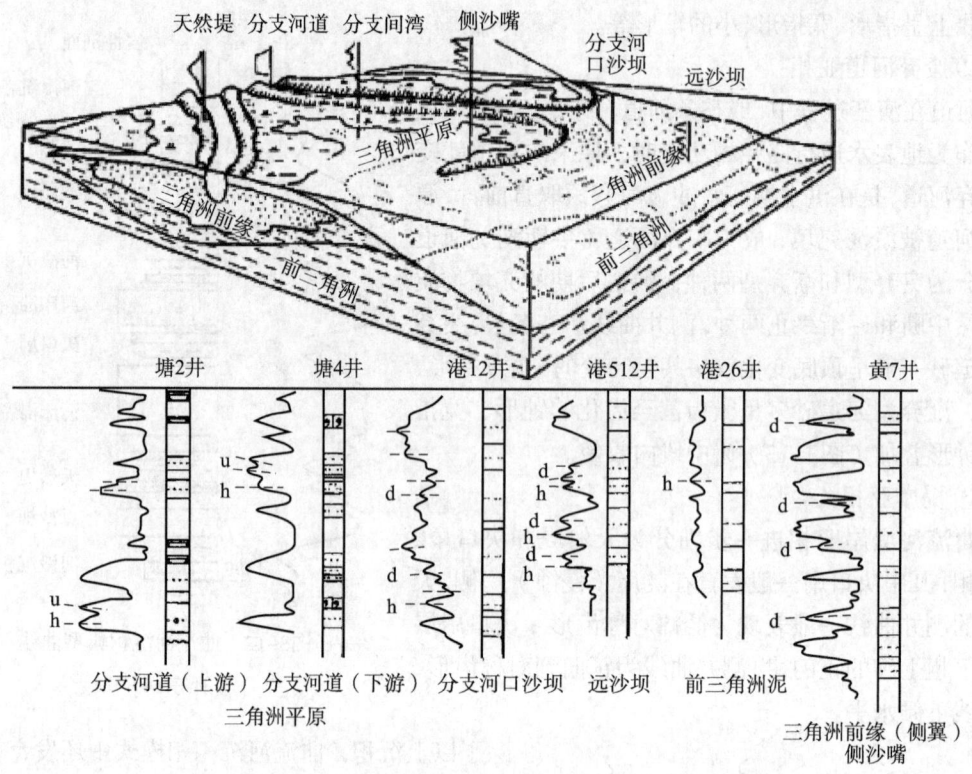

图3-14 三角洲环境模式及典型曲线（据马正，1982）

（2）三角洲前缘亚相

三角洲前缘亚相可细分为分支河道、河口沙坝、侧沙嘴、远沙坝、席状砂和分支间湾等微相。其中，骨架砂岩包括分支河道、分支河口沙坝，其次是席状砂、远沙坝、侧沙嘴。

① 分支河口沙坝微相：由河流带来的砂泥物质在河口处因流速降低、受滞水体的顶托等因素影响而形成，以前积方式堆积在底积层上沉积，具反粒序特征。砂层呈中层至厚层状，岩性主要由砂和粉砂组成，一般分选较好，质较纯净。曲线形态为中到高幅漏斗形—箱形组合（图3-14）。在下部的前积式幅度组合部分，齿中线具外收敛特征。上部为加积式幅度组合，曲线形态为微齿形，齿中线水平。

② 远沙坝微相：位于河口沙坝前方较远部位，又称为末端沙坝，仅在洪水期才有砂粒沉积。沉积物比分支河口沙坝细，主要为粉砂，并有少量黏土和细砂，总的层序组合为泥、粉砂及少量细砂组成的多期反韵律沉积。测井曲线为多个漏斗形曲线叠加，幅度自下而上逐次加大，形成前积式幅度组合，齿中线外收敛。

③ 侧沙嘴微相：主要发育在波浪和沿岸流发育的地区，位于前缘砂的侧翼，距离河口较远，面临开阔水域，波浪簸扬充分，形成粗粒、分选较好的多砂层层序。测井曲线表现为中—高幅、层薄的漏斗形曲线与指形曲线的间互（图3-14），齿中线有外收敛和近于水平平行两种。

水下分支河道为陆上分支河道在水下的延伸部分，其沉积特征与测井响应与陆上分支河道微相十分相似。

由此可见，河控三角洲（建设性三角洲）的纵向层序从老到新可分为前三角洲亚相、三角洲前缘亚相和三角洲平原亚相，表现出自下而上由细变粗的反粒序，顶部出现分支河道砂的正粒序，呈现出一个由海（湖）向陆的相序序列。测井曲线特征为前积式和加积式的幅度组合，即下部为连续的、幅度向上逐渐加大的"漏斗形"轮廓；中部为幅度近于一致的"箱形"或"圆柱状"轮廓；上部为厚度不大、分散的箱形或宽指形、钟形曲线与平直曲线组合。

值得注意的是，在陆相盆地中，一般按形成三角洲的河流形态将三角洲分为3种类型：由冲积扇直接进入湖盆形成的扇三角洲、由辫状河流入湖泊形成的辫状（河）三角洲、由曲流河流入湖泊形成的正常三角洲（简称为三角洲）。相对于前述的建设性正常三角洲沉积及测井响应特征而言，扇三角洲与辫状（河）三角洲有其宏观相似性，又因其岩性偏粗、分选较差、岩层厚度及其组合上的不尽相同，势必导致其各亚相、微相的测井曲线响应特征存在一定差异，需要通过大量研究和统计以建立更为精细的解释模型。

4) 滩坝相

滩坝是滨岸环境常见砂体，是滩和坝的总称，其形成过程中主要受波浪和沿岸流控制。其中，滩是指位于低潮线至最大风暴线之间，向海（湖）倾斜的斜坡上的砂、砾堆积；坝则是离岸有一定距离，由砂堆积而成的长条形水下隆起。坝可以是因为在破浪带波浪能量降低，释放出的砂粒平行于岸线堆积而成，也可由岸流或底流携带的砂在近岸地形隆起或弯口处速度减缓而形成的近岸沙坝和沙嘴。当沙嘴继续延伸时，可以形成堡坝，内侧为半封闭水域（潟湖）（图3-15）。

(1) 滩

滩多与海（湖）岸线平行，在缓坡处发育，呈席状或较宽的带状，单层厚度偏薄。岩性为分选好的砂砾或中到细砂沉积。在河口附近形成的滩，因物源充足可发育多期，测井曲线为中到高幅的对称齿形或指形组合，曲线光滑（图3-15），齿中线水平且相互平行。根据其包络线的前积、后积、加积响应有助于判断岸线的向海推进、向陆退缩以及持续稳定等变化。对于物源相对匮缺地带的滩，可以从曲线的漏斗形或钟形形态来分析岸线的变化。

(2) 坝

坝的组成物质主要为砂、粉砂，其次为砾石及其他松散物质。根据形成环境，坝可进一步细分为坝中心、坝内翼、坝外翼三部分。

① 坝中心：即坝主体，分有底流作用和无底流作用两种类型。对于以波浪能量为主的坝体中心，随着坝体向上堆积，波浪能量加强而使粒度变粗，分选变好，泥质变少。测井曲线呈中到高幅、光滑的漏斗形。对于底流携砂在近岸卸载形成的沙坝，岩性组合表现为下部的卸载型正粒序水道沉积砂岩、中部水流能量减小背景下的加积式堆积和上部的波浪改造型反粒序沉积。因此，坝中心部位的测井响应呈现出上、中、下三部分：下部为钟形或箱形，齿中线内收敛；中部为齿形曲线组合，齿中线水平且近于平行；上部呈漏斗形，齿中线外收敛，整体组合呈顶、底突变的箱形轮廓（图3-15）。

② 坝外翼：面临开阔水域，波浪能量强，沉积物具滩砂特点，为分选良好的薄砂层与泥岩间互。测井曲线上表现为高幅漏斗形到指形，齿中线近于水平。

③ 坝内翼：面临半封闭或封闭型水域，坡陡，波浪能量小，碎屑沉积物分选差，并与油页岩、白云岩共生。测井曲线呈低幅漏斗形到齿形，齿中线外收敛。

值得注意的是，滩、坝为共生层序，滩侧有坝，坝翼成滩，测井曲线呈指形、漏斗形叠置组合。岸线的变迁引起滩坝纵向层序的变化。水进时自下而上层序为：河道相或冲积平原相、滩砂相、半封闭水域相、堡坝内侧相、堡坝中心相和坝外翼滩砂相。其曲线自下而上为中幅钟形曲线（河道及水进滩砂）、平直段、漏斗形曲线（有底流时为箱形）和后积式指状曲线。实际岸线进退变化很大，而且沿岸堡坝往往不止一排，因此纵向层序更复杂些，很难将滩砂和坝砂准确区分开来。

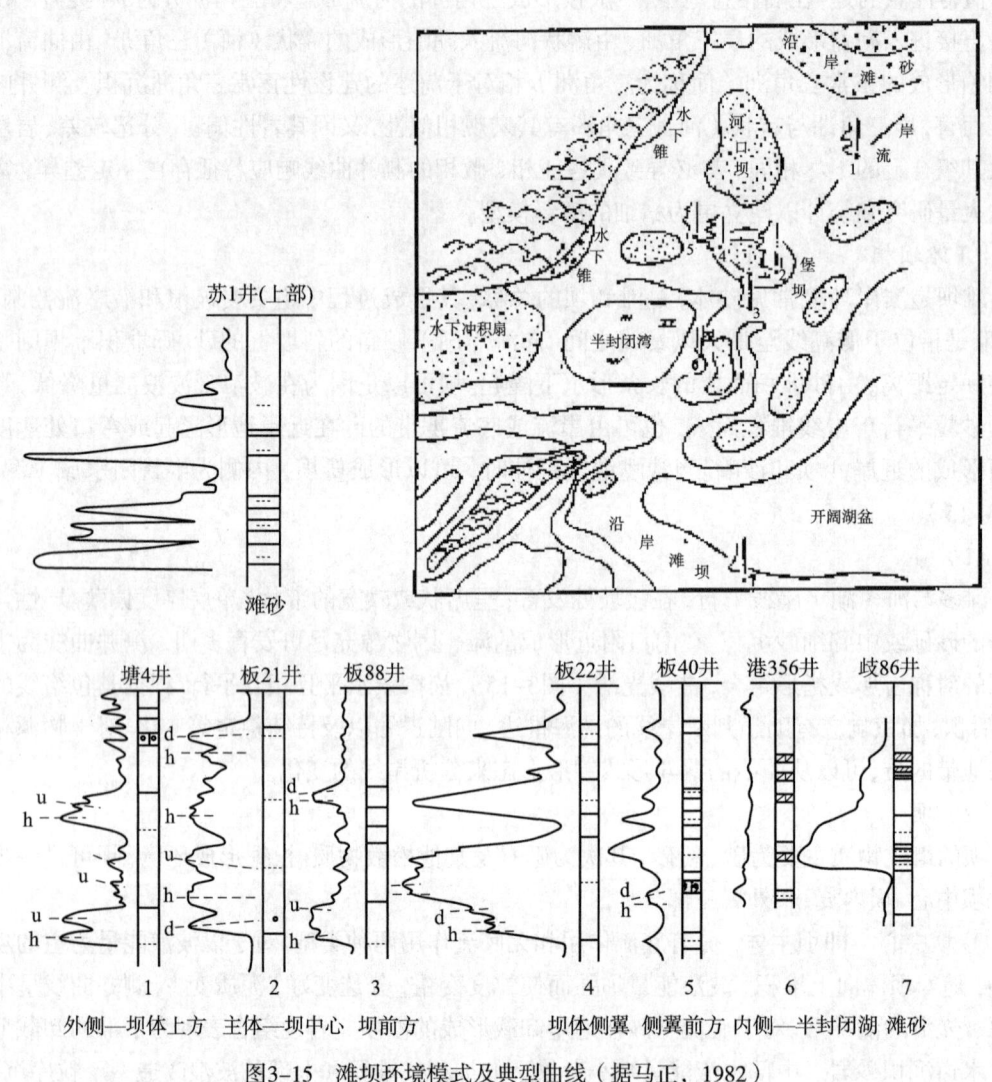

图3-15 滩坝环境模式及典型曲线（据马正，1982）

5) 近岸水下扇

近岸水下扇位于盆地陡岸，是由山洪携带碎屑经山口直接流入盆地形成的一个水下扇形体，也称水下冲积扇。它搬运能量强，以间歇性洪水流和末期形成的浅水密度流为特征（图3-16）。类似于陆上冲积扇，近岸水下扇可以分为扇根、扇中和扇端三部分。

（1）扇根亚相

扇根由递变层的砂砾岩、砾状砂岩组成，可细分为主河道与堤岸两个微相。主河道位置单层厚度相对较大，分选差，测井曲线为一套具正向齿的低幅柱状组合，齿中线下倾平行。堤岸部分受到浅水波浪不甚充分的改造，分选变好，并有鲕粒及波状层理的粉砂岩间互，表现为密集的、幅度增大的齿形曲线组合，齿中线下倾为主，偶见水平齿中线，代表波浪改造的浅水滩砂。

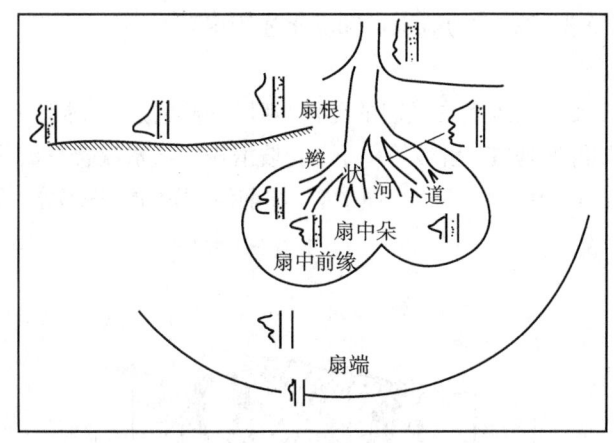

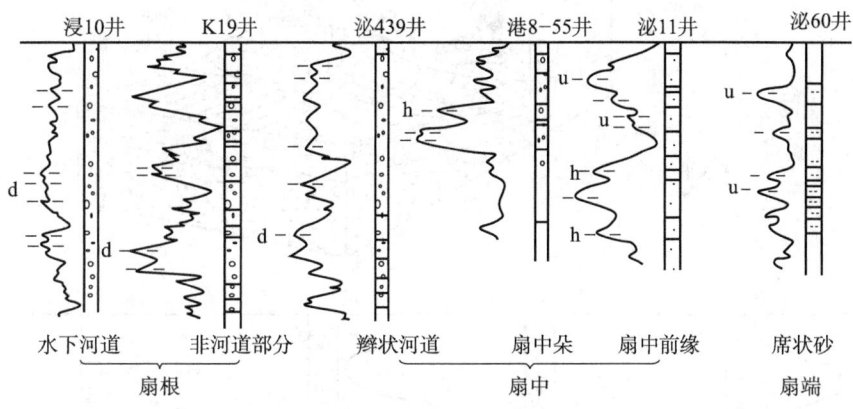

图3-16 近岸水下扇环境模式及典型曲线（据马正，1982）

（2）扇中亚相

扇中部位可细分为辫状河道、扇中朵及扇中前缘三个微相。其中，辫状河道发育并具迁移特征，能量向下游减弱，主要由具递变层理的砾状砂岩和块状砂岩组成。河道迁移使得多期辫状河道砂（坝）叠置，测井曲线表现为中—高幅齿化的箱形或钟形曲线，齿中线水平且相互平行。扇中朵的岩性变细、变薄，曲线呈低幅齿形曲线，齿中线水平、平行。扇中前缘为具有交错层理的砂岩前积于水平纹层粉砂岩之上，侧向延伸较好，河道特征消失，具前积特征，测井曲线呈中幅、微齿化的漏斗形，齿中线上倾、平行。

（3）扇端

扇端与扇中前缘类似，属于浅水密度流沉积，具有不完全的上部鲍马层序，主要为薄层粉砂岩，前积于块状砂质泥岩之上。测井曲线为低幅分散齿形，齿中线水平到上倾。

由于扇根位置受地形及构造控制，因而近岸水下扇在层序发育上具有较强的继承性，物源减少时形成滩砂沉积，呈现正向齿形、指形曲线组合。在扇体的大部分区域，一般表现为向上变细、能量消退的后积式（水下沉积）层序组合，间夹前积式（水下沉积）层序，反映个别时期能量增强。近岸水下扇总的曲线响应与冲积扇类似，为大套的齿形曲线组合，幅度中到高值，在齿形叠置时形成箱形、钟形和漏斗形的包络线。

6）重力流沉积

重力流是指沉积物或沉积物与水的混合物在重力作用下顺坡、块体搬运的沉积物流所形成的沉积。其沉积物分布形式有重力流水道和深水浊积扇两类。

（1）重力流水道相

重力流水道相多发育在水下古隆起的陡坡、断坳一侧的边缘，水道有较大的坡度，在间歇的灾变性动力作用（如海底地震、滑坡等）下，陡坡滑塌物与水混合形成重力流动（颗粒流）。水下河道沙坝沿水道方向延伸，可细分为坝中心、坝前缘、坝侧翼三部分，坝体断面呈透镜状（图3-17）。

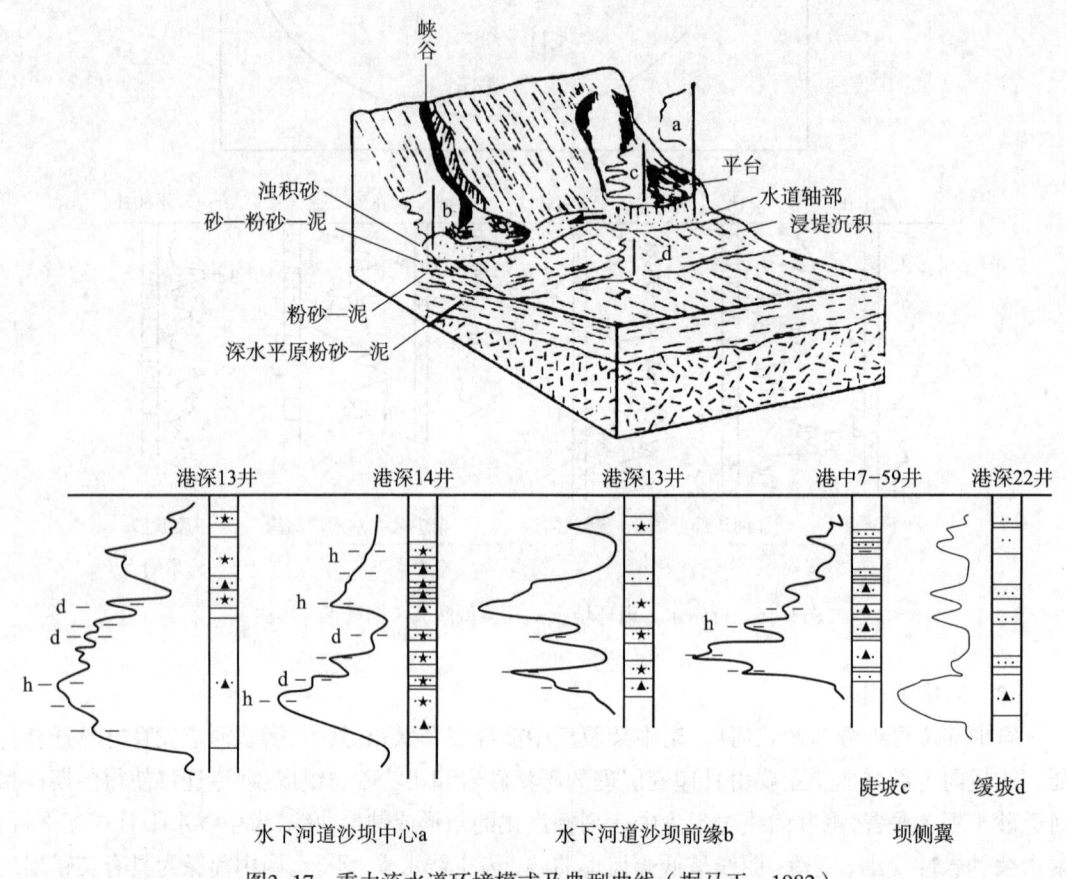

图3-17 重力流水道环境模式及典型曲线（据马正，1982）

坝中心部位：由多层叠置形成的均质、块状砂岩组合而成，与下伏泥岩呈突变式接触。测井曲线为中到高幅、微齿构成的箱形到钟形曲线组合，齿中线由下倾到平行。

坝前缘：岩性表现为粉砂岩与粉细砂岩间互，单层厚度减薄，具对称齿形曲线组合，向上幅度减小，齿中线水平、平行。底部前积于泥岩之上，可见（微）齿化的漏斗形曲线响应。

除此之外，在坝体两侧发育侧翼沉积，岩性以粉砂岩为主，陡坡处的坝侧翼还可见粉细砂岩。侧翼沉积单层厚度较薄，曲线呈对称齿形，向上幅度减小，齿中线水平、平行。

重力流水道的层序表现为：随着灾变性动力的减弱，碎屑供应减少，形成自下而上由河道中心向坝前缘沉积过渡的向上变细、层减薄的层序，并与盆地内部（深水）泥岩背景构成砂、泥岩间互的成层沉积。曲线特征为在平直曲线基础上出现的一套微齿的箱形、钟形的正向曲线与漏斗形曲线组合，平行齿中线代表多期间歇性沉积特征。

（2）深水浊积扇相

深水浊积扇相多发育在水下峡谷出口处，在阵发性或灾变性动力作用下形成的深水密度流穿过峡谷，在出口处由于坡度减缓、能量降低而快速铺开形成扇形堆积（图3-18）。其总的沉积厚度很大，有几百米甚至上千米，但单层厚度一般由几十厘米到几米。

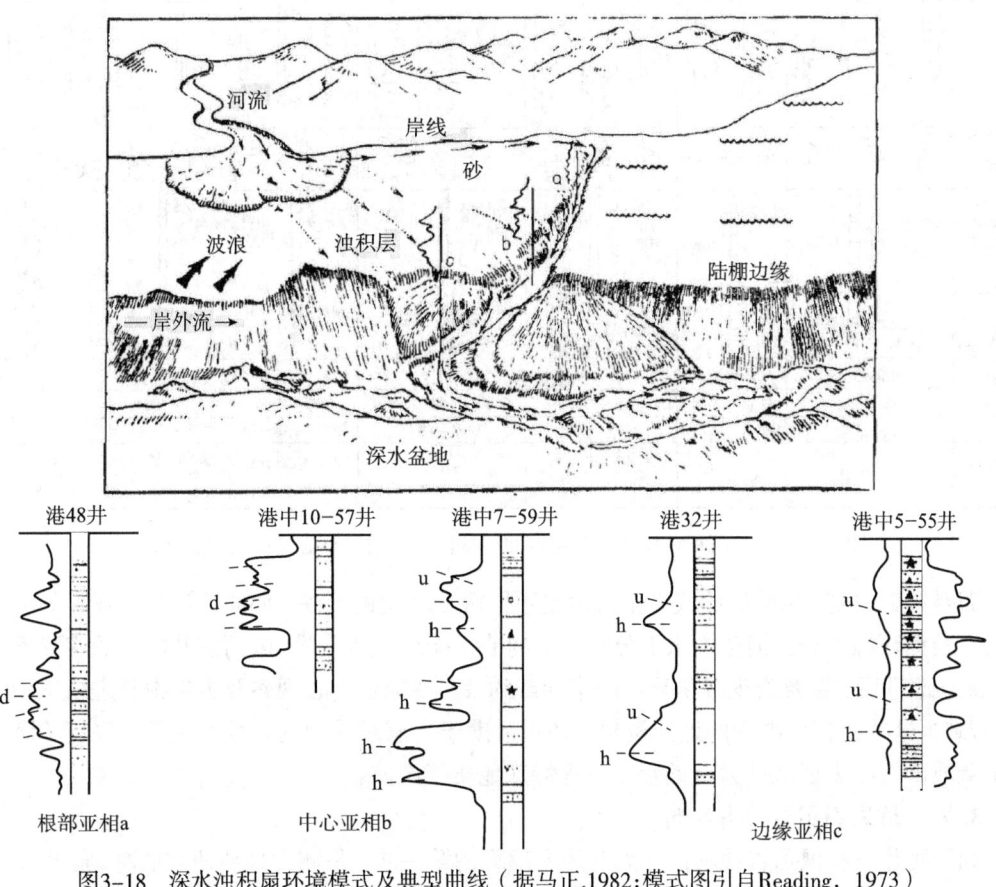

图3-18　深水浊积扇环境模式及典型曲线（据马正,1982；模式图引自Reading,1973）

深水浊积扇相可细分为根部亚相、中心亚相及边缘亚相。

① 根部亚相：分布在深水峡谷中，为薄层砂砾岩层，具递变层理，与深水泥岩间互。曲线呈低幅齿形组合，齿中线下倾、平行。

② 中心亚相：分扇上水道及堤岸两个微相。扇上水道呈放射状，浊流在其中流动，具有一定的冲刷能力，其岩性为块状含砾砂岩到细砂岩，向上分选性变好、颗粒变细并夹杂有泥砾。测井曲线为中幅齿化的箱形到钟形组合，齿中线由下倾渐变为水平、平行。堤岸部分具漫流特点，为灰质的细砂或粉砂岩。曲线为低幅齿形组合，齿中线水平、平行。

③ 边缘亚相：分布在扇中水道前缘开阔地带，为薄层粉、细砂岩与深水泥岩间互，侧向延伸好。曲线为中到低幅的漏斗形和对称齿形，齿中线水平到上倾、平行，代表多期前积特征。

深水浊积扇的纵向层序及其测井曲线组合特征：根部亚相层序继承性强，曲线为在平直曲线段中出现的一大套低幅齿形组合，齿中线下倾、平行。其余各部位的纵向层序均表现为一套在深水泥岩段中发育的、单层厚度向上变薄、粒度变细的韵律层沉积，有时夹有水道部分的块状砂岩沉积。测井曲线表现为在平直曲线背景上的一大套自下而上由高幅到低幅的齿形曲线组合，形态由齿化的箱形、钟形到漏斗形,齿中线平行,由下倾、水平到上倾逐渐转换。

以上各类沉积相的曲线特征以及地质相标志见图3-19。

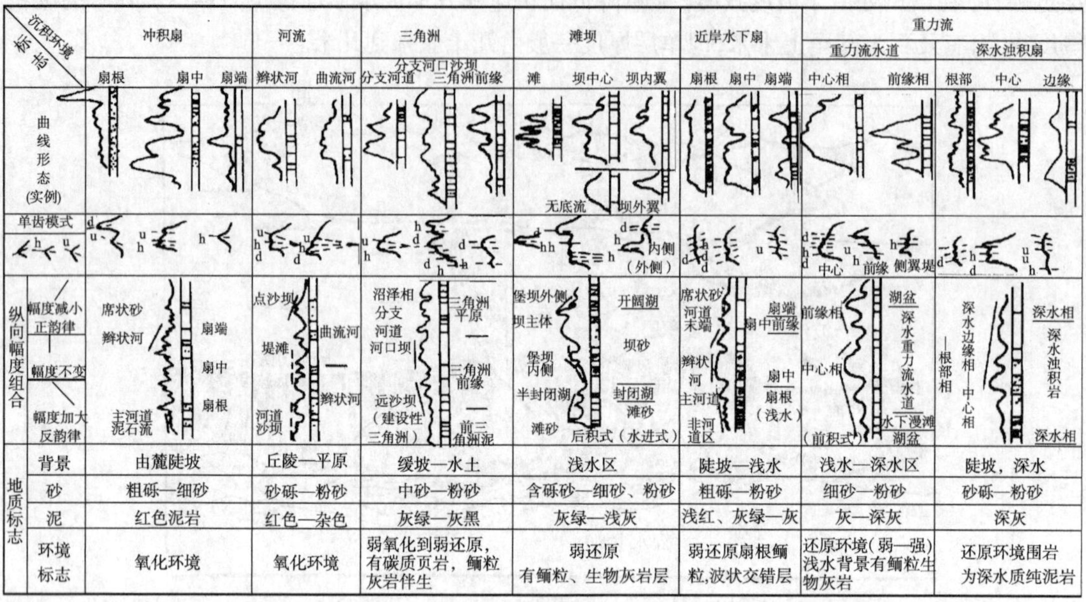

沉积环境 标志	冲积扇			河流			三角洲			滩坝			近岸水下扇			重力流				
																重力流水道		深水浊积扇		
	扇根	扇中	扇端	辫状河	曲流河	分支河道	分支河口沙坝	三角洲前缘		滩	坝中心	坝内翼	扇根	扇中	扇端	中心相	前缘相	根部	中心	边缘
曲线形态(实例)											无底流 坝外翼									
单齿模式												(外侧) 内侧								
纵向幅度组合	幅度减小正韵律	席状砂 辫状河 主河道 泥石流	扇端 扇中 扇根	点沙坝 堤滩 河道 沙坝	曲流河	沼泽相 分支 河道 远沙坝 (建设性) 前三角洲	三角洲 平原 三角洲 前缘 三角洲 前缘 前三角洲	堡坝外侧 坝主体 坝内侧 半封闭湖 封闭湖 滩坝	开阔湖	席状砂 扇中前缘 辫状 主河道 非河道	扇根 主河道 (浅水)	湖盆 深水 重力流 水道 水下漫滩 (前积式) 湖盆	深水边缘相 中心相 根部相	深水相 深水浊积岩 深水相						
	幅度不变																			
	幅度加大反韵律											后积式(水进式)								
地质标志	背景	由麓陡坡		丘陵—平原			缓坡—水土			浅水区			陡坡—浅水			浅水—深水区		陡坡、深水		
	砂	粗砾—细砂		砂砾—粉砂			中砂—粉砂			含砾砂—细砂、粉砂			粗砂—粉砂			细砂—粉砂		砂砾—粉砂		
	泥	红色泥岩		红色—杂色			灰绿到灰黑			灰绿—浅灰			浅红、灰绿—灰			浅灰—深灰		深灰		
	环境标志	氧化环境		氧化环境			弱氧化到弱还原,有碳质页岩,鲕粒灰岩伴生			弱还原有鲕粒、生物灰岩层			弱还原扇有鲕粒,波状交错层			还原环境(弱—强)浅水背景有鲕粒生物灰岩		还原环境围岩为深水质纯泥岩		

图3-19 各类沉积环境的自然电位曲线特征以及地质标志(据马正,1982)

需要指出的是,相同的曲线特征可以是不同沉积环境的反映,如曲流河河道亚相的测井响应与三角洲环境中分支河道、水下分支河道的曲线响应基本一致。因而测井曲线的解释不能简单、孤立地进行,需要宏观沉积环境的指导或约束,特别是岩心观察及古生物鉴定来识别和分析。若缺少这些直接而准确的地质资料,还可借助于岩屑录井中的岩性特别是海绿石(海相沉积)、灰质碎屑(表征水动力搅动程度)等特殊地质标志。

3. 岩性及岩石组合测井解释

利用测井资料识别岩性不仅是测井地质解释的第一步,是测井地质研究的基础,也是研究的关键之一。综合利用测井曲线开展岩性识别,应该以能够反映研究区地质特征的系统性地层剖面或能够反映研究区岩石类型的多口取心井为基础,在建立岩性、物性、含油性、电性"四性"关系的前提下进行。

1)综合利用测井曲线识别岩性

对于地质情况熟悉的地区,通过有代表性的取心剖面以及大量岩屑录井资料分析地层的沉积特征、地层层序及厚度变化规律等,在岩—电关系分析的基础上,系统掌握本区不同岩性、物性、含油性在各类测井曲线上的响应特征,并参考不同岩性的理论测井响应(表3-2),可以对地质情况不太复杂、探明程度较高的地区,开展测井曲线分层,建立岩性剖面。该类方法属定性分析,人为因素较大,而且识别精度有待提高。

以碎屑岩剖面为例,可利用渗透层在各种测井曲线上反映出的特征,先区分出砂(砾)岩、泥岩;在划分出砂泥岩之后,进一步细分岩性。砂岩类常见纯砂岩、泥质砂岩、钙质砂岩;按粒度分为砾岩、砂岩、粉砂岩等。细分砂岩岩性时,常利用电阻率、自然伽马或自然电位等曲线区分。泥质岩类细分为纯泥岩、砂质泥岩、钙质泥岩、碳质页岩、页岩、油页岩等,细分岩性时,常依靠电阻率、自然伽马、岩性密度、声波等曲线区分。

表3-2 不同岩性的测井响应特征

测井方法曲线特征岩性	声波时差 μs/m	体积密度 g/cm³	中子孔隙度, %	中子伽马	自然伽马	自然电位	微电极	电阻率	井径
泥岩	>300	2.2~2.65	高值	低值	高值	基值	低,平直	低值	大于钻头
煤	350~450	1.3~1.5	ϕ_{SNP}>40 ϕ_{CNP}>70	低值	低值	异常不明显或很大正异常(无烟煤)		高值 无烟煤最低	接近钻头
砂岩	250~380	2.1~2.5	中等	中等	低值	明显异常	中等,明显正差异	低到中等	略小于钻头
生物灰岩	200~300	比砂岩略高	较低	较高	比砂岩还低	明显异常	较高,明显正差异	较高	略小于钻头
石灰岩	165~250	2.4~2.7	低值	高值	比砂岩还低	大片异常	高值,锯齿状正负差异	高值	小于或等于钻头
白云岩	155~250	2.5~2.85	低值	高值	比砂岩还低	大片异常	高值,锯齿状正负差异	高值	小于或等于钻头
硬石膏	约164	约3.0	≈0	高值	最低	基值		高值	接近钻头
石膏	约171	约2.3	约50	低值	最低	基值		高值	接近钻头
盐岩	约220	约2.1	接近于零	高值	最低钾盐最高	基值	极低	高值	大于钻头

对于碳酸盐岩剖面,一般发育石灰岩、白云岩以及两者间的过渡岩类和泥灰岩等。除泥灰岩之外,其他岩性均具有一定程度的储集性,可利用自然伽马曲线加以区分。一般而言,泥灰岩的GR显示高值,而电阻率曲线显示相对低值;其他岩性的GR显示为低值,而电阻率曲线显示高值。

膏岩层均属非渗透层,可作为优质盖层。依沉积顺序,碳酸盐岩之后是石膏、硬石膏、芒硝、岩盐、钾盐等。它们具有高电阻特征,除钾盐外,GR均呈低值。因此,要有效区分石膏、硬石膏、芒硝、岩盐、钾盐等,还需要参考孔隙度测井响应值。除此之外,盐岩层具有明显的扩径特征。

2)综合地质统计法判别岩性及岩石组合

利用地质统计方法判断岩性及岩石组合,需要从典型井(主要是岩心井,其次是有系统岩屑录取的井及井壁取心)出发,分析、确定已知岩性测井响应特征值范围。对于未取心井,可依据测井响应特征值范围,采用图版法(交会图、直方图等)、地质统计法(如贝叶斯方法、Fisher判别法、灰色聚类法、多元统计法等)判别岩性。

刘仲衡等(1992)基于模糊式识别,将聚类分析与贴近度识别相结合,对湖北二叠系海相碳酸盐岩地层的岩相类型进行了识别,划分为六类岩相[四类属最佳(确定)岩相、两类难于确认(模糊)但有贴近度]。聚类分析可分出四个相,贴近度识别的判对率达81.8%,按划分为六个相的贴近度识别,确切判对率达79.2%。

郭少斌等(1996)在前人沉积相研究的基础上,采用灰色聚类方法(即灰色决策矩阵、白化函数、标定聚类权、聚类系数等的求取方法),以松辽盆地英台地区青山口组三段二砂组为例,进行了岩性[砂岩、过渡岩(泥质砂岩和砂质泥岩)、泥岩]及沉积微相(水下分流河道、分流河道间、河口坝、席状砂)自动识别,岩性准确率达93%以上,沉积微相准确率达85%以上。

刘秀娟等(2007)在取心井岩心和相应测井曲线对应性分析、优选对岩性识别能力强的测井参数的基础上,应用多元统计方法,建立了研究区副片麻岩、金红石榴辉岩、退变质榴辉岩、正片麻岩的岩性识别模型(识别函数),认为样本的代表性及全面性对判别结果有直接且重要影响;同时,对于地下地质特征复杂、不同类别样本交叉分布严重的地区,多元统计方法具有较为明显的局限性,可通过多种线性非线性方法联合,提高预测的准确性。

由以上分析可以看出,应用统计法判别岩性(岩相)及岩石组合,需要注意两个方面:一是必须以充分掌握研究区岩石类型及其特征为基础;二是依据研究区岩石类型及其复杂程度,不仅需要选择对岩性较为敏感的测井响应(组合)及数学方法,而且需要根据岩性差异性大小及其对识别的影响,对岩性进行适当且合理地合并,以尽可能保障岩性识别的准确性。具体分析和应用包括三个主要环节:依据岩石类型优选测井曲线(方法)并确定测井响应特征值域、不同岩性定量解释模型的构建、岩性识别与检验。

(1)测井方法优选及其测井响应特征值确定

自然伽马、自然电位、电阻率、密度等曲线的形态、幅度、组合特征在一定程度上可以反映沉积层的成分、粒度、地层水的性质及内部含有物等。但不同盆地或同一盆地不同层系由于受岩层厚度、相邻岩层性质、岩层倾斜及钻井过程中所使用钻井液的不同,其测井响应也不相同,这种差异不仅表现在不同测井方法之间,也存在于同一方法对不同区块、同区不同层位当中。因此,在进行测井曲线与岩性、沉积相对应关系研究中,要选择本区多口沉积研究较详尽的井(段)作为基准井(段),用于标准或关系的建立,然后推广开来。

柴达木盆地西北部小梁山构造中浅层的狮子沟组(N_2^3)和上油砂山组(N_2^2)具有黏土、陆源碎屑和碳酸盐混合共生的特征,混积岩广泛发育。混积岩属于过渡类型的岩性,其测井响应特征复杂多样,岩石组分含量不同的混积岩测井响应具有明显重叠交错现象,不同类型混积岩之间在测井响应特征上没有明显的界限,导致研究区混积岩岩性识别非常困难。针对这个难题,司马立强等(2014)将岩心实验分析数据和测井资料相结合,详细分析了研究区的岩性特征,将研究区岩性简化归类为泥质混积岩、砂质混积岩、碳酸盐质混积岩三大类(简称为泥岩、砂岩、碳酸盐岩),并建立了测井资料识别岩性标准,包括声波、密度、伽马、自然电位和电阻率,见表3-3。

表3-3 小梁山地区混积岩岩性分类(据司马立强等,2014)

岩性归类		岩石组分相对质量分数	电性特征				
			声波, μs/m	密度, g/cm³	伽马, API	自然电位, mV	电阻率, Ω·m
泥岩		黏土矿物>陆源碎屑	相对高值 350~520	相对低值 2.04~2.35	相对高值 100~140	低负异常 -3.5~0.5	相对低值 0.45~1.1
		黏土矿物>碳酸盐					
砂岩		陆源碎屑>黏土矿物	相对高值 350~510	相对高值 2.12~2.44	相对低值 90~110	较高负异常 -4.5~-0.1	相对低值 0.5~1.3
		陆源碎屑>碳酸盐					
碳酸盐岩	泥晶灰岩	碳酸盐>黏土矿物	相对低值 320~500	相对高值 2.1~2.45	相对低值 90~110	负异常或无 -4~0.2	相对高值 0.55~1.5
	藻灰岩	碳酸盐>陆源碎屑	相对低值 320~480	相对高值 2.25~2.58	相对高值 100~125	负异常或无 -3.5~0.1	相对高值 0.65~1.6

（2）不同岩性定量解释模型的构建

以玛北斜坡三叠系百口泉组岩性识别为例。玛北斜坡位于准噶尔盆地玛湖凹陷北部，三叠系百口泉组发育复杂砂砾岩层，岩石结构成熟度与成分成熟度均较低，非均质性强，属低孔隙度低渗透率储层。测井资料反映储集体有效信息较少，利用常规测井二元交会图法准确识别岩性的难度大，无法满足油藏精细评价需求。吴俊、瞿建华等（2018）通过对岩心、录井、测井和分析化验等资料的综合分析和研究，运用Fisher判别分析法，选取对储层岩性敏感的自然伽马相对值、声波时差、补偿密度、补偿中子、深电阻率和浅电阻率6条测井曲线，建立研究区百口泉岩性判别模型，岩性判别准确率达92.2%。模型如下：

$$F_1=0.112\Delta GR+0.011AC-0.501DEN+0.757CNL-0.450R_t+0.139R_s \quad (3-1)$$

$$F_2=0.068\Delta GR-0.020AC-0.458DEN+0.146CNL-0.389R_t+0.527R_s \quad (3-2)$$

其中
$$\Delta GR=\frac{GR-GR_{min}}{GR_{max}-GR_{min}}$$

式中　ΔGR、GR_{min}、GR_{max}——自然伽马测量值、最小值和最大值；
　　　AC——声波时差，μs/ft；
　　　DEN——补偿密度，g/cm³；
　　　CNL——补偿中子，%；
　　　R_t——深电阻率，Ω·m；
　　　R_s——浅电阻率，Ω·m。

李汉林、赵永军（1998）利用多元统计分析，针对胜利油田永一区沙四段砾岩体的砾岩、砂岩、泥岩三种岩性，通过取心井岩心和相应测井曲线的对应特征分析，应用逐步判别分析方法优选出对岩性识别能力强的7个测井参数（微电极x_1、4m梯度电阻率x_3、感应电导率x_4、浅侧向x_6、补偿中子x_7、井径x_8和微电极差x_9），建立了研究区沙四段砾岩、砂岩和泥岩的岩性识别函数（式），并对研究区30余口井的地层岩性进行了快速识别及岩性剖面图绘制，为深入开展地质研究奠定了基础。函数如下：

$$Q_1(X)=1.7855x_1+0.6465x_3+0.1558x_4+23.6036x_6+1.7561x_7+14.5060x_8-0.2027x_9-205.3920 \quad (3-3)$$

$$Q_2(X)=1.1269x_1+0.4794x_3+0.1506x_4+16.7496x_6+1.8732x_7+14.8695x_8-2.4299x_9-197.8605 \quad (3-4)$$

$$Q_3(X)=-0.0545x_1+0.3135x_3+0.2032x_4+18.9479x_6+2.6158x_7+17.8578x_8-4.5427x_9-287.994 \quad (3-5)$$

3）人工神经网络方法识别岩性及岩石组合

人工神经网络是20世纪80年代迅速兴起的一门非线性科学，它模拟人脑的一些基本特征，如自适应性、自组织性等，在计算机科学、自动控制、模式识别等领域得到了广泛的应用，取得很好的效果，并引起地球物理及地学专家的重视。自20世纪90年代开始，神经网络方法被用于测井资料的岩性识别与沉积相分析。

卢新卫与金章东（1999）、范训礼与戴航等（1999）、欧阳健与王贵文等（1999）分别以胜利油田永一地区沙河街组四段、塔里木油田TZ4井、轮南地区三叠系为对象，以取心井岩心与测井参数的对应关系作为识别模式，经过向识别模式学习获得模式识别智能知识，再进一步利用这些智能知识识别未取心井的岩性，均取得很好的识别效果。以欧阳健等（1999）对轮南地区三叠系研究为例，岩石类型有砾状砂岩、含砾不等粒砂岩、粗砂岩、中细砂岩、细砂岩、粉砂岩、泥质粉砂岩及泥岩。通过以LN5等取心段岩心样本及测井参数的对应关系建立识别模式、智能性学习以及其他取心段和未取心段岩屑录井对比检验，神经网络（ANN）处理符合率可达85%以上。

马英杰等（2004）采用神经网络方法及概率统计方法分别对同一研究目标（可地浸砂岩型铀矿床）的岩性识别研究表明，人工神经网络法识别岩性符合率明显高于概率统计法识别岩性符合率。

由此可见，多个不同地区的岩性判识结果表明，人工神经网络方法以自身特有的样本学习能力获得识别模式，分析处理信息，具有自组织、自学习、自适应、容错及抗干扰能力，克服了模糊数学法、灰色聚类法和多元统计法的缺陷，不仅识别速度快，而且识别结果客观可靠，因此在油田地质研究中应用愈加广泛。

利用人工神经网络方法识别岩性主要包括如下三个环节。

（1）样本准备及特征信息的选择

样本为人工神经网络提供示范指导。学习样本的好坏不仅直接影响所建网络的正确性、应用的可行性及结果，而且还直接影响网络的收敛速度以及学习时间。岩性识别的样本来源主要是岩心岩性、薄片分析、岩屑录井岩性、试气数据和测井数据。其中，岩心岩性、薄片分析、岩屑录井岩性数据需要经过深度归位，并与相应的测井曲线相匹配，即通过理论分析及实验检验来进行样本的特征信息提取。能够反映岩性的测井方法（曲线）有自然伽马（能谱）、中子、密度、自然电位、声波时差、电阻率等。例如，杨辉等（2013）在对蜀南地区须家河组地层岩性识别中选用自然伽马GR、地层电阻率测井RT、声波时差测井AC、中子测井CNL、密度测井DEN作为岩性识别网络输入信息。其中，GR作为泥质指示器，是划分泥岩及高放射性的主要曲线；RT反映了不同岩性的电性差异；AC、CNL、DEN三条孔隙度曲线与岩性也有相应关系。通过对与岩心岩性、薄片分析、岩屑录井岩性、试气数据深度相对应的GR、RT、AC、CNL、DEN五条测井曲线分别绘制两两曲线交会图，分析获取各种岩石组合的电性特征。

需要注意的是，受井径大小、钻井液成分与矿化度等环境因素的影响，需要对各种测井曲线作环境校正；同时，由于网络输入曲线具有不同的量纲和变异程度，为了消除量纲影响和变量自身变异大小以及数值大小的影响，使曲线间具有可比性，在进入网络之前，无论是学习样本还是预测数据，都需要进行归一化处理。

（2）岩性识别模型的建立

岩性识别模型的建立主要包括网络模型（算法）的选择、网络训练及网络性能测试三个环节。目前，在岩性识别中使用最为广泛的是误差反向传播（back-propagation）的BP网络模型与自组织特征映射网络模型。除此之外，还有基于统计原理的概率神经网络模型等。在前期样本准备、特征信息选择的基础上，通过训练网络得到岩性识别的网络模型，并通过训练样本的回归模拟检验网络性能，以确认网络训练成功。一般而言，样本的学习精度随着学习次数的不断增加而逐渐提高，当网络学习达到一定次数后，学习精度不再提高并满足研究需求，表示网络训练成功。

（3）岩性识别网络预测能力验证

对于不同的网络识别模型，最终的评价指标还是模型对外推的预测能力，即对未知岩性的网络识别能力。一般选择研究区岩心岩性和岩屑录井岩性较为完备的某井，采用所建立的网络岩性识别模型对该井进行岩性识别，检验识别模型的准确性。

以留西留北地区馆陶组岩性识别为例，该地区馆陶组岩性包括细砾岩、含砾粗砂岩、粗砂岩、中砂岩、细砂岩、粉砂岩、粉砂质泥岩、泥岩等，采用二元交会图无法准确区分和识别出岩性相近的岩性类型，如粉砂质泥岩和泥岩。因此在取心井段确定岩性类别的基础上，分两步识别岩性。首先，利用自然伽马—深侧向电阻率、密度—深侧向电阻率、密度—自然伽马二元交会图对相似岩性进行合并，合并后的岩性分为细砾岩、粗砂岩、细砂岩、粉砂岩、泥岩五种类型（图3-20）。通过对145组测井响应检验，合并岩性后的二元交会图版（自然伽马—深侧向电阻率、密度—深侧向电阻率）可以判别128组中的岩性，判别准确度达到了88.28%。之后，通过建立BP神经网络模型、岩性识别样本训练数据库以及BP神经网络的训练，在选取的65组数据中，岩性识别符合率达到92.19%，其中泥岩和粉砂岩的识别精度达到100%。

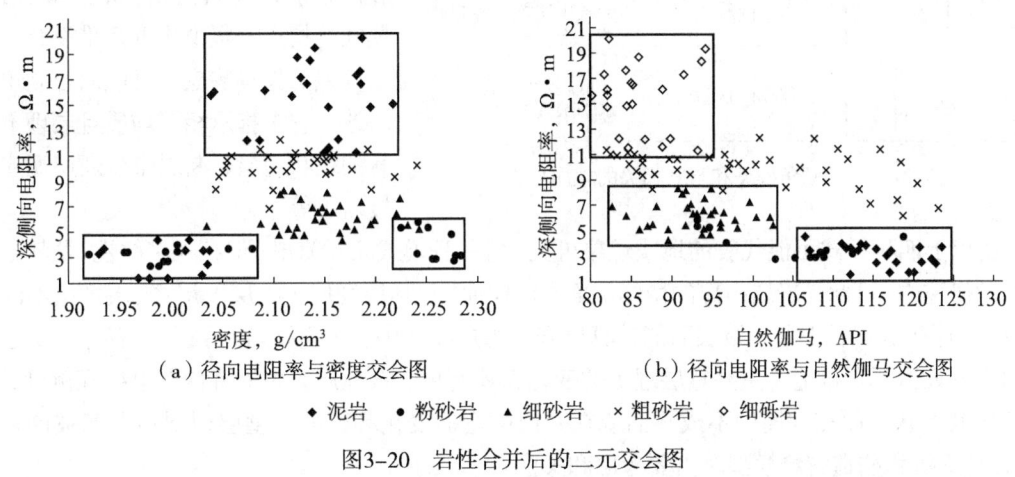

图3-20 岩性合并后的二元交会图

第三节 沉积体内部结构及充填特征测井解释

地层倾角测井特别是高分辨率地层倾角测井，以及成像测井（FMS、FMI等）包含有大量的沉积结构和沉积构造方面的信息，在油田沉积学研究中发挥着举足轻重的作用。以斯伦贝谢公司的HDT和阿特拉斯公司的CLS3700系列四臂倾角仪为例，通过计算机处理（如短相关对比或精细模式识别的交互处理等），并始终贯彻"岩心刻度测井"的指导思想，不仅可以得到反映岩石内部不同级次界面的倾角和倾向信息，还可以得到微电阻率环井眼成像，为沉积学研究进一步提供沉积结构、沉积层序、沉积构造、古水流等方面的信息，为开展油区沉积学研究提供更多也更为有效的手段。

一、倾角模式及其地质含义

地层倾角测井研究构造和沉积时，在矢量图上可以把地层倾角的矢量与深度关系大致分为四类（图3-21）。

红色模式：倾向大体一致、倾角随深度增加而增大的一组矢量。它可以指示沙坝、充填式沉积（如河道沉积、不整合之上凹地形沉积）以及断层等。

蓝色模式：倾向大体一致、倾角随深度增大逐渐变小的一组矢量。它一般反映地层水流层理、前积作用以及断层、不整合等。

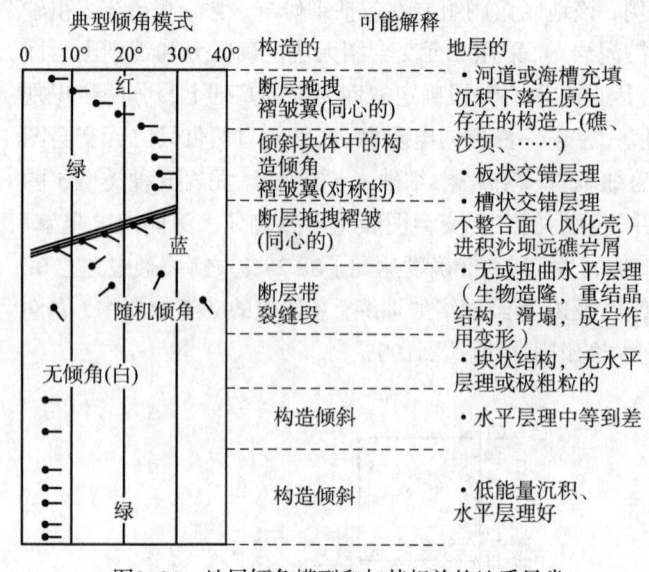

图3-21 地层倾角模型和与其相关的地质异常

绿色模式：倾向大体一致、倾角随深度不变的一组矢量。它一般反映单向直线斜层理、平行/水平层理以及构造倾斜（单斜、均斜地层）等。

杂乱（白色）模式：杂乱模式是指随深度增加，地层倾向和倾角无一致性变化，即倾角变化大、倾向不固定的一组矢量点，指示相对均质的厚层——块状粗碎屑沉积、断层面（断层破碎带）以及风化壳（带）等。白色模式是指点子很少或者几乎没有、可信度差的矢量响应，且倾向与倾角不一致，它多指示相对均质且层理不发育的块状地层、断层带（断层泥或糜棱岩）等。

由以上四种模式可能代表的地质现象可见，每一种模式相对简单，但存在多解性。尤其是在沉积学研究中，目标是岩层内部的微细层面，由小到大包括层细层（纹层）、层系、层系组不同级别界面，那么沉积岩中哪一级层面能计算出来并组成模式则至关重要。很明显，只有那些切过井筒的中—大型沉积构造（主要是层理）的变化面才有可能被地层倾角测井四臂电极探测到，并计算出其产状，而在井筒中不成平面或在井筒中弯曲变化频繁的小型层理则不可能被计算出来。在建立沉积构造解释模型时需要考虑和关注。

另一方面，多种模式的组合（关系）是各级层面相互转换、变化的表征，反映沉积环境的变化，包括有序变化（渐变）和突变（或间断）。其中，模式突变（或间断）往往代表沉积环境的明显改变或特殊地质事件（如冲刷面）等，在解释过程中要充分重视模式本身特征及模式之间的组合关系。

二、微电导率插值环井眼成像

微电导率环井眼成像是将地层倾角测井中记录的4条微电导率曲线按相对大小内插，以一系列不同级别颜色或灰度表示环井眼电导率大小分布。由图3-22可以清楚地看出以下主要特征：

① 不同电导率大小的电性层和不同的岩性界面清晰可见。同时，图中明显的颜色（或灰度）变化是检验倾角计算对比的准确性的标志之一。一般而言，成像图中明显的层应在对比计算中准确无误地计算出相应的矢量点，否则对比就有问题。

② 颜色或灰度的递变直观反映电导率的逐渐变化，是岩石内部韵律的体现。

③ 电导率异常特征变化段，颜色（或灰度）级别突变是微细层面（层系类型）变化的反映，据此并参考矢量图模式可分析判断沉积构造中层理的细层变化及其组合关系。

④ 成像图中颜色（或灰度）变化旋回应与电导率所划分的旋回一致，并受到常规曲线层序模型的约束，有助于分析识别旋回数量、旋回级次及相应界面。

⑤ 成像图中颜色（或灰度）变化呈有规律的密集层状、正弦波状是层理发育段的反映，可

以结合倾角矢量模式进一步解释层理类型。

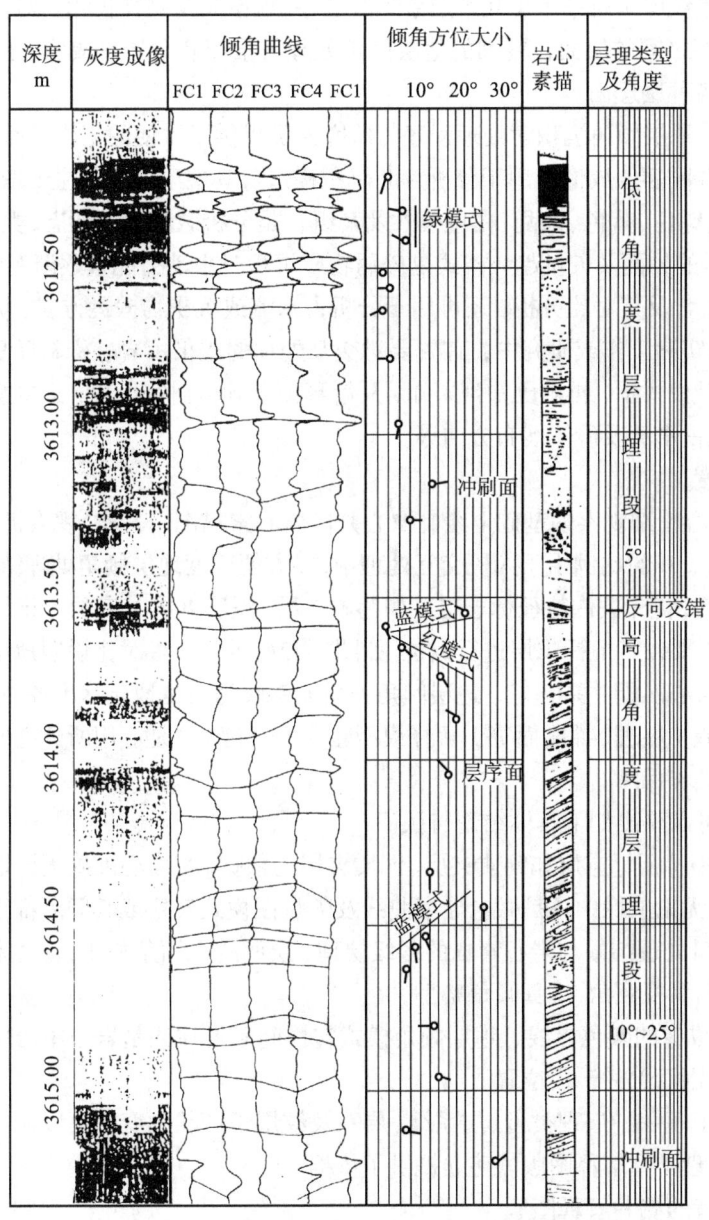

图3-22 TZ4井人机交互处理中岩心刻度倾角成果图（据欧阳健等，1999）

三、沉积构造的地层倾角测井解释模型

沉积构造是指沉积物沉积时或沉积之后，由物理作用、化学作用及生物作用形成的各种构造。在沉积物形成过程中及沉积固结成岩之前形成的构造（即原生构造，如层理及层面构造等），是油区或地下沉积学研究中的重点关注所在。沉积构造是岩性单元内部和岩性单元之间的层理几何形态和空间关系的表征，是组成盆地充填物的成因地层层序中沉积成因单元的基本特征。"沉积构造"信息的提取、识别及描述，可为沉积过程及沉积相（沉积环境）分析提供大量佐证。

层理按其形成的单元可以从单一细层到层序,大致划分为纹层或细层(指一次水流形成的)、层系(一组纹层)、层系组(几组层系)及层序。地层倾角测井长相关对比的成果矢量图一般反映地层层序之间的层面,精细的地层倾角处理矢量图和电导率成像一般可以反映层系或层系组以下的各种层理面。

人机交互式地层倾角沉积学处理程序为研究人员提供了方便的工作界面,而地层倾角矢量和微电导率环井眼插值成像是用于分析判断沉积构造及其层序构成的主要依据。一般而言,倾角矢量的红色、绿色、蓝色、杂乱、白色模式及其组合是分析微细层理形态、类型的基本方法。同时,矢量图显示的界面及矢量趋势模式是碎屑物质沉积时水动力能量逐渐变化的客观反映,因此矢量模式、组合及其对比分析,还可用于分析古水流或沉积物搬运方向、沉积体延伸及加厚或减薄方向。在实际工作或研究中,首先要对交互处理的成果用岩心资料反复刻度,建立科学的地层倾角矢量模式图,再由已知到未知,从解释模型到待研究层段,逐层解释沉积构造及其组合关系,直至古水流及砂体展布方向等。

1. 岩心刻度

首先,在岩心精细观察的基础上绘制取心井段岩心素描图;其次,视人机交互处理,将岩心素描图缩小成1:10的比例用于人机交互处理中,以方便刻度地层倾角处理结果;最后,在具体刻度及解释之前,优先关注特征标志层(如钙质夹层、泥质夹层),若岩心记录深度与测井深度不完全对应,需要以特征标志层进行归位。如图3-22所示,二者对比说明地层倾角计算结果和电导率成像与岩心匹配关系良好,地层倾角矢量能够较为清楚地显示出各种层理的模式关系,是各种沉积构造(层理、冲刷面等)解释模型建立的关键,也是应用所建立的解释模型开展沉积学研究的基础和保障。

由图3-22可以得出如下具体结论与认识:

① 以岩心中特征标志层如钙质夹层、泥质夹层为依据,将岩心准确无误地归位到地层倾角处理成果图上,无论成像中还是微电导率曲线及矢量图模式转换或其间断都很清楚。

② 倾角矢量处理结果与岩心素描的各级层理、层面的视倾角相比,基本相符或略大,因为岩心素描的倾角为视倾角,比真倾角略小。

③ 电导率成像的颜色界线、地层倾角模式转换间断处往往是岩心中岩性界面或不同沉积构造(层理、冲刷面)的转换位置。

④ 从岩心上每一种层理类型、层系组、层系及纹层组产状的变化可以在矢量图中找到对应的矢量点,为层理类型解释图版的建立提供了依据。

2. 沉积构造的测井解释图版

根据塔里木盆地的轮南、塔中等地区的三角洲—湖泊沉积体系、滨岸沉积体系中出现的主要沉积构造(层理和冲刷面等)的倾角测井实际处理的矢量图,建立了相应的沉积构造解释图版。

1)冲刷面

冲刷面(再作用面)在倾角矢量图上表现为上、下两种不同倾角矢量模式的间断处(图3-23)。

2)水平层理

水平层理在倾角矢量图上表现为倾角接近0°的杂乱模式,或低角度的绿色模式(因构造活动,平行层理向某一方向倾斜导致)。

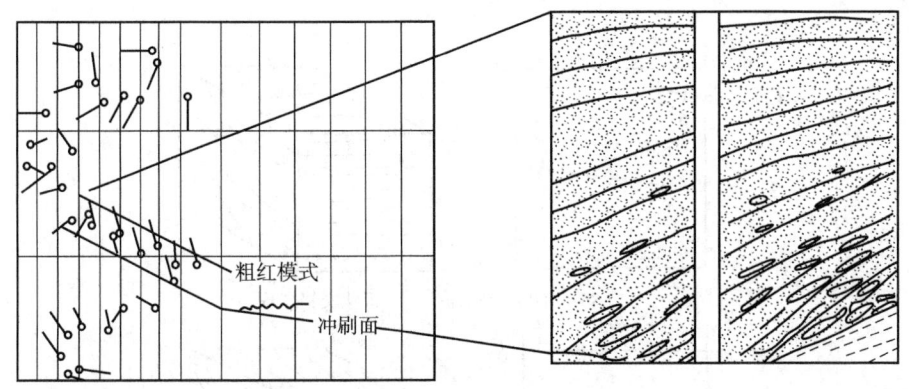

图3-23 冲刷面和斜层理的测井解释模型

3)（单向）斜层理

这种层理倾斜，与岩层面以一定的角度相交，是由搬运碎屑物质的水或风作单向流动形成的。它主要有三种表现形式，一是单向直线斜层理，在倾角矢量图上表现为绿色模式[图3-24（a）]，根据矢量角度的大小可分为低角度斜层理、中角度斜层理、高角度斜层理；二是一组或多组上陡下缓的蓝色模式[图3-24（b）]；三是一组或多组上缓下陡的红色模式（图3-23）。

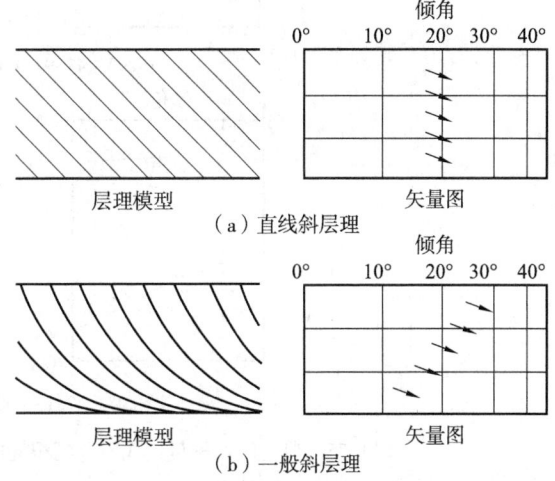

图3-24 斜层理的测井解释模型

4）交错层理

①槽状交错层理（图3-25），表现为一组短模式线连接的红—蓝模式组合，底部往往为模式群间断处显示的冲刷面；

②板状交错层理，表现为一组彼此平行的红—蓝模式组合（图3-25）；

③楔状交错层理，表现为一组模式线被彼此交叉的红—蓝模式组合（图3-25）；

④浪成冲洗双向低角度斜层理，表现为低角度的红—蓝模式组合间互，模式的矢量模式方向相反（图3-26），略显杂乱；

⑤羽状交错层理，在倾角矢量图上表现为单一的低角度绿色模式组合，或者蓝—红模式组合，且相邻模式矢量方向几乎相反；

⑥小型沙纹交错层理。表现为小的红色、蓝色或杂乱模式，在倾角对比处理中识别困难。

5）波状层理

①波状起伏层理，在倾角矢量图上多表现为低角度的绿色模式、蓝色模式或杂乱模式，矢量的方向杂乱；

②爬升波纹层理，在波痕迁移过程中向上生长（逐渐攀升）形成，在倾角矢量图上表现为倾角较一般波状层理高、倾向较为一致的小的红色模式或蓝色模式。

总体而言，波状层理规模较小，在倾角对比处理中难以检测这种小型层理构造。

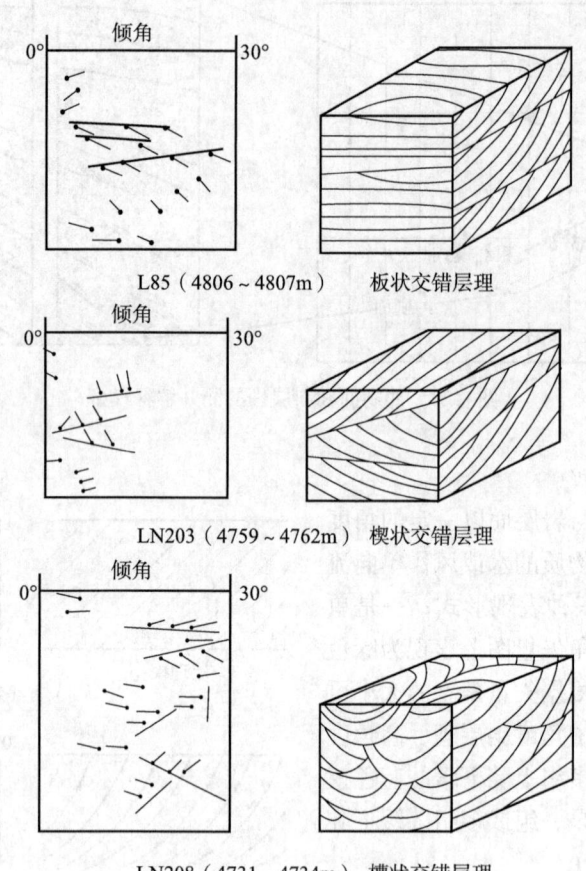

图3-25 典型倾角矢量模式解释沉积构造示意图（据欧阳健等，1999，有修改）

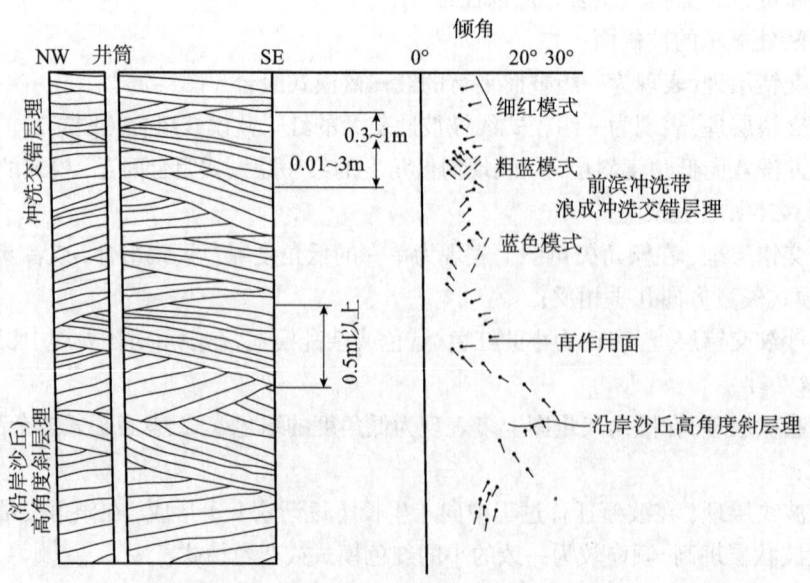

图3-26 浪成冲洗双向低角度交错层理及高角度斜层理的典型倾角模式（据王贵文等，2000）

6）块状层理

块状层理的层内物质较为均匀,组分和结构上无差异或差异很小,无明显纹层、层系及层系组等层理构造,多由快速堆积、沉积物来不及分异所致,或经生物强烈扰动、重结晶或交代作用破坏原有层理而成。在倾角矢量图上,块状层理一般表现为矢量点极少的白色模式或杂乱模式。

解释图版应该是在大量岩心观察、描述及统计,并刻度倾角处理成果的基础上建立起来的。基于此,在倾角资料交互处理过程中应用于解释沉积构造序列,开展沉积学研究,并在测井沉积学研究实践中得以丰富和不断完善。

3. 层理角度与沉积相

由以上不同层理构造解释图版可以看出,多数解释模型表现出自下而上倾角不同程度的小或增大现象,反映在某一连续沉积层段内的层理(面)角度的改变。而层理角度是水动力能量强弱的反映,一般而言,在同一沉积背景下,水动力能量强时有利于形成高角度斜层理或平行层理,水动力弱时多形成低角度斜层理甚至水平层理,倾角的纵向变化可清晰地反映水动力纵向变化规律。以三角洲前缘河口坝沉积为例(图3-27),倾角矢量图表现为自下而上倾角逐渐增大的红色模式,底部层理倾角较小,约5°左右,向上缓慢变陡,顶部达20°左右,反映其形成时早期(下部)能量较弱,而顶部水动力条件较底部水动力明显增强。

同时,不同沉积环境下,层理角度总体特征也不同,包括倾角的大小及变化的快慢。例如,一般海相地层层理角度多介于5°～14°之间,变化相对较小;而河流成因地层或砂体,层理角度经常超过25°,而且无论是在纵向还是横向,变化相对较快。因此,矢量变化趋势常可作为一种沉积微相与其他沉积微相相区别的特征标志。

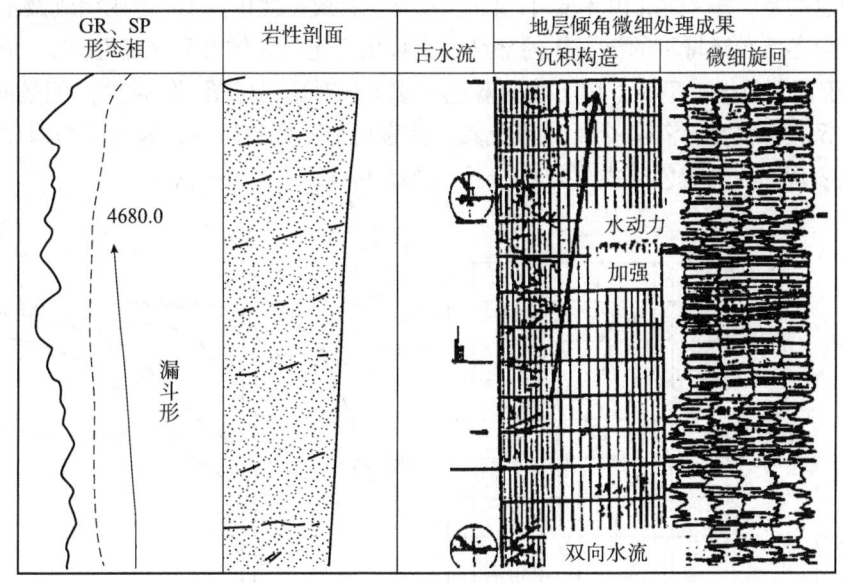

图3-27 层理角度与河口沙坝沉积的关系(据王贵文等,2000)

四、沉积体内部充填结构测井解释模型

依据沉积基准面的变化,层序内从水进到水退的沉积旋回中可划分出正常水退沉积、强制性水退沉积、水进沉积及垂向加积等成因沉积类型。同时,即使在同一时间单元或水进/水体过

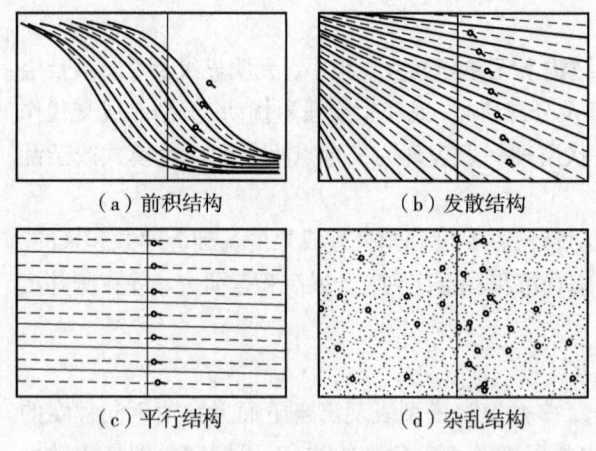

图3-28 长对比倾角成果识别沉积体结构的概念模型

程中，不同构造位置或构造背景下，沉积体（成因）类型、沉积体内部层与层之间的叠置关系也各不相同。比较常见的内部结构包括前积、加积、侧积、快速（均质或杂乱）充填等类型，这种层与层之间的相互关系（即内部结构类型）具有环境意义。

利用地层倾角资料长相关处理成果（矢量图）可以确定沉积体内部结构和外部形态。

前积结构的倾角矢量呈蓝色模式[图3-28（a）]。前积结构是水流向前（盆地）推进过程中，前积（进积）作用形成的结构，常见于三角洲前缘、水道中心以及风成沙丘底部，总体上自下而上能量增强。河道的侧向迁移（侧积作用）也可形成类似结构。

发散结构的倾角矢量呈红色模式[图3-28（b）]。同一时间单元地层向上倾方向减薄，沿下倾方向加厚，反映不均匀的沉积作用。发散结构常见于盆地或凹陷边缘、充填河道边缘。

平行结构的倾角矢量呈绿色模式[图3-28（c）]。沉积体内部各地层（薄层砂岩、泥岩层）界面相互平行。平行结构常见于及海相沉积、席状（砂）沉积、低能环境下的细粒沉积。

杂乱结构的倾角矢量杂乱[图3-28（c）]。杂乱结构多反映粗碎屑的快速、块状堆积，或者由测井质量、井眼条件不好所致。

需要注意的是，每一类沉积环境可以细分为若干亚相和微相，每一种亚相或微相各有其自身特点，使得各沉积环境下的沉积体内部结构表现出一定的整体性和多变性。以三角洲前缘亚相为例，自下而上总体上呈现下缓上陡的蓝色模式（长对比矢量图，图3-29），但是河口坝、水下分流河道及前缘席状砂等各个微环境及其迁移表现出不同的红—蓝模式（短对比矢量图），因此整体上表现为大的蓝色模式下套叠若干小的红色模式及蓝色模式。

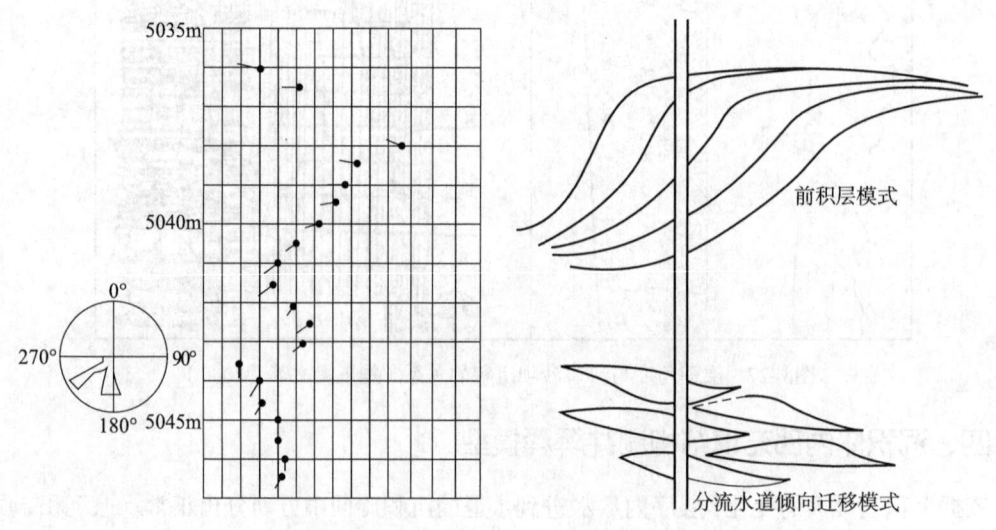

图3-29 三角洲前缘沉积体矢量图概念模式

五、沉积构造的成像测井解释

沉积构造在地层微电阻率扫描成像测井（FMS、FMI）、声波井下电视（CBIL）都有不同程度的响应。一般而言，在垂向上具有一定规模（变化）的沉积构造（如冲刷面、大—中型层理等），成像测井响应较为清晰，而规模较小或垂向上变化幅度较小的小型层理构造则很难识别。利用成像测井开展沉积构造解释，一般采用1∶5或1∶10比例在成像测井图像交互解释平台上开展。

1. 冲刷面

1）地质特征

冲刷面一般为凹凸不平的界面，界面之下一般为低能环境下形成的泥岩、粉砂质泥岩或泥质粉砂岩，其上为含泥砾砂岩段，泥砾多由下部地层冲刷形成。

2）电成像特征

冲刷面上、下岩性不同，电成像特征不同。碎屑岩地层剖面上，冲刷面上、下岩性多发生明显变化，电成像图上常呈现起伏不平的暗色条带（泥质岩、泥砾等）或亮色条带（含砾砂岩或其他粗粗碎屑沉积等）。图3-30为TAI2井5086～5088.5m井段FMI图像，在5088.15m处可见一个凹凸不平的界面，上部暗色泥砾呈扁平状略显定向排列，其下为含膏泥岩的高阻异常岩性反映。

研究及统计发现，通过FMI图像能够较为准确的识别冲刷面，符合率可达90%；而CBIL图像的符合率较低，而且难以识别冲刷面附近的泥砾。

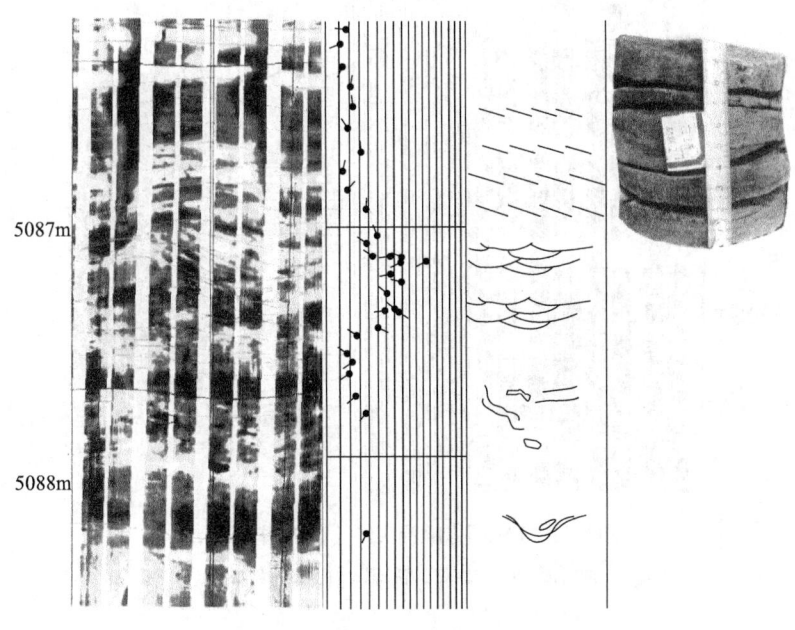

图3-30　FMI图像解释实例（TA12井）之一

冲刷面、泥砾、槽状交错层理、低角度斜层理

2.（单向）斜层理

1）一般地质特征

斜层理是指在沉积岩层内出现的同岩层水平层面相斜交的层理。若相邻层系互相平行，各层系内的细层或纹层均向一个方向倾斜，则称为单向斜层理。它是由单向水流所造成的，多见

于河床或滨海三角洲沉积中,细层的倾斜方向指示水流的下游方向。每个纹层有成分、粒度、颜色显示,纹层规模可大可小。层理面多为连续面,但也可能呈断续状。根据层理面的倾角大小,可以将斜层理分为低角度斜层理(倾角<12°)、中角度斜层理(倾角12°~20°)、高角度斜层理(倾角>20°)。

2)电成像特征

在FMI图像中,斜层理往往表现为一组连续或断续状明暗条纹显示的正弦波曲线(图3-31)。层理面产状(倾角和倾向)不同,正弦波曲线的幅度、曲线之间的相互关系(平行、非平行)不同。根据正弦波曲线形态可以准确计算出每个纹层及纹层系界面的产状。

3. 槽状交错层理

1)一般地质特征

槽状交错层理层系底界为弧形侵蚀面,层系呈槽形,互相切割,细层可与层系底面大致平行,也可与之相交,细层与层系底界一致呈槽形。

2)电成像特征

槽状交错层理FMI图像上表现为一套不同角度的正弦显示的层系界面,两层系界面由明暗相间的弧形截切条纹组成(图3-31)。伴随着纹层规模(厚度及延伸范围)减小,解释或识别难度增大,解释符合率(准确性)降低。

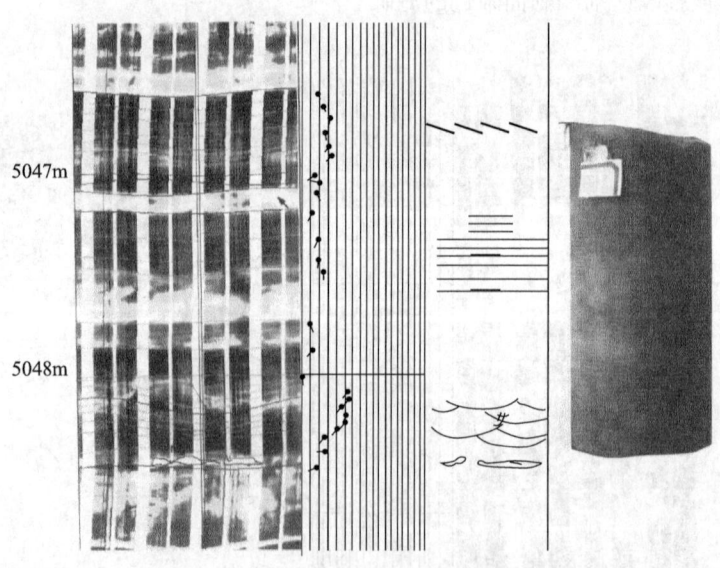

图3-31 FMI图像解释实例(TA12井)之二

冲刷面、石膏、槽状交错层理、平行层理、斜层理

4. 板状交错层理

1)一般地质特征

板状交错层理为层系上下界面平直(行)、纹层组向底部收敛、厚度稳定不变或变化不大的交错层理,各层系内的细层倾向常为同向的,是最直接反映古水流方向的层理类型。板状交错层理在岩心上往往表现为几组纹层向底部收敛的层系垂向叠覆。

2）电成像特征

板状交错层理FMI图像上往往可识别出几个平直的层系界面（图3-32），每个层系内纹层显示底部收敛顶部截切的明暗条纹，解释符合率可高达90%。

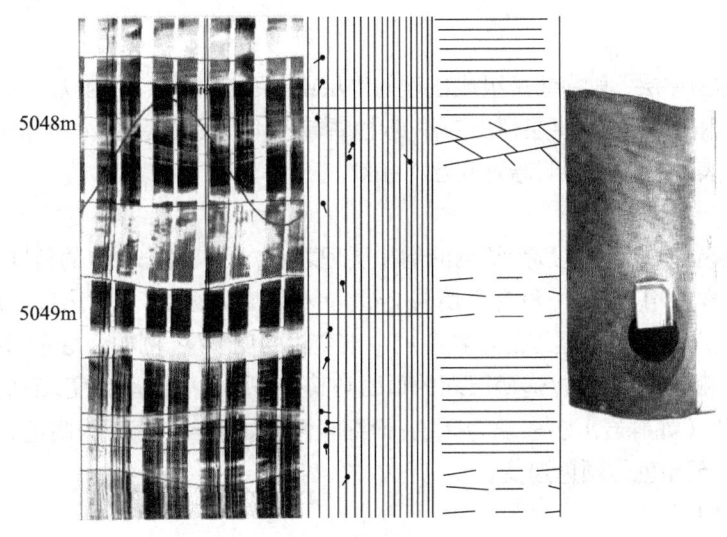

图3-32　FMI图像解释实例（TA12井）之三
硬石膏薄层、板状交错层理、水平层理、断续斜层理等

5. 楔状交错层理

楔状交错层理各层系的上、下界面为平面，但并非互相平行，层系厚度在小范围内变化较快而呈楔形。层系间长彼此切割。楔形交错层理可能是在异向流动的水动力条件下形成，如河口湾沙坝沉积及海相障壁浅滩沉积中常见楔状交错层理，也可能由单向水流形成，如河流的横沙坝、纵沙坝、斜沙坝在前进途中彼此叠覆而成。楔状交错层理中（斜）细层倾向与流水方向一致，其倾角大小与介质性质有关，如浅海沉积物斜细层倾角常小于20°，河流的斜细层倾角多在20°~30°，风成的斜细层倾角可达40°以上，因此可用斜细层倾角大小确定介质性质和水流方向。因此，在FMI图像上，楔状交错层理表现为上、下纹层倾向相反的正弦曲线。可识别出多个起伏不平、延伸较长（360°展开）的层系界面，每个层系内可见多条规模或延伸长度不等、倾向相同或有规律变化的纹层，各纹层与起伏不平的层系界面呈截切关系。

6. 羽状交错层理

羽状交错层理纹层平直或微向上弯曲，相邻斜层系的纹层倾斜方向相反，延伸至层系界面时彼此呈锐角相交，呈羽毛状。因此，在FMI图像上，羽状交错层理表现为上、下纹层倾向相反的正弦曲线。

7. 爬升波纹交错层理

爬升波纹交错层理表现为后一个层系爬升在前一个层系之上，层系规模小，在井筒范围内显示为小规模的纹层截切线及小规模的交错层理，而且悬浮物沉积数量多余水流搬运沉积数量，岩性偏细且变化较小。因此，在FMI图像上，爬升波纹交错层理表现为小而短的纹层截切现象，基本没有延伸出井周范围，而且只在部分典型的层段上有显示。

8. 透镜状层理

透镜状层理以泥质沉积为主,透镜状砂质沉积被包围在其中,在潮汐水流或波浪作用较弱、砂质供应不足的条件下形成。在FMI图像上,透镜状层理表现为暗色条纹(背景)夹透镜状亮色斑块。

9. 韵律层理

韵律层理又称韵律层,其特征是组成层理的细层或层系在成分、结构以及颜色上作有规律的重复性变化。砂泥剖面中,韵律层理由潮汐变化、季节变化、气候变化、冰川作用等形成。韵律层理在FMI图像上表现为平行的明暗(间互)条纹。

10. 递变层理

递变层理又称粒序层理,是最为常见的韵律层理之一,是以组分颗粒的粒度递变为特征的沉积单元,层面基本上相互平行,没有交切与交错。除粒度变化之外,单层内部一般没有任何内部纹层,自下而上表现为由粗至细的正粒序或由细变粗的反粒序。例如,由底部的砾石或粗砂向上递变为细砂、粉砂以至泥质。递变层理的顶面与其上一层的底面呈突变,有明显的界面。在FMI图像上,粗岩性(如砾岩)多表现为亮色,而细岩性(如泥岩)表现为暗色,总体呈现由亮色至暗色或由暗色至亮色的颜色递变。

11. 生物钻孔构造

生物钻孔一般为底栖动物为了适应环境而挖掘的形态各异的潜穴,多呈直管形、分岔形、U字形。生物钻孔构造在FMI图像上多呈不规则的亮色线状条纹或斑块状。

12. 结核

结核是岩石中自生矿物的集合体。常成球状、椭球状或不规则团块状,其成分、结构、颜色等与围岩存在显著差异,可以孤立或呈串珠状出现。结核在FMI图像上多呈不规则的亮块或条带,显示高阻特征(图3-33)。结核主要出现在泥质岩、粉砂岩、碳酸盐岩等地层中,依据形成阶段分为同生结核、成岩结核及后生结核。结核的成因不同,与围岩的关系也不尽相同,在FMI图像上表现出一定的差异,据此可以推断结核的成因。

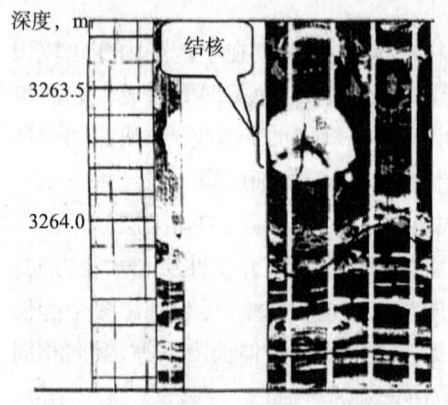

图3-33 同生结核FMI图像(坨711井)

13. 沉积构造垂向序列解释

沉积环境不同,沉积构造垂向序列或组合各异。

以典型的曲流河为例,图3-34为一典型的曲流河垂向序列在FMI成像图上的响应。图中下部为块状泥岩,FMI成像图表现为较为均质的块段模式。泥岩之上为冲刷面,成像图上表现为波状暗线。冲刷面之上依次发育槽状交错层理—平行层理—再作用面—板状交错层理—小型交错层理—水平层理—块状层理。

沉积构造序列的理论模型、典型单一沉积构造的电成像特征,有助于建立不同沉积环境下沉积构造垂向序列解释模型,并有效解决电成像中局部显示不够清晰或完整的地质解释问题。

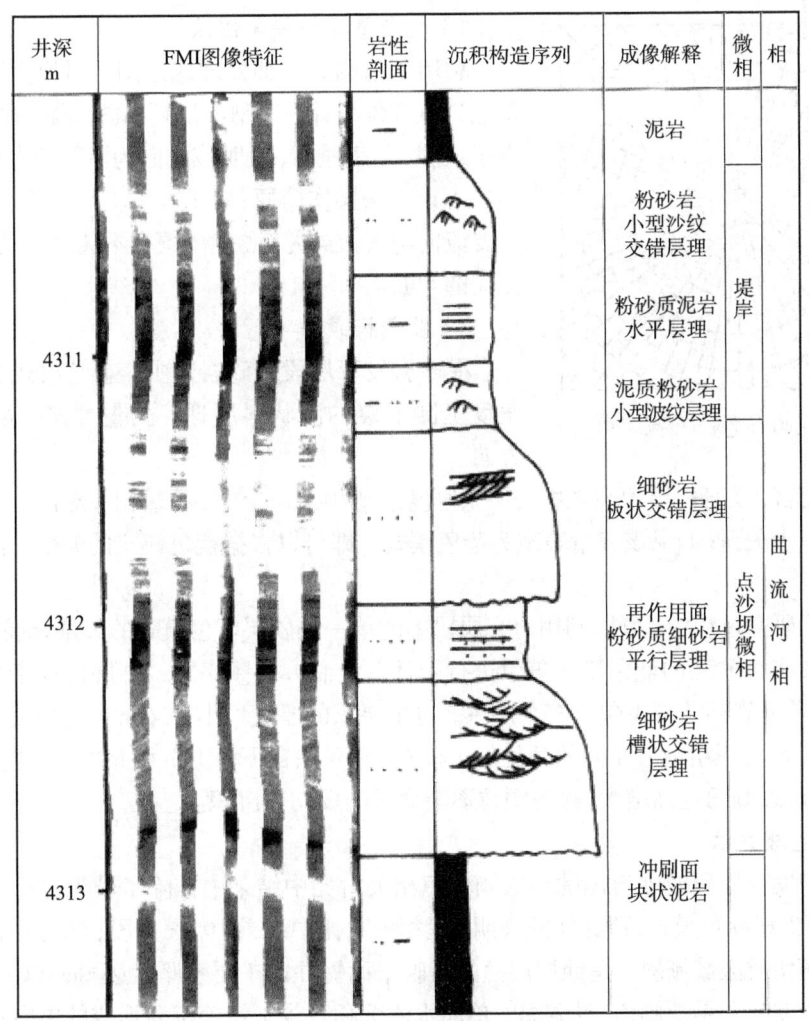

图3-34 典型曲流河垂向序列FMI成像图地质解释（T2井）

第四节 古水流研究

一、古水流测井研究方法

古水流研究方法很多，可以概括为两大类：一是确定某一点水流方向的微观研究方法，二是确定大范围水流方向的宏观研究方法。

1. 微观研究方法

微观研究方法主要包括野外或井下沉积构造（层理及层面构造）、砾石及长形生物化石的定向排列、地层倾角测井及成像测井等。其中，野外测量或通过定向取心测量沉积构造前积纹层的产状（倾角和倾向）是最直观、最准确的方法。地层倾角测井、成像测井均能够获得或提取反映沉积构造信息、准确计算层理的倾向与倾角。因此，对于地下地质研究而言，利用地层倾角测井、成像测井中的倾角信息分析古水流成为最重要也是最有效的方法。

利用地层倾角测井、成像测井中的倾角信息开展古水流研究，有四种方式可以确定古水流方向。

1）全矢量方位频率图法

利用倾角测井微细处理成果图，对研究层段中全部矢量点进行方位统计，绘制方位频率图，哪一个方向（扇区）点子最多、频率最高，表明该方向为主要的古水流方向（图3-35）。该方法操作简便、效果好；不足之处是，可能存在非主要流向与主流向并存、优势频率不甚突出现象，干扰主要流向的判断。

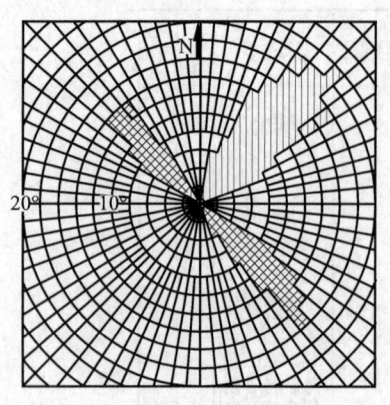

图3-35　地层倾斜方位频率图

2）蓝色模式法

在砂岩发育层段或砂岩体中，蓝色模式主要反映层理角度上陡下缓的波状斜层理，矢量方向一般反应古水流方向。

一般而言，发育斜层理砂岩中的层系厚度达到40cm以上时，在短相关对比中可以计算出两个或两个以上矢量。如果该矢量表现为蓝色模式，即可以根据蓝色模式的矢量方向确定古水流方向[图3-24（b）]。

在实际研究过程中，可以利用研究层段中的单一厚砂层蓝色模式的矢量开展分析，也可以对研究层段多个砂层的蓝色模式矢量进行统计并绘制方位频率图，开展古水流方向及其变化规律分析。若砂岩体（层）包含多个层系，每个层系的厚度均小于30cm，短相关对比只能计算出1个矢量，而层系组或层系间倾角呈红色模式，则反映自下而上沉积介质能量增强、物源供应逐渐增多、层理倾角逐渐增大、碎屑颗粒逐渐变粗的反韵律沉积。

3）绿色模式法

在砂岩发育层段或砂岩体的地层倾角短相关对比中结果中，除了较为常见的蓝色模式之外，还可能出现绿色模式。研究实践表明，短相关对比中结果中，长井段、低角度绿色模式一般反映构造倾角或区域倾斜，是地层层面的反映；而短井段（层系厚度达40cm以上）、高角度绿色模式一般反映层系的倾角，为高能、单向水流沉积背景下快速沉积形成的单向直线斜层理所致。因此，可以根据高角度绿色模式的矢量方向确定古水流方向。

4）红色模式法

理论模型上，上缓下陡的波状斜层理在倾角矢量图上显示为红色模式。但是，无论从沉积学角度分析还是实际研究及统计结果，单一层系内各矢量点很难构成红色模式。因此，一般不能用红色模式矢量方向确定古水流方向。

若砂岩体（层）包含多个层系，每个层系的厚度均小于30cm，短相关对比只能计算出1个矢量，而层系组或层系间倾角呈蓝色模式，则反映自下而上沉积介质能量减弱、物源供应逐渐减少、层理倾角逐渐减小、碎屑颗粒逐渐变细的正韵律沉积，不同层序列组合的矢量往往可构成红色模式，此时红色模式的矢量方向可以确定为古水流方向。

在短对比矢量图上，一段厚度较大砂岩层的倾角矢量看起来很乱，通过矢量点的精细组合，可以划分出包括蓝色模式、红色模式在内的多个有规律模式。其中，蓝色模式组合数量较多，其矢量方向代表古水流方向，也是砂体前积/进积方向；红色模式倾向多指示砂体减薄或增厚方向，主要反映充填式沉积的岩层面、层系组界面倾向，该方向与统计井段内蓝色模式倾斜方位多呈90°，因此该方法又称为红—蓝模式法或红—蓝模式90°法。该方法不仅可以确定古水流方向，还可以判断砂体增厚或减薄方向。

如图3-36所示，假设古水流方向为南南西方向，井眼位于河道中心的西侧，砂岩层段除了可能出现多个小的蓝色模式反映水流方向之外，砂体中—下部可能出现红色模式，其倾角矢量方向与水流方向垂直，指向河床中心，反映砂体加厚方向。值得注意的是，该红色模式在长对比矢量图上可能更明显、更清晰。因此，长、短对比矢量图相结合更有利于开展古水流等相关分析。

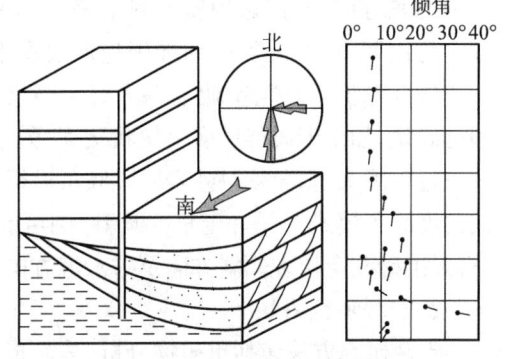

图3-36 河道砂体水流方向与砂体加厚方向呈90°关系模式图

在应用地层倾角资料研究沉积相和分析沉积环境时，还需要关注后期构造运动或者构造倾斜对层理面、层系界面的影响。当构造倾角较大时（一般大于5°），需要消去构造倾斜，否则在判断古水流方向上可能得出错误的结论。图3-37为3-2-48井短对比矢量图，（a）未考虑构造倾斜影响，显示层理倾斜方向/古水流方

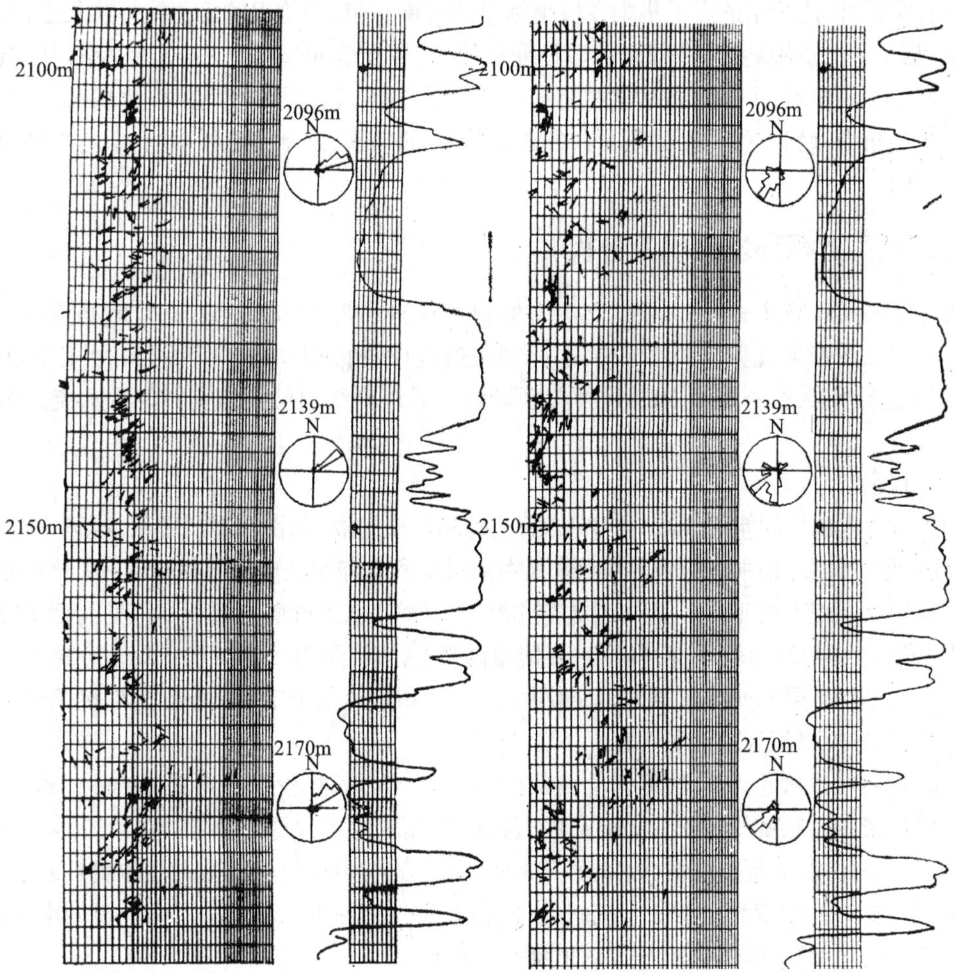

（a）未消去构造倾斜　　　　　　　　　（b）消去构造倾斜

图3-37 3-2-48井短对比矢量图（据曾文冲等，1982）

147

向为北东方向，与区域地质资料不符；（b）进行了消去构造倾角处理，层理倾斜方向/古水流方向为南西方向，能够较为准确地反映古水流方向，与区域地质资料符合。

是否需要消去构造倾斜，只要仔细观察研究层段内砂泥薄互层或页岩段的倾角矢量图显示即可确认。如果泥质岩层多呈块状层理，矢量呈杂乱模式，反映其岩层面接近沉积时的状态（水平或近水平），则无须对砂岩层段倾角进行校正；如果泥质岩层段矢量一致性较好（多表现为低角度绿色模式），呈一定角度倾斜，则可能与区域构造倾斜有关，需要对砂岩层段倾角进行校正，以准确判定层理倾斜方向及古水流方向。

2. 宏观研究方法

宏观研究方法包括重矿物分析、岩石成分分析、砂砾岩百分含量变化、地层厚度变化、地震地层学研究以及古生物研究等。

除此之外，还可以利用研究区地层倾角测井资料开展宏观统计分析。首先，读取研究区内所有开展地层倾角测量井的目的层段内各深度点倾向、倾角信息；然后，将全部倾向、倾角数据点在改进的施密特图上，在扇形格子内统计点数，勾绘等值曲线；最后，通过对等值线的分析，开展沉积特征及古水流分析。

一般而言，构造倾角的点子集中在极坐标系的外圈一带，勾绘出的等值线呈狭长形，倾角变化很小。相对于构造倾斜，沉积倾角的数据变化较大，从0°到40°。在改进的施密特图中，沉积倾角的等值线呈三角形，三角形的底边接近于极坐标的外圈，顶点指向中心。在此基础上，进一步统计沉积倾角中倾斜方位（方位角）在各10°扇形区的频率，编制方位频率图，即可判断研究区古水流方向。

二、典型沉积环境古水流分析

随着地层倾角测井资料的不断丰富、对倾斜资料的处理越来越精细，兼之倾斜资料相较于其他测井方法的诸多优势，利用倾斜测井资料进行沉积相分析取得快速发展，并已成为研究沉积相的主要手段之一。下面选择几种典型环境，系统介绍地层倾斜资料在古水流分析中的应用。

1. 冲积扇

冲积扇的组成物质粗而杂乱，主要由砾石、砂和泥质组成，属快速混杂堆积，粒级分布宽、分选差。在扇根、扇中、扇端三个亚相中，扇根主河道沉积有滞留的碎屑支撑砾岩，底部常有残留的泥石流层，层理不明显，多呈块状或透镜状。扇中辫状水道砂砾岩沉积中可见大型单向斜层理，层系倾角大，层理面较平直，向上水流能量降低，层系/层理倾角降低。扇端及侧翼边缘沉积物变细，可见水平层理或波状层理。垂向层序上，冲积扇的每个单层自下而上均呈现粒度变细的趋势，底部岩性最粗为粗砂和砾石。

由图3-38可以看出，在泥质含量极低的1322～1334m井段，倾角矢量点少、倾斜角度高、一致性较差（杂乱模式），显示层理不甚发育。随着泥质含量的增高，在1322～1312m及1312～1300m井段，矢量点增多、倾角逐渐减小、倾斜方向规律性增强，方向性也更加趋于一致，反映其中发育一些中偏高角度的水流斜层理。由方位频率图可以看出，层理主要向南东倾斜，古水流方向指向南东，砂体延伸方向呈北西—南东向。

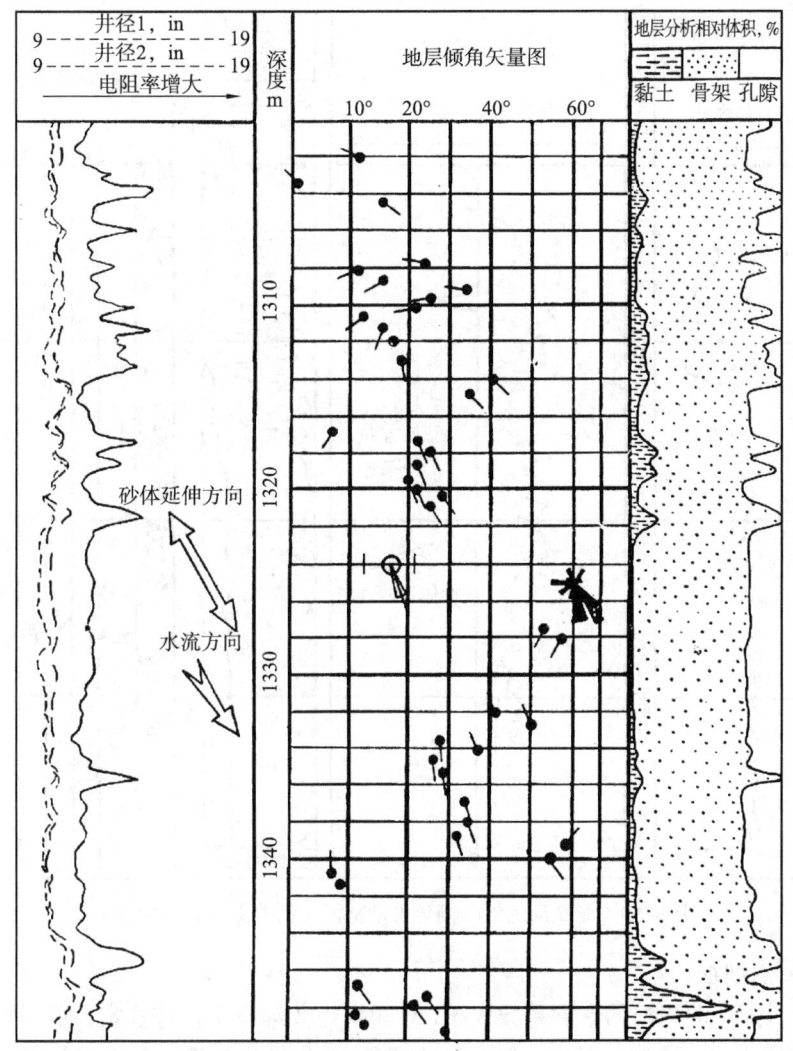

图3-38 单2-15井冲积扇砂体倾角矢量特征（据曾文冲等,1982）

2. 辫状河河道沙坝

相对于冲积扇的辫状水道沉积,辫状河的河道沙坝（心滩）岩性偏细、分选性更好,以垂向加积作用为主,总体上呈现厚层块状、相对均质（很少表现出明显的"向上变细"层序）特征,可形成良好的储层。层理类型上,由于沉积时河床坡度较大、水流急,河道宽而浅,沉积物颗粒较粗,沉积构造有块状层理、大型槽状交错层理、单组大型板状交错层理等,层理的倾向和倾角变化较大。层理倾角可在0°～35°之间快速变化,方向可在90°甚至180°弧形区间变化。

由图3-39可见,具有代表性的辫状河道沙坝砂体,GR曲线呈箱形—钟形组合,孔隙度和黏土含量曲线也同样呈箱形—钟形特征,反映砂体上部颗粒变细、泥质含量增高,地层倾角的大小和分布随粒度大小而变化。砂体中—下部倾角矢量图为中偏高角度杂乱模式,最大倾角接近35°；砂体上部,倾角明显减小,由20°左右降低至10°以内,倾角矢量图为低角度杂乱模式。整个砂体的倾角矢量纵向演化反映层理类型以槽状交错层理为主,层理规模向上变小。由方位频率图可以看出,层理倾向总体指向北西西方向,也即古水流流向,砂体延伸方向为北西西—南东东向。

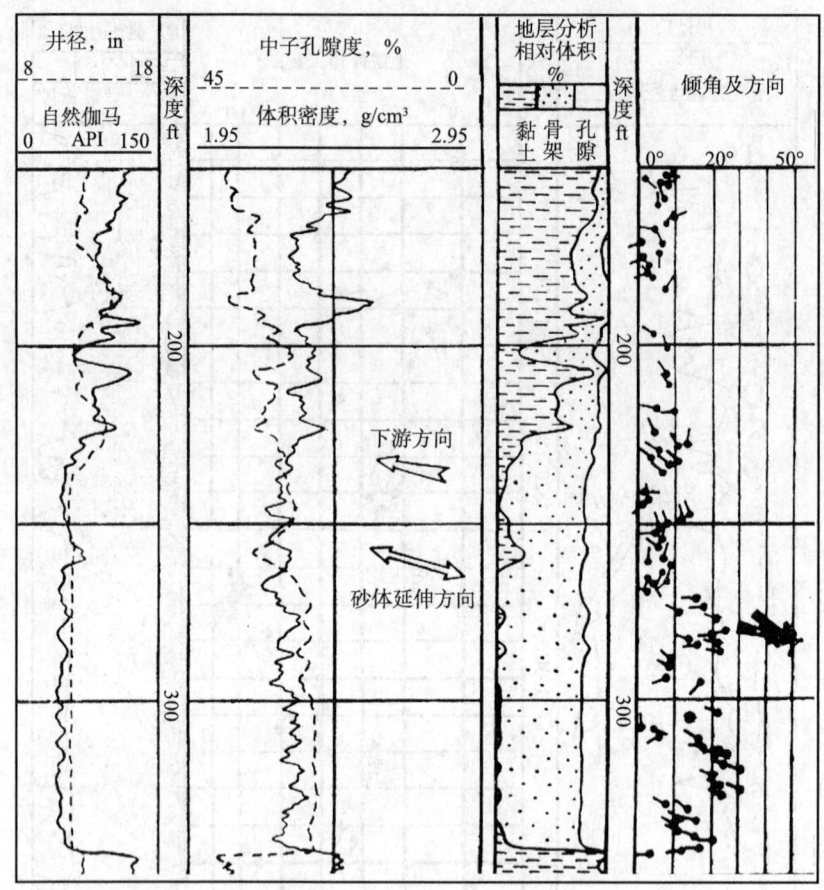

图3-39 辫状河道沙坝倾角矢量特征（据曾文冲等，1982）

3. 曲流河点沙坝

相对于辫状河，曲流河的弯度系数大于1.5，单河道（河身）比较稳定，河床坡度较小。每一个弯曲处，河道中主流线偏向凹岸一侧水流速度最大，侵蚀最严重，切割也最深，形成深槽；而凸岸一侧因水流速度相对较小，碎屑颗粒沉积，使得河道侧向迁移并形成了曲流河特有的沉积砂体——点沙坝。典型的点沙坝自下而上发育4个单元：①河床底部滞留沉积，为块状较粗砂岩和泥砾岩，一般具有不太清晰的大型槽状交错层理，与下伏层呈冲刷侵蚀接触；②点沙坝主体沉积，发育大型槽状交错层理和大型板状交错层理，以中—细砂岩为主，层理规模向上逐渐变小；③点沙坝顶部沉积，主要由粉（细）砂岩组成，发育小型槽状交错层理和上攀波纹交错层理；④天然堤和泛滥平原沉积，由断续波状交错层理粉砂岩和水平纹理的粉砂质泥岩及块状泥岩组成。总体上呈自下而上能量减弱、沉积颗粒逐渐变细、层理倾角逐渐减小之特征。在点沙坝的底部和下部，层理面角度最大，层理面的倾向变化较大，变化范围可达180°。向上层理倾角明显减小，倾向也较一致。由方位频率图优势方位可以确定层理主要倾斜方向，并据此判断古水流方向和砂体延伸方向。

由图3-40可以看出，由下而上倾角逐渐减小，中—下部倾角较大且变化大，倾向较分散，表现为块状杂乱模式，为槽状交错层理反映；中偏上部倾角中等，倾向一致性较好；顶部倾角明显降低，倾向不一致，反映为波状交错层理。由方位频率图可以看出，层理及主要水流方向指向西方，砂体呈东西向延伸。

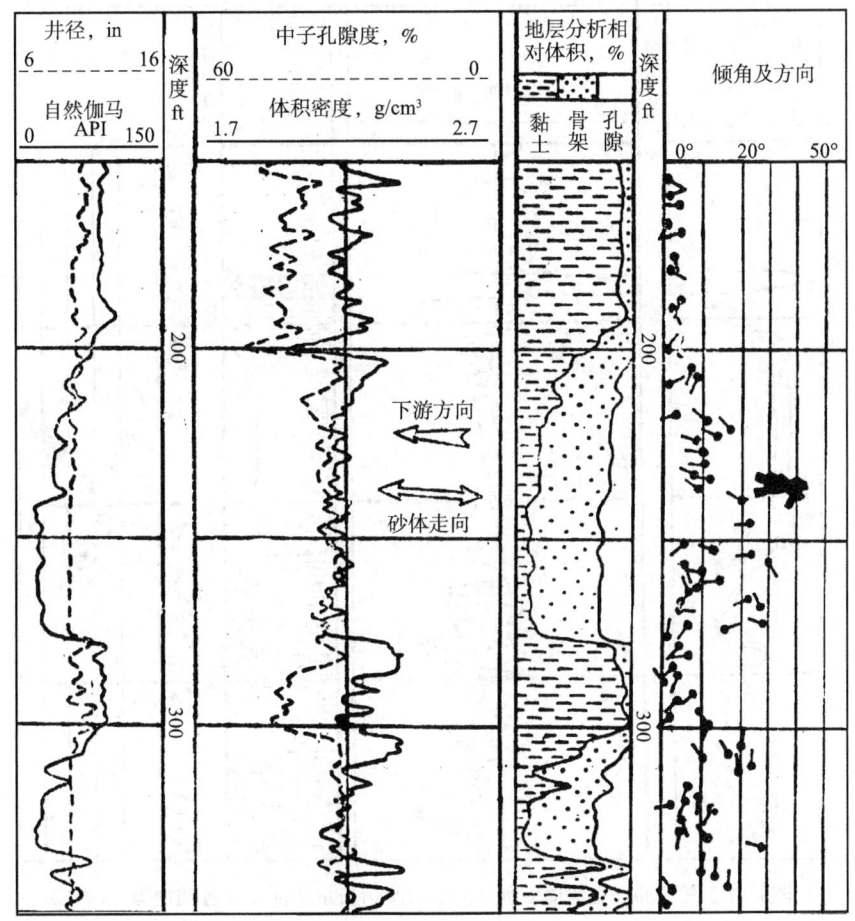

图3-40 曲流河点沙坝倾角矢量特征（据曾文冲等，1982）

4. 三角洲分支河道砂体

三角洲分支河道形态比较直，类似于顺直河，切割于软泥沉积中。河道底部沉积物粒度比较粗，水流层理通常呈槽状，倾角矢量一致性差，向上逐渐变细，接近顶部时，倾角逐渐趋于一致，河道的方向和砂体延伸方向可由平均水流层理方向得出。

如图3-41所示，三角洲分支河道充填的测井曲线主要呈箱形，顶部呈渐变或钟形，孔隙度和黏土含量曲线形状基本呈箱形或圆柱状。倾角矢量图上，下部呈高角度且方向不太固定的杂乱模式；砂体上部呈红色模式，倾角逐渐减小且方向趋于稳定。方位频率图的优势方向（层理倾向）即为水流方向和砂体延伸方向。

应用红—蓝模式90°法，不仅可以判断河道砂体形成时的水流方向，还可以判断砂体加厚方向。由图3-42可以看出，三口井中有两口井发育砂体，A井发育薄的泥质砂岩，地层倾角矢量图中自下而上可见红色模式、蓝色模式，蓝色模式倾向北东，红色模式倾向南东东，两者相差约90°，显示该砂层向南东东方向加厚，砂体延伸方向为北北东—南南西。B井发育厚层砂岩，砂体下部地层倾角矢量表现为红色模式，倾向北西西，指示砂体向北西西方向加厚，河道砂体呈北北东—南南西向延伸，与A井一致。由此可以推断，A井位于河道的西侧，B井在同一河道的东侧且靠近中心，河道呈北北东—南南西延伸，水流流向北东（北北东）。

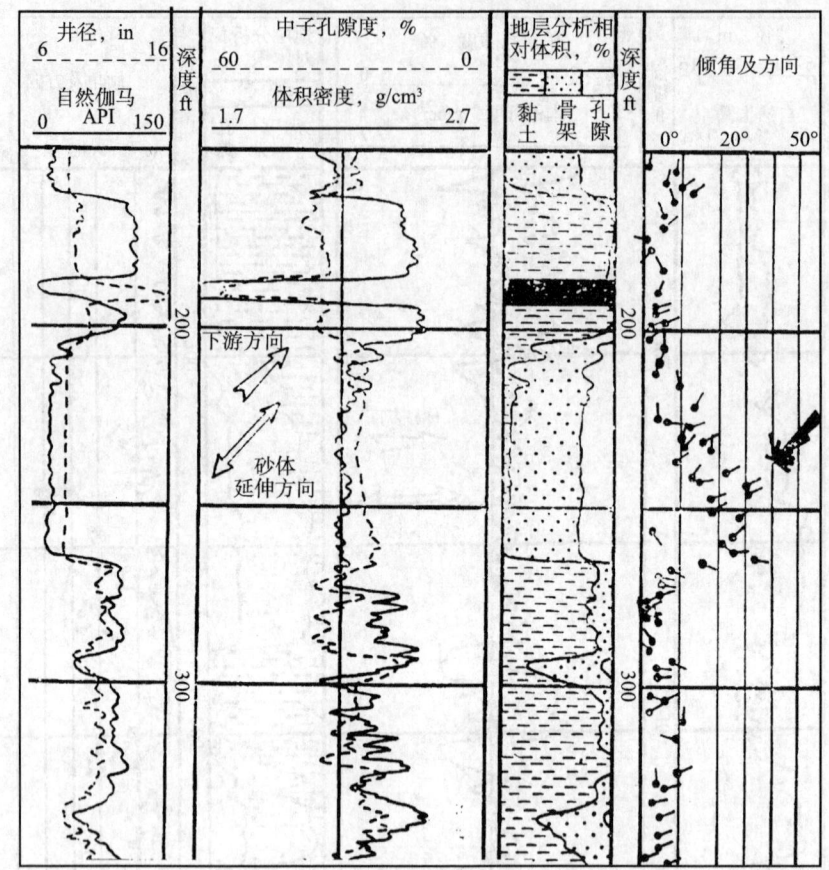

图3-41 三角洲分支河道砂测井曲线及倾角矢量特征（据曾文冲等，1981）

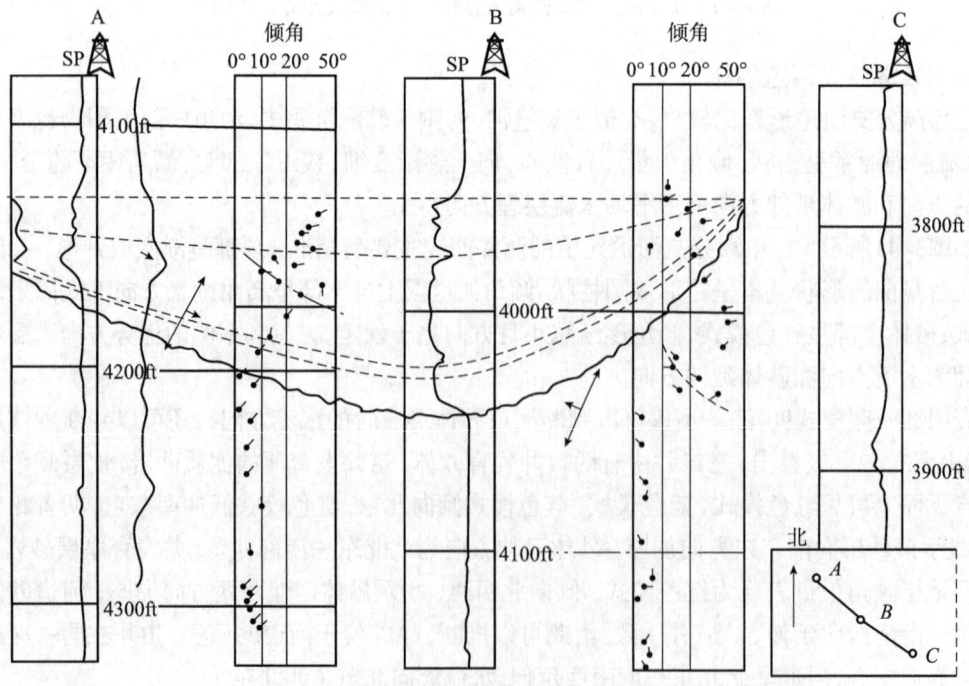

图3-42 尼日利亚河道充填沉积地层倾角测井实例（据曾文冲等，1982）

5. 分支河口沙坝

分支河口沙坝位于水下分支河道的河口处，也称分流河口沙坝。经过水的冲刷和簸选作用，细粒的泥质沉积物被带走，砂质沉积物被保留下来，所以河口沙坝主要由分选好、质纯的中细砂和粉砂组成。河口沙坝的形态在平面上多呈长轴方向与河流方向平行的延伸状或舌状（图3-43），从河口向外伸展，横剖面上呈近对称的双透镜状。当砂泥供应量大、砂泥比低时，河口沙坝较发育，在其向海推进过程中可形成所谓的指状沙坝。

河口沙坝在垂向上常呈现向上变粗变厚的层序或复合韵律，底部一般为具有波状和水平层理的粉砂、泥质粉砂及泥质沉积；下部以细砂和粉砂岩沉积为主，发育小型楔状和板状交错层理；在河口沙坝的上部，沉积颗粒进一步变粗，以砂为主，

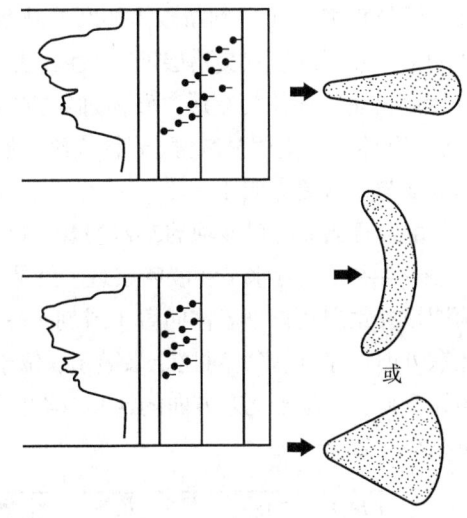

图3-43 分支河口沙坝的理想形态及倾角模式

分选好，层理类型上一般以多向倾斜的楔状交错层理为主，有时见槽状交错层理。

由图3-44可以看出，分支河口沙坝的GR曲线呈有锯齿边的漏斗形形状，层理倾角向上增大，显示出粒度向上变粗，分选性越来越好。

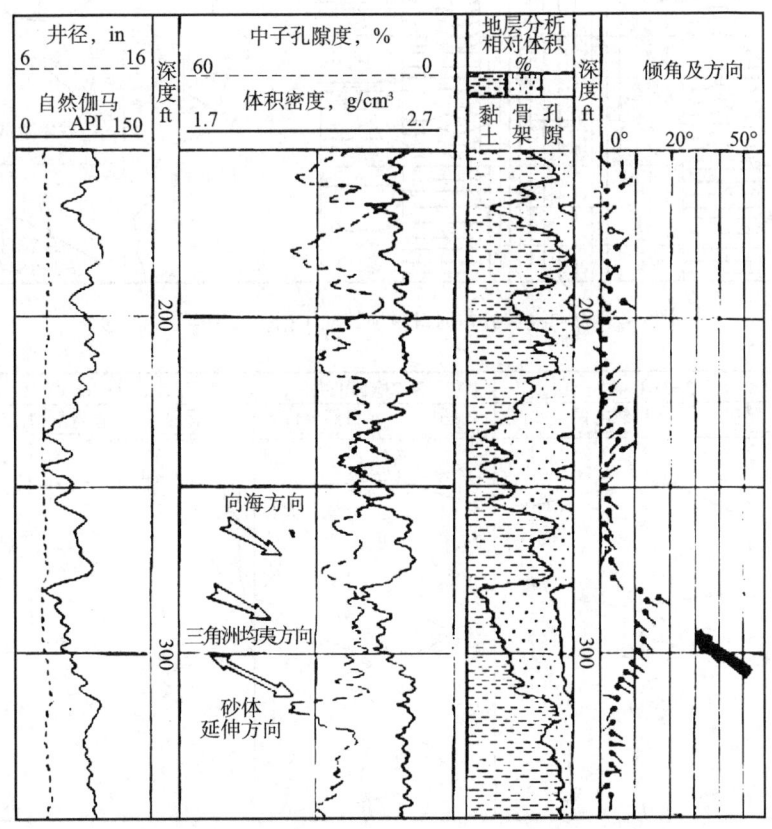

图3-44 分支河口沙坝的测井曲线形状和倾角模式（据曾文冲等，1982）

河口沙坝在纵向剖面上一般呈中部厚、向两端减薄的双凸透镜状。根据层理发育及岩性特征（颗粒粗细），可以判断砂体加厚或减薄方向。如果井眼位于河口沙坝向陆一侧，层理多呈块状和多向倾斜的楔状交错层理，岩性较粗，以砾石和粗砂沉积为主，层理倾角较大，自然电位及自然伽马曲线往往为箱形，砂体加厚方向与古水流方向一致。如果井眼位于砂体向海（或湖）一侧，砂体厚度则明显减薄，岩性变细，泥质成分增多，波状层理和水平层理非常发育，砂体加厚方向与古水流方向相反。

由发育典型河口沙坝的2-2检1402井（图3-45）可以看出，砂体岩性以粉砂岩和细砂岩为主，砂层主要发育水平和波状层理，只是在砂层顶部可见发育块状层理的较粗岩性，由此可以预测该井钻遇河口坝砂体向海（或湖）一侧，倾角矢量反映层理及古水流为南西方向，砂体向北东方向加厚。由多井对比结果显示，位于2-2检1402井南西方向的2-3-164井中同期河口沙坝明显变薄，而位于北东方向的2-1-164井河口沙坝明显加厚（图3-46），与2-2检1402井单井分析结果一致。

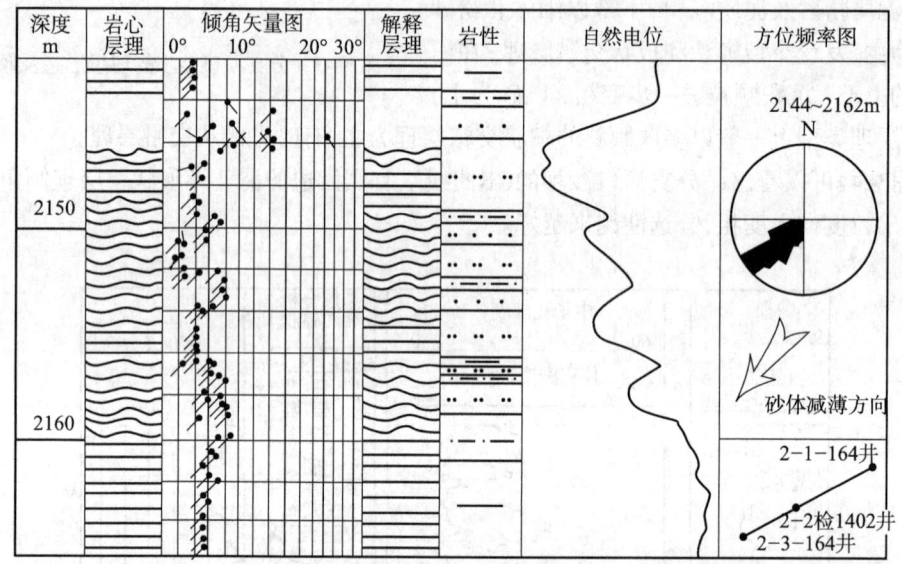

图3-45　2-2检1402井河口沙坝特征（据曾文冲等，1982）

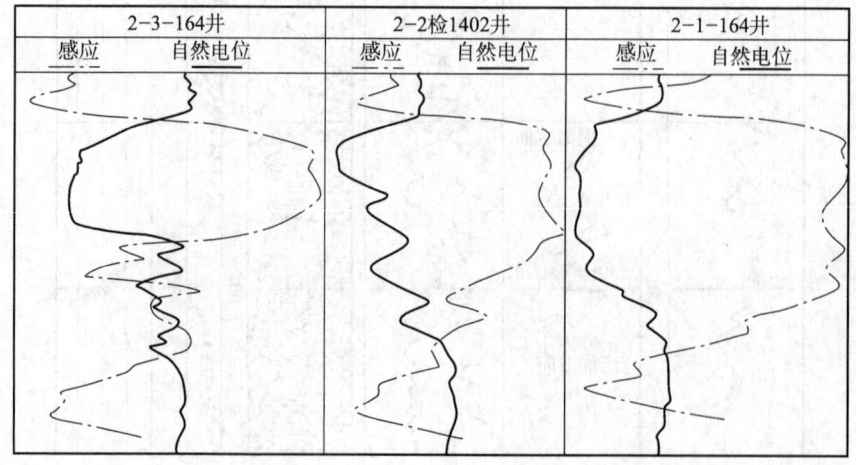

图3-46　多井对比（沿古水流方向）判断砂体发育特征（据曾文冲等，1982）

6. 滩坝砂体

前已述及，滩坝是滨岸环境常见砂体，是滩和坝的总称。滩是位于低潮线至最大风暴线之间向海（湖）倾斜的斜坡上的砂、砾堆积，典型的海滩砂为向上粒度变粗的海退型层序，分选好，水流层理多呈单峰向交错层理，层理面向海倾斜，与砂体延伸方向垂直。坝是离岸有一定距离、由砂堆积而成的长条形水下隆起，砂体多平行于海岸线生长，横剖面呈双凸型或底平顶凸透镜状，在向海方向的倾斜面上，向上粒度变粗，自下而上可发育波状层理、小型交错层理、平缓的板状交错层理，层理倾向与砂体的延伸方向垂直。被逆冲刷且位于水下的沙坝，向陆或潟湖一面地层的倾角相对于向海一侧可能更陡，纯砂岩层中可达25°。当沉积物供给充足时，沙坝可出露水面形成沙堤（堡坝），堤坝两侧的地层倾角一般比较平缓。

如图3-47所示，沙坝型砂体的自然伽马、体积密度等曲线以及孔隙度和黏土含量曲线均呈典型的漏斗形，反映向上岩性较粗、分选较好。发育低角度的水流层理，倾角矢量图上表现为向上逐渐增大的蓝色模式，水流方向向东（NEE至SEE向），砂体呈南北方向延伸。

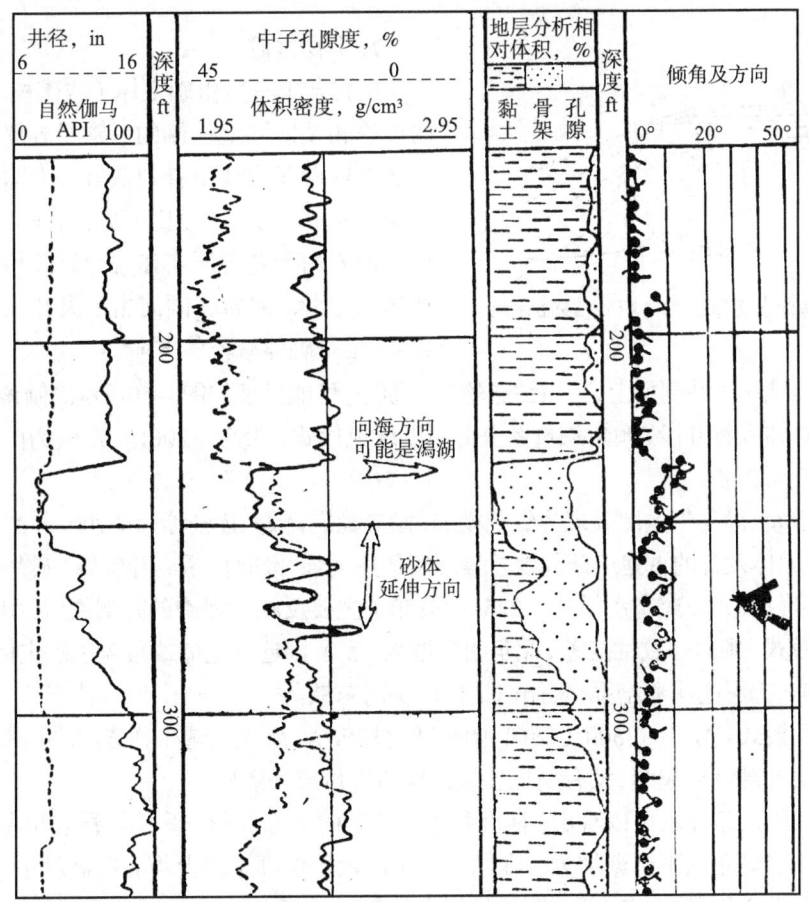

图3-47 沙坝型砂体的曲线形态和倾角矢量特征（据曾文冲等，1982）

除此之外，根据沙坝上覆泥岩层的倾角矢量特征可以推定沙坝的增厚或减薄方向。一般而言，当沙坝之上的水体足够深、距海岸线足够远时，沙坝之上形成的细粒沉积（泥岩和砂质泥岩）。在垂直于海岸线的横剖面剖面上，沙坝中部的砂层厚度较大，上覆的泥质沉积相对较薄。而两侧的砂层减薄，上覆泥质沉积相对较厚，由于差异压实作用，沙坝两侧泥岩下部的倾角增大,倾角矢量显示为红色模式,矢量指向砂体减薄/尖灭方向,相反方向为砂体加厚方向,如图3-48所示。

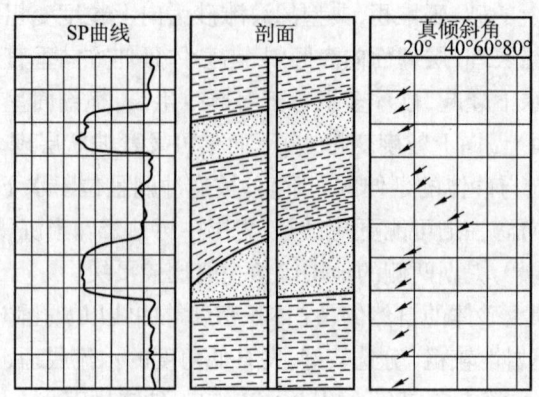

图3-48 沿岸沙坝上覆泥岩倾向反映砂体尖灭方向(据曾文冲等,1982)

7. 生物岩礁

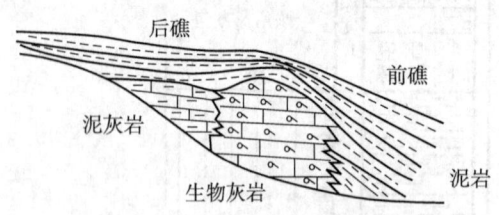

图3-49 垂直于海岸线的堡坝型礁横剖面

生物岩礁一般由礁主体(或礁核)、向海一侧的前礁相及向陆地一侧的后礁相等部分组成(图3-49)。前礁相主要由骨架灰岩、生物粘结灰岩和障积岩构成,地形一般比较陡,沉积并覆盖于前礁相的泥岩由于差异压实作用导致倾角较大(可高达30°以上),泥岩的倾向指示离开礁(主)体的方向,也是礁体减薄的方向。

在钻遇前礁相的井剖面上,按照钻遇的先后顺序,可能呈现如图3-50所示的倾角矢量特征。

在远离礁体发育井段,倾角矢量图呈低角度绿色模式(150~200ft),反映为向海的区域倾斜背景下的正常沉积。

随深度增大,倾角矢量图表现为红色模式,倾向稳定,倾角逐渐增大(200~275ft),反映出接近礁体、受礁体发育的古地形凸起及差异压实作用增强,倾向指示离开礁块(礁块向东减薄)。

高角度绿色模式段或杂乱模式(275~315ft),主要反映钻遇礁的碎屑物质;相对于上部的低角度绿色模式,倾向一致性变差,倾角明显增大,表示接近礁主体或覆盖于礁主体之上,交错层理发育,礁凸起影响明显增强,其倾向指出礁块向东减薄。

块状杂乱模式(315~350ft):倾向、倾角变化均较大,反映钻遇生物岩层段(礁岩体本身),通常有大量的孔隙、洞、裂缝,没有明显连续的倾角矢量或一致性。

由以上各段倾角显示可以看出,前礁相(包括礁的上方沉积)多为泥质岩层所覆盖,由于差异压实作用,倾角向下逐渐加大,在倾角矢量图及方位频率图上均有明显反映。倾斜方向指向广海(或深海),而礁主体内部无明显且规则的层面。

除了以上典型沉积环境/砂体古水流分析之外,利用测井响应特别是地层倾角矢量模式还可以分析浊流砂体、浅海陆棚砂体以及风成沙丘等形成环境的水流/风向及砂体延伸特征。例如,浊流砂体属于高能量沉积,其特点之一是缺少明显的交错层理,在倾角矢量图上呈方块状模式(杂乱模式)。统计方位频率后可以发现,浊积岩的古水流方向在向扇体撒开的180°范围内变化。图3-51为纯53井沙三中段浊积岩的倾角矢量图,倾角模式为方块状,水流方向以向北为

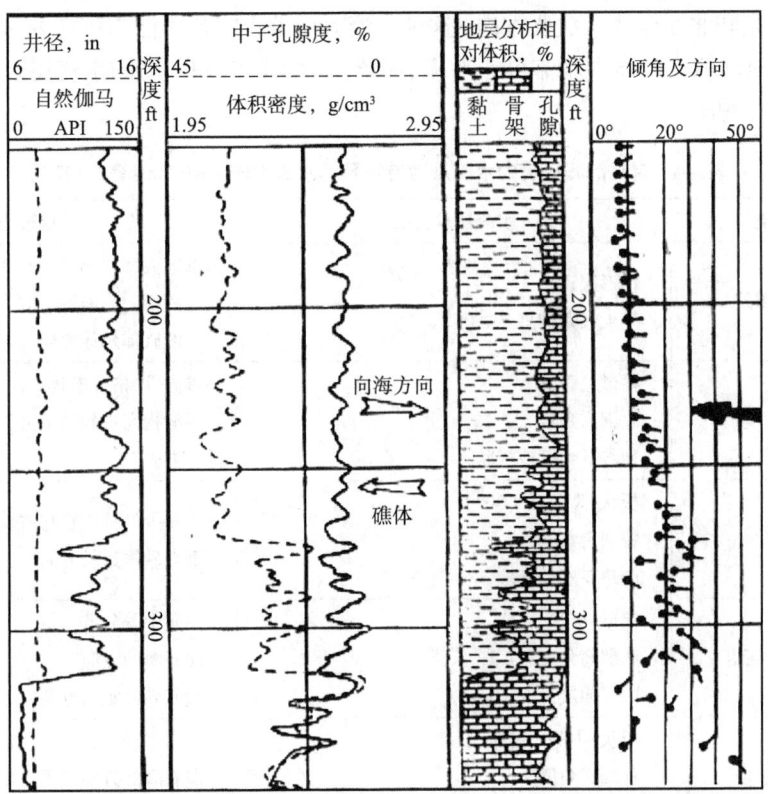

图3-50 钻遇礁前相的测井曲线形态与倾角模式(据曾文冲等,1982)

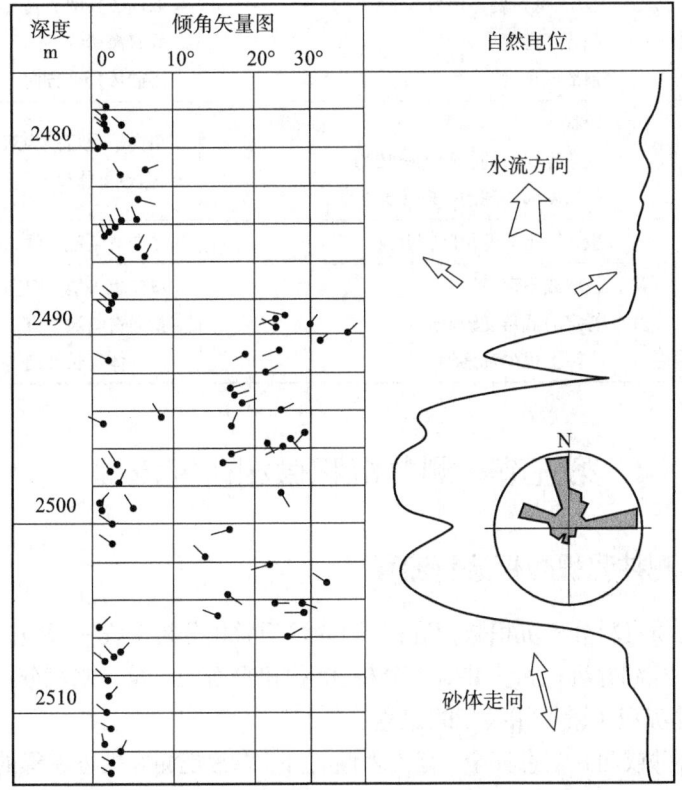

图3-51 纯53井浊积岩倾角矢量图(据曾文冲等,1982)

主,并有北东东和北西西两个次要方向,这种水流方向分布特征可能与该井处于浊积扇的扇根部位有关。其他环境或砂体古水流可参考表3-4给出的不同沉积环境的水流层理特征及其水流层理方向开展分析。

表3-4 常见沉积环境的水流层理特征及其水流方向(据Goetz等,1977)

沉积环境	水流层理特征	水流层理方向
网状河冲积层	槽形层理 呈大倾角伸展	单向大型的、分散的(90°) 一般指向古斜坡下方 向着砂体延伸方向
曲流河点沙坝	槽形层理 底部高角度 顶端低角度或板状	单向、严格分散状(180°) 一般指向古斜坡下方,向着曲流河砂体排列方向
风成沙丘	板状,高角度(30°) 特别密集 倾角在底部变缓	单向少量分散状与古斜坡无关 垂直砂体延长方向
三角洲分流河道	槽形、板状 底部高角度 中等伸展	单向中等分散 向着海的方向 沿着砂体延长方向
分流河口沙坝	板状、中等角度(>10°) 顶端高角度 中等伸展	单向、放射状 向着海的方向但受海岸流的影响沿砂体延长方向(呈舌状)
河口湾和潮汐河道	板状、低角度(10°) 底部高角度 顶部低角度	双向(180°)或点状分布 垂直海岸线 沿砂体延伸方向
海滩和沙坝	板状 低角度向海的一侧(<10°) 高角度向潟湖的一侧(>20°)	单向、也可能为双向,通常朝古斜坡下方,但也可能反向,垂直砂体延伸方向
浅海陆棚砂	板状特定的低角度较普遍	多向或杂乱无章
浊流沉积	板状或不存在 特定的低角度较普遍 实际上很少观察到	单向也可能为双向 指向古斜坡下方 沿砂体延长方向

第五节 测井沉积微相研究流程

一、碎屑岩测井沉积微相分析流程

类似于利用地质资料分析沉积微相流程,测井沉积微相分析流程一般包括关键井测井沉积(微)相模型的建立、测井沉积相多井对比分析、沉积相平面展布及古水流分析等。

1. 关键井测井沉积(微)相模型的建立

优先选择取心井或测井信息齐全、有代表性的井,以常规测井处理解释的岩性剖面(包括岩性、岩石组合、沉积旋回等)为主,充分利用倾角测井沉积学处理成果和FMI成像成果解释沉积构造序列,结合岩心观察与描述、分析化验资料,建立关键井研究(目的)层段的测井沉积亚相、微相模型。图3-52为轮南地区Ⅱ油组(取心井段)根据岩心、常规测井(SP和GR曲线)及地层倾角测井所建立的沉积相剖面模型,图中显示了三角洲沉积中分流河道、河口坝等主要微相划分结果。

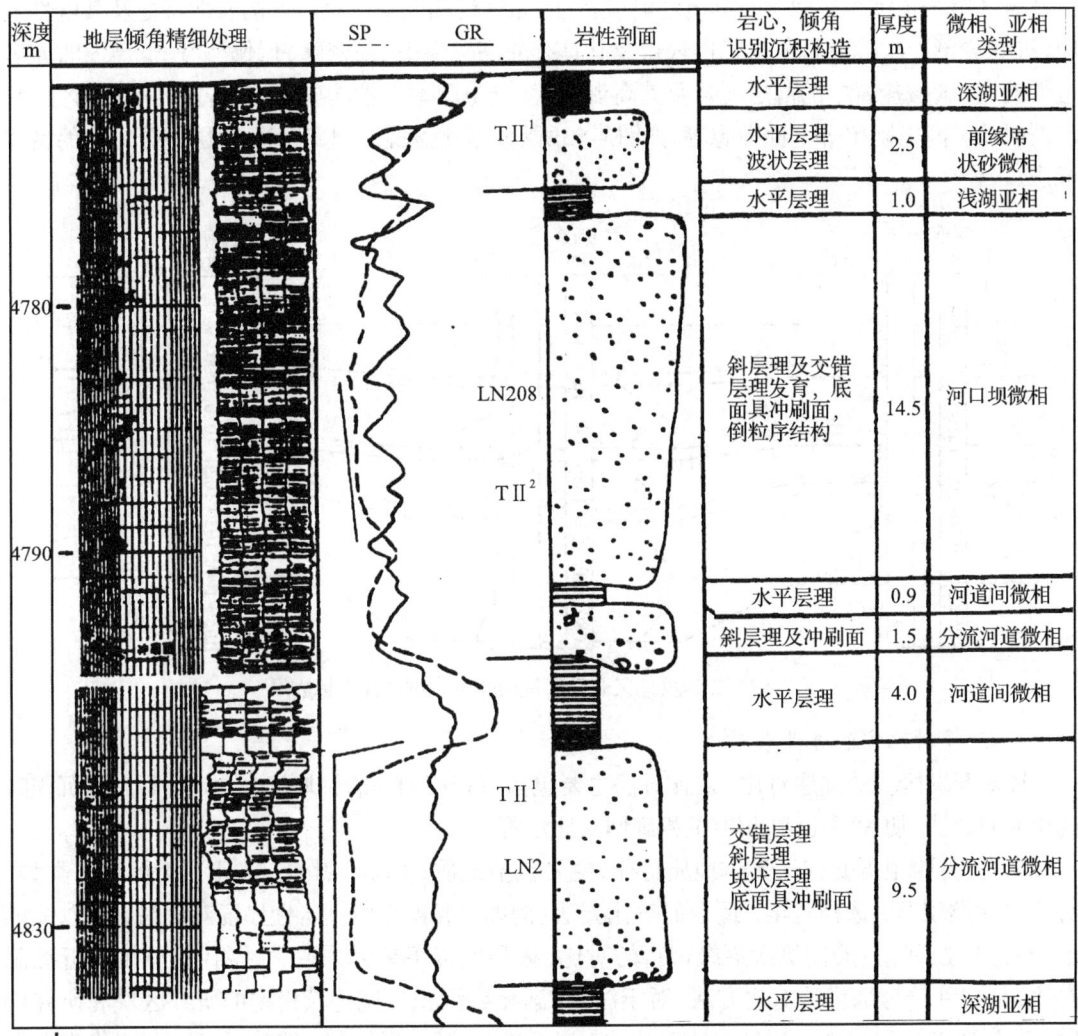

图3-52 轮南三叠系Ⅱ油组沉积相模型(据王贵文等,2000)

2. 测井沉积相多井对比分析

该环节一般包括确定划分方案、落实对比标志、选择对比方法并开展对比、骨架对比剖面相分析等。

1)确定划分方案

根据前期的层序地层分析,提出研究区层序地层划分方案,包括层序数量及层序类型、各三级层序的体系域划分方案(体系域数量、类型)、各三级层序或体系域的准层序组划分方案、各准层序组的准层序划分方案等。在层序地层划分方案的基础上,根据油气层特征(岩性、储油物性)的一致性、隔层条件(隔层的厚度及分布范围),确立砂层组、小层及单油层划分方案。最后,选择并建立研究区地层(油层)划分对比标准井(标准剖面)。

2）落实对比标志

研究区域规模、对比单元级次、研究区岩石组合等不同,使得对比中选取的主要对比标志不同。对于油层对比而言,需要在充分了解宏观层序地层格架的基础上,重点考虑研究层段内或邻近研究层段的特殊岩性层(或地层界面)及其电性响应,即岩性标准层/标志层、电性标志层,以及岩性组合(沉积旋回)及其电性响应特征,如洪泛面及最大洪泛面的岩性特征及其电性响应,砂泥岩剖面中薄层石灰岩或白云岩及其具有的高电阻率、高密度、低伽马值、低声波时差等电性响应,碳酸盐岩中的薄层泥岩及其高伽马值、低电阻率电性响应,凝灰岩及其高放射性、高声波时差、高电阻率等电性标志等。如图3-53所示,洪泛泥岩是水下沉积地层划分对比的良好标志。

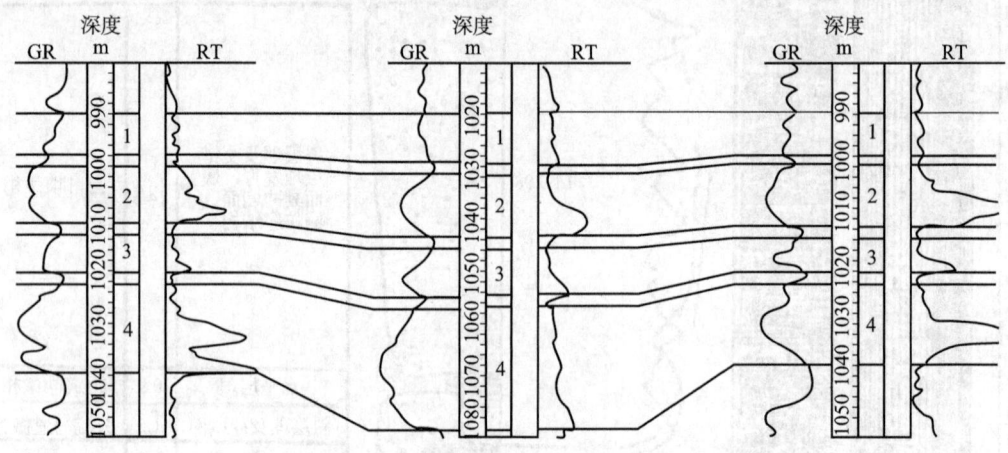

图3-53 二连盆地某开发区块湖相沉积洪泛泥岩标志层

3）选择对比方法并开展对比

针对开发区块的油层对比,对比方法主要包括沉积旋回—岩性厚度对比法、等高程沉积时间单元对比法、切片对比法、相控沉积旋回对比法等。

首先,需要根据研究区具体地质特征,主要包括地质(构造)背景、沉积环境/沉积相类型、对比单元类型等,选择科学、适合的对比方法。例如,沉积旋回—岩性厚度对比法,是以标准层、标志层控制,按旋回级次逐级进行的对比,砂层组以下单元采取岩性相似、厚度相近控制对比,是一种较为综合的对比方法,对于海相、湖相或沉积环境比较稳定的研究区块和研究层段,通常选沉积旋回—岩性厚度对比法,以标准层/标志层控制,按旋回级次逐级优先划分对比油层组、砂层组,砂层组以下单元(小层及单油层)采取岩性(电性)相似、厚度相近原则指导对比。

其次,对比过程中应还应遵循如井震结合、模式指导(加积式、超覆式、前积式等)等原则,并进行动态验证,保证对比结果的准确性。

最后,选择对储层反应敏感的测井响应(如微电极、自然电位、电阻率等曲线)及测井综合解释结果,确定砂岩顶底界,统计并整理各级界面、砂层顶底界、砂层厚度等数据,建立油层对比数据库,为开展沉积相分析及储层特征研究奠定基础。

4）骨架对比剖面相分析

在单井相分析及测井沉积亚相、微相模型建立的基础上,以电测资料为主,沿物源方向和垂直物源方向进行连井剖面相分析,一般以骨干对比剖面为基础开展,以了解不同方向骨干剖面沉积相（亚相、微相）类型及其在二维空间内的展布特征。由图3-54可以看出，Q9-111区块馆三段底部（第3砂层组）各小层辫状河道发育，心滩规模较大，砂体横向连通性好；自下而上，河道规模逐渐较小，第一、二砂层组内各小层的砂体在剖面方向上延伸较短，反映河道规模逐渐较小，砂体横向连通性变差。

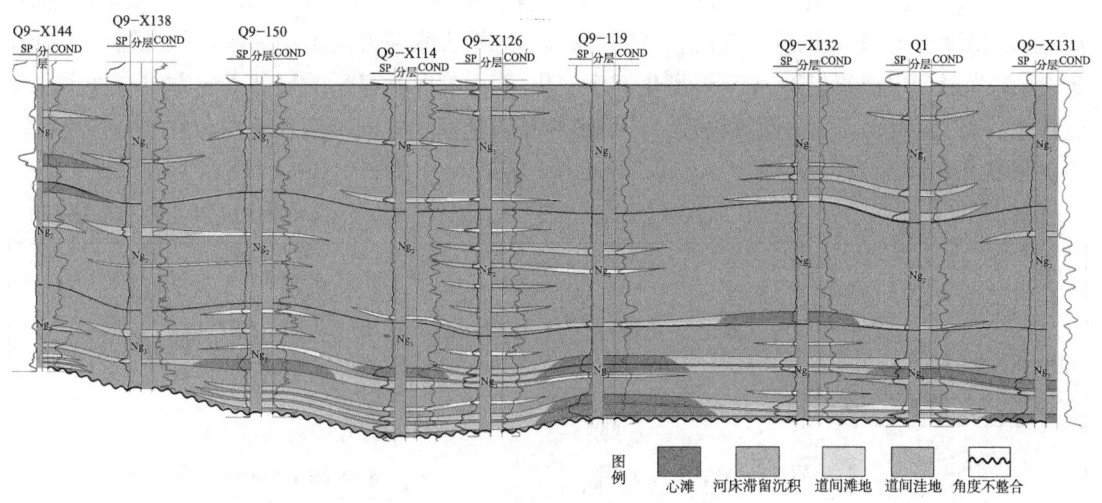

图3-54　Q9-111断块馆三段骨干剖面相分析图

在井间相对比过程中，注意：①通过三维地震资料的精细解释或井间地震资料分析，获取砂体几何形态及连续性的宏观信息；②充分利用野外露头及地质知识库（主要包括砂体几何形态如砂体宽厚比、长宽比、砂泥比等以及砂体连通关系如垂向叠置、侧向叠置、孤立状等的统计知识），指导井间砂体对比；③通过地层倾角测井、成像测井资料提取沉积结构、沉积构造、垂向粒序/层序，以及古水流、砂体延伸方向等信息，开展沉积相分析。

3. 沉积相平面展布及古水流分析

首先，在关键井测井沉积相（包括亚相、微相）类型及特征提取、垂向相序或相模型建立、骨干对比剖面相分析等工作的基础上，总结判断各亚相、微相类型的地质标志、测井相标志及地震相标志，特别是测井相标志，作为开展沉积相平面展布分析的基础和依据。

其次，在全区地层或油层对比的基础上，统计、整理各对比（作图）单元全部钻遇井的沉积相（包括亚相、微相）标志，包括各口井均有的砂层厚度、砂岩厚度系数（砂岩厚度与地层厚度的比值，又称净毛比或砂岩百分含量）、测井曲线形态等信息，以及通过测井综合解释获取的岩性、岩石组分信息，由岩心井、地层倾角测井、成像测井等获取的粒度信息（粒度中值、分选系数、粒度概率曲线、粒度分布直方图等）、沉积构造信息、古水流信息等，将以上信息标注于对应目的层平面位置图上，或编制各类信息（相标志）平面分布图，如砂层厚度等值线图、砂岩百分含量等值线图、电测曲线形态平面分布图、岩石组分或岩石类型分布图、粒度信息分布图、古水流信息分布图等。

最后，以沉积相模式为指导，对各类相标志（分布图）进行综合分析，特别是砂岩厚度等值线（砂体平面形态）反映出的相类型标志、测井曲线形态蕴含的相类型标志、岩石组分或岩石类型分布图反映的沉积相与物源标志等，编绘沉积相平面分布图，并结合粒度信息、古水流信息，分析物源区（方向）及古水流体系。

图3-55展示的是轮南地区三叠系T II$_下$六类相标志（纯砂岩厚度分布、电测曲线形态、沉积构造、粒度特征、岩石组分及古水流信息）以及根据该六类标志综合分析编绘出的沉积相分布图。由图可以很直观地看出：物源来自北东和北西两个方向，由北西至南东、北东至南西方向各发育一个辫状河三角洲沉积朵叶体，每个朵叶体沿沉积推进方向依次发育辫状河道三角洲前缘中的分流河道、河口坝、前缘席状砂等沉积。两朵体间夹三角洲间湾沉积，两朵叶体南侧显示浅至深湖沉积，中南部见重力流沉积。测井曲线形态沿古水流方向由中高幅箱形或箱形—钟形组合、漏斗形到中低幅指形、齿形，发生有序变化。图中部分井显示的局部水流方向与总体古水流体系一致，说明地层倾角微细处理（层理解释及蓝色模式方向）是判断古水流方向有效且重要的依据。

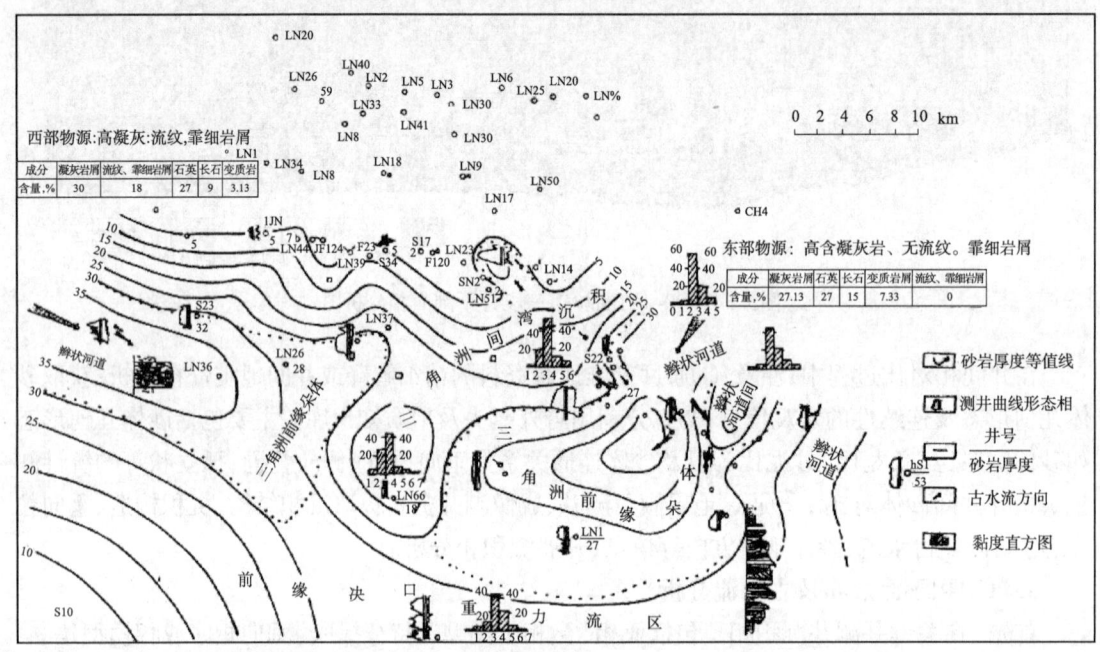

图3-55 轮南地区三叠系T II$_下$测井沉积相分布图（据王贵文等，2000）

二、碳酸盐岩测井沉积微相分析流程

与碎屑岩测井沉积微相分析流程类似，碳酸盐岩测井沉积微相分析流程包括选择关键井开展分析并建立地质沉积模型、碳酸盐岩沉积微相的测井响应、测井沉积微相解释模型的建立与地质检验、测井沉积微相划分等环节。

需要注意的是，相对于陆相砂泥岩地层沉积（微）相研究，以海相沉积为主的碳酸盐岩地层，无论是在岩石类型及其成分（矿物）组成、结构组成或结构组分，还是沉积构造，均存在明显差异，使得应用于陆相碎屑岩沉积相分析的各类相标志在碳酸盐岩地层沉积相研究中的作用各异。对于陆相碎屑岩层，粒度及其纵向变化、沉积构造（特别是层理构造）均较为复杂，它们反映了沉积环境及沉积相的变化，并反映在多种常规测井响应、地层倾角测井及成像测井中，可以作为良好的地质和测井相标志；对于海相碳酸盐岩沉积，反映沉积环境的主要因素为岩石类型及其矿物组成、岩石结构特征等，类似于碎屑岩中的沉积构造虽然类型多样，但在沉积相分析中的作用则不是特别重要,势必导致可用于碳酸盐岩沉积相分析的测井方法、测井相标志明显不同,需要建立针对碳酸盐岩的解释模型。

1. 碳酸盐岩沉积微相模式的建立

关于碳酸盐岩沉积相模式,国内外学者根据各自的研究提出一系列划分方案,但是无论是沉积相模式还是对沉积相的定义均有些混乱,尚不够完善。主要表现在:①有些相模式仅针对环境的某一部分建立,不完整且过于简单(如潮坪—潮下沉积模式);②有些相模式较为全面,但对各相带沉积特征(岩石类型、化石等)的描述概念性多,而指导相识别的标志少,可操作性差;③相带名称不严谨、不规范,存在相名称相同但意义不同,或者对同一种环境采用不同的命名等问题。

关于碳酸盐岩沉积相模式,国内外学者根据各自的研究提出众多划分方案,但是无论是沉积相模式还是对沉积相的定义均有些混乱,尚不够完善。主要表现在:①相模式仅针对环境的某一部分建立,不完整且过于简单(如潮坪—潮下沉积模式);②相模式较为全面,但对各相带沉积特征(岩石类型、化石等)的描述概念性多,而指导相识别的标志少,可操作性差;③相带名称不严谨或不规范,存在相名称相同但意义不同,或者对同一种环境采用不同的命名等问题。

海相碳酸盐岩通常厚度大(连续沉积多在百米以上),横向分布稳定(常可追索几十千米以上),质地纯,含海相生物化石。其沉积作用过程主要受化学及生物化学条件的控制。金振奎等(2013)根据多年碳酸盐岩研究经验及国内外前人对现代与古代碳酸盐岩的研究,对台地、斜坡和盆地的类型进行了划分,将台地划分为孤立台地、镶边台地和离岸台地,并将镶边台地进一步划分为镶边陡坡台地和镶边缓坡台地,将离岸台地进一步划分为离岸陡坡台地和离岸缓坡台地;斜坡划分为缓坡、陡坡和陡崖;盆地划分为浅盆和深盆。碳酸盐岩台地类型见表3–5。他们还对不同类型台地的沉积模式特别是不同相带的识别标志进行了提炼和总结,为不同地区海相碳酸盐岩(测井)沉积相研究提供了更为科学的框架和实践指导。

表3–5 碳酸盐岩台地类型(据金振奎,2013)

碳酸盐岩石地类型		主要特征
孤立台地	陡坡孤立台地	被深盆包围,斜坡重力流沉积发育
	陡崖孤立台地	被深盆包围,斜坡塌积物和重力流沉积发育
镶边台地	缓坡镶边台地	紧邻陆地,斜坡上重力流沉积不发育,盆地多为浅盆
	陡坡镶边台地	紧邻陆地,斜坡上重力流沉积发育,盆地多为浅盆
	陡崖镶边台地	紧邻陆地,斜坡上塌积物和重力流沉积发育,盆地多为浅盆
离岸台地	缓坡离岸台地	与海岸有碎屑岩浅海相隔,斜坡上重力流沉积不发育,盆地为浅盆或深盆
	陡坡离岸台地	与海岸有碎屑岩浅海相隔,斜坡上重力流沉积发育,盆地为浅盆或深盆
	陡崖离岸台地	与海岸有碎屑岩浅海相隔,斜坡上塌积物和重力流沉积发育,盆地为浅盆或深盆

具体研究过程中，优先选择有系统地质录井（特别是岩心录井）、岩心常规分析及特殊分析鉴定资料齐全、测井信息齐全准确的井作为关键井，开展沉积相及沉积微相系统分析，建立研究区沉积微相模式。

2. 测井信息与地质微相相关分析及测井相划分

首先，依据地质沉积微相模型，优选测井序列并分析电性响应（特征值）。

1）自然伽马测井

前已述及，自然伽马测井的总计数值主要反映泥质与黏土的含量，对于生油层则反映生油母质的增加。一般而言，有机质含量越高的生油岩，其自然伽马异常值越高，一般泥、页岩显示为正常高值，泥质石灰岩与白云岩为中值，白云岩为中低值，纯石灰岩为低值，生物礁岩及石膏岩为最低值，钾岩为高值。

2）自然伽马能谱测井

鉴于不同沉积环境、物源、水化学性质，以及所形成的岩石类别、成岩及后生变化的差别，地层中的放射性元素铀、钍、钾的富集程度及相对含量（比例）发生变化。一般而言，形成于浅海清水环境的碳酸盐岩，直接生物堆积和间接生物化学作用影响自然伽马能谱的响应，放射性铀在一定程度上反映了生物富集及演化特征，钍、钾的分布受泥质影响；成岩后生变化、地下水溶蚀的裂缝均可导致放射性铀的富集。

沉积环境对自然伽马能谱的影响主要表现在如下几个方面：①黏土矿物含量与水动力条件有关，低能环境下黏土矿物含量高，钍钾比及钍、钾含量增加可推定泥质及黏土矿物含量的增高；②钾极易被带负电荷的胶体所吸附，使得黏土矿物中钾含量增高；③铀含量与有机质还原作用关系密切，与岩石中有机碳含量有良好的正相关关系，有机碳及干酪根反映生油母质的丰度，因而铀含量可作为生油母质的指示器；④氧化环境中钍矿物含量稳定（不易风化），高能环境的钍含量高于低能环境，因而钍钾比高指示氧化环境，相反则反映还原环境。

3）电阻率测井

在以碳酸盐岩为主的沉积序列中，硬石膏及岩盐电阻率最高，可达$10^4 \sim 10^6 \Omega \cdot m$；石灰岩及白云岩为高值，一般在$50 \sim 6 \times 10^3 \Omega \cdot m$，并随孔隙的增大而降低；泥、页岩为最低值，一般在$50 \sim 10^2 \Omega \cdot m$。

4）声波测井

在碳酸盐岩剖面中，致密白云岩纵波速度最大（可达7900m/s），致密石灰岩也较高（约在6400~7000m/s之间），在声波变密度测井曲线上黑白分明；随着石灰岩、白云岩孔隙度的增加，纵波声速有所降低，变密度灰度曲线图中黑白反差减弱。除此之外，石膏层的声速较致密石灰岩或白云岩减小，但变密度曲线图中黑白分明；泥、页岩类纵波声速最小，岩石中泥质含量的增加与孔隙度增加特征相似，变密度曲线黑白反差将减弱。

5）岩性密度测井

岩性密度测井可以获得两种物理量：

①有效光电吸收截面指数P_e。该指数与岩石化学元素光电吸收截面关系密切，可以正确区分部分岩石矿物成分及岩性，如石灰岩P_e为5.084，白云岩为3.142，硬石膏为5.055，砂岩为1.086，从而可指示岩石沉积与成岩环境。

②岩石的体积密度。体积密度差别不仅可以反映岩石类别，而且还可用于判断沉积环境。一般而言，常见岩石的体积密度由高而低的顺序为：硬石膏、白云岩、石灰岩、孔隙云岩、孔隙灰

岩、生物灰岩、岩盐、泥质岩、页岩及泥岩。

6）中子测井

在中子测井石灰岩视孔隙度曲线上，岩类及孔隙发育程度不同，视孔隙度不同。硬石膏与致密石灰岩均近于零值，盐岩次之，白云岩的视孔隙度介于0～3%之间；伴随着地层孔隙度的增大，视孔隙度读数增高；随着泥质含量的增高，视孔隙度读数也相应增大，泥、页岩的视孔隙度读数可达25%。

除了以上测井方法可以提取测井相标志、用于分析沉积相之外，碳酸盐岩中特有的鸟眼构造、叠层石构造、帐篷构造、示顶底构造等，可以通过成像测井等方法加以提取，并用以沉积环境分析。

其次，为了更好地利用测井信息开展测井相分析，需要对测井信息进行环境校正与归一化处理，使得研究区各种测井信息标准化。

最后，根据研究区地质沉积相特征，特别是关键井沉积（微）相类型或岩石类型、岩性组合，优选测井方法（组合），提取各沉积微相（或岩石类型、岩性组合）的电性特征（测井相标志），并采用各种聚类技术，如最佳有序分割、非线性映射、模糊聚类或神经网络等进行测井多变量测井相划分。其中，采用多种测井信息作为多变量进行有序样品的最佳分割是实现测井相自动分层的主要方法，该方法是一种按多变量离差值进行最优分割的统计方法，要求各分层内部样品之间差异最小，各层段间差异达到最大；非线性映射是通过对多变量由多维空间降维映射到低维空间，用低维空间直观显示聚类点群分布的数理统计技术，在测井多变量最佳有序分割形成电相分层的基础上，根据样品的亲疏关系，进行以电相特征为基础的进一步电相特征聚类。

3. 测井沉积微相定量解释模型的建立及沉积微相划分方法

测井沉积微相定量解释模型是在关键井沉积微相模型以及测井响应特征分析的基础上，采用多种数理统计方法来建立的，也称为测井沉积微相统计数学模型。具体方法与本章第二节"岩性及岩石组合测井解释"类似，以下仅作简要介绍。

判别函数分析法：在测井多变量数据进行电相聚类的基础上，参照关键井地质沉积微相类型，建立不同沉积微相的测井多变量沉积微相判别函数（测井沉积微相解释模型）。选取的变量包括总自然伽马、铀/钍/钾测量值、中子、密度、声波等。

模糊聚类法：以优选出的多种测井信息作为变量进行聚类分析，将相似程度高的点群聚类以划分测井沉积微相。鉴于自然现象复杂而出现模糊（难于清晰界定）现象，故采用模糊聚类分析法（fuzzy clustering analysis）进行测井多变量沉积微相聚类与划分，建立模糊聚类统计（数学）模型，用以建立碳酸盐岩沉积微相测井划分模型。

神经网络技术：考虑到测井信息是由沉积、成岩等多种因素的差异所致，难以用数学方程精确描述沉积（微）相与测井信息的关系，但可以通过大量实际资料进行学习，采用人工神经网络技术监督学习的方法，通过其自组织、自适应的学习能力及对模糊与随机信息的联想、推理与类比能力，可通过人工神经网络方法建立碳酸盐岩测井沉积微相模式。具体工作流程可参照本章第二节"人工神经网络方法识别岩性及岩石组合"思路。

除了以上三项工作（程序）之外，还需要对测井沉积微相模式（定量解释模型）进行数学检验、地质印证及模型修改，即通过方差分析及显著性检验，证实模型是"有意义的"及"高度显著的"；用所建测井沉积微相解释模型对关键井（取心井、岩屑录井井）的测井资料进行解释，检验正判率（符合度）、证实地质吻合度高。

碳酸盐岩测井沉积微相研究流程见图3-56。

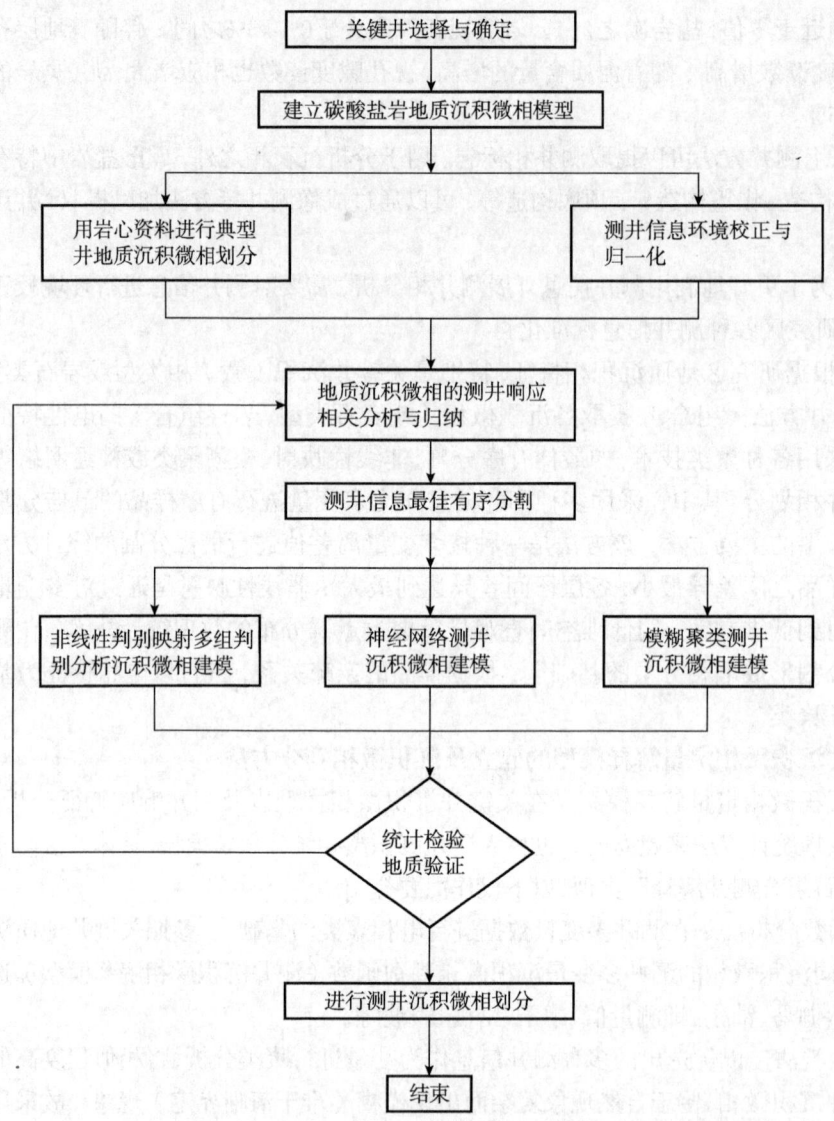

图3-56　碳酸盐岩测井沉积微相研究流程（据王贵文等，2000）

思 考 题

1. 何谓测井沉积学？简述测井相分析的基本原理。
2. 简述测井相标志与沉积相标志的关系，并参照岩心或地质相标志，试述建立各类测井相标志涉及的可能的测井方法。
3. 以SP曲线为例，图示说明测井曲线幅度特征(分级)及其沉积学意义。
4. 以SP曲线为例，试述测井曲线形态特征(描述要素)。

5. 简述不同粒序特征在自然电位曲线、微电极曲线等的响应特征,并图示。
6. 以河流相为例,简述SP、GR曲线特征及其沉积学意义,并图示。
7. 以三角洲相为例,简述SP、GR曲线特征及其沉积学意义,并图示。
8. 试对比分析辫状河、曲流河沉积的SP曲线的异同点,并图示。
9. 试对比分析河流相、三角洲相SP曲线的异同点,并图示。
10. 试述滩坝环境、深水浊积扇沉积SP曲线的异同点,并图示。
11. 试述岩性及岩石组合测井解释(定性及定量)模型建立方法。
12. 试述地层倾角测井资料在沉积相分析中的应用。
13. 举例说明不同层理类型的地层倾角矢量图响应特征及FMI成像特征。
14. 简述沉积体内部充填结构类型,举例说明其地层倾角矢量图响应特征,并图示。
15. 试述利用地层倾角测井资料研究古水流的方法。
16. 试对比分析曲流河点沙坝、辫状河心滩、三角洲前缘河口坝、深水浊积扇在地层倾角矢量图响应特征。
17. 图示说明生物礁、滩坝砂体不同部位地层倾角矢量特征。
18. 以碎屑岩沉积为例,试述测井沉积微相研究工作流程。

第四章 测井构造地质精细分析

地质构造（geological structure）是指在地球的内、外应力作用下，岩层或岩体发生变形或位移而遗留下来的形态。常见的地质构造有水平构造、倾斜构造、褶皱、断裂以及岩浆岩作用产生的构造等。

大部分沉积岩是在海洋盆地和湖泊盆地中形成的，除陡岸和岛屿边缘的沉积物形成倾斜层理外，海相和湖相沉积岩具有原始水平产状。大面积覆盖的玄武质熔岩和平坦地面上堆积的凝灰岩常具有近水平的产状。这些岩层在平稳的上升运动作用下，仍保持其水平产状，该类构造称为水平构造。

倾斜构造是指岩层层面在较大范围内向同一个方向倾斜，且倾向和倾角变化不大的构造。原始水平产状的岩层受到差异升降运动的改造，可成为倾斜构造；巨型褶皱的一翼或大断层的一盘，也可能表现为倾斜构造。

褶皱（构造）是岩层在应力作用下产生连续弯曲的塑性变形产物，岩层的连续完整性没有破坏。褶皱构造中的一个弯曲称为褶曲，褶曲的基本类型有背斜和向斜，其规模有大有小，小的须用显微镜观察，大的可宽达几千米，延长达几十千米。

断裂是地质体受力发生破裂的变形，小的断裂须在显微镜下才能观察到，大的断裂可延长几千千米。断裂构造包括两种类型：节理和断层。节理是一种没有明显位移的脆性断裂；断层是具有显著位移的断裂。断层在地壳中广泛发育，且分布不均匀。

第一节 测井构造解释一般方法及解释原理

油气田地下构造研究有多种手段，且各有其特点。

地震方法是利用地下介质弹性和密度的差异，通过观测和分析大地对人工激发地震波的响应，推断地下岩层的性质和形态的地球物理勘探方法。地震资料构造解释通常分为二维地震解释与三维地震解释。二维地震解释是指面向地震测线的解释工作，通常在反射层位标定的基础上，进行层位追踪对比、断层和不整合等地质现象的解释，并通过各个方向剖面的闭合解释和综合分析，获得构造剖面图及地下构造图。三维地震解释是面向三维数据体的解释工作，主要通过工作站的三维可视化技术、地震资料空间自动追踪技术和相干数据体断层自动解释技术等实现三维空间的立体解释，并通过速度资料时深转换获得研究区目的层段关键界面构造（平面）图、三维构造图。它具有解释精度高、速度快、构造细节描述清楚等特点，利用这些图件可分析研究区构造形态、高点位置、闭合面积、闭合高度以及断层特征。在经过钻井资料校正后，地震方法能较真实地反映构造特征，在油气田评价、开发和生产中起着重要作用，是目前研究构造的主要方法。

钻井和测井方法通过单井及多井对比分析，能够得到各井的地层垂向层序及其分层数据、岩性特征、层位的重复和缺失、断层断点的位置等资料。利用这些资料不仅可以建立钻井地层剖面，还可以恢复地下构造。在油气田开发阶段钻井资料较多的情况下，通过钻井剖面的地层对比，可获得油气层细分层系顶底界面的实际高程，用于分析各油层单元界面起伏特征、油气水分布、断层展布、断层落差及断失层位及其变化等。鉴于钻井资料的可靠性，可用其校正地震构造图，为油藏评价和油气田开发提供与实际情况相吻合的井位构造图。

动态方法：生产过程中可以获得井下地层的含油、气、水资料，以及井间油水动态资料等。应用这些资料既可检验构造研究成果的准确性，如断层连通与否、分层对比是否正确、构造形态有无局部变化等，以便配合其他资料精细、准确地解释地下构造，这在注水开发的油田中作用尤为明显，是构造特征分析的辅助方法。

除此之外，近些年来发展起来的地层倾角测井技术以及井壁成像测井技术等，可更好地对地下地质构造进行分析和研究，在一些研究区取得了良好的研究成果，并逐渐成为主要研究手段。因此，在研究地下构造过程中，地层倾角测井资料和井壁成像测井资料是非常重要的测井资料，其中前者测量较多，应用更为广泛。

一、常规测井方法构造解释原理

这里所说的常规测井方法构造研究主要是指：①在前期测井层序地层分析所建立的宏观（较大地层单元——层序、准层序组、准层序，较大区域——盆地、坳陷、凹陷及二级构造带等）地层格架基础上，分析不同级次层序地层界面起伏变化及断裂体系等；②在上述研究基础上，以常规测井（如自然电位、自然伽马、视电阻率、感应电导率、声波时差等）曲线为主要基础资料，进一步利用岩性及电性标志层，开展油层组及以下油层单元关键等时地层界面精细构造研究。其中，研究基础是系列关键界面中每一个界面的等时性、横向分布的相对稳定性（可比性或可追踪特征），以及各关键界面在岩性、电性、地震反射特征上的特殊标志（易识别特征）等等。

众所周知，在一定的地质历史时期内，相邻区域的沉积环境和沉积物是相似的或渐变的（有规律变化），使得测井曲线组合特征具有一定的相似性或递变规律。因此，依据特殊标志层及各井间相似曲线形态的部分进行连接，即可得到连井对比剖面。通过连井对比剖面可以很直观地分析地层的起伏状态。

同时，地层受构造运动破坏后可能会形成断层，而断层在剖面上最直观的表现就是使地层厚度和层间距发生变化。一般情况下正断层会使地层缺失，从而导致地层的层间距（或地层厚度）减小；逆断层则会造成地层重复，使层间距（或地层厚度）变大。因此可通过连井剖面上地层的缺失、重复、厚度突变在一定程度上判别断层的存在，开展断层及断裂体系研究。

二、地层倾角测井构造解释原理

地下地质构造往往是多期形成的。以褶皱构造为例，在褶皱形成之前，地层大都是水平的或近水平的。经过一期构造运动，形成列褶皱构造，其中每一个褶曲的各岩层按照统一的轴面（还有脊面、转折面）发生弯曲、套叠。之后接受沉积，新的沉积岩层及已发生弯曲的岩层在新的褶曲运动下按新的轴面套叠和弯曲。以此类推，多期活动，层层套叠。

地层倾角测井获得的每个矢量代表该深度点的地层在井眼面积范围内测到的产状。井内不同深度点的矢量，从套叠关系分析，相当于构造不同部位的矢量。将各部位的矢量通过套叠关系都集中到一个岩层构造面上,即可建立或恢复该岩层的构造形态;通过各深度段的矢量模式或特征对比,找出构造纵向差异及其随时间的变化规律,有助于分析构造演化史。

为了准确恢复构造形态、研究构造特征并进一步分析构造演化史,首先需要解决的是如何利用地层倾角矢量图进行构造解释问题。在第一章中介绍过地层倾角测井的成果显示类型,如列表、倾角矢量图、方位频率图、杆状图、圆柱面坐标图、线性极坐标图等等。当一口井钻遇某一个构造时,鉴于多期构造活动的叠加、各期活动性质的差异以及某一期构造活动强度随时间的变化等等,随着深度的变化,在井眼面积范围内地层产状及变化规律是不同的。与此相对应,各种地下构造形态反映在矢量图上的变化规律是不同的。为了客观、准确地描述各地下构造在矢量图上响应的规律,可用"绿""红""蓝""乱""白"等基本模式及其组合来描述正演模型。在组合矢量模式中,每一种构造的不同形态都唯一的对应于某一种矢量特征,包括矢量模式类型及倾角、倾向具体表现。但是反过来则不成立,即同一个矢量模式具有多解性,某一口井的某一井段矢量模式仅仅反映该井段井孔附近构造特征,不可能反映构造全貌,我们可以结合其他资料或通过多井对比排除那些不正确解。在井中经常钻遇多个构造,在矢量图上表现为多个倾角矢量模式的组合,我们可以通过矢量模式的差异性等解释钻遇构造个数及各构造在井孔附近的特征。

三、井壁成像测井构造解释原理

前已述及,目前井壁成像测井包括电成像测井和超声成像测井,其中电成像测井应用广泛。电成像测井法即地层微电阻率扫描成像测井,包括地层微电阻率成像(FMI)、井周微电阻率成像(EMI)以及STAR-Ⅱ微电阻率成像等。

电成像测井不仅可以提供直观的可视化图像信息,包含图像的颜色、颜色变化或灰度变化等所呈现的形态类信息,而且人工交互功能强,可及时以定量方式或者以图形方式呈现各种地层层面和构造面要素,提供方位、倾角等数字化信息。井壁成像测井纵向分辨率高,以斯伦贝谢公司FMI为例,纵向和横向分辨率可达2.5mm,因此可以类似于观察野外露头或岩心一样,通过数字化图像信息具体刻画地层的结构和构造特征细节。一般来说,断层(面)、裂缝和地层界面处的岩性变化甚至突变,会造成岩石的密度、电导性变化甚至突变,在成像测井的图像上表现为一条明显的或亮或暗的条带,追踪这些条带的变化趋势,可以计算和分析断层、裂缝以及褶皱等地下地质构造的产状及要素。

成像测井仪器记录井眼周围地层中的信息远比传统的测井仪器能更好地解决某些地质问题。然而受其成本高、测量井相对少,且横向探测深度较浅等因素限制,在实际工作中尚具有一定的局限性。而且,由于井筒所揭露的体积规模有限,井筒所识别出的构造多为小的断层和褶曲。

第二节 褶皱构造倾角测井解释方法

利用地层倾角测井资料开展褶皱构造解释至少包括两个方面的内容,一是分析或判断褶皱构造(褶曲)类型,二是刻画褶曲要素(产状特征)。

一、褶皱要素及形态分类

岩层或岩体受到地质应力作用后产生一系列的波状弯曲，称为褶皱构造。其中的一个弯曲称为褶曲。褶曲的形态多种多样，其基本类型有两种：背斜和向斜。

1. 褶曲要素

为了正确描述和研究褶曲，首先要弄清楚褶曲的各个组成部分（褶曲要素）及其相互关系。褶曲要素主要有（图4-1）：

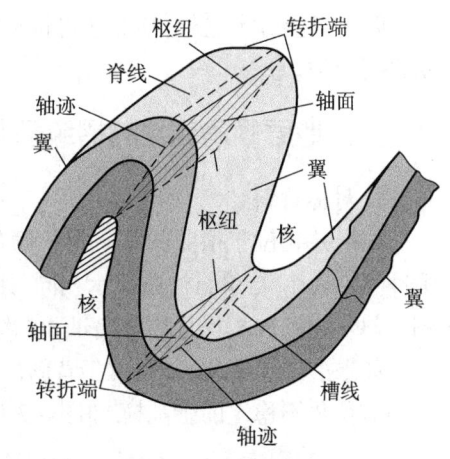

图4-1 褶曲要素示意图

① 核：褶曲中心部位的岩层，又称核部。

② 翼：褶曲核部两侧的岩层，又称翼部。在横剖面上，构成两翼的同一褶皱面的拐点的切线之间的夹角称为"翼间角"。

③ 转折端：一翼向另一翼过渡的弯曲部分。

④ 枢纽：褶曲的同一层面上各最大弯曲点的连线，也可以看成是轴面与褶曲层面的交线。每一个发生了褶曲的层面都有自己的枢纽。枢纽可以是直线，也可以是曲线，可以是水平线，也可以是倾斜线。

⑤ 轴面：平分"翼间角"的假想面。连接褶曲各层面的枢纽即构成轴面。轴面的产状与其他地质面的产状一样，是用走向、倾向和倾角来确定的。但它只是一个假想面，故产状值不能直接测定，常通过赤平投影的方法来近似求得。

⑥ 轴迹：轴面与地面或任一平面的交线。

⑦ 脊、脊线和脊面：背斜或背斜的同一褶曲层面的各横剖面上的最高点为"脊"，同一褶曲层面上各最高点的连线为脊线；脊面是连接同一背斜各层脊线的面，除直立背斜外，其他类型的背斜脊面和轴面都不重合。

⑧ 槽和槽线：向斜或向斜的同一褶曲层面的各横剖面上的最低点为"槽"，向斜中同一褶曲层面上各最低点的连线即为槽线。

2. 褶曲的横剖面形态分类

按照轴面产状和两翼地层倾斜情况，可将褶皱分为如下5类：

① 对称褶曲（或称直立褶曲）：轴面近于铅直，两翼岩层倾角大致相等，倾向相反。

② 不对称褶曲（或称倾斜褶曲）：轴面倾斜，两翼岩层倾角不等，倾向相反。

③ 倒转褶曲：轴面倾斜很大，两翼岩层方向相同，一翼岩层层序正常，另一翼地层发生倒转。

④ 平卧褶曲：轴面近水平，一翼地层层序正常，另一翼岩层发生倒转。

⑤ 翻转褶曲：轴面翻转向下弯曲（即轴面由近水平状态继续向下弯曲或倾斜），通常由平卧褶曲转折端部分翻卷而成。一翼岩层层序正常，另一翼地层发生倒转。

3. 褶曲的平面形态分类

依据褶曲同一岩层在平面上的纵向长度和横向宽度之比，可以将褶曲分为以下四种类型：

① 线状褶曲：长度和宽度之比超过10∶1的各种狭长形褶曲。

② 短轴褶曲：长度和宽度比在3∶1～10∶1范围内的褶曲。

③ 穹窿构造:长度和宽度之比小于3∶1的背斜褶曲。
④ 构造盆地:长度和宽度之比小于3∶1的向斜褶曲。

除了以上分类之外,褶曲还可依据转折端形状及两翼特点、枢纽的产状、轴面产状与枢纽产状进行分类。

二、地层倾角测井的褶皱解释方法

1. 对称背斜

如果井孔位于褶曲的某一翼,倾角矢量图显示为倾角较大、倾斜方位角一致的绿色模式[图4-2(a)],与单斜构造显示相同。如果在轴面两侧分别钻井,两口井钻遇的同一岩层在矢量图上显示为倾向相反且均背离轴面的绿色模式。

如果沿轴部钻进,井孔位于背斜的顶部,与轴面重合,矢量图上显示为倾角很低(接近0°)、倾斜方位角不稳定的杂乱模式[图4-2(b)]。

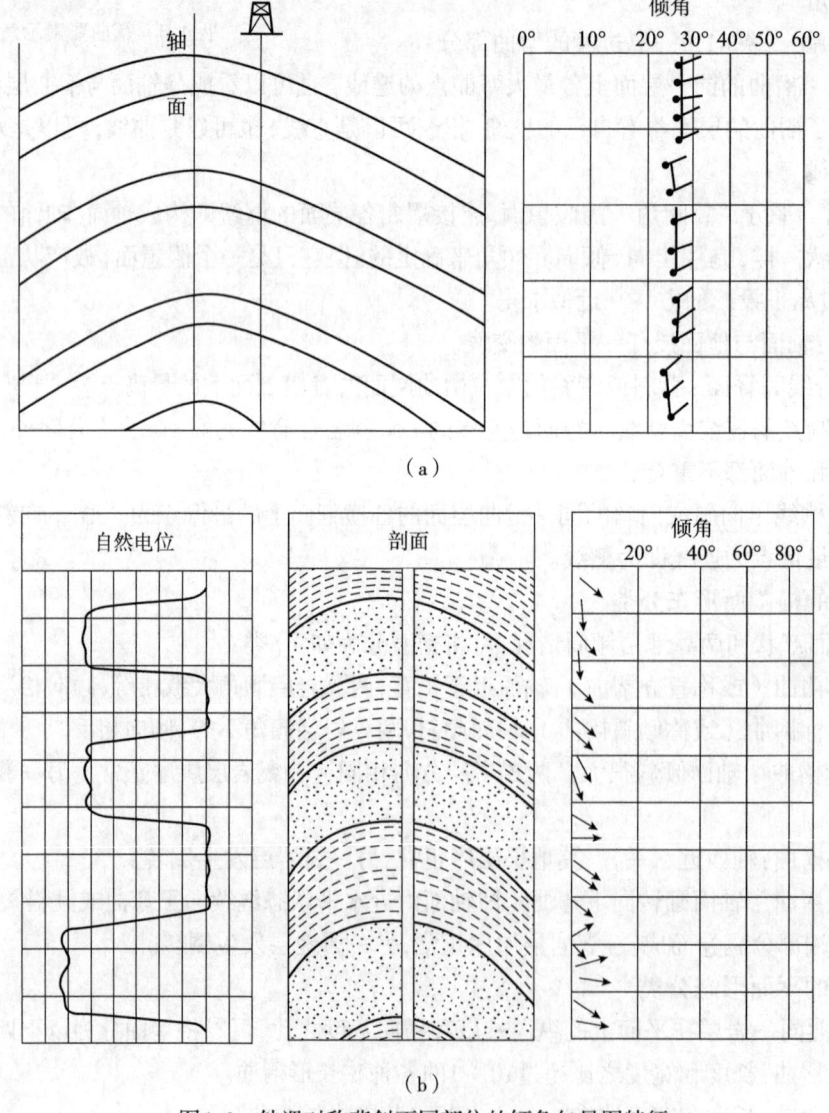

图4-2 钻遇对称背斜不同部位的倾角矢量图特征

2. 非对称背斜

井孔自上而下钻遇非对称背斜缓翼—脊面—陡翼时,矢量图上显示为绿—蓝—红(反)—绿(反、大),见图4-3。具体特征如下:

① 在远离脊面的上部倾斜段(缓翼),各岩层倾向和倾角基本一致,矢量图呈低角度绿色模式。

② 由缓翼逐渐接近构造脊面,倾角随深度增加而减小,矢量图呈蓝色模式。在脊面处倾角接近0°。

③ 由背斜脊面向陡翼过渡时,倾角随深度增加而增大,倾向与上部缓翼地层相反,矢量图呈红色模式。

④ 在远离脊面的陡翼地层中,岩层倾角稳定且比缓翼地层增大,倾向与缓翼地层相反,矢量图呈高角度绿色模式。

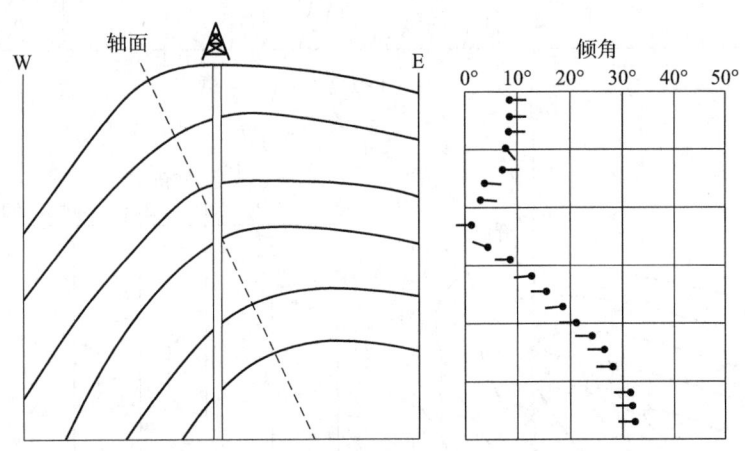

图4-3 穿过非对称背斜轴面倾角矢量图特征

3. 倒转背斜

当井穿过倒转背斜轴面时,由浅至深矢量图显示为绿—蓝—红—绿(大)模式[图4-4(a)],具体特征如下:

① 在上翼地层中,倾角和倾向基本不变,矢量图呈绿色模式。

② 由上翼地层至背斜轴面,倾角随深度增加而减小,倾向基本不变,倾角矢量图呈蓝色模式。

③ 由背斜轴面逐渐向深层一翼过渡过程中,岩层倾角随深度加深而迅速增大,矢量图呈红色模式。

④ 在下翼地层中,矢量图呈绿色模式,倾斜方位与上翼地层基本一致,但倾角比上翼地层陡。

当倒转背斜中含有脆性地层且轴面附近曲率较大时,脆性岩层可能产生破裂(裂缝),导致钻遇轴面附近的矢量图呈杂乱模式,而红色模式不甚明显,整个矢量组合表现为绿—蓝—乱—蓝—绿(大)模式[图4-4(b)]。

4. 平卧褶曲

平卧褶曲的特点是轴面水平或近水平,一翼地层正常,另一翼倒转;井孔剖面中地层重复,

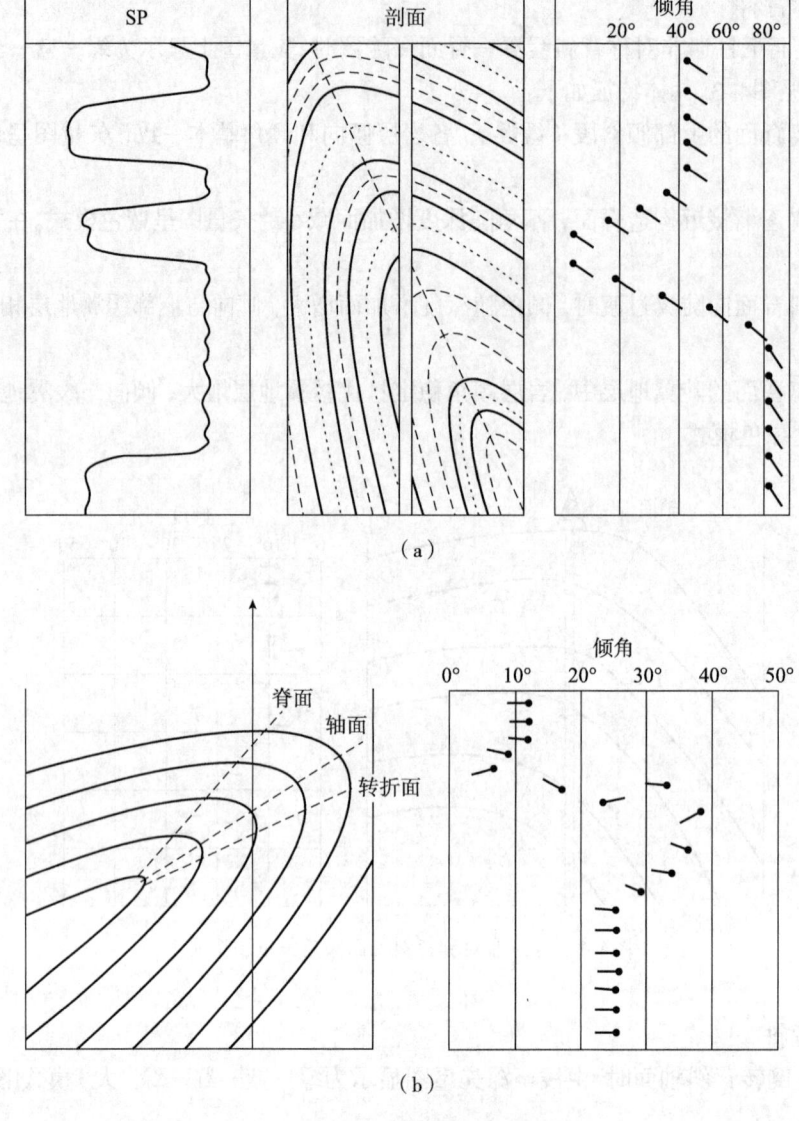

图4-4 倒转背斜倾角矢量图

且以轴面为中心,两翼地层呈镜像对称;钻遇轴面附近地层时厚度明显加大;两翼倾向相反或接近相反,一般相差90°～180°,倾角最大处的深度为轴面深度。

在测井曲线(以自然电位曲线为例)上,平卧褶曲表现为以轴面为中心,向上、向下曲线形态呈镜像重复或近似镜像重复。地层倾角矢量图上显示为红—蓝(反)模式(图4-5)。当钻遇井段较长或上、下两翼比较完整时,矢量图上显示为绿—红—蓝(反)—绿(反)模式。

5. 对称向斜

与对称背斜相似,当井眼穿过对称向斜的一翼时,倾角矢量图呈绿色模式,与单斜构造显示相同。如果在轴面两侧分别钻井,两口井钻遇的同一岩层在矢量图上显示为倾向相反且指向轴面的绿色模式。

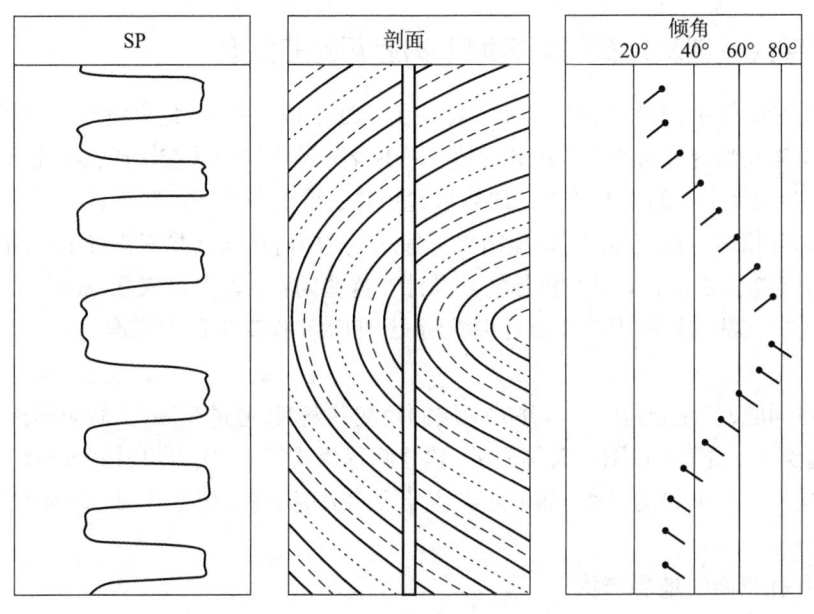

图4-5 平卧褶曲倾角矢量特征

6. 非对称向斜

当井眼钻遇浅层一翼（陡翼）时，矢量图显示为高角度绿色模式；逐渐接近轴面（槽面）过程中，表现为地层倾角逐渐减小的蓝色模式（图4-6）；穿过槽面（轴面）后，地层倾角逐渐变陡，矢量图呈现红色模式；远离槽面（轴面）的深部一翼表现为倾角、倾向基本一致的绿色模式。纵观由浅至深整个倾角矢量图，表现为绿（大）—蓝—红（反）—绿（反）模式组合。

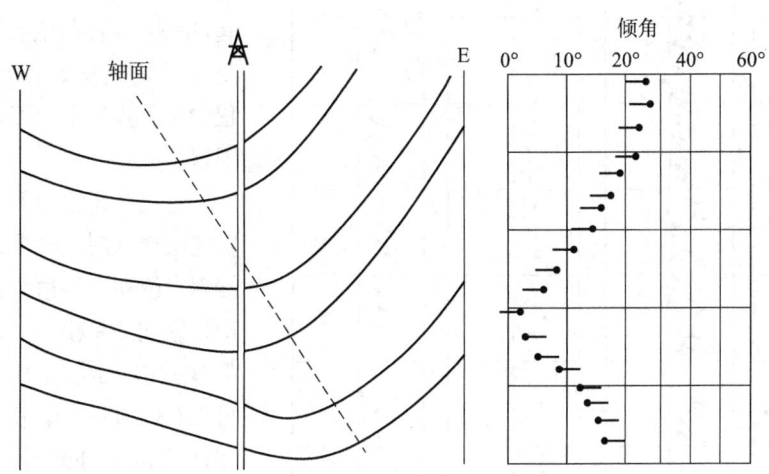

图4-6 井孔穿过非对称向斜轴面的倾角矢量图

与非对称背斜倾角矢量组合对比发现，两者基本模式组合相同，但是深、浅两翼模式中倾角大小明显不同；倾斜方位相对于轴面（槽面或脊面）的变化趋势也存在差异。

对于其他类型的褶皱构造，可以采用同样方式确定其倾角矢量模式组合。

三、用单井倾斜测井资料研究地下构造和褶曲要素

在油气勘探工作中,特别是在新探区,往往由于地下构造复杂、地震测线间距较大等,而一时搞不清地下确切情况,或者由于任务紧迫,来不及开展详细的地震勘探,就开始预探井的钻进。如果这些井获得了好的钻探效果,如何从这些井获得更多地下构造信息并指导下一批井的部署?假设钻井偏离了构造高点,钻探结果不理想,又如何根据钻井资料修正早期构造方面的认识,特别是构造方面的认识,并指导新井设计?这些问题,若仅仅依靠一口井或井间距很大的极少数井的常规测井资料很难作出合理推断,给勘探工作带来很大困难,甚至延误油气田的发现。

对于上述问题,若充分利用一口井的地层倾角测井资料,通过对倾向、倾角随深度的变化规律,进行构造类型、倾角矢量图相关等分析,建立解释模式等等,则可以较好地分析地下构造类型甚至提取构造的多个关键要素,如褶曲类型及褶曲关键要素,包括轴面、脊面、扭曲面、两翼产状等等。

1. 确定井孔剖面的地层产状

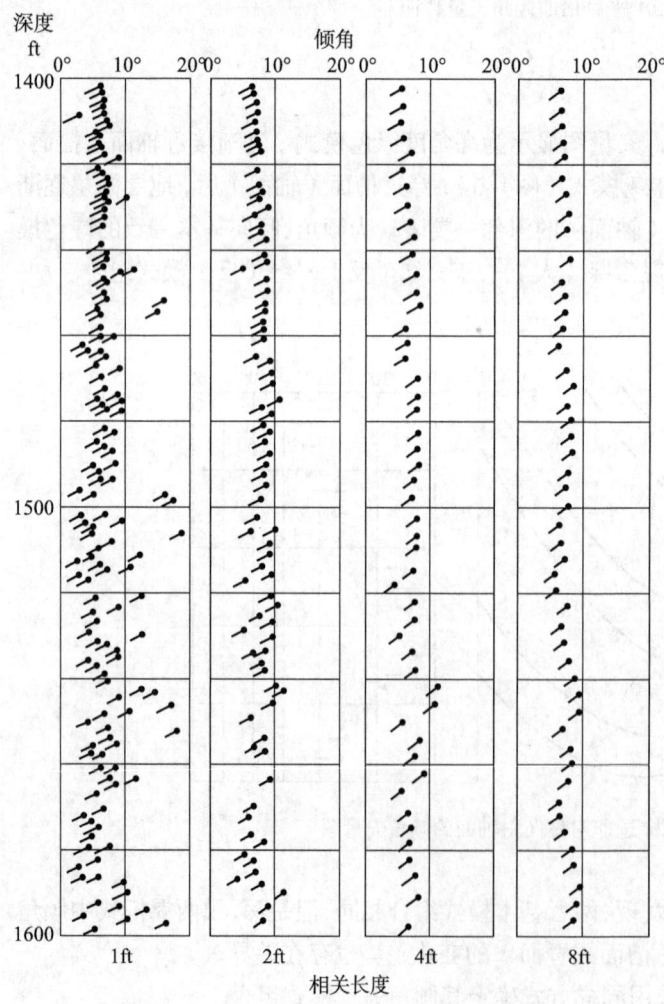

图4-7 不同相关长度处理得到的倾角矢量图

地层倾角测井资料是分析地下构造形态的基础资料。同时,应用中需要注意,倾角测井记录中包含多种因素的影响,既包括不同岩层的构造产状,也包括各种沉积层理和裂隙的产状,还包括岩层内部的构造(如结核、燧石条带等)以及仪器极板与井壁接触不良等引起的一些错误信息等等。在倾角测井原始数据处理与构造解释过程中,需要科学、慎重地剔除干扰因素。

首先在研究地下构造特别是落实地层产状时,寻求的是地层界面倾斜方位和倾斜角度。一般而言,无论是纵向还是横向,某一特定构造都有一定稳定性。因此,通常采用长窗长(3~8m)和相应的探索长度在计算机上处理计算得到的矢量图和相应的产状数据表作为依据,进而分析地层产状和该井所钻遇的构造部位,判断井孔剖面中断层和不整合的具体位置。而短相关长度比长相关长度算出来的地层产状要分散得多(图4-7)。原因是前者受沉

积构造和井壁不平整的影响较大。所以在研究构造和断裂情况时,采用长相关长度对比为好,而在沉积学方面研究时,一般采用短相关长度。

在利用倾角矢量图上确定地层产状时,一般先利用自然电位或自然伽马曲线识别大段泥岩、泥质粉砂岩,或泥岩、泥质粉砂岩集中发育层段,原因在于泥岩属安静、稳定环境下的沉积产物,若不考虑其他因素对产状的影响,厚层泥岩的产状可以代表现今构造产状。在此基础上,观察泥质沉积为主井段的倾角矢量模式,通常显示为绿色模式,由此判断构造倾角和倾斜方位。

除了通过矢量图直接观察地层产状,还可编绘施密特图、方位频率图等,通过矢量平均法求取地层产状。一般而言,对于给定的井段,倾角和倾向在施密特图上的分布相对集中,而最为密集或集中的部位的倾向和倾角即为研究井段的地层产状[图4-8(a)]。同时还应注意,有时统计井段所有样品点倾向、倾角显示存在多个相对集中的区域,且倾角大小不同,需要根据倾角大小分别勾绘相对集中区域。实际统计及分析发现,构造倾斜一般比较平缓,倾角变化很小,主要分布在施密特图的外围;而沉积因素引起的倾向、倾角变化范围较宽,倾角可以从0°至40°,倾角等值线呈三角形,三角形的底边接近极坐标的外圈,顶点指向中心[图4-8(b)]。

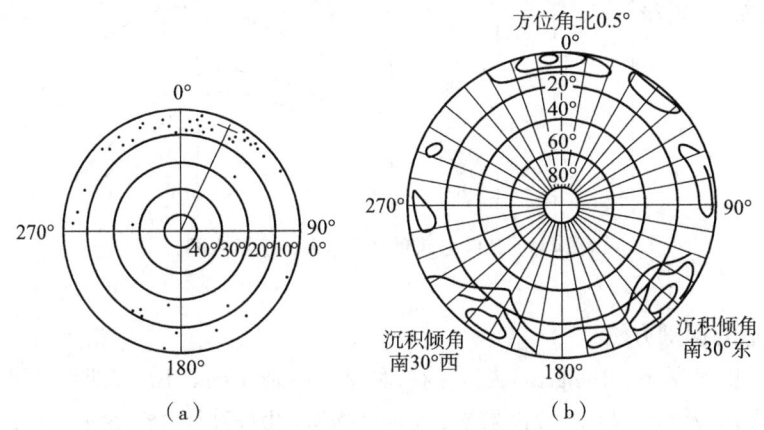

图4-8 施密特图

方位频率图可用于目的层段采用统计法确定倾斜方位角、构造倾角或沉积倾角。方位频率图径向为倾角坐标,最外面表示倾角为0°,每隔10°画一个同心圆,圆心为60°。图中的圆周方向为方位角坐标,圆周顶部为正北方向,以后一般采取每10°一个间隔画径向线。将研究井段内长对比计算结果获取的每一个样品点的倾角和倾斜方位角投点在图上,然后统计出每一个10°(或15°)方位角区间内落入样品点的数量,或计算各10°区间样品点数占研究井段总点数的百分数,以圆心为起始点(0°),以径向线长度表示点子的数量或频率,编绘出该井段地层产状的方位频率图(图2-5)。点子出现最多、频率最高的10°径向区间即为研究井段的倾斜方位,该10°间隔的倾角平均值即为研究井段的构造倾角。

2. 判断地下构造的偏移方向

无论是背斜还是向斜,往往表现为非对称的,即轴面多为倾斜的,甚至发生倒转。其中的非对称背斜、倒转背斜,构造高点常随深度发生偏移,深、浅部位的构造形态可以相差很大。例如,在地表或浅层为一向斜的部位,在深部可能演变为一背斜。此时,利用地层倾斜测井资料能比较直观地确定地下构造的符合程度和偏移方向。

图4-9中,由矢量图可以看出,浅层(上部)呈绿色模式,大致向西倾斜,倾角25°左右;继续加深时,矢量图呈较高角度的杂乱模式→倾角接近于0°的杂乱模式;穿过4032m之后,矢量图呈绿色模式,倾向南东,倾角明显高于浅层绿色模式倾角,接近40°。根据矢量模式随深度的变化特点,可以推测该井钻遇了高点随深度增加逐渐向西偏移的非对称背斜;井深4032m以上属于褶曲的西翼(向西倾斜),4032m以下属于褶曲的东翼(向东倾斜);较高角度的杂乱模式可能反映褶曲曲率增大导致的岩石破裂,倾角接近于0°的杂乱模式可能反映钻遇褶曲的脊面附近。

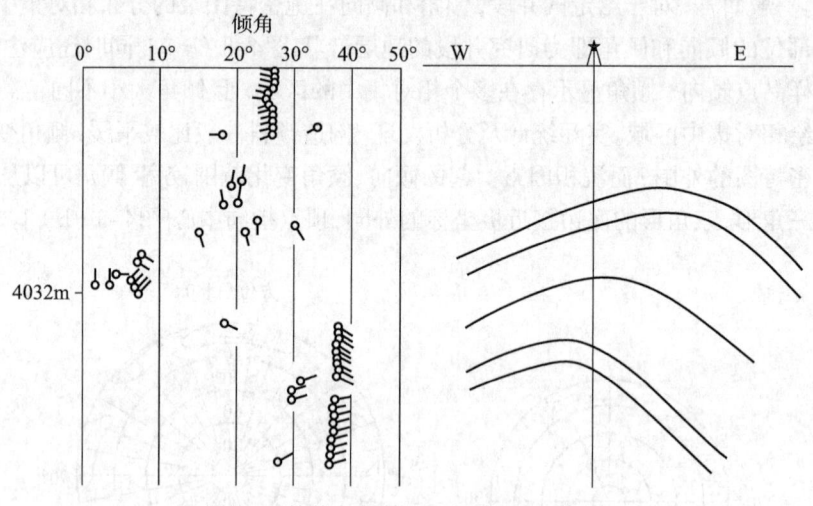

图4-9 某井由西翼进入东翼剖面示意图

3. 地下构造的识别方法

在没有断层的情况下,Bengtson认为存在7种基本构造(图4-10),即水平层、低倾角单斜层、高倾角单斜层、无倾没褶皱、倾没褶皱、双倾没褶皱和圆丘形穹窿。除水平层外,每种构造都可找出构造变化最大和最小方向,它们一般互相垂直。在图4-10中,以T代表构造变动最大的方向,即横向;以L代表构造变动最小的方向,即纵向。

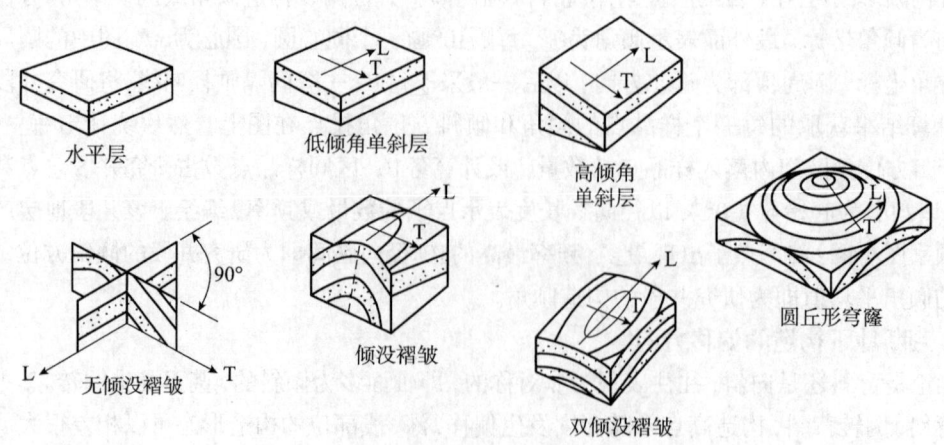

图4-10 七种基本构造类型(据Bengtson,1981)

为了判断构造类型、具体分析构造特征,可依据倾斜测井资料编绘出五种图件,即倾角与倾斜方位角关系图、倾斜方位角与深度关系图、倾角与深度关系图、东西向视倾角与深度关系图、南北向视倾角与深度关系图,其中最基本、最核心的是倾角与倾斜方位角关系图。不同类型构造在上述图件中各有其相应的特征,综合分析五类图件即可判断地下构造类型以及井所在的构造部位,并可提取构造的关键要素。

鉴于Bengtson提出的7种基本构造中存在部分构造类型存在的相似性,可以合并为五类构造:水平层(水平构造)、单斜层(倾斜构造)、无倾没褶曲、倾没褶曲、双倾没褶皱。下面具体说明5种类型构造在倾角与倾斜方位角关系图、倾斜方位角与深度关系图、倾角与深度关系图、东西向视倾角与深度关系图、南北向视倾角与深度关系图中的具体响应。

1)水平层

水平层在五类关系图上的反映如图4-11所示。在倾角与倾斜方位角关系图中,由于倾角为0°,无确切方位,故数据点分散在倾角0°线附近,方位角直方图基本上呈均匀分布;由于沉积倾角变化的影响,在底部似乎存在有一倾角为5°的集中线,但方位角极其分散,故不能代表地层倾角。在方位角与深度关系图中,方位角也很分散。在倾角与深度关系图中,由于沉积倾角变化的影响,似乎有5°左右的倾角,但在东西向和南北向的视倾角与深度关系图中,均表现为围绕0°为中心的极低倾角均匀分布,说明实际倾角为0°。

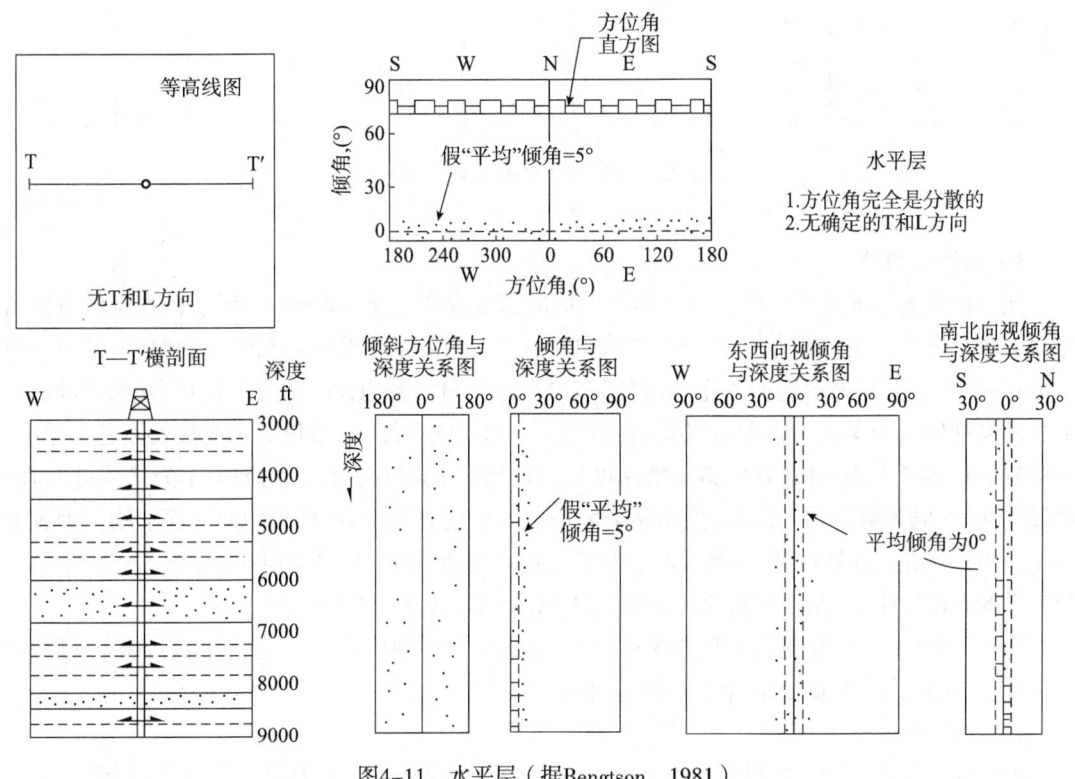

图4-11 水平层(据Bengtson,1981)

2)单斜层

如图4-12所示,从倾角与倾斜方位角关系图、倾斜方位角与深度关系图上,均可明显看出数据点集中分布于向东倾斜区。在东西向视倾角与深度关系图中,也可见出地层向东倾;在南北向视倾角与深度关系图中，数据点较均匀地分散在倾角0°线附近，即地层在南北向上基本水平。

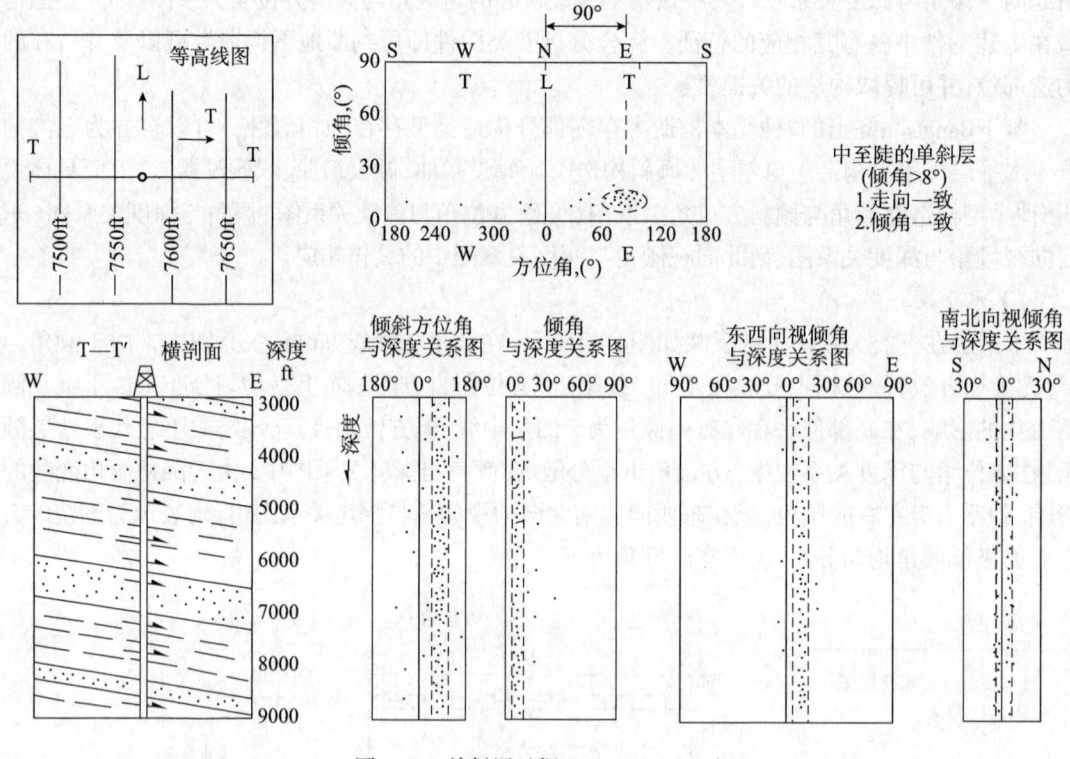

图4-12 单斜层（据Bengtson，1981）

3）无倾没褶皱

该类构造的走向是固定的，但倾角和倾向随深度发生变化。如图4-13所示，在倾斜方位角与深度关系图上，在钻达脊线（CP）之前向西倾斜，之后则突然转向东倾。在倾角与倾斜方位角关系图中，也同样显示这种变化，数据点集中在方位角相差约180°的两个相互平行的区域内。由东西向视倾角与深度关系图可以看出：在浅层，地层向西倾斜，倾角随深度加大而逐渐减小，钻穿脊线后地层变为东倾，且倾斜角随深度加大而增大；至轴面处，倾角增大率为达到最大值；穿过轴面后，倾角继续增大，但增大率逐渐减小；到达扭曲面以后，东倾倾角随深度增加而逐渐减小，说明已钻达褶曲翼部。在南北向视倾角与深度关系图中，与单斜层类似，数据点较均匀地分散在倾角0°线附近，倾角平均值接近0°，说明南北方向上没有倾没。

确定了脊线、轴面和扭曲面具体深度之后，结合东西向视倾角与深度关系图上倾向、倾角的具体变化，可作出井孔口及附近外推横剖面图。

4）倾没褶曲

由图4-14可以看出，如果井钻在非对称向北倾没的褶曲上，倾角随深度变化而变化，而南北向视倾角不变。与图4-13不同，在倾斜方位角与深度关系图中，地层由北西倾逐渐变为北东倾，而非突变。由于方位角只有在倾角很小时才有最大的变化，图中倾角最小、方位角变化最大部位即为脊线位置（CP）。在倾斜方位角与倾角关系图上，数据点分布呈马蹄形，马蹄形最低点（中心线）相当于构造脊线，倾角最小处代表构造变化最小的"L"方向，也就是倾没褶曲脊线

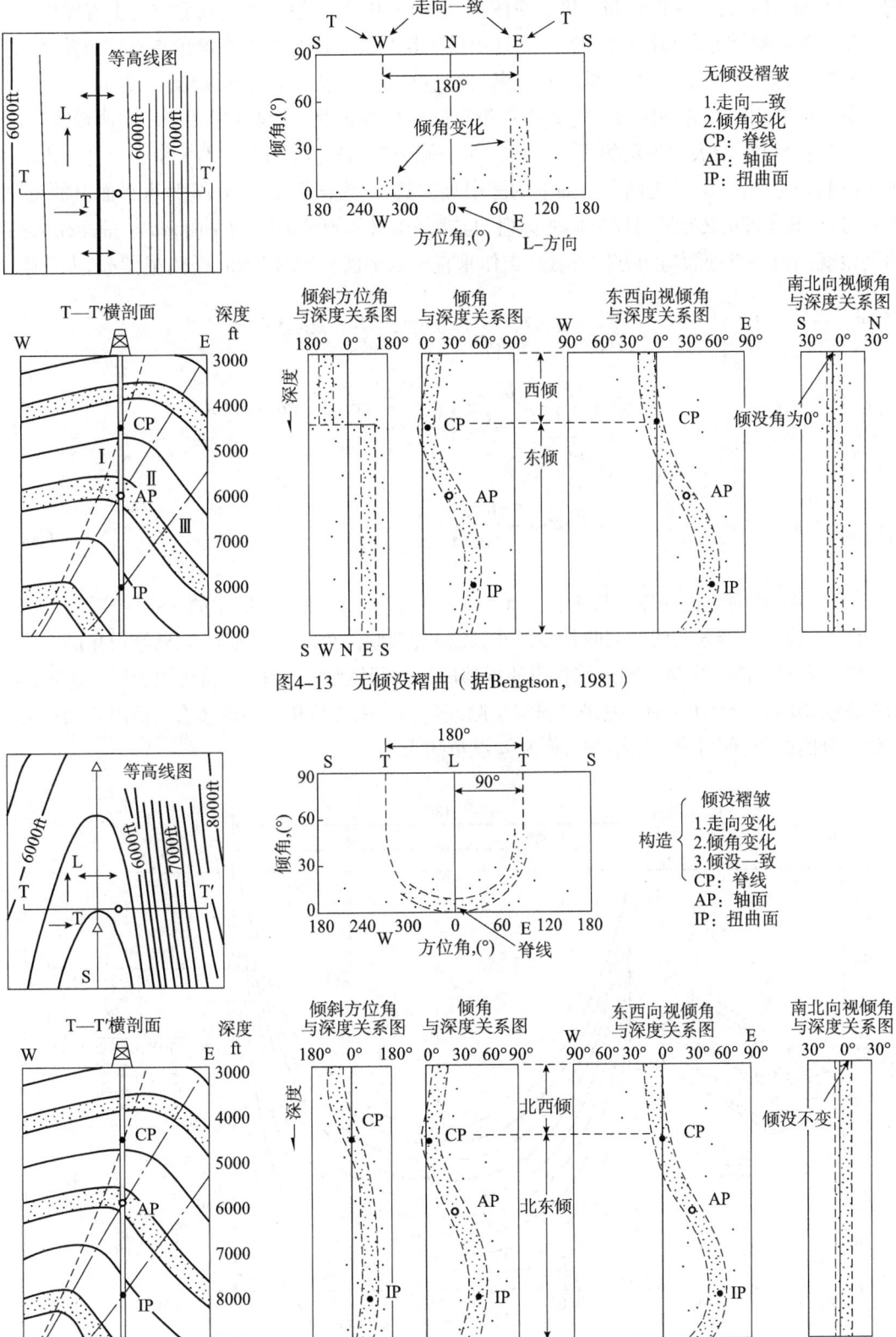

图4-13 无倾没褶曲（据Bengtson，1981）

图4-14 倾没褶曲（据Bengtson，1981）

的倾没方向。在南北向视倾角与深度关系图上,倾角平均值不为0°,说明南北方向上有倾没。

为了确定褶皱方向和倾没角的大小,还可编制诺模图(图4-15)。当倾角与方位角关系图上仅能看到马蹄形的一部分时,仍能进行判断,并且可以确定褶曲倾没角的大小和方向。

假设褶曲向正北方向倾没,脊线水平投影的方位为正北(图4-15)。以P表示倾没角,θ表示地层的真倾角,A表示地层的倾斜方位,为了便于观察P、θ、A之间的关系,可把它们放大画在图4-16上。o、a、b为同一层面上的三个点,其中o为记录点,∠oa'b'为水平面上的直角,∠aoa'为真倾角即θ,∠bob' 是L方向的倾角,也就是褶皱的倾没角P,而平面oaa'与平面obb'之间的夹角就是记录点处倾向的方位角。过a点作垂直于水平面oa'b'的平面aa'bb',显然aa'=bb',则

$$\frac{aa'}{oa'} = \tan\theta, \quad \frac{bb'}{ob'} = \tan P, \quad \frac{oa'}{ob'} = \cos A$$

因此

$$\tan P = \frac{bb'}{\frac{oa'}{\cos A}} = \frac{bb'}{oa'}\cos A = \frac{aa'}{oa'}\cos A = \tan\theta\cos A$$

所以

$$\tan\theta = \frac{\tan P}{\cos A} \tag{4-1}$$

给P、A一些特定的角度,根据公式(4-1)就可画出如图4-15所示的一张诺模图。应用时需要注意,公式的推导是假定褶曲是往正北倾没的,即倾没角的方位为0°。如果倾没角的方位角不为0°,则整个图在横坐标轴上作相应的平移即可求得倾没方位角了。将诺模图以相应比例尺画在透明塑料板上,使用时,把诺模图与实测倾角与倾斜方位角关系图重合,找出实测点分布趋势重合的曲线,便可确定出褶皱方向和倾没角的大小。

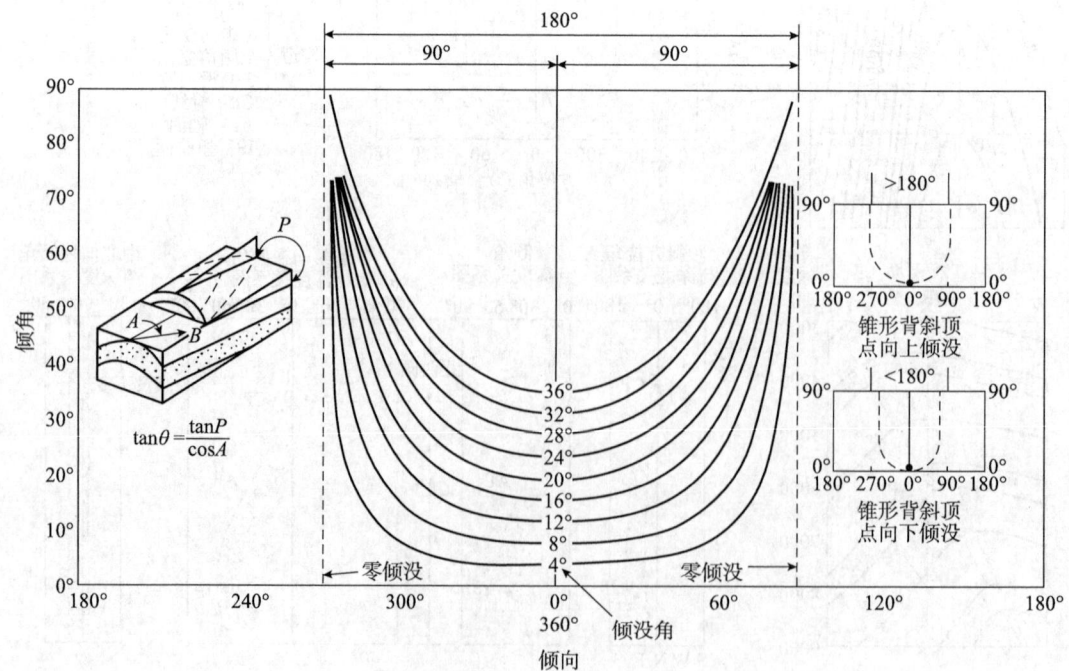

图4-15　确定褶皱方向和倾没角的诺模图(据Bengtson,1978)

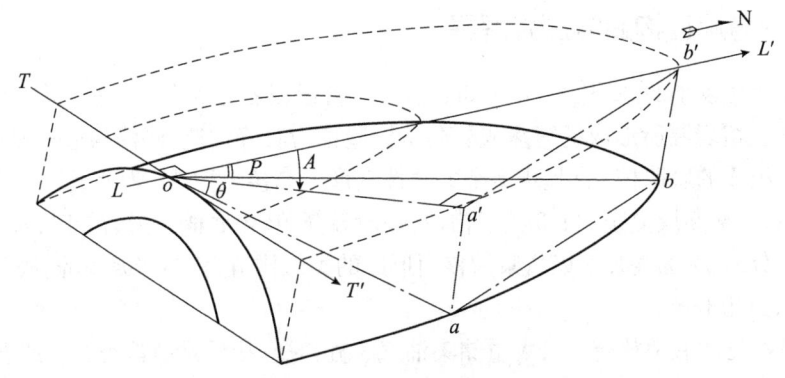

图4-16 倾没褶曲倾没方向、倾没角与地层倾角关系图

5) 双倾没褶皱

当井钻于向两端倾没的构造高点或向两端跷起的鞍部时，均可出现双倾没。图4-17为井钻在双倾没非对称背斜褶曲构造高点的实测结果。在倾角与方位角关系图上，表现为北西倾没的半个马蹄形和向南东倾没的另外半个马蹄形。在两个马蹄形的交会处形成一垂直区域，代表由北西倾没逐渐向南东倾没的过渡区，倾没角为0°。由南北向视倾角与深度关系图可以看出，向北倾没的地层约在5500ft处转变为向南倾没。在方位角与深度关系图上，也可看出倾没方向的反转。在倾角和东西向视倾角与深度关系图上，则与单向倾没褶曲（图4-14）相似。

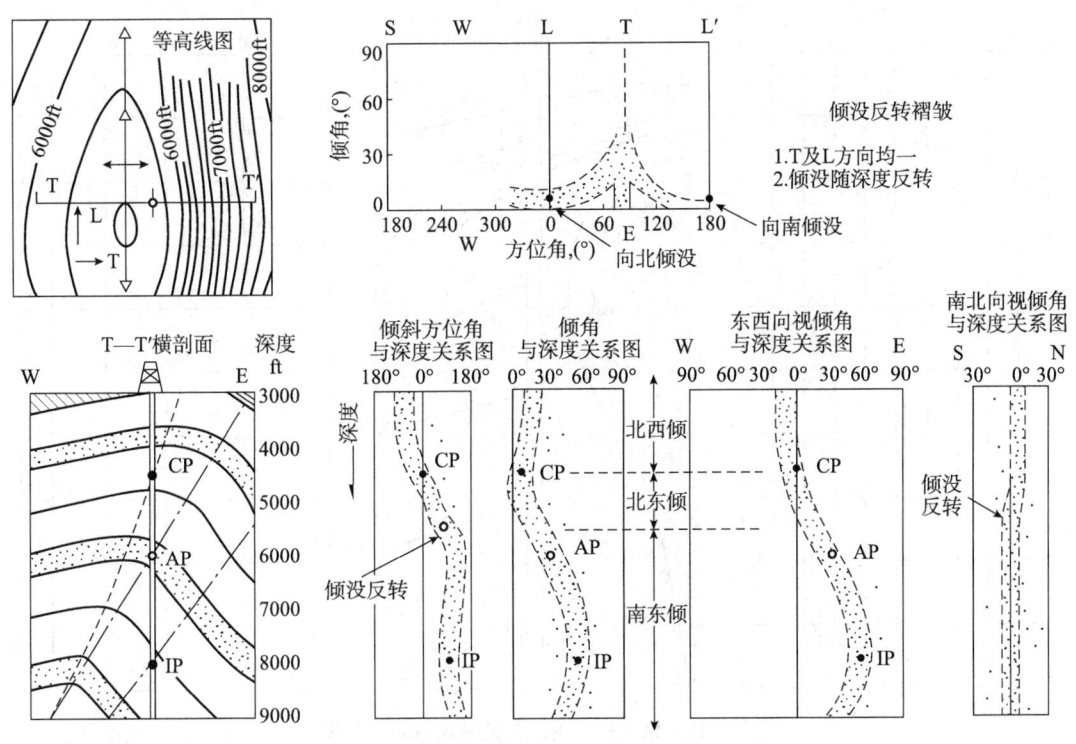

图4-17 倾没翻转褶曲（据Bengtson，1981）

四、盐丘与泥丘构造的测井解释

地下深处密度较小的高塑性岩石（如岩盐、石膏或泥岩等）在差异重力作用下向上流动，拱起甚至刺穿上覆岩层所形成的穹窿或蘑菇状构造称为底辟构造。底辟构造一般包括三部分：①高塑性物质组成的底辟核，常呈现复杂的塑性变形；②核上构造，为上覆岩层隆起形成的穹窿或短轴背斜，常被断层复杂化；③核下构造，一般较简单。当底辟核为岩盐时，称为盐丘；当底辟核为泥质成分时，称为泥丘；以岩浆为核而形成的类似构造，称为岩浆底辟。底辟构造的延伸范围可从几米到几千米。

盐丘是最常见的底辟构造，可大量储集油气、硫和盐。盐丘是由盐类岩石或石膏向上流动或挤入而使上覆岩层拱曲隆起所成。大多数盐丘有一个由石灰岩、石膏和硬石膏组成的冠岩，这些冠岩是由于盐溶解，余下那些相对不易溶解的方解石、硬石膏和石膏所形成的。核部的盐体常成圆柱状，其内盐层变形复杂。冠岩及盐核之上的上覆岩层往往形成穹窿或短轴背斜及伴生的放射状或环状断层。近盐丘（冠岩）部位构造复杂，有褶皱、断层和发生的塑性流，靠近盐丘（冠岩）部位的倾角一般比较陡，可接近90°。盐丘周围的岩层因盐丘上隆而相对下坳，可形成周缘向斜。盐丘构造具有重要的经济价值，盐上的穹窿及周围的围岩中常富集石油和天然气。

基于盐丘附近比较复杂的地质构造，当井钻至靠近盐丘部位时，地层倾角矢量图上会出现一系列特殊表现。如图4-18所示，当井钻遇盐丘附近而不穿过盐丘时，越接近盐丘体，地层倾角越大，远离盐丘体，倾角变小，在矢量图上显示为绿—红—蓝—绿模式。

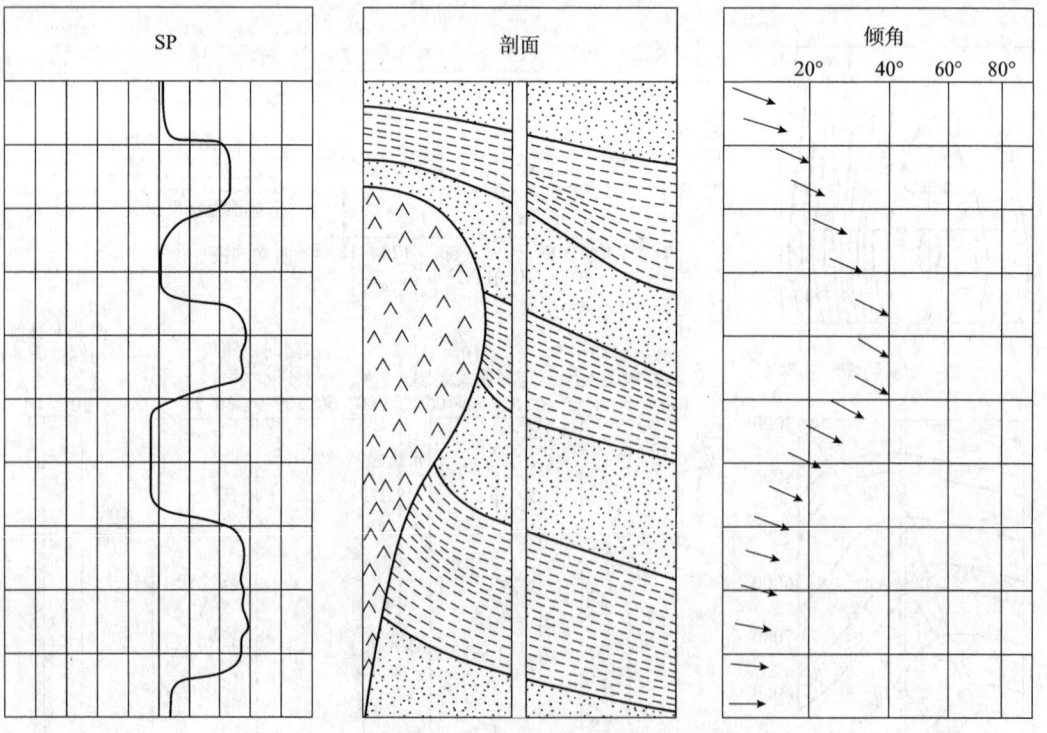

图4-18　钻于盐丘附近井的地层倾角矢量图

值得注意的是，前面提到的平卧褶曲在倾角矢量图上也可显示为绿—红—蓝—绿模式，不同之处在于平卧褶曲在钻遇上下两翼时倾向会发生变化（图4-5）。

当井穿过盐丘时，在盐核之上，随深度增加，越靠近盐核，地层倾角越大，矢量图上呈现绿—红模式。进入盐核丘之后，由于地层没有明显的方向性，因此在矢量图上显示为杂乱模式。整体上表现为绿—红—乱模式（图4-19）。如果钻遇的盐丘体为均质体，则会出现空白反射。

泥丘也可导致地层倾角的异常。与盐丘类似，在泥丘的上部，地层倾角、倾向在远离泥丘时相对稳定，逐渐接近泥丘时，倾角随深度增加而增大，矢量图上呈绿—红模式；钻进泥丘后，直到井底所记录的都是高角度的绿色模式，因此在矢量图上总体显示为绿—红—绿（大）组合（图4-20）。

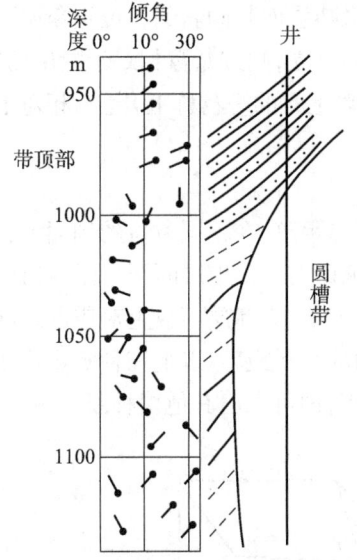

图4-19 钻穿盐丘井的倾角矢量图显示

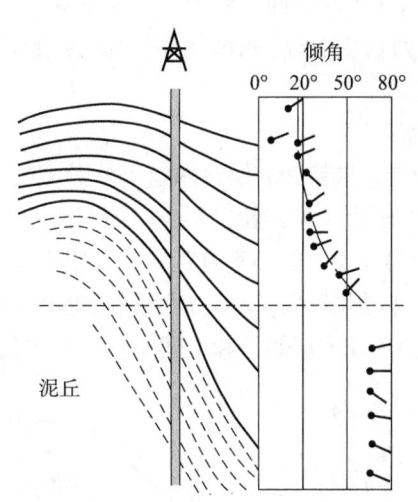

图4-20 钻穿泥丘井的倾角矢量图显示

第三节 断层测井解释方法

断层是岩层或岩体顺破裂面发生明显位移的构造。断层在地壳中广泛发育，是地壳中最重要的构造之一。断层的形成、分布及特征等对油气的生成、运移以及石油天然气等矿藏的形成、分布甚至油气田的开发等均有重要影响。

地下或油气田的断层研究一般包括断层（点）识别、断层类型判断、断层在平面和剖面的分布、断层要素提取、断层或断裂带结构分析、断层封闭性特征研究等多个方面。

一、断层要素及形态分类

1. 断层要素

断层的基本要素包括断层面、断层线、断盘和断距。

1）断层面

断层面是一个将岩块或岩层断开成两部分，且被断开的岩块或岩层顺其滑动的破裂面。断层面的空间位置由其走向、倾向和倾角确定。断层面可以是较为规则平整的面，但大多数是波状起伏的曲面。有的断层破裂位移时是沿着许多密集的破裂面发生的，这样的断裂面就不是一个简单的平面，而是在宽度为几厘米、几米、数十米甚至更宽的地带内岩层被揉皱、破裂、切错的破碎带，称为断层破碎带。一般而言，断层规模越大，则破碎带越宽、结构越复杂。

2）断层线

断层线是断层面与地面或任一地层界面的交线，反映断层的延伸方向和延伸规模。断层线可以是直线，也可以是曲线。

3）断盘

断盘是断层面两侧沿断层面发生位移的岩块。如果断层面是倾斜的，位于断层面上侧的一盘为上盘，位于断层面下侧的一盘为下盘；如果断层面直立，则按断盘相对于断层的方位描述，如东盘、西盘或南盘、北盘。根据两盘的相对滑动，相对上升的一盘称上升盘，相对下降的一盘为下降盘。

4）断距

断距是指被错断岩层在两盘上的对应层之间的相对距离。在不同方位的剖面上，断距值是不同的。在垂直于被错断岩层走向的剖面上可测得的断距有：①地层断距（图4-21中ho），即断层两盘上对应层之间的垂直距离；②铅直地层断距（hg），为断层两盘上对应层之间的铅直距离；③水平地层断距（hf），指断层两盘上对应层之间的水平距离。以上三种断距构成直角三角形关系，如已知岩层倾角和上述三种断距中任一种断距，即可求出其他两种断距。

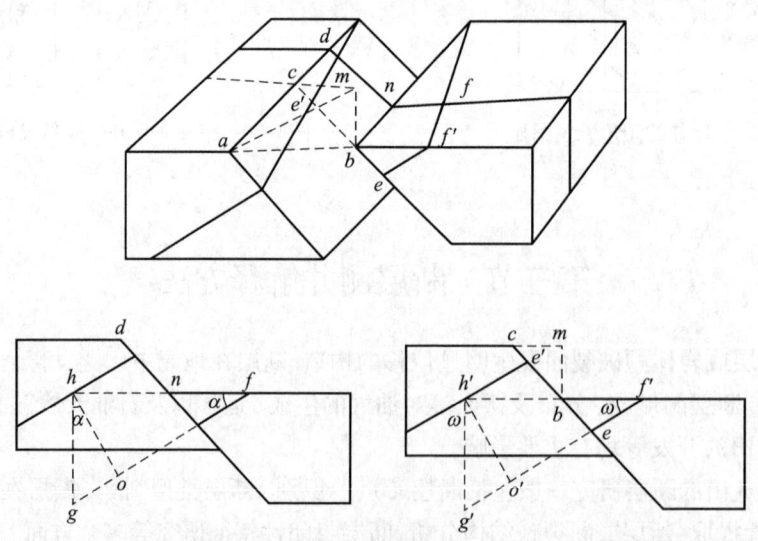

图4-21 不同剖面上的断距示意图

ab—总滑距；ac—走向滑距；cb—倾斜滑距；am—水平滑距；ho—地层断距；$h'o'$—视地层断距；hf—水平地层断距；$h'f'$—视水平地层断距；$hg=h'g'$—铅直地层断距；α—岩层倾角；ω—岩层视倾角

在垂直于断层走向的剖面上，也可测得与垂直于岩层走向剖面上相当的各种断距，当岩层走向与断层走向不一致时，除铅直地层断距在两个剖面上相等外，在垂直于岩层走向的剖面上测得的地层断距和水平地层断距都小于在垂直于断层走向的剖面上测得的数值。

在油气勘探开发中，特别是利用钻井资料分析断层时，经常采用落差这一断距术语。落差是指在横切或斜切断层的剖面上，上、下盘同一层面界线与断层线交点的高程差。为了区别起见，把断层倾向剖面内的落差值称为"落差"，把其他剖面内的落差值称为"视落差"，视落差随剖面方向不同而变化。

2. 断层分类

根据断层两盘的相对运动可将断层分为正断层、逆断层、平移断层、枢纽断层等（图4-22）。

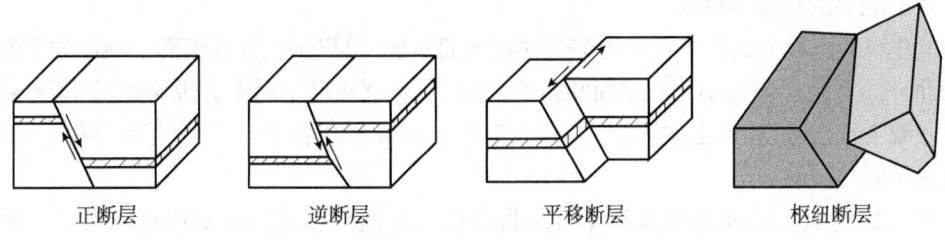

图4-22 断层分类示意图

① 正断层：是断层上盘相对于下盘向下滑动的断层。

② 逆断层：是断层上盘相对于下盘向上滑动的断层。习惯上将断层面倾角小于45°左右的逆断层称为逆掩断层，大于45°的逆断层称为逆冲断层。逆掩断层中断面倾角小于30°者称为推覆构造。

③ 平移断层：两盘岩块沿断层走向作相对水平运动的断层，也称走滑断层。平移断层可进一步细分为左行走滑（逆时针）和右行走滑（顺时针）。

④ 枢纽断层：两盘岩块具相对旋转运动的断层。枢纽断层可分为两种方式：一种是旋转轴位于断层的一端，表现为横切断层走向的各剖面上的位移量不等；另一种是旋转轴不在断层的端点，表现为旋转轴两侧的相对位移的方向不同，一侧上盘相对上升，而另一侧的上盘相对下降。

断层两盘往往不是简单或完全顺断层面倾斜或走向相对滑动，而是兼具正断层、平移断层的性质，或兼具逆断层和平移断层的性质。如正平移断层和平移正断层，属斜向（滑动）断层（图4-23），总位移在走向和倾向上有两个分量，当平移分量大于下降分量时称为正平移断层；当水平分量小于下降分量时则称为平移正断层。同样，逆平移断层和平移逆断层也属斜向（滑动）

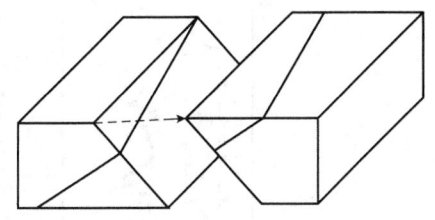

图4-23 斜向（滑动）断层

断层。总位移也存在走向和倾向两个分量，当平移分量大于上升分量时称为逆平移断层；当水平分量小于上升分量时称为平移逆断层。

除了以上依据断层两盘相对运动分类之外，还有很多其他分类方案，如依据断层走向与岩层走向的关系分为走向断层、倾（横）向断层、斜向断层、顺层断层等；依据断层走向与褶皱走向的关系分为纵断层、横断层和斜断层等。

二、利用常规测井资料识别断层

断层不是孤立的地质现象，断裂活动可能引起或导致一系列地层与构造形态等方面的变化，如某些地层的减薄甚至断失、地层的局部增厚及地层重复、近距离内某地层或某地层界面埋藏深度的突变等等，这些变化将反映在各类测井资料中。通过岩性与电性相关性分析、电性标准层的确定以及多井测井资料对比分析等等，可识别井下是否存在断层并初步确定断层要素。

1. 井下地层的重复与缺失

将单井解释剖面与该井所在区的综合柱状剖面对比，可以确定井孔剖面上地层的重复或缺失。一般而言，在地层倾角小于断层面倾角的情况下，钻遇正断层时多表现为地层缺失，钻遇逆断层时表现为地层重复。反之，在地层倾角大于断层面倾角的情况下，穿过正断层时地层重复，穿过逆断层时地层缺失。

如图4-24所示，通过相邻两口井测井曲线形态及曲线组合特征对比可以看出，两口井在上部井段一致性较好，102井2694m以下的测井响应与101井2872m以下相一致，也就是

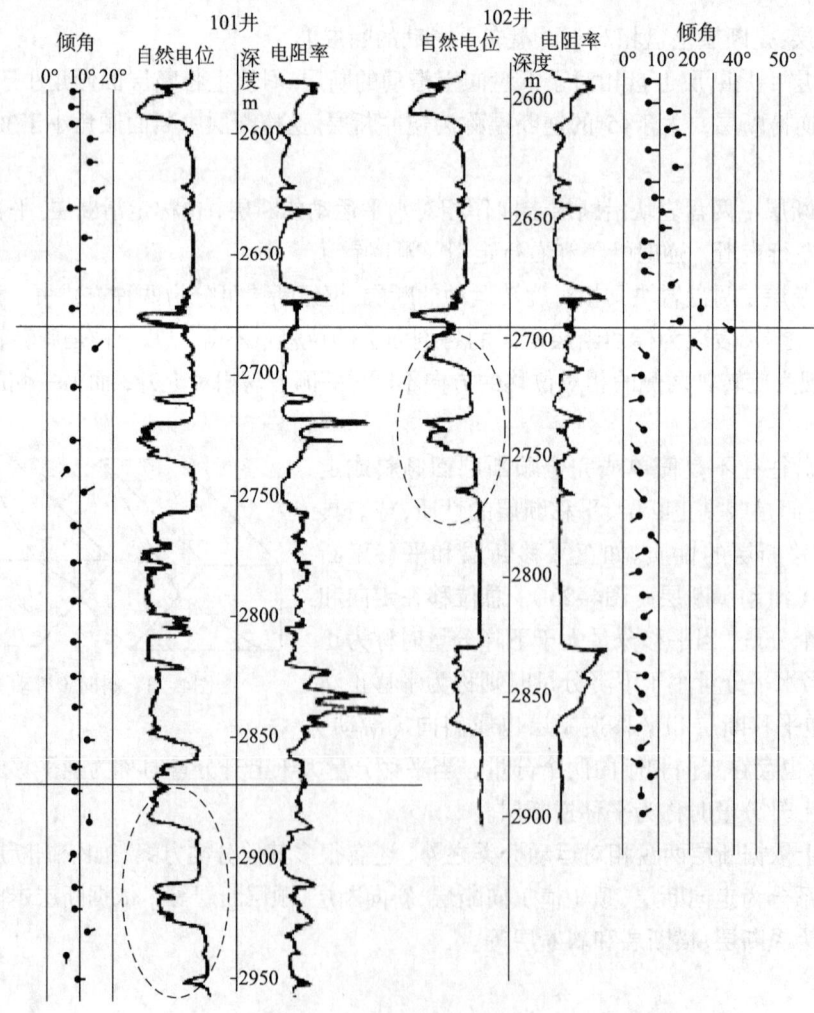

图4-24 常规测井识别正断层

说102井缺失了大套的砂岩地层，缺失井段相当于101井的2677~2872m，由此可以初步推断102井钻遇正断层，断点深度位置在2694m处，落差在195m左右。同理，图4-25中上段，两口井测井曲线形态及组合特征相同，西2井自2460m开始至2625m井段测井响应与两口井的上段曲线一致，属于地层重复。由此可以初步判定西2井钻遇逆断层，断点深度2460m，落差为重复段长度，约165m。

值得指出的是，倒转背斜也可引起地层的重复，与逆断层不同的是，倒转背斜造成的重复地层的层位是由新到老到新，大致呈对称（或镜像）重复；而逆断层引起的地层重复是层位由新到老，为非对称、非镜像重复。此外，不整合也会引起地层的缺失，需要通过多井常规测井资料甚至地层倾角测井资料分析之后作出判断。因此，在实际工作中，不能单纯依靠地层或测井曲线的重复或缺失判断断层的存在，还需具体问题具体分析。

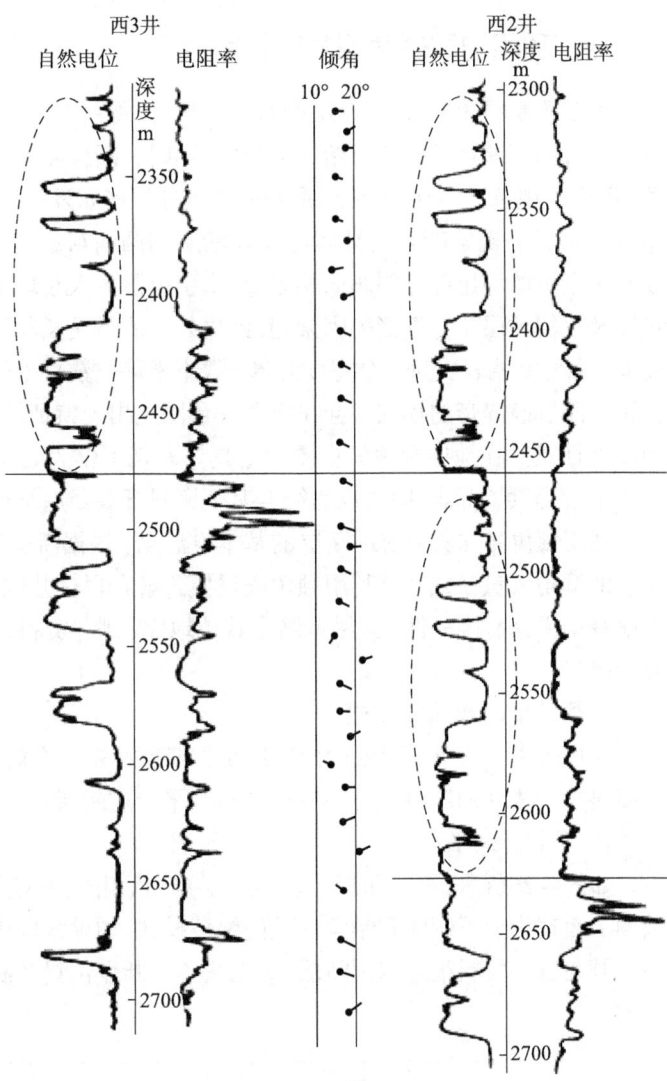

图4-25　常规测井识别逆断层

2. 近距离内标准层的标高相差悬殊

相邻两井虽均未钻遇断层，但是若发现两口井同一标准层或电性标志层的标高相差悬殊，则可初步推断两井之间发育断层。这种不正常现象可能预示着相邻井间存在着未钻遇的断层。具体分析时最好参考过井地震资料（地震剖面）和区域地质构造特征等进行综合判断，避免或排除其他地质因素影响。

3. 近距离内同一层厚度突变

对于某单一岩层或地层单元，由于断层的影响，可能导致相邻井钻遇同一岩层或地层单元层厚度明显增厚或者突然减薄，在测井响应上表现某特征曲线形态或组合的不完整（减薄）或经邻井对比的等时性沉积单元厚度明显增大，且响应层段测井曲线形态及组合明显不一致，前者多为后生断层导致某地层在钻孔中不完整，后者多出现在同生断层下降盘。需要注意的是，由于古地形起伏的影响，也可引起同时性沉积（同一岩层或层段）厚度的变化，可通过古构造特点的分析，把它们区分开来。

三、利用地层倾角测井解释断层

大多数断层的上、下盘地层产状不一致，使得断面上、下两盘倾角矢量图存在较为明显的不一致，有利于断点的确定及断面的追踪。同时，断层面附近的地层往往有较明显的弯曲变形现象，即牵引现象。而牵引的结果是断面附近地层产状发生变化，倾角矢量也会有一个畸变带，根据畸变带较易确定断点的具体位置和断层的倾向与走向。在解释中通常总是把断层的走向看成与被牵引的地层部分的倾向相垂直。牵引范围的大小取决于岩石机械强度、上下盘相对位移量以及上覆地层压力等诸多因素。除此之外，前已述及断裂面或表现为一个较为简单的平面或曲面，也可能就表现为一个宽度几米、数十米甚至数百米的被揉皱、破裂、切错的断层破碎带。特别是断层破碎带的存在，会在倾角矢量图上出现特征性的反映，如杂乱模式等等。以上三类地质特征及其在地层倾角矢量图上的具体表现不仅为利用地层倾角测井辨识断层、分析断层产状要素提供了标志，同时也为结合其他资料开展断层结构分析、封闭性研究奠定了基础。

利用倾角测井资料解释断层的基本方法是，根据断层的成因、类型及井下实际显示设计出相应的倾角矢量模式，再利用倾角矢量模式解释目标井倾角矢量图可能反映的断层特征。为了使解释结果具有唯一性，要尽量结合其他地质、测井资料，例如地层的缺失、厚度较小、地层重复等等。

1. 简单平面或曲面断层

这里所说的简单平面或曲面断层是指断层面是一个简单的平面或曲面，而且断面附近地层无明显产状改变的断层，包括平行正断层、平行逆断层。

1）平行正断层

如图4–26所示，平行断层上、下盘地层产状相同，在断层面附近地层无牵引现象，在倾角矢量图上表现为上下倾向和倾角一致的绿色模式。如果区内仅钻有一口井，单纯依靠该井常规测井及倾角测井资料很难识别断层，更无法落实断点位置及断层产状。

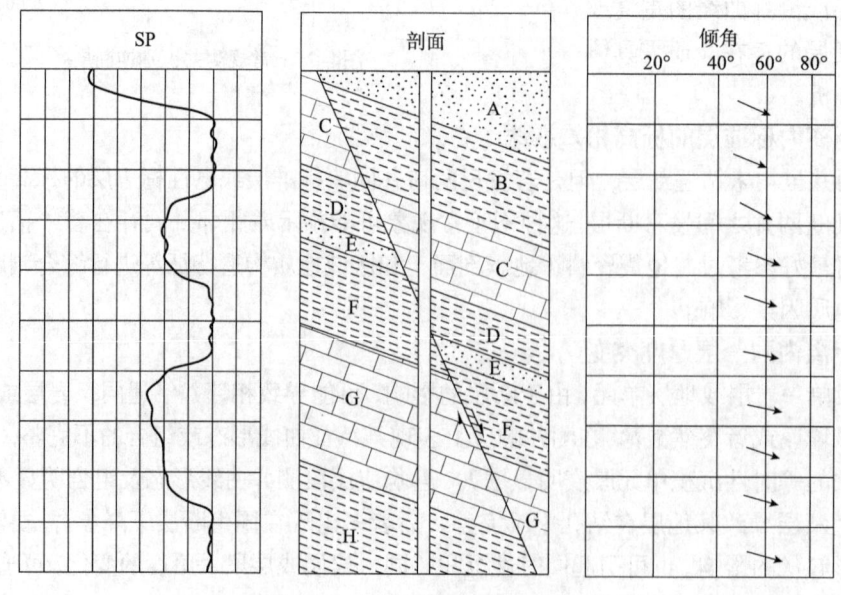

图4–26　平行正断层倾角矢量图

2）平行逆断层

无论是地表露头还是井下，逆断层经常导致并表现为地层重复，因此地层重复可作为判识逆断层的良好标志。图4-27为一个平行逆断层，地层剖面中D、E层和部分C、F层重复，但是断层上下盘产状未发生改变，与平行正断层类似，倾角矢量呈较为简单的绿色模式，因而用地层倾角测井难以判断，必须借助其他地质资料。

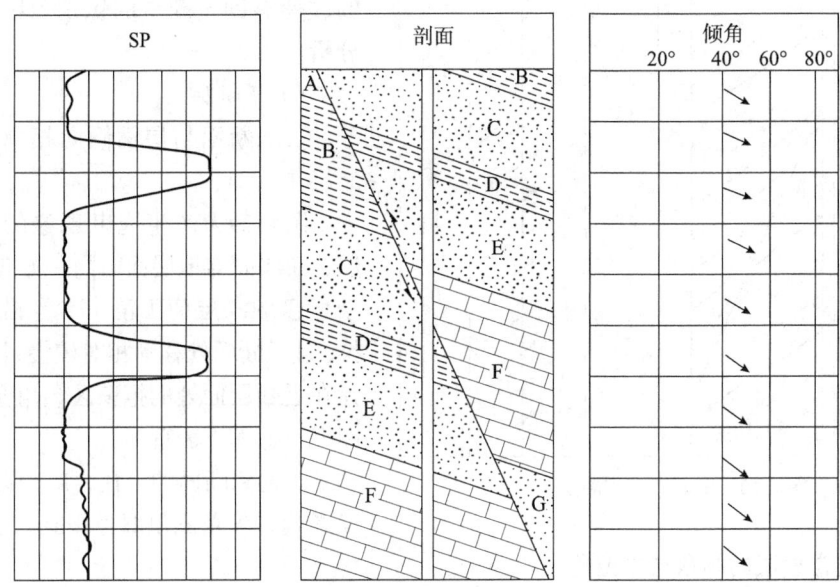

图4-27　平行逆断层倾角矢量图

2. 有破碎带的断层

断层面周围的地层受地应力的作用，有时被破碎成碎块（角砾岩）或被进一步磨碎成非常小的颗粒（断层泥），形成一个有一定宽度和厚度的断层破碎带。当井钻遇破碎带时，倾角矢量一般表现为杂乱模式，信息点分布不均，倾向、倾角不定；若磨碎成非常小的颗粒（断层泥），则可能表现为无信息点的白色模式。有破碎带的断层在整个井孔剖面上表现为绿—乱—绿模式（图4-28）、绿—白—绿模式。

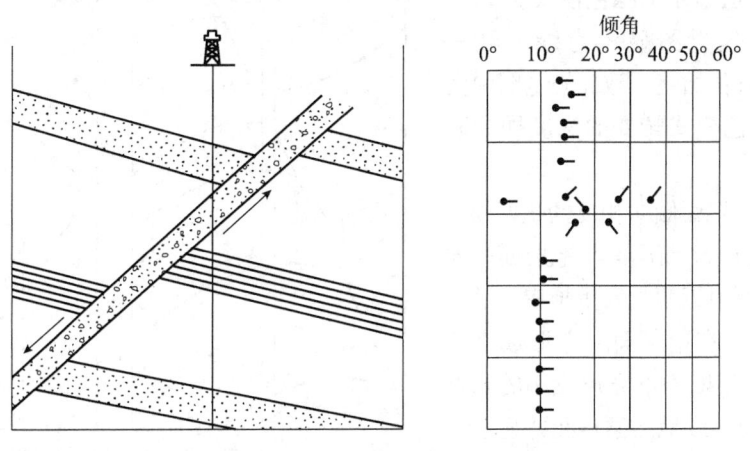

图4-28　有破碎带的断层及倾角矢量示意图

3. 有拖曳现象的断层

无论是正断层还是逆断层，断层两盘在相对运动过程中，由于摩擦阻力的作用，断层面附近地层经常发生产状的改变，特别是砂泥互层剖面，这种局部产状的改变有助于断层的识别及断面产状的分析。

1）正断层

（1）断面与层面倾向相同的牵引正断层

图4-29为产生拖曳现象的同向正断层，断层面与地层面向同一方向倾斜，由于上盘顺断层面下滑，下盘沿断层面上推，且近断面处移动相对较慢，因此上、下盘在近断层面处的拖曳区倾角变陡，矢量图上自上而下表现为：

①远离断面的上盘岩层，层面未受拖曳影响，矢量图呈绿色模式。此时的倾角

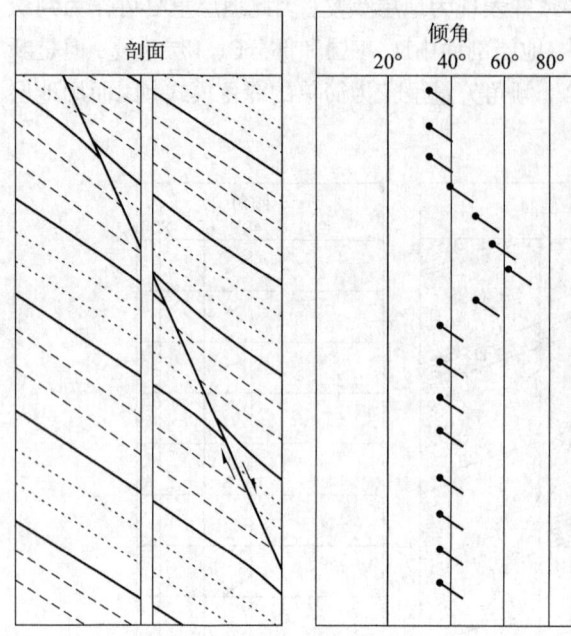

图4-29 同向牵引正断层

和倾向为正常岩层的倾角与方位角。

②进入上盘拖曳区后，层面倾角增大，至断层面时层面倾角最大。矢量图显示为红色模式。此时最大倾角的深度为断点深度或接近断点深度，其倾角及倾向大致反映断面的倾角和倾向。

③进入下盘拖曳区后，随深度增加、逐渐远离断层面、拖曳作用减弱，层面倾角逐渐减小，倾角矢量图表现为蓝色模式。

④离开拖曳区进入下盘后，岩层倾角稳定，未受拖曳影响，矢量图与远离断面的上盘岩层相同，显示为绿色模式。

整个井孔矢量图显示为绿—红—蓝—绿模式，方位始终一致，矢量图中由红色模式向蓝色模式转变的深度即为断点所在。

（2）断面与层面倾向相反的正断层

如图4-30所示，断层面与地层面倾向相反，由于断面附近两盘发生拖曳，地层产状发生变化，在近断面上方形成小凹槽（小向斜），近断面下方形成小的高点（小背斜），从而导致地层倾角测井显示出现局部异常，矢量图上自上而下具体表

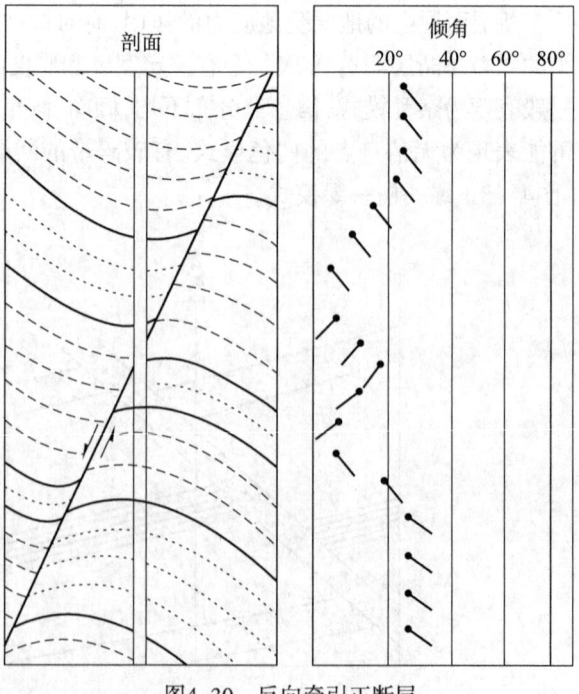

图4-30 反向牵引正断层

现为：

①远离断面的上、下盘岩层：层面未受拖曳影响，矢量图呈绿色模式。此时的倾角和倾向为正常岩层的倾角与方位角。

②进入上盘拖曳区后，层面倾角由正常倾角趋于减小并接近槽面，呈蓝色模式；之后，随深度增大，倾角由0°再逐渐增大但倾向相反，表现为小的红色模式，红色模式倾角最大深度即为断点位置，矢量图显示为红色模式的倾向反映断面的倾向。

③进入下盘拖曳区后，层面倾角随深度增加而逐渐减小并接近脊面，矢量图表现为蓝色模式；之后，随深度进一步增大，倾角由0°再逐渐增大，表现为小的红色模式，倾向与正常岩层倾向基本一致。

整个井孔矢量图显示为绿—蓝—红（反，小）—蓝（反，小）—红—绿模式，矢量图中红色（反，小）模式向蓝色（反，小）模式转变的深度即为断点位置，而且其倾向反映断面的倾向，断面倾角≥矢量图中红色（反，小）或蓝色（反，小）模式中的最大倾角。

图4-31为文15-1井正牵引断层实例，断点在1925m。上盘牵引带矢量方向为北西，呈明显的红色模式，断层走向为南西—北东方向。断层面倾向和牵引带矢量方向相同，为北西方向。

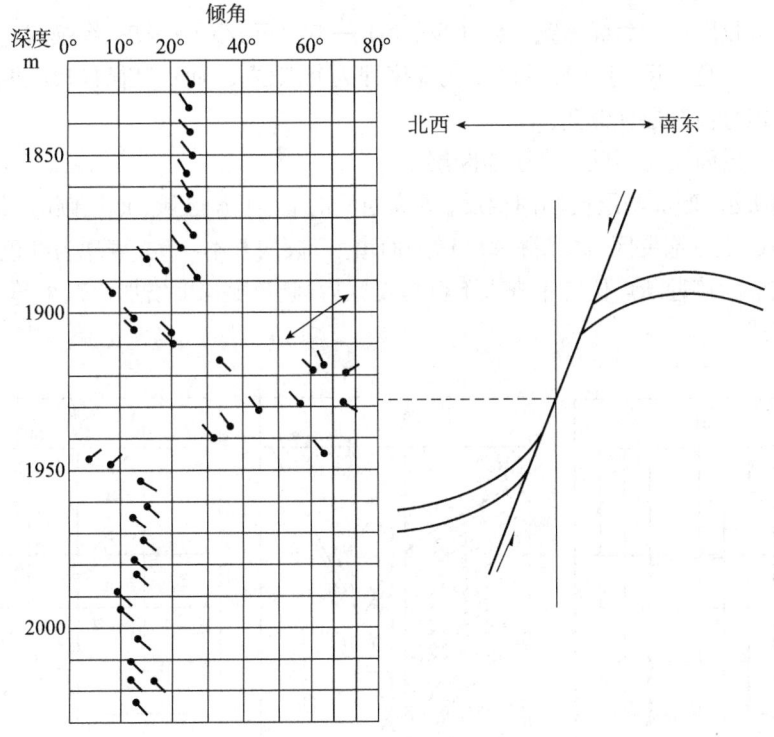

图4-31 文15-1井正牵引断层实例

2）逆断层

与正断层类似，逆断层中拖曳现象也可分为两种情况。

（1）断面与地层面倾向相同的逆断层

如图4-32所示，断层面与地层面倾向相同，上盘拖曳区出现小背斜（小高点），下盘拖曳区出现小凹槽或向斜。

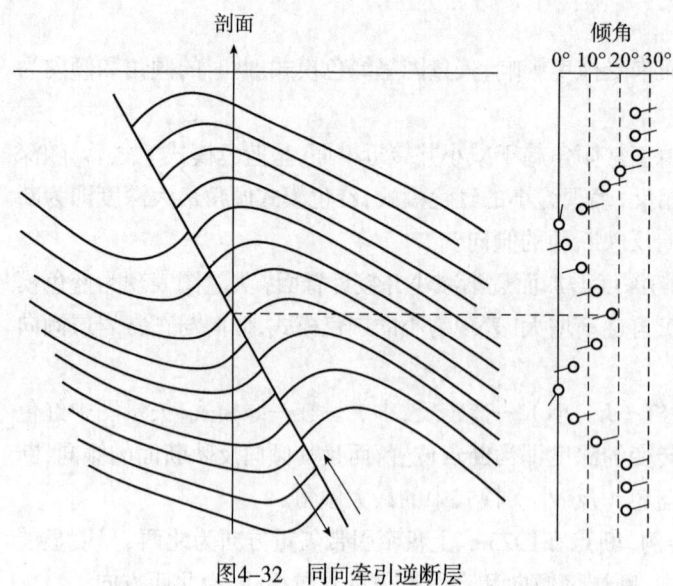

图4-32 同向牵引逆断层

在上盘拖拽区,由浅至深,倾角逐渐变小并接近于0°,矢量图上显示为红色模式;穿过脊面后,倾角逐渐增大,倾向相反,呈现为红色模式,红色模式中底部最大倾角深度对应断点位置,倾向于断面倾向相反。

进入下盘拖曳区后,层面倾角随深度增加而逐渐减小并接近小向斜的槽面,矢量图表现为蓝色模式,倾向于断面倾向相反;之后,随深度进一步增大,倾角由0°再逐渐增大并趋向于正常倾角值,表现为红色模式,倾向与正常岩层倾向基本一致。

整个井孔矢量图显示为绿—蓝—红(反,小)—蓝(反,小)—红—绿模式,矢量图中红色(反,小)模式向蓝色(反,小)模式转变的深度即为断点位置,而且其倾向反映断面的反倾向,这种情况下不能推测断层面倾角。

(2)断面与层面倾向相反的牵引逆断层

如图4-33所示,断面与层面倾向相反,远离断面的上、下盘区域,地层倾向、倾角相近且一致,呈绿色模式。上盘拖曳区,倾角随深度增加而增大,倾向基本一致,表现为红色模式,倾角最大深度对应或极为接近断点位置;进入下盘拖曳区后,倾角随深度增加而减小,倾向基本一致,表现为蓝色模式。

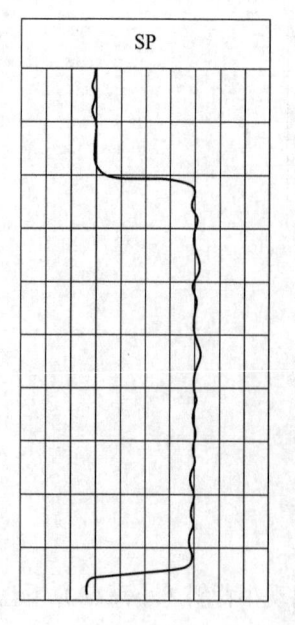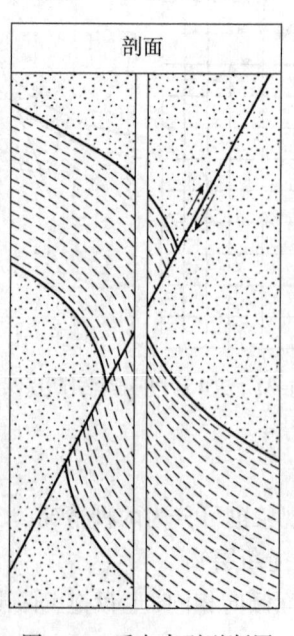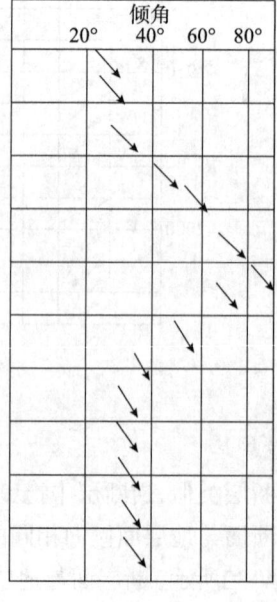

图4-33 反向牵引逆断层

整个井孔矢量图显示为绿—红—蓝—绿模式,矢量图中红色模式与蓝色模式转换的深度即为断点位置,而且其倾向与断面倾向相反,这种情况下不能推测断层面倾角。

（3）逆掩断层

与一般逆断层相似,由于拖拽现象,在断层的上、下盘拖曳区,层面倾角变陡。如图4-34所示,远离断面的上、下盘表现为绿色模式,上、下盘拖曳区分别表现为红色模式、蓝色模式,由于层面倾向未发生翻转。

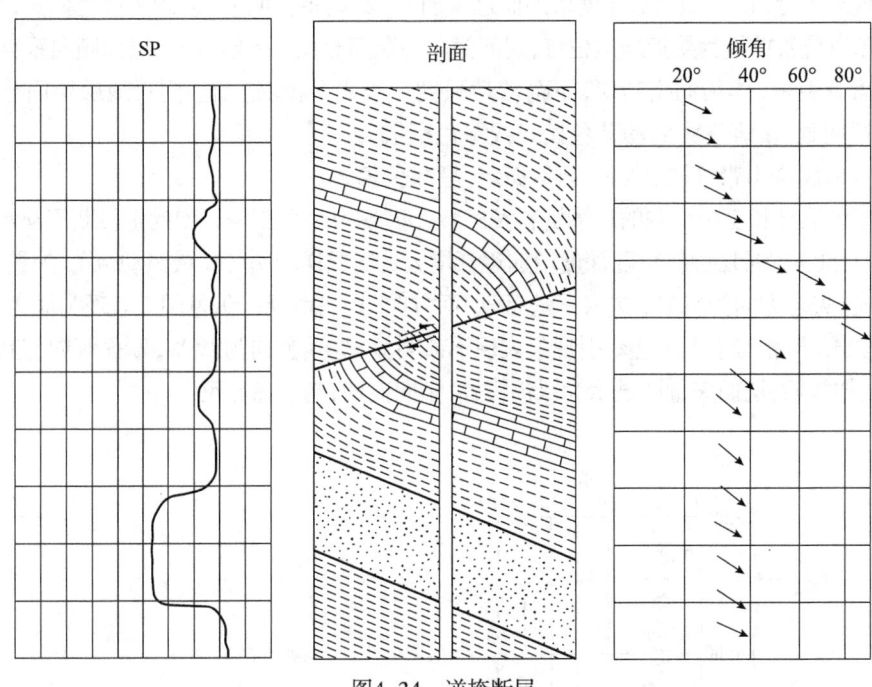

图4-34　逆掩断层

整个井孔矢量图表现为绿—红—蓝—绿模式,倾角最大处深度或红色模式与蓝模式转换的深度即为断点位置；断面倾向与上下盘拖曳区或红色模式、蓝色模式所反映的倾向相反,倾向南东；断层走向与拖曳区倾向方向垂直,为北东—南西向。这种情况下不能推测断层面倾角。

综合上述分析,发生拖曳的断层,在上下盘拖曳区可能呈现两种矢量模式,即红—蓝模式或者红（反）—蓝（反）模式,两种模式下均可通过红色模式与蓝色模式转换点的深度推定断点位置,而且通过拖曳区层面倾向可以推测断面倾向、走向,在特殊情况下还可以大致推测断面倾角。

4. 逆牵引断层

逆牵引断层一般出现在生长断层当中,主要发育在沉积盆地边缘,特别是三角洲沉积。在砂泥为主快速沉积的斜坡区,断层面一般上陡下缓,断层边活动边接受沉积,在断层上盘（下降盘）近断面处提供较大空间,沉积物在重力作用下充填瞬间产生的空间而"滚动性下滑"使层面下弯,形成逆牵引断层（或称滚动断层）。一般而言,地层相对平缓时,逆牵引现象比较明显；地层倾角越陡,逆牵引现象越发不明显。同时,脆性地层（如石灰岩等）为主时逆牵引作用也不易发生。

该类断层在地质上的突出特点主要包括：①上盘地层相对于同期沉积的下盘地层明显增

厚,这种地层厚度的差别是断层活动期间下降盘一侧新增可容空间大、快速而且连续接受沉积所致;②对应断层活动较为强烈的阶段,其下降盘地层在断面附近层面滚动下弯,倾斜方位与断面倾向相反;③断层断距、同时期上盘与下盘地层厚度比值等,随断层活动强度发生规律性变化,等等。由此,在倾角矢量图上出现相应的特殊变化。

1) 断层面与地层层面倾向相反

在上盘远离断层滚动带井段,倾向、倾角稳定,呈绿色模式。

在上盘滚动带,层面倾角随深度增加而逐渐加大,滚动特征明显,表现为红色模式,倾角最大深度指示断点位置或极为接近断点位置,层面倾向与断面相反,断层走向与层面倾向垂直。

在下盘牵引带,作为同生断层,下盘活动强度一般比上盘弱,断面附近地层层面有变化,但变化不是很明显,多表现为弱的蓝色模式或绿色模式。

在下盘远离牵引带井段,倾向、倾角稳定,呈绿色模式。

图4-35为尼日利亚一口井的现场资料及解释,表现为一个比较典型的生长断层显示。断点在6495ft处,上盘滚动带层面倾角随深度增加逐渐增大,形成逆牵引带(或滚动带),矢量图上显示为红色模式,矢量方向为NEE;进入下盘后,层面方向与上盘相反,矢量图上表现为倾角随深度减小的蓝色模式,但相对于上盘逆牵引现象表现不甚明显,矢量方向为SWW,断面倾向与其同向,为SWW;继续加深后,层面矢量图显示为绿色模式,倾向向西,与上盘相反。

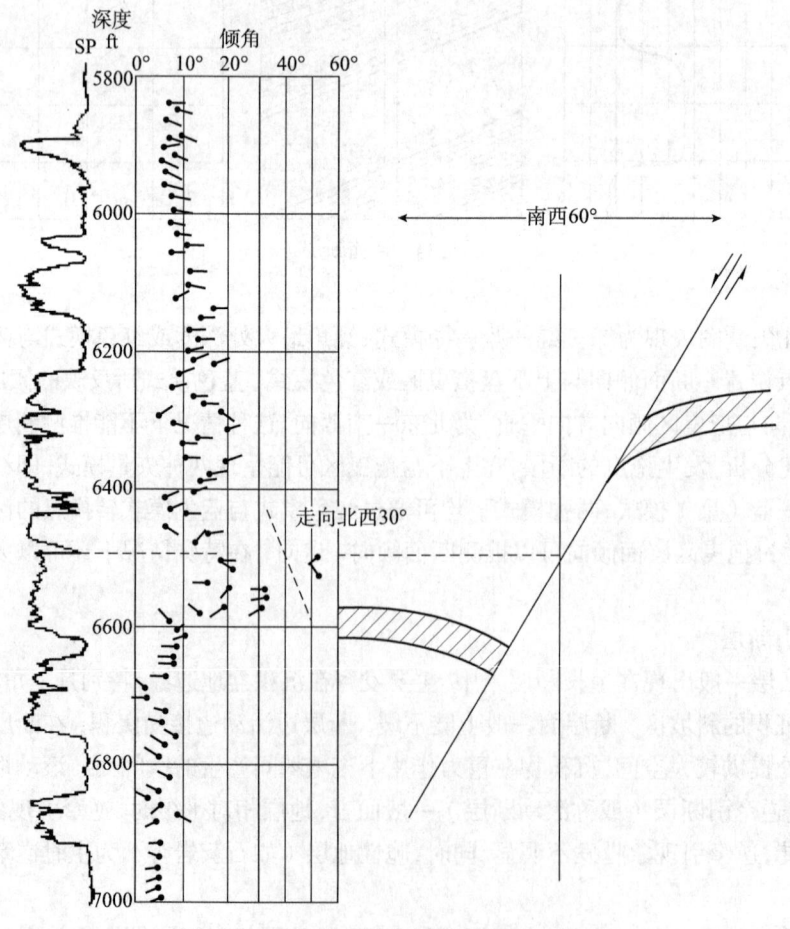

图4-35 尼日利亚某井生长断层矢量图特征

2）断层面与地层层面倾向相同

在上盘及下盘远离断层滚动带井段,倾向、倾角稳定,呈绿色模式。

在上盘滚动带,层面倾角随深度增加由0°逐渐增大,滚动或逆牵引特征明显,呈现为小的红色模式（图4-36）；倾角最大深度指示断点位置或极为接近断点位置,层面倾向与断面、正常层面倾向相反,断层走向与滚动带层面倾向垂直。

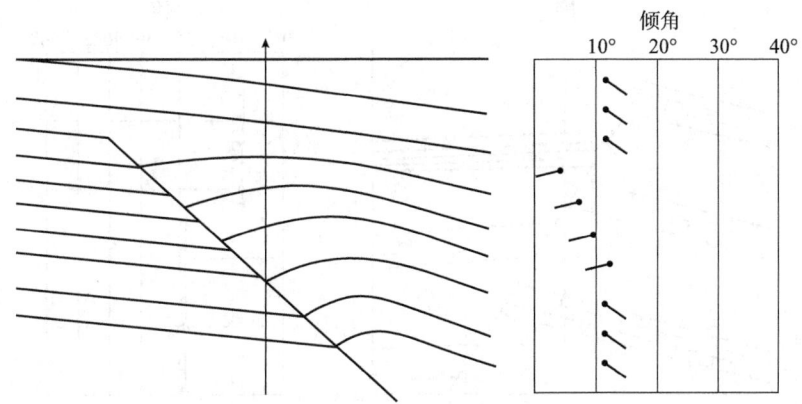

图4-36　断层面与地层层面倾向相同的滚动断层

在下盘牵引带,与前面提及的断层面、地层层面倾向相反情况下的下盘特征类似,活动强度一般比上盘弱,多表现为弱的蓝色模式或绿色模式。

5. 扭性断层

有些断层在拉张或挤压的同时,还可能受到扭动力的作用,使得层面产状不仅表现出倾角的改变,同时还发生倾向的系列变化。图4-37是利25井中的张扭性断层实例。断点深度在上盘红色模式矢量图中最大倾角对应的位置,深度为2531m。与一般的红色模式不同,该井红色模式中倾向有上部的南西方向,随深度增大（2522m至2530.5m）逐渐转变为南倾→南东倾。这种断点附近层面倾向的连续改变,反映并非简单的拉张作用,属于拉张和扭动共同作用的结果。

在2530.5～2532.5m井段,有一组倾角30°的绿色模式,反映一组相互平行的断层面,其倾向指示出断层面向北东方向倾斜,断层走向则为北西—南东方向。

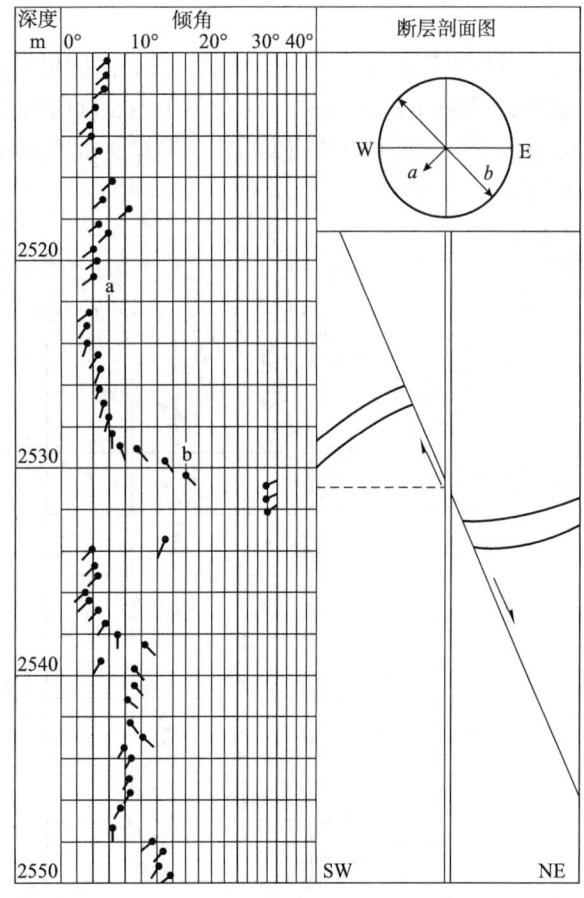

图4-37　利25井断层实例

6. 上下盘产状不一致但无牵引的断层

这种断层上、下盘地层产状改变，但并无牵引现象，也有人称之为旋转断层。由于上、下盘产状不同，且每一盘的地层产状基本稳定，这种断层在矢量图上表现为不同倾角、倾斜方位角的绿色模式，而产状发生改变的深度即为断点位置（图4-38）。

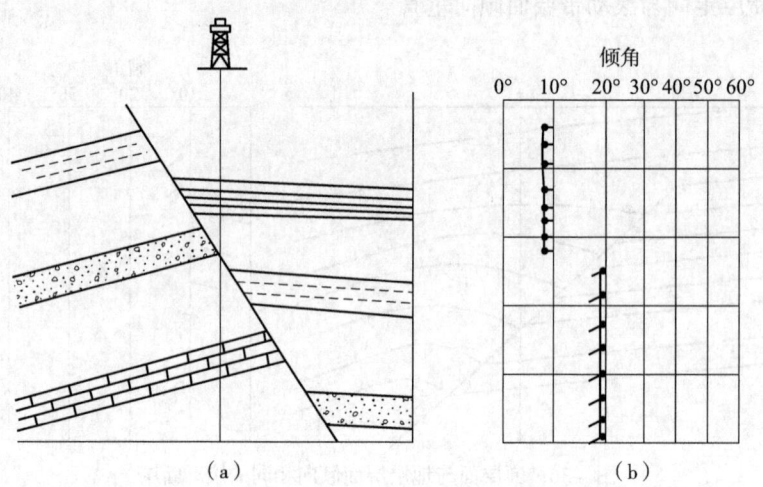

图4-38 两盘产状不一致的断层及倾角矢量示意图

图4-39是文25-21井一个断层实例。由图可以看出，2244.5m之上（上盘）地层倾向北东，倾角20°左右；2244.5m之下（下盘）地层倾向南东，倾角25°左右。由此可以推断，断点深度为2244.5m。由于无明显的拖曳或牵引现象，故断层的走向和倾向难以确定。该类断层多见于鼻状构造。

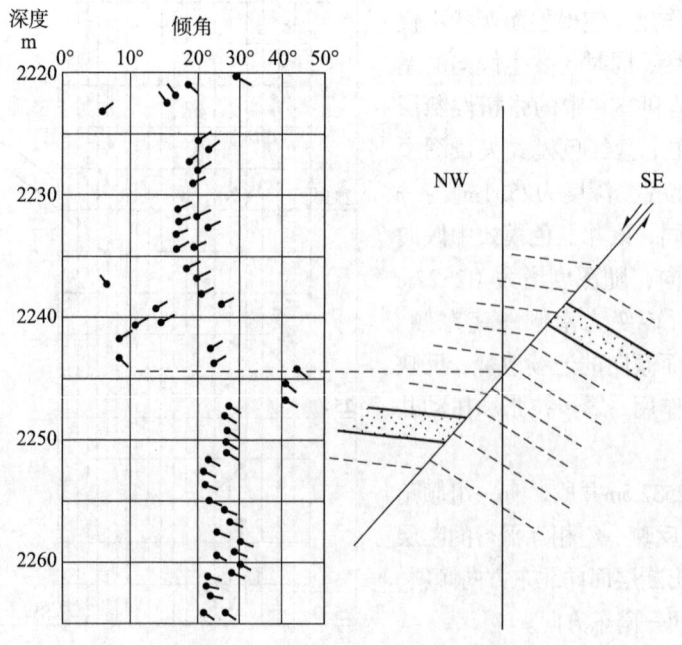

图4-39 文25-21井倾角矢量图

7. 阶梯状断层

阶梯状断层由若干条产状基本一致的正断层组成。各条断层的上盘依次向同一方向下降，形似阶梯。每一个断块（断盘）内地层产状大多基本一致，倾角矢量图呈绿色模式，且由于各断面两侧断盘相对运动速度存在一定差异，各断盘表现出的绿色模式中，地层倾角、倾向可不一致。除此之外，在某些断块内，还可能由于拖曳或牵引作用，在断层面附近出现红色模式，甚至呈现红—蓝模式组合。由图4-40可以看出，图中中上部两个断盘及最下部断盘的倾角矢量图均表现为蓝色模式，其中最上盘地层倾角最高，接近20°，最下盘倾角最小，不足10°；而中偏下部断块地层发生牵引，表现为红色模式。根据以上倾角矢量特征上表现出的差异，包括倾角、倾向的明显改变，以及红色模式中最大倾角深度等，可以推断三个断点的具体位置，并可以根据红色模式中的倾向和最大倾角，初步推测最下部断层的倾向为向西倾斜，断面倾角约50°甚至更高，走向近南北向。

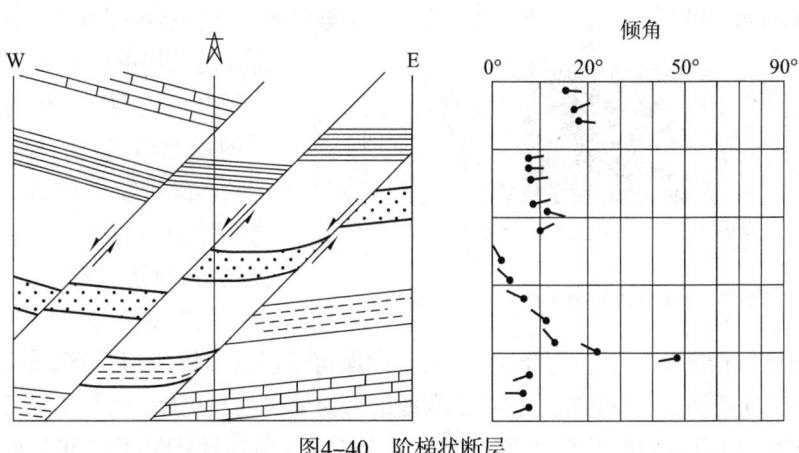

图4-40　阶梯状断层

井孔内断层的识别、断点深度的确定，以及断层性质（类型）、断面产状要素的提取等等，是断层研究的基础。在基本落实研究区内各单井剖面中断点位置、断层类型、断面产状、断距（落差）等性质及铅直距离之后，即可通过对各口井中的断点进一步分析研究，找出各井中钻遇同一条断层的各个断点，并将这些断点联系起来，落实该条断层的平面展布；若提取的断面产状比较齐全，还可编绘各断层的断面构造图，分析和研究断层的空间分布、断裂体系成因机制、断层对沉积及油气分布的控制作用等等，指导油气勘探与开发。

四、断裂带结构及封闭性测井分析

断裂带可以作为油气运移的通道，也可成为油气成藏的遮挡条件之一，对油气成藏及特征有着重要的控制作用。而决定或影响其连通性和封堵性的关键因素之一就是断裂带的内部结构，因此判识和精细刻画断裂带结构特征具有非常重要的意义。

1. 断裂带内部结构及测井响应

首先，断层面一般不是一个简单的面，而是一个具有复杂内部结构的三维地质体，受断裂性质、活动强度、断层发育阶段、断面产状和两盘地层岩性特征等多种因素的影响。由于影响因素众多，可依据主导因素或断裂带特征对断裂带进行分类。例如付晓飞等（2005）将断裂带大致分为两类：脆性断层断裂带和塑性断层断裂带。脆性断层断裂带主要特征表现为：断层附近的围岩因应力集中以及断层两盘相互作用力的影响产生大量裂缝，常将岩石分割成扁菱形、三角形等块体，形成诱导裂缝带。从宏观上看，断层带主要由2部分组成：破碎带和诱导裂缝带。塑性断层断裂带主要发育在高塑性泥岩、盐岩和膏岩岩层段中，断裂表现为塑性断层的特征，断层以黏滑为主，应力大部分消耗在断层位移上，在围岩中集中很少，集中在围岩的应力多使晶格错位产生塑性变形而不破裂，因此断裂诱导裂缝不发育，同时裂缝内填充多为软的断层泥。在这种岩层段内，断裂带结构表现为几条充填断层泥大裂缝的组合，不存在伴生裂缝带断层。

下面以拉张性（正）脆性断层为例，探讨断裂带内部结构及其测井响应特征。

在断层活动早期，拉张作用较弱，主要导致裂缝产生，形成诱导裂缝带，此时断层两盘错动不明显；随着断层活动的加强，诱导裂缝带逐步扩大，并且断层两盘在其内部形成主破裂面，两盘发生明显错动；当断层活动进一步加强时，主破裂面范围进一步扩大形成滑动破碎带，由于受到挤压和滑动摩擦的作用，在滑动破碎带内部发育断层角砾岩、糜棱岩和碎裂岩等断层岩。此时断层内部结构单元可以划分出上盘诱导裂缝带、滑动破碎带和下盘诱导裂缝带等具有不同物性特征的结构单元类型（图4-41），该断层结构模型可以作为测井资料识别的标准模式。也有学者进一步将滑动破碎带细分为3部分：中心区的有黏结力断层岩以及中心区两侧的无黏结力断层岩带。

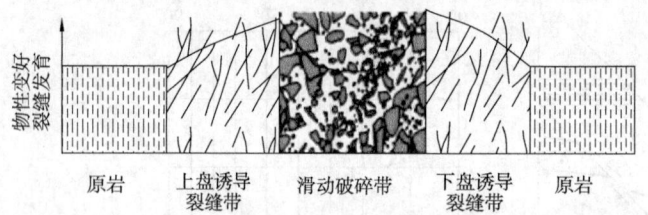

图4-41　断裂带内部结构模式图（据刘伟等，2013）

上盘诱导裂缝带主要分布于断裂一侧有限区域或断层末端应力释放区，岩石中保留原岩基本特征，仅被纵横交错的裂隙切割，岩石颗粒出现不同程度的破裂，相对正常地层来说储层物性更好，裂缝的数目随着与断层距离增加而减少。由图4-42可以看出，在3600.5～3621m井段，成像测井图上可见明显的地层扭曲变形和裂缝，井径曲线自上而下出现扩径现象，电阻率曲线出现正幅度差显示地层具有一定渗透性，密度曲线出现明显降低，声波时差具有相对增大趋势，并且出现明显增大的尖峰，曲线抖动加剧。

滑动破碎带由断层滑动面和相应断层岩石体组成，由于受到强烈挤压和滚动摩擦作用，岩石被研磨成更细的颗粒，并呈定向排列，强大挤压作用使得裂缝不发育，相对于正常地层而言储层物性较差。图4-42中3621～3626.3m井段，成像测井上可见地层扭曲变形现象进一步加强，已丧失原始地层的岩石构造特征，出现大量的地层变形和揉皱碎裂现象，井径曲线相对于上盘诱导裂缝带平直，电阻率曲线幅度差相对诱导裂缝带变小，显示储层渗透能力变差，密度曲线无明显减小，声波时差和密度曲线出现轻微抖动。

下盘诱导裂缝带特征与上盘诱导裂缝带相似，但是鉴于断层活动主动盘地层岩性等特征的差异，使得上、下盘诱导裂缝带裂缝和地层变形带的不对称等，甚至诱导裂缝带仅在一盘发育，而另一盘不发育。图4-42中3626.3～3645.2m井段，成像测井图上可见小断层和裂缝，井径曲线不稳定且再次出现扩径现象，密度曲线出现明显降低，声波时差相对于滑动破碎带抖动有所加强。

2. 断裂（带）对油气的输导与封堵

根据以上断裂带内部结构分析可知，断裂带内部结构特征决定了其对油气具有输导和封堵的双重性。其中，诱导裂缝带裂缝发育，封闭性差，可作为油气运移的通道；滑动破碎带封闭

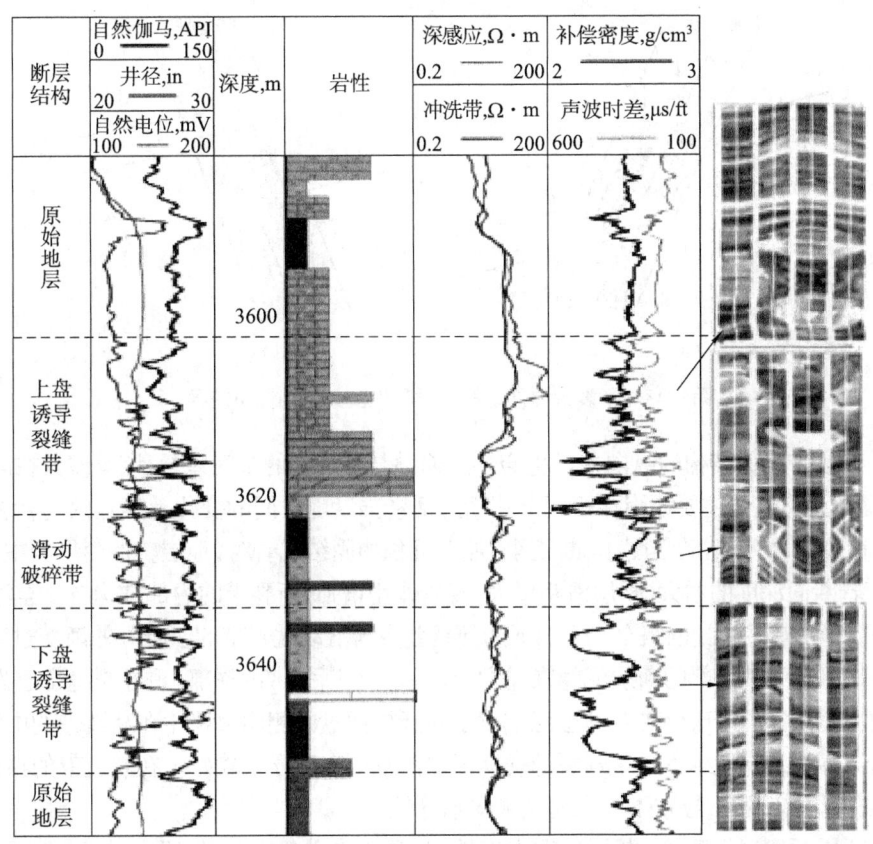

图4-42 断裂带结构单元典型测井响应(据刘伟等,2013)

能力强,具有较强的分隔性,能阻止流体穿过;因而,断裂带内部结构的时空差异必将导致断裂(带)在油气运聚中所起的作用不同。

1)断裂对油气输导与封堵性的时间差异

就同一断层而言,其对油气的输导或封堵性不是一成不变的,在不同演化阶段,断裂带内部结构的差异性导致断裂带对油气输导和封堵性的时间差异。

断裂发育初期,断裂带内部结构表现为微裂隙发育,尚未形成上下贯通的主断面,断裂带对油气具有局部输导性;随着断层的扩展,形成主破裂面和两侧诱导裂缝带,断裂带的渗透率增高,对油气具有贯通性垂向输导作用;断裂进一步演化,低渗透性的滑动破碎带形成,构成油气侧向运移的屏障,而两侧诱导裂缝带可为油气垂向运移提供通道,因此该时期断裂带具有对油气垂向输导和侧向封堵的双重性;随着断裂活动强度减弱直至活动停止,充填和胶结作用逐渐增强,断裂带孔、渗性降低,断裂带对油气主要起封堵作用。

2)断裂带对油气输导与封堵性的空间差异

首先,断裂带内部结构具有不对称性,滑动破碎带两侧的上、下盘诱导裂缝带发育程度存在差异。上盘诱导裂缝带的宽度大,裂缝密度高,渗透性好;而下盘诱导裂缝带的宽度窄,裂缝密度小,甚至基本不发育。这就导致断裂对上盘油气的垂向输导性强,对下盘油气的侧向封堵性强,因此,当断层顺向遮挡时,油气容易沿着具有高渗透率的上盘诱导裂缝带向上运移散失;而当断层反向遮挡时,低孔、低渗的滑动破碎带对下盘油气造成封堵,因而反向遮挡圈闭的有效性更高(图4-43)。

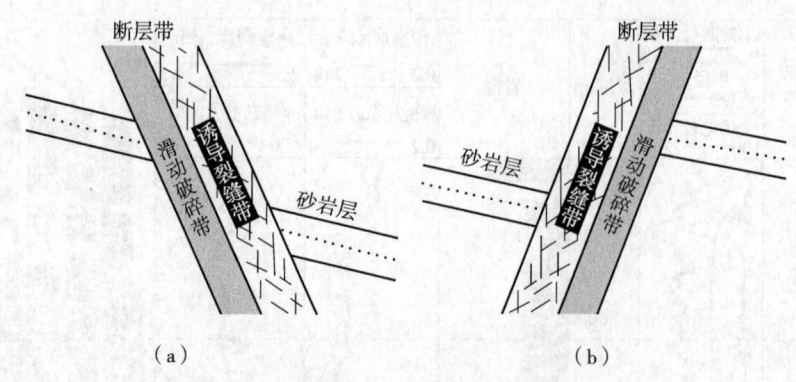

图4-43 断裂带内部结构不对称性及其遮挡性质差异

其次,断裂带内部结构的纵向差异也会导致输导与封堵性的空间差异。该类差异在同沉积断层中表现得尤为明显,主要原因在于同沉积断层活动强度随时间的变化及其导致的断裂带结构纵向变化。在浅部,由于活动强度小、断距小,加上沉积物固结成岩时,地层塑性变形为主,裂缝不甚发育;随着断面深度的增大,断层滑距增大,成岩作用增强,断裂带的内部结构自浅至深表现为"裂缝带→裂缝带与主裂缝的组合→上、下诱导裂缝带与滑动破碎带的组合"的渐变过程,由浅至深,滑动破碎带和其内部的断层泥越来越发育。因此,在断裂带的深部,诱导裂缝带成为油气垂向运移的主要途径,滑动破碎带及断层泥成就了对断层两盘的侧向封堵;在断裂带的中浅部,滑动破碎带不发育,诱导裂缝带与主断裂缝使得断层两盘侧向连通性较好;在断裂带的顶部,塑性变形为主,裂缝不甚发育,导致不具纵向及侧向输导性。

此外,断层两侧岩性配置、断层后期充填效应、断面产状等方面的不同,也会导致致同一断裂带不同空间位置的断裂带内部结构的差异,进而影响其对油气的输导和封堵。

通过以上两个方面的分析可知,要深入研究断裂带对油气输导与封堵性,首先需在确认断层存在的基础上,根据研究区地层岩石类型、区域构造活动性质等,分析并建立断裂带内部结构可能模式,并作为研究区或油气田地下断裂带结构及封闭性分析的基础或指导。在此基础上,全面分析断裂带相应井段测井响应,包括高分辨率成像测井、自然电位测井、自然伽马测井、电阻率测井、感应测井、声波测井、(补偿)密度测井等,并结合井径曲线,识别并落实每一口井断裂发育井段的结构类型(上盘诱导裂缝带、滑动破裂带、下盘诱导裂缝带等)及其封闭或输导性质。

以声波测井为例,国内外大量研究表明,测井声波时差与岩石排替压力之间具有明显的负相关性,即声波时差越小,其排替压力值越大,反之则越小。而排替压力与岩石的孔渗性或致密程度有关,岩石内部孔喉半径越小,则排替压力越大。利用声波时差资料研究岩石的排替压力,即可分析断裂带的致密或封堵性好坏。

第四节　不整合面的测井解释

Vail(1987)从层序地层学的角度提出,不整合是一个重要的时间间断面,具剥蚀、削截和地表暴露性质。间断的时期可能代表没有沉积作用的时期,也可能代表以前沉积了的岩石被侵蚀的时期;间断面上、下地层之间的这种接触关系称为不整合,该间断面称为不整合面。不整合是沉积间断—剥蚀—再沉积的集合体,不整合受沉积和构造作用的双重控制。

由于地质条件的复杂性,不整合面上、下两套地层的接触关系多种多样,这不仅是进行不整合科学分类的主要依据，同时也使得在利用测井等资料进行地下或井下不整合识别与研究时必须考虑的重点内容或问题。

一、不整合的类型及倾角测井响应

不整合的合理分类是正确识别、研究不整合的基础，不同的不整合类型代表着构造运动的不同作用方式、强度、时间长短等地质参数。

经典分类中，根据上、下地层产状把不整合分为假整合（平行不整合）和角度不整合；依据分布范围，可将不整合分为区际、区域和局部不整合；根据地理位置，可将不整合分为边缘和盆内不整合，等等。基于油田勘探与开发的实际需要，近些年来对不整合的研究有了较大进展，其中艾华国等（1996）通过塔里木盆地前石炭系顶面不整合面的研究，根据不整合在油气运聚中的作用，以不整合的成因机制，不整合上、下界面地震反射终止方式、剖面形态等特征，将不整合分为褶皱不整合、断褶不整合、超覆不整合，平行不整合。2007年，杨勇等兼顾科学性（反映成因类型和形态特征等，有助于研究不整合结构与分布规律）和实用性（易于鉴别和应用等），将不整合从成因机制上分为构造成因、火山地震成因、岩溶成因、沉积成因四大类、7个基本类型、13个亚类（表4-1）。

表4-1 不整合类型划分表（据杨勇等，2007）

成因机制	基本类型	亚类	典型剖面	成因机制	基本类型	亚类	典型剖面
构造成因	削截不整合	单斜不整合		火山地震成因	震积不整合	原地震积不整合	
		多期削截不整合				滑来震积不整合	
	褶曲不整合	挤压褶曲不整合		岩溶成因	古岩溶不整合		
		逆牵引褶曲不整合		沉积成因	超覆不整合	边缘超覆不整合	
		断褶不整合				披覆不整合	
		拱升不整合			假整合		
火山地震成因	底辟不整合						

由表4-1可以看出，绝大多数不整合面之上新沉积的地层较为平缓甚至呈近水平状态，特别是在三级构造或较小范围内，产状变化更小。因此，在倾角测井上多显示为简单的绿色模式、地层倾角接近于0°的杂乱模式，其次表现为自上而下倾角缓慢增大的红色模式。为此，在下面讨论常见不整合类型及其倾角测井响应时，主要分析不整合面之下构造形态及其矢量图特征。

1. 削截不整合

削截不整合是地质上最为常见的一类不整合，不整合面之下伏地层以一定角度倾斜或为若干期次的倾斜岩层，因此又可分为单斜不整合及多期削截不整合两个亚类，其中单斜不整合较为常见。以单斜不整合为例，其形成是早期形成的地层在抬升（不均衡抬升、掀斜作用）过程中形成单斜形态，翘起端遭受较强烈剥蚀而形成，削蚀面呈水平形态或较低倾斜（角）。不整合面之下倾角测井响应为：较高—高角度绿色模式（图4-44）；不整合面上下地层倾向可以相同，也可以不同。

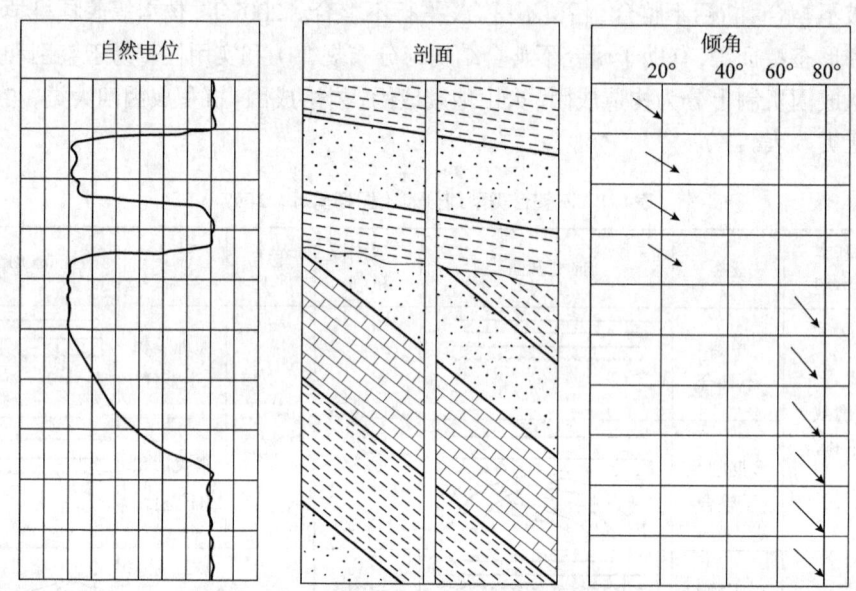

图4-44　单斜不整合在倾角测井矢量图上的反映

2. 褶曲不整合

褶曲不整合的不整合面之下为完整的褶曲形态或经过改造后的褶曲形态。根据褶曲成因和形态特点，可将褶曲不整合划分为挤压褶曲不整合、逆牵引褶曲不整合、断褶不整合、拱升不整合等多个亚类。

① 挤压褶曲不整合：主要由于侧向挤压应力作用形成挤压背斜，抬升遭受剥蚀而形成，多发育在西部相对活动的"褶皱区"，不整面之下的褶曲倾角较陡且两翼倾角常不一致（非对称褶曲）。不整合面之下倾角测井响应因钻遇褶曲类型（轴面直立褶、倾斜褶曲等）、位置（轴面附近、陡翼、缓翼等）而存在较明显差异，包括简单的绿色模式、蓝色模式、红色模式以及接近0°的杂乱模式等等，见图4-3、图4-4。

② 逆牵引褶曲不整合：逆牵引是同生正断层伴生的一种构造，是因断层上盘滑落时上盘断块的旋转或滚动导致背斜的形成，后期遭剥蚀而形成。不整合面之下的断层上盘为背斜或半背斜，剥蚀程度弱；下盘呈单斜形态，剥蚀程度高。不整合面之下倾角测井响应因钻遇位置

不同而有所不同。其中钻遇近断层位置时，多表现为红色模式或蓝—红模式组合；距离断层较远时，表现为绿—蓝—红模式组合，见图4-33、图4-34，其中的红色模式中倾角一般不是特别陡。

③ 断褶不整合：是由于断层的冲断或断层旋转作用，致使上盘地层弯曲隆升或掀斜，出露地表遭受较强烈剥蚀，断层下盘地层遭受相对较轻度剥蚀。断褶不整合仅发育在西部挤压型盆地，其倾角测井响应与逆牵引褶曲不整合相似，主要差异在于不整合面之下至断层井段的矢量图倾角相对较陡（图4-45）。

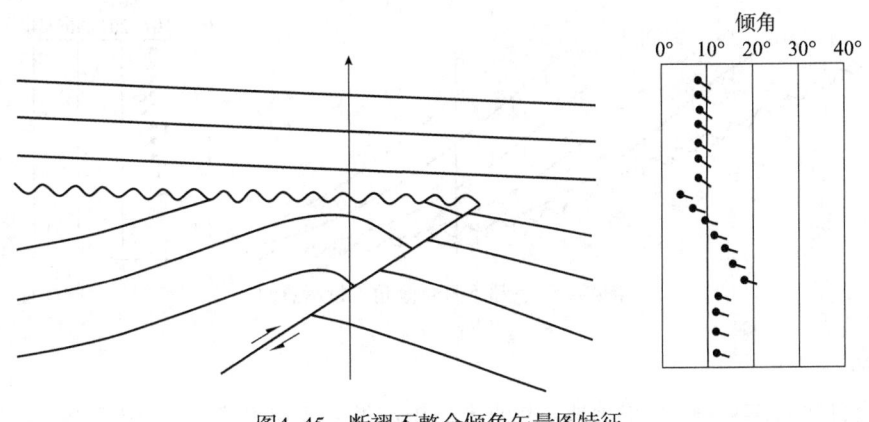

图4-45　断褶不整合倾角矢量图特征

除了以上三个亚类之外，其他褶曲不整合亚类倾角矢量图表现与上述三种类型不整合相似，在此不再赘述。

3. 超覆不整合

超覆不整合是指因海（湖）平面变化，后期地层沿古斜坡上超沉积或下超沉积而形成，又分为边缘超覆不整合、披覆不整合及下超不整合。其倾角测井响应主要关注不整合面之上地层的矢量图特征。

① 边缘超覆不整合：在盆地边缘，地层沿古斜坡逐层上超而形成。上覆地层与不整合面斜交，在不整合面上尖灭。倾角矢量图上，边缘超覆不整合主要表现为低倾角的简单绿色模式或红色模式（图4-46），其中的红色模式反映沉积界面从早至晚趋于平坦的基本趋势，或者因同时期沉积中近岸岩石颗粒粗，可压实程度低；远离岸线，岩性变细，泥质成分增多，可压实程度高等，导致地层界面向盆地倾斜。

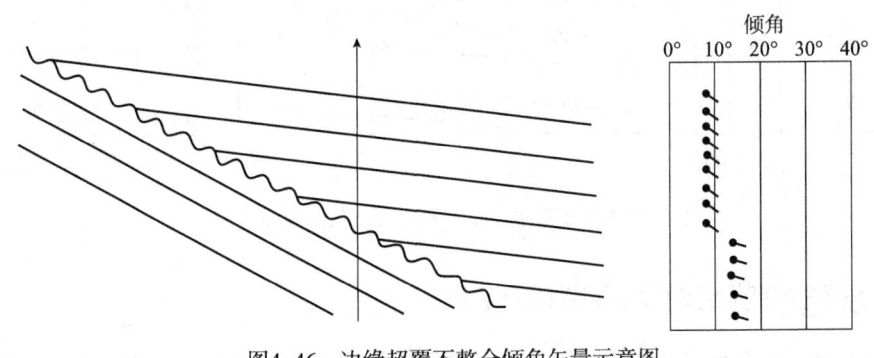

图4-46　边缘超覆不整合倾角矢量示意图

②披覆不整合：是在古隆起或盆内低凸起部位，因海（湖）平面上升，沿古隆起或低凸起外围向上倾方向超覆而形成。披覆不整合形态受下伏构造形态或古地形控制，一般呈环状或楔形。倾角矢量图上因钻遇位置不同表现不同，包括简单的绿色模式、蓝色模式、红色模式以及接近0°的杂乱模式等，见图4-3、图4-4。

③下超不整合：一般出现Ⅱ型不整合向盆地一侧，或者三角洲底基层，地层沿古斜坡逐层下超或前积而形成，倾角矢量图上一般表现为蓝色模式（图4-47）。

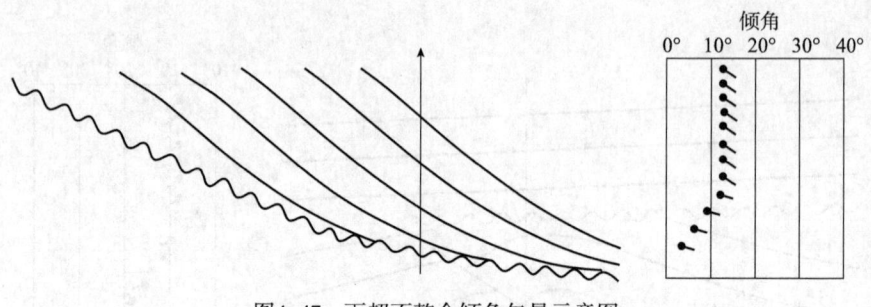

图4-47　下超不整合倾角矢量示意图

4. 假整合

假整合即平行不整合，是指因地壳垂直上升引起的海退使下伏地层遭受剥蚀，再因地壳下降接受新的沉积而形成，不整合面上、下地层产状一致。倾角矢量图上，不整合面上下一般均表现为绿色模式；不整合面及地层倾角多因后期构造活动所致，倾角相同且多表现为低倾角特征[图4-48（a）]。

除了应该对不整合进行分类研究之外，还应注意不整合面也并非平面，经常表现为起伏不平的界面。在低洼处易形成充填式沉积，岩层面产状出现一系列变化，在倾角矢量图上可能呈现小规模的红色模式[图4-48（b）]等。

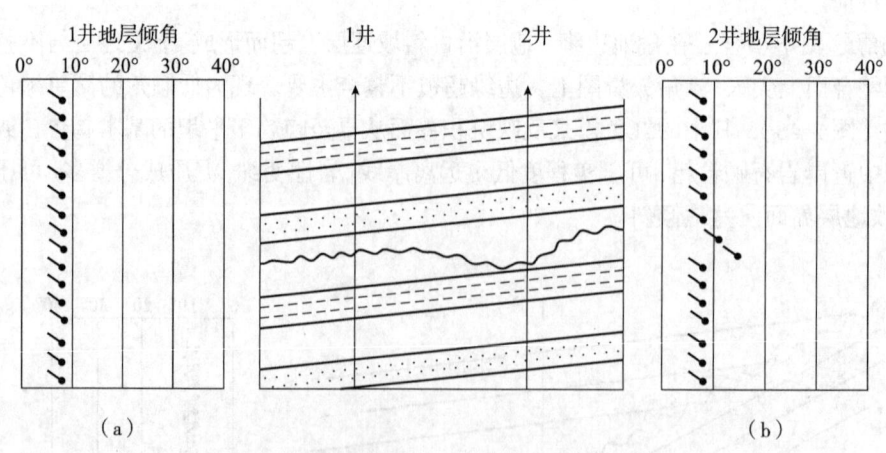

图4-48　假整合及不整合面上充填式沉积倾角矢量示意图

二、不整合面的结构及其测井响应

对于大多数不整合而言，不整合的形成一般经历早期沉积（成岩）→构造活动（抬升、褶皱、底辟、断块逆冲等）及风化剥蚀→下沉并接受新的沉积（成岩），该形成过程使得"不整合面"并非一个简单而截然分开的界面，在空间上具有3层结构（图4-49），即不整合面之上的岩石、不整合面之下的风化黏土层以及风化黏土层之下的半风化岩层。

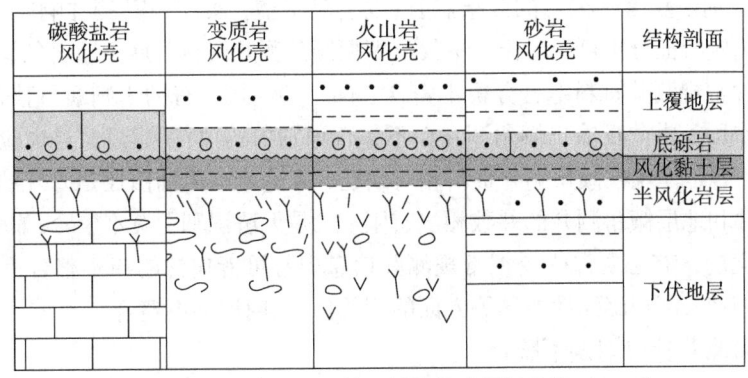

图4-49　不整合"面"的三层结构（据何登发，2007）

1. 不整合面之上的岩石

不整合面之上的岩石通常指底砾岩或水进砂岩，由斜坡带下部向上部（上倾方向）或凸起顶部逐层超覆。其中，底砾岩是风化带粗碎屑残积物在发生水进时接近原地沉积的一套穿时沉积，分选磨圆较差，分布连续、孔渗性好；受构造、沉积等因素的影响，其厚度不尽相同，一般而言，厚度由斜坡带上部向下部逐渐增大。底砾岩的测井响应特征为：低自然伽马值、低中子孔隙度值、低声波时差值、SP高幅度负异常、高密度值和高电阻率值、深浅侧向电阻率曲线呈"钟"形且出现明显的幅度差。

水进砂体是指湖（海）侵时经过一定距离搬运或原地的砂级风化碎屑物质包括矿物碎屑和岩石碎屑发生沉积的一套穿时砂体，分选、磨圆中等，连续性较差。测井响应特征表现为：自然电位低幅度负异常、曲线略有弯曲，声波时差曲线呈圆弧形向低值区凸出，深浅侧向电阻率曲线呈"箱形"且两曲线小幅度分离。

2. 风化黏土层

风化黏土层即位于风化壳最上部的古土壤层，是在物理风化的基础上，在生物、化学风化作用下改造形成的细粒残积物。与其他地层相比，古土壤层相对富含铝、钛、铁等元素，而硅、钠等元素含量相对较低。因而其测井响应表现为低电阻率、深浅侧向电阻率曲线近箱形且无幅度差、低密度、高声波时差、高自然伽马和大井径，且冲洗带和侵入带电阻率基本相同。受岩性、气候、暴露时间等多因素的影响，不同构造部位风化黏土层的发育程度不等，一般由盆地边缘向盆地内斜坡呈增厚趋势，在隆起或凸起的顶部可能出现缺失现象。风化黏土层在上覆沉积物压实作用下较致密，可具有良好的封盖能力。

3. 半风化岩层

风化黏土层之下为风化淋滤带和崩解带，孔隙、裂缝或溶洞系统发育，厚数米至上百米，最厚可达上千米。半风化岩层的孔渗性能取决于该地层的岩石学性质、风化改造前的孔渗特征和风化改造程度。碳酸盐岩风化壳多形成岩溶系统，自上而下发育垂直渗流带和水平潜流带，受构造运动的影响，可发育多个岩溶旋回，垂直渗流带和水平潜流带多期发育，在空间上交叉叠置，形成非均质的高孔渗的岩溶系统。

三、不整合的测井识别

测井技术是研究地层不整合接触的重要手段,特别是倾角测井以及可视化程度更高的成像测井在不整合识别中获得了很好的效果。通过以上对不整合类型及其测井响应、不整合"面"结构及其测井响应特征分析可以看出,不仅可根据倾角测井资料开展不整合的识别,而且还可进一步借助多种常规测井资料综合分析不整合"面"的结构,有助于判断不整合在油气运移、聚集成藏中的作用,由此反映出倾角测井在不整合识别中的独特优势。但是也应充分考虑倾角测井的局限性,一是体现在倾角测井资料相对缺乏,无论是国内油田还是海外油气勘探开发市场开展成像测井和地层倾角测井的井数相当有限;二是无法识别所有不整合,如平行不整合等。鉴于以上实际问题,有必要深入挖掘常规测井信息中心可能包含的与不整合上下沉积事件突变、岩性与岩相突变、沉积旋回性差异等方面的相关性,以期识别不整合。

1. 利用倾角测井资料识别不整合

1)假整合(平行不整合)的识别

当侵蚀面的倾角与方位角无变化时,假整合在矢量图上无显示,无法利用倾角测井识别;当侵蚀面发育有风化壳(带)及上部底砾岩或砂岩时,通过矢量图中杂乱模式识别假整合;若由于侵蚀作用不均衡侵蚀面起伏不平,在低洼处形成充填式沉积,则可以通过矢量图中小的红色模式识别假整合(图4-48)。

2)角度不整合的识别

角度不整合可进一步细分为多种类型,如单斜不整合、多期削截不整合、挤压褶曲不整合、逆牵引褶曲不整合、断褶不整合、拱升不整合等等,其共性包括:①不整合上下岩性或岩相突变;②地层产状等明显不一致,上部地层倾角较小,下部地层倾角较大;③常发育风化壳及底砾岩等,倾角矢量图显示为杂乱模式;④不整合面起伏不平,低洼处形成充填式沉积,倾角图为小的红色模式等。因此可通过矢量图中上下产状不一致,结合杂乱模式、小的红色模式等现象识别角度不整合。

以塔中14井为例(图4-50),在3724m处,石炭系东河砂岩与下伏志留系之间为角度不整

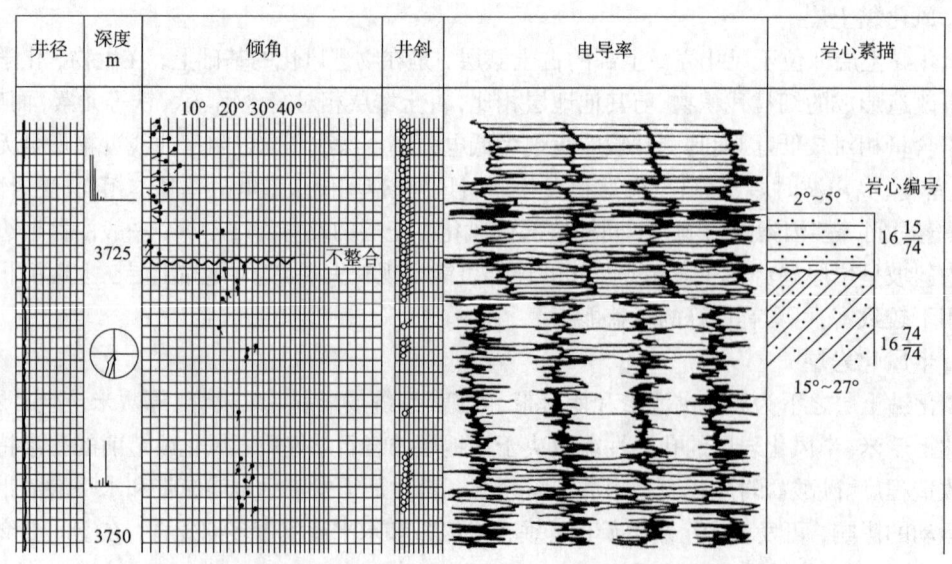

图4-50 塔中14井不整合倾角测井显示与岩心素描(据欧阳健等,1999)

合接触，不整合之上地层倾角4°，倾向SW→W；不整合之下倾向SW，倾角24°。岩心资料证实，不整合面上有10cm厚风化壳。

图4-51为胶莱盆地胶参2井倾角测井矢量图及解释结果，图中850m之上地层倾向NE，倾角3°左右；875m之下地层倾向SSW，倾角8°左右，上下产状明显不一致。而且，在850～875m井段，矢量图显示杂乱模式，主要属于底部砂砾岩沉积，不整合面应在875m左右。

为了更好地识别不同类型不整合，需要广泛收集不同构造背景、沉积背景下倾角测井资料及相应地质资料，建立不同类型不整合的倾角矢量响应图版，为识别不整合、分析不整合结构、提取不整合上下地层产状信息提供依据和基础。

2. 利用常规测井资料识别不整合

不整合面是地质事件的产物，是诸多地质现象或特征发生突变的界面，如不整合上覆和下伏地层的物质组成或岩石类型突变、沉积作用方式突变、压实与成岩作用的差异等，这些突变势必一定

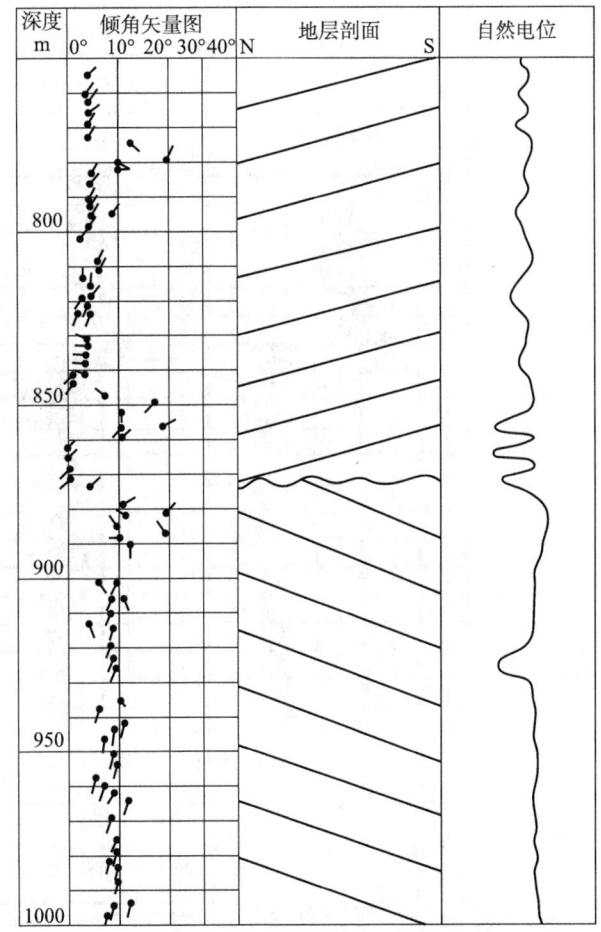

图4-51　胶参2井不整合倾角测井显示及解释剖面

程度上反映在测井信息上，如测井曲线幅度突变、曲线形态及组合样式明显改变、曲线包络线发生改变等等，因此可以通过分析这些突变或变化关系从而识别不整合面。

1) 根据沉积事件的明显转变识别不整合面

沉积环境的巨大变化使不整合面的上覆和下伏地层岩性发生突变，表现为沉积韵律的不同甚至反向、测井相的不同以及测井资料上的组合岩性特征改变等。李浩等（2007）研究表明，长期发育的不整合面之下常为高水位体系域残缺不全的反旋回沉积，不整合面之上常为河道沉积或水体加深的正旋回沉积。

图4-52为澳大利亚西北Bonaparte盆地西部某井的测井资料，该盆地有一发育时间较长的不整合面（2280m附近）。由自然伽马曲线可以看出，上覆地层的测井相具有明显的正旋回沉积特征（2270～2280m)，底部幅度突变，反映岩性突变，指示河道沉积；不整合面下伏地层的测井相具有反旋回沉积特征（2280～2310m)，推测可能为剥蚀残余的三角洲沉积。

2) 根据地层压实和成岩作用的差异识别不整合面

不整合面上覆和下伏地层因长期的沉积间断而表现出地层压实和成岩作用差异，这种差异可反映在声波时差、密度等测井资料上。通常利用较纯泥岩的补偿密度突变和声波时差曲线包络线趋势不一致或错开识别不整合。图4-53中声波时差的包络线在2615m处断开，反映下伏地层的压实程度高于上覆地层。

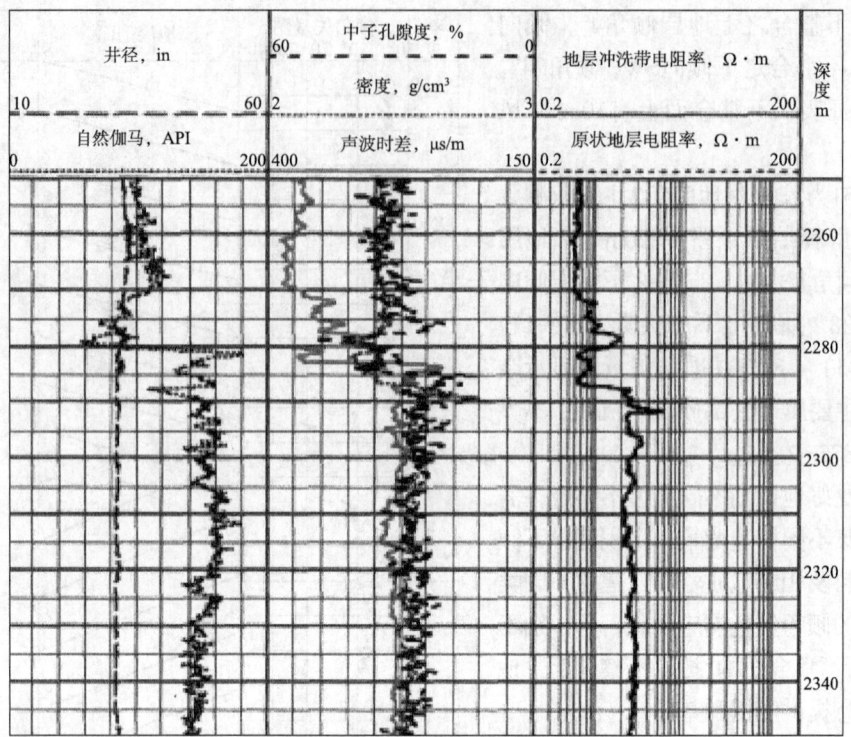

图4-52 Bonparte盆地某井测井曲线（据李浩等，2007）

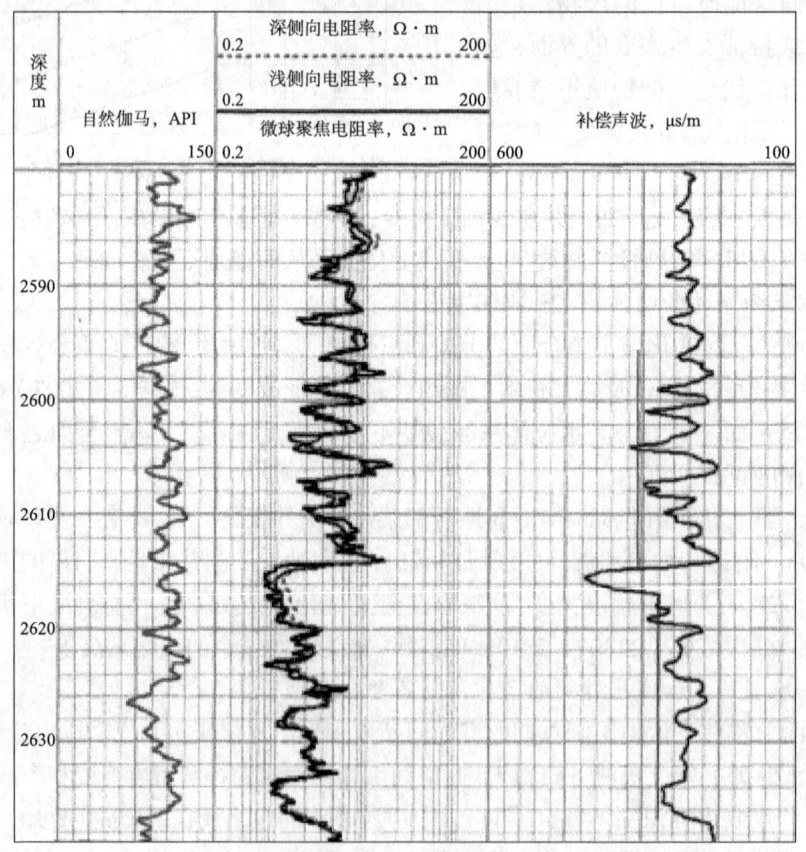

图4-53 歧50断块某井的测井曲线（据李浩等，2007）

3）根据岩相及沉积旋回反映出的测井曲线特征识别不整合

侵蚀作用常常导致不整合面之下地层出现不完整的半旋回甚至完全被剥蚀掉，与上覆地层完整的沉积韵律而言不仅在单一井中呈现非协调关系，更重要的是在相邻的多口井对比中，不整合之上正韵律一致性较好且较连续，而不整合之下向某一方向表现出韵律完整性减弱及厚度减薄的规律性变化。图4-54为大港油田刘官庄地区3口井的测井曲线，不整合上、下分别呈现正、反旋回，不整合面为旋回性质转换面。其中，不整合之上，自然伽马及电阻率曲线一致性好，表现为正韵律；不整合之下，测井曲线显示为反旋回，从A1井至A3井，剥蚀越来越严重，在A1井的不整合面之下，尚残存少量剥蚀剩余的反旋回韵律泥岩地层。

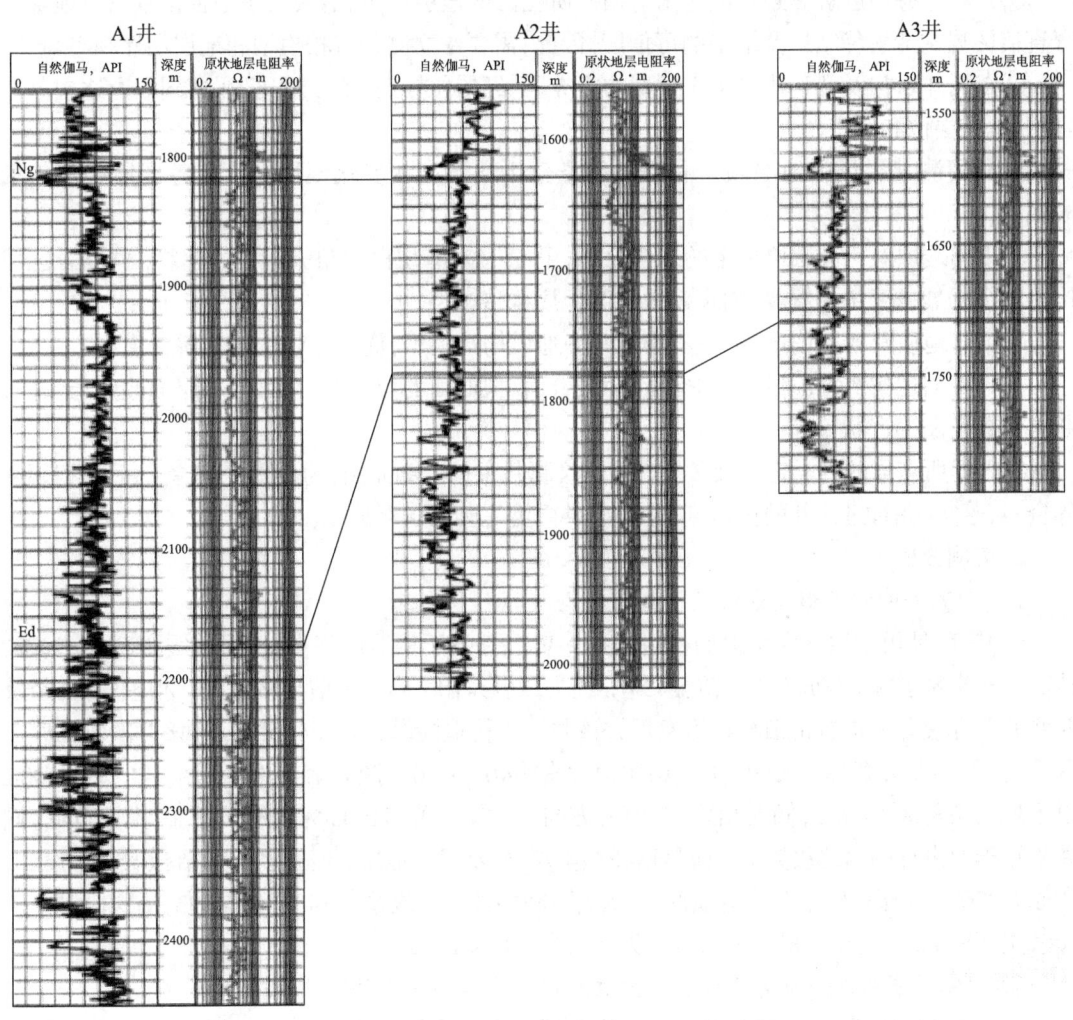

图4-54 刘官庄地区不整合上下3口井的测井曲线变化（据李浩等，2007）

第五节 井旁复杂地质构造的精细解释

随着测井方法技术的不断发展，综合利用一口井多种测井资料特别是倾角测井及成像测井资料，可以对井孔及其附近复杂地质构造开展精细解释。前面提及的断裂带内部结构及封堵性分析就是基于成像测井及其他传统测井方法相结合的有效应用之一。

一、井旁高陡构造的精细解释

在一些构造活动活跃特别是挤压作用强烈的地区,不仅地层倾角大、构造形态陡,而且经常发育逆断层、逆掩断层,使得地震资料中反射同相轴不易识别和追踪,地震构造解释的误差较大,从而导致钻井常偏离目标。数控测井(包括倾角测井)、成像测井提供了丰富的井旁构造信息,从而有利于进行井旁复杂构造的精细解释。

1. 测井资料井旁构造解释分析流程

①开展井旁构造解释必须优先搞清钻井所在区的地层层序。地层层序是否正常以及地层发育直接影响构造解释结果及结果的可信度。因此,需要建立测井岩相模型和地层层序模型。

②在测井岩相模型和地层层序模型的指导下,经层位标定、地层对比,在井剖面上逐层落实岩相、地层层位和层序。

③利用测井提供的地层倾角和倾向信息分析地层产状变化规律,确定各层段倾角矢量模式。

④根据地层对比和层位标定的综合分析,再通过对各层段倾角矢量图的解释,并结合区域构造特征开展井旁构造解释,初步建立井旁地质构造模型。

⑤结合地质及地震信息,进一步落实井旁地质构造模型,优化并筛选最佳解释模型。

⑥计算描述构造特征参数,如褶曲轴面、脊面、扭曲面的位置及产状,地层层面倾角与倾向,断点位置及断面产状等等。

⑦根据所获取的各类定性及数字信息,绘制井旁构造剖面图,还可通过地震剖面及相邻井等资料,落实、完善过该井的构造剖面图,提供更为完善的解释成果。

2. 实例分析

1)WQ1井旁构造形态分析及气藏的发现

WQ构造是川东地区大型地面构造之一,WQ1井位于构造西高点。根据地震资料预测该构造高点石炭系埋深4000m左右,钻至4237m仍为二叠系阳二段,实钻与钻前设计相差较大。经及时测井并开展井旁构造精细解释后发现,该井钻于构造陡翼,如图4-55所示。该井的阳二段出现重复,倾角测井解释4100m以上地层倾角大多为40°~70°、倾向南东(150°~170°);4100m以下地层倾角50°~60°,倾向相反,为西北方向(约330°),4100m为构造转折端。由此可见,该井未钻于原设计的西北缓翼上,而是钻在东南翼。经测井、地质、地震多学科结合研究与设计,在原井3200m井深处侧钻至构造顶部,斜井深4000m进入石炭系,在4006~4093.5m层段测井解释气层两层62.5m(斜深视厚度),日产天然气$123.46 \times 10^4 m^3$。

2)用测井资料在渤海湾下古生界首次发现逆掩断层——平卧褶曲构造

在桩古13井钻探之前,渤海湾盆地黄河口凹陷下古生界桩西潜山一直被认为是由两条断层夹持、内部由若干条正断层切割的向北东方向倾没的单面山。地面地质剖面和其他潜山油田钻探资料证实,下古生界海相地层的厚度分布稳定。然而,桩西潜山的首批探井桩古3、桩古6、桩古11等井却出现下古生界内不同层组的地层厚度大大超过正常厚度的异常现象,例如6井寒武系的张夏组石灰岩厚度达728m,而正常厚度仅为180~200m。桩古11井的下奥陶系马家沟组石灰岩异常厚,致使该井无法按设计钻穿。这些地层厚度的异常现象在勘探初期很难得到合理解释。

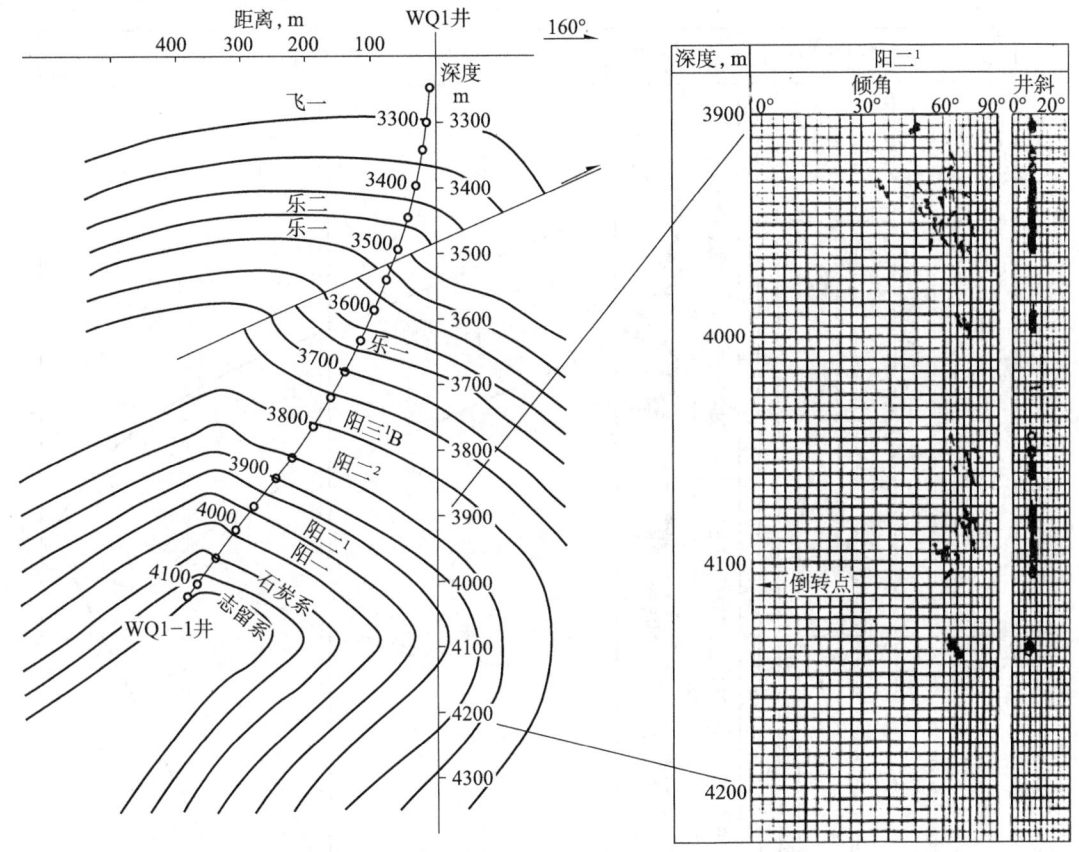

图4-55 WQ1井倾角测井矢量图及井旁构造解释

在桩古13井完钻后,测井的井旁构造精细解释发现了下古生界存在逆掩断层—平卧褶曲构造(图4-56),从而揭开了桩西潜山内幕复杂构造之谜。该井的测井资料显示,A、B两个自然伽马测井曲线特征层在桩古13井内重复出现三次:上部的3630～3740m井段与下部的4320～4440m井段的自然伽马曲线形状相同,A、B段层序正常,地层倾角相对较缓;中部的4120～4280m井段,A、B段层序倒转,而且地层倾角明显变陡,视厚度明显增大,自然伽马曲线形态与上、下两段呈近似镜像对称。结合地层倾角测井矢量模式,认为桩古13井钻穿逆掩断层—平卧褶曲构造。上段与下段的地层倾角为10°～15°,中段的地层倾角为40°～60°,且其倾向与上、下段相反。除此之外,通过对该井双侧向测井曲线分析发现,中段电阻率特别高达10000～30000Ω·m,反映地层特别致密,与该段处于断层下盘挤压带解释相呼应。

根据上述分析并综合多井解释认为,桩西潜山为逆掩断层—平卧褶曲构造,是在基底断裂活动中由前震旦系基底岩层向北东方向上冲形成。图4-57为过桩古13井南西—北东向桩西潜山构造剖面图。该构造模型对桩西地区的勘探具有指导意义,在断层上盘和远离挤压带的下盘裂缝发育区取得较好的勘探效果。

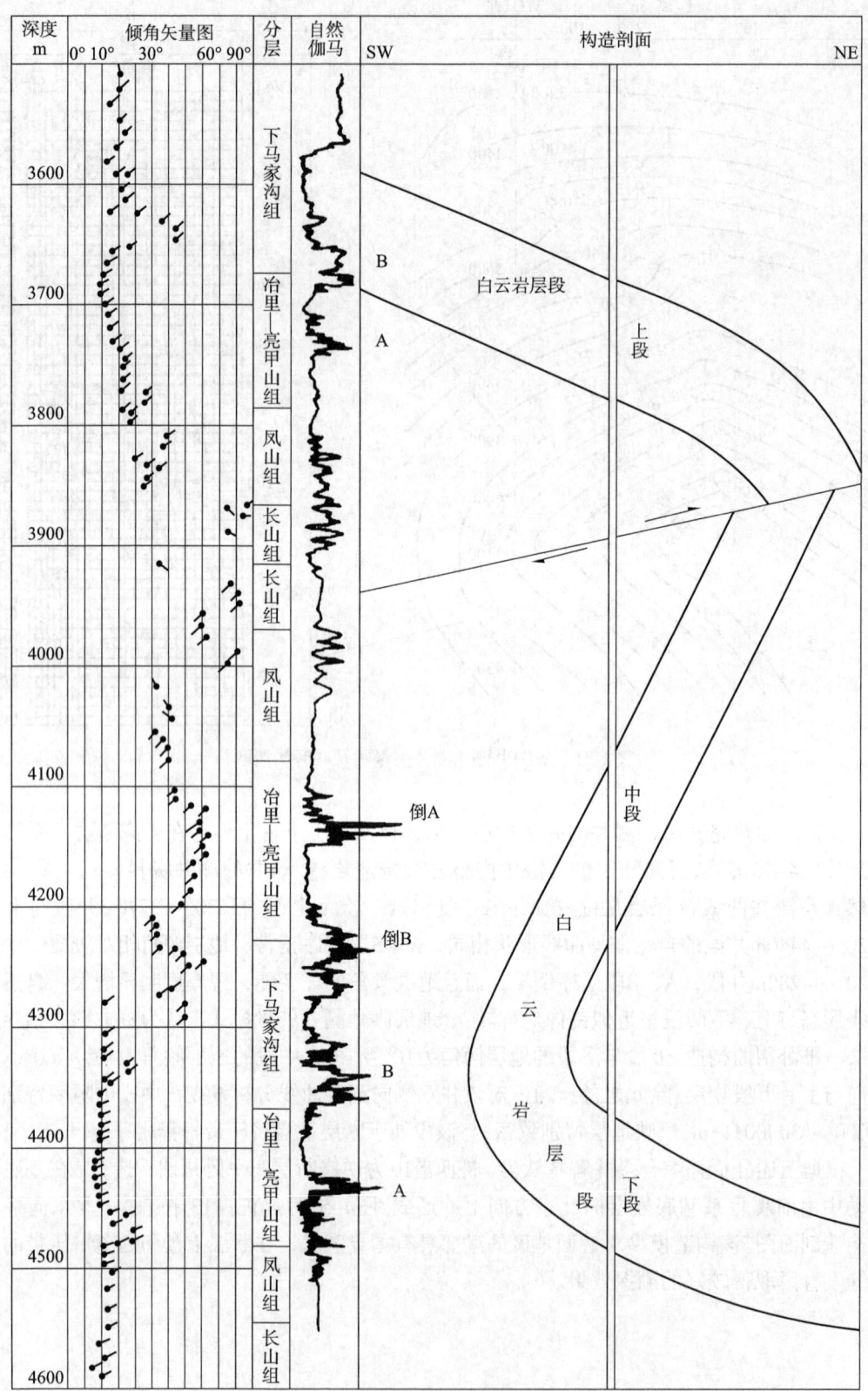

图4-56 桩古13井测井精细解释下古生界逆掩断层—平卧褶曲构造

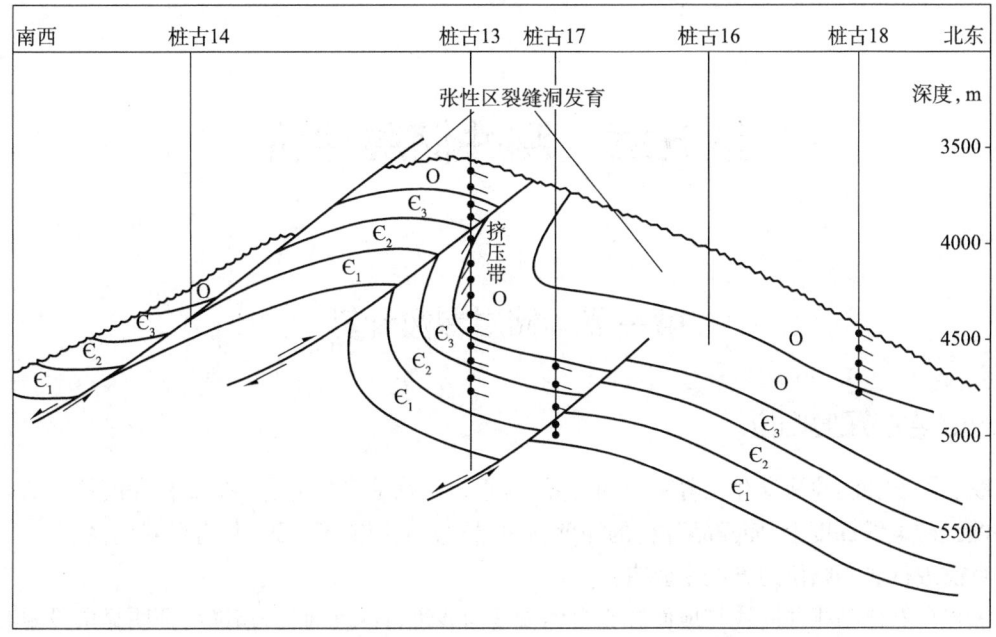

图4-57 过桩古13井（南西—北东向）潜山构造剖面图

思 考 题

1. 简述测井资料在地下构造研究中的应用。
2. 简述利用地层倾角测井、井壁成像测井开展构造解释的原理。
3. 试对比非对称背斜、非对称向斜的地层倾角响应,并图示。
4. 试对比平卧褶曲、邻近盐丘钻井的地层倾角响应,并图示。
5. 试对比分析钻遇无倾没褶曲、倾没褶曲的倾角、倾向变化特征,并图示。
6. 试分析钻遇倾没反转褶曲的倾角、倾向变化特征,并图示。
7. 简述井下断层的测井响应特征。
8. 试述如何利用地层倾角测井识别并解释(分析)断层特征。
9. 试对比分析井筒中反向牵引正断层、反向牵引逆断层的地层倾角响应特征。
10. 举例说明断裂带内部结构及其测井响应特征。
11. 试对比不同类型不整合地层倾角响应特征,并举例说明。
12. 举例说明不整合(面)结构及其测井响应特征。

第五章 测井储层评价

第一节 储层参数计算

一、岩心深度归位

取心深度和测井深度存在着一定的差异。岩心归位就是将标定岩心的钻杆深度校正到标定测井曲线的电缆深度上,使样品分析的深度与地层测井响应深度一致,具有可对比性。

目前进行岩心归位的方法主要有:

①将自然伽马测井曲线与地面岩心自然伽马曲线进行深度对比,借助特征明显层段的典型电性特征,找出两者存在的深度误差。此种方法对比性强,效果较好。

②通过对比岩心分析孔隙度与威利公式计算的孔隙度测井曲线(声波或密度测井),上下移动岩心分析孔隙度,进行深度归位。此种方法需要在较短的层段密集采样,实施起来效果略差。

如跃进二号油田J1井和准噶尔盆地南缘中段玛纳002井采用了上述两种方法进行岩心归位,达到了较好的校正效果(图5-1、图5-2)。

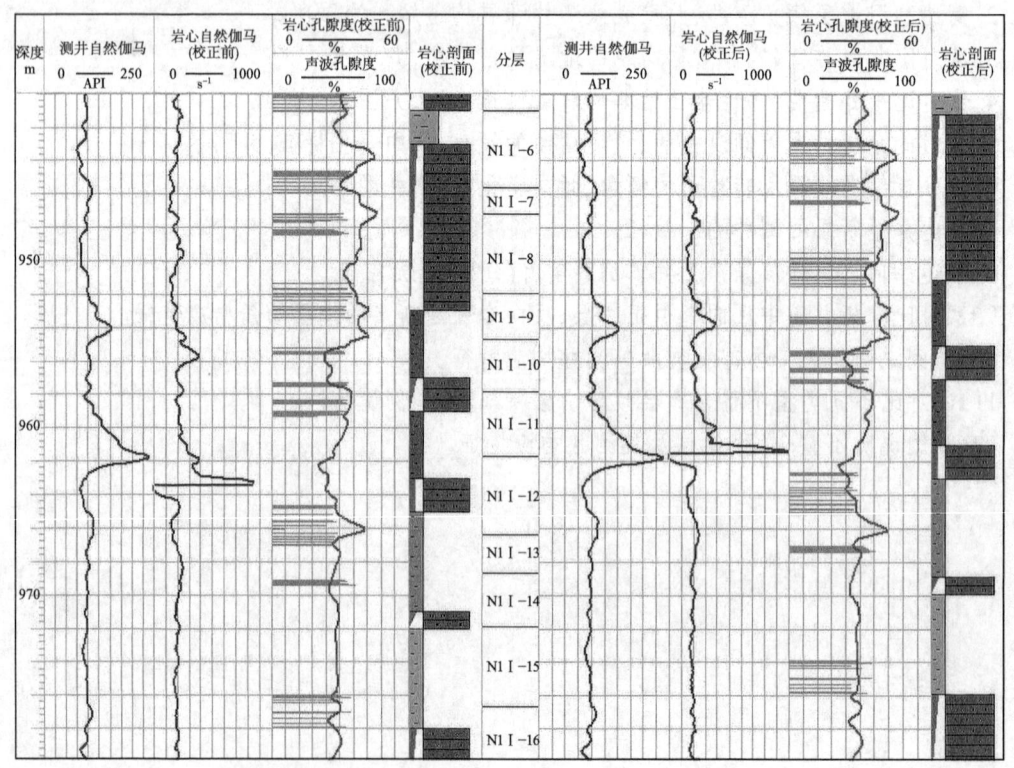

图5-1 跃进二号油田J1井岩心深度归位(据郭智,2011)

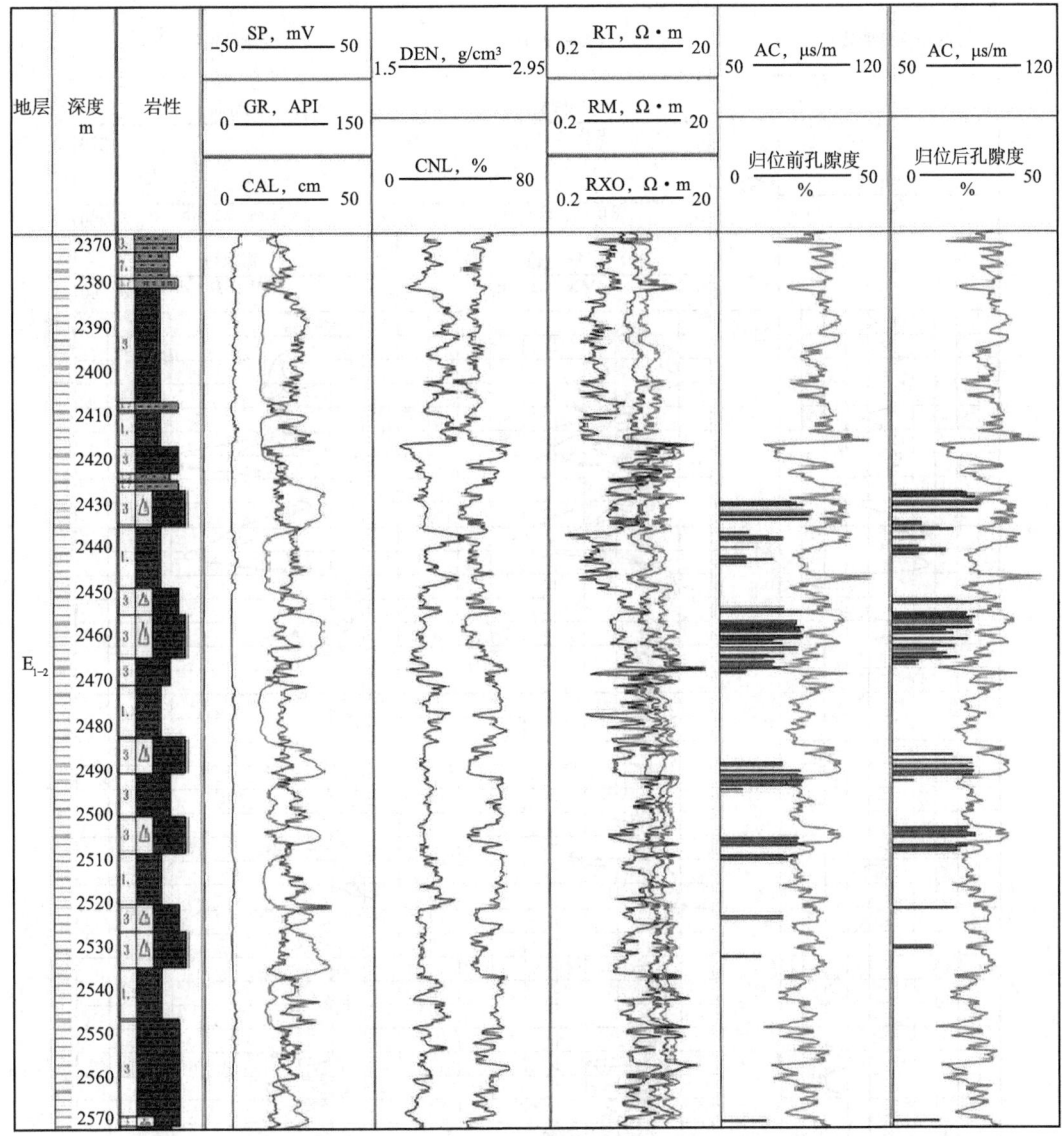

图5-2 准噶尔盆地南缘中段玛纳002井岩心深度归位（据赵晓宇，2018）

二、测井资料预处理与标准化

1. 测井资料预处理

测井资料的预处理是测井资料使用前一个必要的环节，对测井资料所进行的优化处理是保证测井解释可靠的重要手段和方法。研究区的作业环境、仪器和人为操作等因素会造成测井数据一定程度的误差，需要对收集到的测井数据进行曲线拼接、异常值去除、斜井的垂直深度校正等预处理。

1）测井曲线深度校正

在实际收集到的测井资料中，由于测井施工、仪器类型、操作人员等原因，存在着多种影响其响应准确性的因素，深度值也存在不确定性，需要通过运用多种深度校正方法还原其真实深度（图5-3、图5-4）。

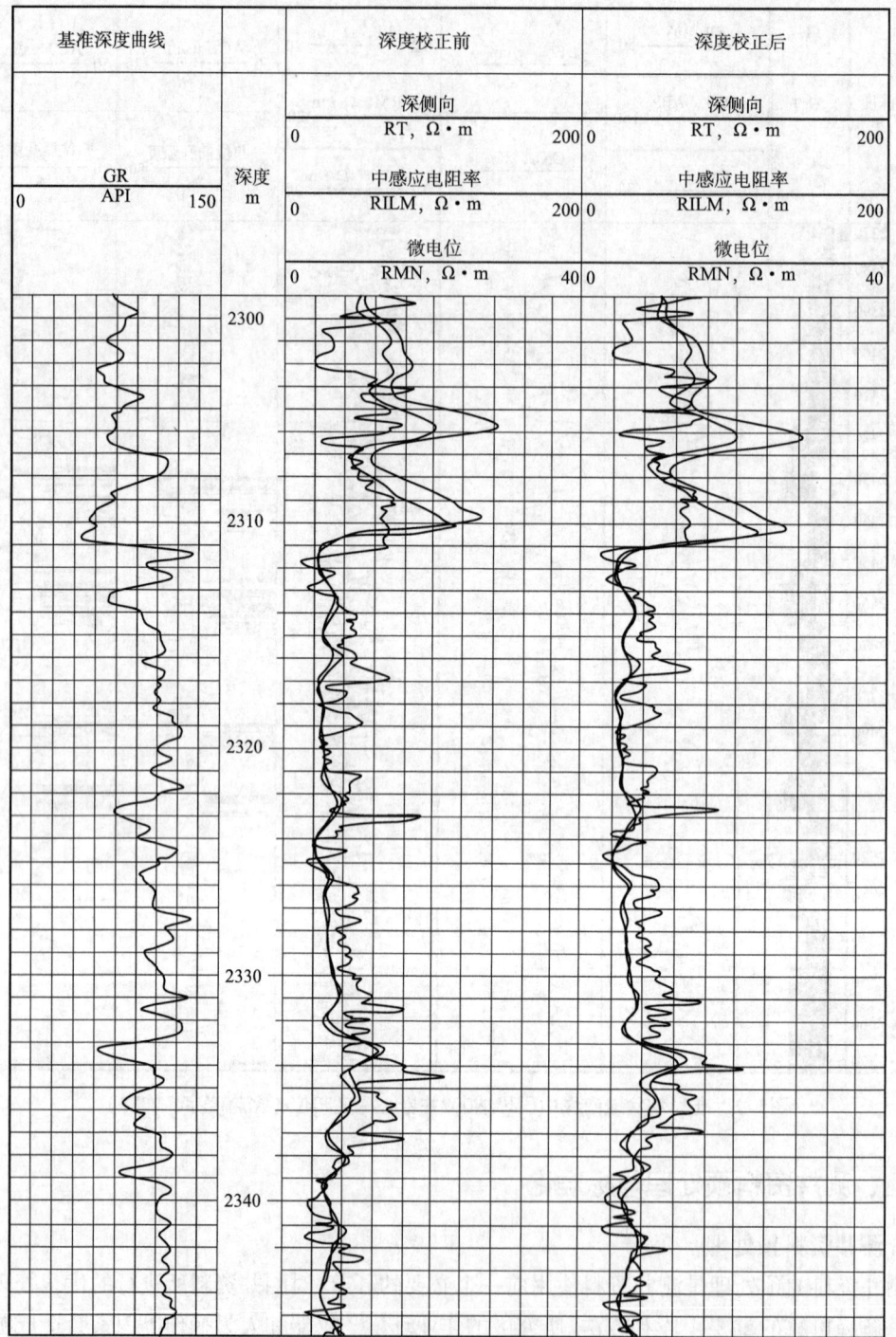

图5-3 长庆油田Z212-20井测井曲线深度校正（据马宝全，2018）

深度校正的基本公式为

$$\Delta H = aH_m + b \tag{5-1}$$

$$H_t = H_m + \Delta H \tag{5-2}$$

式中　ΔH——测量深度误差；

　　　H_m——测井施工测量深度；

　　　H_t——地层实际深度；

　　　a、b——系数。

由于测井测量过程中施工因素的影响会导致测井深度不确定，会使电缆拉伸导致最终深度数据不准确，因此，需要在综合考虑测井资料和地质资料后确定附加量，以此对测井数据进行速度校正，以及对同口井多条测井曲线进行相对深度校正。

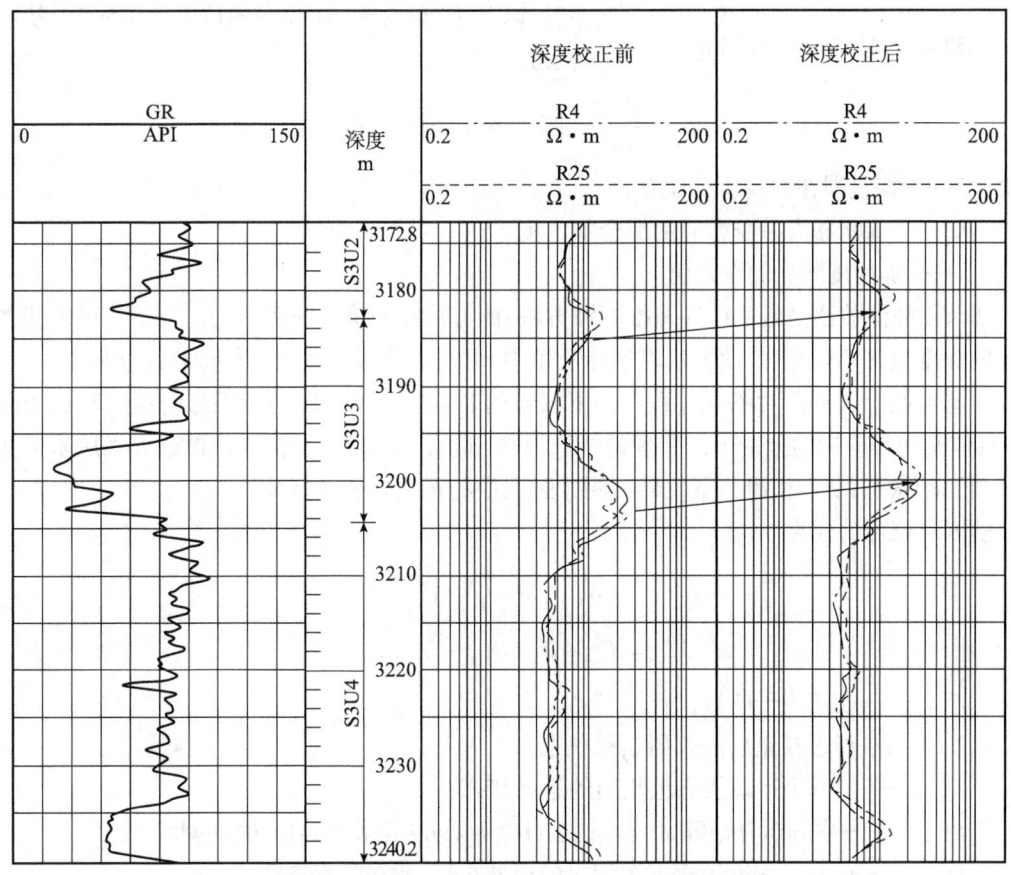

图5-4　五号桩油田Z62-10井测井曲线深度校正（据祝鹏，2016）

（1）电缆的拉伸校正

综合考虑链状模型、杆状模型的优缺点，采用林其为和冯桂推导出的电缆拉伸校正公式：

$$\Delta L = \Delta L_{av} + \Delta L_e + \Delta L_t - \Delta L_r \tag{5-3}$$

式中　ΔL——实际拉伸的电缆校正量；

　　　ΔL_e——受钻井液压力等因素所产生的电缆轴向伸长；

　　　ΔL_{av}——平均张力的电缆弹性伸长；

　　　ΔL_t——受热时的电缆伸长；

　　　ΔL_r——恒定拉力产生的电缆伸长。

此方法能够考虑测井过程中电缆所受各种阻力、重力及井眼流体压力等因素,综合确定电缆的伸长率,能够对测井深度数据按使用条件给出不同深度时的校正值。

（2）速度校正

在实际深度校正的速度校正中,根据实际的情况,可选择直接积分法、卡尔曼滤波法、递推最小二乘法和利用电缆张力与加速度等方法进行速度校正。

①直接积分法用于在有足够准确的时间和加速度数据的情况下,此方法可以求出仪器探头的估计深度,以此来算出探头在井身的位置（图5-5）。基本方程为

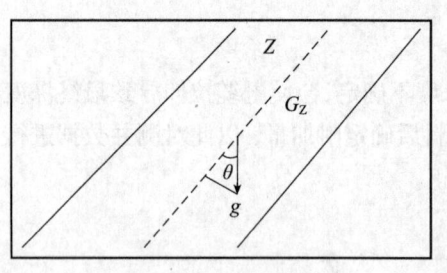

图5-5　探头合成加速示意图

$$\frac{d^2 Z}{dt^2} = (G_z - g\cos\theta) + \varepsilon \tag{5-4}$$

式中　Z——探测器在井身所处位置;
G_z——探测器沿井身方向的综合加速度;
ε——加速度测量的误差值。

②卡尔曼滤波法是最优线性递推滤波方法。此方法在明确电缆张力的情况下,可以使测井曲线的深度更加匹配精确。此方法在实际应用中,可对测井深度数据进行整井连续校正。

③递推最小二乘法对测井过程中井下仪器的非匀速运动可以进行很好的速度和加速度校正,具体实现是应用递推最小二乘理论推导出来,此方法从理论上推导出微分方程用来描述井下仪器运动状态,从而得出井下仪器在测井过程中的运动轨迹及特征。

预测和校正公式为

$$X_{(k)}^- = \boldsymbol{\Phi}_{(k-1)} X_{(k-1)}^+ \tag{5-5}$$

$$X_{(k)}^+ = X_{(k)}^- + \boldsymbol{B}_{(k)}(D_{(k)} - \boldsymbol{H}^T X_{(k)}^-) \tag{5-6}$$

式中　$\boldsymbol{B}_{(k)}$——校正因子向量;
$X_{(k)}^+$——经过校正后的仪器运动状态;
$X_{(k)}^-$——前一个运动状态预测出的运动状态;
$\boldsymbol{\Phi}_{(k-1)}$——中间运算矩阵,内含参数$\Delta t$（从采样$k$到采样$k+1$的时间间隔）;
$D_{(k)}$——由井口深度编码系统测得的仪器采样k所在的视深度;
$\boldsymbol{H}^T$——运算使用的单位矩阵的转置。

用$X_{(k)}^*$表示采样点（k）处于井身中仪器的运动状态,用$\boldsymbol{M}_{(k)}^+$和$\boldsymbol{M}_{(k)}^-$表示校正后和校正前的状态误差向量:

$$\boldsymbol{M}_{(k)}^+ = X_{(k)}^+ - X_{(k)}^* \tag{5-7}$$

$$\boldsymbol{M}_{(k)}^- = X_{(k)}^- - X_{(k)}^* \tag{5-8}$$

校正前和校正后的误差协方差矩阵分别为

$$\boldsymbol{P}_{(k)}^- = E[\boldsymbol{M}_{(k)}^- \boldsymbol{M}_{(k)}^{-T}] \tag{5-9}$$

$$P_{(k)}^+ = E[M_{(k)}^+ M_{(k)}^{+\mathrm{T}}] \qquad (5-10)$$

式中 $E[\ ]$——数学期望；

T——矩阵和向量转置。

用 $R_{(k)}$ 表示校正后的运动状态的误差值：

$$R_{(k)} = M_{(k)}^{+\mathrm{T}} M_{(k)}^+ \qquad (5-11)$$

使 $E[R_{(k)}]$ 达到最小，根据最小二乘法原理就可以估计得到仪器运动状态，令

$$\frac{\partial \{E[R_{(k)}]\}}{\partial B_{(k)}} = 0 \Rightarrow B_{(k)} = P_{(k)}^- H (H^{\mathrm{T}} P_{(k)}^- H + \delta_{(k)}^2)^{-1} \qquad (5-12)$$

$$\delta_{(k)}^2 = E[\eta_{(k)}^2] \qquad (5-13)$$

由以上可得

$$P_{(k)}^- = \varPhi_{(k-1)} P_{(k-1)}^+ \varPhi_{(k-1)}^{\mathrm{T}} + G_{(k-1)} Q_{(k-1)}^2 G_{(k-1)}^{\mathrm{T}} \qquad (5-14)$$

$$Q_{(k-1)}^2 = E[\omega_{(k-1)}^2] \qquad (5-15)$$

由以上推导可得

$$P_{(k)}^+ = [I - B_{(k)} H^{\mathrm{T}}] P_{(k)}^- \qquad (5-16)$$

式中 I——单位矩阵。

（3）相对深度校正

采用对比法进行深度校正。基准曲线的选择，首先考虑单井纵向质量较好且分辨率较高的曲线。按照测井储层参数计算需要，选择其余测井曲线并确定其相对深度差，移动后达到同一口井每条曲线的深度对齐。自动确定各条曲线相对基准线的深度移动量的标准化相关函数为

$$C(t) = \frac{\sum_{i=k+1}^{k+n}(x_i - \bar{x})(y_{i+1} - \bar{y})}{\sqrt{\sum_{i=k+1}^{k+n}(x_i - \bar{x})^2 \sum_{i=k+1}^{k+n}(y_{i+1} - \bar{y})^2}} \qquad (5-17)$$

式中 x——基准曲线；

y——对比曲线；

x_i——第 i 个采样点的值；

$\bar{x}$——x 的平均值，$\bar{x} = \dfrac{1}{n}\sum\limits_{i=k+1}^{k+n} x_i$；

y_{i+1}——y 上第 $i+t$ 个采样点值，$i=(k+1):(k+n)$；

$\bar{y}$——y 的平均值，$\bar{y} = \dfrac{1}{n}\sum\limits_{i=k+1}^{k+n} y_i$；

n——采样点数；

k——长度中值所对应的采样点数；

t——y 相对于 x 移动的采样点数。

2）测井曲线滤波

测井过程中，测井数据形态上会出现许多与地层性质无关的因素影响，导致在测井曲线上出现与地层性质无关的毛刺干扰。通常情况下，干扰有其固定的频率和幅度。这些测井数据的异常导致了储层参数评价的误差大，滤波能够有效地将这些信息过滤，且保留反映地层真实且有用的信息（图5-6）。

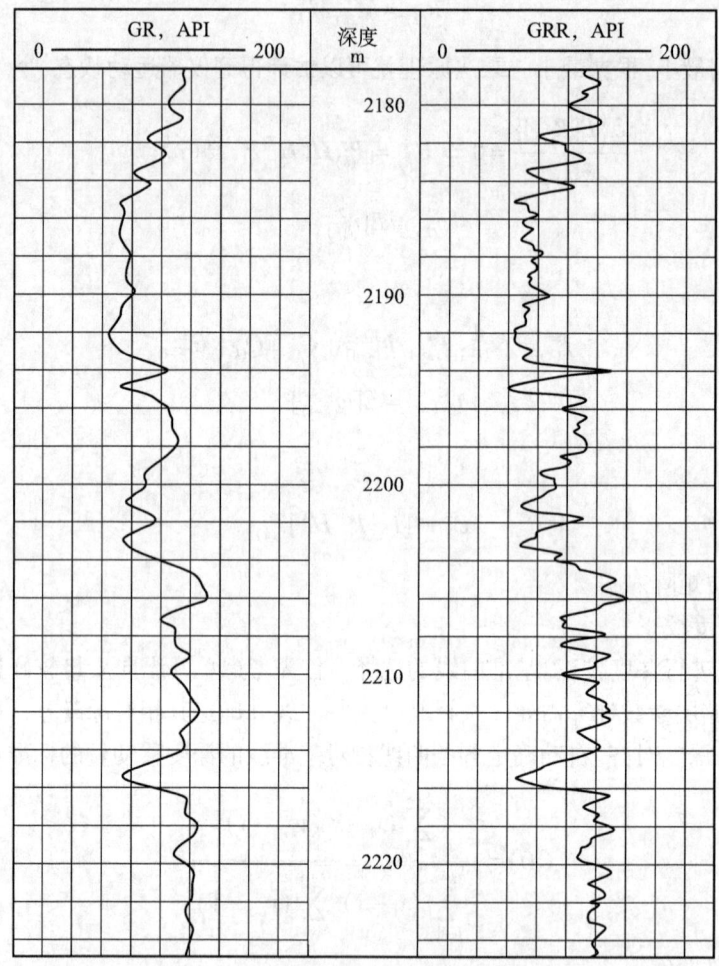

图5-6　长庆油田Z215-19井测井曲线滤波对比（据马宝全，2018）
GRR是滤波后的GR曲线

测井曲线上的任意一点数据都是周围几个采样点数据的加权平均值，其函数为

$$C_h = \sum_{i=1}^{m} g_i C_{hi} \tag{5-18}$$

$$C_l = \sum_{i=1}^{m} j_i C_{li} \tag{5-19}$$

式中　C_{hi}——采样点i对应的真地层响应值；
　　　g_i、j_i——采样点i对应的地层响应值C_h、C_l的贡献量。

式（5-18）与式（5-19）卷积形式为

$$C_l = j * C_{li} \quad (i = 1, 2, \cdots, m) \tag{5-20}$$

$$C_h = g * C_{hi} \quad (i = 1, 2, \cdots, m) \tag{5-21}$$

对卷积后的两式进行傅里叶变换后，将两式相除的结果作傅里叶变换，其公式为

$$C_l = f * C_h \tag{5-22}$$

$$f = F^{-1}(J/G) \tag{5-23}$$

其中 f 为匹配滤波器，可将 C_h 滤波得到低分辨率的响应数据 C_{hf}，原理可逆，即将低分辨率测井曲线转化为高分辨率的滤波公式为 $C_h = F^{-1}(J/G) * C_l$，其中 $F^{-1}(J/G) * C_l$ 为匹配滤波器，其滤波结果为高分辨率测井曲线 C_{lf}。实际应用中，可采用分线性拟合组合与匹配滤波相结合的方式来实现提高测井曲线分辨率。

运用平滑滤波器，对高分辨率曲线 C_h 进行滤波处理，达到低分辨率与其分辨率曲线 C_l 一致，公式为

$$\begin{bmatrix} j_1 \\ j_2 \\ \vdots \\ j_n \end{bmatrix} = \begin{bmatrix} g_1 & & & \\ g_2 & g_1 & & \\ \vdots & g_2 & & \\ g_m & \vdots & \vdots & \vdots \\ & g_m & & g_1 \\ & & & g_2 \\ & & & \vdots \\ & & & g_m \end{bmatrix} \begin{bmatrix} \alpha_1 \\ \alpha_2 \\ \vdots \\ \alpha_k \end{bmatrix} \tag{5-24}$$

$$k = n - m + 1 \tag{5-25}$$

其中，$(g_1, g_2, \cdots, g_m)$ 为高分辨率响应函数的系数向量，$(j_1, j_2, \cdots, j_n)$ 为低分辨率响应函数的系数向量，$(\alpha_1, \alpha_2, \cdots, \alpha_k)$ 为滤波因子向量，n、m、k 分别为向量 j、g、α 的个数。在此之外的矩阵元素假设为0。矩阵可以表示为

$$\boldsymbol{J} = \boldsymbol{PA} \tag{5-26}$$

其中，$\boldsymbol{P}$ 为超定矩阵，$\boldsymbol{P}$ 的转置矩阵为 $\boldsymbol{P}^T$，$(\boldsymbol{P}^T\boldsymbol{P})$ 的逆矩阵为 $(\boldsymbol{P}^T\boldsymbol{P})^{-1}$，滤波因子可表示为

$$\boldsymbol{A} = (\boldsymbol{P}^T\boldsymbol{P})^{-1}\boldsymbol{P}^T\boldsymbol{J} \tag{5-27}$$

滤波因子使曲线 C_l 与曲线 C_h 相互匹配，即对 C_h 进行滤波，得到测井曲线 $C_{hf} = a * C_h$，且与 C_l 具有相同纵向响应特征。

利用上述方法滤波可提高测井曲线质量，达到测井资料预处理的目的。

2. 测井资料标准化

测井资料标准化是保证测井解释精度的重要基础。对测井曲线进行标准化处理，就是要消除或减小油田在勘探、开发过程中不同测井仪器的刻度误差、不同操作人员的操作误差以及校正误差等各种误差，从而使测井资料在全油田范围具有统一的刻度。

1）标准层选择

标准层是指在全区广泛分布、厚度稳定、岩性相对单一、电性特征明显、易于区域对比的地层。一般地，标准层是不受油气和物性影响的非渗透层，如致密的石灰岩、较纯的泥岩，单层厚

度不小于2.0m,隔夹层少。

同一标准层,不同井点的某一条和某几条测井曲线,如声波时差、电阻率应该具有相同、近似或呈规律性变化的频率分布。可以选取稳定泥岩段、盐膏层段、煤层段等作为标准层(图5-7)。

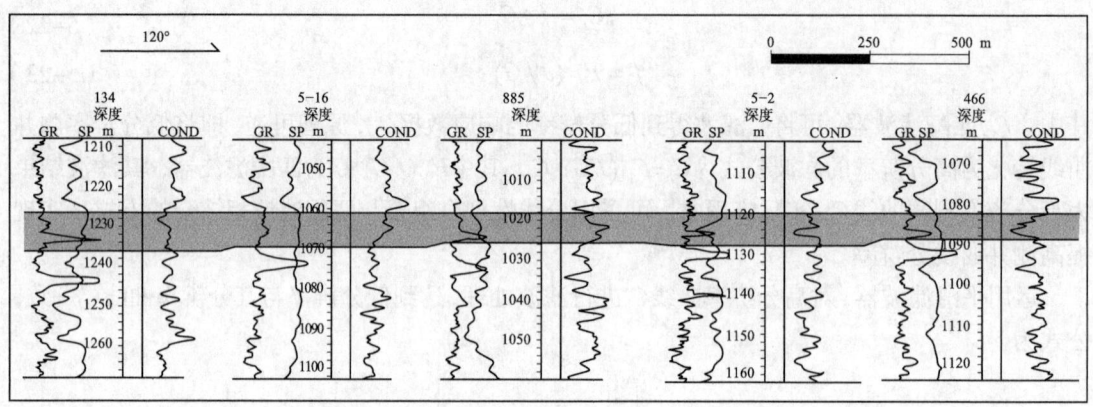

图5-7 跃进二号油田部分井标准层(稳定泥岩段)剖面(据郭智,2011)

2)标准化方法

目前标准化方法主要有曲线重叠校正法、直方图校正法、均值校正法、趋势面分析法等,其中常用的是均值校正法、趋势面分析法。

(1)均值校正法

先确定各种标准层的测井响应直方图的特征峰值,然后求取这些特征峰值的平均值。该均值与各井特征峰值之差,即为该井的校正量:

$$\Delta F_i = \sum_{i=1}^{n} F_i / n - F_i \tag{5-28}$$

式中 ΔF_i——第i口井的测井曲线校正量;

F_i——第i口井标准层的特征峰值;

n——总井数。

(2)趋势面分析校正法

将标准层的测井响应特征值与其大地坐标进行多项式趋势面拟合,认为其拟合面与地层原始趋势面有一致性,用曲面去拟合或逼近地质体的某一特征在空间上的分布,其表达式为

$$\hat{Z} = a_0 + a_1 x + a_2 y + a_3 xy + a_4 x^2 + a_5 y^2 + \cdots \tag{5-29}$$

$$\Delta Z_i = Z_i - \hat{Z} \tag{5-30}$$

式中 $a_0, a_1, a_2, \cdots$——回归常系数;

$Z_i, \hat{Z}$——各井测井曲线特征峰值和趋势面拟合值;

ΔZ_i——i井标准层的测井曲线拟合残差值;

x, y——各井标准层的大地坐标。

3)标准化应用效果

做各井标准层各测井数据频率分布直方图,确定相应的特征峰值。图5-8、图5-9分别为长

庆油田演39井和跃进二号油田N_2^1—E_3^1油藏各标准层声波时差（AC）、电阻率（RT）数据频率正态分布特征。图5-10为某地区沙三段声波时差（AC）、感应电导率（COND）测井数据趋势面分析标准化效果。

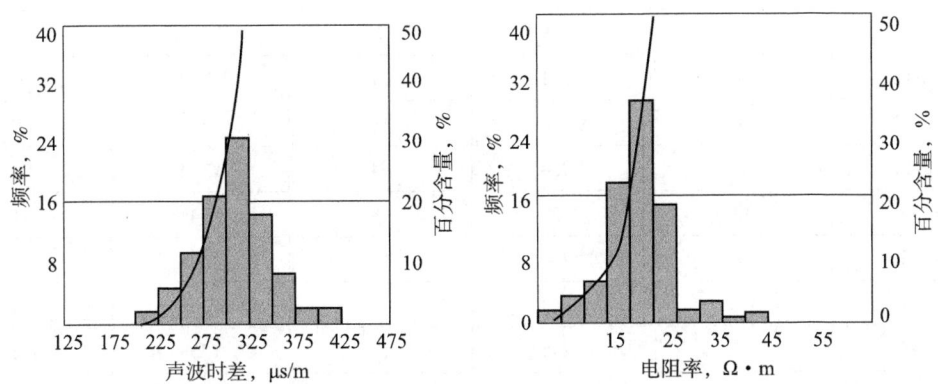

图5-8 长庆油田演39井长7_3亚段底部标准层声波时差与电阻率频率分布（据马宝全，2018）

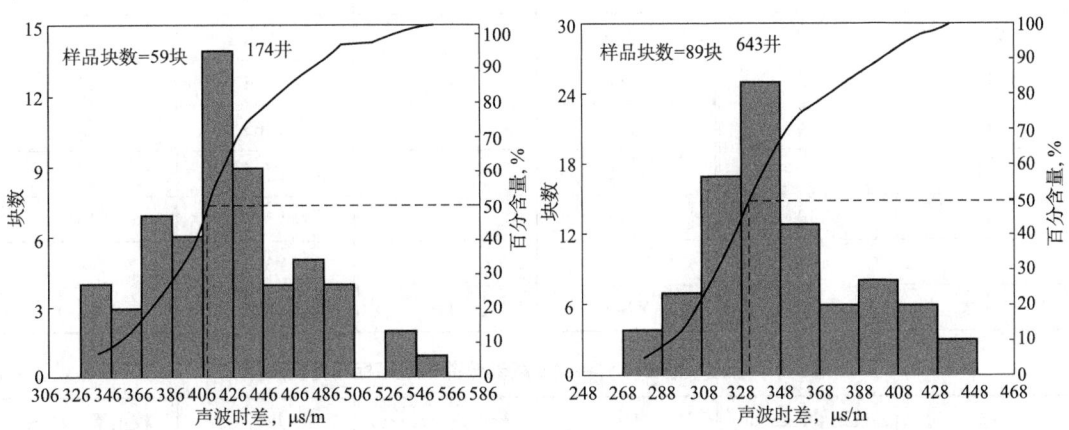

图5-9 跃进二号油田N_2^1—E_3^1油藏标准层声波时差频率分布直方图（据郭智，2011）

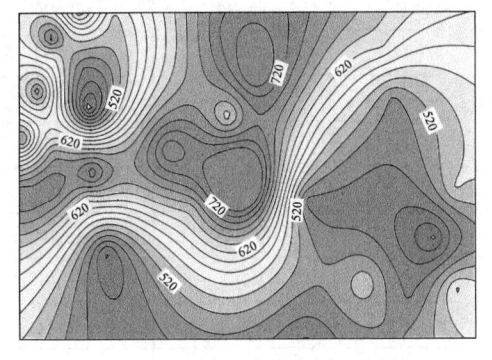

（a）感应电导率实测值等值线

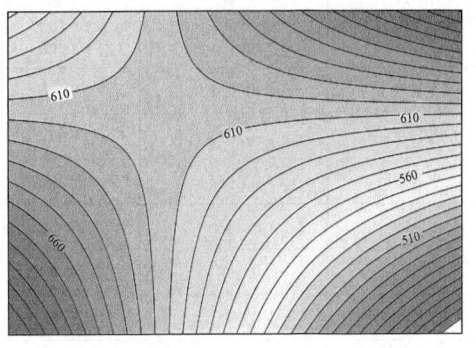

（b）感应电导率趋势值等值线

图5-10 某地区沙三段感应电导率测井数据趋势面分析标准化图（据栾东肖，2014）

表5-1、表5-2为采用均值校正方法对跃进二号油田测井资料进行标准化的结果,声波时差平均校正量为6.4μs/m,电阻率平均校正量为0.43Ω·m,效果较好。

表5-1 跃进二号油田N_2^1—E_3^1油藏部分井声波时差标准化校正量

井名	校正量,μs/m	井名	校正量,μs/m	井名	校正量,μs/m
Y1-11	8	Y1-9	7	Y3-1	5
Y1-12	0	Y2-1	-1	Y3-10	1
Y1-13	4	Y2-10	11	Y3-3	10
Y1-14	2	Y234	-4	Y3-4	5
Y134	13	Y235	-8	Y343	-1
Y143	-8	Y2-4	11	Y345	0
Y144	5	Y244	-9	Y3-5	-4
Y145	-7	Y245	11	Y353	-4
Y1-5	-5	Y2-5	1	Y354	-2
Y154	11	Y254	-2	Y355	0
Y165	-6	Y255	-3	Y3-6	11
Y1-7	-9	Y2-6	7	Y363	-2
Y173	5	Y264	-9	Y364	11
Y174	-4	Y2-7	9	Y365	5
Y175	4	Y275	-9	Y3-7	3
Y1-8	10	Y2-8	-9	Y373	14
Y184	-6	Y284	-9	Y374	9
Y3-2	9	Y2-9	11	Y375	14

表5-2 跃进二号油田N_2^1—E_3^1油藏部分井电阻率标准化校正量

井名	校正量,Ω·m	井名	校正量,Ω·m	井名	校正量,Ω·m
Y143	0.596	Y354	0.496	Y5-1	0.096
Y144	0.496	Y364	-0.704	Y5-10	0.596
Y145	0.196	Y365	-0.304	Y5-11	-0.404
Y1-5	0.696	Y365	-0.304	Y5-12	-0.104
Y166	-0.204	Y3-7	-0.004	Y5-12	-0.104
Y174	-0.304	Y374	-0.604	Y5-16	-0.104
Y2-1	0.096	Y384	0.696	Y5174	-0.104
Y234	0.496	Y4-10	0.796	Y5-2	-0.204
Y235	0.096	Y4-15	0.596	Y5-3	0.596
Y245	0.096	Y444	0.096	Y5-4	-0.154
Y265	-0.204	Y445	0.046	Y5-4	-0.154
Y275	-0.204	Y445	0.046	Y553	-0.104

续表

井名	校正量, Ω·m	井名	校正量, Ω·m	井名	校正量, Ω·m
Y284	0.596	Y454	0.546	Y554	0.096
Y3-1	−0.704	Y456	0.296	Y565	0.096
Y3-2	0.096	Y464	0.596	Y6-10	0.246
Y334	−0.204	Y465	0.496	Y6-11	−0.304
Y343	0.596	Y474	0.596	Y6-14	−0.404
Y344	−0.604	Y4-9下	0.746	Y6-17	−0.304

表5-3、表5-4为采用趋势面分析方法对长庆油田镇北地区声波时差、电阻率曲线的标准化，应用效果表明，声波时差与电阻率三次趋势分析效果拟合度较高，残差频率图满足众数为零的正态分布。其中声波时差平均校正量为0.69μs/m，拟合度达到63.21%；电阻率平均校正量为0.98Ω·m，拟合度达到52.13%。

表5-3 长庆油田镇北地区部分井标准层声波时差校正量

井名	校正量, μs/m	井名	校正量, μs/m	井名	校正量, μs/m
Y19	−5.6052	Y67	5.123452	Z127	−17.32153
Y22	−4.208	Y68	5.12345	Z131	−6.852243
Y25	10.5964	Y69	−18.12643	Z132	−5.2.3261
Y34	13.51234	Z101	8.952236	Z137	−5.42325
Y40	−2.152436	Z103	−8.261245	Z14	−15.26325
Y42	7.21315	Z106	−6.215634	Z144	4.236215
Y43	−0.125436	Z107	6.9524361	Z145	6.021301
Y44	−4.316245	Z11	−8.95214	Z146	−1.985243
Y45	−3.10251	Z110	−15.213624	Z148	−15.21345
Y46	1.612453	Z114	6.72345	Z149	−8.213642
Y47	−1.416345	Z116	−6.421504	Z150	1.023425
Y52	5.31264	Z117	−9.254321	Z153	−4.12152
Y55	−17.95246	Z118	−4.921534	Z154	5.820131

表5-4 长庆油田镇北地区部分井电阻率标准化校正量

井名	校正量, Ω·m	井名	校正量, Ω·m	井名	校正量, Ω·m
Y19	−5.12	Y66	−2.13	Z122	1.13
Y22	5.23	Y67	2.05	Z123	−2.13
Y45	−0.87	Z11	−2.60	Z144	1.20
Y46	−2.70	Z110	0.48	Z145	−1.02
Y34	−2.67	Z10	1.03	Z131	−3.01
Y42	4.63	Z103	−6.18	Z133	−3.03

续表

井名	校正量，Ω·m	井名	校正量，Ω·m	井名	校正量，Ω·m
Y43	−3.08	Z106	1.53	Z137	−2.45
Y44	1.39	Z107	−4.29	Z14	−2.23
Y47	3.25	Z114	1.42	Z146	−3.65
Y52	−4.12	Z116	−6.31	Z148	−1.04
Y56	−2.15	Z119	−0.13	Z153	−2.24
Y65	1.32	Z120	3.27	Z154	1.25
Y25	5.01	Y68	−2.37	Z124	−1.35
Y29	−2.63	Y69	1.31	Z127	−2.07

三、测井储层参数计算模型建立

1. 储层四性关系分析

储层四性是指储层的岩性、物性、电性及含油性。储层的岩性、物性、含油性与电性响应特征之间既相互联系又相互制约，其中岩性起主导作用，岩性控制物性，物性影响含油气性。储层四性关系分析是建立测井储层参数计算模型的关键。

1）岩性和物性的关系

根据岩心分析资料统计分析储层岩性与孔隙度和渗透率之间的关系。从图5-11、图5-12中可以看出，Y油田中砂岩、细砂岩物性最好，粉砂岩、泥质粉砂岩其次，砂质泥岩最差。

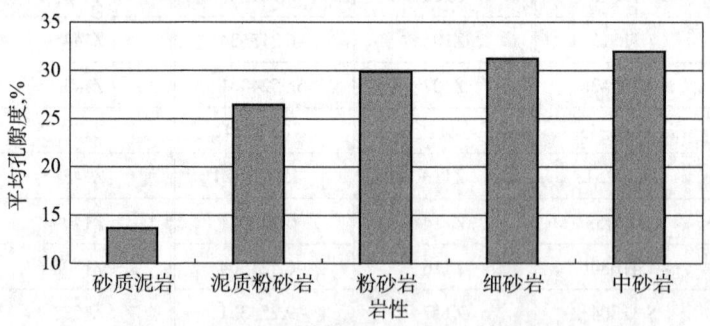

图5-11 Y油田河口坝岩性与孔隙度关系图

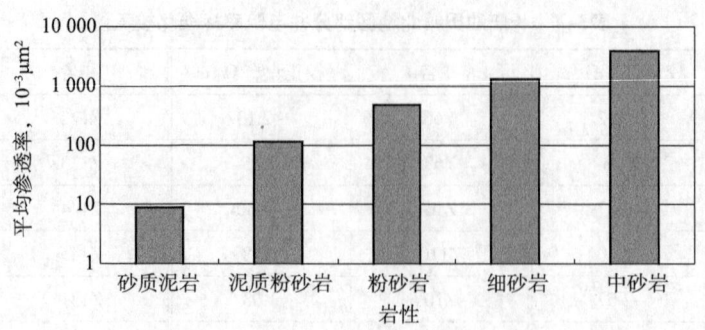

图5-12 Y油田河口坝岩性与渗透率关系图

2）岩性与电性的关系

这部分内容主要研究自然电位相对值（SHI）、自然伽马相对值（IGR）、电阻率相对值等与泥质含量的关系，为建立泥质含量解释模型提供依据，如

$$SHI = \frac{SP - SP_{min}}{SP_{max} - SP_{min}} \quad (5-31)$$

$$IGR = \frac{GR - GR_{min}}{GR_{max} - GR_{min}} \quad (5-32)$$

式中　SP、GR——目的层的自然电位响应值和自然伽马响应值；

SP_{min}、SP_{max}——解释层段纯砂岩和纯泥岩的自然电位响应值；

GR_{min}、GR_{max}——解释层段纯砂岩和纯泥岩的自然伽马响应值。

通过绘制Y油田泥质含量与SHI关系图和泥质含量与IGR关系图（图5-13、图5-14），认识到泥质含量与SHI、IGR的关系都比较好，相关系数在0.8以上，说明在测井储层参数计算中可以用SP和GR曲线来计算泥质含量。

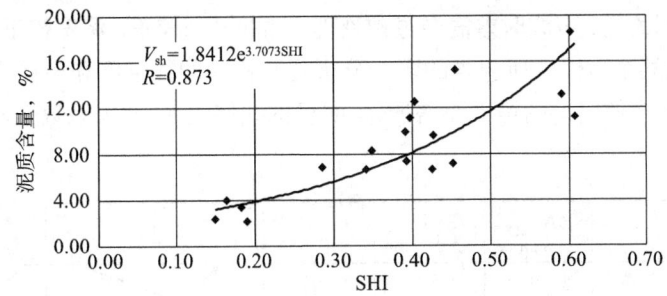

图5-13　水下分流河道泥质含量与SHI关系

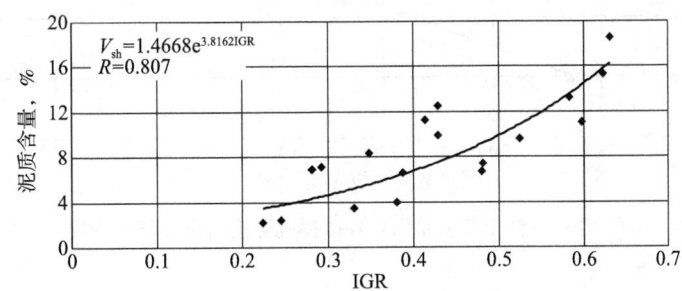

图5-14　水下分流河道泥质含量与IGR关系

3）物性和含油气性的关系

依据岩心观察与分析，统计油浸、含油、油迹、油斑、荧光等含油气级别分布。例如，图5-15中，Y油田某层系水下分流河道砂岩饱含油、含油的样品主要分布在渗透率大于$100 \times 10^{-3} \mu m^2$，孔隙度大于25%的区域内，孔隙度最高可超过35%，饱含油的样品渗透率基本上大于$1000 \times 10^{-3} \mu m^2$。油斑的样品很少，其物性明显较差。

需要指出的是，含油性是由储层岩性、物性、距离油源远近、相对流体势高低、遮挡层质量好坏等多种因素控制的，与物性的关系密切，但并不与物性完全一致。

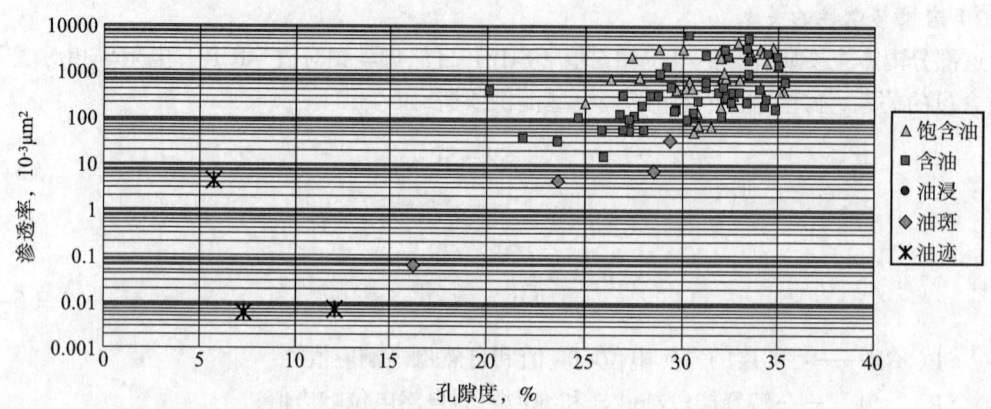

图5-15　Y油田某层系水下分流河道砂体物性与含油性关系（据郭智，2011）

4）物性与电性的关系

分析物性与电性之间的关系，主要分析孔隙度与声波时差、补偿中子、岩性密度等测井曲线的关系，是为了建立测井响应与储层物性参数之间的相互关系，根据非取心井的测井信息求取物性参数。需要强调的是，声波时差需经过预处理、测井系列校正、深度校正及标准化。图5-16中一个数据点代表某个砂体中所包含的多个分析化验样品的孔隙度和声波时差的平均值，可以看出，孔隙度随着声波时差的增大而增大，呈明显的线性关系，相关系数0.89。

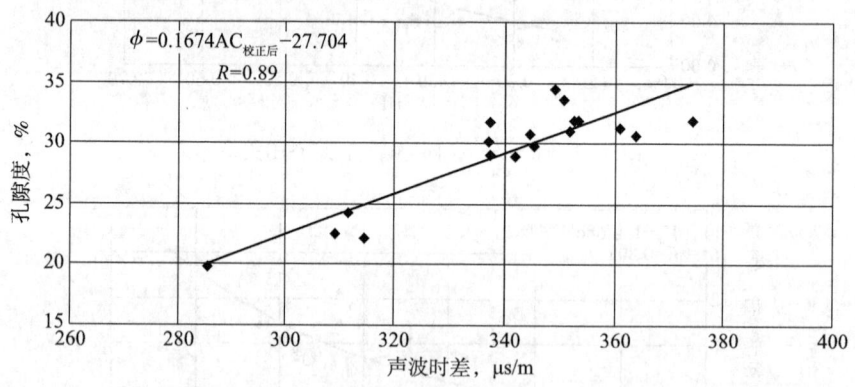

图5-16　Y油田某层系河口坝砂体孔隙度与声波时差关系

5）含油性与电性的关系

当储层的岩性、物性一定时，电阻率反映含油性。如图5-17所示，Y油田Y12井射孔层位1682.8~1692.4m，日产油32m³，自然电位、自然伽马有明显的负异常，具有较好的一致性，微电位、微梯度有较大的幅度差，深感应电阻率一般在3.5Ω·m以上，为典型的油层。

根据以上分析，结合岩心分析和测井数据，绘制储层四性关系图，可反映研究区目的层段储层四性关系特征（图5-18）。图中，岩心分析渗透率和孔隙度、泥质含量与粒度中值相关性高；声波时差大、自然电位、自然伽马负异常明显的层段（997~1001m），孔隙度大、渗透率高，粒度中值大，泥质含量低，物性好；电阻率与含油性关系密切，岩心含油级别为含油段的电阻率明显大于油浸段。取心分析化验层段与电性曲线的砂岩段吻合较好。

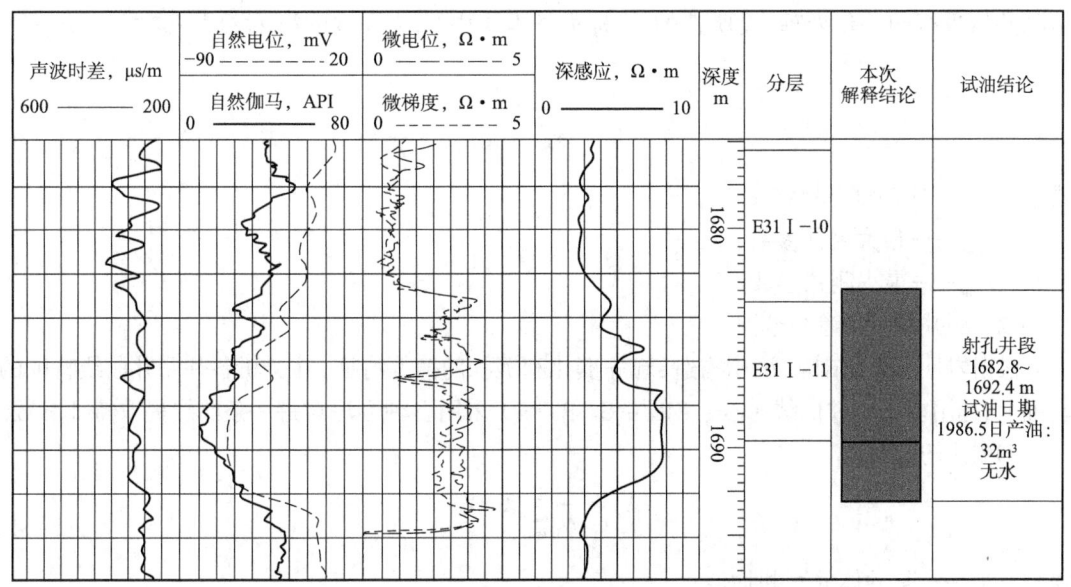

图5-17 Y油田Y12井典型油层测井解释图（据郭智，2011）

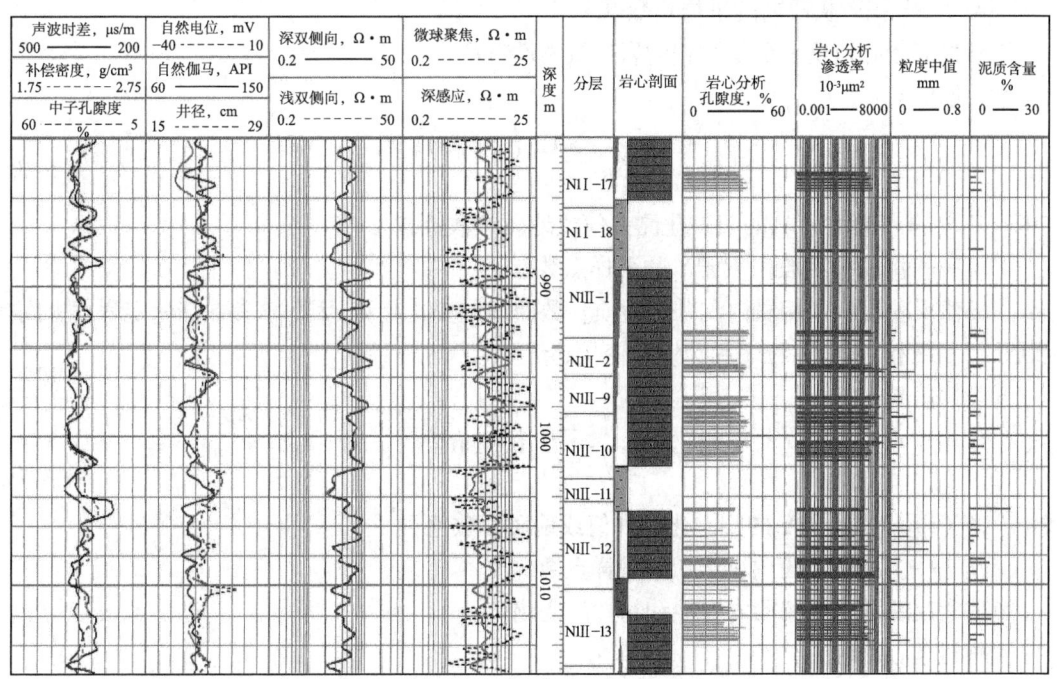

图5-18 Y油田J1井储层四性关系图（据郭智，2011）

2. 沉积相约束的测井储层参数计算模型建立

1）沉积相约束方法

测井相是反映沉积相的一系列测井曲线或测井响应的组合，在钻井较少、岩心资料又不丰富的情况下，可以通过测井相约束来代替沉积相约束。

（1）测井数据归一化

各测井参数的量纲不同，数值相差较大，为了使所计算的沉积微相特征参数便于对比，对原始测井值进行归一化处理。设所选的 n 个标准样本层中第 i 个样本的第 j 种测井参数归一化值为 X_i：

$$X_i = \frac{x_i - x_{\min}}{x_{\max} - x_{\min}} \tag{5-33}$$

式中　x_i——第 i 个测井参数；

　　　$x_{\max}$——最大测井参数；

　　　$x_{\min}$——最小测井参数。

（2）测井相特征参数选取

根据岩性、岩石结构、沉积构造、粒序变化和沉积韵律等特征，在分析各井测井曲线特征的基础上，选用多条测井曲线（SP、GR、AC、RT等），采用多种方法对每一条曲线提取特征参数。

① 测井均值 X_A：

$$X_A = \frac{1}{N}\sum_{i=1}^{n} X(i) \tag{5-34}$$

式中　X_A——某砂体的测井均值；

　　　$X(i)$——某种测井或地质参数曲线第 i 个采样点的归一化值；

　　　N——沉积微相段内的采样点数。

该参数能较好地反映沉积微相的岩性或物性特征。

② 正偏值 X_H：

$$X_H = \frac{1}{N_H}\sum_{i=1}^{N_H} X_H(i),\ X_H(i) \geqslant X_A \tag{5-35}$$

式中　$X_H(i)$——大于 X_A 的归一化测井值或地质参数值；

　　　N_H——沉积微相段内大于 X_A 的采样点数。

正偏值反映沉积微相段内测井和地质参数曲线的变化趋势，因而该参数在一定程度上间接反映了沉积微相内岩性、粒序和物性的变化趋势。

③ 负偏值 X_L：

$$X_L = \frac{1}{N_L}\sum_{i=1}^{N_L} X_L(i),\ X_L(i) \leqslant X_A \tag{5-36}$$

式中　$X_L(i)$——小于 X_A 的归一化测井值或地质参数值；

　　　N_L——沉积微相段内小于 X_A 的采样点数。

负偏值反映沉积微相段内岩性和物性的变化。

④ 相对重心 RM：

$$\mathrm{RM} = \left[\sum_{i=1}^{N} i X(i)\right] \bigg/ \left[(N+1)\sum_{i=1}^{N} X(i)\right] \tag{5-37}$$

式中　N——沉积微相段内的数据点数；

　　　$X(i)$——测井曲线值。

RM 反映曲线形态变化：钟形的重心偏下方，RM>0.5；漏斗形的重心偏上方，RM<0.5；箱形的重心居中，RM=0.5。

（3）测井相判别

测井相采用的判别方法较多，如多元统计分析中的主成分分析法，从具有复杂相关关系的多个特征参数中选取能综合反映岩性、粒度和沉积环境特征的6个非相关的主成分，使其能有效地反映沉积微相信息，又大大减少样本的维数及数据量，有利于随后的数学分类计算。前6个主成分依次是：厚度H（反映沉积微相砂体发育的好坏程度，是岩性和物性的综合体现），SP的特征参数RM（反映SP曲线形态，包括钟形、箱形或漏斗形，对沉积微相具有重要的指示作用），GR、RT的特征参数X_A（前者反映井段内泥质含量均值，后者可间接反映地层的含油性等），AC的特征参数X_L、X_H（与孔隙度密切相关，反映某井段内的物性）。

例如，在Y油田统计了取心层段总计199个单砂体的参数值，以单井沉积微相研究成果为依据，结合地质学原理和判别聚类等数学方法，分层系单元建立了河口坝、席状砂、水下分流河道、分流河道等总计8个辫状河三角洲的测井相模型，模型精度达到单砂体级别。其中，第1~3个层系的模型为

河口坝：$-7.863H+635.875\text{RM}(\text{SP})+14.036X_A(\text{GR})+20.395X_A(\text{RT})+17.881X_H(\text{AC})$
$-29.388X_L(\text{AC})-162.534$

席状砂：$-10.710H+622.589\times\text{RM}(\text{SP})+15.647X_A(\text{GR})+29.904X_A(\text{RT})$
$+17.669X_H(\text{AC})-7.317X_L(\text{AC})-165.840$

水下分流河道：$-11.168H+644.641\times\text{RM}(\text{SP})+22.106X_A(\text{GR})$
$+39.239X_A(\text{RT})+27.796X_H(\text{AC})-22.776X_L(\text{AC})-180.986$

根据建立的不同层系的测井相判别模型，对取心井的沉积微相—电性数据进行回判计算，判断正确的砂体数为162个，正判率达到81.4%（图5-19），表明选取的测井相特征参数是合理的，根据所建立的测井相判别模型利用计算机自动判别研究区单砂体的测井相是可行的。

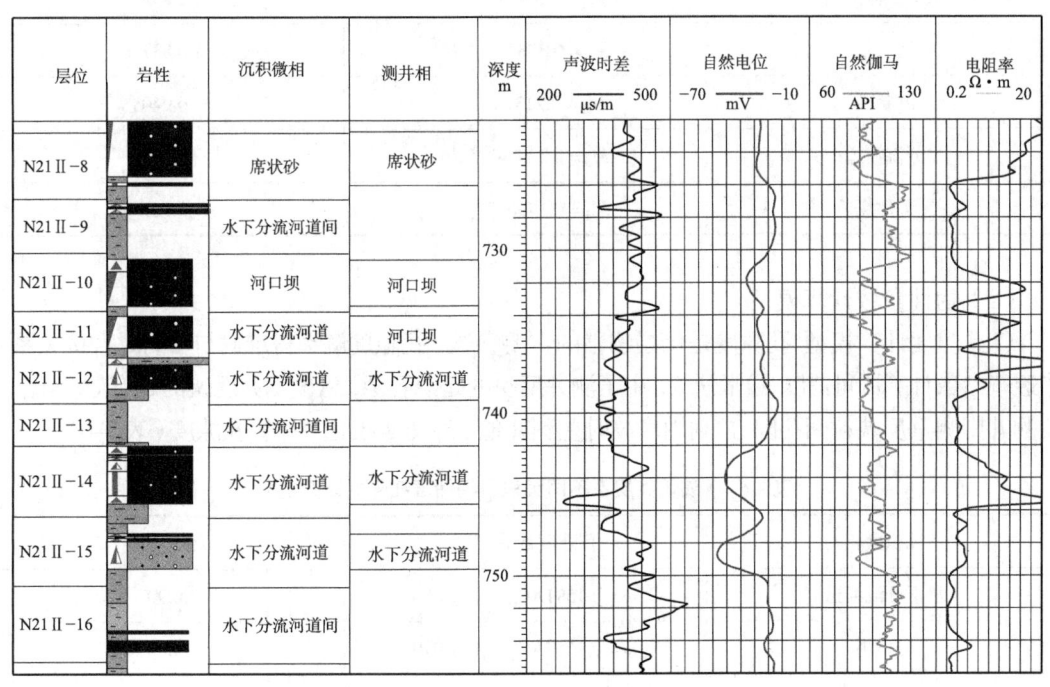

图5-19 Y油田454井测井相分析图（据郭智，2011）

将测井相参数的算法和测井相方程编入计算机程序，在划分渗透层的基础上，运用所建的判别公式，可计算任一深度段内的单砂体的测井相参数，从而判别某个单砂体的测井相类型。

对于非渗透层，因其对油田生产开发意义不大，故未判断测井相。确定某个单砂体处于哪个层位、层系，如何在程序中求取单砂体的测井相特征参数是研究的难点。

2）测井储层参数计算模型

在储层四性关系分析的基础上，结合勘探开发动态资料和经验公式，建立沉积相带约束的储层岩性、物性、含油性参数计算模型。

（1）岩性参数计算模型

①泥质含量计算模型。泥质含量不仅可反映岩性信息，在划分储层、判断沉积环境等方面有重要的作用，而且与孔隙度、渗透率、含水饱和度和束缚水饱和度等储层参数关系密切。常利用SP、GR曲线计算泥质含量效果较好。

$$V_{sh} = \frac{2^{SHI \cdot GCUR} - 1}{2^{GCUR} - 1} \tag{5-38}$$

式中　GCUR——经验系数，取3.7或2；

V_{sh}——泥质含量，小数；

SHI——采样点的自然伽马、自然电位响应值。

②粒度中值计算模型。粒度中值反映岩石颗粒的粗细。粒度中值随着泥质含量的增加而成指数递减（表5-5）。

表5–5　Y油田某层系不同沉积微相储层粒度中值计算模型

沉积微相	粒度中值计算模型	相关系数
水下分流河道	$M_d = 0.3297 e^{-0.077 V_{sh}}$	0.895
河口坝	$M_d = 0.3087 e^{-0.0741 V_{sh}}$	0.837
席状砂	$M_d = 0.2137 e^{-0.053 V_{sh}}$	0.940
分流河道	$M_d = 0.2297 e^{-0.0925 V_{sh}}$	0.804
天然堤	$M_d = 0.1436 e^{-0.0734 V_{sh}}$	0.829

（2）物性参数计算模型

①孔隙度计算模型。孔隙度是储层物性的重要参数，孔隙度解释得准确与否同时直接关系到渗透率参数计算的可信度。通常认为，中子测井反映的是总孔隙，密度测井反映的是有效孔隙，声波测井则侧重反映粒间孔隙。常利用声波时差测井值（经压实校正）计算孔隙度（表5-6）。

表5–6　Y油田某层系不同沉积微相储层孔隙度计算模型

沉积微相	孔隙度计算模型	相关系数
水下分流河道	$\phi = 0.1591 AC_{校正后} - 26.086$	0.90
河口坝	$\phi = 0.1657 AC_{校正后} - 27.979$	0.85
席状砂	$\phi = 0.1603 AC_{校正后} - 25.994$	0.81
分流河道	$\phi = 0.1536 AC_{校正后} - 24.999$	0.89
天然堤	$\phi = 0.1489 AC_{校正后} - 23.521$	0.86

②渗透率计算模型。渗透率与孔隙度、粒度中值、分选系数、泥质含量等参数有关。常通过孔隙度来近似回归渗透率得到各沉积微相的渗透率计算模型（表5-7）。

表5-7 Y油田某层系不同沉积微相储层渗透率计算模型

沉积微相	渗透率计算模型	相关系数
水下分流河道	$K = 0.1992e^{0.2696\phi}$	0.81
河口坝	$K = 0.3431e^{0.2491\phi}$	0.80
席状砂	$K = 0.6264e^{0.2175\phi}$	0.80
分流河道	$K = 0.2883e^{0.2485\phi}$	0.84
天然堤	$K = 0.2107e^{0.2602\phi}$	0.86

（3）含油性参数计算模型

①地层水电阻率计算模型。分别计算勘探阶段和开发初期阶段的地层水电阻率。对于勘探阶段或未注水的开发初期阶段，在水分析化验资料研究的基础上，采用董立普可变系数法将地层水矿化度转化为等效氯化钠溶液矿化度，确定该矿化度和地层深度下的地层水电阻率（表5-8）。

表5-8 Y油田某层系原始地层水分析数据表

井号	地层	顶深，m	底深，m	水型	总矿化度，10^{-6}	等效NaCl矿化度，10^{-6}	地层水电阻率，$\Omega \cdot m$
Y374	N_2^1	928.70	973.70	$CaCl_2$	34712	34059.90	0.10
Y144	N_2^1	905.40	972.60	$CaCl_2$	66583	65360.20	0.08
Y263	N_2^1	878.60	1009.40	$CaCl_2$	74576	72453.10	0.08
Y343	N_2^1	908.80	939.60	$CaCl_2$	76151	75303.96	0.07
Y274	E_3^1	1694.80	1748.00	$CaCl_2$	89167	87997.46	0.07
Y274	E_3^1	1694.80	1748.00	$CaCl_2$	111844	108737.30	0.05
跃66	E_3^1	2208.80	2217.20	$CaCl_2$	122916	119705.20	0.05

油田注水开发以后，原始的地层水电阻率发生变化。开发中后期阶段的混合滤液电阻率与地层温度、静自然电位、钻井液电阻率、钻井液密度等有着较复杂的相关关系。在研究试油层段温度随深度变化的基础上，按经验公式计算研究区的混合滤液电阻率：

$$T = 10.266 + 0.033h \tag{5-39}$$

$$R_{mf} = (2.169 - 1.1\rho_m) R_m / [1 + 0.0276(T-18)] \tag{5-40}$$

$$K_c = 70.7(273+T)/298 \tag{5-41}$$

$$R_z = 10^{-SSP/K_c} R_{mf} \tag{5-42}$$

式中 T——温度；

h——埋深；

R_{mf}——钻井液滤液电阻率；

R_m——钻井液电阻率；

R_z——混合滤液电阻率；

ρ_m——钻井液密度；

K_c——和温度有关的系数；

SSP——静自然电位。

②含油饱和度计算模型。目前普遍使用的以砂岩为骨架模型的阿尔奇公式计算含油饱和度，其计算模型为

$$S_w = [abR_w/(\phi^m R_t)]^{1/n} \tag{5-43}$$

$$S_o = 1 - S_w \tag{5-44}$$

其中，a、b、m、n值是通过取样模拟地下条件进行岩电试验获取。a、b为与岩性有关的岩性系数；m是与岩石胶结、孔隙结构有关的胶结指数；n是与油、气、水在孔隙中分布情况有关的饱和度指数。

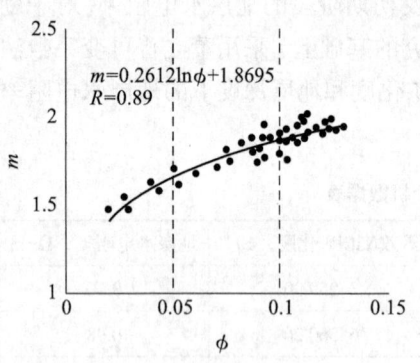

图5-20 演武地区长8段储层ϕ—m关系
（据马宝全，2018）

岩电参数是利用阿尔奇公式能否准确计算含水饱和度的基础，所涉及参数主要与储层的微观颗粒体系等因素有关。例如，在长庆油田演武地区长8段低渗透储层实验发现，岩电参数m与物性参数ϕ之间存在着分段性关联特征（图5-20），即在低孔渗储层内为指数正相关，在高孔渗地区，即使孔隙度变化，m值也会基本保持恒值不变。基于低渗透含油储层F—ϕ的对应关系，利用变m指数计算长8段储层的S_w；在发育微孔隙的储层和发育渗流孔隙的储层采用不同的a、m值。

③油水相对渗透率计算模型。根据岩心相对渗透率的分析化验结果，建立不同沉积微相油、水相对渗透率解释模型（表5-9、表5-10）。

表5-9 演武地区长8段油相对渗透率（K_{ro}）计算模型

沉积微相	计算模型	相关系数
水下分流河道	$K_{ro}=0.0562(1-S_w-S_{or})^2-0.3253(1-S_w-S_{or})+0.2925$	0.95
河口坝	$K_{ro}=0.0605(1-S_w-S_{or})^2-0.5589(1-S_w-S_{or})+1.4918$	0.97
分流河道	$K_{ro}=0.0204(1-S_w-S_{or})^2+0.7987(1-S_w-S_{or})-6.1678$	0.86

表5-10 演武地区长8段水相对渗透率（K_{rw}）计算模型

沉积微相	计算模型	相关系数
水下分流河道	$K_{rw} = 18.382[(S_w-S_{wi})/(1-S_{wi}-S_{or})]^{1.1319}$	0.96
河口坝	$K_{rw} = 16.781[(S_w-S_{wi})/(1-S_{wi}-S_{or})]^{1.0716}$	0.98
分流河道	$K_{rw} = 7.7413[(S_w-S_{wi})/(1-S_{wi}-S_{or})]^{1.6005}$	0.81

④束缚水、残余油饱和度模型。研究表明，束缚水饱和度（S_{wi}）与孔隙度，残余油饱和度（S_{or}）与束缚水饱和度（S_{wi}）都具有较好的负相关关系。

束缚水饱和度解释模型：
水下分流河道： $S_{wi}=81.94e^{-0.0277\phi}$，$R=0.812$
河口坝： $S_{wi}=102.32e^{-0.0742\phi}$，$R=0.845$

残余油饱和度解释模型：
水下分流河道： $S_{or}=-0.4772S_{wi}+40.198$，$R=0.815$
河口坝： $S_{or}=-1.0055S_{wi}+54.76$，$R=0.796$

⑤产水率模型：

$$F_w = 1/[1+(K_{ro}\mu_w)/(K_{rw}\mu_o)] \tag{5-45}$$

式中 μ_o、μ_w分别为油和水在地下条件下的黏度。

综上所述，沉积微相约束的储层参数计算模型建立的关键是根据不同沉积微相，用不同的模型来表征储层参数随沉积相带的变化在空间的分布，是测井与地质结合的新思路和新方法，是求准储层参数的重要途径。

3. 成岩相约束的测井储层参数计算模型建立

1）基于成岩相约束的储层孔隙结构参数计算模型

（1）储层品质指数计算模型

储层品质指数R_{QI}可作为连接储层宏观与微观参数的纽带。利用研究区毛细管压力曲线数据分析所得的毛细管弯曲度τ（无量纲）、形状因子F_s（无量纲）、孔隙半径r（μm）等微观孔隙结构特征参数可以计算储层品质指数R_{QI}：

$$R_{QI}=\sqrt{\frac{K}{\phi_e}}=\frac{\gamma}{2\sqrt{F_s}\tau} \tag{5-46}$$

式中 K——渗透率，$10^{-3}\mu m^2$；
ϕ_e——有效孔隙度，%。

从储层品质指数R_{QI}的微观计算式可以看出，它减小时，毛细管变细或弯曲度变大；由宏观计算式可以看出，它与渗透率和孔隙度相关。

基于成岩相约束的储层孔隙结构参数计算的核心是基于成岩相分类求取储层品质指数。以成岩相作为求取储层品质指数的地层单元，在这类地层单元中，利用测井数据求取储层品质指数R_{QI}，再利用储层品质指数计算式[式（5-46）]求取孔隙结构参数。

根据岩心段测试分析数据，分析储层品质指数R_{QI}与测井曲线的相关性。例如，将取心段的储层品质指数R_{QI}与测井曲线数据（自然伽马GR、岩性密度DEN、电阻率RT、补偿中子CNL、中子—密度视石灰岩孔隙度差ϕ_{ND}等）进行多元回归，形成的关系式为

$$R_{QI}=aGR+bDEN+cCNL+dRT+e\phi_{ND}+f \tag{5-47}$$

式中 a、b、c、d、e、f——常数。

例如，长庆油田演武地区长8段建立的不同成岩相的储层品质指数R_{QI}测井计算模型如下：

①基于绿泥石衬边弱溶蚀成岩相的储层品质指数R_{QI}测井计算模型：

$$R_{QI}^1=-0.23GR+2.17DEN-3.1CNL+2.17RT+11.7\phi_{ND}+63.2 \tag{5-48}$$

②基于不稳定组分溶蚀成岩相的储层品质指数R_{QI}测井计算模型：

$$R_{QI}^2 = 0.18GR + 2.15DEN - 2.13CNL + 3.26RT - 11.25\phi_{ND} + 23.12 \quad (5-49)$$

③基于高岭石填充成岩相的储层品质指数 R_{QI} 测井计算模型:

$$R_{QI}^3 = -1.03GR + 21.2DEN + 1.27CNL + 4.26RT - 2.34\phi_{ND} + 7.85 \quad (5-50)$$

④基于碳酸盐胶结成岩相、压实致密成岩相的储层品质指数 R_{QI} 测井计算模型:

$$R_{QI}^4 = 0.25GR + 3.15DEN - 2.12CNL - 1.98RT - 24.15\phi_{ND} + 1.84 \quad (5-51)$$

(2) 储层微观孔隙结构参数计算模型

以 R_{QI} 作为连接储层微观参数和储层宏观物性的间接参数,利用 R_{QI} 计算储层微观孔隙结构参数。统计分析取心段样品的物性分析数据和岩石显微镜下观察结果,得到储层品质指数 R_{QI} 与平均孔喉半径(r_m)和排替压力(p_{cd})之间的定量关系(图5-21、图5-22),即微观孔隙结构参数计算模型:

$$r_m = 0.0981 R_{QI} + 0.9752 \quad (5-52)$$

$$p_{cd} = 3.1425 R_{QI}^{-1.1904} \quad (5-53)$$

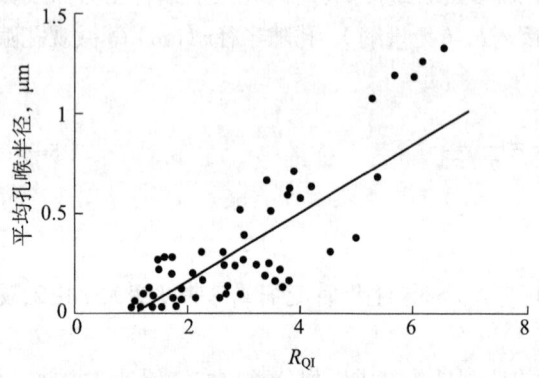

图5-21 储层品质指数与平均孔喉半径关系

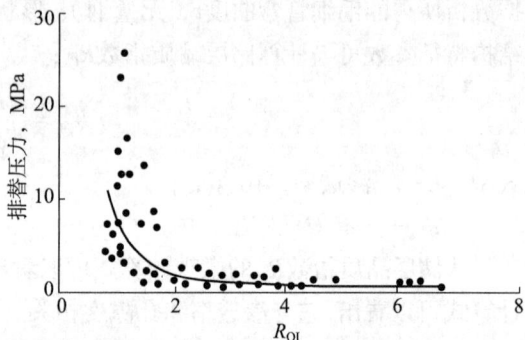

图5-22 储层品质指数与排替压力关系

2) 基于成岩相约束的储层物性参数计算模型

将取心段不同类型成岩相的储层物性参数与测井数据进行多元回归统计,建立基于成岩相约束的储层物性参数测井计算模型。例如,长庆油田演武地区长8段建立的模型如下:

基于绿泥石衬边弱溶蚀成岩相的储层物性参数计算模型为

$$\phi = 0.15AC - 15.57DEN + 20.54 \quad (5-54)$$

$$\lg K = 0.424\phi - 2.18 \quad (5-55)$$

式中 ϕ——孔隙度,%;

K——渗透率,$10^{-3}\mu m^2$。

基于不稳定组分溶蚀成岩相的储层物性参数计算模型为

$$\phi = -22.58AC - 2.98\Delta GR + 70.24 \quad (5-56)$$

$$\Delta \mathrm{GR} = \frac{\mathrm{GR} - \mathrm{GR}_{\min}}{\mathrm{GR}_{\max} - \mathrm{GR}_{\min}} \quad (5\text{-}57)$$

$$\lg K = 0.16\phi + 0.011\Delta \mathrm{GR} - 1.58 \quad (5\text{-}58)$$

式中 GR——自然伽马值，API；

GR$_{\max}$——目的层段纯泥岩自然伽马值，API；

GR$_{\min}$——目的层段纯砂岩自然伽马值，API。

基于高岭石填充成岩相的储层物性参数计算模型为

$$\phi = -37.64\mathrm{DEN} + 103.54 \quad (5\text{-}59)$$

$$\lg K = 0.167\phi - 1.37 \quad (5\text{-}60)$$

基于碳酸盐胶结成岩相、压实致密成岩相的储层物性参数计算模型为

$$\phi = -23.58\mathrm{DEN} + 73.54 \quad (5\text{-}61)$$

$$\lg K = 0.65\phi - 1.47 \quad (5\text{-}62)$$

四、测井储层参数计算

1. 测井多井解释及储层参数计算

1）利用测井资料和计算模型进行储层参数计算

（1）沉积相约束

以建立的储层参数计算模型和测井相模型为依据，在进行关键井检验的基础上，按沉积微相带进行测井精细处理及解释，在解释过程中，先划分砂体，再判别测井相，根据每个砂体的层系和测井相，代入一套相应的模型进行计算，分别按层按点输出各种储层参数计算结果，研究内容主要包括处理参数的选择、细分层处理、沉积微相约束、关键井检验、多井处理与解释等（图5-23）。

（2）成岩相约束

①利用测井曲线求取的储层品质指数R_{QI}值计算储层的微观孔隙结构参数，实现非取心井的储层微观孔隙结构参数计算（图5-24）。

对比分析测井计算的参数值与岩心分析的参数值，发现二者的相关度较高（图5-25）。因此可以认为，基于成岩相约束的利用测井数据计算储层品质指数R_{QI}和孔隙结构参数的方法是可靠的。

②利用成岩相约束的储层物性参数计算模型和测井数据可以求取研究区未取心井段的孔隙度、渗透率。对比分析表明，基于成岩相相约束的岩心分析孔隙度、岩心分析渗透率计算值具有很高的准确性（图5-26、图5-27）。

2）利用核磁共振测井计算储层参数

（1）计算孔隙度

核磁共振测井计算孔隙度的物理基础是核磁共振初始幅度与岩石中的氢元素含量成正比。因此，可以用回波串初始幅度计算储层的孔隙度。不同孔径的流体具有不同的弛豫特性，以多指数衰减的形式包含在回波串中。可以用反演的方法计算出与之对应的弛豫特性，即T_2谱，从而用T_2谱计算区间孔隙度。

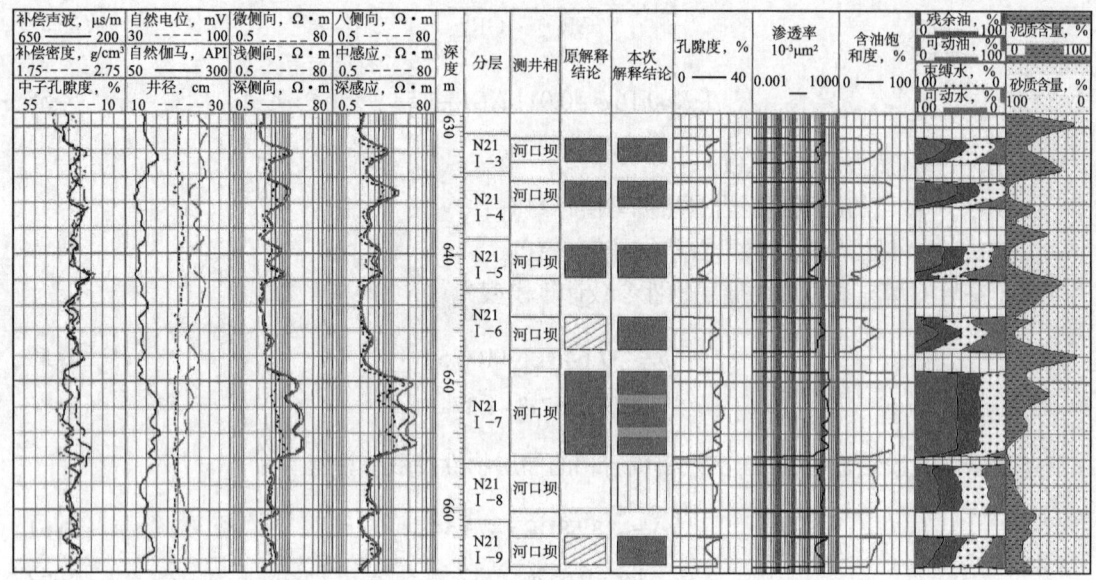

图5-23 Y油田Y4-16井测井解释成果图(据郭智,2011)

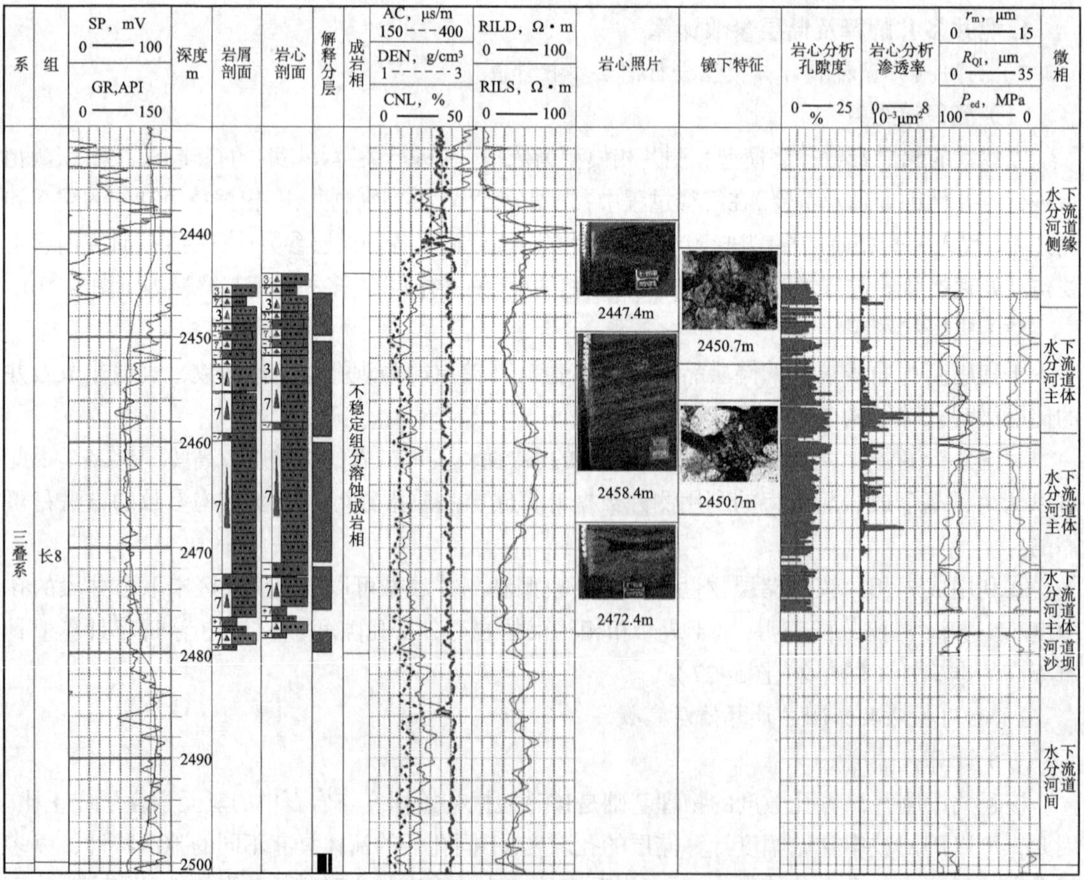

图5-24 利用常规测井资料计算储层微观孔隙结构参数成果图(Z277井)(据马宝全,2018)

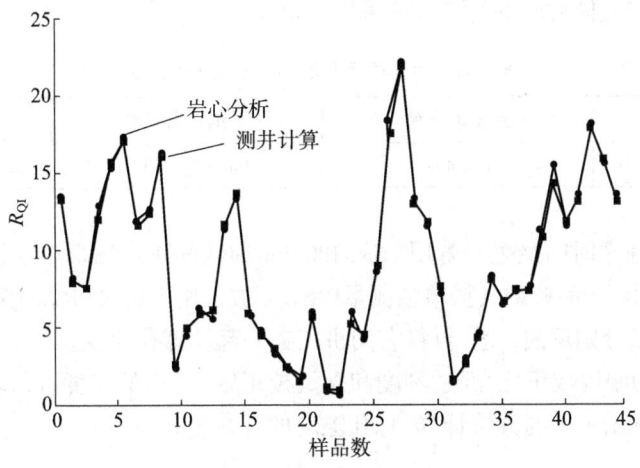

图5-25 岩心分析与测井计算对比（据马宝全，2018）

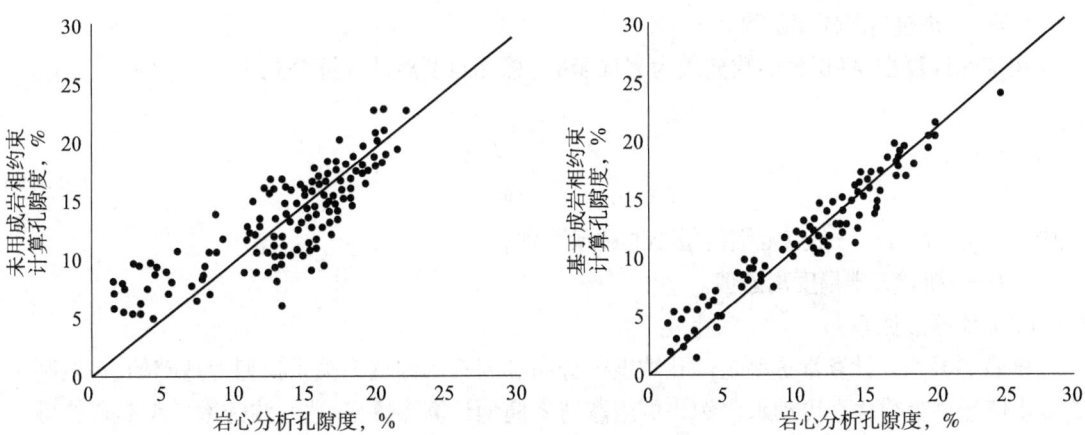

图5-26 成岩相约束测井计算孔隙度与岩心分析孔隙度对比（据马宝全，2018）

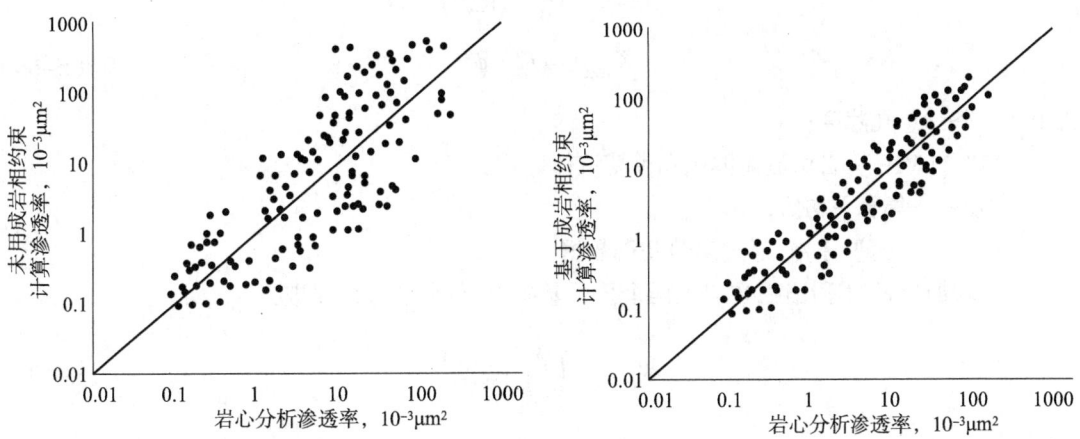

图5-27 成岩相约束测井计算渗透率与岩心分析渗透率对比（据马宝全，2018）

不同孔隙度中的流体对应的T_2弛豫时间区间如表5-11所示。

表5-11 流体赋存状态与弛豫时间T_2关系

流体赋存状态	黏土束缚水	毛细管束缚水	自由流体
T_2，ms	$T_2<4\text{ms}$	$4\text{ms}<T_2<33\text{ms}$	$T_2>33\text{ms}$

黏土束缚水的弛豫时间最短，若用3.6ms和0.9ms回波间隔观测很难记录到它的回波信息，会造成总孔隙度偏小。P型核磁共振单独测量PR组回波，用于记录PR黏土束缚水弛豫信息。用A组回波和PR组回波分别反演T_2谱，再将它们拼接在一起计算孔隙度。

孔隙度与T_2谱的幅度成正比。经过刻度和含氢校正后，T_2谱的幅度可以表示流体的孔隙度。流体孔隙度可以用积分T_2谱的方法计算。总孔隙度的计算公式为

$$\phi_\text{t} = \int_{T_{2\min}}^{T_{2\max}} f(T_2)\text{d}T_2 \tag{5-63}$$

式中 $T_{2\min}$、$T_{2\max}$——孔隙度最小值和最大值对应的T_2弛豫时间；

f——拼接T_2谱幅度函数。

在实际计算中，将积分函数离散为累加函数，总孔隙度离散计算公式为

$$\phi_\text{t} = \sum_{i=T_{2\min}}^{T_{2\max}} f_i \tag{5-64}$$

式中 $T_{2\min}$、$T_{2\max}$——布点范围的最小值和最大值；

f——拼接T_2谱幅度离散值。

（2）计算渗透率

核磁共振测井计算渗透率是以孔隙度的分布和岩石的渗透率关系模型为基础的。一般利用T_2截止值计算束缚水和可动水比例，再用渗透率模型计算渗透率。这些渗透率模型是以核磁共振实验为依据，经过分析后提出的，其中经典的模型为Coates模型和SDR模型：

$$K_\text{Coates} = \left(\frac{\phi}{C}\right)^4 \left(\frac{\text{FFI}}{\text{BVI}}\right)^2 \tag{5-65}$$

$$K_\text{SDR} = \alpha T_{2\text{gm}}^2 \phi^4 \tag{5-66}$$

式中 ϕ——总孔隙度；

FFI、BVI——自由流体体积和束缚流体体积；

$T_{2\text{gm}}$——集合平均值；

C、α——经验系数，通过实验获得数据。

为了增加公式的适用性，在以上两个公式基础上，可分别进行改进：

$$K_\text{Coates} = \left(\frac{\phi}{C}\right)^m \left(\frac{\text{FFI}}{\text{BVI}}\right)^n \tag{5-67}$$

$$K_\text{SDR} = \alpha T_{2\text{gm}}^n \phi^m \tag{5-68}$$

式中 m、n——地区经验参数。

2. 测井储层参数计算效果分析

1）依据测井解释模型计算效果分析

（1）测井计算参数值与岩心分析测试数据比较分析

按照相同的纵横比例绘制，长度代表岩心样品测试值的离散杆状线，经深度归位后，与测井计算参数重叠在一起显示比较。由图5-28可以看出，测井计算的孔隙度、渗透率与岩心分析测试的孔隙度、渗透率趋势基本一致，除个别数据点有差别外，其他结果吻合较好。

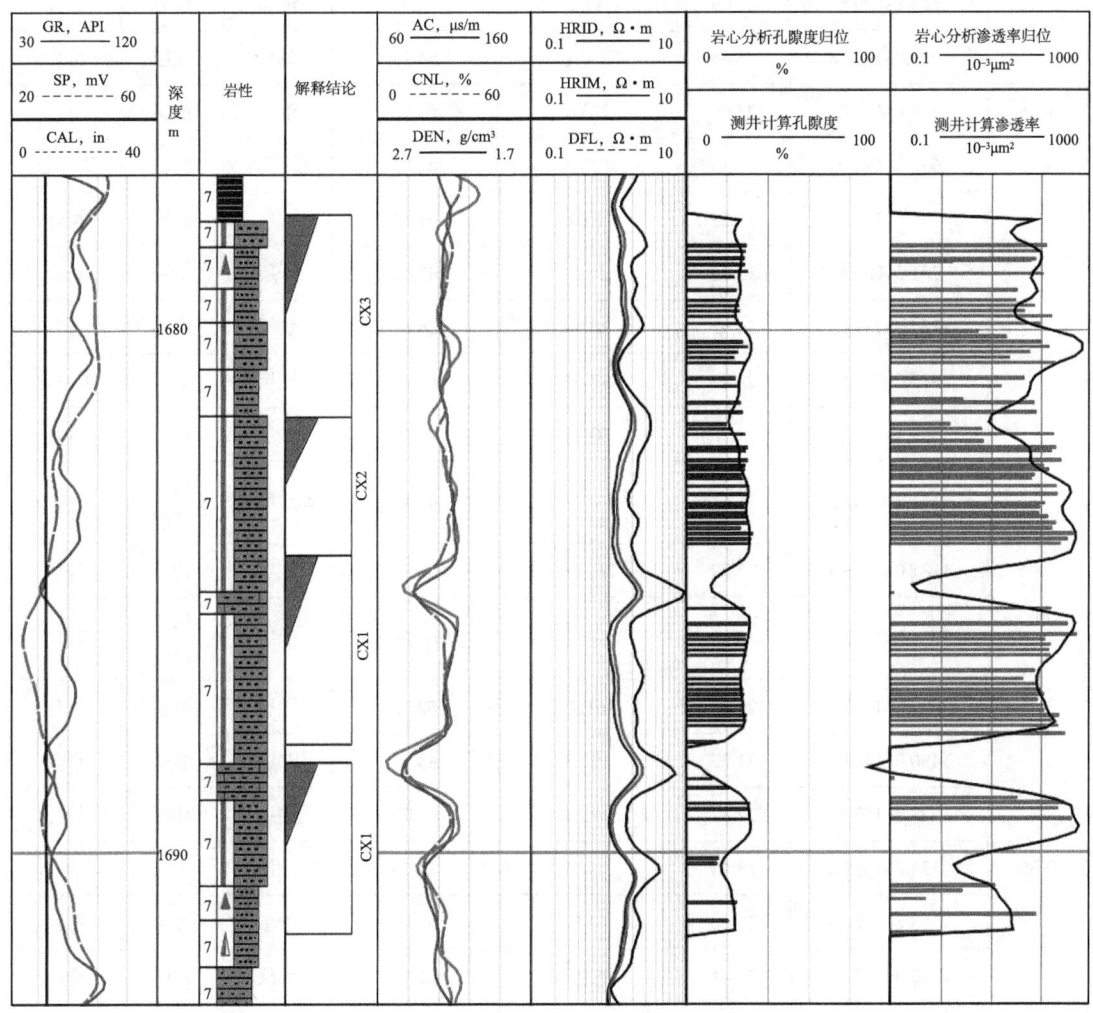

图5-28　某地区W149井测井计算参数结果与岩心分析测试结果对比（据栾东肖，2014）

（2）测井计算参数值与试油数据比较分析

选择若干个单层，将测井计算参数值通过试油数据检验，如表5-12所示，在24个单层中有20个层符合，符合率达到83.33%。

图5-29为Y油田Y264井测井解释效果图，由图可知，孔隙度、渗透率、泥质含量和取心分析化验值基本一致，数据形态对应较好。试油层段深度1760~1806m，日产油21.23t、产水2.61t，对应岩性剖面的粒度相对较粗，为中—细砂岩，孔、渗值较大，含油级别为含油、油浸、油斑，自然电位、自然伽马特征明显，电阻率显高值，解释为油层、油水同层，与试油结果相符。

表5–12　Y油田测井解释结果与试油结果比较

井名	深度段，m	测井解释结果			解释结论	试油结果	符合情况
		孔隙度，%	渗透率，$10^{-3}\mu m^2$	含油饱和度，%			
174	1182.0~1184.4	22.31	164.3	62.77	油层	油层	符合
	1318.3~1320.8	14.62	90.1	45.81	油层	油层	符合
373	888.8~890.6	22.09	85.4	43.04	油层	油层	符合
	1019.0~1020.8	26.55	259.1	54.18	油层	油层	符合
445	616.8~621.6	24.69	233.6	63.26	油层	油层	符合
	666.6~674.0	23.16	138.8	42.83	油水同层	油层	不符合
	705.4~707.4	16.23	40.0	61.63	油层	油层	符合
454	701.0~703.6	15.51	14.5	42.52	干层	干层	符合
	734.0~739.2	16.65	25.03	56.61	油层	油层	符合
	912.6~915.0	28.23	372.1	68.31	油层	干层	不符合
	1098.4~1101.0	27.98	306.5	70.34	油层	油层	符合
	1143.4~1146.0	15.61	31.1	41.86	油水同层	油水同层	符合
	1181.0~1186.4	25.79	267.54	58.81	油层	油层	符合
	1231.2~1233.4	28.58	330.5	62.38	油层	低产油层	不符合
	1682.8~1692.4	20.88	61.7	62.23	油层	油层	符合
Y66	1490.0~1493.0	21.52	195.8	43.94	油层	油层	符合
	1528.7~1533.7	22.87	493.4	64.72	油层	油层	符合
	1556.6~1558.8	18.44	77.3	47.76	油层	干层	不符合
	1558.8~1562.6	18.60	61.9	51.92	油层	油层	符合
	1270.8~1272.6	21.41	53.9	51.42	油层	油层	符合
Y71	1043.6~1046.8	16.80	36.6	26.96	水层	水层	符合
	1054.8~1059.4	23.33	538.2	55.77	油层	油层	符合
	1968.8~1973.6	16.09	16.5	49.67	油层	油层	符合
	2009.2~2014.8	14.95	12.5	63.12	油层	油层	符合

2）核磁共振测井计算效果分析

图5-30为某地区某井利用核磁共振测井计算孔隙度和渗透率的实例，与岩心分析测试的孔隙度和渗透率比较，吻合度较好。

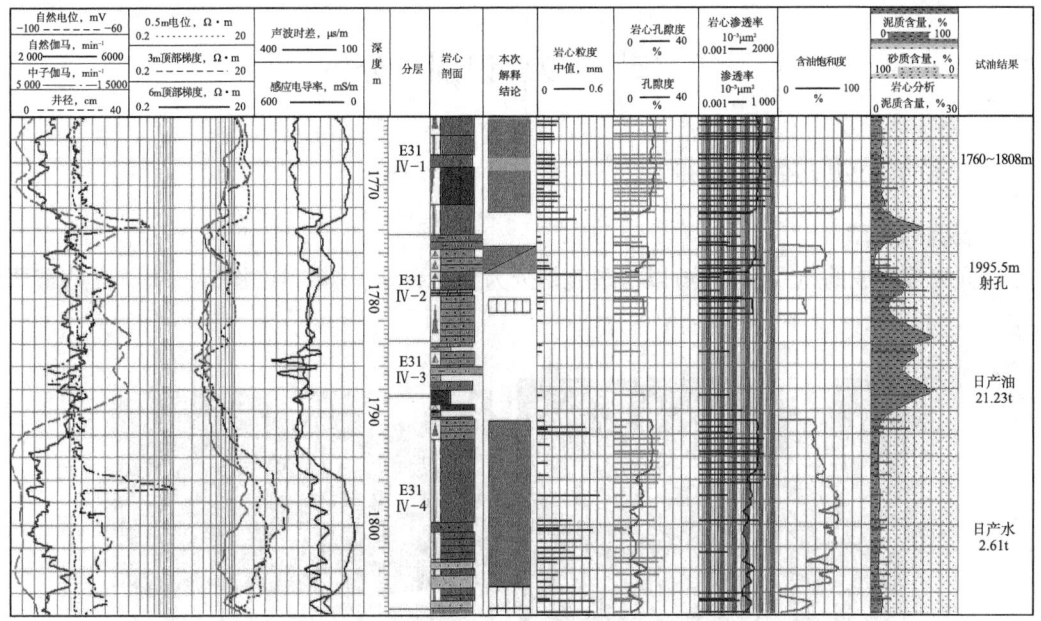

图5-29　Y油田Y264井测井解释效果图（据郭智，2011）

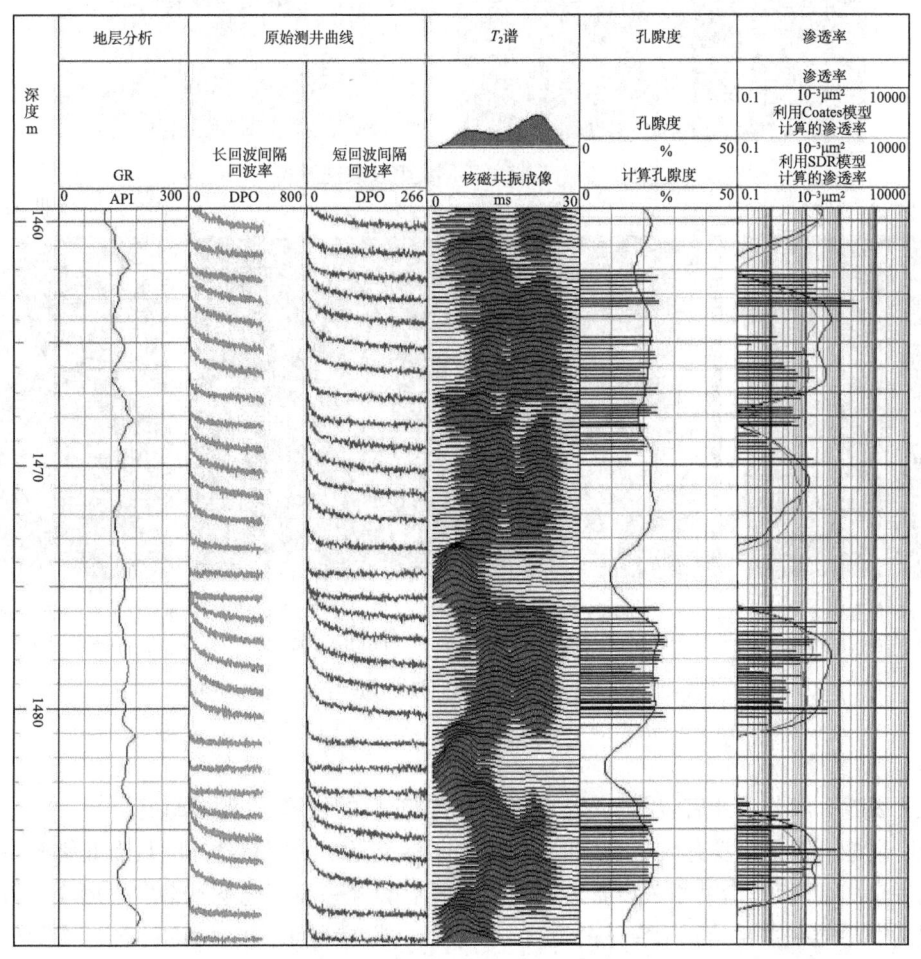

图5-30　某地区某井核磁共振测井计算孔隙度、渗透率效果图（据魏佳音，2013）

第二节　裂缝识别与分析

一、裂缝的测井响应特征

1. 裂缝的类型

根据裂缝形成的原因，一般可以将裂缝划分为天然裂缝（图5-31、图5-32）、人工裂缝两种类型。

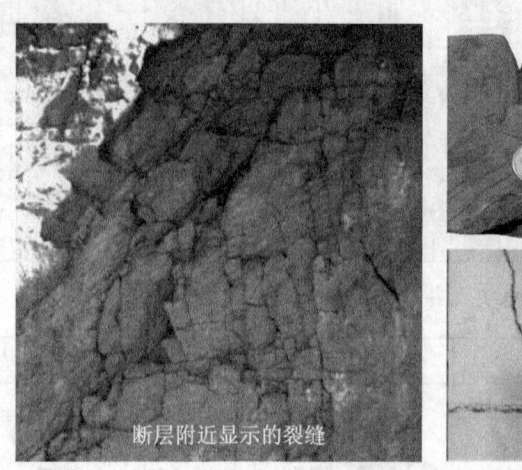

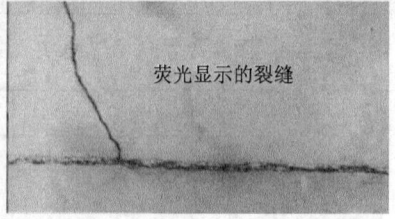

图5-31　裂缝的不同类型及表现形式

 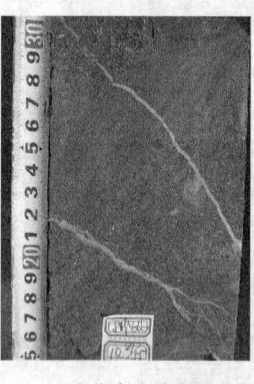 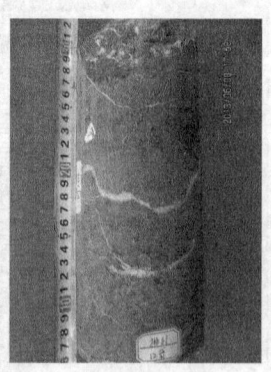 

（a）高角度缝　　　　（b）斜交缝　　　　（c）低角度缝　　　　（d）网状缝
（P666井，1069m）　（P666井，1062.8m）　（P61井，1000.2m）　（P60井，765.6m）

图5-32　不同倾角裂缝岩心照片（据温雅茹，2016）

1）天然裂缝

天然裂缝一般分为开启裂缝、变形裂缝、被矿物充填的裂缝、孔洞裂缝等。

开启裂缝一般是指没有成岩物质的裂缝，判断标准是：沿着裂缝方向具有非常鲜明的氧化染色或者李泽冈环带。借助相关设备可以发现，开启裂缝一般情况下不会发生形变。不仅如此，开启裂缝的渗透率主要受原始裂缝的宽度、破裂面的粗糙程度、接触面积、原始有效应力沿破裂面法线的分量等因素影响。

变形裂缝一般是指原始裂缝滑动所形成的裂缝。大多数情况下，变形裂缝充满了细粒磨蚀物，这种充填物极大地降低了裂缝的横向渗透率，不仅如此，因为断层泥的含水饱和度相对比较高，所以一般会存在大量的液体。而且通常情况下，变形裂缝非常容易观察，这是由于相对于岩石，断层泥物质具有更强的抗风化性。虽然变形裂缝一般出现在孔隙性砂岩中，但是研究人员在页岩以及石灰岩中也发现了变形裂缝的存在。擦痕面是指沿裂缝口所形成的磨光面或者条纹面。擦痕面在一定程度上，有效降低了横向渗透率。变形裂缝一般既存在擦痕面，又存在断层泥，这两者同时也是辨识变形裂缝的标志。

被矿物充填的裂缝一般是指充满成岩矿物的裂缝，简称充填裂缝。充填物的成分大多是碳酸盐矿物以及石英等物质。不仅如此，充填矿物一般会阻碍流体的运动。这种类型的裂缝有时会经过多个周期、多次填充才能够形成，例如美国Tuscarora砂岩中的变形裂缝，经历了4个填充周期才得以形成。

孔洞裂缝一般是指基质被溶蚀后所形成的孔洞。孔洞裂缝通常在碳酸盐岩以及喀斯特地层当中发育而成。

2）人工裂缝

人工裂缝分为压裂缝、诱导缝和应力释放缝。

2. 测井响应特征

1）岩性测井

①井径测井：在裂缝发育层段，井径测井曲线一般容易出现缩径现象。

②自然电位测井：自然电位曲线主要反映地层的渗透率，裂缝在改善储层渗透率的同时，往往使自然电位曲线的异常更加明显。

③伽马测井和伽马能谱测井：在某些地区，由于裂缝层段的地下水的活动很活跃，地下水中溶解的铀元素被离析，并沉积在裂缝周围的井壁上，造成铀元素富集，常规自然伽马测井与自然伽马能谱测井在裂缝带处显示出铀含量的增加。

④岩性密度测井(LDT)：该测井方法主要记录地层光电吸收截面指数(P_e)。地层光电吸收截面指数受孔隙度和饱和度的影响较小。在重晶石钻井液的井中，重晶石的P_e值是一般岩石的几十倍，若张开裂缝中充填了重晶石钻井液，则P_e曲线将会出现异常高尖。

2）电阻率测井

①双侧向测井：双侧向测井对裂缝反映较敏感，是一种较理想的探测裂缝性地层的电阻率测井方法。该方法是通过深侧向(LLD)和浅侧向(LLS)测量值的差异来探测识别裂缝（图5-33），其中，深、浅侧向的纵向特性相同但径向探测深度不同。对于水平裂缝和低角度裂缝，深、浅侧向重合或呈现负幅度差，即$R_{LLD}<R_{LLS}$；对于高角度斜交裂缝，深、浅侧向呈现正幅度差，即$R_{LLD}>R_{LLS}$；对于网状裂缝，双侧向测井在高电阻背景上降低明显，正、负差异交替出现，既有高角度裂缝的特征，也有低角度裂缝特征，变化较大，纵向延伸较长；对于诱导缝，深侧向测井电阻率下降不太明显，深、浅侧向出现明显的"双轨"现象。

②地层微电阻率成像测井(FMI)：在FMI测井成像图中，可以直观地看到层理及裂缝的存在，通常裂缝的电导率值较高，在成像图上显示为黑色，裂缝形态为正弦曲线形态。天然裂缝在成像测井中的分布通常是不规律的，在砂泥岩剖面中，裂缝条纹通常是切割地层层理的明暗条纹。其中，亮色条纹代表高电阻特征，多为高阻矿物（石英、长石、方解石等）填充缝；暗色条纹为低阻特征，多为开启裂缝或由黏土矿物填充的闭合裂缝（图5-34）。在火成岩剖面中，不同类

型的裂缝表现形式不尽相同,常见如图5-35所示的4种类型。

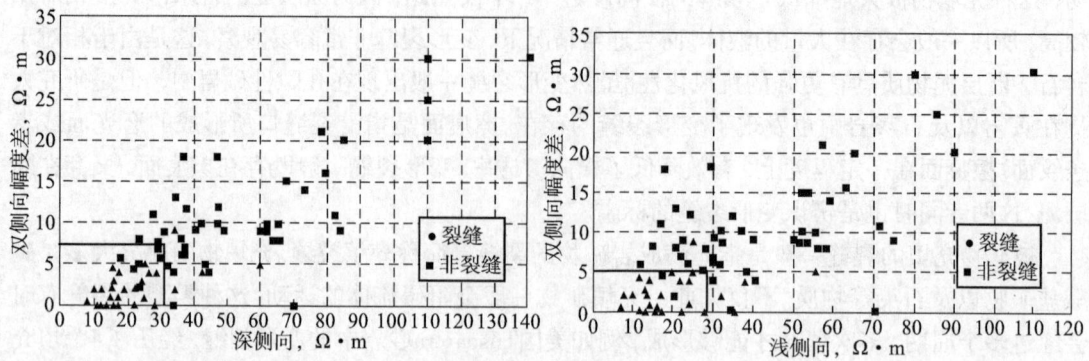

图5-33 深、浅侧向测井值与深、浅侧向测井幅度差交会图上裂缝和非裂缝响应特征(据薛永超等,2010)

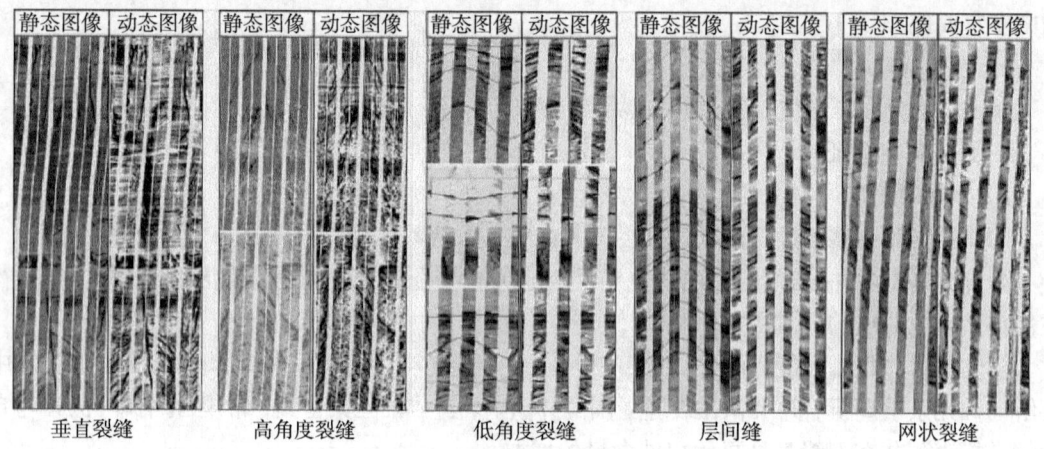

图5-34 青西油田下沟组成像测井裂缝响应特征(据吴丰等,2012)

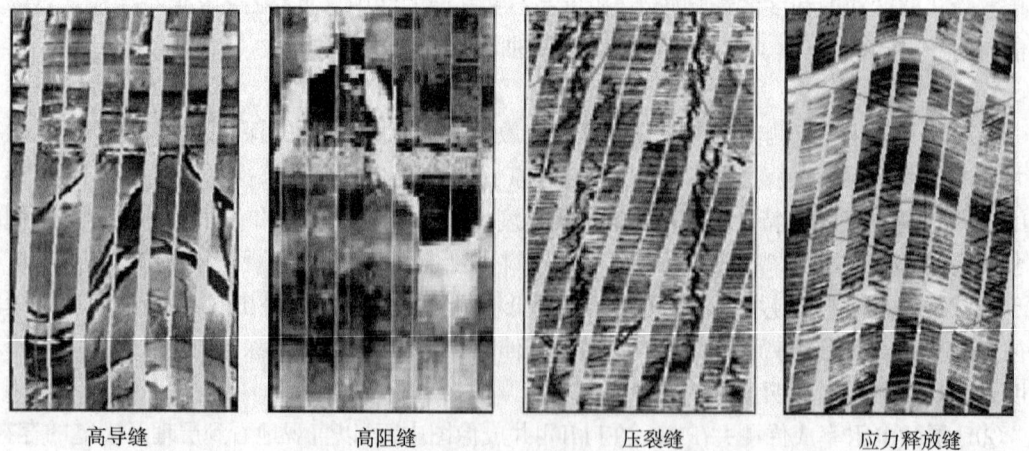

图5-35 成像测井中火成岩裂缝响应的多种形态(据潘保芝,2018)

3)声波测井

①声波速度测井:声波速度测井是通过记录声波在地层中传播的时差来反映裂缝,水平裂

缝会使纵波的声波能量强烈衰减,导致声波时差发生周波跳跃。声波时差对裂缝的显示主要取决于裂缝开启度、发育程度、充填物等。

②声波变密度测井:声波变密度测井主要通过含流体裂缝面使声波波列发生畸变来识别和探测裂缝。通常,有裂缝存在时,声波波列能量衰减、波列转换,使得声波相位、幅度、频率发生变化,出现"人"形、"V"形或扰动的锯齿形,并可以使条带变浅。

4)中子测井

中子测井主要反映地层的含氢量,在含油或含水的裂缝地层中,孔隙被含氢的水或油充满,因此含氢量的多少将反映地层孔隙度的大小。

二、裂缝的测井识别

1. 利用常规测井识别裂缝

常规测井识别裂缝的方法较多,常规方法有多测井曲线综合判断法、模糊模式识别法、综合概率指数法、判别分析法、神经网络模式识别法、图版法、特征参数法、小波变换法、分形维数法等;新方法有电阻率数值反演法、有限元数值模拟法、渗透率差异法、声波横波分裂现象法、分水岭算法、双轴各向异性法、裂缝流体因子法等,图5-36、图5-37是利用常规测井识别裂缝的实例。

以下介绍两种方法。

1)模糊模式识别法

模糊模式识别是在已知总体分类的前提下,对未知或者待测样本通过一定的判别法则进行判别归类,其核心是通过模糊数学中的隶属度函数理论来构建已知的K个标准模糊模型,在模式识别过程中将待定的模糊对象分别与不同的标准进行对照,判别其隶属的模型类型。

该方法在实施过程中,为了降低判别的误差和便于比较,通常会对不同类型的常规测井数据进行归一化处理,使不同量纲的数据都分布在0~1之间。

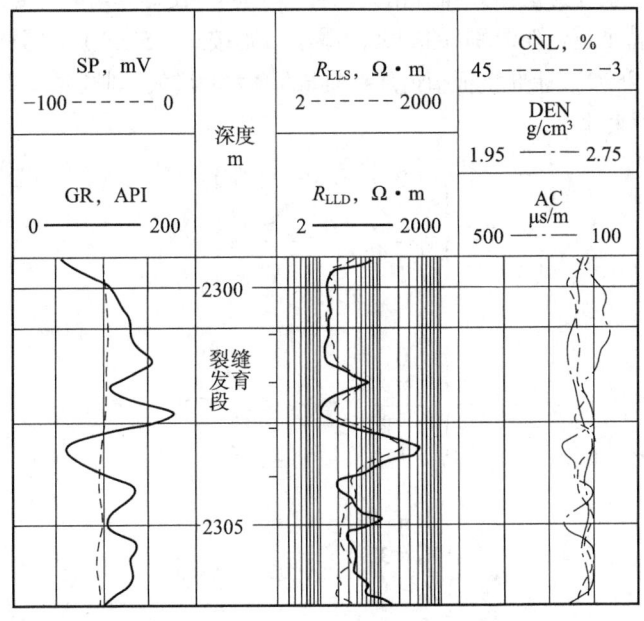

图5-36 利用常规测井曲线综合识别裂缝发育层段(据潘保芝等,2018)

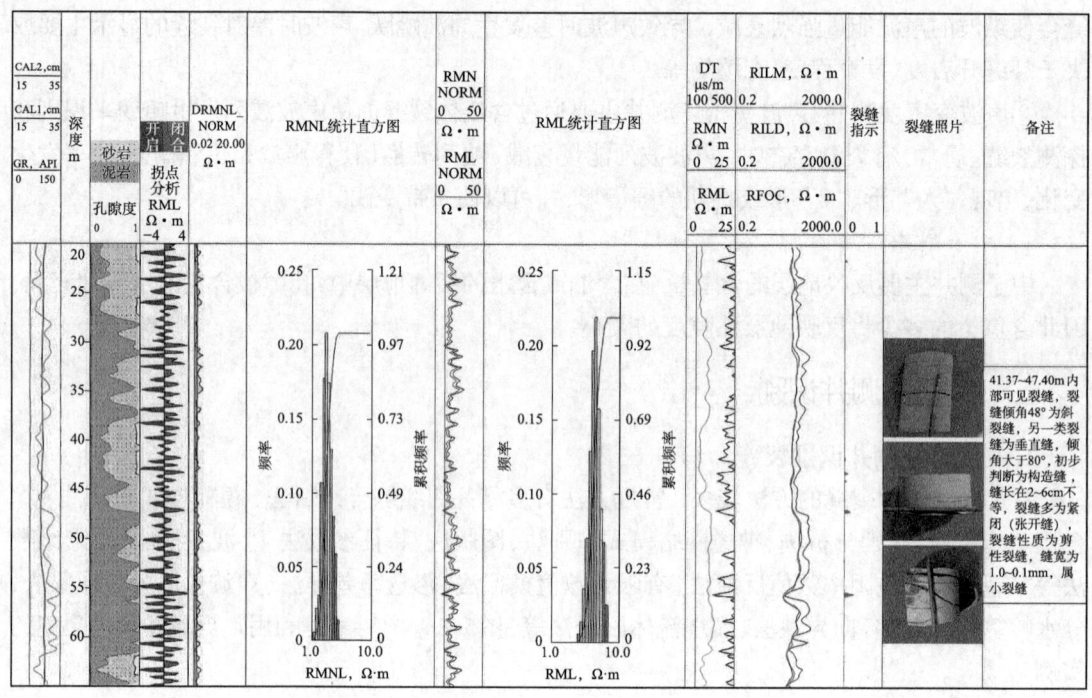

图5-37 延长南部低渗透储层常规测井裂缝识别与岩心描述的对比（据王永东等，2018）

（1）无量纲化处理

设用来反映裂缝发育程度的样本有n个，而每个样本都有m项与裂缝发育有关的测井参数值（简称参数），构成基础识别矩阵$\boldsymbol{X}=(x_{ij})$。其中x_{ij}是样本j参数i的识别数据值，$i=1,2,\cdots,m$；$j=1,2,\cdots,n$。在识别中按照裂缝发育程度分为c个级别，识别参数的标准值为y，则m项参数c级识别标准矩阵$\boldsymbol{Y}=(y_{ih})$。y_{ih}是裂缝发育级别h参数i的标准特征值，$h=1,2,\cdots,c$。

识别参数类型一般分为正相关和负相关两种，不同参数类型其隶属度公式也有所不同。其中第一种参数标准特征值y_{ih}随级别h的增大而减小，则按式（5-69）获得样本值x_{ij}对模糊子集的相对隶属度；第二种参数标准特征值y_{ih}随级别h的增大而增大，则按照式（5-70）获得样本值x_{ij}对模糊子集的相对隶属度。

$$r_{ij}=\begin{cases}0, & x_{ij}\leqslant y_{ic}\\ \dfrac{x_{ij}-y_{ic}}{y_{il}-y_{ic}}, & y_{il}>x_{ij}>y_{ic}\\ 1, & x_{ij}\geqslant y_{il}\end{cases} \tag{5-69}$$

$$r_{ij}=\begin{cases}0, & x_{ij}\geqslant y_{ic}\\ \dfrac{x_{ij}-y_{ic}}{y_{il}-y_{ic}}, & y_{il}<x_{ij}<y_{ic}\\ 1, & x_{ij}\leqslant y_{il}\end{cases} \tag{5-70}$$

$$s_{ih}=\begin{cases}0, & y_{ih}=y_{ic}\\ \dfrac{y_{ih}-y_{ic}}{y_{il}-y_{ic}}, & y_{il}>y_{ih}>y_{ic}\\ 1, & y_{ih}=y_{il}\end{cases} \tag{5-71}$$

$$s_{ih} = \begin{cases} 0, & y_{ih} = y_{ic} \\ \dfrac{y_{ih} - y_{ic}}{y_{il} - y_{ic}}, & y_{il} < y_{ih} < y_{ic} \\ 1, & y_{ih} = y_{il} \end{cases} \qquad (5-72)$$

式中 r_{ij}——样本j参数i的对模糊子集的相对隶属度；

y_{il}、y_{ic}——参数i的1级、c级标准值；

s_{ih}——级别h参数i的标准值对模糊子集的相对隶属度。

用式（5-71）、式（5-72）可将矩阵X与变换为对应的相对隶属度矩阵R和S。

$$R = (r_{ij}) \qquad (5-73)$$

$$S = (s_{ih}) \qquad (5-74)$$

（2）指标权重的确定

在多参数的识别中，不同参数所起到的作用有所不同，因此在识别中的权值大小也应有所区别。目前确定参数的方法有加权法、熵权法、层次分析法和灰色统计法等，以下介绍加权法。计算权重的公式为

$$W_i = \dfrac{c_i / a_i}{\sum\limits_{i=1}^{n} c_i / a_i} \qquad (5-75)$$

式中 W_i——第i个表征裂缝发育程度的参数权重；

c_i——测井参数的数据；

a_i——该测井参数样本点的中心点或代表点。

（3）模糊模式识别确定任意地层裂缝发育程度

在上述研究基础上建立地层裂缝发育模糊识别模型：

$$F_{hj} = \dfrac{1}{\sum\limits_{k=a_j}^{b_j} \left\{ \dfrac{\sum\limits_{i=1}^{m}[w_i(r_{ij} - s_{ih})]^p}{\sum\limits_{i=1}^{m}[w_i(r_{ij} - s_{ik})]^p} \right\}^{\frac{2}{p}}} \qquad (5-76)$$

充填裂缝本身不具备有效的储集空间和渗透性，对提高储层质量、改善储层品质没有贡献。从裂缝的有效性角度出发，按照岩心观察结果与油田实际生产开发需要可将储层裂缝发育程度划分为三类，分别为裂缝发育、裂缝较发育、裂缝不发育。根据实际岩心观察结果，可将已知裂缝发育程度的地层作为训练集样本，优选井径、自然电位、自然伽马、密度、声波时差、中子孔隙度、深侧向电阻率、浅侧向电阻率等样本参数建立三种裂缝发育模式。另取部分已知样本层作为模型检验样本层，选用相同的测井参数作为变量，对检验样本层进行分类识别。表5-13为吉林油田让11井区泉四段储层裂缝发育程度识别模型检验，在25个样品中仅错判3个样品，回判符合率达到88%，说明利用模糊模式识别方法来识别裂缝的发育程度是可行的（图5-38）。

表5–13 模型检验样本分类识别

裂缝类别	检验层数	符合层数	回判符合率
裂缝发育	7	6	0.86
裂缝较发育	12	11	0.92
裂缝不发育	6	5	0.83

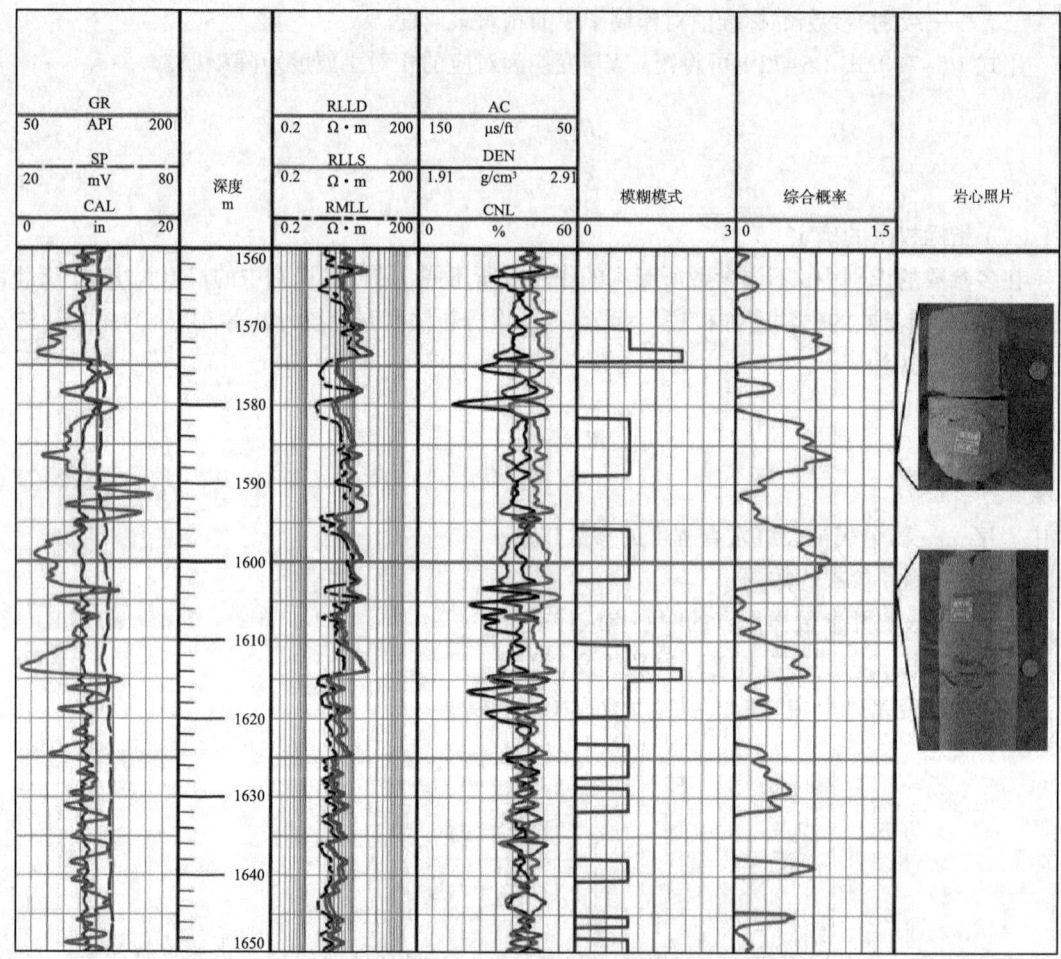

图5–38 吉林油田让27井泉四段致密砂岩储层裂缝综合识别（据祝鹏，2016）

2）综合概率指数法

在利用常规测井资料进行裂缝识别的过程中，通常是从裂缝发育可能导致测井响应特征不同的角度出发，选择能够有效表征裂缝发育的敏感参数，获得相应的特征参数曲线，作为识别裂缝的一种依据。实际应用中，裂缝本身的复杂性也使得利用常规测井曲线来识别裂缝存在较大的多解性和不确定性，因此难以通过某种单一的特征曲线来有效地识别裂缝，需要充分利用多种常规测井信息获得的不同裂缝特征参数，构建出相对综合且较为合理的表征指数来识别裂缝。目前这种综合指数多为加权概率指数，主要包括以下6个。

（1）三孔隙度比值

三孔隙度测井是声波时差、密度、中子等常规测井。密度和中子测井所得到的孔隙度代表的是地层的总孔隙度，而声波测井则可以反映储层储集空间的一些原生孔隙和水平裂缝。当在地层中发育裂缝时，通过常规测井可以获得不同的孔隙度，将总孔隙度ϕ_t以及密度孔隙度ϕ_D、中子孔隙度ϕ_N、声波时差孔隙度ϕ_s代入公式就得到三孔隙度比值，如果获得的比值R_P越大，则反映储层中可能发育较多的裂缝。

$$R_P = \frac{|\phi_t - \phi_s|}{\phi_t} \quad (5-77)$$

其中 $\phi_s = \dfrac{\Delta t_{ma} - \Delta t}{\Delta t_{ma} - \Delta t_f}$，$\phi_D = \dfrac{\rho_{ma} - \rho_b}{\rho_{ma} - \rho_f}$，$\phi_N = \dfrac{\phi_{Nma} - \phi_N}{\phi_{Nma} - \phi_{Nf}}$，$\phi_t = \sqrt{\dfrac{\phi_D + \phi_N}{2}}$

式中 Δt_{ma}、Δt、Δt_f——岩石骨架、地层和流体的声波时差测井响应值；

ρ_{ma}、ρ_b、ρ_f——岩石骨架、地层和流体所反映的密度测井响应值；

ϕ_{Nma}、ϕ_N、ϕ_{Nf}——岩石骨架、地层和流体所反映的中子测井响应值。

（2）岩石孔隙结构指数

一般来说，储层岩石中的裂缝发育程度越高，则该储层中岩石孔隙结构也会相对越复杂，因此可以利用表征孔隙结构复杂性的岩石孔隙结构指数来识别裂缝的发育程度。裂缝的发育程度越高，m值越趋向于1。应用阿尔奇公式，可以得到m值的计算公式：

$$m = \frac{A - B\lg F}{1 + B\lg \phi} \quad (5-78)$$

式中 A、B——经验系数，可根据研究区地质情况取值；

F——地层因素，由R_o/R_w求得（实际计算时用R_{LLS}代替R_o）。

（3）骨架指数

利用密度和声波测井曲线可以根据公式（5-79）及公式（5-80）分别得到不同的骨架指数，而声波骨架指数和密度骨架指数对裂缝有较好的反映，因此可以通过裂缝对二者响应的差异构造新的交会骨架指数X_{ma}来识别预测裂缝的存在。

$$S_{ma} = \frac{\Delta t - \Delta t_f \phi_s}{1 - \phi_s} \quad (5-79)$$

$$D_{ma} = \frac{\Delta t - \Delta t_f \phi_D}{1 - \phi_D} \quad (5-80)$$

进而可以得到交会骨架指数的计算公式：

$$X_{ma} = \left| \frac{S_{ma}}{D_{ma}} - 1 \right| \quad (5-81)$$

当地层中发育裂缝时，$\phi_D > \phi_s$，$S_{ma} > D_{ma}$，$X_{ma} > 0$；当地层中不发育裂缝时，$\phi_D \approx \phi_s$，$S_{ma} \approx D_{ma}$，$X_{ma} \approx 0$。

（4）龟裂系数

一般来说，岩石纵波速度与裂缝的发育程度以及岩石的完整性之间存在较为明显的关系，根据该关系构建对裂缝发育相对敏感的龟裂系数S：

$$S = \left(\frac{v_P}{v_{Pma}}\right)^2 \approx \left(\frac{\Delta t_{ma}}{\Delta t}\right)^2 \quad (5-82)$$

式中 v_P、v_{Pma}——地层以及岩石骨架的纵波速度响应值。

当地层与岩石骨架声波响应越相近时，S越大，储层岩石中裂缝发育程度较弱，岩石保持了较好的完整性；而当岩石中裂缝比较发育，裂缝之间的间距较小，相应岩石受到破坏程度较高、完整性较差时，地层与岩石骨架声波响应值会存在较大差异，S减小。因此可以利用龟裂系数来判断裂缝的发育程度。

（5）井径相对异常值

井径相对异常值的计算公式为

$$A_{\mathrm{CAL}} = \frac{D_{\mathrm{CAL}} - D_{\mathrm{BIT}}}{D_{\mathrm{BIT}}} \quad (5\text{-}83)$$

式中　A_{CAL}——井径相对异常值；

　　　D_{CAL}——实测测井值；

　　　D_{BIT}——钻头直径。

一般认为当储层中裂缝发育时，地层容易发生破碎，因此钻井过程中井径容易扩大，反映在公式（5-83）中则为A_{CAL}值会相应变高，而如果岩石相对致密，裂缝不发育，则A_{CAL}值会越低，趋近于1。

（6）电阻率侵入校正差比

电阻率侵入校正差比表示为

$$R_{\mathrm{TC}} = \frac{R_{\mathrm{t}} - R_{\mathrm{LLS}}}{R_{\mathrm{LLS}}} \quad (5\text{-}84)$$

其中

$$R_{\mathrm{t}} = 2.589 R_{\mathrm{LLD}} - 1.589 R_{\mathrm{LLS}} \quad (5\text{-}85)$$

式中　R_{t}——通过侵入校正后的地层真电阻率。

具体应用时，需要保证钻井液滤液沿裂缝侵入的深度要在双侧向测井曲线可探测范围内。当$R_{\mathrm{t}} > R_{\mathrm{LLS}}$，$R_{\mathrm{TC}} > 0$时，则一般反映地层为裂缝性油气层；当$R_{\mathrm{t}} \approx R_{\mathrm{LLS}}$，$R_{\mathrm{TC}} \approx 0$时，则反映发育裂缝性水层或较为致密的地层。

从测井响应机理入手，在得到上述不同的反映裂缝发育的特征参数后，将各特征参数曲线进一步与岩心资料裂缝识别结果进行对比，利用对比结果来判断不同指数对裂缝识别的敏感和可靠程度，以此为依据确定不同参数的权系数；将不同特征参数通过加权来最终获得一个较为全面、准确的综合概率指数，可实现利用常规测井资料来判断裂缝发育程度。

利用以上各项指数，按以下步骤计算即可获得综合概率指数并识别裂缝发育程度：

①针对由常规测井资料获取的反映裂缝特征的各个参数的异常情况，来确定其所对应裂缝层段的有效厚度h_i，$i=1$，2，$\cdots$，m（m为特征参数个数）。

②以取心段裂缝发育有效厚度为参照，分别计算各参数反映裂缝发育厚度与之的比值大小；

$$P_i = h_i / H \quad (5\text{-}86)$$

式中　H——取心井裂缝发育层段的厚度。

③通过比值大小来获得各种参数的权系数。需要注意的是，应选取井径不存在扩径现象的裂缝发育层段，一旦存在扩径，则都会指示裂缝的存在而造成干扰，其计算公式为

$$w_i = P_i / \sum_{j=1}^{m} P_j \quad (5\text{-}87)$$

④在获得权重后，对不同特征参数进行加权可以得到裂缝综合概率指数C_{wp}，其计算公式为

$$C_{\mathrm{wp}} = \sum_{i=1}^{m} w_i x_i \tag{5-88}$$

式中 x_i——第i种裂缝特征参数的取值；

w_i——第i种特征参数所获得的权重。

获得的综合概率指数C_{wp}与裂缝之间存在较明显正相关关系，其值越大，表示裂缝发育程度越高，根据该指数可以进一步结合地质认识以及其他相关资料对裂缝的发育进行综合识别及评价。

图5-38为运用模糊模式法和综合概率指数法对测井资料较全的单井进行裂缝识别，从图中岩心照片可以看出，两种方法综合识别的裂缝发育层段均观察到裂缝，说明两种方法具有可靠性。

2. 利用成像测井识别裂缝

成像测井资料具有井壁覆盖面积大、纵向分辨率高的特点。以岩心和显微镜下观察为基础，识别出裂缝发育段，通过与FMI成像测井图相对比，建立研究区裂缝成像测井识别图版，从而利用FMI成像测井资料对无取心井段裂缝进行识别；主要识别裂缝的类型、产状，重点识别高导缝（图5-39），并注意排除高阻缝和诱导缝。在成像测井图上，裂缝的形状主要是连续或间断的深色条纹，受裂缝的产状所控制；层间裂缝成像角度较低，斜交裂缝主要表现出成像电导率异常的正弦波，高角度裂缝呈角度大于75°的电导率异常（图5-39）。

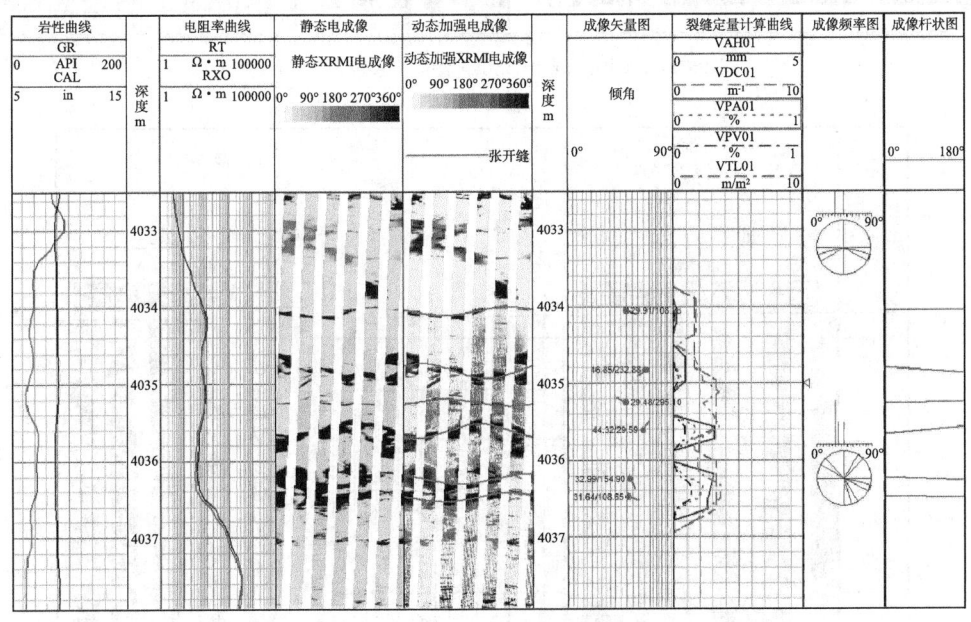

图5-39 某油田GS2井成像测井识别裂缝成果图（据王世兴，2016）

1）高导缝

高导缝在FMI图像上表现为深色（黑色）的正弦曲线，为钻井液侵入或泥质充填所致。高导缝多为未充填或半充填缝，具有一定的有效性。

（1）未充填裂缝

未充填裂缝的开启程度较高，则有效程度高，属于连续传导缝。在钻井后，未充填裂缝被高导钻井液所充填，可以表现出高电导率异常，在电成像测井图像上显示为暗色完整连续的正弦波形。在图像上，与周围较为明亮的颜色相比，未充填裂缝暗色的正弦曲线较为明显的突出，比较容易识别（图5-40）。

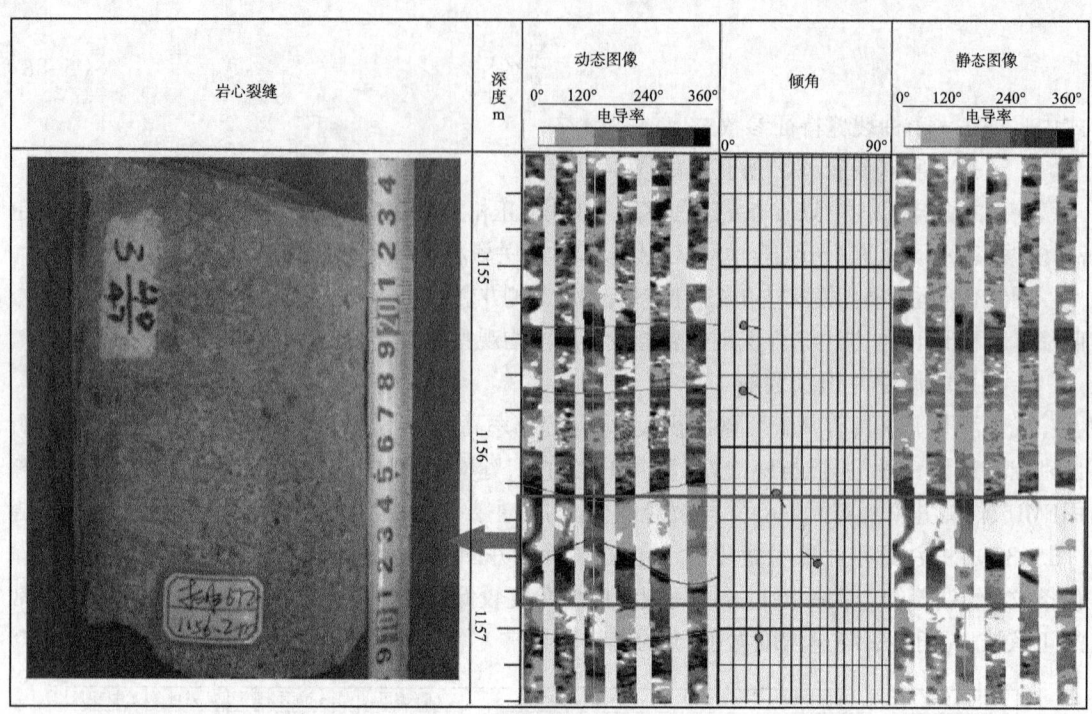

（a）P672井，火山角砾岩，未充填斜裂缝，深度范围：1156~1157m

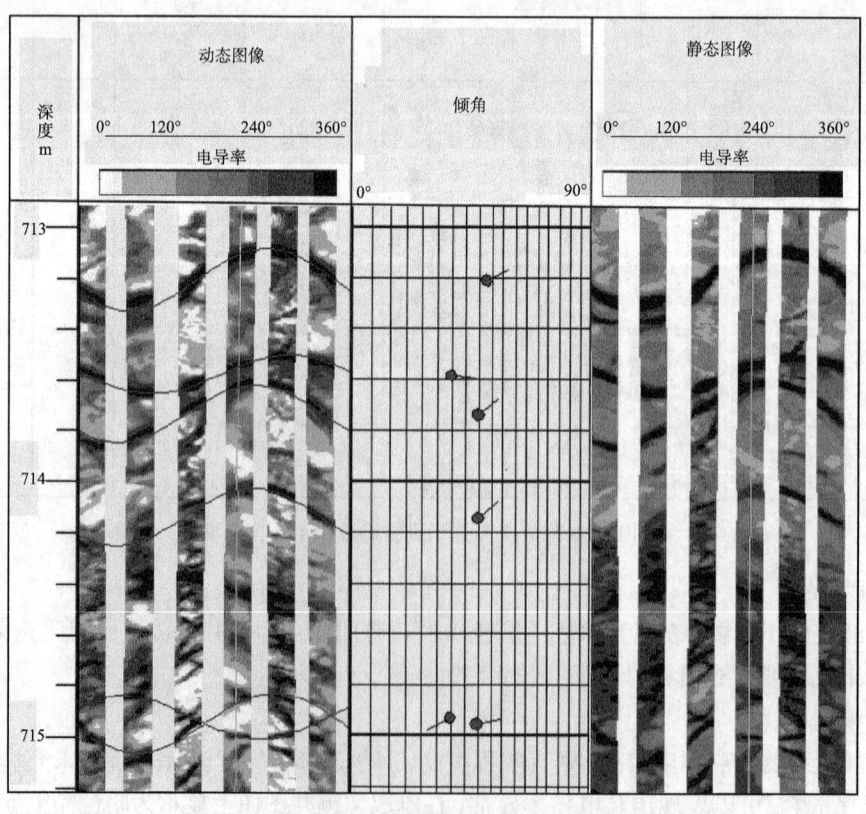

（b）P683井，凝灰岩，未充填斜裂缝，深度范围：713~715m

图5-40　车排子地区火山岩未充填裂缝成像测井图像响应特征（据何妮茜，2017）

（2）半充填裂缝

半充填裂缝为不连续传导缝，属于有效缝，由于仍然有钻井液侵入裂缝中，则整体仍为高电导率异常，但成像测井图像的颜色比未充填裂缝的暗色稍亮，图像特征表现为不连续、不规则、较为模糊或明暗相间的正弦波形（图5-41）。

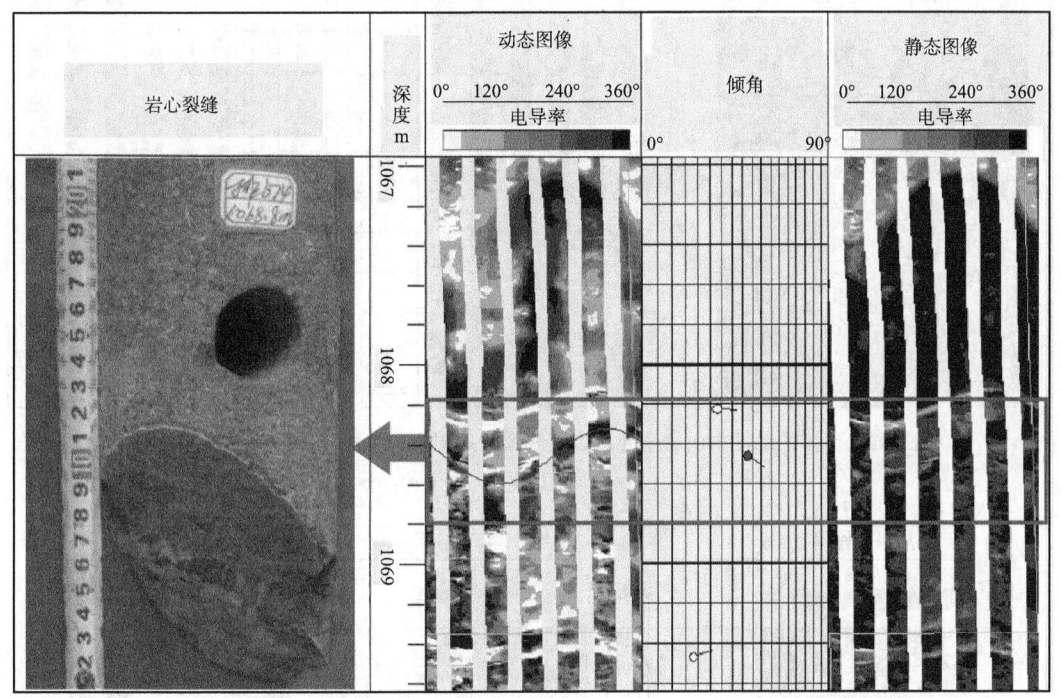

图5-41 车排子地区火山岩半充填裂缝成像测井图像响应特征（据何妮茜，2017）

P674井，火山角砾岩，半充填斜裂缝，深度范围：1067~1069m

2）高阻缝

高阻缝在FMI图像上表现为浅色—白色的正弦曲线，是由方解石、石膏等高阻物质充填所致。高阻缝是一种无效的储集空间。

全充填裂缝表现出高电阻率异常，由于被各种矿物充填，使得高导钻井液无法侵入裂缝中，则在不同充填物导电性质的影响下，有多种表现特征，在电成像图像上表现为连续规则的亮色正弦曲线（图5-42）。

3）诱导缝

诱导缝是钻井过程中地层应力释放产生的非天然裂缝，其典型特点是沿井壁对称出现（图5-43），呈羽状或雁列状。例如，车排子地区石炭系诱导缝主要出现在P60、P661、P665井中，多数诱导缝为高角度缝，倾角主要集中在70°~90°，具有很强的规律性，倾向近于南北向（图5-44），反映现今最大水平应力方向为近东西向。

3. 利用常规测井和成像测井综合识别裂缝

常规测井裂缝识别方法方便但准确度低，成像测井裂缝识别方法纵向分辨率高、识别准确但人工识别繁琐。为了解决常规和电成像测井裂缝识别方法各自缺点带来的问题，以裂缝在成像测井上的响应特征为依据，选取裂缝层段为样本，构建常规测井裂缝识别因子Y_1和成像测井裂缝识别因子Y_2，将两因子结合构建因子Y_3，利用Y_3识别裂缝。

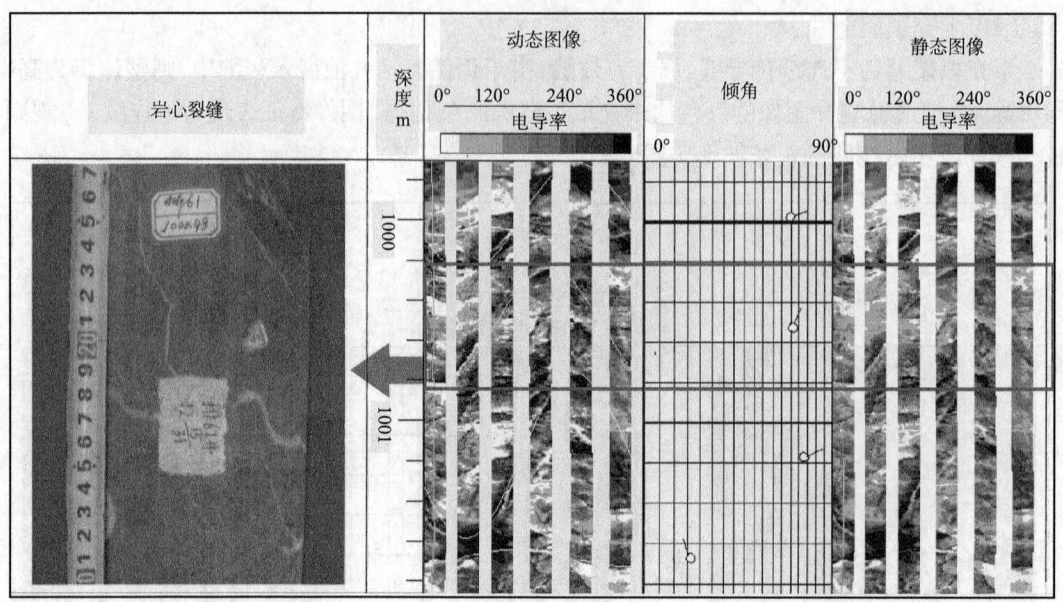

图5-42 车排子地区火山岩全充填裂缝成像测井图像响应特征（据何妮茜，2017）

P61井，凝灰岩，方解石全充填裂缝，深度范围：1000~1001m

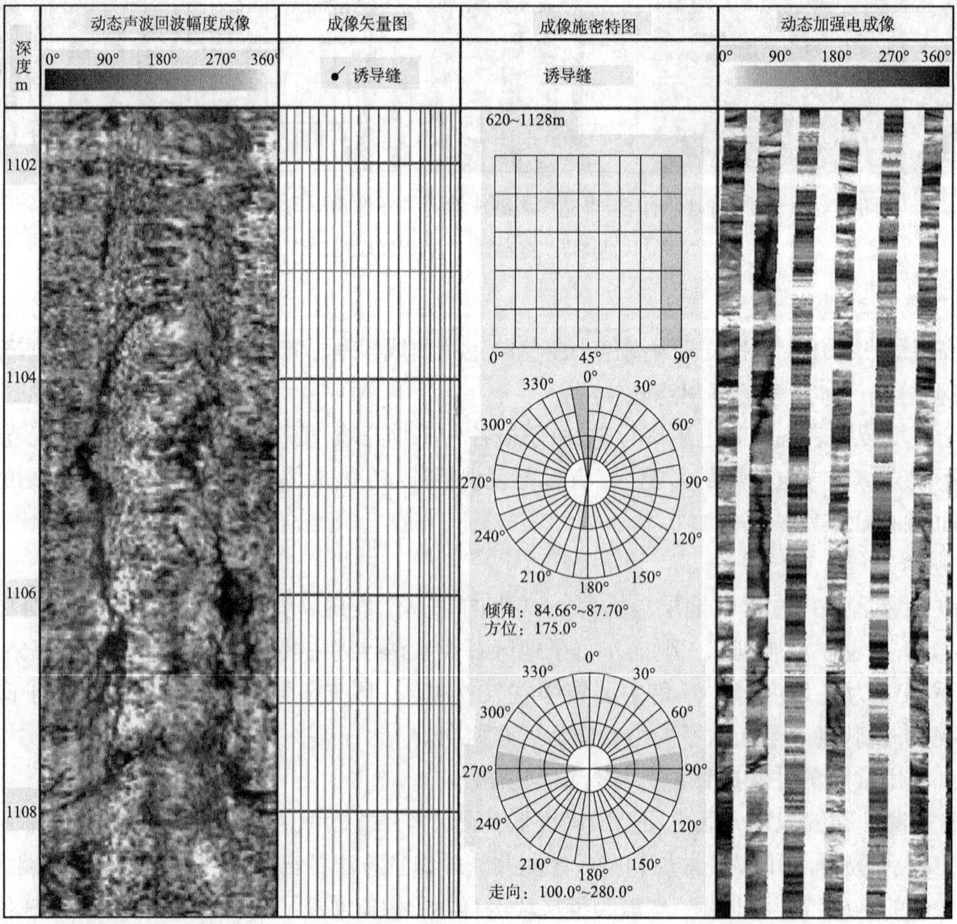

图5-43 车排子地区P60井石炭系诱导缝成像特征与统计图（据何妮茜，2017）

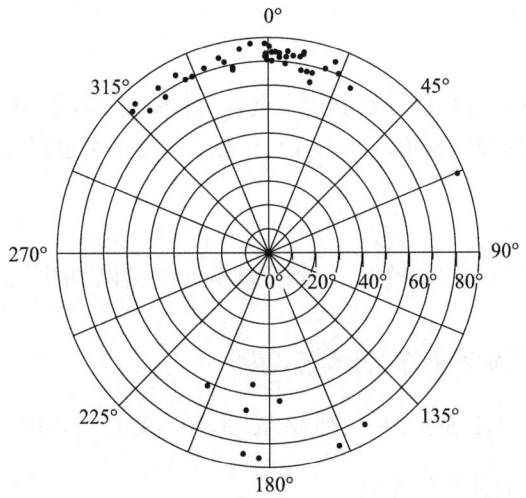

图5-44 车排子地区石炭系诱导缝产状分布极点图（据何妮茜，2017）

1）裂缝识别模型建立

（1）常规测井参数

原始常规测井曲线在裂缝处有一定的变化，曲线变化率和幅度差都能扩大裂缝的响应特征。因此选取重构测井曲线变化率和深浅侧向电阻率幅度差来计算常规测井参数。例如，声波时差曲线变化率计算公式为

$$\Delta AC_i = (|AC_{i-1} - AC_i| + |AC_{i+1} - AC_i|)/2 \tag{5-89}$$

式中 ΔAC_i——采样点i的声波时差。

同理，可得到深侧向电阻率曲线变化率和深浅侧向电阻率幅度差计算公式：

$$\Delta R_{LLDi} = (|R_{LLDi-1} - R_{LLDi}| + |R_{LLDi+1} - R_{LLDi}|)/2 \tag{5-90}$$

$$\Delta R = |R_{LLD} - R_{LLS}|/2 \tag{5-91}$$

式中 ΔR_{LLDi}——采样点的深侧向电阻率；

ΔR——深浅侧向电阻率幅度差。

经过处理，得到声波时差曲线变化率参数ΔAC（μs/m）、深侧向电阻率曲线变化率参数R_{LLD}（Ω·m）和深浅侧向电阻率相对幅度参数ΔR（Ω·m），3个参数纵向两点间隔为0.125m。

（2）成像测井参数

将经过预处理得到的192条微电导率曲线对应的电阻率取平均值，得到新的微电阻率均值曲线R'（Ω·m），纵向两点间隔为0.00254m。曲线变化率计算公式为

$$\Delta x_i = (|R'_{i-1} - R'_i| + |R'_{i+1} - R'_i|)/2 \tag{5-92}$$

式中 Δx_i——采样点i的微电阻率曲线变化率；

R'_i——采样点i的微电阻率均值。

因为常规测井的纵向分辨率为0.5m（移动步长为0.125m），于是对Δx以0.5m为窗长进行平滑处理，得到移动步长为0.00254m的电成像裂缝识别参数$\overline{\Delta x}$；$\overline{\Delta x}$的移动步长远小于常规测井

的移动步长。

2）样本选取

以成像测井资料为依据进行储层裂缝样本选取。样本层段厚度为0.5m，依据成像测井识别出的裂缝，统计每个层段的裂缝密度D（条/m）；依据D的大小给定裂缝指示因子Y。

3）裂缝识别因子构建

(1) 建立数学模型

采用回归分析的方法建立数学模型，得到常规测井裂缝识别因子Y_1和成像测井裂缝识别因子Y_2。

例如，常规测井裂缝识别因子Y_1的计算公式为

$$Y_1 = 1.2968\Delta R + 0.1673\Delta AC + 4.0749\Delta R_{LLD} - 0.4328 \tag{5-93}$$

成像测井裂缝识别因子Y_2的计算公式为

$$Y_2 = 0.0200\overline{\Delta x} - 0.224 \tag{5-94}$$

由于$\overline{\Delta x}$是经过平滑处理的电阻率，分辨率较低，因此式（5-94）获得的Y_2是低分辨率的。实际应用中常采用以下公式：

$$Y_2' = 0.0209\Delta x - 0.224 \tag{5-95}$$

Δx是高分辨率的，因此Y_2'也是高分辨率的，用Y_2'代替Y_2参与计算Y_3。

(2) 裂缝识别因子

结合常规测井识别因子Y_1和成像测井裂缝识别因子Y_2'的优点，建立裂缝识别因子Y_3的计算公式：

$$Y_3 = \begin{cases} 1, & Y_1 、 Y_2' \geqslant 0.5; \\ 1, & 其他 \end{cases} \tag{5-96}$$

Y_3为1时，指示有裂缝，Y_3为0时，指示无裂缝。Y_3与Y_1和Y_2'对比，既能更准确地识别出储层裂缝，又能给出更为精确的储层裂缝发育层段深度。

图5-45为用此方法作出的储层裂缝识别成果图，Y_3识别出两段有效裂缝段（Ⅰ和Ⅲ），裂缝段Ⅱ为无效裂缝（诱导缝）。应用实践证明，利用Y_3识别裂缝，采样点间隔为0.00254m，远小于常规测井的0.125m，比常规测井识别裂缝准确度高；自动拾取裂缝效率远高于繁琐的人工识别，比成像测井识别裂缝省时省力，准确率达到80%左右。

三、裂缝参数计算与有效性分析

1. 裂缝参数计算

1）裂缝倾角

(1) 利用常规测井计算

裂缝倾角的不同会引起深、浅侧向电阻率的减小值不同，因此可以利用深浅侧向测井计算裂缝的倾角值。

当深侧向电阻率R_{LLD}大于浅侧向电阻率R_{LLS}，即$R_{LLD} > R_{LLS}$时，裂缝倾角θ为

$$\theta = \frac{R_{\text{LLD}} - R_{\text{LLS}}}{\sqrt{R_{\text{LLD}} \cdot R_{\text{LLS}}}} \tag{5-97}$$

当深侧向电阻率R_{LLD}小于浅侧向电阻率R_{LLS}，即$R_{\text{LLD}} < R_{\text{LLS}}$时，裂缝倾角$\theta$为

$$\theta = \frac{\lg(R_{\text{LLD}}/R_{\text{LLS}})}{\sqrt{\lg(R_{\text{LLD}} \cdot R_{\text{LLS}})}} \tag{5-98}$$

根据裂缝倾角θ值划分出低角度裂缝、倾斜裂缝或高角度裂缝。

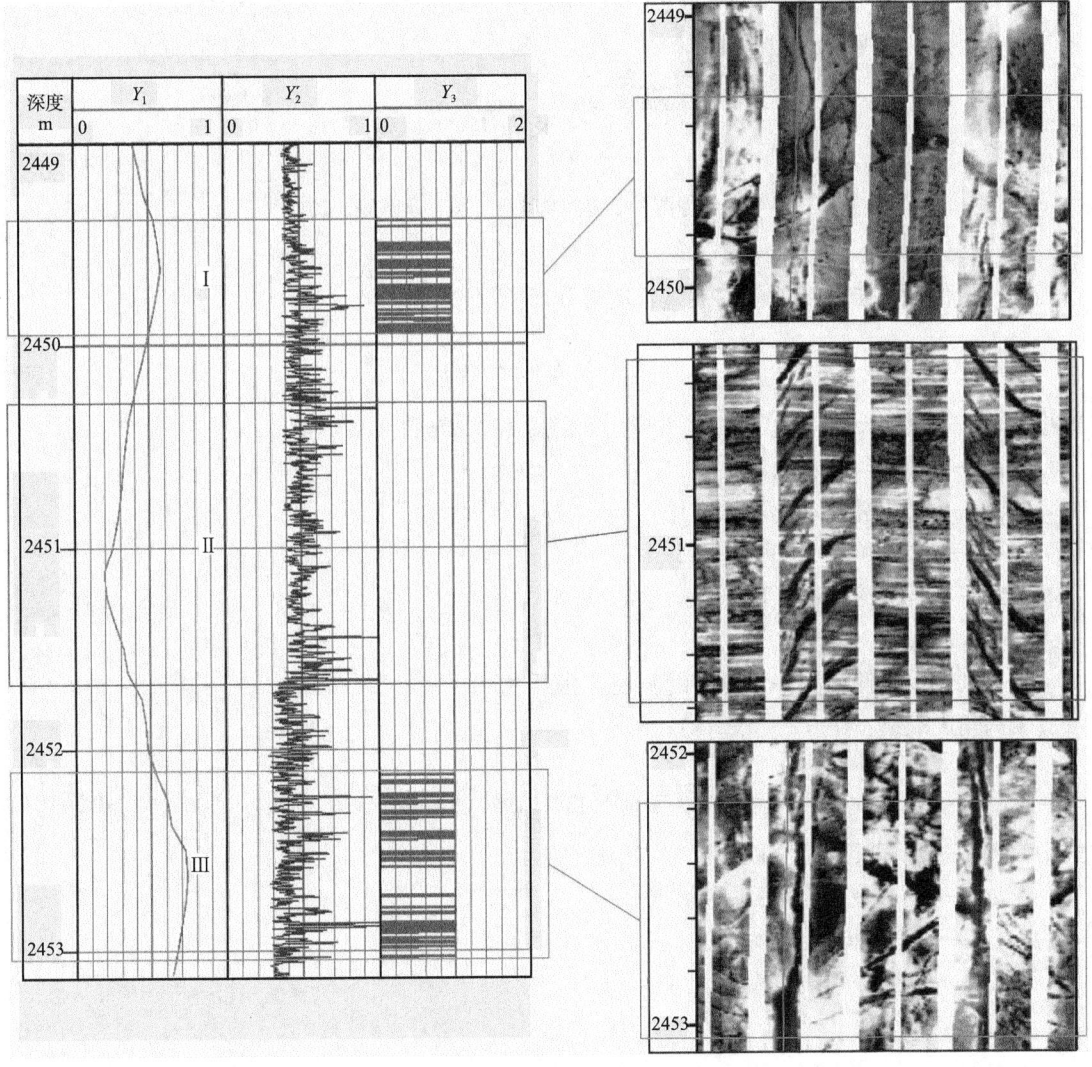

图5-45　王府地区火山岩储层裂缝综合识别成果图（据潘保芝等，2018）

（2）利用成像测井计算

斜交裂缝可通过两极值点距离h和井径d计算裂缝面的角度θ（图5-46）：

$$\theta = \arctan(h/d) \tag{5-99}$$

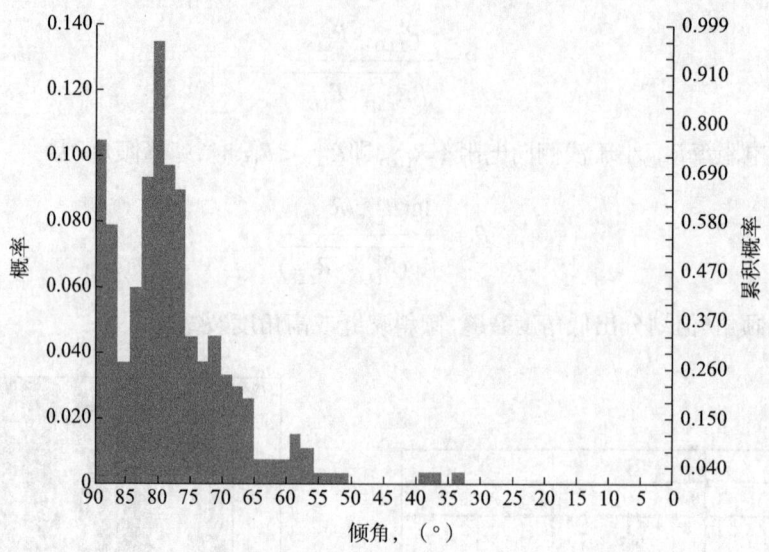

图5-46 成像测井裂缝倾角统计（据王永东等，2018）

2）裂缝长度

利用成像测井统计窗长内的裂缝长度总和。计算公式为

$$L_f = \sum_{i=1}^{n} L_i / (2\pi r H C) \tag{5-100}$$

式中 L_f——裂缝长度，即单位面积井壁上裂缝之和，m/m^2；

r——井眼半径；

H——统计窗长；

C——成像测井的井眼覆盖率；

L_i——第i条裂缝的长度。

3）裂缝宽度（张开度）

(1) 利用深浅侧向测井计算裂缝宽度（张开度）

①高角度裂缝：

$$W = R_m(C_{LLS} - C_{LLD})/(4 \times 10^7) \tag{5-101}$$

式中 W——裂缝张开度，μm；

R_m——钻井液电阻率；

C_{LLS}——浅侧向电导率；

C_{LLD}——深侧向电导率。

②低角度裂缝：

$$W = R_m(C_{LLD} - C_b)/(1.2 \times 10^6) \tag{5-102}$$

式中 C_b——基岩电导率。

(2) 利用成像测井计算裂缝宽度（张开度）

成像测井能反映井壁四周的微电阻率变化，对成像测井图像进行裂缝分析后，再利用式（5-103）计算裂缝张开度：

$$W = \alpha A R_{xo}^{b} R_{m}^{1-b} \tag{5-103}$$

式中 A——由裂缝造成的电导率异常的面积；

R_{xo}——冲洗带电阻率；

a、b——与仪器有关的常数，其中b接近0。

4）裂缝平均水动力宽度

裂缝平均水动力宽度定义为单位井段中各裂缝轨迹宽度立方和的立方根，计算公式为

$$\text{VAH} = \sqrt[3]{\sum W_i^3} \tag{5-104}$$

式中 VAH——裂缝平均水动力宽度；

W_i——第i条裂缝的平均宽度。

5）裂缝线密度

裂缝的线密度是指所在窗格内所有裂缝长度之和。

利用常规侧向测井计算裂缝的线密度公式为

$$d_f = 200(K_f \phi_f^3 / 2.08)^{-0.5} \tag{5-105}$$

式中 d_f——与裂缝的渗透率和孔隙度有关。

利用成像测井计算裂缝的线密度公式为

$$F_d = \frac{\sum L_i}{H} \tag{5-106}$$

式中 F_d——裂缝的密度，条/m；

H——井段长度，m；

L_i——第i条裂缝的长度，m。

图5-47展示了裂缝密度分布。

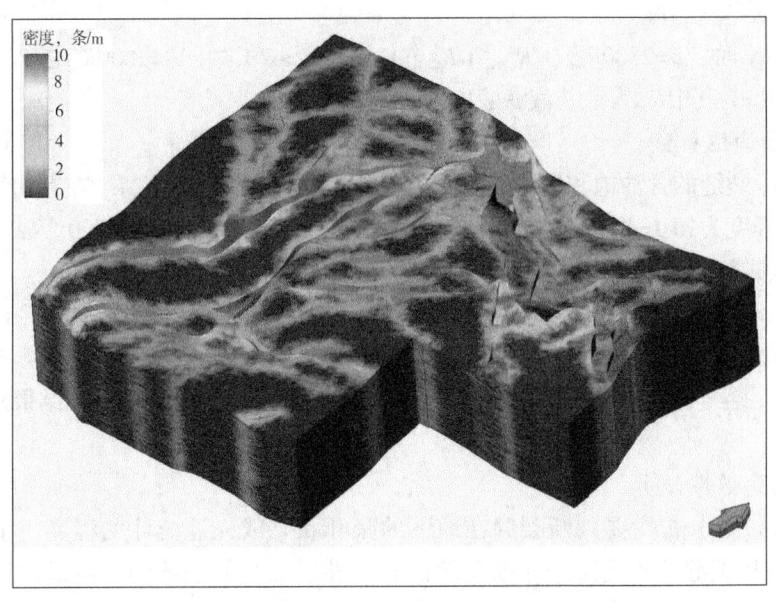

图5-47 车排子地区石炭系裂缝密度分布（据温雅茹，2016）

6）裂缝孔隙度

（1）利用深浅侧向测井电阻率计算裂缝孔隙度

在常规测井曲线中，深侧向和浅侧向电阻率对裂缝有较好的响应，因此可用来计算储层的裂缝孔隙度。根据双重介质结构模型（基岩孔隙度和裂缝孔隙度），可以导出计算裂缝孔隙度的公式：

气层：
$$\phi_f = [(C_{LLS} - C_{LLD})/C_{mf}]^{1/m} \quad (5-107)$$

油层：
$$\phi_f = [(C_{LLS} - C_{LLD})/C_{mf} - C_w]^{1/m} \quad (5-108)$$

式中 ϕ_f——裂缝孔隙度；

C_{mf}、C_w——钻井液和地层水电导率；

m——裂缝地层的孔隙度指数，取值为1.1~1.8。

（2）利用成像测井资料计算裂缝孔隙度

成像测井具有高密度采样、高分辨率和井眼高覆盖率的特点。利用成像测井资料计算裂缝孔隙度的公式如下：

$$\phi_f = \sum W_i L_i / (L\pi D) \quad (5-109)$$

式中 W_i——第i条裂缝的平均宽度；

L_i——第i条裂缝在单位井段L内（一般选为1m）的长度；

D——井径。

7）裂缝渗透率

当储层中存在裂缝时，裂缝的渗透率比孔隙的渗透率大很多，而裂缝的渗透率主要受到张开度的影响。实际计算时，先利用深浅侧向测井计算裂缝的张开度B，然后再计算裂缝的渗透率。

$$K_f = 0.833 B^2 \quad (5-110)$$

式中 K_f——裂缝渗透率。

当$R_{LLD}<R_{LLS}$时，$B=2800R_{mf}(1/R_{LLS}-1/R_{LLD})$；当$R_{LLD}>R_{LLS}$时，$B=2800R_{mf}(1/R_{LLD}-1/R_{LLS})$；当$R_{LLD}=R_{LLS}$时，$B=0$。其中$R_{mf}$为钻井液滤液电阻率。

8）裂缝含油饱和度

研究表明，裂缝的含油饱和度与裂缝的类型及发育程度有密切关系，在有油气充注的情况下，当裂缝张开度为10μm时，含油饱和度趋于100%，而束缚水饱和度趋于0。因此，裂缝的含油饱和度主要依据裂缝的张开度和含油气显示来确定。

根据以上计算公式和测井资料即可计算裂缝参数。图5-48为利用成像测井计算资料裂缝长度、裂缝密度、裂缝平均水动力宽度、裂缝孔隙度等参数实例。图5-49为利用常规测井资料计算裂缝孔隙度、裂缝渗透率、含水饱和度等参数实例，与岩心分析值和试油结果对比吻合效果较好。

2. 裂缝的有效性分析

裂缝的有效性分析主要判断裂缝在地下的张开状态或充注流体的程度，主要有三种分析方法：一是从裂缝的张开度来判断裂缝的有效性，二是从裂缝的径向延伸特征来判断裂缝的有效性，三是从裂缝的连通性和渗滤性判断裂缝的有效性。以下是以成像测井识别裂缝结果为主,结合常规测井识别的结果与岩心、试油结果对比分析来进行综合判断裂缝的有效性。

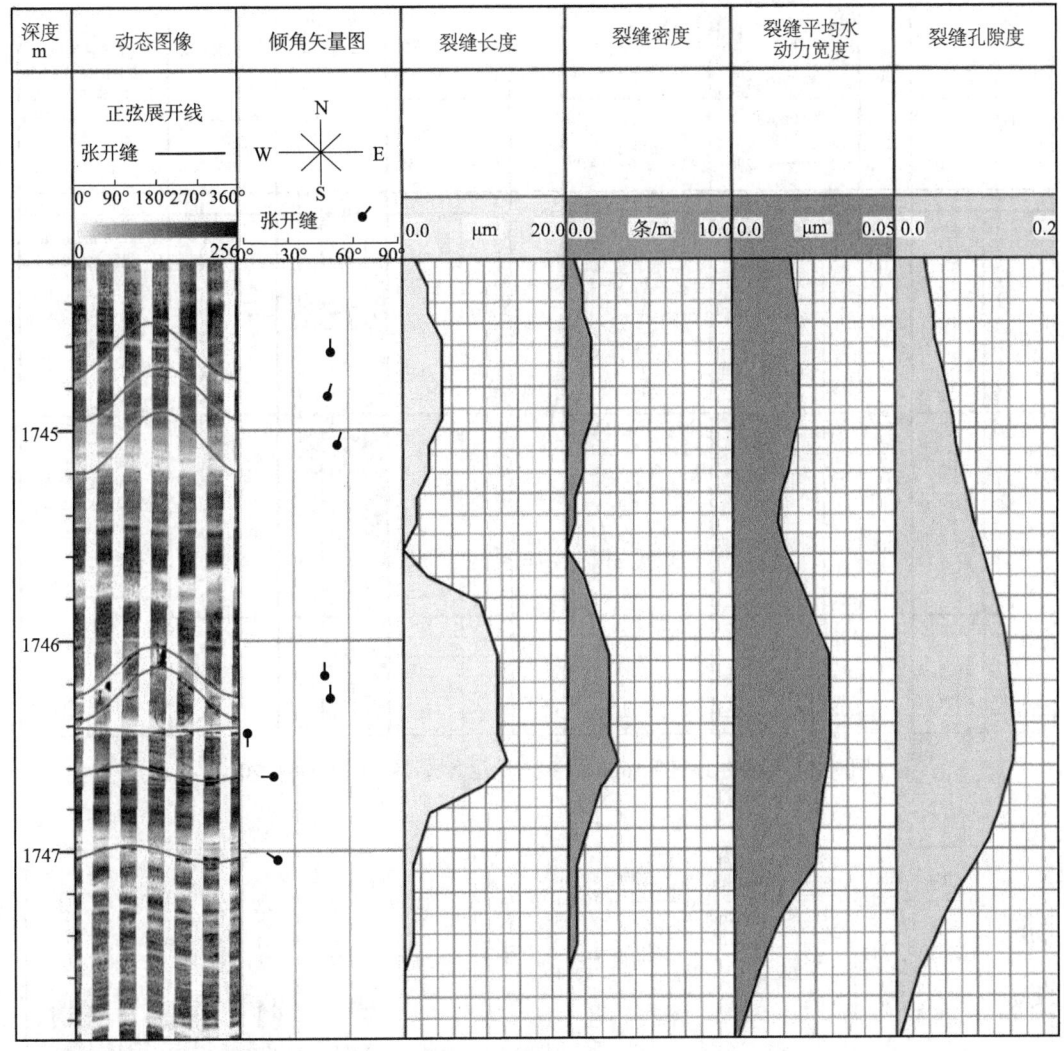

图5-48 利用成像测井计算裂缝参数(据梁明星,2018)

图5-50为高角度裂缝的有效性分析,在砂砾岩层段,井径规则,自然伽马为100API左右,三孔隙度测井曲线显示孔隙度较小,电阻率曲线表现为高阻背景下的低值,正差异;成像测井图上显示高角度裂缝发育;岩心上也发育有明显的高角度裂缝;4171.5~4332.0m,测试产油76.14t/d,酸化后产油174.28t/d,解释为油层,裂缝充注原油,表明裂缝具有有效性。图5-51为水平裂缝的有效性分析,在白云质泥岩层段(3913.7~3921.2m),井径不规则,自然伽马大于100API,三孔隙度测井曲线显示孔隙度较大(与低角度裂缝和井径不规则有关),电阻率值更低,负差异;成像测井图上显示有一些水平裂缝和泥质条带;岩心密集发育水平裂缝,较成像测井显示更明显;与该层段类似的地层测试为干层,裂缝未充注原油,表明裂缝有效性差。

上述实例说明,高角度裂缝较水平裂缝的有效性更好;砂砾岩较泥质白云岩的裂缝有效性更好;利用测井特别是成像测井识别裂缝能够反映裂缝的张开程度及有效性。

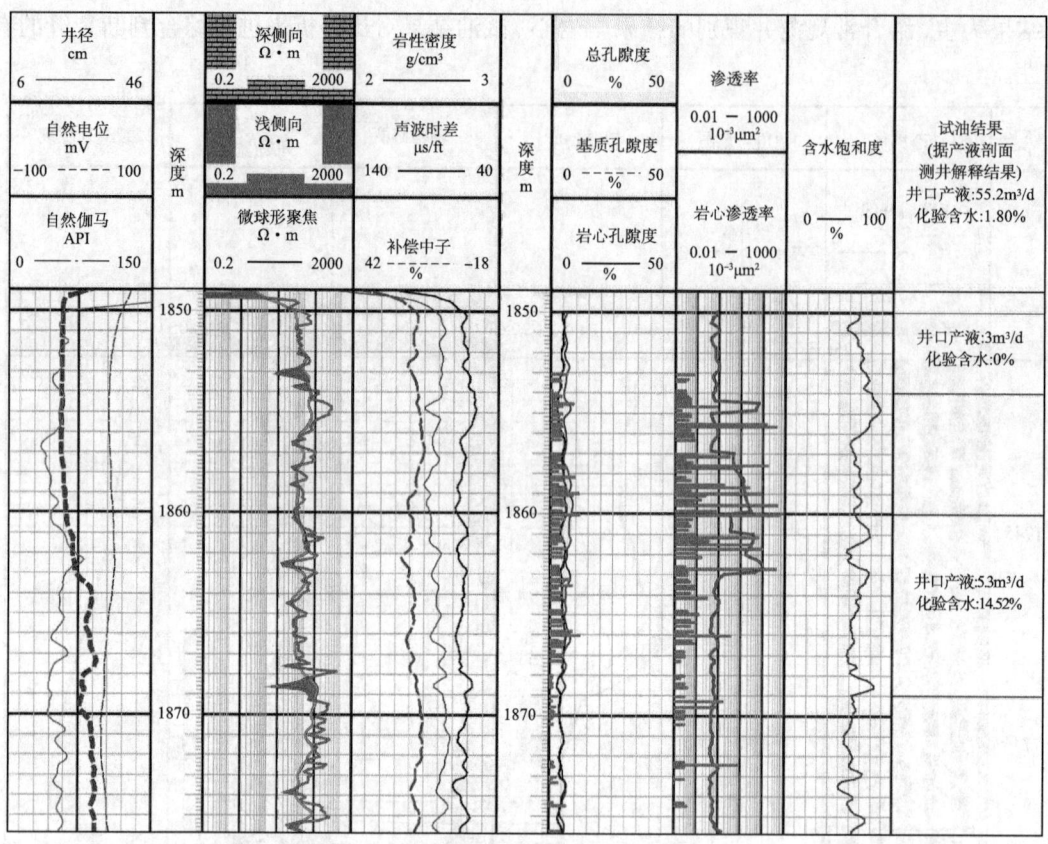

图5-49 苏德尔地区贝16-B2井裂缝储层参数计算（据田艳，2010）

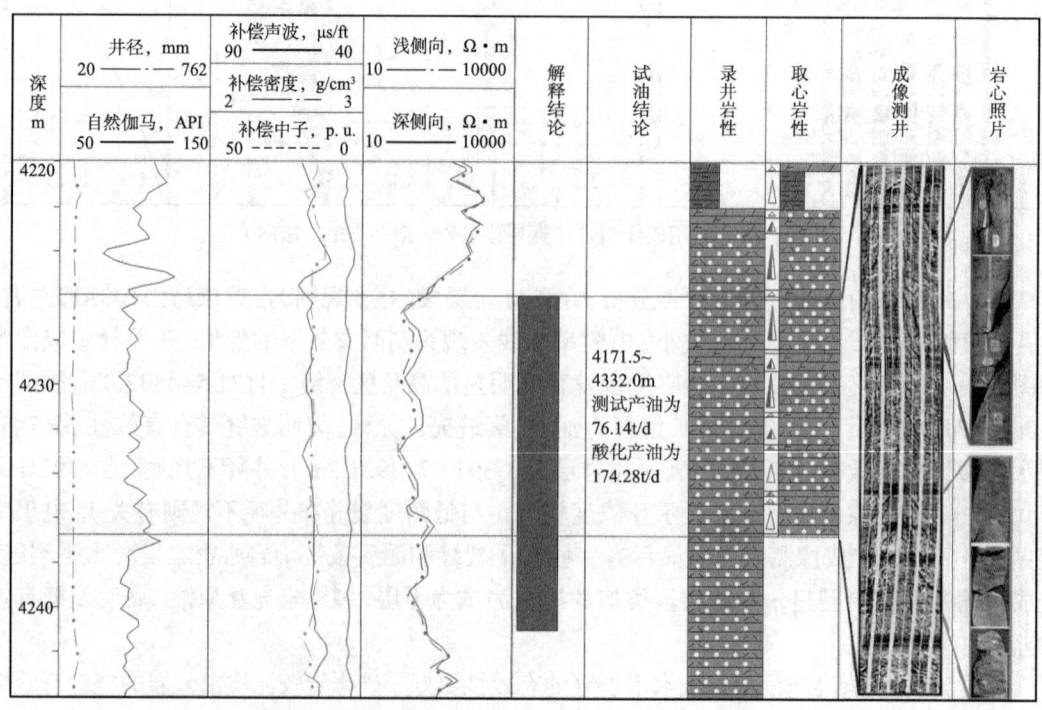

图5-50 青西油田窟六区块高角度裂缝有效性分析（据吴丰等，2012）

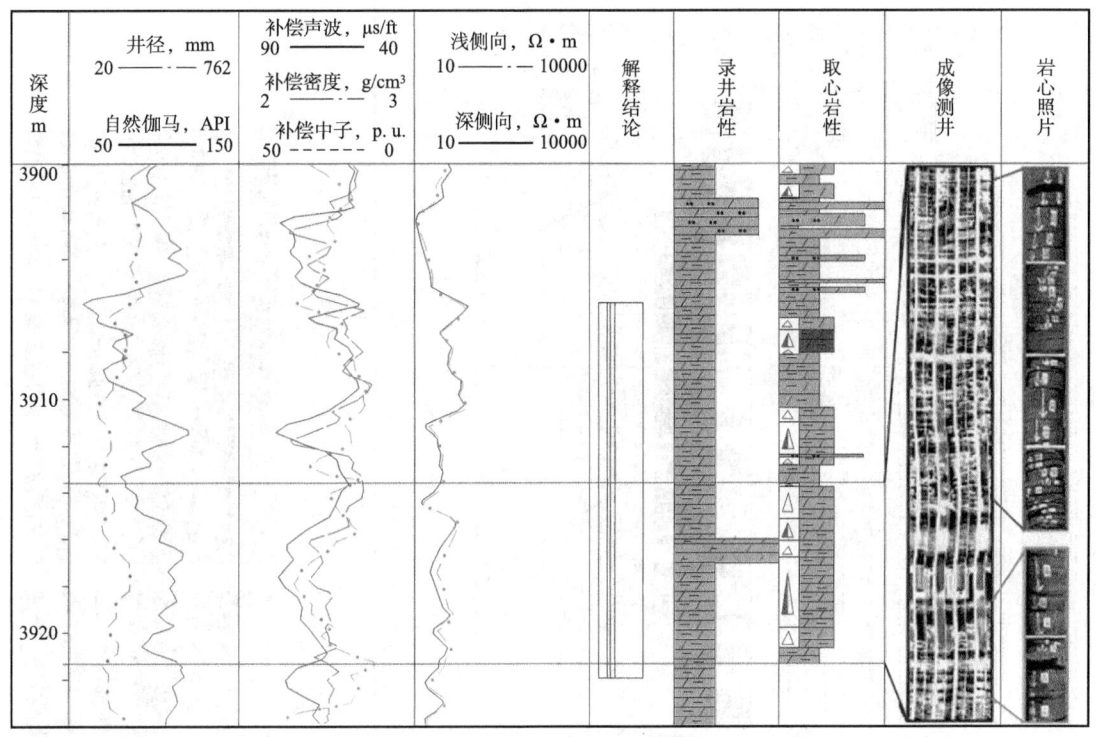

图5-51 青西油田窿六区块水平裂缝有效性分析（据吴丰等，2012）

3. 裂缝储层评价

裂缝储层评价方法较多，这里主要介绍裂缝综合概率方法。该方法根据钻井取心和经过试油的关键层的测井响应，统计各种测井信息反映裂缝的能力，确定权系数；然后对各层段按照反映裂缝发育程度的测井异常的大小，对各种测井信息进行多级打分；最后进行加权统计，计算出裂缝综合概率值并进行裂缝储层评价。

1）确定各种测井信息反映裂缝的能力

确定测井信息反映裂缝的能力，主要内容是确定各种反映裂缝的测井信息的权系数。利用关键层段（经系统取心和测试，对其储渗性能已经掌握的井段）进行统计分析，确定权系数。具体步骤如下：

①根据测井信息的异常，确定各种测井信息反映裂缝的有效厚度 h_i，$i=1,2,\cdots,m$（m为测井信息数）（图5-52）。

②计算裂缝层段中各种测井信息裂缝厚度的百分比：

$$p_i = h_i/H \tag{5-111}$$

③对上一步结果进行归一化处理，计算各种测井信息反映裂缝的权系数：

$$a_i = p_i / \sum_{i=1}^{m} p_t \tag{5-112}$$

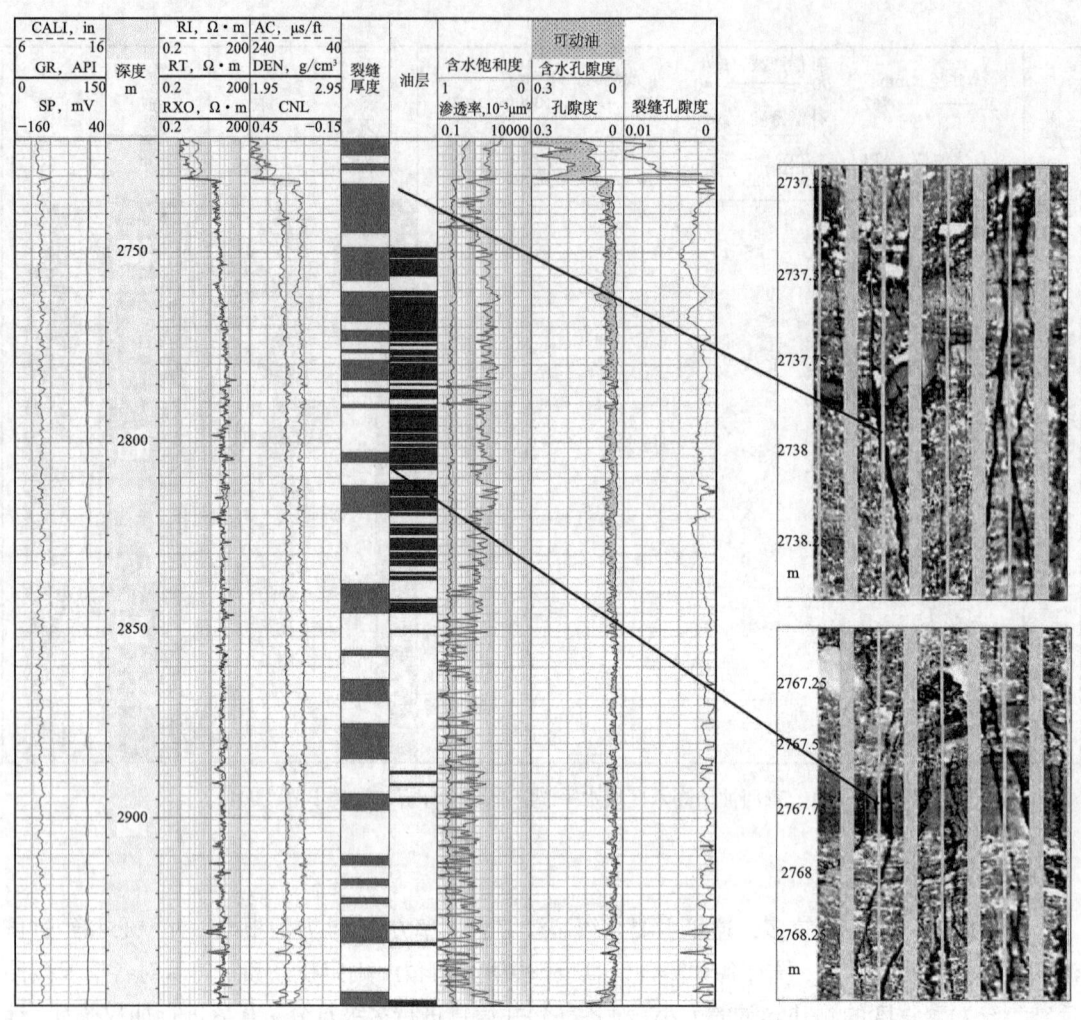

图5-52 利用多种测井信息确定裂缝的厚度（据周阳等，2018）

2）裂缝综合概率的计算

通过对关键层段裂缝发育程度、试油结果和测井信息等的综合分析，建立各项测井信息裂缝响应的评价标准，运用该评分标准对各项测井信息进行打分后，对各项信息的得分进行加权综合，即可求得反映裂缝发育程度的综合概率。具体步骤如下：

①根据深浅侧向测井、成像测井等将解释层段划分为若干裂缝层段，每个裂缝层段又可分成L个单元层。

②根据评分标准对每个单元层段的各项测井信息进行打分，并通过下式计算出每个裂缝层段中各项测井信息反映裂缝发育程度的得分：

$$B_{ij} = (\sum_{k=1}^{L} b_{ikj} h_{kj})/H_j, \ i=1, 2, \cdots, m \tag{5-113}$$

式中 B_{ij}——第j个裂缝层段中第i个测井信息的得分；

b_{ikj}——第j个裂缝层段中第k个单元层的第i个测井信息的得分；

h_{kj}——第j个裂缝层段中第k个单元层的厚度；

H_j——第j个裂缝层段的厚度。

③对各种测井信息的得分进行加权综合，计算出每个裂缝层段的裂缝综合概率P_j：

$$P_j = \sum_{i=1}^{m} a_i B_{ij} \qquad (5-114)$$

式中　a_i——第i个测井信息反映裂缝的权系数。

3）综合评价

根据试油结果等建立裂缝型储层评价图版及评价标准，利用裂缝综合概率即可对储层进行评价。

第三节　测井成岩相分析

一、测井成岩相的内涵

测井成岩相是表征地层特征，并且是对孔缝演化作用近似成岩相的一组测井特征集，是储集体经历多期次、多类型成岩作用叠加的最终状态和相应的地球物理反映特征的一个集合。测井成岩相是在成岩相概念基础上提出的，其内涵为沉积物在成岩与构造作用的基础上，经历一定的成岩作用（压实、胶结、交代和溶蚀等）和演化阶段后所呈现的一个最终状态。成岩相的分类现在虽然没有统一的标准，但大多是根据碎屑和填隙物成分、孔隙类型、成岩作用等特征来划分的，它在矿物的成分、物性、结构所呈现的地球物理信息差异是测井数据能够识别的关键。以成岩矿物为主线，通过分析不同矿物所经历的成岩作用和演化阶段，结合矿物所在储集体的物性及典型特征，判别测井成岩相类型。

测井成岩相的判别方法和定量评价的最终目的是确定不同类型成岩相在储层空间中的分布，定量预测各类成岩相的分布区域，以此确定有利储层的分布范围。目前，通过测井数据直接识别成岩相正处于探索阶段，一些学者通过研究分析各种类型成岩相的地球物理信息特征，总结出有效的测井成岩相判别方法。

根据文献调研，学者对测井成岩相的研究都集中在：①通过综合精细分析常规测井曲线信息，尤其是对成岩相较为敏感的曲线进行数据分析，如中子、密度、声波时差、电阻率、自然电位和自然伽马等；②新的测井成岩相识别方法的应用，如交会图法、DEA法、概率神经网络法、支持向量机法和极限学习机法等；③测井技术的进步和新技术在成岩相评价中的应用，如成像测井、核磁共振测井、伽马能谱测井等技术的广泛应用；④成岩相与沉积相之间联系紧密，测井沉积学的理论与技术日渐成熟，测井成岩相一定程度上参考和借鉴了测井沉积相的发展经验和研究手段，如多元统计、岩石组合粒度相关的岩性相分析程序和神经网络模式识别技术等。

二、成岩相测井特征

基于岩心的成岩特征分析，是以成岩矿物为主线，通过分析不同矿物所经历的成岩作用和演化阶段，结合矿物所在储集体的物性及典型特征和测井响应特征，确定成岩相测井特征。

成岩相的分类是基于岩石薄片分析、阴极发光、扫描电镜和物性实验分析等研究来确定的。不同的地区和层段所划分的成岩相类型不尽相同。

例如，在饶阳凹陷中深层碎屑岩归纳总结出压实致密相、碳酸盐胶结相、黏土矿物充填相、不稳定组分溶蚀相、中等压实弱胶结相等5种不同成岩相的测井响应特征（图5-53）：①黏土矿物充填相主要表现出高GR特征，一般表现为较低电阻、中等AC值；②压实致密相一般表现为高GR特征，AC、电阻率相对较低；③碳酸盐胶结相最典型的测井特征是低GR、低AC和高电阻率（钙尖峰）；④中等压实弱胶结相一般表现为低GR和中—高AC特征，电阻率变化范围较大；⑤不稳定组分溶蚀相与中等压实弱胶结相的GR、电阻率测井特征基本相似，所不同的是前者发育层段的AC值要比后者的低。

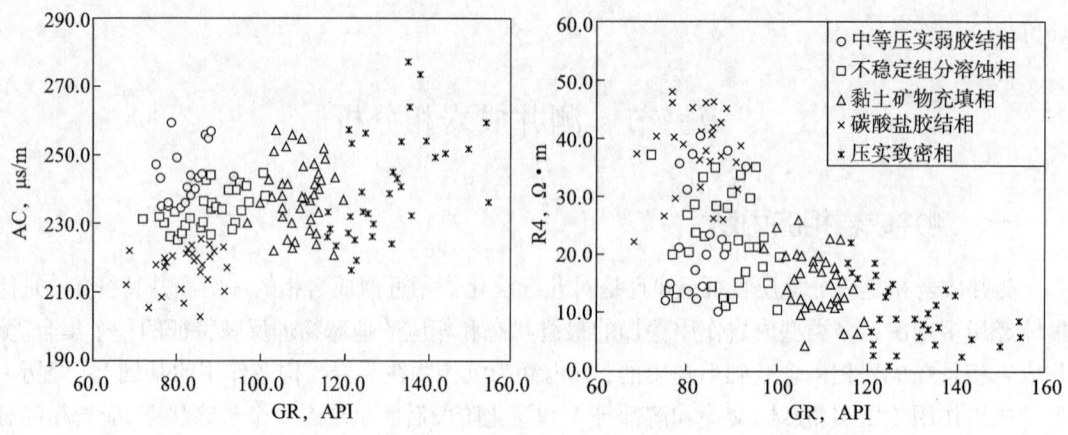

图5-53　饶阳凹陷沙三段砂岩不同成岩相测井曲线交会图（据张凯逊，2016）

又如，在对演武地区长8段砂岩储层主要成岩矿物及控制因素综合分析的基础上，将长8段储层成岩相分为高岭石填充成岩相、压实致密成岩相、碳酸盐胶结成岩相、绿泥石衬边弱溶蚀成岩相及不稳定组分溶蚀成岩相等5种主要成岩相类型。长8段砂岩不同成岩相的测井特征主要有：①绿泥石衬边弱溶蚀成岩相的测井特征主要表现在自然伽马值相对较低（一般为55~105API），中子孔隙度低（一般为12%~25%），密度低，声波时差中等，电阻率较低，中子—密度孔隙度差异不大，原生孔隙发育，储层物性较好；②碳酸盐胶结成岩相的测井响应特征可以归结为低中子（一般中子孔隙度小于18%），声波时差值低（小于230μs/m），密度值大于2.5g/m³，电阻率高，自然伽马值相对于其他岩相较低（50~100API），中子—密度孔隙度差异大；③高岭石填充成岩相的测井响应特征为高自然伽马值（大于110API），密度测井值较高，中子孔隙度较高，中子—密度孔隙度差异大；④不稳定组分溶蚀成岩相的测井响应特征表现为中等中子孔隙度、低密度、低自然伽马与中子—密度差异不大等；⑤压实致密成岩相的测井响应特征较高的中子测井值（大于16%），自然伽马值为中—高（一般为70~120API），密度值一般高于2.56g/m³，中子—密度孔隙度差异较大，测井曲线上整体表现为"三高一大"。

通过对演武地区长8段砂岩储层5种主要成岩相分析及岩电实验可知，敏感的测井序列有以下特征（表5-14）：电阻率对储层内流体性质及岩性同时具有敏感性，低阻对分辨碳酸盐胶结成岩相具有很好的识别作用；自然伽马测井可以辅助判断地层岩石岩相，可以用于识别绿泥石衬边弱溶蚀成岩相和不稳定组分溶蚀成岩相；声波时差测井对于碳酸盐胶结成岩相具有很好的识别作用，中子与密度测井曲线可以反映储层的总孔隙度大小；中子与密度测井之间的差值是区分不同成岩相类型的重要参数，其值能够消除孔隙度大小对测井数据的影响，进而只反映成岩相特征。

表5-14 演武地区长8段储层各类成岩相测井响应特征

成岩相类型	测井响应特征	自然伽马 API	深侧向电阻率 Ω·m	补偿中子 %	密度 g/m³	中子—密度孔隙度差异	声波时差 μs/m	自然电位 mV
绿泥石衬边弱溶蚀成岩相	平均值	65	41	13.1	2.45	4.7	234.9	61.5
	最大值	97	93	10.2	2.70	8.0	271.9	69.3
	最小值	52	12	25.1	2.20	1.2	211.6	35.4
不稳定组分溶蚀成岩相	平均值	79	37	17	2.47	8.3	251.3	45.6
	最大值	99	89	22	2.59	12.2	282.8	61.5
	最小值	65	8	11	2.41	2.9	230.3	38.5
压实致密成岩相	平均值	96	74	17.2	2.69	19.4	266.4	73.5
	最大值	119	101	20.2	2.89	22.1	285.1	82.6
	最小值	81	12	15.3	2.57	14.7	269.0	62.8
高岭石填充成岩相	平均值	113	8.3	19.3	2.51	15.8	277.2	46.9
	最大值	164	12.0	22.4	2.61	19.2	306.4	71.5
	最小值	92	4.4	16.8	2.42	12.1	239.8	59.6
碳酸盐胶结成岩相	平均值	64.5	58..5	8.2	2.62	15.4	204.4	74.6
	最大值	78.2	62.2	15.2	2.71	17.4	230.7	81.9
	最小值	59.1	53.3	5.3	2.54	12.3	193.9	63.2

三、测井成岩相分析方法

测井技术可以获取包括电阻率、密度、声波时差和含氢指数等地层岩石的各种物理性质。可归纳总结得到测井数据对不同成岩相的响应特征,进而达到利用测井数据识别成岩相的目的。一般认为,测井曲线数据具有的不同响应特征是成岩相在矿物成分、结构和物性上的差异所导致的。利用测井资料判别成岩相的方法较多,以下介绍基于灰色理论的测井成岩相分析方法和基于孔隙度谱的成岩相成像测井识别方法。

1. 基于灰色理论的测井成岩相分析方法

1) 测井成岩相判别原理

利用Wilks准则,将初步所选的能够表征测井成岩相类别的参数进行筛选,通过对多维测井数据进行降维,对判别函数无关或影响较小的变量进行剔除,构建合理的判别方程,最终选取贡献率较大的若干参数作为测井成岩相的评价参数,利用此方法能够起到计算降维的作用。

先将所选样品从P个总体b_1, b_2, $\cdots$, b_p中分别取出n_1, n_2, $\cdots$, n_p样品,每个样品有m个测井参数,样品构成的观测样本组成的m维矩阵,则其成分变量为

$$X_{pk} = \left[x_{pk}^{(1)}, x_{pk}^{(2)}, \cdots, x_{pk}^{(i)} \right]^{\mathrm{T}} (p = 1, 2, \cdots, P; k = 1, 2, \cdots, n_p) \quad (5-115)$$

根据经验可知各变量的累积概率符合正态分布,则类内离差矩阵为

$$w_{i,j} = \sum_{p=1}^{P}\sum_{k=1}^{n_p}(x_{pk}^{(i)} - \overline{x}_p^{(i)})(x_{pk}^{(j)} - \overline{x}_p^{(j)}) \quad (5-116)$$

总离差矩阵为

$$t_{i,j} = \sum_{p=1}^{P}\sum_{k=1}^{n_p}(x_{pk}^{(i)} - \overline{x}^{(i)})(x_{pk}^{(j)} - \overline{x}^{(j)}) \quad (5-117)$$

统计量U为

$$U = |W|/|T| \quad (5-118)$$

已带入的h个变量中，检验变量$x^{(r)}$是否应该被剔除，则统计量此时为$U_r = w_{rr}^{(h-1)}/t_{rr}^{(h-1)}$，其判别方程为

$$F = \frac{(N-P-h+1)/(t_{rr}^{(h-1)} - w_{rr}^{(h-1)})}{(p-1)w_{rr}^{(h-1)}} \quad (5-119)$$

若F值小于检验水平的临界值F'_a，就将$x^{(r)}$剔除，否则保留。

利用此方法，将以上所得的8个参数v_1、v_2、v_3、v_4、v_5、v_6、v_7、S进行检验，最终选取v_1、v_2、v_3、v_4、v_5、S共6个参数作为测井成岩相的评价参数（表5-15）。

表5-15 测井参数贡献率

测井参数	贡献率	测井参数	贡献率
v_1（GR）	0.401	v_2（DEN）	0.218
v_3（RT）	0.124	v_4（CNL）	0.064
v_5（ϕ_{ND}）	0.207	S	0.107

2）测井成岩相判别方程的建立

灰色系统理论是由邓聚龙教授于20世纪80年代提出的理论。该理论可以用来评价和预测储层的岩相和物性，一般是指将地质、地震或测井获取的信息当作已知信息，将储层的岩性、物性、产能等作为未知信息，通过灰色确定灰数特征值、白化灰色系统等处理，最终实现描述储层岩性、物性等参数的目的。

设N维特征值数列$X = \{X(1), X(2), X(3), \cdots, X(N)\}$为储层评价标准，比较数列$X_{oi} = \{X_{oi}(1), X_{oi}(2), X_{oi}(3), \cdots, X_{oi}(n)\}$对测井曲线数据进行无量纲和标准被的平均值处理：

$$X_o(k) = \frac{X(k)}{\frac{1}{m+1}\left[\sum_{i=1}^{m}X_{oi}(k) + X(k)\right]} \quad (5-120)$$

$$X_i(k) = \frac{X_{oi}(k)}{\frac{1}{m+1}\left[\sum_{i=1}^{m}X_{oi}(k) + X(k)\right]} \quad (5-121)$$

$$X_o = \{X_o(1), X_o(2), X_o(3), \cdots, X_o(n)\}$$

$$X_i = \{X_i(1), X_i(2), X_i(3), \cdots, X_i(n)\}$$

$$Y_i = \{Y_i(1), Y_i(2), Y_i(3), \cdots, Y_i(n)\}$$

$$Y_o = \{Y_o(1), Y_o(2), Y_o(3), \cdots, Y_o(n)\}$$

其中，$k=1, 2, \cdots, n; i=1, 2, \cdots, m$。

然后进行数据点的标准指标绝对值的加权、放大处理，其表达式为

$$P_i = \frac{\min_i\min_k\Delta_i(k) + A\max_i\max_k\Delta_i(k)}{\Delta_i(k) + A\max_i\max_k\Delta_i(k)} Y_i(k)Y_o(k) \quad (5-122)$$

$$\Delta_i(k) = |X_o(k) - X_i(k)| \quad (5-123)$$

式中 $P_i(k)$——数据X_o与X_i在第k点（参数）的灰色多元加权系数；

$\Delta_i(k)$——第k点X_o与X_i的标准指标绝对值；

$\min_i\min_k\Delta_i(k)$——标准指标两极最小差；

$\max_i\max_k\Delta_i(k)$——标准指标两极最大差；

$Y_o(k)$——第k点（参数）的权值；

A——灰色分辨系数。

由此可以得出灰色多元加权系数序列：

$$P_i(k) = \{P_i(1), P_i(2), P_i(3), \cdots, P_i(n)\} \quad (5-124)$$

利用归一法，将系数归一为点：

$$\boldsymbol{P}_i = \frac{1}{\sum_{k=1}^{n} Y_o(k)} \sum_{k=1}^{n} P_i(k) \quad (5-125)$$

式中 $\boldsymbol{P}_i$——灰色多元加权归一系数行矩阵。

最后，对矩阵作数据列处理，采用最大隶属原则：

$$P_{\max} = \max\{\boldsymbol{P}_i\} \quad (5-126)$$

作为灰色评价预测结论，并根据特征值的数据值，确定评价结论准确性和精度。

基于以上判别函数，计算得出的权重函数，可以根据6个测井参数对成岩相测井判别的贡献率赋予不同的函数特征值，建立研究区的5个成岩相测井判别数值模型：

$$F_1 = 0.48v_1 - 0.38v_2 + 10.6v_3 - 0.42v_4 + 0.51v_5 + 3.21S \quad (5-127)$$

$$F_2 = 0.41v_1 - 0.48v_2 + 9.2v_3 - 0.39v_4 - 0.47v_5 + 2.87S \quad (5-128)$$

$$F_3 = -1.23v_1 + 0.38v_2 + 6.6v_3 + 0.22v_4 + 0.31v_5 + 1.45S \quad (5-129)$$

$$F_4 = -0.85v_1 + 0.24v_2 + 5.4v_3 + 1.13v_4 + 1.11v_5 + 0.96S \quad (5-130)$$

$$F_5 = 1.08v_1 - 0.96v_2 + 4.6v_3 - 0.62v_4 + 0.81v_5 + 2.23S \quad (5-131)$$

式中 F_1——绿泥石衬边弱溶蚀成岩相；

F_2——不稳定组分溶蚀成岩相；

F_3——压实致密成岩相；

F_4——高岭石填充成岩相；

F_5——碳酸盐胶结成岩相。

不同类型成岩相具有不同的判别函数值$F_n(x)(n=1,2,\cdots,10)$，将新的未知样本参数带入判别函数，达到最大值即为第n^*类测井相：

$$F_n^*(x) = \max_{1 \leq n \leq m}\{F_n(x)\} \qquad (5-132)$$

样本属于n^*类测井相的条件概率为

$$Q_n = \exp[F_n^*(x)] \Big/ \sum_{n=1}^m \exp[F_n(x)] \qquad (5-133)$$

式中　$F_n(x)$——待判定成岩相样本的参数带入各个测井相判别公式后的函数值；

　　　F_n^*——测井成岩相判别函数中的最大值；

　　　n——成岩相的分类数；

　　　n^*——函数值大的测井相的类型；

　　　Q_n——待判定样本属于n^*类成岩相的条件概率。

3）测井成岩相判别效果检验

检验方式是利用成岩相识别结论对目的层位全井段成岩相进行判别结论与岩心分析对比检验。对非建模井Y22井2675~2759m井段进行成岩相判别（图5-54），符合率为88.71%。结果显示：除一个碳酸盐胶结成岩相层段（厚1.40m）被错判为压实致密成岩相和压实致密成岩相层段（共厚0.67m）被错判为碳酸盐胶结成岩相外，其余层段均识别正确。通过对取心井进行成岩相测井识别效果回判，统计了3口井共124块岩石薄片的对比情况，正判110块，符合率高达88.71%，显示所建立的模型能够很好地应用于研究区成岩相的识别。

2. 基于孔隙度谱的成岩相成像测井识别方法

通过成岩相特征与常规测井曲线响应的标定，可建立成岩相常规测井识别标准，由此实现单井纵向上成岩相的定性分析。但不同成岩相可能具有相似的测井响应特征，仅依据常规测井资料识别成岩相存在一定的多解性。因此，在通过常规测井资料标定成岩相的基础上，引入成像测井孔隙度谱，可以更好地识别成岩相。

1）成像测井孔隙度谱基本原理

成像测井的测量可以获得原始的192条（或150条）微电阻率曲线，数据经过阿尔奇公式反算，即可获得192条（或150条）孔隙度曲线道。对特定的解释层段而言，如果将这192条（或150条）孔隙度曲线以直方图形式展示，即可获得该解释层段的孔隙度频率分布直方图，即孔隙度谱。

首先，在成像测井的图像上选取一个图像窗口（如长度为0.6096m的窗口）；然后，用阿尔奇公式及其改进的公式计算串口中每个成像测井像素点的孔隙度大小，统计其分布，建立孔隙度频率分布成像图。

经典的阿尔奇公式及其改进的公式如下：

$$F = \frac{R_o}{R_w} = \frac{a}{\phi^m} \qquad (5-134)$$

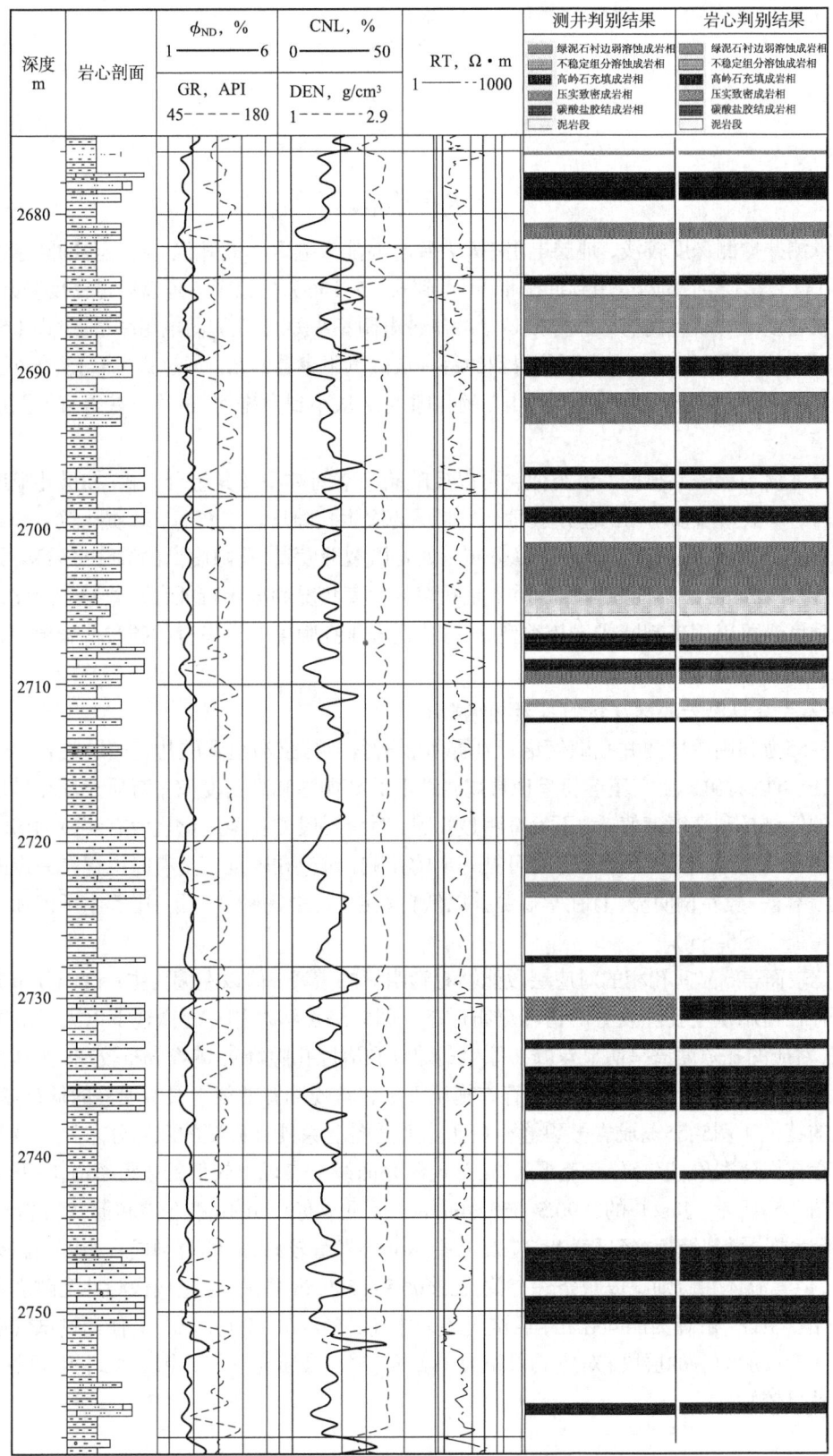

图5-54 演武地区Y22井成岩相划分结果（据马宝全，2018）

$$I = \frac{R_t}{R_o} = \frac{b}{S_w^n} \tag{5-135}$$

$$\phi^m R_{xo} = \frac{abR_{mf}}{S_{xo}^n} \tag{5-136}$$

$$\phi_i^m R_i = \phi_t^m R_{LLS} \tag{5-137}$$

成像测井探测深度较浅，地层电阻率R_t大致与冲洗带电阻率R_{xo}相当，将经典的阿尔奇公式[式（5-134）、式（5-135）]运用到冲洗带，可得到式（5-136）。孔隙度ϕ可以通过密度测井求取，即ϕ值取密度测井解释的有效孔隙度ϕ_t，冲洗带电阻率R_{xo}取常规侧向电阻率R_{LLS}，式（5-136）左边为一定值。因此，对于成像测井得到的每一条微电阻率曲线R_i，通过式（5-137）可得到R_i对应的孔隙度ϕ_i，将统一深度每个电扣点的孔隙度ϕ_i从小到大排列，最终可获得直方图展示的孔隙度谱。

孔隙度谱与核磁共振的T_2谱类似，可以反映储集空间类型及其组合方式。如果孔隙度谱只有一个峰，一般指示较均匀的基质孔隙，当储层的次生孔隙比较发育时，基质孔隙主峰后将出现次生孔隙分布峰，孔隙度谱呈现双峰分布；如若微裂缝发育，孔隙度谱的谱峰将后移，并且存在明显拖尾现象。由于不同成岩相本质上是孔隙的发育状况和分布特征存在差异，因此，成像测井孔隙度谱可以用来判断成岩相类型。该方法适合于孔隙度介质发育的碳酸盐岩储层，不适用于油基钻井液条件。

2）基于成像测井孔隙度谱的成岩相识别及验证

图5-55为利用成像测井孔隙度谱识别鄂尔多斯盆地马家沟组碳酸盐岩储层成岩相的结果及其验证。可以看出，压实压溶相呈现常规测井上的高伽马和高密度值；膏质充填相呈现常规测井上的低伽马和高密度值，均不发育明显孔隙，对应层段的孔隙度谱也没有明显的谱峰；钙质胶结相与此类似，但显微镜下有时可见一定的孔隙，对应孔隙度谱上有时也存在一定的谱峰分布，但谱峰一般左偏明显，且在常规测井以低自然伽马、中等密度、低—中等中子值和中等电阻率为特征（图5-55）。

相比较而言，晶间孔相的对应层段能够看到明显的谱峰，但以左偏为主，谱峰分布尖细且窄，不存在指示次生孔隙发育的谱峰分布形态（图5-55）。溶蚀相在显微镜下以大量溶蚀孔洞为特征，对应的孔隙度谱呈明显双峰（原生孔隙峰和溶蚀孔隙峰），谱峰分布较宽，尤其是指示溶蚀孔隙发育的谱峰分布明显，但不存在拖尾现象，常规测井曲线上具有明显的低自然伽马、低密度的特征（图5-55）。成岩微裂缝相在孔隙度谱图上除具有典型的双峰分布外，最明显的特征是存在拖尾现象，谱峰分布范围最宽，常规测井曲线上表现出较低的电阻率值（图5-55）。

如图5-55所示，Jin2井的3590.5~3592.4m井段经过成像测井孔隙度谱和薄片分析相互验证，解释为成岩微裂缝相，经试气产水7.2t/d，指示储层发育较好，表明有利成岩相可控制有效储层发育，但其流体性质则跟成藏条件有关。在3606.8~3609.5m井段，经过成像测井孔隙度谱和薄片分析相互验证，解释为晶间孔相，经试气产天然气2052m³/d，对应气层。其他经过试气厘定为干层（无产液能力）的层段，对应成岩相为压实压溶相、膏质充填相或钙质胶结相。可见，该方法识别效果较好。

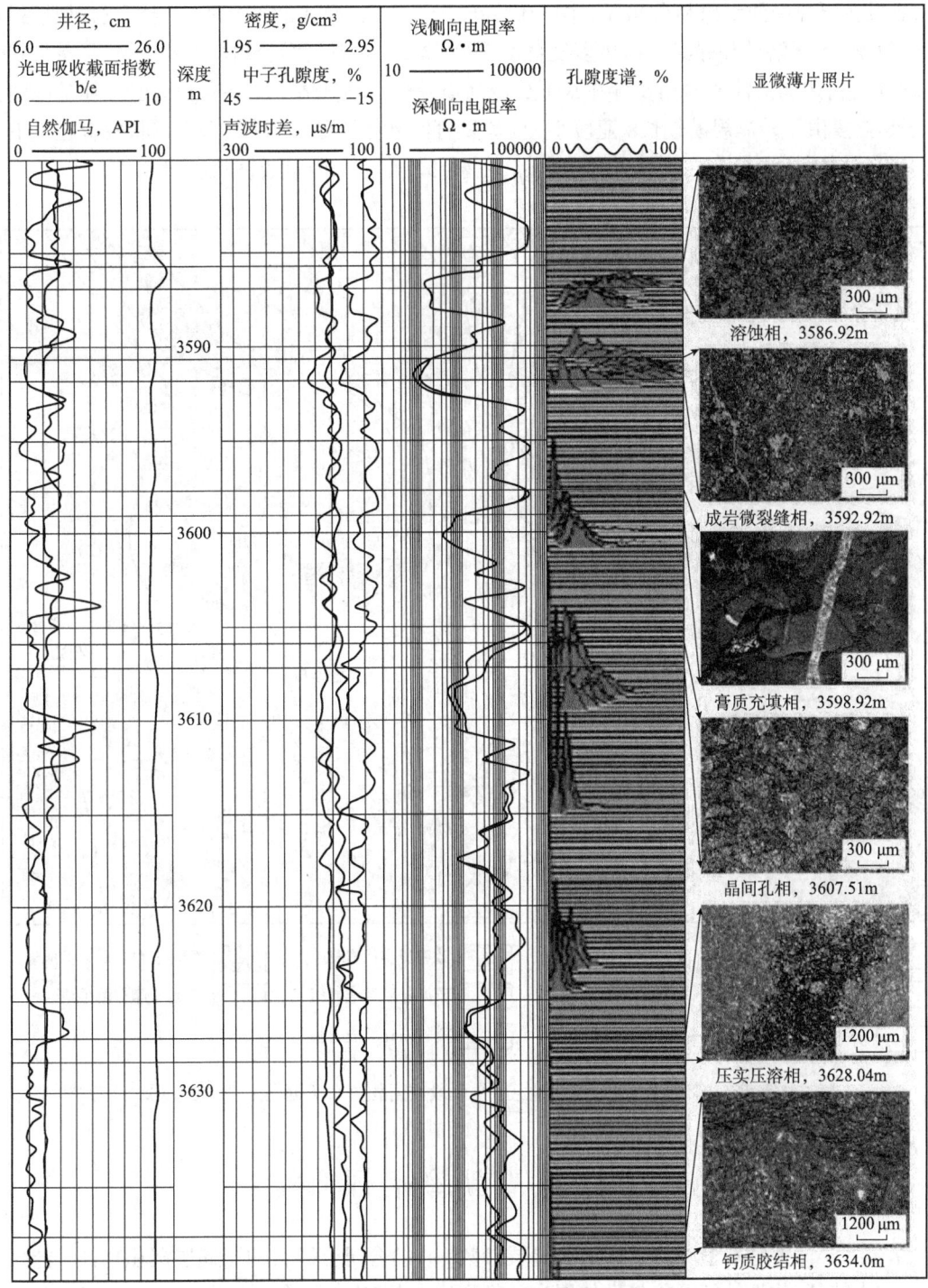

图5-55 鄂尔多斯盆地Jin2井成像测井孔隙度谱的成岩相识别（据李国欣等，2018）

四、测井成岩相分布实例

在演武地区测井成岩相识别的应用中，得到长8段储层的成岩相平面分布图（图5-56）。平面上有利成岩相展布与沉积微相有良好的匹配关系，但不完全受控于沉积微相的发育，其中长8_1亚段在研究区西南部和东北部有两个优势砂岩发育区,且东北部有利成岩相发育规模相对较大。这2个区域溶蚀和绿泥石衬边多发育水下分流河道中部,河道砂体也有发育,呈条带状分布。绿泥石衬边弱溶蚀成岩相发育在水下分流河道及河口坝砂体中,展布规模受砂体范围的影响。长8_2亚段由于砂体规模较长8_1亚段小,优势发育区砂体较薄,溶蚀相多呈带状发育在水下分流河道砂体中,主要分布在研究区的中东部,在东部较小范围内呈透镜状和窄条状。

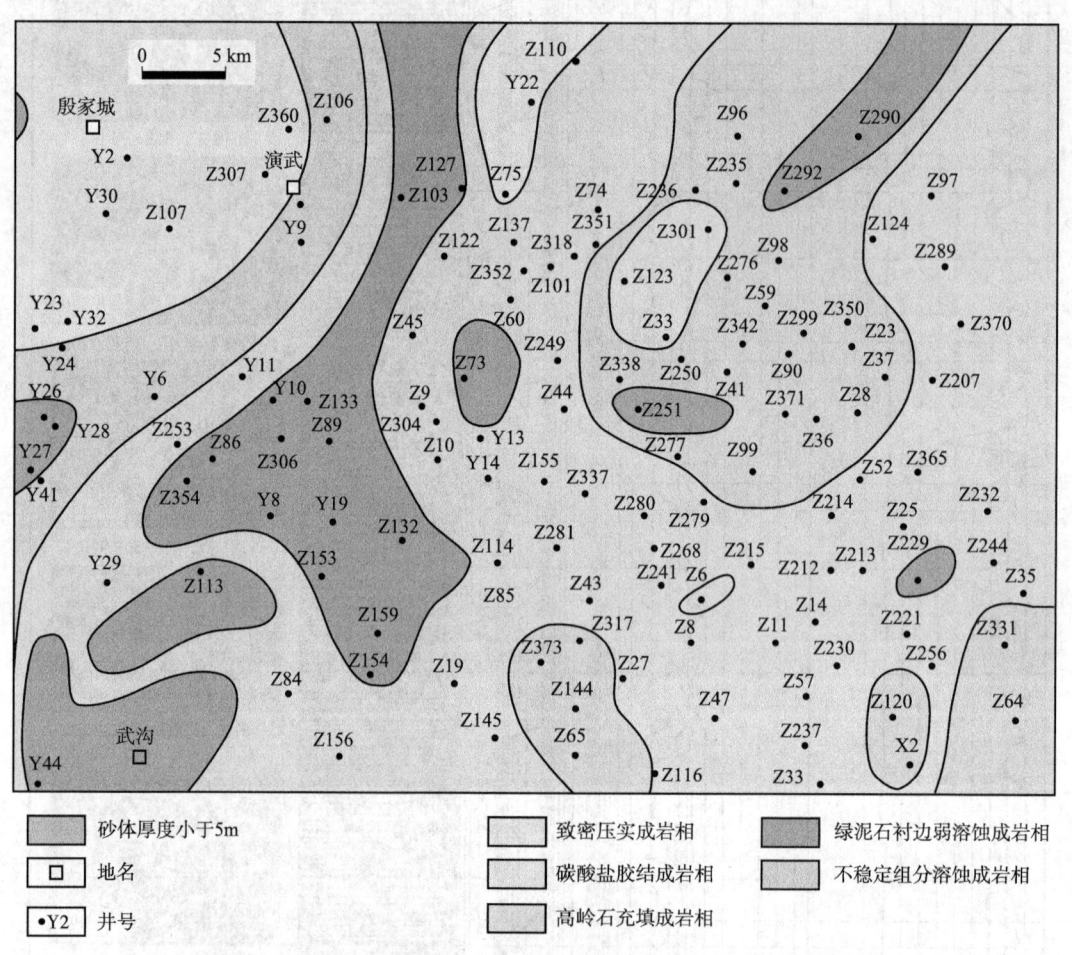

图5-56 鄂尔多斯盆地演武地区长8_1亚段成岩相分布(据马宝全,2018)

第四节 储层综合评价

储层综合评价是基于测井计算出的储层参数,并结合研究区目的层储层沉积特征、岩石学特征、成岩特征、物性特征及优势砂体展布特征研究,对其进行综合分析和评价。

一、综合评价参数选取

综合评价参数的选择对储层综合评价起决定性作用,在选取储层参数时,既要考虑对储层评价的影响程度,也要分析各项参数之间的相互关联性,更需要从实际出发,选择具有广泛适用性和较强对比性的参数作为储层评价的主要参数。

1. 参数选择的原则

1）根据评价目的考虑参数的规律性

孔隙度、渗透率、最大喉道半径、最大进汞饱和度等参数值越大，表示储层物性越好，与储层的综合评价正相关；排替压力、变异系数等参数值越大，表示储层质量越差，与储层的综合评价呈现负相关。

2）选取能够表征地区储层质量的参数

避免将能够得到的参数全部罗列，一般应根据区域特点、储层特性和研究目的，选取能够表征储层质量的典型参数，作为储层综合评价的评价参数。如果认为参数越多越好，则会导致选取过多的参数且雷同，使综合评价不能表征储层的特征。同时，繁多的参数会增加数据收集、标准化、权重分配等工作的难度。

3）储层综合评价的参数与评价的目标相符合，避免参数间相互矛盾

在选取储层综合评价参数时，还需要对参数的以下性质进行分析：

①内因与外因：当以产能作为评价目的时，内因是储层的渗流能力和含油程度，外因是工程增产措施的影响。应该避免选取受外在因素影响的参数。

②宏观参数和微观参数的区别。宏观参数指对储层总体性质的认识结果，反映储层整体的性质；微观参数来源于微观试验及地球物理测井评价，是对储层微观认识的结果。

③评价参数的逻辑关系：

一是因果关系，即某种参数是另一种参数的原因，参数间存在着一因多果或多果一因的情况，判断时应考虑时间发生的先后和参数之间的相互作用机理；

二是并列关系，即评价参数并不是处在同一因果链中，而是一种完全的并列关系，可以将其视为独立参数，独立参数间没有复杂的关系，有利于降低评价工作的难度；

三是过程参数，即评价参数处在因果链中的一个过程中，它的影响可以用原因参数或结果参数来实现。

2. 参数的选择

1）储层厚度参数

储层厚度是油气藏大小和好坏的重要影响因素，砂层厚度是表征储层的最基本参数。

2）孔隙结构参数

储层孔隙结构参数是储层性质评价的重要内容，根据研究区储层特点，可选择选择对比性较强的排替压力、最大进汞饱和度、孔隙半径中值和变异系数等参数作为研究区储层综合评价的孔隙结构参数。

3）物性参数

由于孔隙度和渗透率在储层评价中的重要地位和应用范围的广泛性，因此几乎所有的储层综合评价都应用其作为评价参数。

4）含油性参数

含油饱和度参数可以很好地表征储层的含油性。储层又称储集层，其孔隙和喉道是油气的储集空间和运移通道。含油饱和度可以很好地定量表征储集空间内含油的程度。

5）其他参数

其他参数指除以上以外的参数。

二、储层综合评价

国内外许多专家学者对储层综合评价方法进行过深入研究,提出了聚类分析方法、模糊优化方法、灰色关联度分析方法和数理统计分析方法等多种方法。以下介绍储层模糊综合评价方法。

1. 评价数学模型

模糊数学中的模糊综合评价方法,是针对难以直接用准确的数字进行量化的评价问题所提出来的一种应用广泛的方法。该方法就是对原本仅具有模糊和非定量化特征的参数进行某种数学处理,使其具有某种量化的表达形式,从而为评价提供可比较和判别的依据,提高评价的科学性和正确性。

模糊综合评价的评价因素集合为$U=\{U_1,U_2,\cdots,U_m\}$,其中U_i($i=1,2,\cdots m$)代表评价因素:U_1为砂层厚度(m);U_2为排替压力(MPa);U_3为最大进汞饱和度(%);U_4为储层的孔隙度(%);U_5为储层的渗透率($10^{-3}\mu m^2$);U_6为孔隙半径中值(μm);U_7为变异系数(无量纲);U_8为储层含油饱和度(%)。

评语集合为$V=\{V_1,V_2,\cdots V_n\}$;其中V_j($j=1,2,\cdots,n$)为评判级别;n为整数。

在实际应用中,V_j为一口井的参数集合,则评语集合可表示为$V=\{演30,演28,演26,\cdots,镇230\}$。

设单因素评矩阵为$\boldsymbol{R}=[r_{ij}]_{m\times n}$,其中$r_{ij}$为第$i$种因素对第$j$种评语的隶属度,又设单因素集合中各因素的权重$A=(a_1,a_2,\cdots a_m)$,则模糊综合评价方程为

$$B=A \circ R \tag{5-138}$$

式中,$\boldsymbol{B}=(b_1,b_2,\cdots,b_n)$为综合评价结果;$\circ$为模糊运算符号。

2. 参数权重

储层综合评价需要综合运用储层参数,每个参数在综合评价模型中所占权重需要运用一种或多种数学方法进行分析,以求在综合评价时能够更好地表征储层品质。

多数综合评价都涉及评价参数权重的确定,由于每个评价参数的重要程度和所考虑的重点不同,所以它们的权重也不尽相同,因此需要对权重赋值。

1)层次结构模型

在对参数的权重进行判别时,应首先建立层次结构图。例如,在8个评价参数中,岩石的排替压力p_d、最大进汞饱和度S_w、孔隙半径中值r、变异系数D_r和储层厚度h是储层质量的直接影响因素;孔隙度ϕ、渗透率K和含油饱和度S_o参数是储层质量的综合反映。8个因素相互影响、彼此联系,构建层次结构图(图5-57)。

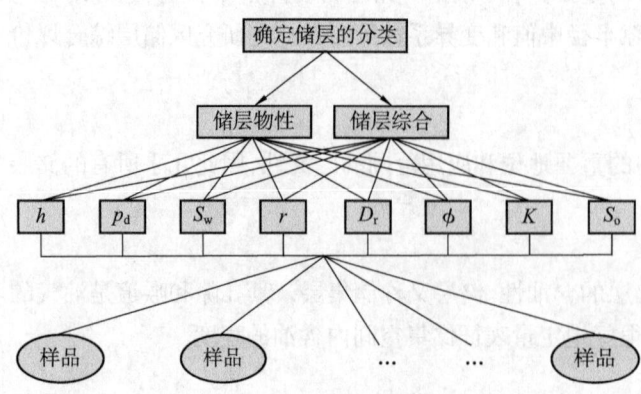

图5-57 演武地区长8段储层参数层次结构图(据马宝全,2018)

2）建立权重向量

根据以上对选取的8个储层参数的分析，利用判断矩阵分析法确定储层参数权重。计算公式如下：

$$b_{ij} = \frac{f_{\mu j}(\mu_i)}{f_{\mu i}(\mu_j)} \quad (i,j = 1,2,\cdots m) \tag{5-139}$$

式中，$f_{\mu j}(\mu_i)$ 表示因素 μ_i 相对于因素 μ_j 的重要程度。

由 $m \times m$ 个 b_{ij} 可构造判断矩阵为

$$\boldsymbol{B} = \begin{vmatrix} b_{11} & b_{12} & \cdots & b_{1m} \\ b_{21} & b_{22} & \cdots & b_{2m} \\ \cdots & \cdots & \cdots & \cdots \\ b_{m1} & b_{m2} & \cdots & b_{mm} \end{vmatrix} \tag{5-140}$$

根据判断矩阵 $\boldsymbol{B}$，得出最大特征根及特征向量：

$$\zeta = (X_1, X_2, \cdots, X_m) \tag{5-141}$$

取 X_i 作为因素 μ_i 的重要程度系数 a_i，即

$$A = (X_1, X_2, \cdots, X_m) = (a_1, a_2, \cdots, a_m) \tag{5-142}$$

3. 模糊算子计算

模糊综合评价的计算模型有多种，最常用的主要有三种：主因素决定型、主因素突出型、加权平均型。

例如，选择加权平均型计算模型对演武地区长8段进行储层综合评价：

$$b_j = \sum_{i=1}^{n} a_i r_{ij} \quad (j = 1,2,\cdots,n) \tag{5-143}$$

4. 综合评价

综合评价的结果是一个模糊子集：

$$\boldsymbol{B} = [b_1, b_2, \cdots, b_n] \tag{5-144}$$

其中，b_j 为所研究储层对等级 V_j 的隶属度，采用最大隶属度判别原则对储层进行综合评价，即 B 值越大，所表征的储层品质越好。

5. 评价结果及效果分析

依据测井计算出的储层参数，参考试油数据，可总结出综合评价标准。例如，对演武地区长8段储层总结出的综合评价标准（表5-16）。利用模糊综合评价方法，对长8段储层进行了评价及分析。

表5-16 演武地区延长组8段储层综合评价标准

判别值 B	储层综合评价
$B \geq 0.8$	最有利区块
$0.8 > B \geq 0.6$	有利区块
$0.6 > B \geq 0.4$	较有利区块
$B < 0.4$	一般区块

通过对储层参数的求取和对储层特征的分析,优选出8个最能代表储层品质的参数。将其形成评价的因素集合U,将评语集合定为由单井因素组成的V={演30,演28,演26,…,镇230}。基于判断矩阵分析法对参数权重进行判断,最终形成研究区的模糊评价隶属度标准(表5-17)。

表5-17 演武地区长8段储层参数模糊综合评价隶属度

影响因素	评价标志	隶属度	影响因素	评价标志	隶属度
储层厚度 m	$0 \leqslant h < 5$	0.2	含油饱和度 %	$25 \leqslant S_o < 40$	0.4
	$5 \leqslant h < 10$	0.4		$40 \leqslant S_o < 50$	0.6
	$10 \leqslant h < 15$	0.8		$50 \leqslant S_o < 60$	0.8
	$h \geqslant 15$	1.0		$S_o \geqslant 60$	1.0
孔隙度 %	$0 \leqslant \phi < 6$	0.1	储层渗透率 $10^{-3} \mu m^2$	$0.01 \leqslant K < 0.1$	0.15
	$6 \leqslant \phi < 12$	0.75		$0.1 \leqslant K < 3$	0.9
	$\phi \geqslant 12$	1.0		$K \geqslant 3$	1.0
排替压力 MPa	$0 < p_d < 3$	0.8	最大进汞饱和度 %	$0 < S_w < 20$	0.2
	$3 \leqslant p_d < 10$	0.6		$20 \leqslant S_w < 30$	0.8
	$p_d \geqslant 10$	1.0		$S_w \geqslant 30$	1.0
孔隙半径中值 μm	$0 < r < 0.5$	0.4	变异系数	$0 < D_r < 0.06$	0.3
	$0.5 \leqslant r < 1$	0.6		$0.06 \leqslant D_r \leqslant 0.11$	0.6
	$r \geqslant 1$	1.0		$D_r \geqslant 0.11$	1.0

利用上述方法对演武地区100多口井长8段储层进行评价,得到各井的B值(表5-18)。根据计算的B值,结合储层各参数的平面分布特征,预测出演武地区长8段储层的有利区块(图5-58)。

表5-18 演武地区长8段储层勘探潜力模糊数学综合评价(B值)

井名	B值	井名	B值	井名	B值
Y33	0.54	Z149	0.03	Z302	0.23
Y32	0.45	Z150	0	Z304	0.6
Y34	0.18	Z153	0.49	Z306	0.59
Y5	0.11	Z154	0.41	Z307	0.39
Y25	0.69	Z155	0.45	Z31	0.35
Y30	0.15	Z156	0.51	Z317	0.29
Y24	0.61	Z159	0.41	Z342	0.28
Y31	0.7	Z19	0.55	Z35	0.11
Y56	0.06	Z207	0.01	Z350	0.15
Y208	0.22	Z215	0.01	Z351	0.43
Y11	0.41	Z221	0.04	Z352	0.41
Y10	0.62	Z23	0.09	Z354	0.44
Z131	0.46	Z230	0.01	Z36	0.08
Z25	0.15	Z235	0.31	Z360	0.35

结果表明,长8段储层存在三个模糊综合评价B值≥0.8的最有利区带,主要分布在Z89井、Z145井、Z281—Z214井附近,这些区域均为砂体最为发育的分流河道微相带;有利区块主要分布在最有利区块外围附近,模糊综合评价B值介于0.6~0.8之间;较有利区块在全区分布范围广,仅次于一般区块(图5-58)。

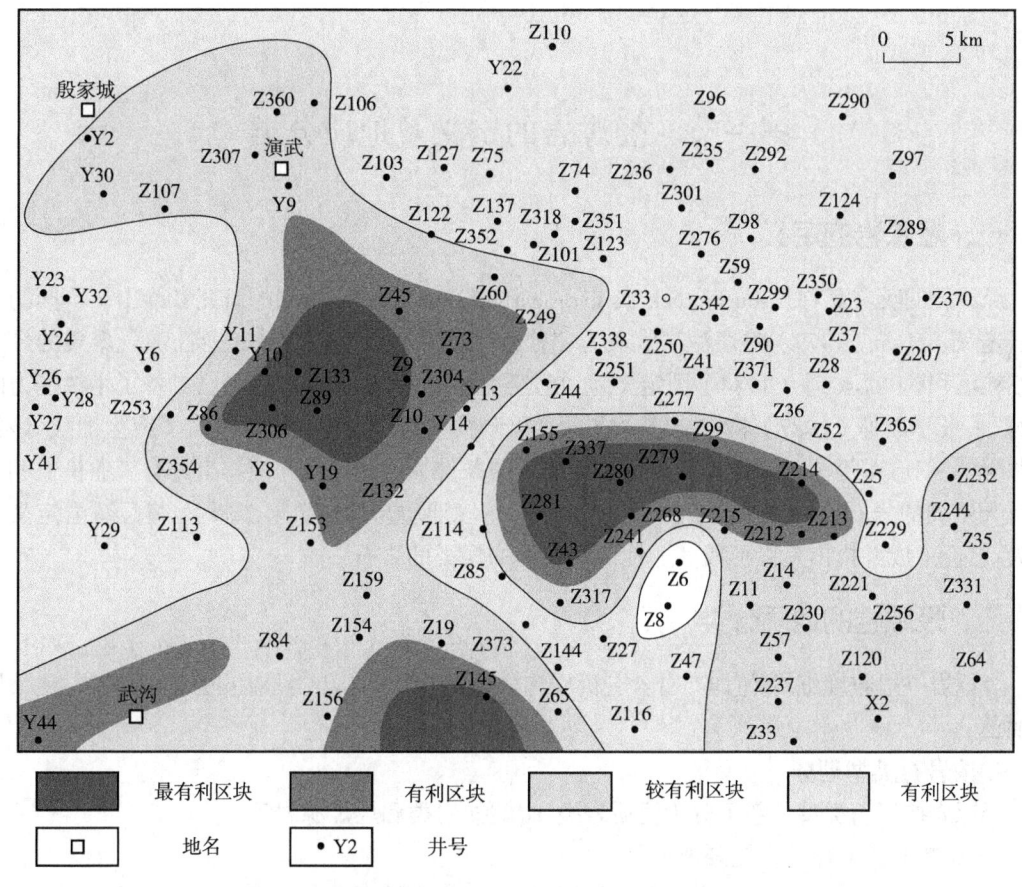

图5-58 演武地区长8段储层综合评价(据马宝全,2018)

思 考 题

1. 如何理解岩心深度归位的实际应用价值?
2. 如何理解地质(岩心)刻度测井?
3. 如何理解测井数据标准化的地质意义?
4. 试述沉积微相约束的测井储层参数解释模型建立思路和方法。
5. 试述成岩相约束的测井储层参数解释模型建立思路和方法。
6. 试述地质条件约束的测井多井解释及储层参数计算的依据和方法。
7. 试述测井储层参数计算的地质作用。
8. 试述测井储层评价的关键。
9. 试述测井响应信息为什么能够反映裂缝的特征,其理论基础是什么?
10. 试述裂缝测井识别及有效性分析的理论依据和实用方法。
11. 试述测井成岩相分析的岩石物理基础、方法和地质作用。

第六章　烃源岩与盖层测井评价

第一节　烃源岩的定义及地质分类

一、烃源岩的定义

烃源岩的英文名称是 source rock 或 hydrocarbon source rock。不同的研究者给出了不同的烃源岩定义。Hunt（1979）将烃源岩定义为"曾经产生并排出足以形成工业性油气聚集的烃类的细粒沉积"；Tissot 等（1984）则定义为"已经生油的、可以生油的或是已具备了生油能力的岩石"；张厚福等（1987）将"能够生成石油和天然气的岩石称为生油气岩（或生油气母岩、烃源岩）"。王启军等（1987）将"具备了生油气的条件，已经生成并能排出具有工业价值的石油及天然气的岩石称为油（气）源岩"《石油天然气地质与勘探（第二版）》将烃源岩定义表述为：已经生成并排出足以形成商业性油气聚集的烃类的岩石。

二、烃源岩的地质分类

烃源岩一般粒度细、颜色暗，富含有机质和微体生物化石，常含原生分散状黄铁矿，偶见原生油苗。

1. 按岩石类型划分

烃源岩按岩石类型一般可分为泥质岩类、碳酸盐岩类和煤烃源岩等。

1）泥质岩（非煤系）类烃源岩

泥质岩（黏土岩）类烃源岩主要包括泥岩和页岩，是在一定深度的稳定水体中形成的，要求沉积环境安静缺氧，在此环境背景下由生物提供的各类有机质能够伴随黏土矿物质大量堆积、保存，为生成油气提供物质保证。这些泥质岩类富含有机质及低价铁化合物，使颜色多呈暗色。在我国主要陆相盆地，如鄂尔多斯（三叠系）、松辽与酒西（白垩系）、渤海湾、南襄、江苏北等盆地和沿海海域（古近—新近系）均有发育。塔里木盆地和准噶尔盆地发育二叠系海相泥岩和页岩。烃源岩层多为灰黑、深灰、灰及灰绿色泥岩、页岩。

2）碳酸盐岩类烃源岩

碳酸盐岩类烃源岩以低能环境下形成的富有机质的普通灰岩、生物灰岩和泥灰岩为主，岩石常含泥质成分，多呈灰黑、深灰、褐灰及灰色，隐晶—粉晶结构，颗粒少，以灰泥为主。

3）煤烃源岩

煤烃源岩是指在成煤环境下形成的含煤地层。其中的煤层和含煤地层中富含有机质的泥岩可以成为烃源岩。煤系烃源岩包括腐殖煤、碳质页岩、泥质岩腐泥煤和油页岩夹层。煤系地层主要形成于沼泽环境和海陆过渡环境。煤是一种富集型有机质，它是由不同数量的壳质组、镜质组和惰质组构成的混合体。

2. 按照生油潜力等级划分

除了按照岩性对烃源岩进行划分之外,国内外学者在实际工作过程中也根据烃源岩的生油潜力等级和有机质丰度评价参数等对烃源岩进行了分类。中国石油勘探开发研究院将中国陆相泥质生油岩的有机碳含量的下限值定为0.4%(表6–1、表6–2)。

表6–1 陆相生油岩有机质丰度评价

等级	好	较好	较差	非生油岩
沉积相	半—深湖相	浅—半深湖相	滨浅湖相	河流相
岩性	灰黑色泥岩	灰色泥岩为主	灰绿色泥岩为主	红色泥岩为主
"C",%	>1.0	0.6~1.0	0.6~0.4	<0.4
"A",%	>0.1	0.05~0.1	0.01~0.05	<0.01
HC,mg/L	>500	200~500	100~200	<100
HC/C,%	>6	2~6	1~2	<1

表6–2 不同级别生油岩的烃含量　　　　　　　　　　　　　　单位:mg/L

生油岩级别	差或贫	良好	好	很好
贝克	<50	50~1000		1000~6000
挪威大陆架研究所	<100	100~250	250~500	
美国大陆石油公司	<50	50~150	150~250	

第二节　烃源岩的测井分析方法

烃源岩的评价及预测是盆地油气资源量计算、目标优选的主要工作之一。目前,主要利用岩心地化指标来进行烃源岩的识别与评价,但这种方法过多依赖于有限的实验资料,只能对取心井的取心段进行评价,对未取心段及未取心井则束手无策,且忽略了非均质性对烃源岩评价的影响。

成熟生油岩包括岩石骨架、有机质、水和残留烃。由于沉积岩中分散的有机质(干酪根)具有特殊的物理性质,具导电性差、接近水的密度、声波时差远大于砂和黏土矿物、含烃指数大、自然伽马高等特点,因此生油岩在测井曲线上有明显的反应,而且测井资料由于具有纵向分辨率高且连续性强的特点,所以逐渐成为精细识别有效烃源岩行之有效的方法。

目前利用测井曲线进行烃源岩研究的方法较多,常用的有单曲线分析法、多曲线重叠法、多元线性回归法、$\Delta \lg R$分析法、多矿物分析法、BP神经网络法等。这些方法主要用于定性识别烃源岩或定量计算有机碳含量,然而由于在烃源岩分析时都受到不同因素的影响,实际应用中应针对具体情况优选使用。

一、烃源岩的测井响应

生油岩含有大量的有机质(干酪根),干酪根具有特殊的物理性质。如它的导电性差、自然放射性强、密度接近于水的密度、属于轻组分、声波时差接近550 μs/m、含氢指数接近67%等,引起密度、岩性测井读数降低和中子、声波、电阻率、自然伽马、自然伽马能谱、电磁波传播测井读数增高。因此应用测井对干酪根的响应特征，能识别泥岩层系中富含干酪根的生油岩。

1. 声波测井响应特征

声波测井探测井内岩石声波（纵波）时差的变化。在压实的泥岩层系中，由于泥质声波时差小于干酪根声波时差，因此干酪根引起生油岩声波时差增大。针对这一特征，可采用声波测井曲线法进行烃源岩识别，但是单条曲线定性分析所受影响因素较多，有很大的局限性。实际应用中，往往采用双条曲线重叠定量计算法，即根据烃源岩内有机质在两条曲线的不同响应，经标定可定量计算烃源岩的有机质的丰度。例如将声波时差曲线和电阻率曲线在非烃源岩层重叠，烃源岩段电阻率和声波测井曲线差异完全是由有机质含量改变引起。

2. 密度—中子测井响应特征

密度测井探测井内岩石密度的变化，中子测井探测井内岩石含氢指数的变化。泥质密度大于干酪根密度，因此干酪根引起生油岩密度减小；泥质含氢指数小于干酪根含氢指数，因此干酪根引起生油岩含氢指数增大。依据烃源岩一般表现为密度小、含氢指数大的特点，可定性识别烃源岩层。

3. 自然伽马测井响应特征

烃源岩自身粒度较细，比表面积大，吸附性强。同非烃源岩相比，烃源岩具有较高的放射性，在自然伽马测井曲线上表现出高异常，自然伽马能谱测井上为铀含量的高值，以及钍铀比低值。特别在海相环境中，由于富含铀离子和其他微量元素，且浮游生物对铀离子具有很强的吸附性，因此海相烃源岩具有更高的伽马异常。在碳酸盐岩烃源岩中，自然伽马放射性强度与有机质丰度的关系依旧存在，我国学者陈增智等（1994）认为碳酸盐岩中泥质含量与有机碳含量之间存在必然联系且两者正相关。

自然伽马测井是探测井内岩石天然放射性元素伽马射线强度变化的一种测井方法。由于干酪根的铀含量相当高，泥质自然伽马小于干酪根自然伽马，干酪根引起生油岩自然伽马增大。在实际应用中，除了定性识别外，GR测井也常应用于多元线性回归测井评价方法中，即以有机碳含量为因变量，以单一或多种测井参数为自变量可以建立一元、二元或多元回归方程，并以这些方程为基础建立定量预测模型。

4. 自然伽马能谱测井响应特征

自然伽马能谱测井探测井内岩石天然放射性元素——铀、钍、钾含量的变化。自然伽马能谱测井定性识别生油岩。普通黏土岩（泥岩、页岩）的钾、钍含量相对较高而铀值略低，且钾和钍曲线间的相关性比与铀曲线间的相关性好。对于生油层，由于沉积的有机物含量高，铀的含量随之增高，其值明显高于周围普通泥岩，有机质对铀的富集有重要作用，反过来说，铀的富集在一定条件下可指示岩石中有机质的丰富程度。钍和钾元素相对较稳定，不易被吸附。因此自然伽马能谱测井是评价生油岩丰度的重要指示标志。

图6-1为滋2井不同泥岩段的自然伽马能谱测井图及铀与钾、钍含量的交会图，其中2094.0～2100.0m井段为沙三段褐色油页岩，2446.0～2460.0m为深灰色泥岩，3046.0～3060.0m井段为沙四段的红色泥岩。随泥岩颜色加深，有机质物质成分增加，铀含量明显增高，钍、钾含量相对降低，尤其是褐色油页岩，由于有机质成分含量高，其特征表现更加突出。

5. 电阻率测井响应特征

电阻率测井是探测井内岩石电阻率变化的一种测井方法。干酪根是非导电物质，电阻率为无限大；泥质是导电物质，电阻率很小。烃源岩通常为层状，在电性方面表现为非均质性，从而导

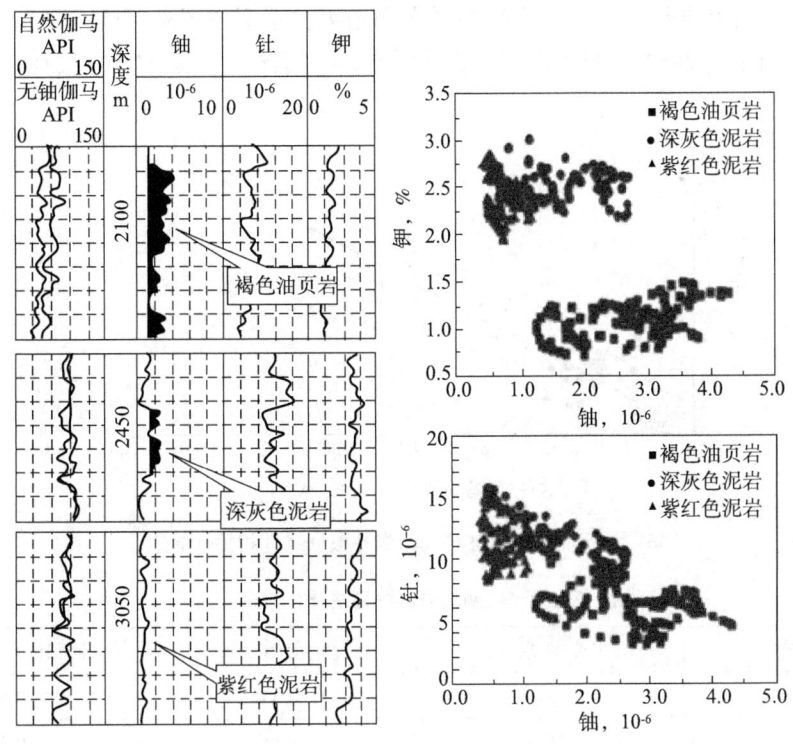

图6-1 滋2井不同泥岩段的自然伽马能谱测井图及铀与钾、钍含量的交会图

致其电阻率的增大。烃源岩成熟时,游离烃存在于地层孔隙、裂缝之中,使电阻率曲线出现异常,表现为急剧增高。这是因为烃类流体不仅导电差,而且属于极性分子,它的正离子抑制了黏土对其他正离子的吸附,减小了泥质的导电能力,使烃源岩的电阻率增大。根据游离烃对电阻率的明显作用,石强等(2004)认为,电阻率测井对烃源岩中所含干酪根的回应远远小于对所含油气的回应。而只有当地层中干酪根富集程度相当高时,干酪根才会明显导致电阻率测井异常。

二、烃源岩总有机碳含量的测井评价

烃源岩的各项地球化学指标中,总有机碳含量(TOC)是最常使用的参数,目前对烃源岩参数进行的测井研究大多是针对该参数进行评价。

1. 单曲线评价方法

根据富有机质地层中的测井响应特征,可建立测井值与有机碳含量的经验关系,常用的测井评价方法有自然伽马测井、自然伽马能谱测井、密度测井及碳氧比测井等。

1)自然伽马单因素法

自然伽马能谱测井资料中铀曲线反映地层中矿物铀的含量情况,测井显示的铀含量越高,表明有机质含量越高。国内外学者运用ΔGR来表征铀的含量,其具体计算为地层总自然伽马(GR)和地层无铀伽马(K和Th)之差。有人将龙马溪区块的93组岩心的有机碳含量与ΔGR进行回归分析,最终建立单因素ΔGR的定量数学模型。

由图6-2可见,有机碳含量TOC与ΔGR呈线性相关,随着ΔGR的增加,TOC呈线性增大。利用回归模型和93组岩心的ΔGR测井数据回归计算有机碳含量,结果显示最终的回归结果与岩心分析实测TOC之间相关性较差,相关系数只有39.17%,部分岩心的计算结果如表6-3

所示，N201井纵向上自然伽马法计算结果与实测结果关系图如图6-3所示。因为这种ΔGR方法没有考虑电性因素、物性等，只考虑页岩岩性因素，所以会产生一定的计算误差。

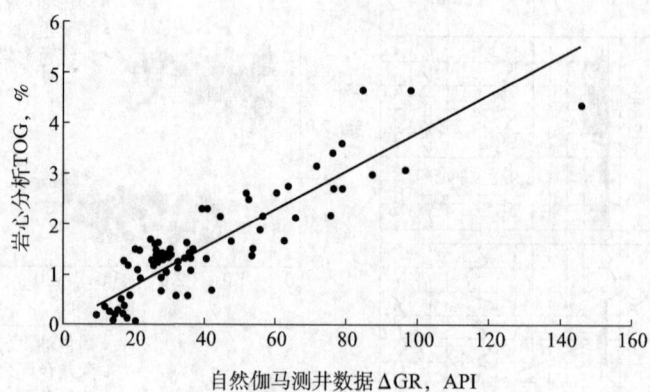

图6-2 实测TOC与自然伽马测井数据线性相关性曲线

表6-3 实测与自然伽马法计算结果

岩心编号	取心深度，m	实测TOC，%	回归计算TOC，%
1	2365	1.17	0.68
2	2380	1.05	0.05
3	2395	1.37	1.13
4	2410	1.46	1.08
5	2425	1.42	1.13
6	2440	1.25	1.16

利用自然伽马测井评价有机碳含量的优势为：几乎在每口井中都测量自然伽马曲线，可在任何井眼环境中测量，且测井结果易于环境校正。这种方法的不足之处在于：①自然伽马放射性强度响应于铀含量，而不是干酪根；②一般假设高放射性强度对应高有机碳含量，但是一些富有机质地层具有中到低的放射性强度，如中生界和新生界的湖相沉积环境的页岩；③建立的有机碳含量与放射性强度的经验关系需要岩心资料刻度，且关系一般不是线性，在同一层段，经验关系可能变化很大；④黏土含量及其他放射性矿物会影响自然伽马放射性强度，导致有机碳含量确定精度降低。

2）自然伽马能谱测井

地层中自然伽马放射性强度的控制因素为沉积作用时水中铀含量、沉积有机质类型、沉积界面上水的化学性质以及沉积速率，因此Swanson认为地层高放射性强度归结于沉积物中铀含量（Swanson，1960）。Gonfalini应用自然伽马能谱测井在意大利Streppenosa盆地评价碳酸盐烃源岩的有机碳含量，并应用测井和岩心分析资料建立不同地质环境中的经验关系（Gonfalini，1991）。我国学者也在不同地区开展利用自然伽马能谱测井评价有机碳含量的研究。陈中红等（2004）对东营凹陷牛38井的自然伽马能谱测井的初步实验研究发现，铀含量及钍铀比与有机碳含量存在良好的相关性。陆巧焕等（2006）根据岩心分析数据建立有机碳含量与铀含量的关系，并在胜利油田滋2等井中得到良好应用。李延钧等（2013）利用自然伽马能谱测井资料在

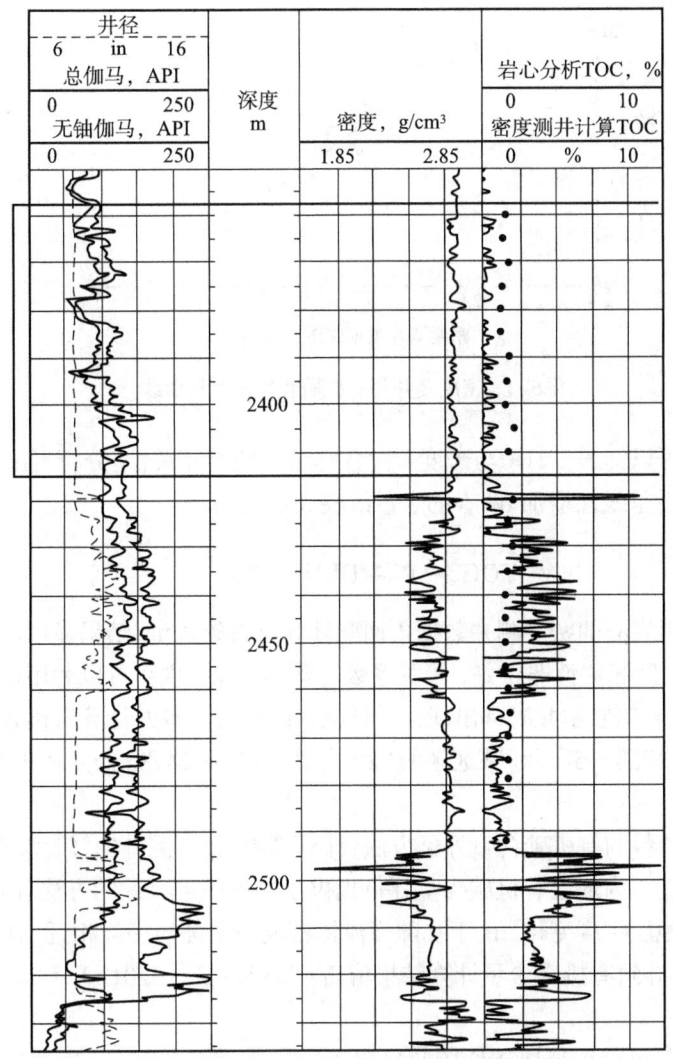

图6-3 N201井纵向上密度测井法计算结果

海相页岩地层建立有机碳含量与铀含量的相关关系,并用实例证明计算值和测量值符合程度较好。

利用自然伽马能谱测井评价有机碳含量能直接利用铀含量建立与有机碳含量的关系,计算结果精度要高于利用自然伽马测井。但是该评价方法仍受沉积速率的影响,而且地层中存在其他含铀矿物(如磷酸盐)时,与有机质无关的含铀矿物会影响计算结果。

3)密度测井单因素法

密度测井单因素法是将实测有机碳含量与密度测井数据进行线性分析,可以建立单因素密度测井的TOC定量数学模型。值得注意的是,由于含有机质页岩黏土含量高,在水基钻井液条件下,井壁处黏土遇水膨胀而导致其易垮塌形成扩径现象,这对需要紧贴井壁测量的密度测井方法有很大影响。实验选取N201井的20组岩心数据,在建立计算模型之前需要剔除有扩径部位的岩心样品,其线性相关性分析如图6-4所示。

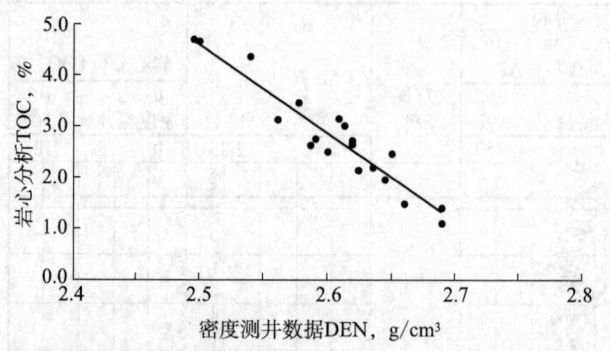

图6-4 密度测井与有机质线性相关性曲线

通过上述分析可以知道，TOC与密度测井数据呈现线性相关性。分析得出，密度值减小，烃源岩中的总有机碳量呈线性增加。两者的定量线性关系式为

$$TOC = -17.44DEN + 47.39$$

利用上式和20组岩心的密度测井数据再回归计算有机碳含量，结果显示最终的回归结果与岩心分析实测TOC之间相关性非常好，相关系数高达89.62%，说明可以利用密度测井评价有机碳的含量。但由于页岩储层钻井时常出现扩径情况，因此密度测井计算有机碳含量的结果会收到产生一定的影响。如图6-5所示，某地区的N201井在2360～2418m处井径扩大，造成密度测井曲线失真。

基于密度测井资料的有机碳含量评价方法，计算简单，密度测井曲线比较容易得到，且不需要很多环境因素校正，为地层有机碳含量评价提供了一种简单有效的方法。但是，这种算法假设干酪根变化引起地层密度变化，由于孔隙度流体密度与干酪根密度相近，所以孔隙流体可能被误认为是干酪根，导致有机碳含量计算结果偏高（Witkowsky，2012）。

4）碳氧比测井

由于碳氧比测井可获得地层碳原子与氧原子的比值信息，Herron最早将这种方法用来求解烃源岩的有机碳丰度(Herron，1987)。由于误差比较大，赵彦超等对该方法作了适当改进，并取得了良好应用（赵彦超等，1995）。首先，根据已校正过的C/O曲线求取地层中的总碳含量C_t（%），公式为

$$C_t = C/O_{校} \frac{1}{\rho_b} [0.75O_{ma}\rho_{ma}(1-\phi_t)+0.75O_f\rho_f\phi_t +1.28\frac{1}{Si/Ca}Si_{ma}\rho_{ma}(1-\phi_t)]$$

然后，利用Si/Ca曲线确定地层中无机碳含量NC_t（%），公式为

$$NC_t = 0.4273\frac{1}{Si/Ca}g\frac{1}{\rho_b}Si_{ma}\rho_{ma}(1-\phi_t)$$

式中 O_{ma}、O_f——地层骨架、流体的氧含量，%；

ϕ_t——地层总孔隙度，%；

ρ_f、ρ_{ma}、ρ_b——流体、骨架、地层（测井值）的密度，g/cm³；

Si_{ma}——地层骨架的硅含量，%。

因此，烃源岩的有机碳含量TOC即为C_t与NC_t之差：

$$TOC = C_t - NC_t$$

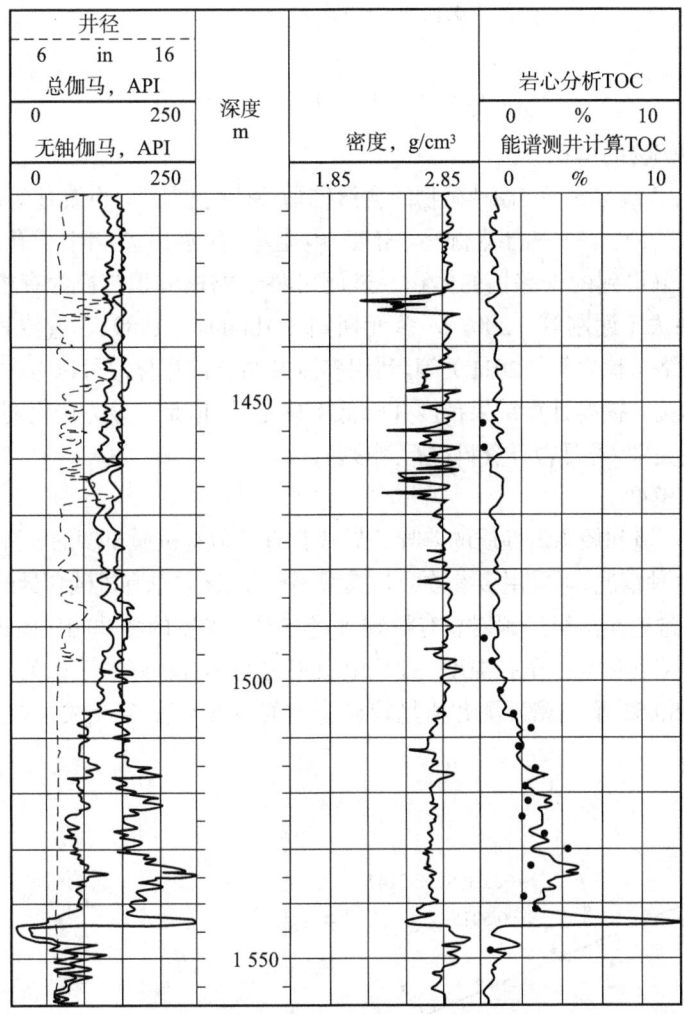

图6-5 N201井纵向自然伽马能谱法计算结果

在该方法中,假设地层由岩石骨架和孔隙两部分组成,且孔隙饱含水。利用碳氧比测井中获得的碳氧比值,经环境校正后乘以地层中氧原子得到地层碳元素信息,并扣除碳酸盐岩矿物中的无机碳而获得有机碳含量(袁超等,2014)。碳氧比能谱测井方法不受地层水矿化度影响,是一种有效的测井评价方法。

2. 多曲线结合优化算法

地球物理测井值是地层中各种地质因素综合作用的结果,因此结合不同测井方法采用优化算法可有效利用储层的各种测井信息,较准确地计算地层有机碳含量(张晓玲等,2013;李林等,2010):

$$GR_1 V_1 + GR_2 V_2 + \cdots + GR_m V_m = GR$$

$$\rho_1 V_1 + \rho_2 V_2 + \cdots + \rho_m V_m = \rho$$

$$RT_1 V_1 + RT_2 V_2 + \cdots + RT_m V_m = RT$$

$$v\Delta t_1 V_1 + \Delta t_2 V_2 + \cdots + \Delta t_m V_m = \Delta t$$
$$\phi_1 V_1 + \phi_2 V_2 + \cdots + \phi_m V_m = \phi$$
$$\cdots\cdots$$
$$V_1 + V_2 + \cdots + V_m = 1$$

式中 V_i——第 i 种矿物的体积；

GR_i、ρ_i、RT_i、Δt_i、ϕ_i——第 i 种矿物的自然伽马、密度、电阻率、声波时差和中子孔隙度值；

GR、ρ、RT、Δt、ϕ——自然伽马、密度、电阻率、声波时差和中子孔隙度的测井值。

通过对上式求解得到的干酪根的体积，进而可将干酪根体积转换为有机碳含量。求解方法主要有最小二乘法（谢刚等，2007）、多元回归（Abrahao，1989）、遗传算法（冯国庆等，2002）、人工神经网络（徐岩等，2011）等。利用多测井结合优化算法可以考虑有机碳含量在不同测井曲线上的响应，提高计算结果精度并降低不确定性。但是，该方法仍需要建立测井值与有机碳含量的经验关系，需要岩心资料进行刻度。

3. 多参数回归模型

不同区块沉积环境和烃源岩性质的差异，导致具有相似有机质丰度的烃源岩却在测井响应上差异较大。针对这种情况，可采用多参数回归模型，分区块建立总有机碳含量的测井预测模型。

通过对珠江口盆地文昌组烃源岩总有机碳含量与对应深度的测井响应值进行相关性分析，如西江凹陷总有机碳含量与中子孔隙度、铀和电阻率之间具有较好的正相关关系，复相关系数分别为0.59、0.68和0.53，而与密度测井值呈较显著的负相关关系，复相关系数为0.59（图6-6），

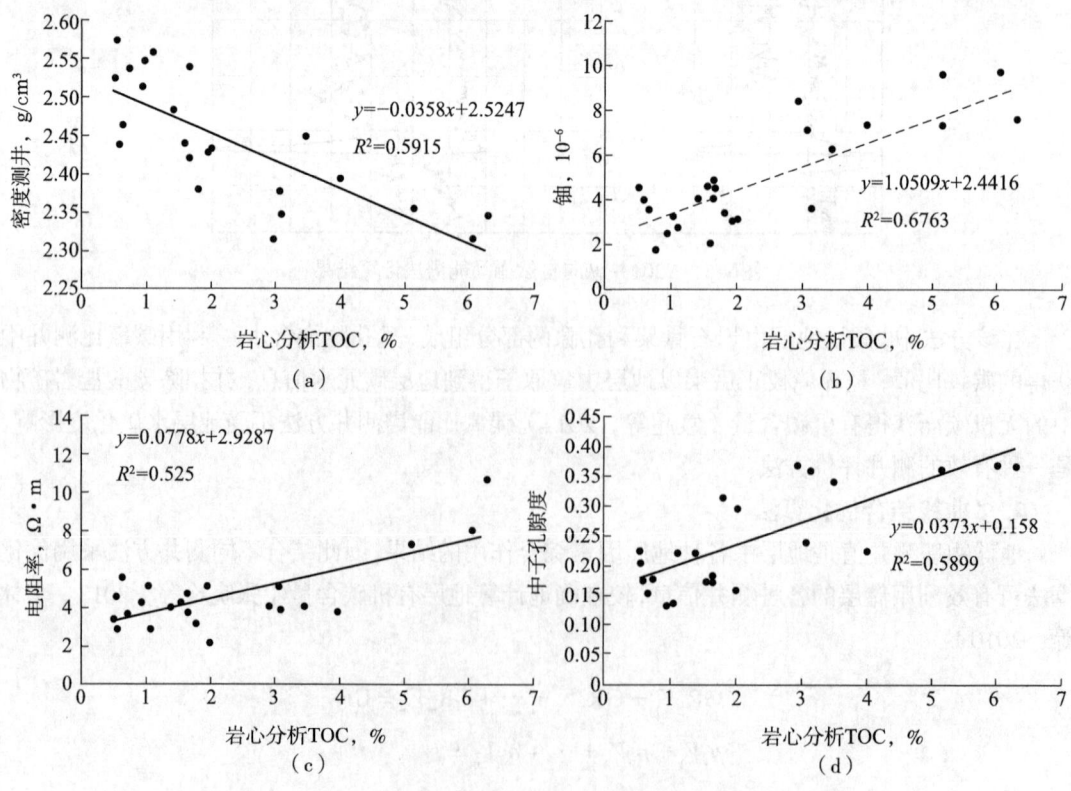

图6-6 西江凹陷文昌组烃源岩总有机碳含量与测井响应值关系

说明TOC在这4种测井响应上有明显的差异，优选这4个参数建立西江凹陷文昌组烃源岩的多参数回归模型。同理，利用相同的方法建立了惠州凹陷和陆丰凹陷的TOC与声波、密度、中子、自然伽马和电阻率的多元统计回归模型（表6-4）。

表6-4 珠江口盆地文昌组总有机碳含量多参数回归模型

区块名称	TOC多参数回归方程	样本层数	相关系数
西江	TOC=（0.44HURA+27.87CNCF+11.51lgR_t−11.27）/ρ_b	23	0.97
惠州	TOC=（−0.01GR+0.05DT+10.77CNCF+0.2lgR_t−8.98）/ρ_b	24	0.89
陆丰	TOC=（0.003DT+0.654R_t+0.0006）/ρ_b	36	0.95

注：GR为自然伽马，API，HURA为铀，10^{-6}；DT为声波时差，μs/m；CNCF为中子孔隙度；R_t为地层电阻率，Ω·m；ρ_b为地层密度，g/cm³。

4. $\Delta \lg R$法

表征有机碳含量最为成熟和常用的方法是曲线重叠法。重叠法以Passey等（1990）的$\Delta \lg R$法（电阻率—孔隙度测井曲线重叠）为代表。为将此方法应用到更为复杂的地质条件，国内学者对$\Delta \lg R$技术作了许多改进：刘超(2011)提出变系数$\Delta \lg R$模型，动态确定了声波时差与电阻率叠合系数，确保两条曲线之间的幅度差最大程度来源于有机碳含量的差异；胡慧婷等(2011)提出逐步回归模型，将伽马、密度、中子等测井参数纳入，利用逐步回归法优选更能反映有机碳含量的测井组合参数。$\Delta \lg R$模型及其衍生模型被应用于不同地区的烃源岩层，对TOC的精细评价取得了丰硕的成果。如王宗礼等（2012）利用$\Delta \lg R$模型评价冀中坳陷廊固凹陷烃源岩，杨少春等（2013）利用变系数$\Delta \lg R$模型定量计算鄂尔多斯崇信地区有机碳含量，胡慧婷等(2016)利用广义$\Delta \lg R$模型评价松辽盆地徐家围子断陷深层沙河子组烃源岩有机非均质性。

1）$\Delta \lg R$初始方法

它在烃源岩有机碳含量测井评价方法中应用最为广泛，其基本计算公式为：

$$TOC = \Delta \lg R \times 10^{2.297-0.1688 LOM}$$

式中 TOC——总有机碳含量的质量百分比；
　　$\Delta \lg R$——曲线重叠确定的无量纲参数；
　　LOM——与烃源岩成熟度相关的计算系数，可用镜质组反射率计算。

应用声波、电阻率测井资料计算$\Delta \lg R$的公式为

$$\Delta \lg R = \lg(R_t/R_{tb}) + k(\Delta t - \Delta t_b)$$

式中 R_t——深电阻率测井值，Ω·m；
　　R_{tb}——电阻率测井曲线的基线值，Ω·m；
　　Δt——声波时差测井值，μs/ft；
　　Δt_b——声波时差的测井基线值，μs/ft；
　　k——刻度系数。

式中的声波测井值可用体积密度或中子孔隙度替换。需要说明的是，不同的孔隙度测井曲线，k值有一定的差异。根据Passey等的研究成果，声波时差、体积密度、中子孔隙度的k值分别

为0.02、2.5和4.0。

改变曲线的刻度范围,使电阻率曲线和孔隙度曲线在非烃源岩段重合,非烃源岩重合段的电阻率、孔隙度曲线的数值即为$\Delta \lg R$计算的基线数值。在烃源岩段,由于有机质的存在,孔隙度曲线向高孔隙度的方向偏转,电阻率升高,两种曲线的间距为$\Delta \lg R$。有机质含量越高,声波时差越大,密度越低,中子孔隙度越大,电阻率测井值越大,$\Delta \lg R$数值越大。实践证明,声波、中子对烃源岩的敏感性最好,密度次之。

通常,在一定的烃源岩评价井段,母质类型、成熟度基本一致。因此,热解参数S_2,可用下式计算:

$$S_2 = \alpha \mathrm{TOC} + \beta$$

式中　S_2——热解参数,mg/g;
　　　α、β——刻度系数,数值与成熟度和母质类型有关。

2)变系数$\Delta \lg R$

$\Delta \lg R$方法在实际地区使用时可以通过调整系数达到更好的解释准确度。海拉尔盆地乌尔逊凹陷主力烃源岩层(南一段)烃源岩非均质性强,总有机碳(TOC)波动明显,利用有限的测试样品表征整套烃源岩层的生烃潜力具有较强的不确定性;烃源岩层的测井响应易于识别,但是烃源岩测井评价参数的通用性差,难以建立起具有普遍适用性的TOC预测公式。针对上述问题,采用变系数$\Delta \lg R$技术评价该区烃源岩TOC,将$\Delta \lg R$技术中的经验参数视为待定系数,其预测公式如下:

$$\Delta \lg R = k(\lg R - L_b) + (1-k)(\Delta t - L_b)$$
$$w(\mathrm{TOC}) = a \Delta \lg R + b$$

式中　k——比例系数;
　　　L_b——相对基线值;
　　　a——成熟度待定系数;
　　　b——w(TOC)背景值待定系数。

变系数$\Delta \lg R$技术将k视为待定系数,其方法原理为:①声波时差和电阻率都对孔隙度(非有机质造成的孔隙度)变化敏感,将两者反方向叠合,能在一定程度上削弱其对w(TOC)预测的干扰,这是利用声波时差和电阻率预测w(TOC)的重要前提;②声波时差和电阻率究竟以何种比例叠合,也就是k如何取值时,才能最大限度地削弱无机孔隙的干扰、最大限度地突出w(TOC)的测井特征,则需要通过研究区实际资料具体确定,而并非如传统$\Delta \lg R$技术采用固定的理论或经验值(0.02)。

变系数$\Delta \lg R$技术需要确定的参数包括L_b、k、a、b。各个参数的确定流程及方法如下:①选取具有w(TOC)测试数据且测井曲线质量较好样本点作为建模的样本;②对样本点进行测井曲线标准化;③利用极值求取方法确定L_b。

$\Delta \lg R$模型存在的问题是测井曲线选取问题。传统的$\Delta \lg R$技术主要考虑到电阻率与声波对于有机碳含量的响应特征,改进后的$\Delta \lg R$技术将密度引入,构建声波时差与密度的比值(AC/DEN简称P),利用P曲线和电阻率曲线计算有机质含量。广义$\Delta \lg R$技术利用伽马与电阻率计算致密段、超压段有机质(刘超等,2015;胡慧婷等,2016)。岩性复杂的致密层有机质含量的变化与多条测井曲线相关，ΔlgR技术主要运用2～3条测井曲线的幅度差计算有机质含量，很可能会忽略其他重要的测井信息，从而导致ΔlgR模型抗干扰能力较差。

ΔlgR方法的优点是可以消除孔隙度对有机碳测井响应的影响，缺点如下：①有机碳含量修正值是人为确定的，存在一定的随机性和不确定性；②基线段的所有的泥岩或碳酸盐岩或多或少都含有有机碳，但这种测井方法规定"基线"时，计算时非烃源岩有机碳含量为0；③需确定工区成熟度指数（LOM），当工区内成熟度资料较少时所确定的成熟度指数不能代表整个工区的真实情况。ΔlgR技术应用于复杂岩性致密层有机质评价中存在两方面的局限性：一是在参数选取方面，测井曲线选取过于单一，无法有效削弱致密层段复杂岩性和孔隙度等因素对计算有机碳含量的影响；二是在构建模型方面，人为剔除异常点存在随机性与偶然性误差，影响建模准确性。

3）基于误差分析的ΔlgR技术

传统ΔlgR模型在基线值、叠合系数确定等方面存在主观性大、具有区域适用性等问题，因此利用改进的ΔlgR模型及最优k值分析ΔlgR与实测有机碳含量之间的关系，可减小计算误差。但是在两者的趋势之外仍存在许多异常点，这些异常点所产生的误差大大降低了计算有机碳含量的准确性。通过综合研究发现，烃源岩层段异常点存在的原因主要包括扩径、薄夹层及数据分析3个方面。异常点的剔除，能有效改善ΔlgR模型计算有机碳含量的精度，使计算结果与实测值相关系数R^2达80%以上，能够客观反映烃源岩层有机碳含量。

具体步骤是：声波时差测井曲线采用算术坐标，电阻率测井曲线采用对数坐标，按照每一个电阻率对数刻度对应164μs/m声波时差单位的标准，将2条曲线按照相反的刻度方向叠合。把2条曲线在一定深度范围内重叠的部分定为基线，两条曲线之间的幅度差记为ΔlgR。在成熟烃源岩层段，由于有机质、烃类流体的存在，会导致声波时差增大、电阻率减小，2条测井曲线分离进而形成幅度差；在未成熟烃源岩层段，没有油气生成，幅度差主要是由声波时差的异常造成的（图6-7）。

利用传统ΔlgR模型计算得出的烃源岩有机碳含量与实测有机碳含量相关性较小（图6-8）。导致这种结果的原因可能有：①基线的选取过程繁琐，并且一口井可能存在多个基线值，主观因素影响较大；②研究区成熟度分析样品少，分析得到的LOM可能不准确，因此该方法具有一定的不适用性；③有机碳含量背景值变化区间较大，并且主要根据区域地质、地球化学资料人为确定，

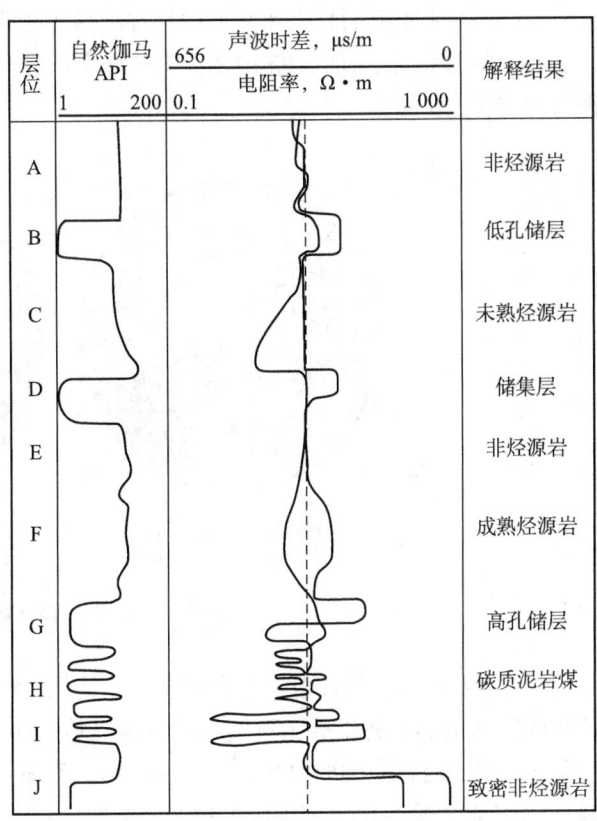

图6-7　ΔlgR测井解释模型

带有主观因素；④选用固定的叠合系数0.02，该系数的推导过程涉及大量的经验公式和经验值，并且具有区域适用性，需要验证是否适用于研究区。基于传统模型本身所存在的导致TOC含量计算误差的一系列因素，考虑采用改进模型。

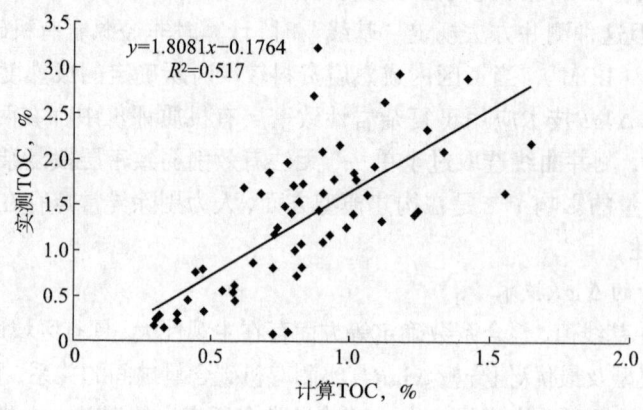

图6-8 利用传统模型得到的计算TOC含量与实测TOC含量关系（北2井）

5. 多矿物法

多矿物反演模型是将复杂地层看成是由局部均匀的几个部分（矿物和流体）组成，每条测井曲线的测量值为各部分测井响应值的叠加，根据这一假设建立测量值与各部分之间的响应方程，在一系列约束条件下，采用非线性加权最小二乘法原理求解各矿物组分的体积含量。

X射线衍射数据表明，PY10井骨架矿物为石英、钾长石和斜长石，黏土矿物以高岭石和绿泥石为主（图6-9）。

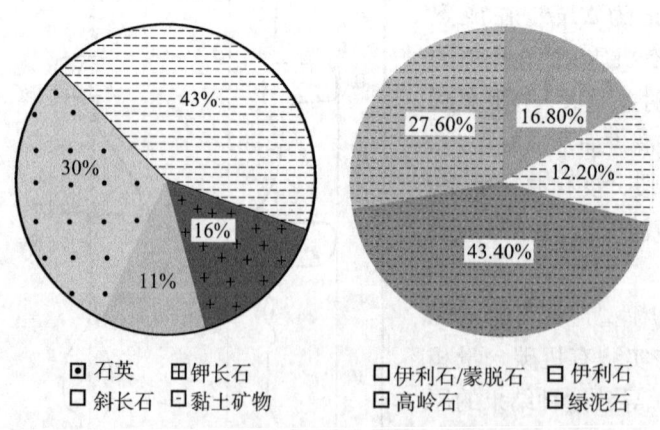

图6-9 PY10井X射线衍射矿物分布

钾长石和斜长石除放射性存在差异外，其他的测井响应特征比较接近，于是将两者合并，最终确定地层的矿物组分为石英＋长石＋高岭石＋绿泥石＋有机质＋油＋水。根据有机质密度和成熟度与有机质类型的交会图（图6-10）可知，当镜质组反射率分布范围为0.5%～0.7%时，Ⅰ型干酪根密度的分布范围为1.08～1.30g/cm³，Ⅱ型干酪根的密度为1.40g/cm³左右。PY10井位于西江凹陷中的番禺4洼，其有机质类型主要为Ⅱ₁型和Ⅰ型，演化程度为低成熟—成熟阶段，于是确定有机质的密度为1.30g/cm³，其他测井响应参数则通过地球化学分析有机质体积与测井计算有机质体积之间的误差最小来确定（表6-5）。

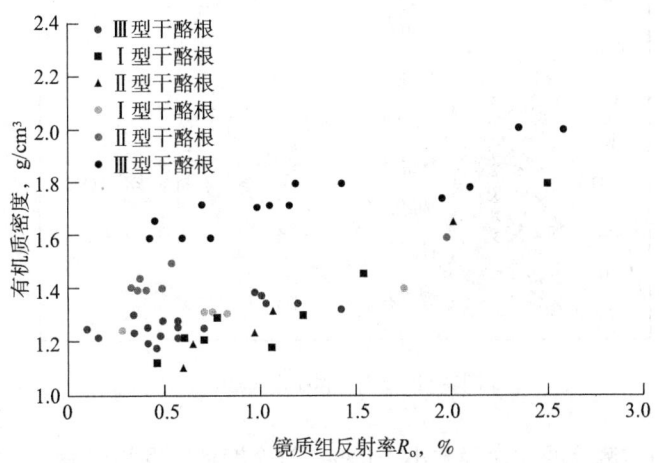

图6-10 有机质密度与有机质成熟度、有机质类型交会图

表 6-5 PY10井多矿物模型处理参数

输入曲线	矿物和流体								
	石英	长石	高岭石	绿泥石	有机质	冲洗带水	原状地层水	冲洗带油	原状地层油
密度，g/cm³	2.65	2.57	2.62	2.78	1.30	1.049	0	0.634	0
中子孔隙度	−0.05	−0.006	0.42	0.35	0.68	0.9529	0	0.98	0
声波时差，μs/m	181.76	175.49	279.98	279.98	419.94	620.07	0	620.07	0
光电体积吸收截面指数，b/e·g/cm³	5.05	8.71	5.38	27.17	0.2	0.7806	0	0.09	0
自然伽马，API	60	95	114	76	100	0	0	0	0
铀，10^{-6}	1.4	0.4	3.2	3.2	15	0	0	0	0
地层电导率，MH/m	0	0	0	0	0	0	4.29	0	0
冲洗带电导率，MH/m	0	0	0	0	0	22.52	0	0	0

6. BP神经网络

BP（back propagation）神经网络，是一种按误差逆传播算法训练的多层前馈网络，采用log-sigmoid、logsig、tan-logsig，tansig 和 purelin等传递函数表示，可以非常方便地处理工程研究中棘手的非线性问题，对于数据的分类、聚类、预测有很好的效果。其主要原理就是在采用已知学习样本集基础上，利用误差反向传播原理进行训练，利用训练结果建成网络（程相君，1995；郭龙等，2009；陈国辉等，2014；孟召平等，2015）。学习过程中，可以将学习过程分为两种，一是正向学习，二是反向传播。在正向学习过程中，输入向量将从输入层经隐含单元层，被逐层处理，然后传向输出层。这里每一层神经元状态仅影响下一层神经元状态，一旦在输出层不能得到期望的结果，则再次转入反向传播，将误差信号沿原来路径返回，如此往复，通过不

断修改各层神经元权值,当估算输出值最接近期望输出值时训练停止(图6-11)。

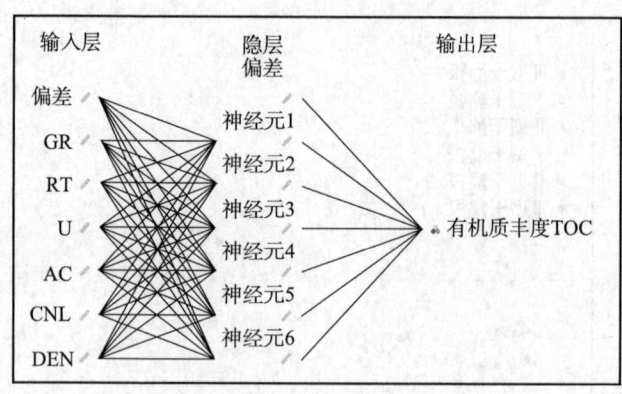

图6-11 BP神经网络原理图

该方法预测值与实测值的相对误差小于10%,符合勘探开发的预测精度要求。利用该模型计算研究区钻井地层的TOC含量,即首先分析总有机碳含量与测井资料之间的相关性,以相关性分析结果为依据,基于MIV(mean impact value)的测井参数变量优选,各个测井信息之间存在一定的相关关系,不是相互独立,将所有的测井信息作为神经网络的输入自变量,不仅会增加网络建模时间,而且会降低网络的预测精度,所以,在BP神经网络构建之前,有必要对测井信息进行优选,筛选出起主要作用的测井信息作为网络的输入自变量,参与最终的BP神经网络模型构建,以达到自变量降维、预测效果更好的目的。

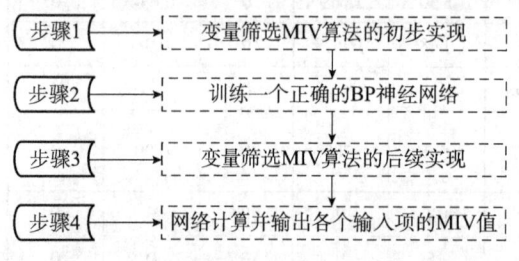

图6-12 基于BP神经网络的MIV计算流程

MIV方法由Dombi等提出,它能够反映神经网络中权重矩阵的变化情况,也被认为是在神经网络方法中评价各个输入自变量对于输出因变量影响程度的最佳指标,MIV绝对值的大小代表自变量对因变量影响的相对重要性大小。MIV方法具体计算流程见图6-12。

选择GR、SP、AC、补偿密度、中子孔隙度、光电吸收截面、自然伽马能谱——铀以及深浅电阻率等参数的某几个参数的相对变化作为基础参数,建立总有机碳含量的神经网络预测模型。向该网络模型输入研究区各钻井测井数据,然后通过计算机程序计算并输出钻井地层的TOC值,每一组测井数据对应一个TOC值,因此一口钻井有多少个测井采样点,就能获得多少个TOC含量数据。测井采样间隔通常为5~12.5cm,这是在几百米甚至上千米的全井岩心采样中难以达到的,可以近似视为连续采样。

神经网络具有很好的自适应性和学习性,根据建立的映射关系,神经网络预测模型能够不断学习,通过分析与训练来查找输入层参数与中间层参数和输出层参数之间的非线性关系,通过不断的训练来得到拟合结果,当误差结果未达到满意程度时,通过向中间层不断地反馈,来修正各层之间的权重系数,直到当拟合结果误差达到可以接受的程度或者达到设定的学习次数,得到总有机碳含量的最佳神经网络预测模型(图6-13)。

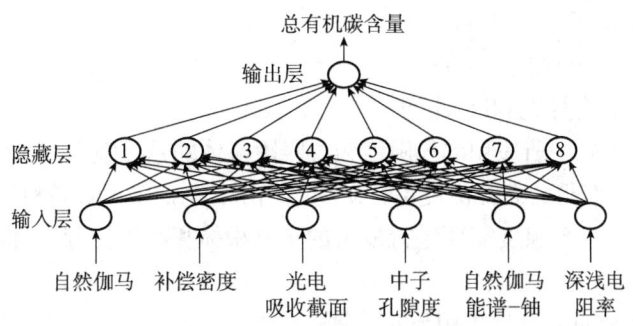

图6-13 总有机碳含量的BP神经预测流程图

三、烃源岩其他地化参数的测井评价

要实现测井资料的烃源岩综合评价,仅有有机碳含量的评价参数是不够的,需要建立配套的有机地化参数评价方法与技术。还需解决诸如氯仿沥青"A"、热解参数(S_1、S_2)、生烃量、排烃量等关键配套参数的测井建模和评价。学者们已建立了多个有机地化多参数的测井评价模型,形成了较为完善的烃源岩测井综合评价方法与技术。有机碳含量TOC采用较为成熟的$\Delta \lg R$法计算,热解参数S_2通过岩心分析数据刻度测井的方法获得。将测井资料计算的烃源岩的含烃饱和度转换为含烃量的质量百分比,形成了氯仿沥青"A"的测井计算模型。使用TOC和氯仿沥青"A"交会图分析技术,分析二者的相关关系及分布规律,得出了多个有机地化参数的计算方法。应用交会图数据分布的外包络线形成了计算生烃量的一元二次数值计算模型和确定有效烃源岩TOC下限的方法。此处介绍烃源岩含烃量、生排烃量、有机质体积以及烃源岩成熟度的计算方法。

1. 烃源岩含烃量的测井计算

烃源岩产生的油气一部分从烃源岩排出,向外运移,剩余部分残留在烃源岩中。反映烃源岩含烃量的地化分析参数主要有氯仿沥青"A"和热解参数S_1。热解参数S_1为烃源岩中液态游离烃的含量。它反映的是烃源岩剩余生烃量的轻组分,测量数值要小于剩余生烃量。氯仿沥青"A"为能够被氯仿溶解的有机质占岩石体积的质量百分比,是烃源岩剩余生烃量评价的重要参数,其测量值基本与剩余生烃量接近。资源评价通常用氯仿沥青"A"作为剩余生烃量的评价标准。

应用孔隙度和电阻率测井资料计算储层的含烃饱和度为成熟技术。与常规储层不同的是,烃源岩中孔隙主要为吸附流体形成纳米级孔隙及部分有机孔,孔隙尺寸相对较少,所含流体为吸附状态。尽管烃源岩的孔隙类型、油气的充注方式和赋存状态、润湿性有所不同,但油气均赋存于孔隙空间中,导电特性以离子导电为主。另外,干酪根的导电性能差,本身具有很高的电阻率,可等效为骨架电阻率。这两个基本特性奠定了用测井资料计算烃源岩含烃饱和度的基础。

烃源岩的含烃饱和度可用阿尔奇公式计算:

$$S_h = 1 - \sqrt[n']{\frac{a'b'R_w}{\phi_t^{m'} R_t}}$$

式中 a'、b'——烃源岩的岩性系数;

m'、n'——烃源岩的胶结指数和饱和指数;

R_t——地层电阻率,$\Omega \cdot m$;

R_w——地层水电阻率，$\Omega \cdot m$；

ϕ_t——烃源岩的孔隙度，小数；

S_h——烃源岩的含烃饱和度，小数。

需要说明的是，公式中所应用的孔隙度为含吸附流体的总孔隙度，该参数应用核磁共振测井获得。核磁共振测井获得的总孔隙度不含矿物结晶水，与烃源岩评价对应的孔隙尺寸是一致的。应用常规测井计算总孔隙度需要进行复杂的干酪根体积校正。因此，推荐计算模型应用核磁共振测井。

烃源岩含烃量的质量百分比可用下式计算：

$$Q_h = \frac{\phi S_h \rho_h}{\rho_b} \times 100\%$$

式中　Q_h——烃源岩剩余生烃量的质量百分比，%；

ρ_h——剩余烃类的密度，g/cm^3；

ρ_b——烃源岩的测井体积密度，g/cm^3。

尽管测井计算的含烃量的质量百分比与氯仿沥青"A"基本含义相同，两个参数都反映烃源岩的剩余含烃量，但二者来源不同，数值大小也不尽相同。考虑烃源岩评价的习惯，需要建立氯仿沥青"A"的测井计算方法。由于两个参数的物理意义基本相同，可用氯仿沥青"A"分析化验数据刻度，用回归分析的方法建立氯仿沥青"A"与Q_h的相关关系，实现氯仿沥青"A"的测井计算。

2. 烃源岩生、排烃量的测井计算

有机质丰度是烃源岩生烃的基础，有机碳含量（TOC）、岩石热解参数（S_1+S_2）可有效地表征有机质的丰度。烃源岩的生烃量除受有机质丰度的影响外，还受有机质的类型、有机质的成熟度、烃源岩的分布特征等多种因素的影响。幸运的是，特定地区、特定层位的烃源岩母质类型通常是相同的，在埋深变化不大的情况下成熟度变化也较小，这为用测井的方法计算特定区块、特定目的层的生、排烃量奠定了基础。

在烃源岩达到成熟阶段时，如果不排烃（呈封闭状态），则烃源岩内的烃类会随有机碳含量增加而不断增多，含烃量将与有机碳含量呈单调增长关系，即烃源岩有一定的饱和吸附烃量。只有生成的烃类含量超过了饱和吸附量，才能有多余的烃类排出（匡立春等，2014）。事实上，当烃源岩生烃量达到一定的数值（饱和吸附量）后，烃源岩将向外排烃，有机碳与烃源岩含烃量之间不再是单调增长关系。在TOC一定的情况下，氯仿沥青"A"值越大，烃源岩中残余生烃量越多；反之，氯仿沥青"A"值越小，烃源岩排烃量越多。

图6—14为一口井烃源岩井段测井计算的TOC与氯仿沥青"A"的交会图。交会图显示，当TOC数值较小时，随着TOC的增加，氯仿沥青"A"值较小，基本接近0值；TOC数值达到一定的数值后，氯仿沥青"A"值突然加大，这个氯仿沥青"A"值突然增大的点可理解为有效烃源岩的TOC下限。

另外，交会图数据点的外包络线随有机碳含量单调增长，这个单调增长的外包络线即为不同有机碳含量对应的生烃量。实践证明，这个外包络线可以用二次多项式拟合：

$$Q_g = a_1 + a_2(\text{TOC} - \text{TOC}_c) + a_3(\text{TOC} - \text{TOC}_c)^2$$

式中　Q_g——不同TOC对应的生烃量，%；

TOC——烃源岩有机碳含量的质量百分比，%；
TOC_c——有效烃源岩TOC下限值。

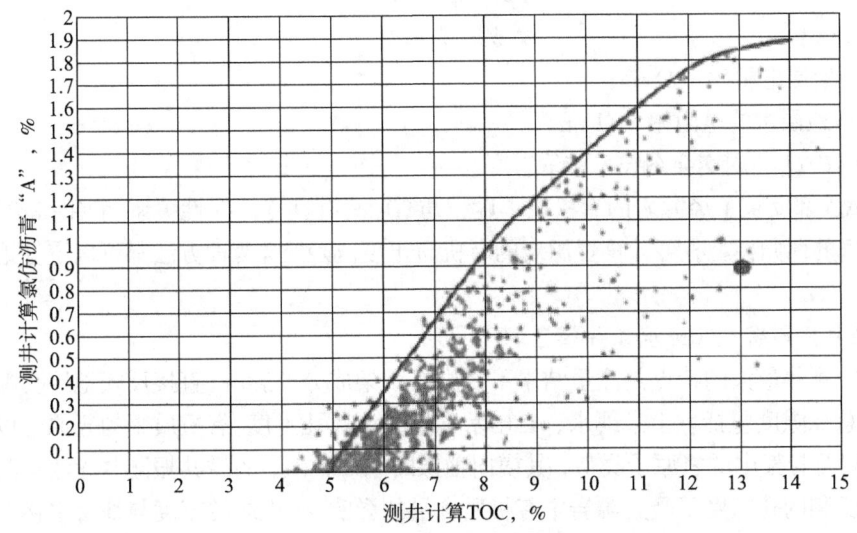

图6-14　烃源岩测井计算TOC与氯仿沥青"A"交会图

包络线以下的数据点可理解为部分排烃，其剩余含烃量为计算"A"值，排烃量为包络线与数据点的垂向距离：

$$Q_e = Q_g - "A"$$

式中　Q_e——测井计算的排烃量的质量百分比；
　　　Q_g——测井计算的生烃量的质量百分比；
　　　"A"——测井计算的氯仿沥青"A"的质量百分比。

在生烃量一定的情况下，烃源岩的排烃量与烃源岩的物性，烃类的黏度、烃源岩的厚度及烃源岩对烃类的吸附能力等因素有关。在生烃量一定的情形下，通常烃源岩的物性越好，烃类的黏度越低，烃源岩离排烃通道的距离越近，烃源岩对烃类的吸附能力越弱，排烃量越大；反之，排烃量越小。

3. 有机质体积计算方法

1）双孔隙度法

烃源岩的有机质具有高声波时差、低密度、高氢指数等测井响应特征。在声波、中子和密度测井的体积模型中，有机质可以看成是孔隙的一部分。同时，由于有机质的电阻率较高，在电阻率的体积模型中，可以将有机质看成是岩石骨架的一部分。烃源岩的总孔隙度ϕ_t采用三孔隙度测井的平均值；选用W-S方程计算烃源岩的电阻率孔隙度ϕ_R（不含有机质的体积）和非烃源泥页岩的电阻率R_o。ϕ_t与ϕ_R的差值（$\Delta\phi$）代表了有机质总体积的大小，$\Delta\phi$越大，则有机质丰度越高。相关的计算公式如下所示：

$$\phi_R = \sqrt[m]{\frac{1/R_t}{B \cdot Q_V + 1/R_t}}$$

$$R_0 = \frac{1}{\phi_R^m(B \cdot Q_V + 1/R_W)}$$

$$\Delta \lg R = \lg R_t - \lg R_0$$

$$\Delta \phi = \phi_t - \phi_R$$

式中　R_t——地层电阻率，$\Omega \cdot m$；

　　　R_w——地层水的电阻率，$\Omega \cdot m$。

公式中的$B \cdot Q_V$利用交会图技术求取。

$\Delta \lg R$和$\Delta \phi$都反映了烃源岩的有机质丰度，与TOC间有良好的线性关系。利用$\Delta \lg R$和$\Delta \phi$与实测TOC之间的回归模型，可计算烃源岩的有机质丰度。显然，这两种方法都可以定性地识别烃源岩。

2）核磁共振与密度孔隙度差异模型

核磁共振测井最大的特点是测量结果不受岩石骨架成分的影响，直接反映地层孔隙和流体类型，测量总孔隙度包括黏土束缚水、自由水和烃类流体孔隙度。有机质中的氢原子以固态形式存在，与岩石骨架中的氢原子类似，其横向弛豫时间非常短，核磁共振测井无法探测到该部分信号，其所测的孔隙度不受烃源岩中有机质含量的影响。有机质的密度与地层水接近且含氢指数高，导致在烃源岩层段密度体积模型计算出来的孔隙度或中子测井测量的孔隙度近似等于流体体积和有机质体积之和，于是可以利用中子、密度孔隙度与核磁共振孔隙度的差异来直接表征有机质的体积。该方法的计算方程如下：

$$\rho_b = \rho_{ma}(1 - V_f - V_{ker}) + \rho_f V_f + \rho_k V_{ker}$$

$$TCMR = HI_f \times V_f$$

$$POR_{xplot} \approx POR_D = \frac{\rho_{ma} - \rho_b}{\rho_{ma} - \rho_f}$$

联立以上三式，并且令$A = \frac{\rho_{ma} - \rho_f}{\rho_{ma} - \rho_k}$，可得有机质的体积为

$$V_{ker} = \frac{\rho_{ma} - \rho_b}{\rho_{ma} - \rho_k} - \frac{TCMR(\rho_{ma} - \rho_f)}{HI_f(\rho_{ma} - \rho_k)} = \frac{\rho_{ma} - \rho_f}{\rho_{ma} - \rho_k}\left(\frac{\rho_{ma} - \rho_b}{\rho_{ma} - \rho_f} - \frac{TCMR}{HI_f}\right)$$

即

$$V_{ker} = A\left(POR_{xplot} - \frac{TCMR}{HI_f}\right)$$

式中　ρ_{ma}——烃源岩骨架密度，g/cm^3；

　　　ρ_k——有机质密度，g/cm^3；

　　　ρ_f——流体密度，g/cm^3；

　　　V_f——流体体积，%；

　　　V_{ker}——有机质体积，%；

　　　TCMR——核磁共振总孔隙度，%；

　　　HI_f——流体含氢指数。

4. 烃源岩成熟度预测

烃源岩有机质的成熟度为评估烃源岩能生烃的一个重要参数，是评估一个地方或一些烃源

岩生烃量及其前景的考评条件。常用镜质体反射率R_o代表烃源岩成熟度。通常采用电阻率曲线进行成熟度测定。

泥岩的视电阻率低,但进入生烃门限后,非导电的烃类开始驱替导电的孔隙水。随着这一过程的进行,电阻率便不断地增大,并且如果能生成足够的原油来驱替绝大部分孔隙水,那么电阻率将会成倍增大。因此,电阻率的变化可以看成是生油岩中烃类连续排替机理的一种表现,可以认为异常大的地层电阻率是由已饱和了不导电的烃类造成的。据阿尔奇公式:

$$R_t = \frac{R_w}{\phi^m S_w^n}$$

式中 R_t——地层的电阻率;
  R_w——地层水电阻率;
  S_w——地层水饱和度;
  ϕ——孔隙度;
  m、n——经验指数。

阿尔奇公式表明,电阻率主要取决于地层孔隙度和孔隙水饱和度大小。随着成熟度增加,生油岩中由原来的水饱和逐渐变成油饱和,这是电阻率增大的主要原因。

图6-15是宋1井电阻率随深度变化图。从图上看出电阻率在1400m有一个明显的拐点,和热解剖面所划分的生油门限相吻合。值得注意的是,电阻率在1100m左右有一个小的拐点,相当于地化剖面的低成熟阶段,但比地化指标划分的深度略浅,这可能是因为电阻率反映的是开始生烃的深度,而实验室的门限是生烃迅速增大时的深度。因此,本方法

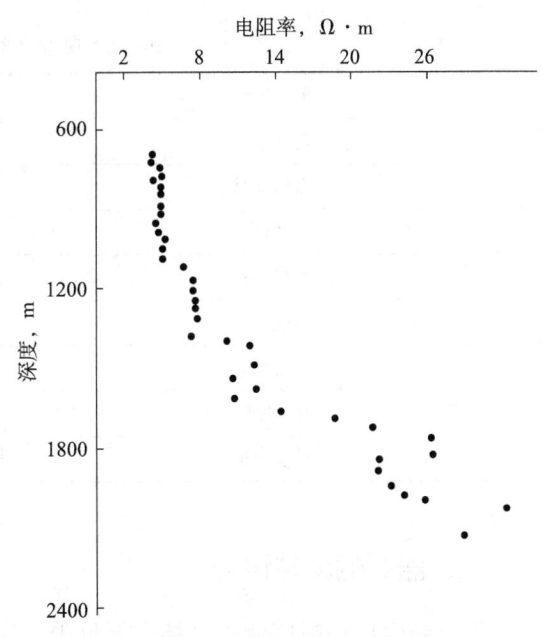

图6-15 宋1井电阻率和深度关系图

似乎更能真实地反映生烃上限。宋1井黏土矿物在1100m以下就出现伊蒙混层矿物,进一步证实了电阻率变化和生烃开始及导电的孔隙水被高电阻率的烃类所取代有很好的相关性。

第三节 盖层的测井分析与评价

测井资料纵向分辨率高、资料连续性强且易于获取。盖层在测井资料上具有明显的响应特征,经分析资料刻度后,利用测井资料可获得纵向连续的盖层评价数据,弥补了分析数据离散的不足,具有经济、快捷的特点。

依据盖层与测井响应之间的关系,使用测井资料获取定量评价盖层封盖质量的参数,可对盖层的封盖性进行定量评价。

一、盖层的测井识别

依据泥岩段的放射性和电化学特性,自然伽马、自然伽马能谱曲线和自然电位曲线等可识别泥岩盖层。

泥岩具有较强的自然放射性，一方面，因泥质颗粒细小，比面大，有较强吸附放射性物质的能力；另一方面，泥质颗粒沉积时间长，有充分时间与放射性物质进行离子交换。在砂泥岩剖面中，纯砂岩段是自然伽马最低值，泥岩段为最高值，粉砂岩介于二者之间，并随着泥质含量的增加，自然伽马值不断增大。自然伽马能谱测井可定量测定地层中铀、钍、钾的含量，钍、钾与泥质含量有较好的正相关线性关系。

钻井中，主要由两个因素在井筒中产生自然电位，即钻井液与地层水含盐浓度差异、地层与钻井液柱压力差异。砂泥岩剖面中，泥岩段自然电位曲线为基线，淡水钻井液井中砂岩段为明显的自然电位负异常，盐水钻井液井中砂岩段为明显的自然电位正异常。刘文碧（1995）、侯连华等（1996）、冯琼等（2011）分析研究了典型泥岩盖层的测井响应特征（表6-6）。

表6-6 典型泥岩盖层的测井特征

测井方法	测井响应特征
自然电位	自然电位曲线靠近泥岩基线
自然伽马	自然伽马曲线呈现为高幅值
井径	扩径显著
电阻率	电阻率曲线幅值低
微电极	微电极曲线幅值低、无幅度差
声波时差	声波时差呈现高幅值或曲线剧烈起伏
补偿密度	补偿密度测井响应呈现为低幅值
补偿中子	补偿中子呈最大值

二、盖层的测井评价

泥质岩盖层的封闭能力好坏主要反映在宏观展布面积的大小和微观封闭能力强弱两个方面。只有同时具备一定的宏观展布范围和较强的微观封闭能力，才能在整体上具有较强的封闭性，并在区域上形成有效的、高质量的盖层。泥岩盖层宏观展布面积的大小主要受其单层厚度的制约，而反映微观封闭能力的最直接参数是排替压力，间接参数有含砂量、孔隙度和渗透率等。因此，可以将厚度、含砂量、总孔隙度、有效孔隙度和排替压力等作为评价盖层质量的参数。

评价泥岩盖层质量的好坏，关键是排替压力的大小，排替压力值越大，说明泥岩封堵性能越好。根据理论计算，泥岩盖层只要具备1MPa的排替压力，即可以阻挡约40m高的油藏或125m高的气藏。所以一般有1MPa以上排替压力的泥岩即可成为较好的油气藏盖层。而泥岩的排替压力与泥岩厚度、含砂量、孔隙度和渗透率等具有很好的相关性。因此，在评价泥岩盖层的封盖性能时，可根据测井数据得到泥岩厚度、含砂量、总孔隙度、有效孔隙度和渗透率等参数，根据排替压力与各参数的相关关系计算出相应的排替压力，综合其他参数判断泥岩盖层的有效性。

1. 盖层厚度

单层厚度是决定其宏观展布范围大小的重要指标。厚度越大，分布面积也越大，表明沉积环境在区域上越稳定，且不易被小断裂错开，遇到大断裂也易形成侧向封堵，减少或堵截了较大连通孔隙在垂向上的连通性，导致排替压力增大，内部流体不易排出，易形成异常高压，盖层封闭能力增加。厚度是盖层评价最重要的参数之一，实际工作中依据对泥岩敏感的自然伽马、自然伽马能谱和自然电位等曲线确定泥岩盖层的厚度。

在砂泥岩剖面中，纯砂岩段是自然伽马最低值，泥岩段为最高值，并随着泥质含量的增加，自然伽马值不断增大。自然伽马能谱测井可定量测定地层中铀、钍、钾的含量，钍、钾与泥质含量有较好的正相关线性关系。泥岩段自然电位曲线为基线，淡水钻井液井中砂岩段为明显的自然电位负异常，盐水钻井液井中砂岩段为明显的自然电位正异常。依据泥岩段的放射性和电化学特性，自然伽马、自然伽马能谱曲线和自然电位曲线等可确定泥岩盖层厚度。

2. 含砂量

泥岩盖层含砂量影响盖层的质量。中国主要含油气盆地研究表明，泥岩含砂量的增大将导致地层可塑性降低，脆性增大，容易产生裂缝，分选差，岩性杂，碎屑颗粒排列不整齐。含砂量越高，岩石碎屑颗粒越粗，孔隙越大，渗透率越高，排替压力越小。图6-16为含砂泥岩样品排替压力与含砂量关系图。

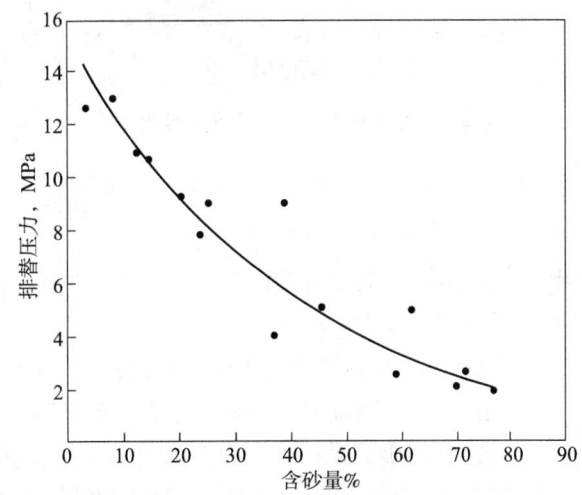

图6-16 排替压力与含砂量关系图

从图中可以看出，随含砂量升高，排替压力明显降低。

大量的实践资料表明，地层的泥质含量与自然伽马（能谱）曲线关系密切。泥质颗粒细小，具有较大比面，使其对放射性物质有较大的吸附能力，且沉积时间长，有充分时间与溶液中的放射性物质一起沉积，所以泥质（黏土）具有很高的放射性。在不含放射性矿物的情况下，泥质含量决定了沉积岩石的放射性，这是利用自然伽马（能谱）测井资料来估算泥质含量的基础。相对值法确定地层泥质含量的计算公式为

$$\Delta GR = (GR - GR_{min})/(GR_{max} - GR_{min})$$

$$V_{sh} = (2^{C\Delta GR} - 1)/(2^C - 1)$$

式中　GR——目的层自然伽马曲线值；

　　　GR_{max}、GR_{min}——目的层自然伽马曲线最大和最小值；

　　　C——泥质含量经验系数（通常古近系、新近系取C=3.7~4，前古近系取C=2）；

　　　V_{sh}——泥质含量。

3. 总孔隙度

泥岩盖层总孔隙度是反映盖层质量的重要参数之一，反映泥岩的压实程度。这是由于总孔隙度越小，表明压实程度越高，孔隙喉道半径越小，使得泥岩孔隙毛细管力越大，渗透率越低，封闭性能越好。

根据泥页岩总孔隙度与排替压力关系曲线（图6-17），泥页岩总孔隙度与排替压力呈非线性变化，即当泥岩总孔隙度由大到小时，突破压力急剧增加。

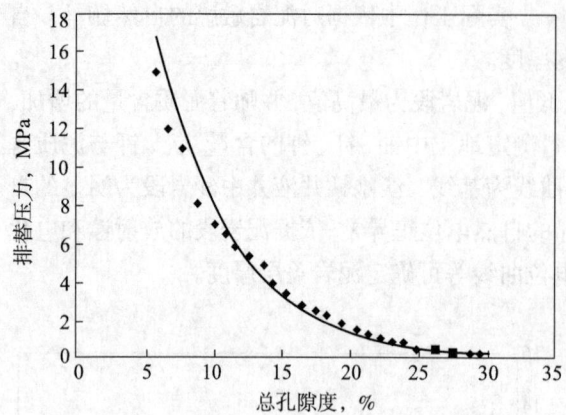

图6-17 排替压力与总孔隙度关系曲线

用测井资料求取孔隙度的方法已经比较成熟,精度完全可以满足需要。声波、密度、中子三孔隙度测井的应用及体积模型的提出,为测井信息与地层的孔隙度之间搭起有效而简便的桥梁,具有较强的求解能力,并能较好地提供满足盖层评价的孔隙度数据,计算公式为

$$\phi_{总} = \frac{\Delta t - \Delta t_{ma}}{\Delta t_f - \Delta t_{ma}}$$

$$\phi_{总} = \frac{\rho_{ma} - \rho_b}{\rho_{ma} - \rho_f}$$

$$\phi_{总} = \frac{\phi_N - \phi_{Nma}}{\phi_{Nf} - \phi_{Nma}}$$

式中 $\phi_{总}$——岩石总孔隙度;

Δt——声波时差值;

Δt_{ma}——岩石骨架的声波时差值;

Δt_f——孔隙流体的声波时差值(密度和中子曲线计算孔隙度公式中,其参数类似)。

一般来说,泥岩总孔隙度只要降至30%左右,即可封闭油气藏,因此,可将其作为泥岩盖层封闭油气的下限临界值。只要泥岩总孔隙度低于该临界值,并且具有一定的分布范围,皆可作为油气藏封盖层。

总孔隙度也可以通过中子—密度交会图计算得到,即输入准确的干黏土中子、密度测井值,然后利用中子—密度交会技术计算得到总孔隙度值,关键是干黏土中子、密度测井值的准确选取。也可对用岩心进行统计建模得到总孔隙度与某个测井值的关系,从而得到总孔隙度值。

4. 有效孔隙度

在各种成岩作用和构造作用下,盖层中常产生次生孔隙和微裂缝及各种形式的微渗透空间。这些次生孔隙、微裂缝和各种形式的微渗透空间,连通后表现为有效孔隙度,其值越小,岩石的排替压力越高,盖层质量也越好(图6-18)。

有效孔隙度比总孔隙度对盖层封盖性能的影响更大。研究结果表明,0~6%的有效孔隙度是影响盖层质量的敏感区间,对突破压力的影响显著,而大于10%的总孔隙度对突破压力的影响明显减小。有效孔隙度与突破压力关系曲线同总孔隙度与突破压力关系曲线,两者有相似的变化规律,但其曲率变化很大,前者的变化曲率比后者大得多,说明有效孔隙度比总孔隙度对突破压力的制约作用强,即有效孔隙度比总孔隙度对盖层的封闭性能的影响大。

因此,有效孔隙度是评价泥质岩盖层质量的重

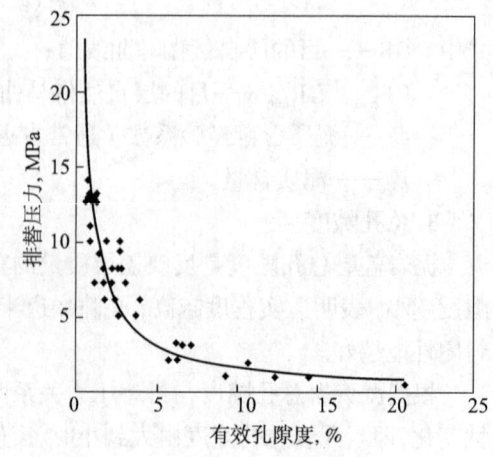

图6-18 排替压力与有效孔隙度关系图

要参数,可以用岩心分析孔隙度与测井数据统计得到,也可以根据中子—密度交会技术,利用湿黏土点、骨架点和水点计算有效孔隙度。

5. 盖层排替压力

泥岩的排替压力与泥岩厚度、含砂量、孔隙度和渗透率具有很好的相关性。因此,在评价泥岩盖层的封闭能力时,根据测井数据得到泥岩的厚度、含砂量、总孔隙度、有效孔隙度和渗透率等参数,再根据排替压力与各个参数的关系计算出排替压力。

统计资料表明,泥岩孔隙度与声波时差之间存在着如下关系:

$$\Delta t = A\phi + B$$

式中 Δt——泥岩声波时差,μs/m;
  ϕ——泥岩孔隙度,%;
  A、B——与地区有关的常数。

由上式可知:

①泥岩声波时差越大,孔隙度越大;反之越小。
②孔隙度大小反映了泥岩本身的致密程度,决定了其毛细管封闭性的好坏。
③孔隙度越小,泥岩的压实成岩程度越高,泥岩越致密,毛细管封闭性越好;反之则毛细管封闭性越差。

实测泥岩排替压力与孔隙度之间具有明显的反比关系

$$p_d = ae - b\Delta\phi$$

式中 p_d——泥岩排替压力,MPa;
  a、b——与地区有关的常数。

由上式可知,泥岩孔隙度越大,其排替压力越低;反之则越高。

综合上述,可以得到泥岩排替压力与声波时差之间也具有反比关系:

$$p_d = ce - d\Delta t$$

式中 c、d——与地区有关的常数。

由上式可知,声波时差越小,泥岩排替压力越大;反之则越小。

在正常压实情况下,同一岩性的地层随着埋藏深度的增加,孔径减小,排替压力增加。因此,厚度较大的泥质岩层,其底部的排替压力最大;油气穿过盖层向上覆储层运移,首先受到盖层底部岩石排替压力的阻碍,故盖层底部岩石的排替压力大小对油气影响最大。

根据测井数据研究盖层封闭性时,常常采用声波时差、密度测井等资料确定排替压力。利用岩心刻度的测井方法将盖层排替压力数据、孔隙度、渗透率等岩心数据与测井数据进行对比、回归、优化,最终形成能用于盖层封闭能力评价的测井计算模型。

6. 泥岩裂缝测井判别

泥岩或因成岩作用或因构造运动而发育裂缝,不同程度地破坏了泥岩的封闭性,在特殊情况下,甚至可成为储层。泥岩在正常压实情况下,其孔隙度、密度和电性将随埋深增加呈规律性变化。但当压实至一定程度后,这些性质的变化将逐渐降低并趋于停止,泥岩将出现剖面中的最低孔隙度、最大密度和最高电阻率值。这时如果泥岩因失水干缩、有机质生烃、地层压力增大等自身变化产生成岩裂缝,或因地层褶皱和断裂产生构造裂缝,都将出现声波、密度、中子、电阻率和井径的异常变化(图6-19),依此可判断裂缝的存在和发育程度,从而分析油气盖层的优劣。

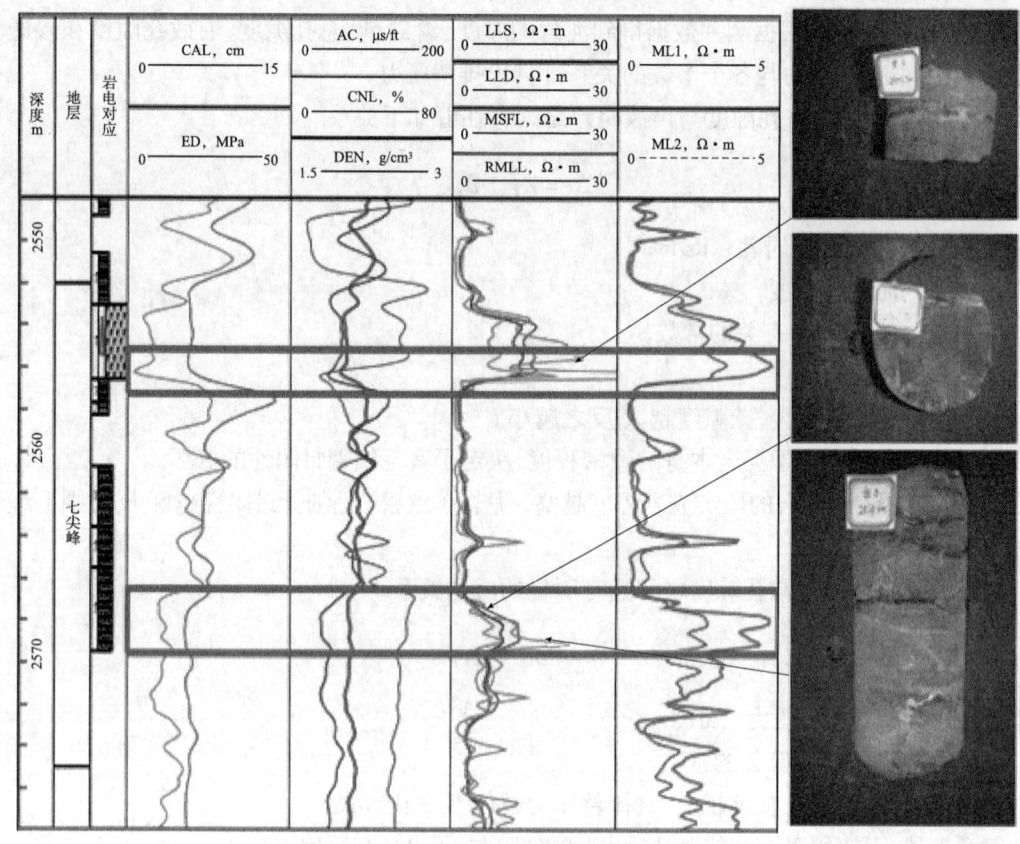

图6-19 台3井裂缝发育段测井曲线特征

7. 渗透率

渗透率对泥岩盖层封盖性的影响是众所周知的,需要指出的是,垂直渗透率比水平渗透率对盖层的影响更大。而在各种地应力作用下产生的高角度裂缝是产生泥岩垂直渗透率的主要因素。因此在研究渗透率对泥岩封盖性能的影响时,特别是要注意高角度裂缝的研究。

1)孔隙度和束缚水饱和度估算

测井计算渗透率的依据是渗透率为孔隙度、束缚水饱和度的函数,孔隙度越大,渗透率越高,束缚水饱和度越高,渗透率越低。渗透率的计算同样是建立在岩心与测井资料统计分析的基础之上的,特别注重结合实验室岩心分析资料的标定作用。渗透率随束缚水饱和度增加而减小,随孔隙度增加而增加,两者经验关系为

$$K^{1/2} = C \frac{\phi^x}{S_{wi}^y}$$

式中 K——渗透率;

S_{wi}——束缚水饱和度;

ϕ——孔隙度;

C——与流体类型有关的常数；

x、y——主要与岩性有关的常数，对砂岩x常取3，y常取1。

该方法是国内外常用的渗透率解释方法。在该关系式的基础上，国内外学者根据所掌握的资料情况，分别提出了符合本地区实际的经验关系式。

2）电阻率估算

渗透率与电阻率之间关系复杂，需要岩心分析资料来标定两者之间的相关关系，其经验关系为

$$K = CR_t^d$$

其中C和d按区块和层位统计确定，之后根据测井资料地层真电阻率确定渗透率。

3）孔隙度和粒度中值估算

渗透率与粒度中值和孔隙度之间有较密切联系，其基本形式为

$$\lg K = D_1 + D_2 \lg M_d + D_3 \lg \phi_e$$

式中 ϕ_e——有效孔隙度；

M_d——粒度中值；

D_1、D_2、D_3——经验系数。

8. 黏土矿物分析

在不同的黏土矿物中，钍、铀、钾的含量，钍钾比以及密度范围存在着较大的差别，这正是利用能谱测井与密度测井确定泥岩矿物组分的基础。例如，纯绿泥石的密度为2.77g/cm³，钾含量为0~0.3%；纯蒙脱石密度为2.12g/cm³，钾含量为0~1.5%；纯伊利石密度为2.53g/cm³，钾含量为3.51%~8.31%；伊蒙混层则介于蒙脱石与伊利石之间。利用密度—钾图版可以区分绿泥石、蒙脱石、伊蒙混层和伊利石，再利用钍—钾图版进一步区分伊利石、高岭石和伊蒙混层等微观组分（图6-20）。

采用能谱测井资料和密度测井资料，应用交会图、三角解析技术来定性、定量分析泥质岩微观组分，进一步深化和细化盖层品质评价。常见黏土矿物的可塑性顺序为：蒙脱石>高岭石>伊利石>绿泥石。当泥岩中以蒙脱石为主时，泥岩可塑性较强；当泥岩中绿泥岩含量大于20%时，泥岩脆性较大，容易形成微裂缝，泥岩盖层封闭性变差。黏土矿物组分含量反映盖层演化阶段和塑性强度，可作为盖层评价的重要辅助参数。

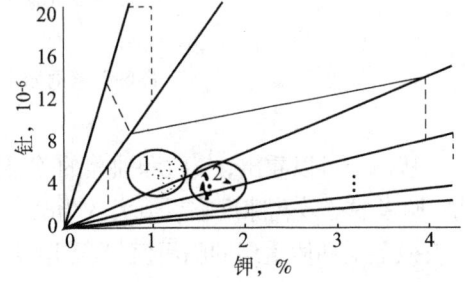

图6-20 葡北1七克台（3310~3325m）不同密度泥岩钍—钾交会图

1—密度<2.2g/cm³，蒙脱石为主；2—密度>2.2g/cm³，伊利石增加

三、有效泥岩盖层的识别与评价

当盖层的排替压力大于促使油气通过它发生渗漏的动力时，该盖层就能对油气起封堵作用，这样的盖层称为有效盖层。当裂缝比较发育且连通性比较高时，岩层的突破压力会大大降低，油气就可进入此岩层，并在其中渗滤、散失，这样的泥岩不能封闭油气藏，称为"假盖层"。

1. 有效泥岩盖层的识别

决定盖层是否有效的关键是盖层的排替压力和厚度的大小。在实验室中，用这两个参数划分有效盖层的界限，可以由声波时差、泥岩厚度、含砂量、孔隙度和渗透率等测井数据得到排替压力，结合厚度数据，确定有效盖层。

此外，反映泥岩有效盖层和假盖层最灵敏的测井参量是有效孔隙度和渗透率。而现今保存完好的油气藏和由于盖层质量低劣逸散残留油气藏的直接盖层的有效孔隙度和渗透率，可作为分析地层条件下有效盖层参量的依据。图6-21是根据塔里木、新疆莫北等多个油田已知油气藏盖层有效孔隙度和渗透率，以及有较好油气显示，但是试油证实为含油水层或油干层的盖层的有效孔隙度和渗透率资料所作的有效孔隙度和渗透率（ϕ_e—K）关系图。

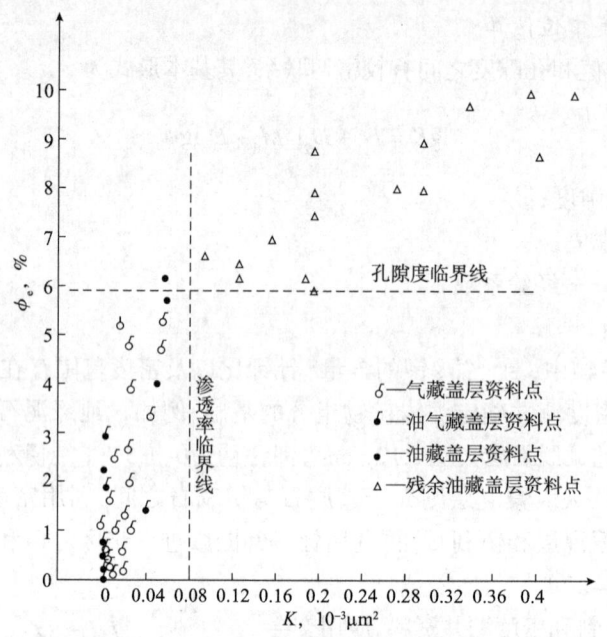

图6-21　有效盖层孔隙度、渗透率临界值分析

从图中可以看出，气藏和油藏的盖层资料点落在左下方，残余油气藏盖层资料点落在右上方，两者的有效孔隙度临界值大约为6%，渗透率临界值大约为$0.08 \times 10^{-3} \mu m^2$，据此我们可以确定有效盖层和假盖层的临界值。当盖层的$\phi_e \leq 6\%$和$K \leq 0.08 \times 10^{-3} \mu m^2$时，认为此盖层为有效盖层，可以起到封闭油气的作用，否则视为"假盖层"。

需要注意的是，有效盖层划分参量值是在地层条件下确定的，它是在地层压力和邻层封盖综合作用下的测井参量值，如果离开这些综合效应，这些参量值还要更加严格。

2. 有效泥岩盖层的评价

1）根据泥页岩盖层宏观展布进行等级划分

泥页岩作为盖层，其封闭能力受多种因素影响是可变的，任何只强调单一因素的评价都可能导致错误结论。

根据大量油田实例，沉积环境、泥岩单层厚度h_i、累计厚度H（$H=\sum h_i$）和断层封闭性是决定泥岩盖层宏观展布面积大小的主要影响因素，其关系统计得到表6-7等级标准。

表6–7 泥岩盖层宏观展布评价标准

评价参数	等级划分（权值）			
	好（4）	较好（3）	中等（2）	差（1）
沉积环境	半深—深湖相、盆地相、广海陆棚相	台地相、潟湖相、滨浅湖相、三角洲前缘相	台地边缘相、滨岸相、三角洲分流平原亚相	河流相、冲积扇相
泥岩单层厚度，m	>20	20~10	10~2	<2.5
累计厚度，m	>300	300~150	150~50	<50
断层封闭性	好	较好	中等	差

这将有助于对盖层进行横向追踪和预测，特别是对构造运动相对宁静、岩性纯的湖盆稳定沉降时期的沉积区域性盖层。

2）根据泥页岩盖层微观封闭机理进行等级划分

测井工作者更关心根据泥页岩盖层微观封闭机理来进行油气盖层等级划分，其封闭能力的具体标准见表6–8。

表6–8 盖层微观封闭能力等级划分表

封闭机理	评价参数	等级划分（权值）			
		好（4）	较好（3）	中等（2）	差（1）
毛细管封闭	排替压力，MPa	>5.0	5.0~3.0	3.0~1.0	<1.0
	排替压力与剩余压力差 MPa	>2.0	2.0~0.5	0.5~0.1	<1.0
压力封闭	异常孔隙流体压力，MPa	>5.0	5.0~3.0	3.0~1.0	<1.0
	盖层与储层压力系数差	>0.3	0.3~0.2	0.2~0.1	<1.0
烃浓度封闭	天然气体积分数	盖层为生烃岩，已进入生烃门限，且具有超压	盖层为生烃岩，且具有超压，但超压值较小	盖层为生烃岩，已进入生烃门限，不具有超压	盖层为非生烃岩，且不具有超压
	异常压力是否大于天然气饱和压力	$p_{异} > p_{饱}$	$p_{异} > p_{饱}$		

按照上述毛细管封闭能力、压力封闭能力和烃浓度封闭能力的评价参数及其等级标准，可以进一步综合评价盖层的微观封闭能力。

从宏观和微观两方面进行对比分析可见，泥岩盖层封盖性能主要反映在两个方面：一是其微观封闭能力的强弱，二是其宏观展布面积的大小。泥岩盖层只有同时具有较强的微观封闭能力和一定的宏观展布范围，才能在整个油气成藏系统内对油气进行封盖；否则，缺少任何一方面，泥岩盖层也不能在整个油气成藏系统内对油气形成有效封盖。

3）根据泥页岩盖层评价参数进行等级划分

前面已经分析，有效盖层的孔隙度和渗透率有一个范围值。另外，当计算出地层的突破压力之后，可根据突破压力p_A的大小和泥页岩盖层的厚度H直接划分有效盖层。不同的地质条件有不同的划分标准,当p_A和H小于这个标准时,即认为这个层一般不能有效地封闭油气,为"假盖层"。但是,在这个范围内的有效盖层,其封闭性能是有差别的,有的可以封闭气层,有的可以封闭油层,有的可能处于封闭作用和逸散作用的临界状态或混合状态。对于每一层泥页岩盖层,究竟处于哪种状态,除了与有效孔隙度有关外,还与泥页岩盖层的含砂量和总孔隙度等有关。

研究可选用多个评价盖层封闭质量的参数,根据各种参数对盖层封闭质量的影响程度不同,在有效盖层的下限值确定以后,对这些评价参数赋予不同的权值(表6-9)。根据这些参数权值大小,可划分泥质岩盖层的质量等级(表6-10)。

表6-9 有效盖层评价判别参数权值

含砂量V_{sd}		盖层厚度H		总孔隙度ϕ_t		有效孔隙度ϕ_e		排替压力p_A	
%	权值	m	权值	%	权值	%	权值	MPa	权值
0~20	1	>10	2	<20	2	0~2	3	>3	2
20~40	0	5~10	1	20~30	1	2~3	2	1.5~3	1
>40	-1	<5	0	>30	0	3~4	1	0.5~1.5	0
—		—		—		4~6	0		

表6-10 盖层质量等级划分标准

盖层权级数	10	9	8	7	6	5	4	3	2	1	0~1
盖层等级	优质			良好		较好		较差		劣质	
	Ⅰ			Ⅱ		Ⅲ		Ⅳ		Ⅴ	

四、其他岩性盖层的测井识别

将泥岩以外盖层称为其他岩性盖层,如膏盐岩盖层、煤岩盖层、碳酸盐岩盖层、火山岩盖层和致密砂岩盖层等。这些盖层总体研究较少,但随着油气勘探工作的不断深入,对这些盖层也作了诸多探索,这些盖层引起越来越多的重视。

单条曲线定性分析方法是根据不同的测井系列对于不同的岩石特性有着不同的响应特征(表6-11)。

表6-11 河坝1井嘉二段测井响应特征统计表

测井曲线	膏岩	石灰岩	白云岩
自然伽马,API	低(平均10)	高值(50)	中(30)
声波,μs/ft	高(平均51)	较高(平均49)	低(45)
密度,cm³/g	高(平均2.95)	低(2.72)	较高(2.90)
波阻抗,10^6	中(平均2.27)	低(2.14)	高(2.42)

1. 膏岩类盖层

膏盐类盖层包括石膏、盐岩两种岩石类型。石膏、盐岩均为致密化学岩，孔隙极不发育，本身具有不可压缩性和可塑性，其可塑性和封闭能力随埋深加大而增加，不易产生裂缝，具有良好的封隔性，是理想的盖层岩石类型。

膏盐类盖层多发育在碳酸盐岩剖面中，是在高温蒸发气候环境下的产物，为湖盆萎缩继碳酸盐岩析出之后最后析出的化学岩。它常覆盖在碳酸盐岩剖面之上而成为碳酸盐岩储层的良好盖层。

大面积湖泊成因的盐岩常可形成区域分布或局部分布，形成封闭油气的良好盖层；分散湖泊成因的盐岩膏岩，虽然自身具有很高的突破压力，但由于面积小，形不成对油气藏的圈闭，只能起到对油气层的局部分隔作用。

我国膏盐岩主要分布在东、西部具有盐湖相沉积的盆地，从东部渤海湾盆地、南襄盆地至西部的塔里木盆地和柴达木盆地等均有此类盖层。勘探实践证实，膏盐层可以单独封盖油气，也可与断层联合封堵，具有很好的封盖能力，是非常优质的盖层，是海相碳酸盐岩层系大中型油气田形成的关键。大型天然气田盖层多以膏盐岩为主。

盐岩和膏岩由于其特殊的物质结构，使测井值常趋于某一特定值，成为测井资料判识盐岩和膏岩基本标准（表6–12）。

表6–12　盐岩、膏岩和煤岩测井响应对比表

岩性	声波时差值，μs/m	体积密度值，g/cm³	中子孔隙度，%	中子伽马	自然伽马值	自然电位值	微电极	电阻率	井径
盐岩	220	2.1	约为零	高值	最低值	基值	极低值	高值	扩径
硬石膏	164	3	约为零	高值	最低值	基值		高值	接近钻头直径
石膏	171	2.3	50	低值	最低值	基值		高值	接近钻头直径
煤岩	350~450	1.3~1.5	70	低值	低值	不明显		高值	接近钻头直径

用测井资料判识膏岩、盐岩层，然后用测井资料标定地震资料，预测膏岩、盐岩层的空间展布，可有效地分析膏岩、盐岩的封闭作用。

在膏岩盖层识别基础上，以岩心分析资料刻度，依据测井资料计算膏岩盖层的含砂量、孔隙度和渗透率等参数，实现对该类盖层测井识别和综合评价，也为研究盖层的封盖能力预测提供有效的参数。

2. 火山岩盖层

火山岩盖层是盖层类型之一。由火山灰组成的凝灰岩具有粒度微小、遇水膨胀、分散、可塑性强等特点，尤其是火山灰形成的膨润土矿层或含膨润土质泥岩，可与膏盐层相媲美，是极佳的盖层。对未蚀变、蚀变玄武岩及泥岩微孔隙结构研究表明，未蚀变玄武岩封盖能力极好，蚀变玄武岩略差，但仍强于相近深度的泥岩。辽河盆地东部凹陷各套火山岩之下均有较丰富的油气分布，进一步证明了火山岩盖层的重要性。

史集建等对松辽盆地徐家围子火山岩盖层进行了研究，依据测井资料识别出高声波时差、井径增大和具有低声波时差、井径变化不明显两类火山岩盖层（图6–22）。

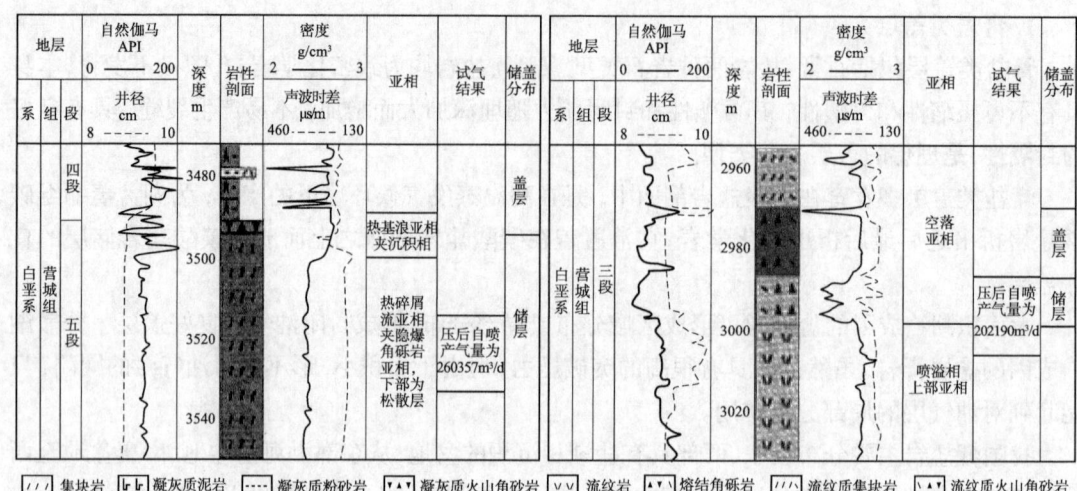

(a) 火山岩盖层1　　　　　　　　　　(b) 火山岩盖层2

图6-22　火山岩盖层岩性及测井曲线响应特征（据史集建，2011）

其中，前者是由于火山岩中混入了泥质沉积物，使火山岩的孔隙度和硬度均降低，造成声波时差增加和井径扩大。根据火山岩盖层的测井识别标准，落实火山岩平面分布，并通过盖层的厚度、排替压力、气藏压力和断层垂向封闭性等参数对火山岩盖层封闭能力进行综合评价，为勘探提供依据。

3. 碳酸盐岩盖层

深埋于地下的碳酸盐岩，测井响应特征如表6-13所示。

表6-13　中、上扬子区不同岩性测井响应特征

岩性	GR, API	PE, b/e	AC, μs/ft	DEN, g/cm³	CNL, %	RT, Ω·m
石灰岩	9.4~13.3 (11)	5.5~7.0 (5.8)	48.8~56.3 (50.5)	2.56~2.72 (2.70)	0.2~3.0 (1.5)	200~4700 (300)
白云质灰岩	18~31 (20)	5.0~9.3 (6.3)	44.6~49.83 (47.1)	2.65~2.75 (2.72)	0.18~8.852 (2.925)	1400~4800 (3000)
灰质白云岩	12~22 (19)	3.8~10 (5.6)	44.8~54.3 (49.7)	2.69~2.85 (2.82)	1~10 (1.95)	1200~2000 (1400)
白云岩	19~29 (25)	3.5~4.0 (3.6)	42.5~56 (44.5)	2.65~2.89 (2.83)	2.0~10.2 (3)	450~1400 (1000)
硬石膏	7~10 (8.5)	4.9~7.5 (5.08)	47.2~57.3 (51.1)	2.96~3.01 (2.98)	-2.17~3.02 (0.138)	5000~99984 (45000)
盐岩	9.5~13 (11)	(4.169)	58~68.032 (63.38)	2.15~2.45 (2.3)	6.6~9.5 (7.5)	54000~79000 (71000)
泥岩	100~160 (130)	3~4.5 (4)	60~70 (65)	2.6~2.72 (2.7)	20~35 (30)	50~150 (100)

注：括号内为平均值。

由于各种岩性在不同的测井曲线上具有不同的响应特征,而三孔隙度在区分岩性上为较敏感的测井项目,因此研究采用三孔隙度交会,建立交会图版,采用交互聚类分析方法,对岩性进行解释。冯琼等(2011)在中上扬子区碳酸盐岩盖层的测井识别中用此方法识别出4类岩性(图6-23、图6-24)。

第一类:AC在47.2~57.3μs/ft之间,平均51.1μs/ft;CNL在2.17%~3.02%之间,平均为0.13%;DEN在2.96~3.01g/cm³之间,平均2.98 g/cm³,根据此岩石的电性特征确定该岩性为硬石膏。

第二类:AC在42.5~56μs/ft之间,平均44.5μs/ft;CNL在2.0%~10.2%之间;DEN在2.65~2.89g/cm³之间,平均2.83g/cm³,根据此岩石的电性特征确定该岩性为白云岩。

第三类:AC在44.8~54.3μs/ft之间,平均49.7μs/ft;CNL在1%~10%之间,平均为2.5%;DEN在2.69~2.85g/cm³之间,平均2.82g/cm³,根据此岩石的电性特征确定该岩性为灰质白云岩。

第四类:AC在44.6~49.83μs/ft之间,平均47.1μs/ft;CNL在0.18%~8.85%之间,平均为2.925%;DEN在2.65~2.75g/cm³之间,平均2.72g/cm³,根据此岩石的电性特征确定该岩性为白云质灰岩。

碳酸盐岩基质孔隙度一般都很低($\phi<3\%$),从基质孔隙度来看,碳酸盐岩作封盖层是绝对可以的,但是碳酸盐岩大多存在后生成岩改造,使之产生次生孔洞、溶洞、裂缝等空间。这些次生孔隙的出现,使碳酸盐岩由盖层转变为储层,失去封闭油气的能力。这些成岩后生改造作用经常是不均一的,它将大面积展布的碳酸盐岩体分割成鸡窝状,从局部看,可能是一优质封盖层,但从整体看,它可能是破碎的封盖层。因此,碳酸盐岩的封盖性能,用一项单一技术判断是困难的,只有将实验室分析、测井分析和地质解释紧密结合,才能对碳酸盐岩盖层作出准确的评价。

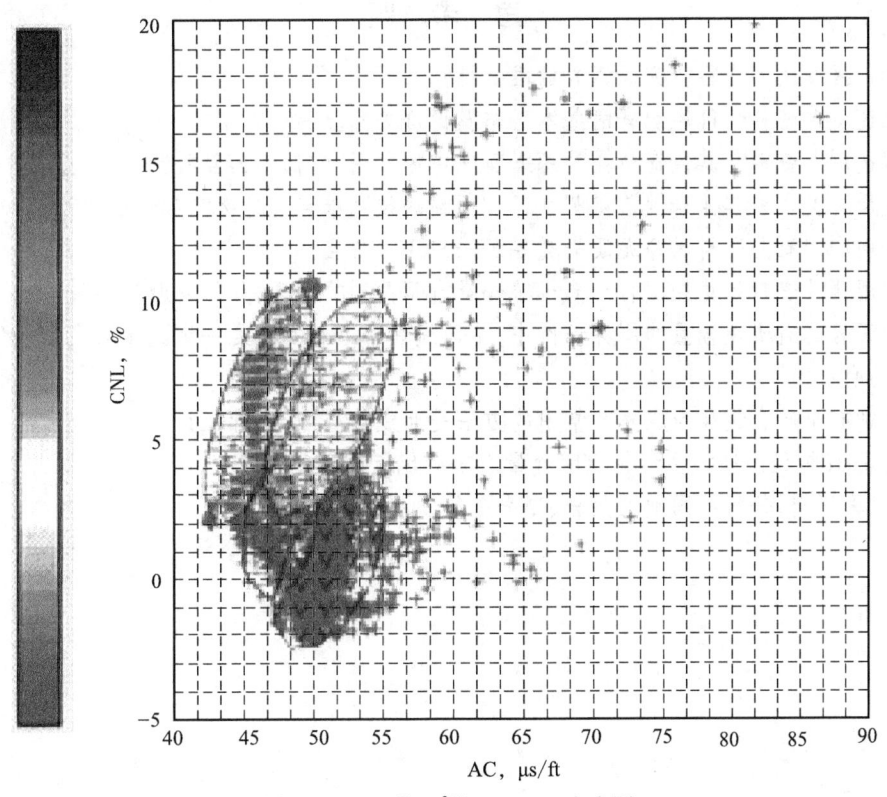

图6-23　HBI井T_1j^2段CNL—AC交会图

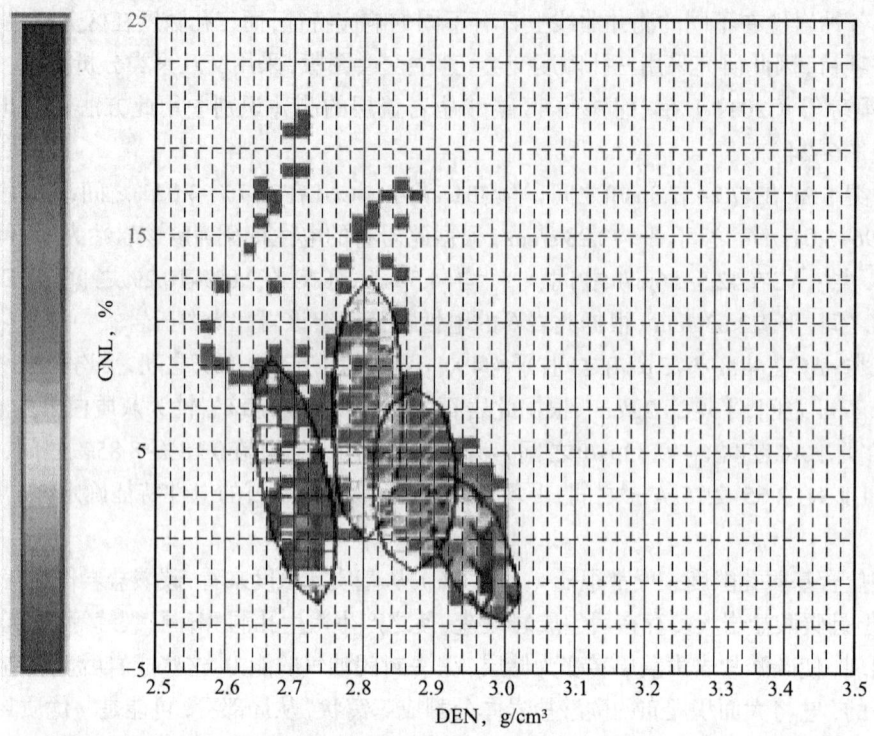

图6-24 HBI井T_1j^2段CNL—DEN交会图

思 考 题

1. 如何提高测井资料研究烃源岩的准确性?
2. 试述测井资料评价烃源岩的基本思路及评价方法。
3. 试述测井资料与其他资料在烃源岩研究中的作用。它们如何互补?
4. 泥质岩类之外其他岩性盖层测井评价面临的技术难点是什么? 如何解决?
5. 如何利用测井资料区分泥质岩类烃源岩与泥岩盖层?
6. 利用测井资料计算烃源岩总有机碳含量有哪些影响因素,如何克服?
7. 烃源岩总有机碳含量的测井评价中,单曲线评价方法是不是一定比多曲线结合优化算法效果差,为什么?
8. 表征有机碳含量最为成熟和常用的方法是曲线重叠法,为什么?
9. 利用BP神经网络模型计算TOC含量有哪些优点和不足?
10. 查阅资料,分析不同地区盐岩、膏岩盖层的测井响应异同点。

参考文献

艾华国，兰林英，张克银，等，1996.塔里木盆地前石炭系顶面不整合面特征及其控油作用[J].石油实验地质，18（1）：1-12.

白烨，2013.鄂尔多斯盆地测井成岩相判别[D].长春：吉林大学.

白烨，薛林福，石玉江，等，2013.测井成岩相自动识别及其在鄂尔多斯盆地苏里格地区的应用[J].中国石油大学学报（自然科学版），37（1）：35-41.

操应长，姜在兴，夏斌，等，2003a.利用测井资料识别层序地层界面的几种方法[J].石油大学学报（自然科学版），27（2）：23-26.

操应长，姜在兴，夏斌，等，2003b.声波时差测井资料识别层序地层单元界面的方法、原理及实例[J].沉积学报，21（2）：318-323.

曹磊，田连辉，仲晓，2016.鄂尔多斯盆地西缘奥陶系烃源岩TOC测井评价[J].石化技术，23（11）：137.

曹颖辉，王贵文，朱筱敏，2001.地层倾角测井资料在层序地层分析中的应用[J].中国海上油气（地质），15（4）：286-288.

常文会，赵永刚，卢松，2010.曲流河环境沉积微相和测井相特征分析[J].天然气工业，30（2）：48-51.

陈芳，2014.川东北元坝地区陆相致密砂岩储层测井评价技术[D].青岛：中国石油大学（华东）.

陈凤根，1988.测井沉积学基础[J].测井技术，12（2）：1-9.

陈海峰，王凤启，王民，等，2017.基于变系数$\Delta \lg R$技术的烃源岩TOC精细评价[J].中国石油大学学报（自然科学版），41（4）：54-64.

陈科贵，湛海云，孙嘉戌，2008.地层倾角测井原理与应用[M].北京：石油工业出版社.

陈科贵，李民，谭必生，等，2017.牛庄洼陷烃源岩TOC新型测井多参数复合评价方法研究[J].地球物理学进展，32（1）：114-119.

陈孝平，2017.某地区烃源岩电性特征研究[J].石化技术，24（8）：143.

陈振岩，丁桂荣，张戈，等，1996.电测井资料在生油岩评价中的应用[J].石油实验地质（4）：448-453.

楚泽涵，黄隆基，高杰，等，2007.地球物理测井方法与原理[M].北京：石油工业出版社.

戴启德，国景星，2004.济阳坳陷新近系沉积体系研究［M］.东营：石油大学出版社.

邓宏文，2002.高分辨率层序地层学：原理及应用［M］.北京：地质出版社.

丁圣，钟思瑛，高国强，等，2012.测井地质结合定量评价低渗透储层成岩相.西南石油大学学报（自然科学版），34（4）：83-87.

都鹏燕，高岗，魏涛，等，2018.雅布赖盆地萨尔台凹陷侏罗系新河组有效烃源岩研究[J].吉林大学学报（地球科学版），48（1）：29-38.

杜江民，张小莉，钟高润，等，2016.致密油烃源岩有机碳含量测井评价方法优选及应用：以鄂尔多斯盆地延长组长7段烃源岩为例[J].地球物理学进展，31（6）：2526-2533.

段虞荣，郑继明，1997.分形理论在地震道油气检测中的应用[J].重庆大学学报（自然科学版），20（2）：

108–112.

范晶晶,王延斌,李永红,2016.鱼卡地区侏罗系油页岩测井评价及目标区优选[J].测井技术,40(5):617–622.

范训礼,戴航,张新家,等,1999.神经网络在岩性识别中的应用[J].测井技术,23(1):50-52.

房文静,2007.测井多尺度分析方法及应用研究[D].青岛:中国石油大学(华东).

付晓飞,方德庆,吕延防,等,2005.从断裂带内部结构出发评价断层垂向封闭性的方法[J].地球科学,30(3):328-336.

高阳,2013.利用测井信息评价盐湖相烃源岩[J].沉积学报,31(4):730-737.

顾家裕,1995.陆相盆地层序地层学格架概念及模式[J].石油勘探与开发,22(4):6-10.

郭荣坤,王忠东,1996.ANN测井相分析方法研究[J].地球物理学进展,11(2):53-65.

郭少斌,董清水,刘忠群,1996.灰色聚类自动识别岩性及微相[J].沉积学报,14(2):124-130.

郭睿,李松臣,屈晓荣,2016.油页岩地球物理测井方法技术综述[J].中外能源,21(11):35-43.

郭智,2011.辫状河三角洲相储层测井评价:以柴达木盆跃进二号油田为例[D].青岛:中国石油大学(华东).

何登春,田洪,罗大山,1984.用地层倾角测井研究沉积环境和沉积相的方法探讨[J].石油勘探与开发(4):17-25.

何登发,2007.不整合面的结构与油气聚集[J].石油勘探与开发,34(2):142-148.

何妮茜,2017.春风油田石炭系火山岩裂缝识别及分布研究[D].青岛:中国石油大学(华东).

何小胡,李俊良,李国军,等,2011.成像测井沉积学研究在南海西部油田的应用[J].测井技术,35(4):363-370.

何雨丹,毛志强,肖立志,等,2005.核磁共振T_2分布评价岩石孔径分布的改进方法[J].地球物理学报,48(2):373-378.

洪有密,2008.测井原理与综合解释[M].东营:中国石油大学出版社.

淮银超,张铭,曲良超,等,2017.基于常规测井资料的总有机碳含量预测[J].天然气与石油,35(4):73-78,93.

黄春梅,2013.GS油田E_3^2油藏测井储层评价研究[D].成都:成都理工大学.

纪友亮,张世奇,1998.层序地层学原理及层序成因机制模式[M].北京:地质出版社.

焦翠华,王海更,牛玉杰,等,2007.塔里木盆地哈得4油田东河砂岩层序地层界面类型及测井识别方法[J].天然气地球科学,28(1):69-76.

金振奎,石良,高白水,等,2013.碳酸盐岩沉积相及相模式[J].沉积学报,31(6):965-979.

李春峰,2005.分形介质与分形地层[J].地层学杂志,29(4):348-354.

李东阳,2016.常规测井曲线裂缝识别方法研究[D].北京:中国石油大学(北京).

李国欣,赵太平,石玉江,等,2018.鄂尔多斯盆地马家沟组碳酸盐岩储层成岩相测井识别评价[J].石油学报,39(10):1143-1154.

李汉林,赵永军,1998.岩性识别的多元统计方法[J].地质论评,44(1):106-112.

李浩,王骏,殷进垠,2007.测井资料识别不整合面的方法[J].石油物探,46(4):421-424.

李浩,刘双莲,2015.测井曲线地质含义解析[M].北京:中国石化出版社.

李洪奇,1995.沉积学研究中的地层倾角测井资料解释[J].沉积学报,13(1):82-87.

李军,王贵文,1997.塔里木盆地塔中地区石炭系测井沉积研究[J].石油勘探与开发,24(1):65-68.

李庆谋,杨峰,郝天珧,等,1996.测井地质学新进展[J].地球物理学进展,11(2):66-80.

李霞,范宜仁,房文静,等,2006.测井多尺度分析方法用于层序地层划分研究[J].新疆地质,24(4):454-457.

李新虎,2006.测井曲线拐点在测井层序地层分析中的应用研究[J].天然气地球科学,17(6):815-819.

李新虎,2008.测井高分辨率层序地层分析[D].西安:西安科技大学.

李延丽,王建功,石亚军,等,2017.柴达木盆地西部盐湖相有效烃源岩测井识别[J].岩性油气藏,29(6):69-75.

李炎,陈锡土,夏小明,等,2000.沉积过程分形表达及其冲淤幅度分析应用[J].海洋与湖沼,31(1):84-92.

梁明星,2018.煤系地层裂缝参数测井评价方法研究[D].北京:中国矿业大学(北京).

林小云,潘虹,李轶,等,2012.测井资料在资福寺洼陷有效烃源岩评价中的应用[J].石油天然气学报,34(9):38-41,9.

刘成鑫,2006.不同类型陆相盆地层序特征及发育控制因素研究[D].上海:同济大学.

刘红歧,彭仕宓,夏宏泉,等,2004.测井曲线元数学特性及沉积微相定量识别[J].中国海上油气,16(6):382-386.

刘红歧,陈平,夏宏泉,2006.测井沉积微相自动识别与应用[J].测井技术,30(6):233-236.

刘洛夫,妥进才,陈践发,1997.烃源岩的研究现状[J].勘探家(3):62-64.

刘伟,朱留方,许东晖,等,2013.断裂带结构单元特征及其测井识别方法研究[J].测井技术,37(5):495-498.

刘文斌,潘保芝,张丽华,等,2016.测井裂缝识别研究进展[J].国外测井技术,37(3):11-16.

刘文斌,2017.火山岩储层缝洞测井自动识别和定量评价[D].长春:吉林大学.

刘文业,2006.小波分析在高分辨率层序地层划分中的应用[J].地质力学学报,12(1):64-70.

刘秀娟,陈超,曾冲,等,2007.利用测井数据进行岩性识别的多元统计方法[J].地质科技情报,26(3):109-112.

刘仲衡,王硕儒,范德江,1992.海相碳酸盐岩岩相的模糊模式识别[J].沉积学报,10(4):94-100.

卢新卫,金章东,1999.前馈神经网络的岩性识别方法[J].石油与天然气地,20(1):82-84,93.

陆巧焕,张晋言,李绍霞,2006a.测井资料在生油岩评价中的应用[J].测井技术(1):80-83.

陆巧焕,张晋言,李绍霞,2006b.利用测井资料进行生油岩评价:以王46井生油岩评价为例[J].勘探地球物理进展(2):140-144.

路静,2014.TZ4油田CK3井区东河砂岩储层测井评价研究[D].成都:成都理工大学.

栾东肖,2014.王家岗油田王146地区沙四段油藏测井评价[D].青岛:中国石油大学(华东).

马宝全,2018.低渗透储层测井成岩相及关键参数研究:以鄂尔多斯盆地演武地区延长组8段为例[D].青岛:中国石油大学(华东).

马蓓,2018.柴西—SHG地区火山岩储层测井评价[D].成都:成都理工大学.

马世忠,黄孝特,张太斌,2000.定量自动识别测井微相的数学方法[J].石油地球物理勘探,35(5):582-589,616.

马英杰,周蓉生,2004.神经网络方法在岩性识别中的应用[J].物探化探计算技术,26(3):220-223.

马正,1982.应用自然电位测井曲线解释沉积环境[J].石油与天然气地质,3(3):25-40.

马正,1994.油气测井地质学[M].武汉:中国地质大学出版社.

欧阳健,王贵文,吴继余,等,1999.测井地质分析与油气定量评价[J].北京:石油工业出版社.
潘保芝,刘文斌,张丽华,等,2018.一种提高储层裂缝识别准确度的方法[J].吉林大学学报（地球科学版），48（1）:298-306.
潘葆芝,薛林福,1992.分数维及其在测井地质解释中的应用[J].测井技术,16（3）:214-221.
皮尔逊 S J,1984.测井资料地层分析[M].北京:石油工业出版社.
任培罡,施振飞,侯斌,2013.基于双孔模型的低孔低渗油气层测井综合评价[J].特种油气藏,20（5）:62-67.
时卓,张海涛,王永莉,2011.苏里格气田储层成岩相类型及测井识别[J].国外测井技术（4）:13-17.
司马立强,杨毅,吴丰,等,2014.柴西北小梁山地区混积岩测井岩性识别[J].地质科技情报,33（2）:180-185.
宋磊,宁正福,丁冠阳,2017.基于三种常规测井方法的有机碳含量评价[J].科学技术与工程,17（29）:260-265.
宋宁,侯建国,王文军,2001.利用测井技术评价苏北盆地生油岩[J].海洋石油（1）:8-13.
谭廷栋,1988.测井识别生油岩方法[J].测井技术（6）:1-11.
田艳,2010.苏德尔特裂缝性储层测井评价研究[D].青岛:中国石油大学（华东）.
王春梅,吴永刚,马尚贤,1995.分形分维在储层油气预测中的应用[A]//中国地球物理学会.1995年中国地球物理学会第十一届学术年会论文集中国地球物理学会会议论文集:209.
王贵文,郭荣坤,2000.测井地质学[M].北京:石油工业出版社.
王攀,梁明星,2016.煤系烃源岩测井响应特征及有机碳评价方法[J].物探与化探,40（1）:197-202.
王清辉,冯进,2018.烃源岩TOC测井评价方法及应用:以珠江口盆地文昌组为例[J].天然气地球科学,39（2）:251-258.
王瑞雪,2015.裂缝性储层的测井识别及评价方法研究[D].南昌:东华理工大学.
王世兴,2016.四川盆地下二叠统栖霞组和茅口组测井储层评价研究[D].青岛:中国石油大学（华东）.
王思权,2009.川西XC构造须家河组测井储层综合评价研究[D].成都:成都理工大学.
王艳茹,刘洛夫,杨丽萍,等,2013.鄂尔多斯盆地长7烃源岩有机碳测井评价[J].岩性油气藏,25（4）:78-82.
王永东,雷俊杰,樊万红,等,2018.延长南部低渗透储层天然裂缝定量识别技术[J].断块油气田,25（3）:322-327.
王域辉,1993.分形在石油勘探开发中的应用[J].地质科技情报,12（1）:101-104.
魏佳音,2013.P型核磁共振储层参数计算及流体识别评价方法[D].大庆:东北石油大学.
温雅茹,2016.车排子北部地区石炭系火山岩储集空间表征及有效性评价[D].青岛:中国石油大学（华东）.
吴丰,黄丹,袁龙,等,2012.青西油田窿六区块储层裂缝有效性研究[J].特种油气藏,19（5）:42-45.
吴俊,瞿建华,钱海涛,等,2018.玛北斜坡三叠系百口泉组砂砾岩油藏岩性识别方法[J].测井技术,42（4）:390-394.
吴孔友,李思远,裴仰文,等,2015.准噶尔盆地夏红北断裂带结构及其封闭差异性评价[J].石油与天然气地质,36（6）:906-912.
吴迅达,孙婷,2018.烃源岩有机地化参数的测井综合评价方法及应用[J].地球物理学进展:1-6.
吴智平,陈伟,薛雁,等,2010.断裂带的结构特征及其对油气的输导和封堵性[J].地质学报,84（4）:

570-578.

肖慈珣,陶淑娴,1983.测井地质学及其在油气勘探中的应用[J].成都地质学院学报(3):85-98.

辛世伟,2016.利用变系数ΔlgR技术评价贝尔凹陷烃源岩有机碳含量[J].长江大学学报（自然科学版）,13（3）:23-26.

徐道一,卢演俦,1985.陆相和海相地层的天文对比方法[J].地层学杂志,9（3）:195-202.

徐道一,2005.天文地质年代表与旋回地层学研究进展[J].地层学杂志,29（增刊）:635-640.

徐红,2010.测井高分辨率层序地层分析方法[J].西安科技大学学报,30（4）:457-461.

许娟娟,蒋有录,朱建峰,2016.基于误差分析的ΔlgR技术在长岭龙凤山烃源岩评价中的应用[J].天然气地球科学,27（10）:1869-1877.

薛良清,1993.利用测井资料进行成因层序地层分析的原理和方法[J].石油勘探与开发,20（1）:33-38.

薛永超,程林松,2010.新立油田扶杨油层裂缝常规测井定量识别方法研究[J].复杂油气藏,3（1）:42-46.

闫建平,蔡进功,赵铭海,等,2011.电成像测井在砂砾岩体沉积特征研究中的应用[J].石油勘探与开发,38（1）:444-451.

杨国栋,2017.玛西地区百口泉组致密砂砾岩储层测井评价方法研究及应用[D].成都:西南石油大学.

杨辉,黄健全,胡雪涛,等,2013.BP神经网络在致密砂岩气藏岩性识别中的应用[J].油气地球物理,11（1）:39-42.

杨勇,查明,洪太元,等,2007.不整合分类研究进展与新型分类方案[J].地层学杂志,31（3）:288-295.

姚益民,付国斌,徐道一,等,2003.新疆吐哈盆地侏罗系旋回地层的初步研究[J].地层学杂志,27（2）:122-128.

伊海生,2012.地层记录中旋回层序界面的识别方法及原理[J].沉积学报,30（6）:991-998.

殷杰,王权,2017.利用测井和地震信息识别和预测优质烃源岩:以渤海湾盆地饶阳凹陷沙一段为例[J].天然气地球科学,28（11）:1761-1770.

于均民,李红哲,刘震华,等,2006.应用测井资料识别层序地层界面的方法[J].天然气地球科学,17（5）:636-642.

于翔涛,2009.测井技术在烃源岩评价中的应用[J].长江大学学报,6（2）:198-200.

袁超,周灿灿,胡松,等,2014.地层有机碳含量测井评价方法综述[J].地球物理学进展,29（6）:2831-2837.

曾文冲,欧阳健,何登奎,1982.测井地层分析与油气评价［M］.北京:石油工业出版社.

张超谟,陈振标,张占松,等,2007.基于核磁共振T_2谱分布的储层岩石孔隙分形结构研究[J].石油天然气学报,29（4）:80-86.

张光辉,2011.油气储层测井裂缝识别方法研究及软件研制[D].成都:成都理工大学.

张晗,卢双舫,李文浩,等,2017.ΔlgR技术与BP神经网络在复杂岩性致密层有机质评价中的应用[J].地球物理学进展,32（3）:1308-1313.

张吉昌,邢玉忠,郑丽辉,2005.利用人工智能技术进行裂缝识别研究[J].测井技术,19（1）:52-54.

张凯逊,2016.冀中坳陷饶阳凹陷中深层有效碎屑岩储集层发育机理研究[D].北京:中国石油大学（北京）.

张棋,2018.碳酸盐岩测井裂缝分析[D].武汉:长江大学.

张晓龙,王仁朋,李清宇,2016.烃源岩有机碳含量的测井响应及评价方法[J].国外测井技术,37（2）:

21-25.

张勇, 国景星, 袭著纲, 等, 2010.小波变换在饶阳凹陷层序地层格架建立中的应用[J].中国煤炭地质, 22（6）: 49-54, 73.

赵军龙, 2008.测井方法原理[M].西安: 陕西人民教育出版社.

赵淑娥, 2013.基于测井数据的高精度层序地层定量划分方法及其应用[J].中南大学学报（自然科学版）, 44（1）: 233-240.

赵晓宇, 2018.准噶尔盆地南缘中段紫泥泉子组储层测井评价[D].荆州: 长江大学.

赵彦超, 马正, 姚光庆, 1995.Waxman-Smith方程在生油岩评价中的应用: 重叠法和双孔隙度法[J].地球科学（3）: 306-313.

赵毅, 2014.塔中油田东河砂岩测井储层精细解释研究[D].成都: 西南石油大学.

郑红军, 刘向君, 苟迎春, 等, 2005.用分维模型定量表征储集层非均质性[J].新疆石油地质, 26（4）: 418-420.

郑军, 刘鸿博, 周文, 2010.阿曼五区块Daleel油田储层裂缝识别方法研究[J].测井技术, 34（3）: 251-256.

郑茜, 张小莉, 王国民, 等, 2015.扎哈泉地区上干柴沟组致密油烃源岩测井评价方法[J].岩性油气藏, 27（3）: 115-121.

郑荣才, 文华国, 李凤杰, 2010.高分辨率层序地层学[M].北京: 地质出版社.

郑希民, 2006.应用自然伽玛测井曲线小波分析划分陆相坳陷盆地三级层序的方法: 以鄂尔多斯盆地延长组为例[J].天然气地球科学, 17（5）: 672-676.

钟淑敏, 谢鹏, 刘传平, 2016.应用测井资料预测致密油有利区方法研究[J].测井技术, 40（1）: 85-90.

周思宾, 2012.镇泾油田长8储层裂缝识别机理及方法[J].重庆科技学院学报（自然科学版）, 14（5）: 26-30.

周阳, 秦军, 华美瑞, 等, 2018.特低渗透砂质砾岩储层裂缝识别及预测研究: 以准噶尔盆地西北缘红153井区为例[J].中国石油勘探, 23（4）: 114-122.

周远田, 1992.测井相分析简介[J].地质科技情报, 11（2）: 89-93.

朱吉昌, 2016.测井曲线小波分析方法的改进及其在地层对比中的应用[D].北京: 中国地质大学（北京）.

朱筱敏, 1998.层序地层学院里及应用[M].北京: 石油工业出版社.

祝鹏, 2016.低渗透砂岩储层测井评价方法及其应用[D].青岛: 中国石油大学（华东）.

BENGTSON C A, 1981. Statistical curvature analysis techniques for structural interpretation of dipmeter data[J]. Am Assoc Petrol Geol Bulletin 65: 312-332.

BRETT C E, GOODMAN W M, LODUCA S T, 1990. Sequences cycles and basin dynamics in the Silurian of the Appalachian Foreland Basin[J]. Sedimentary Geology, 69: 191-244.

CARLOS M, ISABELLE L N, JOSSELIN K B, et al, 2014. Fracture aperture calculations from wireline and logging while drilling imaging tools[R]. SPE 170848.

CROSS T A, 1994. High-resolution stratigraphic correlation from the perspective of base-level cycles and sediment accommodation[C]//Proceedings of Northwestern European Sequence Stratigraphy congress: 105-123.

FEDER J, 1988. Fractals[M]. New York: Plenum press: 283.

GALLOWAY W E, 1989. Genetic stratigraphic sequences in basin analysis: architecture and genesis of flooding surface bounded depositional units. AAPG, 73（2）: 125-142.

GOETZ J F, PRINS W J, LOGAR J F, 1977. Reservoir delineation by wireline techniques[J]. The Log Analyst（5）:43-48.

JARONIEC M,1995. Evaluation of the fractal dimension from a single adsorption isotherm[J]. Langmuir,11(6): 2316-2317.

JIN LAI, GUIWEN WANG, ZIYUAN WANG, et al, 2018. A review on pore structure characterization in tight sandstones[J]. Earth-Science Reviews, 177:436-457.

KULESZA S, BRAMOWICZ M, 2014. A comparative study of correlation methods for determination of fractal parameters in surface characterization[J]. Applied Surface Science, 293（8）:196-201.

MANDELBROT B B, 1975. Les objets fractals: forme, hasard et dimension[M]. Paris: Flammarion.

MANDELBROT B B, Wallis J R, 1995. Some-long-run properties of geophysical records[A]//BARTON, et al. Fractals in the Sciences. New York:Plenum Press:41-64.

MITCHUM R M, VAN WAGONER J C, 1991.High-frequency sequences and their stacking patterns : sequence-stratigraphic evidence of high-frequency eustatic cycles[J].Sedimentary Geology, 70:131-160.

OZKA N A, CUMELLA S P, MILLIKEN K L, et al, 2011. Prediction of lithofacies and reservoir quality using well logs, Late Cretaceous Williams Fork Formation, Mamm Creekfield, Piceance Basin, Colorado[J].AAPG Bulletin, 95（10）:1699-1723.

POSAMENTIER H W, VAIL P R, 1988, Eustatic controls on clastic deposition II : sequence and systems tract models[A]//WILGUS C K, et al. Sea-Ievel Changes : An Integrated Approach. Soc Econ Paleontol Mineral Spec 42:124-154.

READING H G , 1973.Sedimentary Enviroments and facies[M]. New York: Elsevier.

SABOORIAN-JOOYBARI H, DEJAM M, CHEN Z, et al, 2016.Comprehensive evaluation of fracture parameters by dual laterolog data[J].Journal of Applied Geophysics, 131（6）:214-221.

SHABOLOVA M, KONNEN G P, 1995. Scale invariance in long-term time series[A]//MIROSHAV M NOVAK. Fractal Reviews in the Natural and Applied Sciences. London:[s.n.]:309-410.

VAIL P R, MITCHUM R G, TODD R G, et al, 1977. Seismic stratigraphy and global changes of sea level[J]// Payton C E. Seismic stratigraphy Applications to Hydrocarbon Exploration.AAPG Memoir, 26:49-212.

VAIL P R, HARDENBOL J, TODD R G, 1984.Jurassic unconfcarmities, chronos-tratigrahhy and sea-level changes from seismic stratigraphy and biostratigraphy[J]. Am Assoc Pet Geol Mem, 36:129-144.

VAIL P R, 1987. Seismic stratigraphy interpretation using sequence stratigraphy, Part 1 : Seismic stratigraphy interpretation procedure[J]//Bally A W.Seismic stratigraphy Atlas.Am Assoc Pet Geol, 27:1-10.

VAIL P R, WORNARDT W W, 1991.An integrated approach to exploration and development in the 90's : well log-seismic sequence stratigraphy analysis[J]. Gulf Coast Assoc Geol Soc Trans, 43:630-650.

VAN WAGONER J C, MITCHUM R M, CAMPION K M, et al, 1990. Sillicidastic sequence stratigraphy in well logs, cores and outcrops : concept for high resolution correlation of time and facies[J]. AAPG, Methods in Exploration Series（7）:1-152.

WILSON L L, LETTENMAIER D P, WOOD E F, 1991. Simulation of daily precipitation in the Pacific Northwest using a weather classification scheme [J]. Surveys in Geophysics 12:127-142.